U0038738

● 牛顿签名

至今还没有可能用一个同样无所不包的统一概念，来代替牛顿的关于宇宙的统一概念。而要是没有牛顿的明晰的体系，我们到现在为止所取得的收获都会成为不可能。

——爱因斯坦

我不知道世界会怎样看待我，但我认为自己不过像个在海滩上玩耍的男孩，不时地寻找到一些较光滑的卵石和漂亮的贝壳，并以此为乐，而对于摆在我面前的真理的汪洋大海，我还一无所知。

——牛顿

本书列入“十四五”国家重点图书出版规划

科学元典丛书

The Series of the Great Classics in Science

主　　编　任定成

执行主编　周雁翎

策　　划　周雁翎

丛书主持　陈　静

科学元典是科学史和人类文明史上划时代的丰碑，是人类文化的优秀遗产，是历经时间考验的不朽之作。它们不仅是伟大的科学创造的结晶，而且是科学精神、科学思想和科学方法的载体，具有永恒的意义和价值。

Mathematical Principles of Natural Philosophy

自然哲学之数学原理

（附卡约里关于本书的历史与解释性注释）

[英] 牛顿（I. Newton）著

王克迪 译　袁江洋 校

图书在版编目(CIP)数据

自然哲学之数学原理：附卡约里关于本书的历史与解释性注释 /（英）牛顿著；王克迪译 . -- 北京：北京大学出版社, 2024. 11. --（科学元典丛书）.

ISBN 978-7-301-35300-4

Ⅰ. O3-49

中国国家版本馆 CIP 数据核字第 2024NZ1998 号

Sir Isaac Newton's
MATHEMATICAL PRINCIPLES OF NATURAL PHILOSOPHY
and his
SYSTEM OF THE WORLD
Translated into English by Andrew Motte in 1729.
The translations revised, and supplied with an
historical and explanatory appendix, by Florian Cajori, 1934.
Cambridge University Press
1934
（根据剑桥大学出版社 1934 年英文版译出）

书　　名　自然哲学之数学原理（附卡约里关于本书的历史与解释性注释）
ZIRAN ZHEXUE ZHI SHUXUE YUANLI（FU KAYUELI GUANYU BENSHU DE LISHI YU JIESHIXING ZHUSHI）
著作责任者　[英] 牛顿（I. Newton）著　王克迪 译　袁江洋 校
丛书策划　周雁翎
丛书主持　陈　静
责任编辑　陈　静
标准书号　ISBN 978-7-301-35300-4
出版发行　北京大学出版社
地　　址　北京市海淀区成府路 205 号　100871
网　　址　http://www.pup.cn　新浪微博：@北京大学出版社
微信公众号　通识书苑（微信号：sartspku）　科学元典（微信号：kexueyuandian）
电子邮箱　编辑部 jyzx@pup.cn　总编室 zpup@pup.cn
电　　话　邮购部 010-62752015　发行部 010-62750672　编辑部 010-62707542
印 刷 者　天津裕同印刷有限公司
经 销 者　新华书店
880 毫米 ×1230 毫米　A5　20 印张　560 千字
2024 年 11 月第 1 版　2024 年 11 月第 1 次印刷
定　　价　99.00元（精装）

弁　言

· *Preface to the Series of the Great Classics in Science* ·

这套丛书中收入的著作，是自古希腊以来，主要是自文艺复兴时期现代科学诞生以来，经过足够长的历史检验的科学经典。为了区别于时下被广泛使用的“经典”一词，我们称之为“科学元典”。

我们这里所说的“经典”，不同于歌迷们所说的“经典”，也不同于表演艺术家们朗诵的“科学经典名篇”。受歌迷欢迎的流行歌曲属于“当代经典”，实际上是时尚的东西，其含义与我们所说的代表传统的经典恰恰相反。表演艺术家们朗诵的“科学经典名篇”多是表现科学家们的情感和生活态度的散文，甚至反映科学家生活的话剧台词，它们可能脍炙人口，是否属于人文领域里的经典姑且不论，但基本上没有科学内容。并非著名科学大师的一切言论或者是广为流传的作品都是科学经典。

这里所谓的科学元典，是指科学经典中最基本、最重要的著作，是在人类智识史和人类文明史上划时代的丰碑，是理性精神的载体，具有永恒的价值。

一

科学元典或者是一场深刻的科学革命的丰碑，或者是一个严密的科学体系的构架，或者是一个生机勃勃的科学领域的基石，或者是一座传播科学文明的灯塔。它们既是昔日科学成就的创造性总结，又是未来科学探索的理性依托。

哥白尼的《天体运行论》是人类历史上最具革命性的震撼心灵的著作，它向统治西方思想千余年的地心说发出了挑战，动摇了“正统宗教”学说的天文学基础。伽利略《关于托勒密和哥白尼两大世界体系的对话》以确凿的证据进一步论证了哥白尼学说，更直接地动摇了教会所庇护的托勒密学说。哈维的《心血运动论》以对人类躯体和心灵的双重关怀，满怀真挚的宗教情感，阐述了血液循环理论，推翻了同样统治西方思想千余年、被“正统宗教”所庇护的盖伦学说。笛卡儿的《几何》不仅创立了为后来诞生的微积分提供了工具的解析几何，而且折射出影响万世的思想方法论。牛顿的《自然哲学之数学原理》标志着 17 世纪科学革命的顶点，为后来的工业革命奠定了科学基础。分别以惠更斯的《光论》与牛顿的《光学》为代表的波动说与微粒说之间展开了长达 200 余年的论战。拉瓦锡在《化学基础论》中详尽论述了氧化理论，推翻了统治化学百余年之久的燃素理论，这一智识壮举被公认为历史上最自觉的科学革命。道尔顿的《化学哲学新体系》奠定了物质结构理论的基础，开创了科学中的新时代，使 19 世纪的化学家们有计划地向未知领域前进。傅立叶的《热的解析理论》以其对热传导问题的精湛处理，突破了牛顿的《自然哲学之数学原理》所规定的理论力学范围，开创了数学物理学的崭新领域。达尔文《物种起源》中的进化论思想不仅在生物学发展到分子水平的今天仍然是科学家们阐释的对象，而且 100 多年来几乎在科学、社会和人文的所有领域都在施展它有形和无形的影响。《基因论》揭示了孟德尔式遗传性状传递机理的物质基础，把生命科学推进到基因水平。爱因斯坦的《狭义与广义相对论浅说》和薛定谔的《关于波动力学的四次演讲》分别阐述了物质世界在高速和微观领域的运动规律，完全改变了自牛顿以来的世界观。魏格纳的《海陆的起源》提出了大陆漂移的猜想，为当代地球科学提供了新的发展基点。维纳的《控制论》揭示了控制系统的反馈过程，普里戈金的《从存在到演化》发现了系统可能从原来无序向新的有序态转化的机制，二者的思想在今天的影响已经远远超越了自然科学领域，影响到经济学、社会学、政治学等领域。

科学元典的永恒魅力令后人特别是后来的思想家为之倾倒。欧几里得的《几何原本》以手抄本形式流传了1800余年，又以印刷本用各种文字出了1000版以上。阿基米德写了大量的科学著作，达·芬奇把他当作偶像崇拜，热切搜求他的手稿。伽利略以他的继承人自居。莱布尼兹则说，了解他的人对后代杰出人物的成就就不会那么赞赏了。为捍卫《天体运行论》中的学说，布鲁诺被教会处以火刑。伽利略因为其《关于托勒密和哥白尼两大世界体系的对话》一书，遭教会的终身监禁，备受折磨。伽利略说吉尔伯特的《论磁》一书伟大得令人嫉妒。拉普拉斯说，牛顿的《自然哲学之数学原理》揭示了宇宙的最伟大定律，它将永远成为深邃智慧的纪念碑。拉瓦锡在他的《化学基础论》出版后5年被法国革命法庭处死，传说拉格朗日悲愤地说，砍掉这颗头颅只要一瞬间，再长出这样的头颅100年也不够。《化学哲学新体系》的作者道尔顿应邀访法，当他走进法国科学院会议厅时，院长和全体院士起立致敬，得到拿破仑未曾享有的殊荣。傅立叶在《热的解析理论》中阐述的强有力的数学工具深深影响了整个现代物理学，推动数学分析的发展达一个多世纪，麦克斯韦称赞该书是“一首美妙的诗”。当人们咒骂《物种起源》是“魔鬼的经典”“禽兽的哲学”的时候，赫胥黎甘做“达尔文的斗犬”，挺身捍卫进化论，撰写了《进化论与伦理学》和《人类在自然界的位置》，阐发达尔文的学说。经过严复的译述，赫胥黎的著作成为维新领袖、辛亥精英、“五四”斗士改造中国的思想武器。爱因斯坦说法拉第在《电学实验研究》中论证的磁场和电场的思想是自牛顿以来物理学基础所经历的最深刻变化。

在科学元典里，有讲述不完的传奇故事，有颠覆思想的心智波涛，有激动人心的理性思考，有万世不竭的精神甘泉。

二

按照科学计量学先驱普赖斯等人的研究，现代科学文献在多数时间里呈指数增长趋势。现代科学界，相当多的科学文献发表之后，并没有任何人引用。就是一时被引用过的科学文献，很多没过多久就被新的文献所淹没了。科学注重的是创造出新的实在知识。从这个意义上说，科学是向前看的。但是，我们也可以看到，这么多文献被淹没，也表明划时代的科学文献数量是很少的。大多数科学元典不被现代科学文献所引用，那是因为其中的知识早已成为科学中无须证明的常识了。即使这样，科学经典也会因为其中思想的恒久意义，而像人文领域里的经典一样，具有永恒的阅读价值。于是，科学经典就被一编再编、一印再印。

早期诺贝尔奖得主奥斯特瓦尔德编的物理学和化学经典丛书“精密自然科学经典”从 1889 年开始出版，后来以“奥斯特瓦尔德经典著作”为名一直在编辑出版，有资料说目前已经出版了 250 余卷。祖德霍夫编辑的“医学经典”丛书从 1910 年就开始陆续出版了。也是这一年，蒸馏器俱乐部编辑出版了 20 卷“蒸馏器俱乐部再版本”丛书，丛书中全是化学经典，这个版本甚至被化学家在 20 世纪的科学刊物上发表的论文所引用。一般把 1789 年拉瓦锡的化学革命当作现代化学诞生的标志，把 1914 年爆发的第一次世界大战称为化学家之战。奈特把反映这个时期化学的重大进展的文章编成一卷，把这个时期的其他 9 部总结性化学著作各编为一卷，辑为 10 卷“1789—1914 年的化学发展”丛书，于 1998 年出版。像这样的某一科学领域的经典丛书还有很多很多。

科学领域里的经典，与人文领域里的经典一样，是经得起反复咀嚼的。两个领域里的经典一起，就可以勾勒出人类智识的发展轨迹。正因为如此，在发达国家出版的很多经典丛书中，就包含了这两个领域的重要著作。1924 年起，沃尔科特开始主编一套包括人文与科学两个领域的原始文献丛书。这个计划先后得到了美国哲学协会、美国科学促进会、美国科学史学会、美国人类学协会、美国数学协会、美国数学学会以及美国天文学学会的支持。1925 年，这套丛书中的《天文学原始文献》和《数学原始文献》出版，这两本书出版后的 25 年内市场情况一直很好。1950 年，沃尔科特把这套丛书中的科学经典部分发展成为“科学史原始文献”丛书出版。其中有《希腊科学原始文献》《中世纪科学原始文献》和《20 世纪（1900—1950 年）科学原始文献》，文艺复兴至 19 世纪则按科学学科（天文学、数学、物理学、地质学、动物生物学以及化学诸卷）编辑出版。约翰逊、米利肯和威瑟斯庞三人主编的“大师杰作丛书”中，包括了小尼德勒编的 3 卷“科学大师杰作”，后者于 1947 年初版，后来多次重印。

在综合性的经典丛书中，影响最为广泛的当推哈钦斯和艾德勒 1943 年开始主持编译的“西方世界伟大著作丛书”。这套书耗资 200 万美元，于 1952 年完成。丛书根据独创性、文献价值、历史地位和现存意义等标准，选择出 74 位西方历史文化巨人的 443 部作品，加上丛书导言和综合索引，辑为 54 卷，篇幅 2500 万单词，共 32000 页。丛书中收入不少科学著作。购买丛书的不仅有“大款”和学者，而且还有屠夫、面包师和烛台匠。迄 1965 年，丛书已重印 30 次左右，此后还多次重印，任何国家稍微像样的大学图书馆都将其列入必藏图书之列。这套丛书是 20 世纪上半叶在美国大学兴起而后扩展到全社会的经典著作研读运动的产物。这个时期，美国一些大学的寓所、校园和酒吧里都能听到学生讨论古典佳作的声音。有的大学要求学生必须深研 100 多部名著，甚至在教学中不得使用最新的实验设备，而是借助历史上的科学大师所使用的方法和仪器复制品去再现划时代的著名实验。至 20 世纪 40 年代末，美国举办古典名著学习班的城市达 300 个，学员 50000 余众。

相比之下，国人眼中的经典，往往多指人文而少有科学。一部公元前 300 年左右古希腊人写就的《几何原本》，从 1592 年到 1605 年的 13 年间先后 3 次汉译而未果，经 17 世纪初和 19 世纪 50 年代的两次努力才分别译刊出全书来。近几百年来移译的西学典籍中，成系统者甚多，但皆系人文领域。汉译科学著作，多为应景之需，所见典籍寥若晨星。借 20 世纪

70年代末举国欢庆“科学春天”到来之良机，有好尚者发出组译出版“自然科学世界名著丛书”的呼声，但最终结果却是好尚者抱憾而终。20世纪90年代初出版的“科学名著文库”，虽使科学元典的汉译初见系统，但以10卷之小的容量投放于偌大的中国读书界，与具有悠久文化传统的泱泱大国实不相称。

我们不得不问：一个民族只重视人文经典而忽视科学经典，何以自立于当代世界民族之林呢?

三

科学元典是科学进一步发展的灯塔和坐标。它们标识的重大突破，往往导致的是常规科学的快速发展。在常规科学时期，人们发现的多数现象和提出的多数理论，都要用科学元典中的思想来解释。而在常规科学中发现的旧范型中看似不能得到解释的现象，其重要性往往也要通过与科学元典中的思想的比较显示出来。

在常规科学时期，不仅有专注于狭窄领域常规研究的科学家，也有一些从事着常规研究但又关注着科学基础、科学思想以及科学划时代变化的科学家。随着科学发展中发现的新现象，这些科学家的头脑里自然而然地就会浮现历史上相应的划时代成就。他们会对科学元典中的相应思想，重新加以诠释，以期从中得出对新现象的说明，并有可能产生新的理念。百余年来，达尔文在《物种起源》中提出的思想，被不同的人解读出不同的信息。古脊椎动物学、古人类学、进化生物学、遗传学、动物行为学、社会生物学等领域的几乎所有重大发现，都要拿出来与《物种起源》中的思想进行比较和说明。玻尔在揭示氢光谱的结构时，提出的原子结构就类似于哥白尼等人的太阳系模型。现代量子力学揭示的微观物质的波粒二象性，就是对光的波粒二象性的拓展，而爱因斯坦揭示的光的波粒二象性就是在光的波动说和微粒说的基础上，针对光电效应，提出的全新理论。而正是与光的波动说和微粒说二者的困难的比较，我们才可以看出光的波粒二象性学说的意义。可以说，科学元典是时读时新的。

除了具体的科学思想之外，科学元典还以其方法学上的创造性而彪炳史册。这些方法学思想，永远值得后人学习和研究。当代诸多研究人的创造性的前沿领域，如认知心理学、科学哲学、人工智能、认知科学等，都涉及对科学大师的研究方法的研究。一些科学史学家以科学元典为基点，把触角延伸到科学家的信件、实验室记录、所属机构的档案等原始材料中去，揭示出许多新的历史现象。近二十多年兴起的机器发现，首先就是对科学史学家提供的材料，编制程序，在机器中重新做出历史上的伟大发现。借助于人工智能手段，人们已经在机器上重新发现了波义耳定律、开普勒行星运动第三定律，提出了燃素理论。萨伽德甚至用机器研究科学理论的竞争与接受，系统研究了拉瓦锡氧化理论、达尔文进化学说、魏格纳大陆漂移说、哥白尼日心说、牛顿力学、爱因斯坦相对论、量子论以及心理学中的行为主义和认知主义形成的革命过程和接受过程。

除了这些对于科学元典标识的重大科学成就中的创造力的研究之外，人们还曾经大规模地把这些成就的创造过程运用于基础教育之中。美国几十年前兴起的发现法教学，就是在这方面的尝试。近二十多年来，兴起了基础教育改革的全球浪潮，其目标就是提高学生的科学素养，改变片面灌输科学知识的状况。其中的一个重要举措，就是在教学中加强科学探究过程的理解和训练。因为，单就科学本身而言，它不仅外化为工艺、流程、技术及其产物等器物形态，直接表现为概念、定律和理论等知识形态，更深蕴于其特有的思想、观念和方法等精神形态之中。没有人怀疑，我们通过阅读今天的教科书就可以方便地学到科学元典著作中的科学知识，而且由于科学的进步，我们从现代教科书上所学的知识甚至比经典著作中的更完善。但是，教科书所提供的只是结晶状态的凝固知识，而科学本是历史的、创造的、流动的，在这历史、创造和流动过程之中，一些东西蒸发了，另一些东西积淀了，只有科学思想、科学观念和科学方法保持着永恒的活力。

然而，遗憾的是，我们的基础教育课本和科普读物中讲的许多科学史故事不少都是误讹相传的东西。比如，把血液循环的发现归于哈维，指责道尔顿提出二元化合物的元素原子数最简比是当时的错误，讲伽利略在比萨斜塔上做过落体实验，宣称牛顿提出了牛顿定律的诸数学表达式，等等。好像科学史就像网络上传播的八卦那样简单和耸人听闻。为避免这样的误讹，我们不妨读一读科学元典，看看历史上的伟人当时到底是如何思考的。

现在，我们的大学正处在席卷全球的通识教育浪潮之中。就我的理解，通识教育固然要对理工农医专业的学生开设一些人文社会科学的导论性课程，要对人文社会科学专业的学生开设一些理工农医的导论性课程，但是，我们也可以考虑适当跳出专与博、文与理的关系的思考路数，对所有专业的学生开设一些真正通而识之的综合性课程，或者倡导这样的阅读活动、讨论活动、交流活动甚至跨学科的研究活动，发掘文化遗产、分享古典智慧、继承高雅传统，把经典与前沿、传统与现代、创造与继承、现实与永恒等事关全民素质、民族命运和世界使命的问题联合起来进行思索。

我们面对不朽的理性群碑，也就是面对永恒的科学灵魂。在这些灵魂面前，我们不是要顶礼膜拜，而是要认真研习解读，读出历史的价值，读出时代的精神，把握科学的灵魂。我们要不断吸取深蕴其中的科学精神、科学思想和科学方法，并使之成为推动我们前进的伟大精神力量。

任定成
2005 年 8 月 6 日
北京大学承泽园迪吉轩

目　　录

导　读

王克迪
[中共中央党校(国家行政学院)　教授]

· *Introduction to Chinese Version* ·

《自然哲学之数学原理》的体系、结构和特点
《自然哲学之数学原理》各部分导读
牛顿的生平

牛顿画像

《自然哲学之数学原理》(以下简称《原理》)是牛顿一生中最重要的科学著作。

《原理》(第一版)成书于1687年,是牛顿经过20年的思考、实验研究、大量的天文观测和无数次数学演算的结晶。这20年,以及这之前的几十年里,欧洲的许多先进思想家和科学家在研究自然和数学方面取得了许多成就。其中直接或间接影响牛顿的思想体系以及《原理》的主要有:

哥白尼(Nicholas Copernicus,1473—1543)提出了日心说。在哥白尼以前,欧洲占统治地位的宇宙学说是亚里士多德-托勒密(Aristotle-Ptolemy)地心说体系。地心说本来是许多种宇宙学说中的一种,与纪元前后人们的天文观测水平相适应,它认为地球处于宇宙的中心,行星和太阳、月亮围绕着地球旋转,宇宙的最外层是不动的恒星,上帝住在遥远的恒星天注视着人类活动的地球,主宰着整个宇宙。由于这一学说符合上帝创造世界和人的基督教教义,后来在政教合一的欧洲成为占统治地位的意识形态,长期禁锢欧洲的思想界达千年之久。它的影响所及,既包括人们对于世界的基本看法,也包括人们对于天文历法编制、普通物体运动,甚至人类的生老病死的具体看法、解释和态度,可谓无所不包。但是,到中世纪中后期,随着人们天文观测精度的提高和观测资料的大量积累,地心说越来越不能自圆其说,不能满足实际需要。例如编制历法,到中世纪后期,天文现象与历法之间的误差越来越大,不仅天象(如日食、月食)无法预报和解释,连季节变换和每年的元旦都定不准,误差竟达几个月。

波兰的天文学家哥白尼对地心说体系发起了挑战,他用神学的语言和毕生天文观测的数据写成了《天体运行论》一书。他指出,更合理的宇宙结构应当是以太阳为宇宙中心,地球和其他行星绕太阳旋转,旋转的轨道是完美的圆形。但哥白尼预计到自己的学说会被当做宗教异端对待,他直到临死前才发表了这部著作。

哥白尼的著作和学说赢得了有独立思考能力的思想家和科学家的

赏识。意大利哲学家布鲁诺(Giordano Bruno,1548—1600)就到处宣传日心说,遭到教会的迫害;他在备受酷刑摧残之后,被烧死在火刑柱上。

意大利科学家伽利略也相信日心说。他进一步认为,自然的语言是数学,观察和研究自然要通过科学的实验,而要表达自然的运动规律,应当使用数学和实验数据。伽利略发明了折射望远镜,并且用望远镜发现了木星的卫星,伽利略认为木星的卫星围绕木星旋转充分说明了哥白尼原理的正确性。伽利略还发现了惯性原理,用数学关系精确表达了运动物体的距离与时间的关系(如自由落体),研究过单摆的运动,研究了力的合成及抛体运动。伽利略写下了两本著名的书:《关于托勒密和哥白尼两大世界体系的对话》和《关于两门新科学的对话》,集中表达了他的科学(主要是物理学和天文学)成就,以及他对于宇宙和新的实验科学的看法。他被宗教法庭判为异端。他屈服了,写下了"悔过书",但他被押离法庭时还是喃喃自语:"但是地球毕竟是在动的!"伽利略死于1642年,之后,牛顿出生了。

从伽利略以后,新的实验科学获得了地位,数学语言取代哲学思辨语言用于表达自然的规律,成为时尚。但是宇宙体系问题还远远没有解决。哥白尼日心说简洁优美,但在天文计算中却十分繁杂,比起托勒密地心体系甚至有过之无不及。于是德国天文学家第谷(Tycho Brahe,1546—1601)提出了折中方案,认为太阳和月亮围绕地球旋转,行星围绕太阳旋转,但是这并没有使问题变得简单些。第谷的学生开普勒认识到需要作更加精密的天文观测,然后才有可能回答宇宙体系的问题。他一生孜孜不倦地观测天象,用大量数据总结出天体(行星)运动三定律,其核心是发现行星的运行轨道是椭圆,而不是哥白尼所说的正圆,太阳或地球位于椭圆的两个焦点之一。开普勒的行星运动定律是牛顿之前人类所取得的最高天文学成就。

与伽利略的实验科学传统略有不同的是法国哲学家和数学家笛卡儿(René du Perron Descartes,1596—1650)。以今天的眼光看来,笛卡儿有些奇怪,他在数学上很有建树,对于代数学和几何学都有很大贡献，他发明了我们今天十分熟悉的坐标系，以及把几何问题转化为代数问题的解析几何。马克思(Karl Marx，1818—1883)评价笛卡儿，说从他开始，运动被引入了几何学。在哲学世界观上，笛卡儿坚持用自然的原因来解释自然，但是他在认识论上却又是个不可知论者，他的名言是“我思故我在”。

笛卡儿的哲学学说有极大影响，从他年轻时直到死后统治整个欧洲长达一个世纪。这影响波及科学领域，特别是天文学和物理学。在物理学上，笛卡儿及其追随者强调有某种特殊的物质“以太”(牛顿所说的“隐秘的质”)，它们充满空间，因为“自然厌恶真空”，以太传递物体之间的相互作用，使物体的运动得以持续。“以太”是一种想象中的物质存在，一种纯思辨的产物，它排除了物质世界里和物体运动关系中神的作用，但为探究自然规律设置了新的障碍。

困难在于以太既无法测量，又难以想象。笛卡儿学说的最大成就和最大失败都集中体现在它的宇宙论中。它承认日心说体系。因为它必须否认真空的存在，他设想宇宙中充满以太，太阳的转动在以太中形成宇宙涡旋，涡旋运动带动各个行星运动，从而有我们所见到的天象奇观。这一解释从哲学思辨上来说，其成功是前所未有的，它首次提出了一个不诉诸神力的宇宙动力学模型，很有想象力，满足了人们解释天象的思辨需要。

但是，笛卡儿学派的涡旋说在具体的天文现象的解释上却遭遇到重重困难。例如，地球和各行星的自转，这要求在整个宇宙的大涡旋中有局部的方向和速度都不相同的小涡旋，而且因为各个行星围绕太阳的公转速度不同，大涡旋到太阳距离不同的部分的旋转速度也不相同，这很难与人们的日常经验相符；更糟的是，某些行星，如火星，有时会出现天文学中常见的“逆行”现象，似乎宇宙大涡旋中的某些层次有时会随心所欲地发生“逆转”，这对于以自然解释自然的信条构成了严重障碍。还有，涡旋说无法说明行星发光现象，只能暗示天体实际上是某种与地面物体很不相同的“精英”物质，这就又请回了亚里士多德的宇宙论。最后,涡旋说对于具体的天文现象的解释与实际观测数据相矛盾,在《原理》第二编的末尾,牛顿指出涡旋的速度与它到涡旋中心的距离成正比,然而天文观测数据表明行星的速度与它到太阳距离的$\frac{3}{2}$次幂成反比,这对涡旋说来说是致命的。

笛卡儿宇宙体系是牛顿时代面对的最大的宇宙体系,英国和整个欧洲大陆的大学都讲授它,以它为标准的宇宙学说。牛顿在伦敦大鼠疫时期就已经看出笛卡儿体系的问题,摧毁这一体系,成为牛顿研究生涯的首要直接目标。而要建立起一个全新的体系,则要经过长达20年的思考和研究,直到完成《原理》的写作。

牛顿在思想上还受到英国的思想家培根(Francis Bacon,1561—1626)、洛克(John Locke,1632—1704)和摩尔(Henry More,1614—1687)等人的影响,他们都强调经验论的作用。在科学思想和神学思想上,牛顿又受到同时代的英国化学家波义耳(Robert Boyle,1627—1691)的影响,认为每一个哲学家的最崇高的职责是认识并证明上帝的存在和完美;自然界是上帝创造的,它只是上帝的神性的外在形式,它可以为人类所认识和想象,人类只能通过自然哲学去研究自然,才能最终认识上帝。在此意义上,牛顿毕生所从事的各种研究,包括数学、物理学、天文学、炼金术、圣经考古学和圣经年代学以及神学等,都是服务于他心目中的上帝的。

此外,当牛顿进入学术研究时,与他同时代的一些科学家也做出了一些重要的工作,如荷兰物理学家和天文学家惠更斯发明了发条钟和摆钟,这为准确的科学计时准备了条件;荷兰工程师贝克曼(Isaac Beeckman,1588—1677)提出一切运动都要找出其力学原因的思想,为机械唯物主义做好了铺垫;地理大发现已经过去了一个多世纪,欧洲人早已有能力在地图上画满经度和纬度线,以准确定位地球上的每一点。

牛顿的《原理》正是在这样的背景下写作出来的。

《自然哲学之数学原理》的体系、结构和特点

牛顿并没有声称自己要构造一个体系。牛顿在《原理》第一版的序言一开始就指出，他要“致力于发展与哲学相关的数学”，这本书是几何学与力学的结合，是一种“理性的力学”，一种“精确地提出问题并加以演示的科学，旨在研究某种力所产生的运动，以及某种运动所需要的力”。他的任务是“由运动现象去研究自然力，再由这些力去推演其他运动现象”。

然而牛顿实际上构建了一个人类有史以来最为宏伟的体系。他所说的力，主要是重力（我们今天称之为引力，或万有引力），以及由重力所派生出来的摩擦力、阻力和海洋的潮汐力等，而运动则包括落体、抛体、球体滚动、单摆与复摆、流体、行星自转与公转、回归点、轨道章动等，简而言之，包括当时已知的一切运动形式和现象。也就是说，牛顿是要用统一的力学原因去解释从地面物体到天体的所有运动和现象。

在结构上，《原理》是一种标准的公理化体系。它从最基本的定义和公理出发，“在第一编和第二编中推导出若干普适命题”。第一编题为“物体的运动”，把各种运动的形式加以分类，详细考察每一种运动形式与力的关系，为全书的讨论做了数学工具上的准备。第二编讨论“物体（在阻滞介质中）的运动”，进一步考察了各种形式的阻力对于运动的影响，讨论地面上各种实际存在的力与运动的情况。牛顿在第三编中“示范了把它们应用于宇宙体系，用前两编中经数学证明的命题，通过天文现象推演出使物体倾向于太阳和行星的重力，再运用其他数学命题由这些力推算出行星、彗星、月球和海洋的运动”。在全书（我们选用的这个第三版）的最后，牛顿写下了一段著名的“总释”，集中表述了牛顿对于宇宙间万事万物的运动的根本原因——万有引力——以及我们的宇宙为什么是一个这样优美的体系的总原因的看法，集中表达了他对于上帝的存在和本质的见解。

在写作手法上，牛顿是个十分专注的人，他在搭建自己的体系时，

虽然仿照欧几里得(Euclid,约前 330—前 275)的《几何原本》,但从没有忘记自己的使命是解释自然现象和运动的原因,没有把自己迷失在纯粹形式化的推理中。他是极为出色的数学家,在数学上有一系列一流的发明,但他严格地把数学当做工具,只是在有需要时才带领读者稍微做一点数学上的远足。另一方面,牛顿也丝毫没有沉醉于纯粹的哲学思辨。《原理》中所有的命题都来自现实世界,或是数学的,或是天文学的,或是物理学的,即牛顿所理解的自然哲学的。《原理》中全部的论述都以命题形式给出,每一个命题都给出证明或求解,所有的求证求解都是完全数学化的,必要时附加推论,而每一个推论又都有证明或求解。只是在牛顿认为某个问题在哲学上有特殊意义时,他才加上一个附注,对问题加以解释或进一步推广。

大多数读者在阅读《原理》时感到困惑和困难的是牛顿对于命题的解决方式。首先,牛顿大量使用作图,采用几何学的证明方法;其次,牛顿大量运用比例关系式,这一点令读者感到繁杂,但这正是牛顿论证的有力之处。它在思想上符合牛顿的可测度空间和时间以及重量等物理概念只是相对性的见解,运算中回避了拘泥于单位制的麻烦并且使牛顿极为方便地引入了他发明的极大极小比方法。此外,我们应当理解到,在牛顿写作《原理》时,用来解决物体运动的动力学问题的有力工具微积分(牛顿称为流数法)还处于发明的初期,远远没有成熟到今天的样子,而牛顿本人正是这种技术的主要发明人之一。有证据表明,书中的许多论述,牛顿是通过自己发明的流数法或反流数法得到的,但在写作《原理》时,牛顿换成了当时人们较为熟悉的几何作图与代数运算相结合的形式。实际上,《原理》发表后,许多读者根本读不懂,以至于有人认为牛顿写了一本“连他自己也看不懂的书”,牛顿那令人眼花缭乱的数学技巧使许多当时一流的数学家也感到非常吃力。

《原理》中使用的数学、物理学和天文学概念与术语非常多,其中有许多与我们今天常见的相同,但也有许多不同,还有一些今天已很少使用。这一点需要读者注意。

《自然哲学之数学原理》各部分导读

一、“定义”“运动的公理或定律”导读

牛顿的《原理》大致上仿照古希腊欧几里得的《几何原本》来布局。全书是一种逻辑体系，从基本的定义开始，再给出几条推理规则（运动定律），经过一系列的推理和演算，得到一些普适的结论，再把这些结论应用到实际中与实验或观测数据相对照。

《原理》一开始就是“定义”和“运动的公理或定律”。其中“定义”部分共有 8 条，在随后的附注中又补充了 4 对十分重要的定义。

第一个定义是“物质的量”，也就是我们今天所说的“质量”。在当代物理学中，质量是一个最基本的物理概念，但在牛顿时代，这一点还没有得到公认，也没有国际公认的质量标准和统一单位制，因此牛顿利用物体的密度和体积来决定物质的量。这与我们今天的做法正好相反，我们是用质量和体积来定义密度。不了解历史背景的人会以为牛顿是在搞循环论证，实际情况是，牛顿发现一切物体在运动中都有某种共同的不变的东西，不管物体怎样运动，受到怎样的力，它的体积与密度的乘积都是保持不变的，这就是物质的量；研究物体的运动时，必须考虑到它。

第二个定义是“运动的量”，即质量与速度的乘积，也就是我们今天熟知的动量。

第三个定义是物体的惯性，表述物体保持其已有运动的大小和方向的本领（当物体不受其他外力作用时）。伽利略已经知道物体的惯性。今天我们知道，物体的质量越大，惯性越大。

随后牛顿定义了外力、向心力及其度量，然后是向心加速度和向心运动量的定义。这些与我们今天物理教科书的定义大致相同，只是我们较多地谈论向心力和向心加速度，其他概念则较少用到。

这些概念总的来说是我们今天所熟知的，但在当时，正如牛顿所指出的，是“鲜为人知的术语”。

引起后世广泛讨论的是牛顿在附注中所作的4对补充定义，即绝对时间和相对时间、绝对空间和相对空间、绝对处所和相对处所以及绝对运动和相对运动等4对范畴，其中后两对是派生概念，而前两对十分重要。绝对时间和绝对空间是牛顿力学的基本框架和标志性概念，由此引申出后来的宇宙在时间和空间上的无限概念。牛顿用了较大篇幅解释他的时间和空间概念，但读者可能会认识到，牛顿的绝对时间和绝对空间并不是绝对必要的，至少在他的《原理》讨论所及不是必要的，它们二者为牛顿力学所提供的框架远较其所必要的来得充分。的确如此。其实牛顿自己也承认，绝对的时间和空间实际上是无法测度或被认识的，我们能确知的只是相对的时间和空间，它们才是在运算上有意义的。

那么怎样理解牛顿的绝对时间和绝对空间呢？牛顿写作《原理》，有两大基本任务，一是建构自己的体系，另一是批驳笛卡儿学派的体系。绝对时间和绝对空间概念虽然对于牛顿自己的计算并不是必要的，但对于预防对手的攻击却是必要的。在牛顿的体系中，巨大的宇宙空间里行星及其卫星各自在自己的轨道上运行，秩序井然又常运不已，这体系是上帝的创造，但上帝在创造它以后却不再进行干预。按照牛顿的力学，如果时间不是绝对的，则必然要顾虑到时间起点和终点问题；而要使得这一体系永远维持其稳定，空间又必须是真正的空，而且在尺度上也必须足够大，它必须没有边缘，否则牛顿必须回答自己无法解答的空间的起点问题。牛顿把一切绝对的、无限的性质归结于上帝（我们将在《原理》最后的“总释”中见到有关论述），这是由其基本宗教信念决定的。绝对时间和绝对空间范畴的引入，既很好地体现了牛顿的神学见解，又有效地回避了对手的诘难。

长期以来，很多学者，主要是哲学家，对牛顿的绝对时间和绝对空间概念进行了经久不息的讨论，并且因此给牛顿戴上或是“唯心”或是“唯物”之类的帽子。这些争论在科学上毫无意义可言，而且硬要给300多年前的历史人物贴上某种标签，是一种肤浅幼稚的举动。例如，牛顿的绝对时空观，说它是唯心主义的，因为它没有把上帝彻底排除出局，把宇宙的第一次推动留给了上帝。那么，我们要问，如果牛顿不是使用绝对时空概念，他将把他的有限宇宙中的主宰者放在什么地方呢？他的绝对时空概念是不是使得上帝离人间更遥远一些了呢？实际上，正是牛顿的绝对时空观使得后来的唯物主义的无限宇宙论得到科学上的依据，它在很长一段时间里统治着我们的哲学和思想领域；然而，现代科学已经证明，它才是根本站不住脚的，我们的宇宙，的确在时间上是有起点的，其空间也是有限的。

还有一种见解认为牛顿的绝对时空观是形而上学的，说他看问题太绝对化了。但是，既然牛顿用这样的思维方式如此有效地建构了宏伟的宇宙体系，使得世人沿用它长达 300 多年之久，我们还能要求牛顿什么呢？还有哪一种方法能给我们带来更多的关于世界的真正的知识呢？

牛顿在试图区分绝对运动和相对运动时，提出了历史上极为著名的“水桶实验”。300 多年来，几乎所有的大物理学家和哲学家都对这个实验发表过见解，有人辩驳，有人维护。对此，我们不多加评论，请读者自己思考。

总之，牛顿写下的定义，是过去 300 多年来所有大科学家、哲学家、思想家们寻找灵感的地方，值得认真研读、思考。

紧接着“定义”部分，就是“运动的公理或定律”。在这里，牛顿给出了每一个中学生都能倒背如流的极为著名的“力学三定律”。我们看到，牛顿对力学三定律的叙述与我们今天的表述几乎完全一样，反映出牛顿对有关问题的思考极为成熟，经得起时间的长期考验。

随后牛顿就三定律做出了 6 条推论，讨论了力的分解与合成，以及由此而产生的运动的分解与合成。其中值得注意的是牛顿关于多个物体的公共重心所作的讨论。牛顿的公共重心相当于我们今天所说的质量中心。这一概念的使用，在以后讨论天体的运动时有着重要意义，也反映出牛顿从复杂现象中抽象出简单的有代表性的现象的能力。

“第一编”导读

第一编共有 14 章内容。

首先,读者应能注意到,牛顿在专门引入数学工具时,使用的是“引理”,而在论述本书正题时,使用的是“命题”。引理与命题都在必要的时候加入推论和附注。

牛顿在第 1 章首先引入极限概念、求极限的方法,引入无穷小概念和求曲线包围的面积以及求曲线的切线的方法。这一章中的 11 条引理是牛顿能够成就《原理》所依赖的最重要的数学手段之一,几乎全是牛顿自己的发明。牛顿在该章的附注中指出,“这些引理意在避免古代几何学家采用的自相矛盾的冗长推导”。其中的引理 2、3 和 11 正是牛顿运用著名的牛顿流数法的例证。牛顿是这样来为自己的无穷小概念辩护的:

“可能会有人反对,认为不存在将趋于零的量的最后比,因为在量消失之前,比率总不是最后的,而在它们消失之时,比率也没有了。但根据同样的理由,我们也可以说物体达到某一处所并在那里停止,也没有最后速度,在它到达前,速度不是最后速度,而在它到达时,速度没有了。回答很简单,最后速度意味着物体以该速度运动着,既不是在它到达其最后处所并终止运动之前,也不是在其后,而是在它到达的一瞬间。”

第 2 章论述根据物体的运动轨迹(轨道)来求该物体所受到的向心力。这里,牛顿做出的是最一般化的讨论,曲线的形状包括正圆、椭圆、双曲线、螺旋线、抛物线等,物体到指定向心力中心的力与距离的关系则又有多种情况。其中命题 4 的推论 6 适用于天体运行的情况:“如果周期正比于半径的$\frac{3}{2}$次幂,则向心力反比于半径的平方;反之亦然。”这一关系,是牛顿宇宙论最核心的基石。

在随后的第 3 章、第 4 章、第 5 章中,牛顿进一步详尽考察了物体沿圆锥曲线运动时的有关问题,包括向心力的规律(反比于距离的平方)、确定曲线形状等。命题第 22—29 讨论几种由已知条件(点、线或某些区域)画出圆锥曲线,在当时的天体力学乃至当今的天文学中都有重要意义。

第 6 章和第 7 两章是求解已知轨道上物体的运动,相当于我们熟知的由已知方程求解。其中第 7 章是“物体的直线上升或下降”，把伽利略的自由落体运动定律推广到最一般的情形。

由前面几章的铺垫，牛顿就可以在随后的几章里运用力和运动的合成与分解方法，讨论抛体运动、摆体运动和物体沿轨道运动时的回归点运动，以及其他受两种以上力的物体的运动。

第 11 章“受向心力作用物体的相互吸引运动”是整个第一编的高潮，其中的命题 66 是整部《原理》中最长的一个，它讨论了 3 个相互间都有吸引力作用的物体的复杂的相互运动关系，推论多达 22 个，几乎讨论了地面物体的运动、各种天体的运动、天体轨道的运动、潮汐运动等所有形式，差不多可以认为它就是一部浓缩的《原理》。但是，这一命题所讨论的还不是严格的三体问题，对三体问题的正式讨论出现在第三编的命题 22。

第 12 章中再次出现了极为重要的内容。这一章的标题是“球体的吸引力”。在命题 76 的推论 3 和推论 4 中，我们看到了今天尽人皆知的万有引力定律的文字表述。这一定律还将在随后的论述中多次出现，全书最后的“总释”中也以更加标准的形式加以表述。需要指出的是，我们今天谈到牛顿的丰功伟绩时，首先会谈到他的万有引力定律，其次才是他的力学三定律。《原理》的读者可能很容易在书中发现他的力学三定律，但找不到万有引力定律，原因是牛顿并没有把这一定律像我们今天这样把它突出出来。但是，这并不意味着牛顿本人不认为万有引力定律有普适意义，而是在牛顿那里，万有引力的大小、方向等规律必须是推导出来的结果，而不是当作经验性的普适原理直接引入的。

在随后的第 13 章，牛顿把由典型的球形物体得出的引力规律进一步推广到一般的非球形物体。

第一编的最后一章也是值得注意并且十分有趣的。牛顿讨论“受指向极大物体各部分的向心力推动的极小物体的运动”。在这里，极大物体指的实际上是具有平行平面的光学介质，而极小物体指的是光线。牛顿认为，光的本性是极其微小的颗粒，这些微小颗粒受力学规律的支配。这就是在历史上一度产生巨大影响的关于光的本性的“微粒说”,牛顿是这一学说的鼻祖。与牛顿同时代的荷兰物理学家惠更斯提出关于光的本性的“波动说”,曾在《原理》发表以前得到普遍认同,但后来由于牛顿和《原理》的巨大影响,微粒说压倒了波动说,直到19世纪托马斯·杨(Thomas Young,1773—1829)的光的干涉实验得到波动说的圆满解释后,波动说才又重新抬头。有趣的是,到20世纪初量子论提出来后,光的微粒说又得到复活。现在的通行观点是光以及所有的粒子都有微观粒子所特有的“波粒二象性”。在《原理》中,牛顿把光看作是粒子,在考虑了介质的吸引或排斥作用后,推导出了光的折射定律。牛顿还进一步考察了光在经过介质后所产生的像差,指出运用折射原理的任何光学仪器都不可能产生出完美的像。

《原理》的第一编篇幅巨大,它具备了牛顿力学的全部主要内容,包括基本定义、力学三定律和万有引力定律、求极限和无穷小的数学手段、物体的各种运动形式、物体的各种受力情况、各种运动轨道与受力的关系,甚至还涉及光的传播、海洋潮汐运动,等等。正如有的学者所评论的,即使《原理》没有完整出版,仅仅凭着这第一编,就足以使牛顿成为有史以来最伟大的人物之一。

“第二编”导读

尽管牛顿本人认为《原理》的第二编也和第一编一样是推导“若干普适命题的”,但是今天的人们还是倾向于认为第二编主要是属于第一编的应用部分。牛顿给它的标题与第一编几乎相同,叫作“物体(在阻滞介质中)的运动”,其括号中的限定语说明第二编所讨论的主要是地面物体的实际运动情况。这一部分中虽然没有第一编中那么多君临天下的大规则、大定义,但却也推导出许多重要的具体结论,读起来常常令人顿生“原来如此”的感慨。

本编的导读,我们不再逐章逐节地介绍,而是换一种方式,把值得特别指出的成果进行罗列。

第一，值得指出的是牛顿在引理 2 中介绍了他发明的求微分或导数的方法，即牛顿流数法。牛顿说，一个变化的量，其增大或减少的速率——他称之为“瞬”——“是一种普适方法的特例或更是一种推论，它不仅可以毫不困难地推广到求作无论是几何的还是力学的曲线的切线，或与直线及其他曲线有关的方法中，还可用于解决有关曲率、面积、长度、曲线的重心等困难的问题”。显然，这一方法正着用是求导数，反着用就是求积分。牛顿分 6 种情形详细介绍了求导数的方法，还做出了 3 项推论。我们已经知道，牛顿早在伦敦大鼠疫时期就发明了这种方法，这是他一生中最为杰出的发明之一。

第二，牛顿演示了在求解极为复杂的问题时，可以采用近似求解的方法。在命题 10 中，牛顿具体演示了求解抛体在阻滞介质（空气）中的运动时，用双曲线来近似替代更为复杂的抛物线的方法求解。他甚至还就这种方法给出了 8 条规则。实际上，直到今天，科学家们拥有功能强大的运算工具——电子计算机，在求解大量的科学、技术和工程问题时还是必须大量采用近似求解的方法。难能可贵的是，牛顿的演示表明，近似的方法，在大大简化求解难度的同时，又不会过度失去严格性，这正是现代科学的精妙所在。

第三，牛顿通过严格的数学推导和大量的实验数据演示了怎样通过在介质（如水、空气）中的摆体的运动来求出介质的阻力（见第 6 章，命题 24—31）。在这中间，牛顿甚至还教给人们怎样处理数据的误差，消除不合理的实验数据。在第 6 章的总注的最后，牛顿还设计了一个摆体实验，用于检测以太的存在。牛顿的结论是以太不存在。顺便指出，在现代物理和化学实验中，许多物体的特性（特别是力学特性）仍然是运用形形色色的摆体实验来测定的；当然，实验装置比牛顿的要复杂，但基本原理并无大的不同。

第四，在第 8 章，牛顿通过设想流体由流体粒子所组成，推导出波动的小孔扩散效应。这一效应被运用到推算声音的传播速度，牛顿得到的数据（包括做了些修正）是一秒钟行进约 979 英尺，经过一系列修正后达到 1142 英尺，与他的实测数据完全吻合。这一数据与当代的实验数据有较大出入，但牛顿正确地估计到了空气的压力、湿度等因素对于声速有较大影响。

第五，在这一编的最后部分（第 9 章），牛顿精心安排了“求解流体的圆运动”内容。牛顿在这不长但却令人瞩目的一章中，只安排了 3 个命题（51—53），分别讨论无限长柱体、球体在均匀介质中旋转时传递给介质的运动，以及涡旋自身的运动规律。其中命题 52 十分重要，它有 3 种情形、11 条推论和 1 条附注。牛顿推导出，像太阳那样的球体旋转所带动的宇宙涡旋（如果有这种东西的话）运动，各部分的速度与它到涡旋中心的距离是成正比的，然而天文观测事实是，行星的速度与它们到太阳的距离的$\frac{3}{2}$次幂成正比，各卫星与行星的关系也是如此。牛顿挖苦说，“还是让哲学家们去考虑怎样由涡旋来说明$\frac{3}{2}$次幂的现象吧”。牛顿经常以“哲学家”来称呼他的论敌，这一个命题及其推论是对笛卡儿及其学派涡旋说的最直接、最沉重的打击。

牛顿摧毁了一个旧的世界，接下来就要建立起自己的新世界了。

“第三编”导读

牛顿曾为《原理》写过两个第三编，一个是我们现在看到的，题为“宇宙体系（使用数学的论述）”，另一个题为“宇宙体系”，是一个非数学的通俗写法。牛顿把使用数学论述的宇宙体系收入正式出版的《原理》作为第三编。在第三编开头的引言中，牛顿指出，只要读者仔细阅读过本书前面的定义、运动定律和第一编的前 3 章，就可以直接阅读第三编，而在遇到引述的命题时，再回到前面查阅。

第三编是《原理》中最为辉煌的篇章。它气势磅礴，美轮美奂。在这一章中，牛顿详细地描绘了他的宇宙体系，太阳与各行星、各行星与它们的卫星之间的相互关系，以及彗星的运动和地球上海洋的潮汐运动。牛顿以万有引力作为所有这些现象的动力学原因，可以说是有史以来人类所能对宇宙做出的最大的立法。牛顿的宇宙，结构简单明快，不留丝毫的神秘和含糊，这种结构的运行机制是如此的简单、如此的强有力、如此的稳定、如此的井井有条，实在是令人叹服。

在这一编的写作安排上，牛顿取消了章的设置，直接由一个个命题展开论述，重要的命题安排附注加以解释或总结。

这一编开头，牛顿先写下了 4 条“哲学中的推理规则”，它们实际上就是自然哲学即我们今天所说的科学研究的基本推理规则，值得每一个有志于研究问题的人默记在心。

然后牛顿罗列了 6 种天文现象，分别描述木星及其卫星系统、土星及其卫星系统、太阳与 5 大行星系统（当时人们只发现了太阳系的 5 大行星）和地球与月球的运行关系，实际上是复述了开普勒的行星运动三定律。需要特别注意的是，整个第三编涉及大量天文学术语以及许多地理学和历史学知识，阅读起来有一定的难度，要求读者有较宽的知识面。

运用上述推理规则、前文的推导结果，牛顿就正式开始对上述现象给出解释，展开他那壮美的宇宙画卷。

命题 1—17，牛顿逐一论述了木星系统、太阳系、地-月系统、土星系统等的运动情形和轨道变化。在这期间，我们会多次看到万有引力定律的表述，特别是其中的命题 8。还有一个令人惊异之处，牛顿仅仅凭着观测到的行星运行数据和引力定律，就推算出各个行星的物质的密度，进而推算出那里引力的强弱和物体重量情况，让人大开眼界。

命题 18、命题 19 和命题 20 更进一步推算出地球的形状和物体重量随地理位置的变化。牛顿指出，地球的自转使得其两极处较之赤道处更加扁平。这是一个可以直接验证的科学预言。如果按照笛卡儿学派的观点，地球的形状正好与牛顿的预言相反，是两极处高于赤道处。这正好是两种宇宙体系在同一个具体问题上尖锐冲突的地方。后来欧洲国家特别是法国多次派出远征考察队到全球各地实地测量地球数据，得到的结论无一不支持牛顿，而与笛卡儿的相左。历史事实是,正是由于牛顿预言的地球形状得到确认,才使得欧洲人,特别是民族自豪感极为强烈的法国人最终抛弃笛卡儿学说,转而接受牛顿体系。

从命题 22 到命题 39,牛顿对月球运动的不规则现象进行讨论。现代天文知识告诉我们,由于日、地、月三者之间的相互影响,月球的运动十分复杂,处理起来十分棘手。牛顿正确地判断出这三者的关系对于月球运动的不规则性有重要影响。命题 22 被认为是历史上第一次正式提出三体问题,这样的问题至今还是没有精确解的。

一般认为,牛顿的月球理论问题最多,致使《原理》乃至整个牛顿学说备受当时论敌诟病。这是实情。然而牛顿的月球理论的问题主要是具体数据的问题,不是思路和方法上的问题,更不表明牛顿的力学理论和宇宙理论是错误的。我们知道,牛顿早在 1665—1666 年间就已经形成了他对力学和宇宙体系的基本看法,并且做出了大部分的理论计算和推导,但他迟至 20 年后才发表了所有这一切,有一种解释就是牛顿一直认为有关的天文观测数据特别是月球的观测数据与他的理论有较大出入,迫使他搁置自己的发明,也促使他积极投身于天文观测工作。这种见解至少是部分合理的。当然,牛顿推迟发表《原理》的原因,主要并不是因为要等待观测数据,而是因为他一直无法在数学上建立起平方反比与行星椭圆轨道之间的对应关系。牛顿是在 1679 年才解决了有关的问题。但是,限于当时的天文观测工具水平,牛顿以及当时所有的天文学家都不可能得到高精度的观测数据,因此月球理论与实际情况之间的误差是不可避免的。

这一部分的论述,虽然有关月球的部分误差较大,但关于海洋潮汐运动和地面物体在不同纬度有重量变化的推导和论述却是高度可靠的。牛顿用统一的理论解释了地球形状与地面物体随纬度变化现象,所依据的关键性证据是在地球各不同地点的摆体的周期变化。这再好不过地证明了他的引力理论和把地球重量集中于地心的抽象假设的合理性,真是意料之外,情理之中。

海洋潮汐运动理论是牛顿的引力理论与流体力学的综合运用。牛顿收集的海洋数据来自全球各地,牛顿极为雄辩地指出,月球运动是潮汐的根本原因,太阳也对潮汐有影响,但与月球相比只有其 1/5 左右。月球驱动海洋的力量只有地球上重力的二百万分之一,这样小的力在任何力学研究中都绝对是微不足道的,但对于浩瀚的海洋,它足以引起波涛汹涌的大潮。相信每一位读者读到这里,都会掩卷叹服,拍案叫绝。

与此同时,牛顿还顺带着推导出太阳、地球和月球的密度、形状和体积,以及地球与月球的距离等。这些在当时都是唯有牛顿的理论才能推算出来的数据。

在谈论完月球与海洋之后,牛顿写到了整部《原理》中最精彩夺目的部分:彗星理论。

彗星是人类记录到的最古老的天文现象之一,各民族(包括中国)的史料中都有记载,但都认为彗星的出现是灾祸的征象,它居无定所,来去匆匆。牛顿受到其他天文学家的启发,运用来自全球各地的大量观测数据、他本人的观测数据,甚至还运用了大量的古代文献记载,证明彗星是与行星十分类似的天体,以偏心率极大的椭圆轨道围绕太阳运行,其近日点可以潜入水星轨道以内,远日点则达到遥远的宇宙深处,其环绕周期可能长达数百年,甚至更多。

这一部分的命题只有 3 个:命题 40、命题 41 和命题 42,但牛顿为了计算彗星的轨道,引用了多达 8 个引理。其中命题 40 之后的引理 5 有重要意义,它就是十分著名的牛顿内插公式。

牛顿十分幸运,他亲身经历了 1665 年、1680 年、1683 年和 1723 年出现的几次彗星的观测,这使他有可能用丰富的数据资料反复验证自己的理论。

牛顿指出,根据哈雷博士的研究,1680 年出现的彗星绕太阳运行周期是 575 年。牛顿沿着史料记载一直追溯到公元前 44 年,那一年恺撒(Julius Caesar,前 100—前 44)大帝被刺杀。随后这颗彗星在 531

年、1106 年和 1680 年出现，每一次都带来极为壮观的景观，其彗尾在天空中跨越几十度，能照亮夜空。由于它周期极长，因而当它处于近日点时到太阳的距离还不足太阳直径的$\frac{1}{6}$。

牛顿还指出，1682 年出现的彗星，经过哈雷的计算，与 1607 年的彗星的轨道应当是相同的，即它们是同一颗彗星，其周期为 75 年。今天我们知道，这颗彗星的确在 1758 年、1834 年、1910 年、1986 年回到地球，周期为 76 年，它就是著名的哈雷彗星。

除了推算出彗星的轨道和周期，牛顿还以与现代天文学极为吻合的方式解释了彗尾现象：彗星在近日点受到太阳加热，放射出气体物质，气体物质又受到阳光的照射而反光。牛顿甚至还估计了彗尾的稀薄程度。

还有，牛顿进一步大胆设想，新星和超新星的出现与彗星有关，彗星在环绕运动的末期被恒星俘获落入恒星，放出巨大能量。但这一推测是错误的。此外，在牛顿撰写的"宇宙体系"（使用非数学的论述）中，还提到太阳系外层行星（土星）的远日点有前移现象；牛顿认为，"这可能是由于在行星区域以外有彗星沿极为偏心的轨道运行，很快地掠过它们的近日点，并在其远日点处运动极慢，在行星以外区域度过其几乎全部的运行时间"。这一思想的实质是，在内层轨道上的行星运动的不规则性，可能是由外层行星的摄动引起的。有论者指出，牛顿在这里实际上预言了天王星的存在。天王星于 1781 年被发现。而海王星的发现，也是由于人们观测到天王星轨道的摄动。这一例子说明牛顿理论的强大预言能力。

这样，天空中最困扰人类的彗星现象终于被纳入牛顿的宇宙体系，得到了最有说服力的合理解释。至此，牛顿也就在令读者沉醉于凝视彗星景观与繁星密布的苍穹中结束了《原理》。

"总释"导读

在《原理》的第一版中，牛顿没有安排这一部分内容，于是受到宗教界和神学界的强有力的批评。批评者主要指责的是牛顿的体系中没有上帝的位置,《原理》(第一版)甚至通篇没有提及上帝。其中贝克莱大主教(Bishop Berkeley,1685—1753)和莱布尼兹的批评很有分量,他们都有充分资格与牛顿对话。贝克莱大主教认为牛顿的绝对时空观排除了上帝的存在的可能性,因而属于无神论。贝克莱甚至还仔细推敲了牛顿的流数法、无穷小和极限概念及理论,指出了它们在数学上没有足够的理论基础,甚至是荒谬的。牛顿生前总算在与莱布尼兹的优先权争执中取得胜利,但对贝克莱的批评却无法做出解答。实际上,微积分的基础极限论要到19世纪才发展完备,其复杂和抽象程度远不是牛顿时代的人们能够想象的。

莱布尼兹则认为万有引力是一种说不清、道不明的"隐秘的质",连上帝也说不清。在这篇"总释"里,牛顿回应了莱布尼兹的指责,但语气上比较含糊。而他的学生科茨(Roger Cotes,1682—1716)在为《原理》第二版所作的序言中对莱布尼兹做出了猛烈回击。人们公认,科茨为《原理》写的这篇序言是得到了牛顿充分认可的,是一篇完整阐述牛顿自然哲学思想的檄文。

但是牛顿必须澄清自己的神学见解。在他那个时代,对于有教养的人和有社会地位的人来说,不信神或者无神论者是一个可怕的罪名。牛顿当然不愿戴上这顶帽子,更何况牛顿本来笃信上帝,自幼就有着极为深沉的宗教情感,坚信自己所做的一切都是服务于证明上帝的存在和解释上帝的创造物的庄严、伟大和秩序。近年研究牛顿的学者发现,牛顿青年和中年时代,大约是有志于成为一个集大成的神学家,自然哲学、数学只是他向着这个方向努力的一个方面而已。我们甚至不妨这么来看问题:对于牛顿来说,《原理》和他的伟大宇宙体系,只是他的神学研究总体计划中的一个局部的或阶段性的成果。由此也就容易理解为什么《原理》和《光学》发表后,牛顿又那样专注地沉迷于神学研究,并写下页数十倍于自然哲学手稿的神学手稿。因此在《原理》第二版发表时,牛顿加写了这篇"总释",集中表述了他的上帝观和上帝与他的宇宙体系之间的关系。据学者们研究比较,牛顿的这篇"总释"到《原理》

发表第三版时又做了一些字句上的改动，就是我们现在所见到的。

“总释”并不长，大约只有 4000 余字。

一开头，牛顿简单复述了涡旋说的困境：无法解释行星周期与$\frac{3}{2}$次幂的关系，无法解释彗星现象；随后，牛顿重申了宇宙空间的真空特性；接着他指出，天体维系在其轨道上的原因似乎不大可能仅仅是由于万有引力规律的存在，“它们绝不可能从一开始就由这些规律中自行获得其规则的轨道位置”。这里就为日后人们反复提起的“第一推动”留下了伏笔。

牛顿进一步描述了他发现的（也就是上帝所创造的）宇宙体系：“六个行星在围绕太阳的同心圆上转动，运转方向相同，而且几乎在同一个平面上。有十个卫星分别在围绕地球、木星和土星的同心圆上运动，运动平面也大致在这些行星的运动平面上……彗星的行程沿着极为偏心的轨道跨越整个天空的所有部分，……这个最为动人的太阳、行星和彗星体系，只能来自一个全能全智的上帝的设计和统治。”

牛顿进一步猜想：“如果恒星都是其他类似体系的中心，那么这些体系也必定完全从属于上帝的统治。……为避免各恒星的系统在引力作用下相互碰撞，他（上帝）便将这些系统分置在相距很远的位置上。”

到这里，牛顿肯定了上帝的存在，肯定了这个“最为动人”的体系来自上帝的设计和统治。到这里，我们不免会注意到牛顿明显地回避了《圣经·创世记》中讲的上帝创造世界的故事：他似乎不反对上帝创世，但他不同意《圣经》中的那种创始说。在他自己的宇宙里，他只强调了上帝对于宇宙的统治权。

他说：“上帝不是作为宇宙之灵而是作为万物的主宰来支配一切的。”牛顿比较了统治权与自治权的区别，指出一般人心目中的上帝只不过是有自治权的神，但真正的上帝是享有对于一切的统治权的。“只有拥有统治权的精神存在者才能成其为上帝：一个真实的、至上的或想象的统治才意味着一个真实的、至上的或想象的上帝”。

然后，牛顿由上帝的统治权推导出上帝的禀赋，一个他心目中与常人想象的不同的上帝：统治意味着能动性和全能全智，完善和至上，支配一切。“他不是永恒和无限，但却是永恒的和无限的；他不是延续或空间，但他延续着而且存在着。他永远存在，且无所不在；由此构成了延续和空间”。

到这里，牛顿大致回应了贝克莱主教对他的指责，在绝对时间和绝对空间与上帝之间建立了联系。紧接着，牛顿回击了莱布尼兹的诘难。

他写道，上帝“以一种完全不属于人类的方式，一种完全不属于物质的方式，一种我们绝对不可知的方式行事。就像盲人对颜色毫无概念一样，我们对全能的上帝感知和理解一切事物的方式一无所知。……我们能知道他的属性，但对任何事物的本质却一无所知。……我们无法运用感官或任何思维作用获知它们的内在本质；而对上帝的本质更是一无所知”。

“因此，像莱布尼兹那样妄论引力是不是上帝的意志或属性或什么隐秘的质的人，才是真正不敬神的人”。

最后，牛顿没有忘记为自己所从事的自然哲学的研究进行辩护：“我们只能通过他（上帝）对事物的最聪明、最卓越的设计，以及终极的原因来认识他……我们随时随地可以见到的各种自然事物，只能来自一个必然存在着的存在物的观念和意志。……我们关于上帝的所有见解，都是以人类的方式得自某种类比的，这虽然不完备，但也有某种可取之处。……而要做到通过事物的现象了解上帝，实在是非自然哲学莫属。”

到这里，牛顿结束了对上帝的谈论。

总的来说，牛顿的上帝见解的确与大多数基督徒的见解不同。他不谈论上帝创世，但他谈论上帝“治世”；一般人认为“是”上帝的东西，他认为那只“属于”上帝；普通信众认为要认识和接近上帝必须祷告和诵读《圣经》，他却认为应当研习自然哲学。

有的论者认为牛顿实际上只是一个泛神论者或自然神论者，这是不对的。仅从《原理》的这一篇“总释”来看似乎有些道理，但是这并不是真正的牛顿。牛顿信仰上帝，而且认为自己负有重要的神学使命。读者应当记得牛顿出生那天是圣诞节，这一巧合成为牛顿的精神负担。他以为自己的使命是向世人宣示宇宙的真理。人们无不惊异牛顿的《原理》是一部纯粹的科学著作，正文通篇与上帝毫无关系；人们同样惊异牛顿坚信《圣经》是古代贤哲写给后人的密码书，其中深藏玄机，而历代流传下来的《圣经》已经充满讹误，甚至还被篡改过，牛顿自觉承担研究《圣经》年代学的任务，他要还《圣经》以本来面目，并且解读其中的秘密；人们还惊异牛顿相信炼金术，经常夜以继日地守候在乌烟瘴气的炼金炉前，还曾经为此累垮了身体甚至中毒，牛顿认为炼金术中也深藏着宇宙机密；当然，人们还会惊异牛顿巨大的管理才能和在官场上的老道练达，在运用统治手段时那种毫不留情和摧毁对手的残忍。牛顿是个极为复杂的历史人物。

在这篇"总释"中，牛顿刚刚谈论完上帝，就再次表述了他的万有引力定律："它（引力）取决于它们（粒子）所包含的固体物质的量，并可向所有方向传递到极远距离，总是反比于距离的平方减弱。"但是，牛顿坚定地拒绝谈论万有引力的原因。关于引力从何而来的问题，他实际上是这样回答的："不知道。"

后世的哲学家们真是应当感谢牛顿，因为他描述完自己的体系之后，又谈论起自己的方法论来，写下了一段可以让他们大书特书、聚讼纷纭的文字：

"我也不构造假说；因为，凡不是来源于现象的，都应称其为假说；而假说，不论它是形而上学的或物理学的，不论它是关于隐秘的质的或是关于力学性质的，在实验哲学中都没有地位。在这种哲学中，特定命题是由现象推导出来的，然后才用归纳方法做出推广。……对于我们来说，能知道引力确实存在着，并按我们所解释的规律起作用，并能有效地说明天体和海洋的一切运动，即已足够了。"

显然，牛顿写这段文字时心里是想着德国人莱布尼兹的，这是一段带有论战性的文字，不能代表牛顿一以贯之的总的方法论态度。牛顿显然极为满意于自己的发明，极为满意自己构造的有史以来最大的假说。他好像向对手摊开了双手，挑衅说：“我做到了，你行吗？”就像今天的科学家们争吵时常说的：“拿出实验结果来，拿出观测数据来！”

“不构造假说”和“在实验哲学中没有地位”是牛顿所有的文字中被现代人炒作得最多的。牛顿是伟人，他的话当然一定是微言大义了。

在牛顿的时代，像牛顿这样只对宇宙体系进行描述而拒绝做出充分说明和解释的做法，是有些不合时宜的。学界的风气是一事当前必先追问终极原因，这种思维方式至今仍在许多人的头脑中存在，但它在大多数场合并不能给人们带来更多的知识。牛顿的这种思维可以追溯到伽利略。伽利略对人们说，要先搞清楚事物是怎么样，然后才能回答为什么。在思辨风气甚嚣尘上的时代，伽利略得不到广泛的认同，而自牛顿始，这种先描述后解释的思维才成为自然科学的标准思维。正因为如此，牛顿以后的科学才步入正轨，日益昌明。

然而更值得称道的是，牛顿在深深自负于自己的发明之余，并没有忘记求实的态度：牛顿谈到了某种最精细的“精气”的事情，它使物质粒子在近距离上相互吸引，一旦接触就粘连在一起；它还使带电物体既推斥又吸引其他物体；使光发射、反射、折射，并加热物体；使感官受到刺激，使躯体受到意志的驱动；等等。牛顿暗示，他的学说对这些现象还无能为力。

这是一种美德：谦逊。牛顿本人清醒地看到了自己理论的不足。

今天的科学和技术大大超越了牛顿的时代，但是在两个问题上我们还没能超越牛顿：一是建构一个与牛顿的同样简单的宇宙体系；二是用统一的理论去描述和解释牛顿在上面提到的种种现象。

牛顿的生平

牛顿出生于公元 1642 年 12 月 25 日，那天是基督教的圣诞节，地点在英国的林肯郡伍尔索普镇。牛顿家境贫寒，父亲是个小农场主，在牛顿出生以前三个月就已经去世，那时他的生身父母结婚才半年多。牛顿3岁时母亲改嫁给一位牧师，是外祖母把他抚养大的。12岁时他的继父又去世，他回到了母亲身边，发现自己多了三个同母异父的弟妹。牛顿的小学教育，主要是在外祖母家完成的。

牛顿在离家较远的格兰萨姆文科学校读中学，寄宿在一位药剂师的家中。在那里，他获得了极为宝贵的广泛阅读各类书籍，制作各种玩具，从事多种化学、物理实验的机会。

牛顿的童年没有得到父爱和母爱，这种不幸使小牛顿性格孤僻内向。他没有知心朋友，他的课余时间全都献给了如饥似渴的阅读和兴趣盎然的实验。但是他的学习成绩不好，一度还是班级里的倒数第二。直到有一次他与一个欺负他的同学打架并且赢得了那场本来实力悬殊的殴斗，他萌发出强烈的上进心，天才的一面开始展现出来，成绩也有了飞跃。

牛顿中学毕业后以优异成绩被推荐到剑桥大学三一学院。他极其勤奋地读书、思考，研究了大量古代和当代人的著作，特别是有关自然哲学、数学和光学方面的。不久他的指导教师就发现这个学生的学识已经超过了自己。1665年和1666年间，英国流行大鼠疫，各大学师生被疏散，牛顿回到家乡。在这18个月里，牛顿度过了他一生中最富于创造力的阶段。

牛顿晚年回忆道："1665年年初，我发现了逼近级数法和把任意二项式的任意次幂化成这样一个级数的规则。同年5月，我发现格里高利(James Gregory，1638—1675)和司罗斯(René-Francois de Slues，1622—1685)的切线方法。11月，得到了直接流数法。次年1月，提出颜色理论。5月里我开始学会反流数方法。同一年里，我开始想到将引力延伸到月球轨道(并且计算使小球紧贴着内表面在球形体内转动的力的发现方法)，并且由开普勒定律，行星运动周期倍半正比于它们到其轨道中心距离，我推导出使行星维系于其轨道上的力，必定反比于它们到其环绕中心距离的平方。因而，对比保持月球在其轨道上的力与地球表面上的重力，我发现它们相当相似。所有这些都发生在1665—1666年的大鼠疫期间。那时，我正处于发明初期，比以后任何时期都更多地潜心于数学和哲学。”

1667年剑桥大学复课，牛顿当选为三一学院院士。两年后，牛顿接替著名的数学家巴罗(Isaac Barrow，1630—1677)任卢卡斯教席数学教授。1668年牛顿发明并制作出第一台反射望远镜，1671年他制作了第二台并赠送给英国皇家学会，不久当选为该学会会员。在科学研究中崭露头角的牛顿遭到胡克(Robert Hooke，1635—1702)等人的刁难，卷入旷日持久的关于光的本性的争论；约10年后牛顿与胡克之间又发生关于引力和运动学方面的争论；在《原理》写作期间(1686)和出版后，牛顿与胡克又发生关于发现万有引力的优先权问题的争论；同时牛顿与德国人莱布尼兹(G. W. Leibnitz，1646—1716)之间又发生关于微积分的发明权的争论。

1679年，牛顿与胡克的争吵十分激烈。胡克对牛顿关于引力的见解提出强烈质疑，这促使牛顿全面考察了开普勒(Johannes Kepler，1571—1630)定律、伽利略(Galileo Galiei，1564—1642)运动学公式与引力之间的关系。这一年，牛顿终于证明了引力的平方反比关系与行星椭圆轨道之间的对应关联。至此，牛顿的整个宇宙体系和力学理论的基本框架宣告完成。

牛顿在1684年才进入写作《原理》的准备阶段。到那一年，哈雷(Edmond Halley，1656—1743)、胡克和雷恩(Christopher Wren，1632—1723)三人大约同时猜到引力的平方反比关系与行星的椭圆轨道之间有必然联系，但他们都无法证明这一点。哈雷来请教牛顿，牛顿表示他在几年前已经证明了这一点，但是原先的手稿找不到了，他可以给哈雷再证明一遍。牛顿重新写出了一篇《论轨道上物体的运动》，文中证明，天上与地上的物体服从完全同样的运动规律，引力的存在使得行星及其卫星必定沿椭圆轨道运动。

哈雷一眼看出这篇论文有划时代的价值，他敦促牛顿把它扩充为专著发表。于是在 1685 年和 1686 年两个年份的 18 个月里，牛顿专心致志地从事写作，《原理》这部伟大著作从牛顿的笔下源源不断地淌出来。牛顿显然是有长期研究所取得的丰富成果作为基础，他写下的论述事无巨细，都经过深思熟虑。他的写作速度之快令人惊异，他写作时的专注忘我令人感佩。

值得一提的是，英国皇家学会虽然十分重视牛顿的《原理》，但却没有财力资助出版它，是哈雷自费出版了牛顿的这部著作。

《原理》的出版震动了整个英国乃至欧洲学界。牛顿一跃成为当时欧洲最负盛名的数学家、天文学家和自然哲学家。人们争相向他表示敬意，英国王室请他做客，欧洲公认的最伟大的几何学家惠更斯(Christiaan Huygens，1629—1695)专程到英国拜访他，各国首脑和贵族访问英国时也要去看望他，以结识他为荣。1689 年，牛顿当选为国会议员；1696 年，牛顿获得造币局总监任命；1701 年，他再次当选国会议员；1703 年，当选为英国皇家学会会长；1705 年，受女王册封成为爵士。

《原理》第一版出版时牛顿 45 岁。他的后半生研究强度大大减少，1704 年他的另一重要著作《光学》出版，这本书是以英语写作的。1707 年，他出版了《数学通论》，这部著作没有引起广泛重视。在他生前，《原理》出版了三个版本，第二版在 1713 年，第三版在 1726 年。

牛顿的后半生主要从事的工作和活动有：

(1) 社会活动。他应付各类社会名流贤达的拜访，从事国家造币局的管理工作，管理英国皇家学会。

(2) 与胡克、弗拉姆斯蒂德(John Flamsteed，1646—1719)、莱布尼兹等人争论。

(3) 研究神学和《圣经》。

(4) 研究炼金术。

(5) 整理出版自己的著作和文稿。

牛顿终生未娶，1727 年 3 月 20 日逝世，英国王室为他在威斯敏斯特教堂举行了国葬。

中译本序

钱临照
（中国科学院院士，中国科学技术大学前副校长）

• *Preface to Chinese Version* •

已有的两个《原理》中文版本，以王克迪翻译所依据的版本较为完整，* 在国际上也更为流行，读者自当能审慎选择。

——钱临照

* 王克迪翻译的是《自然哲学之数学原理》和《宇宙体系》两书的合订本。合订本名为《自然哲学之数学原理·宇宙体系》。

钱临照院士(1906—1999)

牛顿《原理》一书是物理学领域的经典著作，也是世界名著之一。牛顿在这本书中把物体运动规律归纳于运动三定律中，建立起绝对时空观。他还首创微积分，发现万有引力定律，运用数学方法由万有引力定律求出行星、彗星、月球和海洋潮汐的运动规律。《原理》是牛顿创立经典力学体系的巨著，在科学史上有划时代的意义。爱因斯坦推崇牛顿的功绩道："至今还没有可能用一个同样无所不包的统一概念，来代替牛顿的关于宇宙的统一概念。"①

清代乾隆七年(1742)，我国学者梅瑴成等人编纂的《历象考成后编》中出现有"奈端"名字，当时牛顿之名译为奈端，是为我国人初识牛顿之时。《历象考成后编》中采用了牛顿计算日地距离的数据和方法。嘉庆四年(1799)，阮元等人编写的《畴人传》引用《历象考成后编》，为牛顿立传，介绍了"奈端屡测岁实"的结果，国人由此得知岁实"消长之数仅在微秒，非积之久久不能审知其差率"②。

清末李善兰曾译《原理》而未终篇。民国初年，小学校教科书中有牛顿见苹果落地而悟地球引力之故事，牛顿之名乃在此时为国人所熟知。抗战时期，虽时虞敌机轰炸，重庆文化界人士仍于 1942 年举行了牛顿诞辰三百周年的盛大纪念活动，同时中国物理学会分别在昆明、遵义举行学术讨论会以纪念牛顿的诞辰。1987 年 8 月 31 日至 9 月 3 日，我国九个全国性学术团体在北京联合举行了纪念牛顿《自然哲学之数学原理》发表三百周年学术讨论会——和全世界一样，我国也非常重视牛顿的著作。牛顿的好友哈雷在《原理》出版之际预言人类将千秋万代赞美这部著作，已得到现实充分证明。

《原理》有众多语种的译本。据调查，剑桥大学图书馆收藏的《原理》译本至少有 32 种。在我国，郑太朴首先翻译了《原理》，由商务印书馆 1931 年出版，后曾数次再版；现在王克迪向读者提供了一个新的译本，所依据的是莫特(A. Motte)译自《原理》拉丁文第三版(牛顿在

① 许良英等编，《爱因斯坦文集》第一卷，商务印书馆，1983 年，北京，第 404 页。

② 阮元，《畴人传》，卷四十六。

世时的最后一版)并由卡约里(F. Cajori)校订的英文本。这样,我国就有了《原理》的两种中文译本。郑太朴是根据德文版翻译的,这个德文版似不出自拉丁文第三版,较卡约里校订的莫特英译本有颇多缺漏。比较而言。已有的两个《原理》中文译本,以王克迪翻译所依据的版本较为完整,在国际上也更为流行,读者自当能审慎选择。至于 1974 年由上海外国自然科学哲学著作编译组翻译、上海人民出版社出版的塞耶的《牛顿自然哲学著作选》,其中只收集了《原理》的部分章节,不能窥见《原理》之全豹。此外,我还很高兴提起,内蒙古师范大学乌力吉·巴特等几位教授已将《原理》译成蒙文,并于 1987 年 8 月纪念《原理》发表三百周年之际出版,这是令人鼓舞的。

SIR ISAAC NEWTON

(See Appendix, Note 1, page 627)

牛顿肖像[1](卷首插图)

PHILOSOPHIÆ NATURALIS PRINCIPIA MATHEMATICA.

Autore *J S. NEWTON*, *Trin. Coll. Cantab. Soc.* Matheſeos Profeſſore *Lucaſiano*, & Societatis Regalis Sodali.

IMPRIMATUR.
S. PEPYS, *Reg. Soc.* PRÆSES.
Julii 5. 1686.

LONDINI,

Juſſu *Societatis Regiæ* ac Typis *Joſephi Streater*. Proſtat apud plures Bibliopolas. *Anno* MDCLXXXVII.

TITLE PAGE OF THE FIRST EDITION OF THE PRINCIPIA

(See Appendix, Note 2, page 627)

《原理》第一版的扉页[2]

序　言

• *Preface* •

陈列在剑桥大学三一学院门厅里的牛顿(大理石雕像)。

第一版作者自序

（艾萨克·牛顿）

由于古代人（如帕普斯[①]告诉我们的那样）在研究自然事物方面，把力学看得最为重要，而现代人则抛弃实体形式与隐秘的质，力图将自然现象诉诸数学定律，所以我将在本书中致力于发展与哲学相关的数学。

古代人从两方面考察力学，其一是理性的，讲究精确地演算，再就是实用的。实用力学包括一切手工技艺，力学也由此而得名。但由于匠人们的工作不十分精确，于是力学便这样从几何学中分离出来，那些相当精确的即称为几何学，而不那么精确的即称为力学。然而，误差不能归因于技艺，而应归因于匠人。其工作精确性差的人就是有缺陷的技工，而能以完善的精确性工作的人，才是所有技工中最完美的，因为画直线和圆虽是几何学的基础，却属于力学。几何学并不告诉我们怎样画这些线条，却需要先画好它们，因为初学者在进入几何学之前需要先学会精确作图，然后才能学会怎样运用这种操作去解决问题。画直线与圆是问题，但不是几何学问题。这些问题需要力学来解决，而在解决了以后，则需要几何学来说明它的应用。几何学的荣耀在于，它从别处借用很少的原理，就能产生如此众多的成就。所以，几何学以力学的应用为基础，它不是别的，而是普遍适用的力学中能够精确地提出并演示其技巧的那一部分。不过，由于手工技艺主要在物体运动中用到，通常似乎将几何学与物体的量相联系，而力学则与其运动相联系。在此意义上，理性的力学是一门精确地提出问题并加以演示的科学，旨在研究某种力所产生的运动，以及某种运动所需要的力。

---

① Pappus of Alexandria，活动于公元320年前后，亚历山大城最后一位伟大的几何学家，著有《数学汇编》，系统介绍了古希腊最重要的数学著作。——译者注

古代人曾研究过部分力学问题，涉及与手工技艺有关的五种力，他们认为较之于这些力，重力(纵非人手之力)也只能表现在以人手之力来搬动重物的过程中。但我考虑的是哲学而不是技艺，所研究的不是人手之力而是自然之力，主要是与重力、浮力、弹力、流体阻力以及其他无论是吸引力抑或推斥力相联系的问题。

因此，我的这部著作论述哲学的数学原理，因为哲学的全部困难在于：由运动现象去研究自然力，再由这些力去推演其他现象；为此，我在本书第一编和第二编中推导出若干普适命题。在第三编中，我示范了把它们应用于宇宙体系，用前两编中数学证明的命题由天文现象推演出使物体倾向于太阳和行星的重力，再运用其他数学命题由这些力推算出行星、彗星、月球和海洋的运动。我希望其他的自然现象也同样能由力学原理推导出来，有许多理由使我猜测它们都与某些力有关，这些力以某些迄今未知的原因驱使物体的粒子相互接近，凝聚成规则形状，或者相互排斥离散。哲学家们对这些力一无所知，所以他们对自然的研究迄今劳而无功，但我期待本书所确立的原理能于此或真正的哲学方法有所助益。

哈雷(Edmond Halley)先生是最机敏渊博的学者，在本书出版中他不仅帮助我校正排版错误和制备几何插图，而且正是由于他的推动本书才得以发表，因为他在得知我对天体轨道形状的证明之后，一直敦促我把它提交给皇家学会，此后，在他们善意的鼓励和请求下，我才决定把它们发表出来。但在开始考虑月球运动的均差，与重力及别的力的规律和度量有关的某些其他情形，以及物体按照已知定律受吸引的轨迹形状，若干物体相互间的运动，在阻滞介质中的物体运动，介质的力、密度和运动，彗星的轨道等诸如此类的问题之后，我延迟了这项出版，直到我对这些问题都做了研究，并能将它们放到一起提出之时。

与月球运动有关的内容(由于不太完备)我都囊括在命题 66 的推论中，以免此先就得提出并阐明一些势必牵扯到某种过于烦冗而与本书的宗旨不相合的方法的问题，从而打乱其他命题的连贯性。至于事后所发现的遗漏问题，我只好安排在不太恰当的地方，免得再改变命题和引证的序号。

恳望读者耐心阅读本书，对我就此困难课题所付之劳作给予评判，并在纠正其缺陷时勿太过苛求。

1686 年 5 月 8 日

于剑桥，三一学院[3]

第二版作者自序

（艾萨克·牛顿）

在《原理》的这个第二版中，作了许多修订和增补。[3]

第一编第二章中，对于确定使物体在给定轨道上运动的力作了图示和扩充。

第二编第 7 章中对流体的阻力作了更为精细的研究，并用新的实验加以证明。

第三编中月球理论和岁差则由其原理作了更完备的推导，并通过更多的轨道计算实例证明彗星理论，其精确性也更高了。

1713 年 3 月 28 日

于伦敦

第二版科茨序言[5]

罗杰·科茨(Roger Cotes)

(剑桥大学三一学院院士,普卢姆讲座天文和实验哲学教授)

我们在此向仁慈的读者呈献他们期待已久的牛顿哲学的新版本,它已得到很大的修订和增补。读者可从前面的目录中了解到这部名著的主要内容。作者在序言中已对修订或增补的部分作了说明。我们在此要补充的是一些与这一哲学的方法有关的问题。

研究自然哲学的人大致可分为三类。其中,一些人给事物归结出若干种形式和若干种隐秘的特质,并据此认为种种个体现象是以某些未知的方式发生的。导源于亚里士多德和逍遥学派的一切经院学派的全部学说无不以这一原则为基础。他们坚信物体的若干效应就是由这些物体的特质引起的。但他们却不告诉我们物体的这些本性从何而来,因此他们等于什么也没说。由于他们完全醉心于替事物命名而不探讨事物本身,所以,我们可以说,他们全部的发明在于谈论哲学的方法却没有给我们以真正的哲学。

另一些人则弃绝无用而混乱的术语,致力于较有意义的工作。他们认为一切物质都是同质的,并将物体形式的表现变化归因于其组成粒子相互间非常明显而简单的关系。如果他们所归结出的那些基本关系恰恰合乎于自然所给出的那些法则,那么这种由简单到复杂的研究途径无疑是正确的。但当他们听任想象自由驰骋,随意设定物体组分尚未弄清的形状与大小,以及不能确定的位置与运动,并进而设想出能够自由穿越物体的微孔的、如何微细的、可受隐秘运动的激发的某些隐秘的流体,此时,他们就进入了梦境和妄诞,忘记了事物的真正结构。事物的真正结构当然不能由虚妄的猜测来推断,即使通过最可靠的观察也很难发现它们。那些以假说为其思辨之第一原理的人们,虽然在以后的推理中极富于精确性,可得到确乎机巧的幻象,但幻象最终仍旧是幻象。

还有第三类人,他们崇尚实验哲学。他们固然从最简单、合理的原理中寻找一切事物的原因,但他们决不把未得到现象证明的东西当做原理。他们不捏造假说,更不把它们引入哲学,除非是当做其可靠性尚有争议的问题。因此他们的研究使用两种方法,综合的和分析的。由某些遴选的现象运用分析推断出各种自然力以及这些力所遵循的较为简单的规律,由此再运用综合来揭示其他事物的结构。本书著名的作者恰恰采用了这种无与伦比的最佳方法来进行哲学推理,并认为唯此方法值得以他卓越的著作加以发扬光大。在此方面,他向我们给出了一个最光辉的范例,亦即他利用重力理论极其幸运地推导出的关于宇宙体系的解释。在他之前曾有人猜测或想象,所有物体都受到重力的作用,[6]但唯有他是第一位由现象证实重力存在的哲学家,并使之成为其最杰出的推理的坚实基础。

我确知有些享有盛名的人,过分囿于某种偏见,不情愿赞同这一新原理,而且宁愿采用含糊的概念也不用精确的。我不是要诋毁这些杰出人物的声誉;我只是想把这些争论展示在读者面前,求得公正的判断。

为此,我们可以从最简单、距我们最近的事物开始进行我们的推理。让我们稍微考虑一下地球物体的重力的特性是什么,以便更可靠地过渡到对距我们最远的天体的思考。现在,所有哲学家都同意所有的地面物体都受到地球吸引。不存在没有重量的物体,这已为各种经验所证实。相对轻的物体并不是真正的轻,只是表象的,是由邻近物体相对较重造成的。

而且,与所有物体被引向地球一样,地球也为所有的物体所吸引,重力作用是相互的,而且对双方是相等的,这可以这样证明。设地球质量被分为任意两块,或相等或不相等,如果两块相互间的重量不相等,则较轻的一块将屈服于较重的,二者将共同沿无限直线向较重一块所在的方向运动,而这与经验相违背。所以我们必须承认各部分间的相互重量相等;即,重力作用是相互的,在相反方向上相等的。

在到地球中心相等距离上的物体重量正比于物体物质的量。这可以由所有物体自静止状态在重量作用下下落的同等加速推导出来；因为使不等的物体同等加速的力必定正比于被运动物体的量。至于所有落体都同等地加速，则可利用在除去空气阻力时，如在波义耳(Boyle)先生的抽去空气的容器中那样，它们在相等时间内经过相等的距离来说明；不过，这一结论还可以由单摆实验更精确地证明。

位于相等距离处的物体，其间的吸引力正比于物体内物质的量。因为物体被吸引向地球，与此同时地球又被吸引向物体，地球相对于每个物体的重量，或物体吸引地球的力，等于同一物体相对于地球的重量。但这一重量已被证明正比于物体内物质的量；因而使每个物体吸引地球的力，或该物体的绝对力，同样正比于该物体的物质量。

所以，整个物体的吸引力由其各组成部分的吸引力产生，因为，如刚才说过的，如果物体的量增加或减少，它的力也成正比地增大或减小。所以我们必须得出结论，地球的作用由其各部分的作用组合而成，而所有地球物体必定通过正比于吸引物质的绝对力相互吸引。这就是地球上重力的性质。让我们再看看它在天空中的情况。

每个物体都保持其静止或匀速直线运动的状态，除非它受到改变这一状态的外力的作用，这是已为所有哲学家普遍接受的自然规律。但由此即可推出，沿曲线运动的物体，即连续偏离轨道切线的物体，需某种连续作用把它们维系在曲线路径上。于是，行星既沿曲线轨道运动，就必定有某种力对它们施加连续的作用，使之连续偏离其切线。

从数学推理可严格地证明，所有在一平面上沿任意曲线运动的物体，只要其伸向任意一个点的矢径，不论该点是静止的或是以任何方式运动的，所掠过的面积正比于时间，那么，物体都受到指向该点的力的作用。这是无可否认的事情。于是，鉴于所有天文学家都同意，行星绕太阳运动，它们的卫星绕各行星运动，掠过的面积都正比于时间，由此知使它们连续偏离其切线而沿曲线轨道运动的力，指向位于该轨道中心的物体。所以这种力相对于环绕物体，称为向心力，相对于中心吸引物体而言，称为吸引力，并没有什么不妥当的，无论这力是由什么原因产生的。

而且，还必须承认数学上已证明的下述内容，如果几个物体绕同心圆做匀速转动，且周期时间的平方正比于到公共中心距离的立方，则向心力反比于距离的平方，或者，如果各物体沿极近似于圆的轨道运动，且轨道的回归点是静止的，则环绕物体的向心力反比于距离的平方。所有的天文学家都同意，所有的行星都符合这两个事实。所以所有行星的向心力都反比于到它们轨道中心的距离的平方。如果有人反对说，行星，特别是月球的回归点并不是完全静止的，而是有一种缓慢的前移，我们可以这样回答：即便我们姑且承认这种极缓慢的运动是由于向心力对距离平方定律的偏离造成的，但我们可以从数学上计算出这种偏离量，并证明它完全是不可察觉的。因为，即使是所有天体中最不规则的月球向心力，其变化反比于一个略大于距离平方的幂，接近平方反比关系也 60 倍于接近立方反比关系。何况我们还可以给出一个更准确的回答，这种回归点前移并不是由于偏离距离的平方反比定律造成的，而是产生于一种完全不同的原因，正如本书中所精彩地证明的那样。因此可以肯定，使各行星倾向于太阳，各卫星倾向于行星的向心力，精确地反比于距离的平方。

由上面所说的可以明了，行星之所以停留在其轨道上是由于某种力对它们的连续作用；显然，这种力总是指向它们的轨道中心；显然这种力的强度随着到该中心的距离的增加而减少，并随其减少而增加，而且增加的比例与距离平方减少的比例相同，减少的比例与距离平方增加的比例相同。现在让我们来看看，通过把行星的向心力与重力作比较，我们究竟能否证明它们正好是一回事。如果它们具有相同的规律和作用，那么它们就是一回事。我们首先来考虑距我们最近的月球的向心力。

物体不论受到什么力的作用，由静止而下落，在由开始运动时起算的给定时间内，所经过的距离正比于力。这可以由数学推理证明。

所以沿其轨道运行的月球,其向心力与地球表面的重力之比,等于月球失去其环绕力而受其向心力作用落向地球,在极小时间间隔内所经过的距离与一重物体受地球附近重力作用在相同的时间间隔内所经过的距离之比。第一个距离等于月球在此时间内所经过的弧长的正矢,因为该正矢是对月球受其向心力作用而从其切线上偏离出去后的位移的度量,因而在已知月球周期时间及它到地球中心距离时可以计算出来。后一个距离则可以像惠更斯(Hugens)先生所证明的那样,通过单摆实验求出。因而通过计算我们将会发现,前一个距离比后一个,或沿轨道运行的月球的向心力,比地球表面的重力,等于地球半径的平方比月球轨道半径的平方。但由以前的论述可知,沿轨道运行的月球的向心力比月球在地球表面附近的向心力也正好为同一比值。所以,地球表面附近的向心力等于重力。所以它们不是两种力,而是同一种力;因为如果它们不同,则它们合起来将使物体落向地球的速度比独受重力快一倍。因为不难理解,使月球被连续地推出或吸引出其切线并停留在其轨道上的向心力,正是地球延伸到月球的重力。这足以使人相信这种力能延伸到极远的距离,因为在最高的山顶上我们也不曾发现有丝毫减弱。所以月球被地球吸引;但在另一方面,地球也受到同等的相互作用而被吸引向月球,这种哲学对此做出了充分的证明,如海洋中的潮汐和岁差,它们都是由月球和太阳对地球的作用引起的。最后,我们还看到在极远距离处地球重力减弱所遵从的规律。由于重力与月球的向心力完全没区别,后者反比于距离的平方,因此重力也以完全相同的比例减小。

我们现在再看看其他行星。因为行星绕太阳运行,卫星绕木星和土星运行,与月球绕地球运行属同一种现象,又因为进一步证明了行星的向心力是指向太阳中心的,卫星的向心力也指向木星和土星的中心,与月球的向心力指向地球中心的方式相同;而且,由于所有这些力都反比于到上述中心的距离的平方,与月球的向心力反比于到地球中心距离平方的方式相同,我们理所当然地必须断定所有这些力的性质都是相同的。所以,与月球被地球吸引,地球被太阳吸引一样,所有的卫星也都被它们的行星所吸引,而行星也被它们的卫星所吸引,所有的行星被太阳所吸引,太阳也被行星吸引。

所以太阳被所有的行星吸引,所有的行星又被太阳吸引。而卫星在绕其行星运行的同时,也伴随着行星绕太阳运行。所以,由相同理由,行星与卫星都为太阳吸引,而它们也吸引太阳。卫星被太阳吸引在月球运动的不等性中得到尤为充分的证明,我们在这部著作的第三编中读到了关于这一点的最具洞察力、最精确的理论解释。

太阳的吸引力向所有方向传播到遥远距离并弥漫在其周围的广大空间中每一角落中,这在彗星的运动中得到了有力证明,彗星来自距太阳极为遥远的处所,飞临非常接近于太阳的位置,有时在其近日点时几乎接触到它的表面。在我们的时代,我们的杰出作者幸运地发现了彗星理论并运用最可靠的观测证明它是真理以前,天文学家们对此完全一无所知。我们现在认识到彗星沿着以太阳中心为焦点的圆锥曲线运动,它们伸向太阳的矢径所掠过的面积正比于时间。这些现象意味着,并且数学上业已证明,使彗星维持在其轨道上的力是指向太阳而反比于到太阳中心距离的平方的。所以,彗星被太阳所吸引,而太阳的吸引力不仅作用于位于既定距离上极近似于排列在同一平面上的行星,而且还达到位于天空中极不相同的位置和极不相同的距离上的彗星。所以吸引物体的本性就是对所有距离上的所有其他物体产生作用。由此可推知所有的行星与彗星也相互吸引,相互被吸引,这还由天文学家们观测到的木星与土星的摄动得到证实,这种摄动产生于这两颗行星的相互作用;这也由前面提及的回归点的缓慢运动所证实,它们源出于同一原因。

现在我们已到了这种地步,必须承认太阳、地球及所有伴随太阳的天体都相互吸引。所以,物质的最小粒子,其每一个必定都有其各自正比于其物质量的吸引力,正如地面物体所表现的那样。这些力在不同距离上也反比于其距离的平方;因为数学已证明,遵循这一规律的球体的吸引力正是由组成它的遵循同一规律的粒子的吸引力产生的。

上述结论是以为所有哲学家所公认的下述公理为基础的，即，同一种类的效应，其已知特性相同，则产生于同一种类的原因，并具有相同的未知特性。因为，如果重力是一块在欧洲的石头下落的原因，谁能怀疑它也是美洲石头下落的原因？如果在欧洲的石头与地球间有相互吸引，谁能否认在美洲也有同样情形？如果在欧洲石头与地球的吸引力为其各部分的吸引力复合而成，谁能否认在美洲也有相似的复合？如果在欧洲地球的吸引力能传播到所有距离上的所有种类的物体，我们为什么不能说它在美洲也以相同方式传播？一切哲学都建立在这一规则的基础之上；因为如果抛弃了它，我们就得不到作为普遍真理的东西，观测和实验可以使我们认识特殊事物的结构，但做到这一点之后，如果没有这一规则，我们就无法抽取出事物性质的普遍结论。

既然就我们所能做的与之有关的任何实验或观测而言，一切物体，不论其在地上或在天上，都有重量，那么，我们必须肯定引力普遍存在于一切物体中。就像不能设想不具有广延、运动和不可穿透性的任何物体一样，我们也同样不能设想物体没有重量。我们只能通过实验知悉物体的广延性、可运动性和不可穿透性，也只能以完全相同的方法知悉物体的重力。我们能对之做出观测的一切物体都具有广延、运动和不可穿透性，由此我们得出结论，那些没能观测到的物体也具有广延、运动和不可穿透性；同样，我们所观测到的物体都具有重量，由此也可得出结论，那些没能观测到的物体也具有重量。如果有人说恒星上的物体没有重量，因为不曾观测到它们的重力，那他们也会因同样理由说它们没有广延、没有运动、没有不可穿透性，因为恒星的这些性质也还没有观测到。简而言之，要么重力必定具有所有物体第一性的质的地位，要么广延、运动性和不可穿透性必定也不具备这种地位。如果用物体的重力不能正确解释事物的特性，那么用其广延、运动性和不可穿透性同样不能解释。

我知道有些人不同意这一结论,他们嘟哝着隐秘的质的事情,他们仍在对我们吹毛求疵,说重力也是隐秘的质,而隐秘的质已被哲学完全排除。对这种诘难回答很简单:那些确乎隐秘的原因其存在也是隐秘的,是想象的,不能证实的,而那些能通过观测证实其存在了就不是隐秘的质。所以,重力无论如何不能称为天体运动的隐秘的原因,因为这样的力的确存在的现象是显而易见的。那些宁可求助于隐秘质的人们,为了解释这种天体运动,把杜撰的物质涡旋整个置于虚构和不能为人感官感知的境地。

但是,由于重力的原因尚属未知,不曾发现,是否重力因此而成为隐秘的原因,因而应逐出哲学呢?坚信于此的人应当心不要堕入致使哲学的基础倾覆的陷阱中。因为原因通常沿着由较复杂的事物通向较简单的事物的连续链条发挥作用,我们一旦抵达最简单的原因就无法再向前进。因此,对这最简单的原因不能指望或得到力学的说明或解释,如果能得到的话,它就不是最简单的了。你们不是称这些最简单的原因为隐秘的,要驱逐它们吗?那你们就必须驱逐由它们所直接决定的,以及又进一步决定着的,直至哲学得到彻底清洁,消除所有原因为止。

有些人说重力是不可思议的,称之为永恒的奇迹。所以他们应当抛弃它,因为不可思议的原因在物理学中没有地位。对于这种败坏一切哲学的奇谈怪论不值得浪费时间去反驳。因为他们或者是要否认重力存在于物体之内,但不能这样说出来,或者因此而称之为不可思议的,因为它不能由物体的其他性质因而也不能由力学原因产生出来。但物体当然是有其第一性的质的;而正因为它们是第一性的,才不依赖于其他性质。至于所有这些第一性的质在他们眼中是否同样地不可思议,是否要一概加以摒弃,至于我们所想要掌握的哲学在他们眼中究竟是一种怎样的哲学,则任凭他们去想了。

还有些人不喜欢这种天体物理学,因为它与笛卡儿(Descartes)

的观点相矛盾,似乎很难加以调和。由他们欣赏自己的观点好了,只是他们应做得公平些,不要否认我们同他们一样需要享有自由。既然牛顿哲学对我们来说是真理,就让我们拥有欢迎它、维护它的自由,去追求得到现象证实的原因,而不是单凭想象、得不到证实的原因,真正的哲学,其职责在于由真正存在的原因去追寻事物的本性,去发现伟大的造物主实际上选定的建立这个最美好的宇宙结构的规则,而不是他可能用以做出同样创造的别的规则,如果他愿意的话。有足够的理由设想,由几种原因,彼此有所不同,能引出相同的效果来;但真正的原因是那能实际起作用的一个,其他的在真正的哲学中没有地位。时钟的时针运动是相同的,它既可能是重锤驱动的,也可能是内部发条驱动的,如果某一时钟的确是重锤驱动的,而竟有人以为是发条在推动它,并由其原理出发,不做深入检查,去解释指针的运动,便要遭到嘲笑。因为他所应采取的方法无疑应当是先仔细察看机器的内部机件,再找出造成运动的真正原因。有些哲学家以为天上充满持续作涡旋运动的最精美的物质,他们如是行事同样应受到嘲笑。因为,即使他们曾用这种假设对现象做出精确的解释,我们也不能说他们已发现了真正的哲学和天体运动的真正原因,除非他们确能证明那些原因的存在,或者至少证明不存在其他的原因。所以,如果已证明所有物体相互吸引确实存在 in rerum natrra(于自然界)的性质,而且如果天体如何运动的问题也由这一性质得到解决的话,任何人反对这种解释并仍主张应当由涡旋说来说明天体运动都将是十分鲁莽的,尽管我们认为这种对运动的说明是可能的。但我们并不认同这样的学说,因为涡旋无法解释本书作者由最明白不过的理由充分地证明了的那些现象。所以,那些人必定是热衷于妄想,在执迷不悟和突发奇想中无聊地消磨时光。

如果行星和彗星物体是由涡旋携带绕太阳运行的,这样的物体以及涡旋中紧挨着它们的部分,必定以相同的速度和方向运动,同样体积的物质必具有相同的密度、相同的惯性。但可以肯定的是,行星和彗星，当它们出现在天空的同一区域时，运动的速度和方向都不相同，因此有必要假定天空流体中与太阳距离相同的部分必定在同一时间以不同的速度和方向旋转，所以行星运动采取一种速度和方向，而彗星采取另一种。由于这一说明无济于事，我们只能要么认为天体不是涡旋带动的，要么认为它们的运动不是出自同一种涡旋，而是由几种不同的围绕太阳充斥弥漫于天空的涡旋推动的。

如果同一天空中有几种不同的涡旋，并且它们相互穿透，作着不同的环绕运动，那么，由于这种运动必须与它们所携带的物体的运动相一致，而这些物体的运动又如此规则，在圆锥截面上有时如此偏心，有时又近乎圆周，人们必定要十分合理地发问，这些涡旋是怎样保持住整体，并在漫长岁月中物质的相互碰撞作用下避免任何干扰的？无疑，如果这些臆想的对运动的说明比行星和彗星的真实运动来得复杂和困难，似乎就没有理由让它们进入哲学，因为真正的原因应当比其效果简单。人们要沉溺于幻想中自然无法禁止，譬如，某人偏要断言，行星和彗星像我们的地球一样为大气所包围，这样的假设似乎也比涡旋说更加可信；他再想象这些大气由其本性驱使以圆锥曲线环绕太阳运动，这样的运动也比相互穿透的涡旋运动更易于为人接受；最后，行星和彗星被它们的大气裹挟做绕日运动，于是，他就为自己发现了天体运动的原因而欢呼。然而，他要是抛弃大气假说和涡旋说中的任何一个就必须也抛弃另一个，因为纵是两滴水也不比这两种虚幻的假说更为相像。

伽利略(Galileo)曾证明，抛出的石头沿抛物线运动，它之所以偏离直线路径而走这条曲线是因为石头指向地球的重力，即因为一种隐秘的质。但现在可能有某位比他更机巧的人出现，用这样的方式来解释其原因：他设想某种微细的物质，不为我们的视觉、触觉，或其他任何感觉所感知，它充满地球表面附近及相连接的空间，这种物质沿不同方向，常常是相反的，和各种速度掠过抛物线。再看他多么轻易地解释了上述石头的偏离。他说，石头浮动于这种微细的流体内，随它一同运动,不能选择但能画出相同的图形。而流体沿抛物线运动,所以石头当然也必定沿抛物线运动。这位哲学家竟能将自然现象诉诸力学的原因,诉诸物质和运动,如此清楚明白以至于最平庸的人也能懂得,难道他的敏锐不是异乎寻常的吗?难道我们不应当为这位新伽利略运用如此之多的数学,把已经被侥幸排除出去的隐秘的质再请回哲学中而感到欣慰吗?可是我已为纠缠于无聊的话题这么久而羞愧了。

总的来说是这样的:彗星的数目肯定是很大的;它们的运动完全是规则的,并服从于行星一样的规律。它们运动的轨道是圆锥曲线,其偏心率很大。它们各依其轨道经过天空的各个区域,完全自由地穿过行星区域,它们的运动往往与天宫的顺序相反。天文学观测最明显不过地证实了这些现象,它们不为涡旋说所解释,而且,它们的确是与行星的涡旋说尖锐对立的。如不把这种虚构的物质从天体空间中彻底清除掉,彗星的运动便没有余地。

因为,如果行星是为涡旋裹挟绕太阳运动的,则如上所述,涡旋中直接包围着每颗行星的部分必定与行星密度相同。因而所有与地球轨道周界相邻接的物质都与地球密度相同。[7]但是这个巨大的球体与土星的球体必定有相同的或更大的密度。因为,为了使涡旋的结构永远不变,密度小的部分必须距中心较近,而密度大的部分则必须距它较远。因为行星周期的变化正比于它们到太阳距离的$\frac{3}{2}$次幂,涡旋各部分的周期必定也遵循同一比值。由此可推知涡旋各部分的离心力必定反比于其距离的平方。因而那些距中心较远的部分企图离开它的力较小;而如果它们的密度小,则必定屈服于使较接近于中心的部分企图上升的更大的力。所以密度较大的部分将上升,而密度较小的部分将下降,它们相互间将发生位置改变,直到整个涡旋中的所有流体物质都得到调整和配置,使得各部分趋于平衡变得静止。如果将两种不同密度的流体盛入同一个容器中,则最后当然是密度较大的沉入下部,由类似理由可推知,涡旋中密度较大的部分由于其离心力较大也会升入较远的处所。所以，涡旋中所有远在地球球体之外的部分，其密度，进而其对应于物质体积的惯性，都不能小于地球的密度和惯性。但这可能会对彗星的运动产生阻力，它必定非常明显，且不说使其停止运动或全部吸收它的运动，但由彗星的完全规则的运动来看，它们根本不受丝毫可察觉的阻力影响，因而它们不曾遭遇到任何种类的具有任何阻力因而具有任何密度和惯性的物质。因为介质的阻力或是来自流体物体的惯性，或是来自它缺乏润滑性。由于缺乏润滑性而产生的阻力很小，一般在流体中很难发现，除非它们像油或蜂蜜一样具有黏性。我们在空气、水、水银及类似的没有黏性的流体所看到的阻力，几乎都属于前一种，而且正如我们的作者在第二编著名的阻力理论中最明白不过地证明了的，如果与阻力成正比的密度和惯性保持不变，则它们的阻力也不会因其有着较大的细微程度而减小。

穿越流体运动的物体会逐渐把它们的运动传递给其周围的流体，这种传递会损耗它们自身的运动，进而使运动受到阻滞，因此，这种阻滞正比于运动的传递，当给定运动物体的速度时，运动的传递又正比于流体的密度，因此，流体的阻滞或阻力也正比于相同的流体密度。这种阻力难以排除，除非流体中紧挨着运动物体后部的部分储存住了缺失的运动。然而，这也是难以做到的，除非流体对物体后部的压力等于物体前部对流体的压力，就是说，除非在后面推动物体的流体的相对速度等于物体推动流体的速度；也就是说，除非流体循环的绝对速度两倍于物体推动流体的速度，而这是不可能的。因此，流体的惯性所产生的阻力无论如何不能排除，所以，我们必须得出结论，天空流体没有惯性，因为它没有阻力；它不具有用作传递运动的力，因为它没有惯性；也无力对一个或多个物体的运动造成任何改变，因为没有用以传递运动的力；它还不会起到任何作用，因为它没有赖以产生任何变化的能力。所以，这种假设可以理所当然称之为虚妄，对哲学家毫无价值，因为它完全没有基础，在解释事物中毫无用处。[8]猜想天空中充满流体物质的人，杜撰说这种物质没有任何惯性，只是在字眼上否认真空，实际上承认它存在，因为既然这种流体物质与虚空完全没有区别，现在的争论只是名称问题，并不涉及事物的本质。如果有人如此偏爱物质，以至于根本不肯承认有空无一物的空间，且看他们最终必然会达到什么结局。

因为他们或者会说宇宙结构之所以处处充满物质是上帝的意愿使然，自然的运作应处处得到渗透并充满所有事物的微细以太的帮助；然而，由于我们在彗星现象中已经指出，这种说法不能成立，这种以太是根本没有功用的；他们或者会说，之所以如此是上帝的相同意愿而要达到某种未知的目的，这也不能成立，因为由同样的理由也可以设想一种不同的结构；或者，他们最后不再说这是出于上帝的意愿，而只是说是出于其本性的某种必然结果。所以他们最终将沦落入泥潭，与一群梦想一切事物为天数而不为神意所控制，梦想物质的无限和永恒存在是凭其本性而无时不在且无所不在的无耻之徒为伍。然而，我们可以假设，宇宙结构在各种必定是均匀的；因为结构的可变性与其必然性是完全不相容的。它必定还是静止的；因为如果它必须沿任何确定的方向以任何确定的速度运动，那么它同样有必要沿不同的方向以不同的速度运动；但它却绝不可能同时沿不同的方向以不同的速度运动；因而它必定是不动的。毫无疑问，我们所看到的这个世界，其形式是如此绚丽多彩，其运动是如此错综复杂，它不可能是别的，而只能出自指导与主宰一切的上帝的完美的自由意志。

正就是从这个源泉里，我们称之为自然定律的那些规律涌现出来，其中确实显现出许多最高智慧的迹象，却没有一丝必然性的影子。所以我们绝不能从不确定的猜测中去探寻这些定律，而应从观测和实验中把它推导出来。要是某个自以为是的人以为，单凭他自己心灵的力量和他的理智的内在之光就能发现物理学的真正原理和自然事物的规律，就必然要或是假定世界是由于必然性而存在，而这些规律是由同一个必然性决定了的，或是假定如果自然之秩序是由上帝的意愿建立起来的，则只有他这个可怜的小爬虫，才能告诉人们怎样做才最合适。一切殷实可靠的哲学都是以事物的现象为基础的;如果这些现象无可避免地把我们引向由全智全能的上帝以其最杰出的远见和至高的权威所最清楚不过地显示给我们的一些原理,由不得我们的意愿,那么,我们就不能因为某些人可能不喜欢这些原理而对它们置之不理。这些人也许会称它们是奇迹或隐秘的质,但恶毒的名称无损于事物本身,除非这些人最后说出所有的哲学都应以无神论为基础。哲学绝不会因这些人的骚扰而腐败,因为事物的秩序是不可变更的。

所以,公正不阿的法官将会做出有利于这种基于实验和观测的最好的哲学方法的判决。我们的伟大作者的这部令人崇羡不已的著作使这种方法焕发出难以形容或无法想象的夺目光彩,他的卓绝超群的天才解决了最困难的问题,到达了以前被认为是人的智慧所不能达到的发现,理应受到所有那些在这些事情上并非浅尝辄止的人们的崇敬。现在大门已经打开,沿着他所开拓的那条道路,我们就可以自由地探索隐藏在自然事物中的神秘而奥妙的知识。他把宇宙体系这幅最美丽的图卷如此清楚地展现在我们眼前,即使是阿尔方索王①还活在世上,也不会挑剔说其中缺乏简单性或和谐性这些优点。现在我们已能更加真切地欣赏自然之美,并陶醉于愉快的深思之中,从而更深刻地激起我们对伟大的造物主和万物的主宰的敬仰与崇拜之情,这才是哲学的最好的和最有价值的果实。如果有谁从事物的这些最明智最具才艺的设计中看不到全能创世主的无穷智慧和仁德,那他必定是个瞎子;而如果他对此视而不见,那他必定是个麻木的疯子。

牛顿的这部杰出著作最安全地防止了来自无神论的攻击,我们不能从别的地方而只能从这个箭囊里拔出武器来对付这帮不信神的人。

---

① King Alphonso,指西班牙国王阿尔方索十世(1221—1284),他以好学著称,曾领导编写一系列天文学著作,著名的有“阿尔方索星表”。——译者注

这一点虽然很久以前已为人们所感觉到,但理查德·本特利[1]学识渊博的英语和拉丁语讲道最先令人惊奇地证实了这一点。本特利先生是一位好学深思之士,在科学研究方面奖掖后进,不遗余力,他是我们时代和我们这个学院的伟大象征,是我们三一学院最公正无私最受尊敬的院长。我必须在许多方面对他深表感激之情。即使你,善意的读者,也不应抑制对他的崇敬。多年以来,他作为本书杰出的作者的亲密朋友(他不仅认为这位作者应为后人所尊敬,而且认为这部不平凡的著作应在全世界所有有学识的人士中享有声誉),一直关心着他的友人的声誉和科学的进步。由于本书第一版已很罕见,而且索价奇昂,因此他屡次劝说作者,愿意资助印行的费用,并在他的监督下为他的著作发行新版本,他对作者的恳求有时几乎变成了指责。但他终于说服了我们这位以谦逊的美德和饱学而著称的杰出人士。现在的新版已经全部加以补充修订。至于本书的校订工作,本特利先生则交给了我,当然他有权这样做,并要我尽我之所能来完成这一绝非不受欢迎的工作。

1713 年 5 月 12 日

于剑桥

① Richard Bentley,1662—1742,英国著名学者,学识渊博,长于校勘,自 1700 年起任三一学院院长。是著名的《致约翰·穆勒书》的作者。——译者注

第三版作者自序

（艾萨克·牛顿）

这个第三版，由在这方面极富经验的医学院士亨利·彭伯顿（Henry Pemberton）精心策划而成。

第二编中关于介质阻力的一些内容已较以前更加详尽，并增补有重物在空气中下落所受阻力的新实验。

第三编中，更全面地论述了引力作用使月球囿于其轨道上运行的理由，并增补了庞德（Pound）先生关于木星轨道直径间相互比值的新观测资料。还增补了对1680年出现的彗星的若干观测结果，这是基尔克（Kirk）先生当年11月在德国完成的工作，最近我刚刚收到，它们明显地表明彗星运动轨道是多么地近似于抛物线。哈雷博士比以前更精确地计算了该彗星的椭圆轨道，沿此轨道，彗星穿越天穹九宫，其精确性与行星在天文学给出的椭圆上运行并无二致。此外，还增补了牛津大学天文学教授布拉德雷（Bradley）先生计算的1723年出现的彗星轨道。[9]

1725年1月12日

于伦敦

MATHEMATICAL PRINCIPLES
OF
NATURAL PHILOSOPHY

《原理》第一版的书名页。[10]

陈列于剑桥大学三一学院的科茨(Roger Cotes,1682—1716)雕像。

定 义

定 义 1

物质的质量是物质的度量，可由其密度和体积共同求出。[11]

所以空气的密度加倍，体积加倍，它的量就增加到四倍；体积加到三倍，它的量就增加到六倍。因挤紧或液化而压缩起来的雪、微尘或粉末，以及由任何原因而无论怎样不同地压缩起来的所有物体，也都可以作同样的理解。我在此没有考虑可以自由穿透物体各部分间隙的介质，如果有这种物质的话。此后我不论在何处提到物体或质量这一名称，指的就是这个量。从每一物体的重量可推知这个量，因为它正比于重量，正如我在很精确的单摆实验中所发现的那样，后面我将加以详述。

定 义 2[12]

运动的量是运动的度量，可由速度和物质的量共同求出。

整体的运动是所有部分运动的总和。因此，速度相等而物质量加倍的物体，其运动量加倍；若其速度也加倍，则运动量加到四倍。

定 义 3

vis insita，或物质固有的力，是一种起抵抗作用的力，它存在于每一物体当中，大小与该物体相当，并使之保持其现有的状态，或是静止，或是匀速直线运动。

这个力总是正比于物体，它来自物体的惯性，与之没有什么区别，在此按我们的想法来研究它。一个物体，由于物质的惯性，要改变其静止或运动的状态不是没有困难的。由此看来，这个固有的力可以用最恰当不过的名称，惯性或惯性力来称呼它。但是，物体只有当有其他力作用于它，或者要改变它的状态时，才会产生这种力。这种力的作用既可以看作是抵抗力，也可以看作是排斥力。当物体维持现有状态，反抗外来力的时候，即表现为抵抗力；当物体不易于向外来力屈服，并要改变外来力的状态时，即表现为排斥力。抵抗力通常属于静止物体，而排斥力通常属于运动物体。不过正如通常所说的那样，运动与静止只能作相对的区分，一般认为是静止的物体，并不总是真的静止。

定　义　4

外力是一种对物体的推动作用，使其改变静止的或匀速直线运动的状态。

这种力只存在于作用之时，作用消失后并不存留于物体中，因为物体只靠其惯性维持它原来的状态。不过外力有多种来源，如来自撞击、来自挤压、来自向心力。

定　义　5

向心力使物体受到指向一个中心点的吸引、或推斥或任何倾向于该点的作用。

属于这种力的有重力，它使物体倾向于落向地球中心；磁力，它使铁趋向于磁石；以及那种使得行星不断偏离直线运动，否则它们将沿直线运动，进入沿曲线轨道环行运动的力，不论它是什么力。系于投石器上旋转的石块，企图飞离使之旋转的手，这企图张紧投石器，旋转越快，张紧的力越大，一旦将石块放开，它就飞离而去。那种反抗这种企图的力，使投石器不断把石块拉向人手，把石块维持在其环行轨道上，由于它指向轨道的中心人手，我称为向心力。所有环行于任何轨道上的物体都可作相同的理解，它们都企图离开其轨道中心；如果没有一个与之对抗的力来遏制其企图，把它们约束在轨道上，它们将沿直线以匀速飞去，所以我称这种力为向心力。一个抛射物体，如果没有引力牵制，将不会回落到地球上，而是沿直线向天空飞去，如果没有空气阻力，飞离速度是匀速的。正是引力使其不断偏离直线轨道，向地球偏转，偏转的强弱，取决于引力和抛射物的运动速度。引力越小，或其物质的量越小，或它被抛出的速度越大，它对直线轨道的偏离越小，它就飞得越远。如果用火药力从山顶上发射铅弹，给定其速度，方向与地平面平行，铅弹将沿曲线在落地前飞行2英里；同样，如果没有空气阻力，发射速度加倍或加到十倍，则铅弹飞行距离也加倍或加十倍。通过增大发射速度，即可以随意增加它的抛射距离，减轻它的轨迹的弯曲度，直至它最终落在10度、30度或90度的距离处，[①]甚至在落地之前环绕地球一周；或者，使它再也不返回地球，直入苍穹太空而去，作infinitum（无限的）运动。运用同样的方法，抛射物在引力作用下，可以沿环绕整个地球的轨道运转。月球也是被引力，如果它有引力的话，或者别的力不断拉向地球，偏离其惯性力所遵循的直线路径，沿着其现在的轨道运转。如果没有这样的力，月球将不能保持在其轨道上。如果这个力太小，就将不足以使月球偏离直线路径；如果它太大，则将偏转太大，把月球由其轨道上拉向地球。这个力必须是一个适当的量，数学家的职责在于求出使一个物体以给定速度精确地沿着给定的轨道运转的力。反之，必须求出从一个给定处所，以给定速度抛射的物体，在给定力的作用下偏离其原来的直线路径所进入的曲线路径。

可以认为，任何一个向心力均有以下三种度量：绝对度量、加速度度量和运动度量。

定 义 6

以向心力的绝对度量量度向心力，它正比于中心导致向心力产生并通过周围空间传递的作用源的性能。

因此，一块磁石的磁力大而另一块的磁力小，取决于其尺寸和强度。

---

① 此当指地球表面经度，剑桥地处经度0度。——译者注

定 义 7

以向心力的加速度度量量度向心力，它正比向心力在给定时间里所产生的速度部分。

因此，对于同一块磁石，距离近则向心力大，距离远则力小：同理山谷里的引力大，而高山巅峰处引力小，而距离地球更远的物体其引力更小（后面将证明）；但在距离相等时，它是处处相等的，因为（不计，或计入空气阻力）它对所有落体作相等的加速，不论其是重是轻，是大是小。

定 义 8

以向心力的运动度量量度向心力，它正比于向心力在给定时间里所产生的运动部分。

所以物体越大，其重量越大，物体越小，其重量越轻；对于同一物体，距地球越近重量越大，距离越远重量越轻。这种量就是向心性，或整个物体对中心的倾向，或如我所说的，物体的重量。它在量值上总是等于一个方向相反正好足以阻止该物体下落的力。

为了简洁起见，向心力的这三种量分别称为运动力、加速力和绝对力；为了加以区别，认为它们分别属于倾向于中心的物体。物体的处所和物体所倾向的力的中心。也就是说，运动力属于物体，它表示一种整体趋于中心的企图和倾向，它由若干部分的倾向合成。加速力属于物体的处所，它是一种由中心向周围所有方向扩散而出，使处于其中的物体运动的能力。绝对力属于中心，由于某种原因，没有它则运动力不可能向周围空间传递，不论这原因是由中心物体（如磁铁在磁力中心，地球在引力中心）或者别的尚不曾见过的事物引起。在此我只给出这些力的数学表述，不涉及其物体根源和地位。

因此，加速力与运动力的关系，将与速度与运动相同。因为运动的量由速度与物质的量的乘积决定，而运动力由加速力与同一个物质的量的乘积决定。加速力对物体各部分作用的总和，就是总运动力。所以，在地球表面附近，加速重力，或重力所产生的力，对所有物体都是一样的，运动重力或重量与物体相同；但如果我们攀越到加速重力小的地方，重量也会等量减少，而且总是物体与加速力的乘积。所以，在加速力减少到一半的地方，原来轻至$\frac{1}{2}$或$\frac{1}{3}$的物体，其重量将轻至$\frac{1}{4}$或$\frac{1}{6}$。

我谈到吸引与推斥，正如我在同一意义上使用加速力和运动的力一样，对于吸引、推斥或任何趋向于中心的倾向这些词，我在使用时不作区分，因为我对这些力不从物理上而只从数学上加以考虑：所以，读者不要望文生义，以为我要划分作用的种类和方式，说明其物理原因或理由，或者当我说到吸引力中心，或者谈到吸引力的时候，以为我要在真实和物理的意义上，把力归因于某个中心（它只不过是数学点而已）。

附　注[13]

至此，我已定义了这些鲜为人知的术语，解释了它们的意义，以便在以后的讨论中理解它们。我没有定义时间、空间、处所和运动，因为它们是人所共知的。唯一必须说明的是，一般人除了通过可感知客体外无法想象这些量，并会由此产生误解。为了消除误解，可方便地把这些量分为绝对的与相对的，真实的与表象的以及数学的与普通的。

Ⅰ.绝对的、真实的和数学的时间，由其特性决定，自身均匀地流逝，与一切外在事物无关，又名延续；相对的、表象的和普通的时间是可感知和外在的（不论是精确的或是不均匀的）对运动之延续的量度，它常被用以代替真实时间，如一小时，一天，一个月，一年。

Ⅱ.绝对空间：其自身特性与一切外在事物无关，处处均匀，永不移动。相对空间是一些可以在绝对空间中运动的结构，或是对绝对空间的量度，我们通过它与物体的相对位置感知它；它一般被当做不可移动空间，如地表以下、大气中或天空中的空间，都是以其与地球的相互关系确定的。绝对空间与相对空间在形状与大小上相同，但在数值上并不总是相同。例如，地球在运动，大气的空间相对于地球总是不变，但在一个时刻大气通过绝对空间的一部分，而在另一时刻又通过绝对空间的另一部分。因此,在绝对的意义上看,它是连续变化的。

Ⅲ.处所是空间的一个部分,为物体占据着,它可以是绝对的或相对的,随空间的性质而定。我这里说的是空间的一部分,不是物体在空间中的位置,也不是物体的外表面。因为相等的固体其处所总是相等,但其表面却常常由于外形的不同而不相等。位置实在没有量可言,它们至多是处所的属性,绝非处所本身。整体的运动等同于各部分的运动的总和,也即是说,整体离开其处所的迁移等同于其各部分离开各自的处所的迁移的总和。因此,总体的处所等同于部分处所的和;也因此,它是内在的,在整个物体内部。

Ⅳ.绝对运动是物体由一个绝对处所迁移到另一个绝对处所;相对运动是由一个相对处所迁移到另一个相对处所。一艘航行中的船,船上物体的相对处所是它所占据的船的一部分,或物体在船舱中充填的那一部分,它与船共同运动:所谓相对静止,就是物体滞留在船或船舱的同一部分处。但实际上,绝对静止应是物体滞留在不动空间的同一部分处,船、船舱以及它携载的物品都已相对于它作了运动。所以,如果地球真的静止,那个相对于船静止的物体,将以等于船相对于地球的速度真实而绝对地运动。但如果地球也在运动,物体真正的绝对运动应当一部分是地球在不动空间中的运动,另一部分是船在地球上的运动;如果物体也相对于船运动,它的真实运动将部分来自地球在不动空间中的真实运动,部分来自船在地球上的相对运动,以及该物体相对于船的运动。这些相对运动决定物体在地球上的相对运动。例如,船所处的地球的那一部分,真实地向东运动,速度为 10010 等分,而船则在强风中扬帆向西航行,速度为 10 等分,水手在船上以 1 等分速度向东走,则水手在不动空间中实际上是向东运动,速度为 10001 等分,而他相对于地球的运动则是向西,速度为 9 等分。

天文学中,由表象时间的均差或勘误来区别绝对时间与相对时间,因为自然日并不真正相等,虽然一般认为它们相等,并用以度量时间。天文学家纠正这种不相等性,以便用更精确的时间测量天体的运动。能用以精确测定时间的等速运动可能是不存在的。所有运动都可能加速或减速,但绝对时间的流逝并不迁就任何变化。事物的存在顽强地延续维持不变,无论运动是快是慢抑或停止:因此这种延续应当同只能借着感官测量的时间区别开来,由此我们可以运用天文学时差把它推算出来。这种时差的必要性,在对现象作时间测定中已显示出来,如摆钟实验和木星卫星的食亏。

与时间间隔的顺序不可互易一样,空间部分的次序也不可互易。设想空间的一些部分被移出其处所,则它们将是(如果允许这样表述的话)移出其自身。因为时间和空间是,而且一直是它们自己以及一切其他事物的处所。所有事物置于时间中以列出顺序;置于空间中以排出位置。时间和空间在本质上或特性上就是处所,事物的基本处所可以移动的说法是不合理的。所以,这些是绝对处所,而离开这些处所的移动,是唯一的绝对运动。

但是,由于空间的这一部分无法看见,也不能通过感官把它与别的部分加以区分,所以我们代之以可感知的度量。由事物的位置及其到我们视为不动的物体的距离定义出所有处所,再根据物体由某些处所移向另一些处所,测出相对于这些处所的所有运动。这样,我们就以相对处所和运动取代绝对处所和运动,而且在一般情况下没有任何不便。但在哲学研究中,我们则应当从感官抽象出并且思考事物自身,把它们与单凭感知测度的表象加以区分。因为实际上借以标志其他物体的处所和运动的静止物体,可能是不存在的。

不过我们可以由事物的属性、原因和效果把一事物与其他事物的静止与运动、绝对与相对区别开来。静止的属性在于,真正静止的物体相对于另一静止物体也是静止的,因此,在遥远的恒星世界,也许更为遥远的地方,有可能存在着某些绝对静止的物体,但却不可能由我们世界中物体间相互位置知道这些物体是否保持着与遥远物体不变的位置,这意味着在我们世界中物体的位置不能确定绝对静止。

运动的属性在于,部分维持其在整体中的原有位置并参与整体的运动。转动物体的所有部分都有离开其转动轴的倾向,而向前行进的物体其力量来自所有部分的力量之和。所以,如果处于外围的物体运动了,处于其内原先相对静止的物体也将参与其运动。基于此项说明,物体真正的绝对的运动,不能由它相对于只是看起来是静止的物体发生移动来确定,因为外部的物体不仅应看起来是静止的,而且还应是真正静止的。反过来,所有包含在内的物体,除了移开它们附近的物体外,同样也参与真正的运动,即使没有这项运动,它们也不是真正的静止,只是看起来静止而已。因为周围的物体与包含在内的物体的关系,类似于一个整体靠外的部分与其靠内的部分,或者类似于果壳与果仁,但如果壳运动了,则果仁作为整体的一部分也将运动,而它与靠近的果壳之间并无任何移动。

与上述有关的一个属性是,如果处所运动了,则处于其中的物体也与之一同运动。所以,移开其运动处所的物体,也参与了其处所的运动。基于此项说明,一切脱离运动处所的运动,都只是整体和绝对运动的一部分。每个整体运动都由移出其初始的处所的物体的运动和这个处所移出其原先位置的运动等构成,直至最终到达一不动的处所,如前面举过的航行中的船的例子。所以,整体和绝对的运动,只能由不动的处所加以确定,正因为如此我在前文里把绝对运动与不动处所相联系,而相对运动与相对处所相联系。所以,不存在不变的处所,只是那些从无限到无限的事物除外,它们全部保持着相互间既定的不变位置,必定永远不动,因而构成不动空间。

真实与相对运动之所以不同,原因在于施于物体上使之产生运动的力。真正的运动,除非某种力作用于运动物体之上,是既不会产生也不会改变的,但相对运动在没有力作用于物体时也会产生或改变。因为,只要对与前者作比较的其他物体施加以某种力就足够了,其他物体的后退,使它们先前的相对静止或运动的关系发生改变。再者,当有力施于运动物体上时,真实的运动总是发生某种变化,而这种力却未必能使相对运动作同样变化。因为如果把相同的力同样施加在用作比较的其他物体上,相对的位置有可能得以维持,进而维持相对运动所需条件:因此，相对运动改变时，真实运动可维持不变，而相对运动得以维持时，真实运动却可能变化了。因此，这种关系绝不包含真正的运动。

绝对运动与相对运动的效果的区别是飞离旋转运动轴的力。在纯粹的相对转动中不存在这种力，而在真正和绝对转动中，该力大小取决于运动的量。如果将一个悬在长绳之上的桶不断旋转，使绳拧紧，再向桶中注满水，并使桶与水都保持平静，然后通过另一个力的突然作用，桶沿相反方向旋转，同时绳自己放松，桶作这项运动会持续一段时间。开始时，水的表面是平坦的，因为桶尚未开始转动；但之后，桶通过逐渐把它的运动传递给水，将使水开始明显地旋转，一点一点地离开中间，并沿桶壁上升，形成一个凹形（我验证过），而且旋转越快，水上升得越高，直至最后与桶同时转动，达到相对静止。水的上升表明它有离开转动轴的倾向，而水的真实和绝对的转动，在此与其相对运动直接矛盾，可以知道并由这种倾向加以度量。起初，当水在桶中的相对运动最大时，它并未表现出离开轴的倾向，也未显示出旋转的趋势，未沿桶壁上升，水面保持平坦，因此水的真正旋转并未开始。但在那之后，水的相对运动减慢，水沿桶壁上升表明它企图离开转轴，这种倾向说明水的真实的转动正逐渐加快，直到它获得最大量，这时水相对于桶静止。因此，水的这种倾向并不取决于水相对于其周围物体的移动，这种移动也不能说明真实的旋转运动。任何一个旋转的物体只存在一种真实的旋转运动，它只对应于一种企图离开运动轴的力，这才是其独特而恰当的后果。但在一个完全相同的物体中的相对运动，由其与外界物体的各种关系决定，多得不可胜数，而且与其他关系一样，都缺乏真实的效果，除非它们或许参与了那唯一的真实运动。因此，按这种见解，宇宙体系是：我们的天空在恒星天层之下携带着行星一同旋转，天空中的若干部分以及行星相对于它们的天空可能的确是静止的，但却实实在在地运动着。因为它们相互间变换着位置（真正静止的物体绝不如此），被裹挟在它们的天空中参与其运动，而且作为旋转整体的一部分，企图离开它们的运动轴。

正因为如此,相对的量并不是负有其名的那些量本身,而是其可感知的度量(精确的或不精确的),它通常用以代替量本身的度量。如果这些词的含义是由其用途决定的,则时间、空间、处所和运动这些词,其(可感知的)度量就能得到恰当的理解,而如果度量出的量意味着它们自身,则其表述就非同寻常,而且是纯数学的了。由此看来,有人在解释这些表示度量的量的同时,违背了本应保持准确的语言的精确性,他们混同了真实的量和与之有关的可感知的度量,这无助于减轻对数学和哲学真理的纯洁性的玷污。

要认识特定物体的真实运动,并切实地把它与表象的运动区分开,的确是一件极为困难的事,因为于其中发生运动的不动空间的那一部分,无法为我们的感官所感知。不过这件事也没有彻底绝望,我们还有若干见解作指导。其一来自表象运动,它与真实运动有所差异;其二来自力,它是真实运动的原因与后果。例如,两只球由一根线连接并保持给定距离,围绕它们的公共重心旋转,则我们可以由线的张力发现球欲离开转动轴的倾向,进而可以计算出它们的转动量。如果用同等的力旋加在球的两侧使其转动增加或减少,则由线的张力的增加或减少可以推知运动的增减,进而可以发现力应施加在球的什么面上才能使其运动有最大增加,即,可以知道是它的最后面,或在转动中居后的一面。而知道了这后面的一面,以及与之对应的一面,也就同样可以知道其运动方向了。这样,我们就能知道这种转动的量和方向,即使在巨大的真空中,没有供球与之作比较的外界的可感知的物体存在,也能做到。但是,如果在那个空间里有一些遥远的物体,其相互间位置保持不变,就像我们世界中的恒星一样,我们就确实无法从球在那些物体中的相对移动来判定究竟这运动属于球还是属于那些物体。但如果我们观察绳子,发现其张力正是球运动时所需要的,就能断定运动属于球,那些物体是静止的;最后,由球在物体间的运动,我们还能发现其运动的方向。但如何由其原因、效果及表象差异推知真正的运动,以及相反的推理,正是我要在随后的篇章中详细阐述的,这正是我写作本书的目的。

运动的公理或定律[14]

定　律　Ⅰ

每个物体都保持其静止或匀速直线运动的状态，除非有外力作用于它迫使它改变那个状态。

抛射体如果没有空气阻力的阻碍或重力向下牵引，将维持射出时的运动。陀螺各部分的凝聚力不断使之偏离直线运动，如果没有空气的阻碍，就不会停止旋转。行星和彗星一类较大物体，在自由空间中没有什么阻力，可以在很长时间里保持其向前的和圆周的运动。

定　律　Ⅱ[15]

运动的变化正比于外力，变化的方向沿外力作用的直线方向。

如果某力产生一种运动，则加倍的力产生加倍的运动，三倍的力产生三倍的运动，无论这力是一次还是逐次施加的。而且如果物体原先是运动的，则它应加上原先的运动或是从中减去，这由它的方向与原先运动一致或相反来决定。如果它是斜向加入的，则它们之间有夹角，由二者的方向产生出新的复合运动。

定　律　Ⅲ

每一种作用都有一个相等的反作用；或者，两个物体间的相互作用总是相等的，而且方向相反。

不论是拉或是压另一个物体，都会受到该物体同等的拉或是压。如果用手指压一块石头，则手指也同等地受到石头的压。如果马拉一系于绳索上的石头，则马也同等地被拉向石头（如果可以这样说的话），因为绷紧的绳索同样企图使自身放松，将像它把石头拉向马一样同样强地把马拉向石头，它阻碍马前进就像它拉石头前进一样强。如果某个物体撞击另一物体，并以其撞击力使后者的运动改变，则该物体的运动也（由于互压等同性）发生一个同等的变化，变化方向相反。这些作用造成的变化是相等的，但不是速度变化，而是指物体的运动变化，如果物体不受到任何其他阻碍的话。因为，由于运动是同等变化的，向相反方向速度的变化反比于物体。本定律对于吸引力情形也成立，我们将在附注中证明。

推 论 Ⅰ

同时受到两力作用的物体，它将沿着以此两力为边的平行四边形的对角线运动，其运动时间与两个力分别作用时间相同。

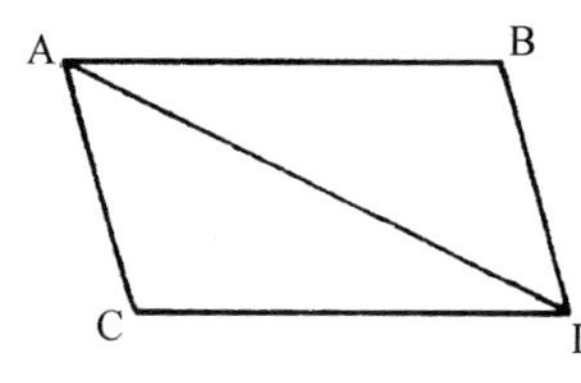

如果物体在给定的时刻受力 M 作用离开处所 A，应以均匀速度由 A 运动到 B，如果受力 N 作用离开 A，则应由 A 到 C，做出平行四边形 ABDC，使两个力共同作用，则物体在同一时间沿对角线由 A 运动到 D。因为力 N 沿 AC 线方向作用，它平行于 BD，（由第二定律）将完全不改变使物体到达线 BD 的力 M 所产生的速度，所以物体将在同时到达 BD，不论力 N 是否产生作用。所以在给定时间终了时物体将处于线 BD 某处；同理，在同一时间终了时物体也处于线 CD 上某处。因此，它处于 D 点，两条线交会处。但由定律Ⅰ，它将沿直线由 A 到 D。

推 论 Ⅱ

由此可知，任何两个斜向力 AC 和 CD 复合成一直线力 AD；反之，任何一直线力 AD 可分解为两个斜向力 AC 和 CD：这种复合和分解已在力学上充分证实。

如果由轮的中心 O 作两个不相等的半径 OM 和 ON，由绳 MA 和

NP分别悬挂重量A和P,则这些重量所产生的力正是运动轮子所需要的。通过中心O作直线KOL,并与绳在K和L点垂直相交;再以OK和OL中较长的OL为半径以O为中心画一圆,与绳MA相交于D;连接OD,作AC平行OD,DC垂直于OD。现在,绳上的点K、L、D是否固定在轮上已无关紧要,重量悬挂在K、L点或者D、L点效果是相同的。以线段AD表示重量A的力,并把它分解为力AC和CD,其中力AC与由中心直接引出的半径OD同向,对转动轮子不作贡献;但另一个力DC与半径DO垂直,它对转动轮子的贡献与把它悬在与OD相等的半径OL上相同。即,其效果与重量P相同,如果

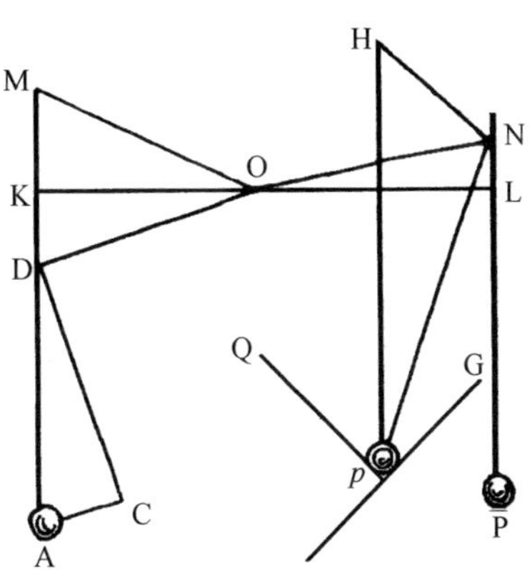

$$P : A = DC : DA,$$

但由于三角形ADC与DOK相似。

$$DC : DA = OK : OD = OK : OL$$

因此,

$$P : A = \text{半径 } OK : \text{半径 } OL$$

这两个半径同处一条直线上,作用等效,因此是平衡的,这就是著名的平衡、杠杆和轮子的属性。如果该比例中一个力较大,则其转动轮子的力同等增大。

如果重量p=P,其部分悬挂在线Np上,部分躺在斜面pG上,作pH,NH,使前者垂直于地平线,后者垂直于斜面pG,如果把指向下的重量p的力以线pH来表示,则它可以分解为力pN、HN。如果有一个平面pQ垂直于绳pN,与另一平面相交,相交线平行于地平线,则重量p仅由pQ、pG支撑,它分别以pN、HN垂直压迫这两平面,即平面

pQ 受力 pN，平面 pG 受力 HN。所以，如果抽去平面，则重量将拉紧绳子，因为它现在取代抽去了的平面，悬挂着重量，它受到的张力就是先前压平面的力 pN，所以

pN 的张力：PN 的张力＝线段 pN：线段 pH

所以，如果

p：A＝OK：OL＝线段 pH：线段 pN

因此，如果 p 与 A 的比值是 pN 和 AM 到轮中心的最小距离的反比与 pH 和 pN 的比的乘积，则重量 p 与 A 转动轮子的效果相同，而且相互维持，这很容易得到实验验证。

不过重量 p 压在两个斜面上，可以看作是被一个楔劈开的物体的两个内表面，由此可以确定楔和槌的力：因为重量 p 压平面 pQ 的力就是沿线段 pH 方向的力，不论它是自身重力或者槌子敲的力，在两个平面上的压力之比，即

pN：pH

以及在另一个平面 pG 上的压力之比，即

pN：NH

据此也可以把螺钉的力作类似分解，它不过是由杠杆力推动的楔子。所以，本推论应用广泛而久远，而其真理性也由之得以进一步确证。因为依照所有力学准则所说的以各种形式得到不同作者的多方验证，因为由此也不难推知由轮子、滑轮、杠杆、绳子等构成的机器力，和直接与倾斜上升的重物的力，以及其他的机械力，还有动物运动骨骼的肌肉力。

推　论　Ⅲ

由指向同一方向的运动的和，以及由相反方向的运动的差，所得的运动的量，在物体间相互作用中保持不变。

根据定律Ⅲ，作用与反作用方向相反大小相等；而根据定律Ⅱ，它们在运动中产生的变化相等，各自作用于对方。所以，如果运动方向相同，则增加给前面物体的运动应从后面的物体中减去，总量与作用

发生前相同。如果物体相遇，运动方向相反，则两方面的运动量等量减少，因此，指向相反方向的运动的差维持相等。

设球体 A 为另一球体 B 的 3 倍大，A 运动速度＝2，B 运动速度＝10，且与 A 方向相同。则

A 的运动∶B 的运动＝6∶10

设它们的运动量分别为 6 单位和 10 单位，则总量为 16 单位。所以，在物体相遇的情形，如果 A 得到 3 个、4 或 5 个运动单位，则 B 失去同等的量，碰撞后 A 的运动为 9、10 或 11 个单位，而 B 为 7、6 或 5，其总和与先前一样为 16 个单位。如果 A 得到 9、10、11 或 12 个运动单位，碰撞后运动量增大到 15、16、17 或 18 个单位，而 B 所失去的与 A 得到的相等，其运动或者是由于失去 9 个单位而变为 1，或是失去全部 10 个单位而静止，或是不仅失去其全部运动，而且（如果能这样的话）还多失去了一个单位，以 1 个单位向回运动，也可以失去 12 个单位的运动，以 2 运动单位往回运动。两个物体总和为

15＋1 或 16＋0

相反方向运动的差

17－1 或 18－2

总是等于 16 单位，与它们相遇碰撞之前相同，然而在碰撞后物体前进的运动量为已知时，物体的速度中的一个也可以知道，方法是，碰撞后与碰撞前的速度之比等于碰撞后与碰撞前的运动之比。在上述情形中：

碰撞前 A 的运动(6)∶碰撞后 A 的运动(18)＝碰撞前 A 的速度(2)∶碰撞后 A 的速度(X)。即：

6∶18＝2∶X，X＝6

但是，如果物体不是球形，或运动在不同直线上，在斜向上碰撞，则要求出其碰撞后的运动时，首先应确定在碰撞点与两物体相切的平面的位置，然后把每个物体的运动（由推论Ⅱ）分解为两部分，一部分垂直于该平面，另一部分平行于该平面。因为两物体的相互作用发生

在与该平面相垂直的方向上，而在平行于平面的方向上物体的运动量在碰撞前后保持不变。在垂直方向的运动是等量反向地变化的，由此同向运动的和成反向运动的差与先前相同。由这种碰撞，有时也会提出物体绕中心的循环运动问题，不过我不拟在下文中加以讨论，而且要将与此有关的每种特殊情形都加证明也太过烦冗了。

推　论　Ⅳ

两个或多个物体的公共重心不因物体自身之间的作用而改变其运动或静止状态，因此，所有相互作用着的物体(有外力和阻滞作用除外)其公共重心或处于静止状态，或处于匀速直线运动状态。

因为，如果有两个点沿直线做匀速运动，按给定比例把两点间距离分割，则分割点或是静止，或是以匀速直线运动。在以后的引理 23 及其推论中将证明如果点在同一平面中运动，这一情形为真，由类似的方法，还可证明当点不在同一平面内运动的情形。因此，如果任意多的物体都以匀速直线运动，则它们中的任意两个的重心处于静止或是做匀速直线运动，因为这两个匀速直线运动的物体其重心连线被一给定比例在公共重心点分割。用类似方法，这两个物体的公共重心与第三个物体的重心也处于静止或匀速直线运动状态，因为这两个物体的公共重心与第三个物体的重心间的距离也以给定比例分割。以此类推，这三个物体的公共重心与第四个物体的重心间的距离也可以给定比例分割，直至 infinitum(无穷)。所以，一个物体体系，如果它们之间没有任何作用，也没有任何外力作用于它们之上，因而它们都在做匀速直线运动，则它们全体的公共重心或是静止或是以匀速直线运动。

还有，相互作用着的两个物体系统，由于它们的重心到公共重心的距离与物体成反比，则物体间的相对运动，不论是趋近或是背离重心，必然相等。因而运动的变化等量而反向，物体的共同重心由于其相互间的作用而既不加速也不减速，而且其静止或运动的状态也不改变。但在一个多体系统中，因为任意两个相互作用着的物体的共同重心不因这种相互作用而改变其状态，而其他物体的公共重心受此一作用甚小；然而这两个重心间的距离被全体的公共重心分割为反比于属于某一中心的物体的总和的部分，所以，在这两个重心保持其运动或静止状态的同时，所有物体的公共重心也保持其状态。需指出的是全体的公共重心其运动或静止的状态不能因受到其中任意两个物体间相互作用的破坏而改变。但在这样的系统中物体间的一切作用或是发生在某两个之间，或是由一些双体间的相互作用合成，因此它们从不对全体的公共重心的运动或静止状态产生改变。这是由于当物体间没有相互作用时，重心将保持静止或做匀速直线运动；即使有相互作用，它也将永远保持其静止或匀速直线运动状态，除非有来自系统之外的力的作用破坏这种状态。所以，在涉及保持其运动或静止状态问题时，多体构成的系统与单体一样适用同样的定律，因为不论是单体或是整个多物体系统，其前进运动总是通过其重心的运动来估计的。

推　论　Ⅴ

一个给定的空间，不论它是静止，或是作不含圆周运动的匀速直线运动，它所包含的物体自身之间的运动不受影响。

因为方向相同的运动的差，与方向相反的运动的和，在开始时（根据假定）在两种情形中相等，而由这些和与差即发生碰撞，物体相互间发生作用，因而（按定律Ⅱ）在两种情形下碰撞的效果相等，因此在一种情形下物体相互之间的运动将保持等同于在另一种情形下物体相互间的运动。这可以由船的实验来清楚地证明，不论船是静止或匀速直线运动，其内的一切运动都同样进行。

推　论　Ⅵ

相互间以任何方式运动着的物体，在都受到相同的加速力在平行方向上被加速时，都将保持它们相互间原有的运动，如同加速力

不存在一样。

因为这些力同等作用(其运动与物体的量有关)并且是在平行线方向上,则(根据定律Ⅱ)所有物体都受到同等的运动(就速度而言),因此它们相互间的位置和运动不发生任何改变。

附　　注[16]

迄此为止我叙述的原理已为数学家所接受,也得到大量实验的验证。由前两个定律和前两个推论,伽利略曾发现物体的下落随时间的平方而变化(in duplicata ratione temporis),抛体的运动沿抛物线进行,这与经验相吻合,除了这些运动受到空气阻力的些微阻滞。物体下落时,其重量的均匀力作用相等,在相同的时间间隔内,这种相等的力作用于物体产生相等的速度;而在全部时间中全部的力所产生的全部的速度正比于时间。而对应于时间的距离是速度与时间的乘积,即正比于时间的平方。当向上抛起一个物体时,其均匀重力使其速度正比于时间递减,在上升到最大高度时速度消失,这个最大高度正比于速度与时间的乘积,或正比于速度的平方。如果物体沿任意方向抛出,则其运动是其抛出方向上的运动与其重力产生的运动的复合。因此,如果物体A只受抛射力作用,抛出后在给定时间内沿直线AB运动,而自由下落时,在同一时间内沿AC下落,作平行四边形ABDC,则该物体作复合运动,在给定时间的终了时刻出现在D处;物体画出的曲线AED是一抛物线,它与直线AB在A点相切,其纵坐标BD则与直线AB的平方成比例,由相同的定律和推论还能确定单摆振动时间,这在日用的摆钟实验中得到证明。运用这些定律、推论再加上定律Ⅲ,雷恩爵士、瓦里斯(John Wallis,1616—1703)博士和我们时代最伟大的几何学家惠更斯先生,各自独立地建立了硬物体碰撞和反弹的规则,并差不多同时向皇家学会报告了他们的发现,他们发现

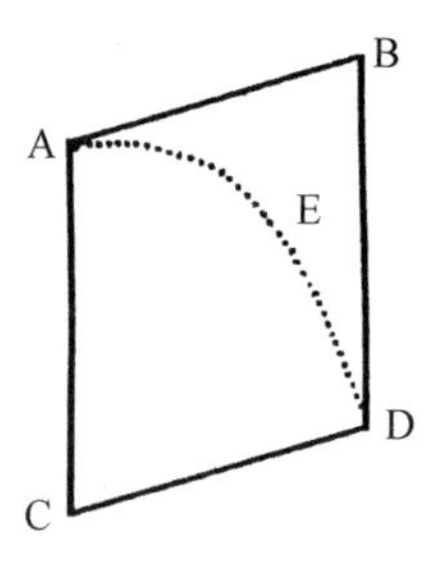

的规则极其一致。瓦里斯博士的确稍早一些发表，其次是雷恩爵士，最后是惠更斯先生。但雷恩爵士用单摆实验向皇家学会作了证明，马略特(M. Mariotte)很快想到可以对这一课题作全面解释。[17]但要使该实验与理论精确相符，我们必须考虑到空气的阻力和相撞物体的弹力。将球体A，B以等长弦AC，BD平行地悬挂于中心C，D，

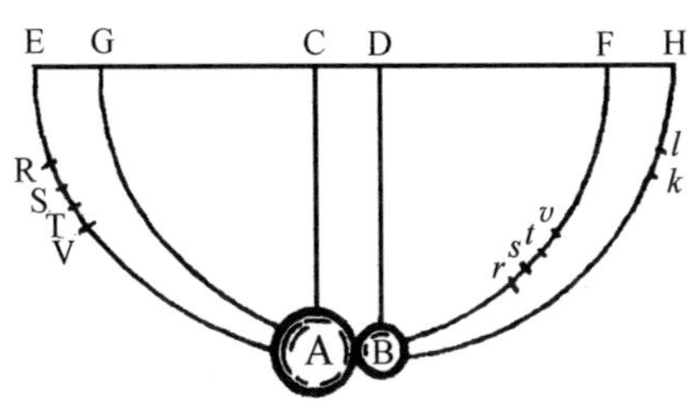

绕此中心，以弦长为半径画出半圆EAF，GBH，并分别为半径CA，DB等分。将物A移到弧EAF上任意一点R，并(也移开物体B)由此让它摆下，设一次振动后它回到V点，则RV就是空气阻力产生的阻滞。取ST等于RV的四分之一并置于中间，即

$$RS=TV$$

并有

$$RS:ST=3:2$$

则ST非常近似地表示由S下落到A过程中的阻滞。再移回物体B，设物体A由点S下落，它在反弹点A的速度将与它*in vacuo*(在真空中)自点T下落时的大致相同，差别不大。由此看该速度可用弦TA长度来表示，因为这在几何学上是众所周知的命题：摆锤在其最低点的速度与它下落过程所划出的弧长成比例。反弹之后，设物体A到达S处，物体B到达k处，移开物体B，找一个V点，使物体A下落后经一次振荡后回到r处，而st是rv的四分之一，并置于其中间使rs等于tv，令弧tA的长表示物体A在碰撞后在A处的速度，因为t是物体A在不考虑空气阻力时所能达到的真实而正确的处所，用同样方法修正物体B所能达到的k点，选出l点为它*in vacuo*(在真空中)达到的处所。这样就具备了所有如同真的在真空中做实验的条件。在此之后，我们取物体A与弧TA的长(它表示其速度)的乘积(如果可以

这样说的话)，得到它在 A 处碰撞前一瞬间的运动，与弧 tA 的长的乘积表示碰撞后一瞬间的运动；同样，取物体 B 与弧 Bl 的长的乘积，就得到它在碰撞后同一瞬间的运动。用类似的方法，当两个物体由不同处所下落到一起时，可以得出它们各自的运动以及碰撞前后的运动，进而可以比较它们之间的运动，研究碰撞的影响。取摆长 10 英尺，所用的物体有相等也有不相等的，在通过很大的空间，如 8，12 或 16 英尺之后使物体相撞，我总是发现，当物体直接撞在一起时，它们给对方造成的运动的变化相等，误差不超过 3 英寸，这说明作用与反作用总是相等。若物体 A 以 9 单位的运动撞击静止的物体 B，失去 7 个单位，反弹运动为 2，则 B 以相反方向带走 7 个单位。如果物体由迎面的运动而碰撞，A 为 12 单位运动，B 为 6，则如果 A 反弹运动为 2，则 B 为 8，即，双方各失去 14 单位的运动。因为由 A 的运动中减去 12 单位，则 A 已无运动，再减去 2 单位，即在相反方向产生 2 单位的运动；同样，从物体 B 的 6 个单位中减去 14 单位，即在相反方向产生 8 个单位的运动。而如果二物体运动方向相同，A 快些，有 14 单位运动，B 慢些，有 5 个单位，碰撞后 A 余下 5 个单位继续前进，而 B 则变为 14 单位，9 个单位的运动由 A 传给 B。其他情形也相同。物体相遇或碰撞，其运动的量，得自同向运动的和或是逆向运动的差，都绝不改变。至于一二英寸的测量误差可以轻易地归咎于很难做到事事精确上。要使两只摆精确地配合，使它们在最低点 AB 相互碰撞，要标出物体碰撞后达到的位置 s 和 k 是不容易的。还不止于此，某些误差，也可能是摆锤体自身各部分密度不同，以及其他原因产生的结构上的不规则所致。

可能会有反对意见，说这项实验所要证明的规律首要假定物体或是绝对硬的，或至少是完全弹性的(而在自然中这样的物体是没有的)。有鉴于此，我必然补充一下，我们叙述的实验完全不取决于物体的硬度，用柔软的物体与用硬物体一样成功。因为如果要把此规律用在不完全硬的物体上，只要按弹力的量所需比例减少反弹的距离即可。根据雷恩和惠更斯的理论，绝对硬的物体的反弹速度与它们相遇的速度相等，但这在完全弹性体上能得到更肯定的证实。对于不完全弹性体，返回的速度要与弹性力同样减小，因为这个力（除非物体的相应部分在碰撞时受损，或像在锤子敲击下被延展）是（就我所能想见而言）确定的，它使物体以某种相对速度离开另一个物体，这个速度与物体相遇时的相对速度有一给定的比例。我用紧压坚固的羊毛球做过实验。首先，让摆锤下落，测量其反弹，确定其弹性力的量，然后，根据这个力，估计在其他碰撞情形下所应反弹的距离。这一计算与随后做的其他实验的确吻合。羊毛球分开时的相对速度与相遇时的速度总是大约 5∶9，钢球的返回速度几乎完全相同，软木球的速度略小，但玻璃球的速度比约为 15∶16，这样，第三定律在涉及碰撞与反弹情形时，都获得了与经验相吻合的理论证明。

对于吸引力的情形，我沿用这一方法作简要证明。设任意两个相遇的物体 A 和 B 之间有一障碍物介入，两物体相互吸引。如果任一物体，比如 A，被另一物体 B 的吸引，比物体 B 受物体 A 的吸引更强烈一些，则障碍物受到物体 A 的压力比受到物体 B 的压力要大，这样就不能维持平衡：压力大的一方取得优势，把两个物体和障碍物共同组成的系统推向物体 B 所在的一方；若在自由空间中，将使系统持续加速直至 *infinitum*（无限）；但这是不合理的，也与第一定律矛盾。因为，由第一定律，系统应保持其静止或匀速直线运动状态，因此两物体必定对障碍物有相等压力，而且相互间吸引力也相等。我曾用磁石和铁做过实验。把它们分别置于适当的容器中，浮于平静水面上，它们相互间不排斥，而是通过相等的吸引力支撑对方的压力，最终达到一种平衡。

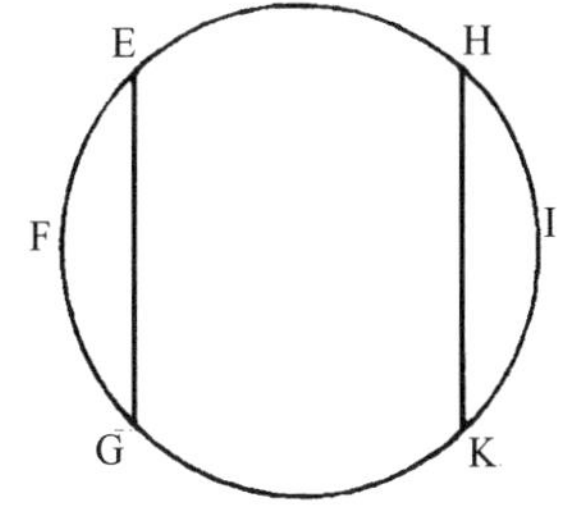

同样，地球与其部分之间的引力也是相互的。令地球 FI 被平面 EG 分割成 EGF 和 EGI 两部分，则它们相互间的重量是相等的。因为如果用另一个平行于 EG 的平面 HK 再把较大的一部分EGI切成两部分EGKH和HKI,使HKI等于先前切开的部分EFG,则很明显中间部分EGKH自身的重量合适,不会向任何一方倾倒,始终悬着,在中间保持静止和平衡。但一侧的部分HKI将用其全部重量把中间部分压向另一侧的部分EGF,所以EGI的力,HKI和EGKH部分的和,倾向于第三部分EGF,等于HKI部分的重量,即第三部分EGF的重量。因此,EGI和EGF两部分相互之间的重量是相等的,这正是要证明的。如果这些重量真的不相等,则漂浮在无任何阻碍的以太中的整个地球必定让位于更大的重量,逃避开去,消失于无限之中。

由于物体在碰撞和反弹中是等同的,其速度反比于其惯性力,因而在运用机械仪器中有关的因素也是等同的,并相互间维持对方相反的压力,其速度由这些力决定,并与这些力成反比。

所以,用于运动天平的臂的重量,其力是相等的,在使用天平时,重量反比于天平上下摆动的速度,即,如果上升或下降是直线的,其重量的力就相等,并反比于它们悬挂在天平上的点到天平轴的距离;但若有斜面插入,或其他障碍物介入致使天平偏转,使它斜向上升或下降,那些物体也相等,并反比于它们参照垂直线所上升或下降的高度,这取决于垂直向下的重力。

类似的方法也用于滑轮或滑轮组。手拉直绳子的力与重量成正比,不论重物是直向或斜向上升,如同重物垂直上升的速度正比于手拉绳子的速度,都将拉住重物。

在由轮子复合而成的时钟和类似的仪器中,使轮子运动加快或减慢的反向力,如果反比于它们所推动的轮子的速度,也将相互维持平衡。

螺旋机挤压物体的力正比于手旋拧手柄使之运动的力,如同手握住那部分把柄的旋转速度与螺旋压向物体的速度。

楔子挤压或劈开木头两边的力正比于锤子施加在楔子上的力,如同锤子敲在楔上使之在力的方向上前进的速度正比于木头在楔下在垂直于楔子两边的直线方向上裂开的速度,所有机器都给出相同的解释。

机器的效能和运用无非是减慢速度以增加力，或者反之。因而运用所有适当的机器，都可以解决这样的问题：以给定的力移动给定的重量，或以给定的力克服任何给定的阻力。如果机器设计成其作用和阻碍的速度反比于力，则作用就能刚好抵消阻力，而更大的速度就能克服它。如果更大的速度大到足以克服一切阻力。它们通常来自接触物体相互滑动时的摩擦，或要分离连续的物体的凝聚，或要举起的物体的重量，则在克服所有这些阻力之后，剩余下的力就将在机器的部件以及阻碍物体中产生与自身成正比的加速度。但我在此不是要讨论力学，我只是想通过这些例子说明第三定律适用之广泛和可靠。如果我们由力与速度的乘积去估计作用，以及类似地，由阻碍作用的若干速度与由摩擦、凝聚、重量产生的阻力的乘积去估计阻碍反作用，则将发现一切机器中运用的作用与反作用总是相等的。尽管作用是通过中介部件传递的，最后才施加到阻碍物体上，其最终的作用总是针对反作用的。

牛顿在首版基础上为本章所作修改。

第一编

物体的运动

• *Book Ⅰ. The Motion of Bodies* •

初量与终量的比方法，由此可以证明下述命题——向心力的确定——物体在偏心的圆锥曲线上的运动——由已知焦点求椭圆、抛物线和双曲线轨道——焦点未知时怎样求轨道——怎样求已知轨道上的运动——物体的直线上升或下降——受任意类型向心力作用的物体环绕轨道的确定——沿运动轨道的物体运动；回归点运动——物体在给定表面上的运动；物体的摆动运动——受向心力作用物体的相互吸引运动——球体的吸引力——非球形物体的吸引力——受指向极大物体各部分的向心力推动的极小物体的运动

格林尼治天文台本初子午线(0度经线)。

第1章
初量与终量的比方法，由此可以证明下述命题

引　理　1

量以及量的比，在任何有限时间范围内连续地向着相等接近，而且在该时间终了前相互趋近，其差小于任意给定值，则最终必然相等。

若否定这一点，可设它们最终不相等，令D表示其最终的差。这样它们不能以小于差D的量相互趋近，而这与命题矛盾。

引　理　2

任意图形 A*ac*E 由直线 A*a*，AE 和曲线 *ac*E 组成，其上有任意多个长方形 A*b*，B*c*，C*d*，等等，它们的底边 AB，BC，CD 等都相等，其边 B*b*，C*c*，D*d* 等平行于图形的边 A*a*，又作长方形 *a*K*bl*，*b*L*cm*，*c*M*dn* 等：如果将长方形的宽缩小，使长方形的数目趋于无穷，则内切图形 AK*b*L*c*M*d*D，外切图形 A*albmcndo*E 和曲边图形 A*abcd*E 将趋于相等，它们的极限比是相等比。

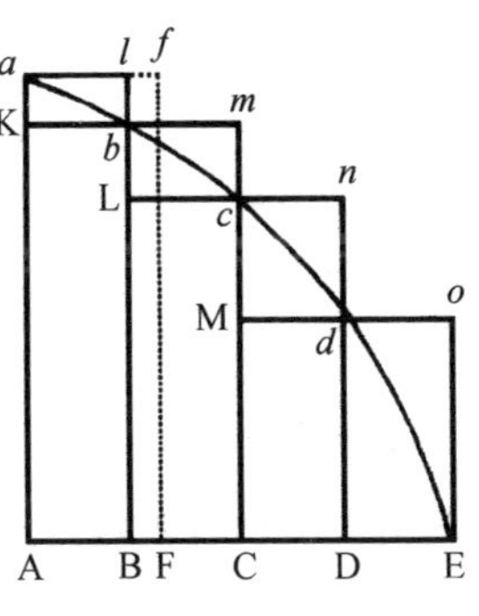

因为内切图形与外切图形的差是长方形 K*l*，L*m*，M*n*，D*o* 等的和，即(由它们的底相等)以其中一个长方形的底 K*b* 为底，以它们的高度和 A*a* 为高的矩形，也就是矩形 AB*la*。然而由于宽 AB 无限缩小，所以该矩形也将小于任何一个给定空间。所以(由引理1)内切图形和外切图形最后趋于相等，而居于其中间的曲线图形更是与它们相等了。

证毕。

引 理 3

矩形的宽 AB，BC，DC 等不相等时，只要它们都无限缩小，上述三图形的最终比仍是相等比。

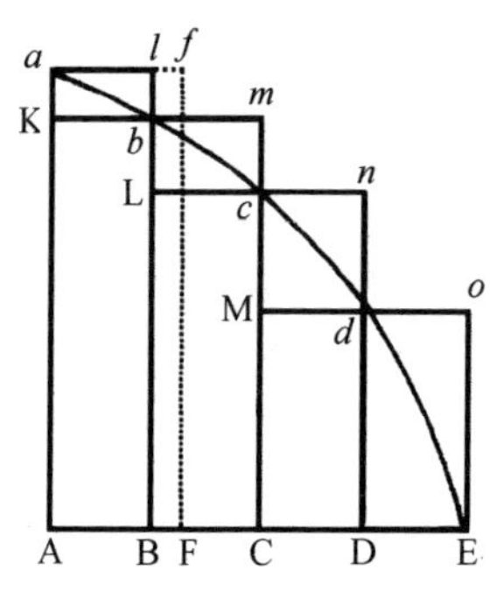

设 AF 是最大宽度，作矩形 FAaf，它将大于内切图形与外切图形的差。但由于其宽 AF 是无限缩小的，它也将小于任何给定矩形。

证毕。

推论Ⅰ. 所以这些趋于零的长方形其最后总和在所有方面与曲线图形完全一致。

推论Ⅱ. 并且，属于这些趋于零的弧长 ab，bc，cd 等的直线图形最终与曲线图形完全一致。

推论Ⅲ. 属于相同弧长的切线的外切图形也与此相同。

推论Ⅳ. 所以，这些最终图形（就其外周 acE 而言）不是直线图形，而是直线图形的曲线极限。

引 理 4

如果在两个图形 AacE，PprT 中有两组内切矩形（同前），每组数目相同，它们的宽趋于无穷小，如果一个图形内的矩形与另一图形

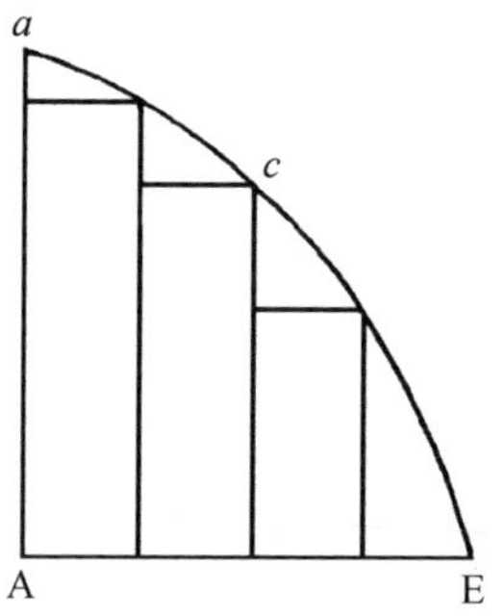

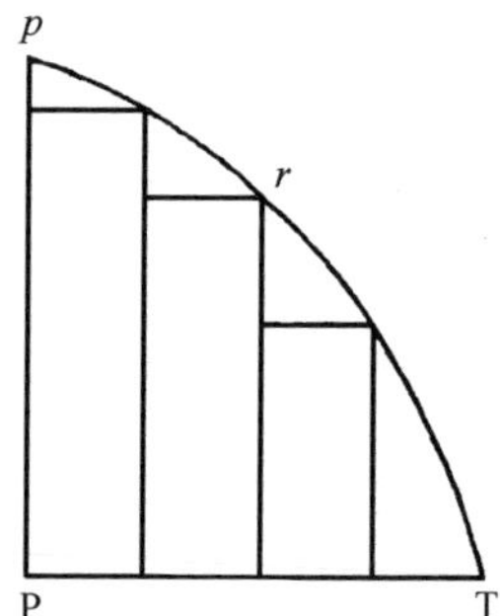

的矩形分别对应的最终比相同，则图形 AacE 与 PprT 的比与该比相同。

因为一个图形中的矩形与另一个图形中的是分别对应的，所以(合起来)其全体的和与另一个全体的和的比，也就是一个图形比另一个图形；因为(由引理 3)前一个图形对应前一个和，后一个图形对应后一个和，所以二者比相等。

证毕。

推论. 如果任意两种量以任意方式分割为数目相等的部分，这些部分的数目增大时，其量值将趋于无穷小，它们各自有给定的相同比，第一个比第一个，第二个比第二个，以此类推，则它们所有的合起来也有相同的比。因为，如果在本引理图形中把每个矩形的比视为这些部分的比，则这些部分的和恒等于矩形的和；再设矩形数目和部分的数目增多，则它们的量值无穷减小，这些和就是一个图中矩形与另一个图中对应矩形的最后比，即(由命题)一个量中任意部分与另一个量中对应部分的最终比。

引　理　5

相似图形对应的边，不论其是曲线或直线，是成正比的，其面积的比是对应边的比的平方。

引　理　6

任意弧长 ACB 位置已定，对应的弦为 AB；在处于连续曲率中的任意点 A 上，有一直线 AD 与之相切，并向两侧延长；如果 A 点与 B 点相互趋近并重合，则弦与切线的夹角 BAD 将无穷变小，最终消失。

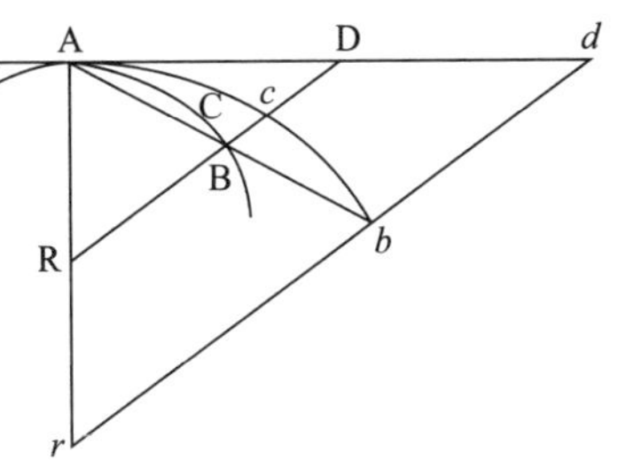

如果该角不消失，则弧 ACB 与切线 AD 将含有与直线角相等的夹

角,因此曲率在 A 点不连续,而这与命题矛盾。

引 理 7

在同样假设下,弧、弦和切线相互间的最后比是相等比。

当 B 点趋近于 A 点时,设想 AB 与 AD 延伸到远点 b 和 d,平行于割线 BD 作直线 bd,令弧 Acb 总是相似于弧 ACB。然后设 A 点与 B 点重合,则由上述引理,角 dAb 消失,因此直线 Ab、Ad(它总是有限的)与它们之间的弧 Acb 将重合,而且相等,所以,直线 AB、AD 与其间的弧 ACB(它总是正比于前者)将消失,最终获得相等的比。

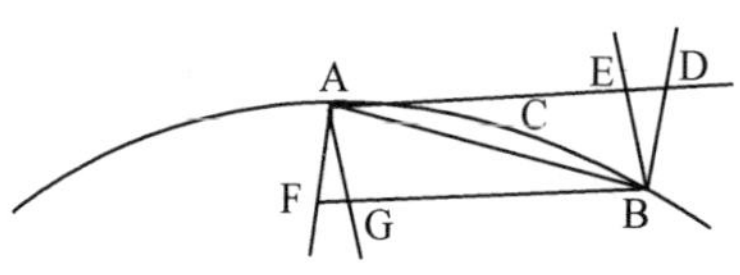

证毕。

推论Ⅰ. 如果通过 B 作 BF 平行于切线,并与通过 A 点的任意直线 AF 相交于 F,则线段 BF 与趋于零的弧 ACB 有最终相等的比。因为作平行四边形 AFBD,它与 AD 总有相等比。

推论Ⅱ. 如果通过 B 和 A 作更多直线 BE,BD,AF,AG 与切线 AD 及其平行线 BF 相交,则所有横向线段 AD,AE,BF,BG,以及弦与弧 AB,其中任意一个与另一个的最终比是相等的比。

推论Ⅲ. 所以,在考虑所有与最终比有关的问题时,可将这些线中任意一条来代替其他。

引 理 8

如果直线 AR,BR 与弧 ACB,弦 AB 以及切线 AD 组成任意三角形 RAB,RACB,RAD,而且点 A 与 B 相互趋近并重合,则这些趋于零的三角形的最后形式是相似三角形,它们的最终比相等。

当点 B 趋近于点 A 时,设想 AB,AD,AR 延伸至远点 b,d 和 r,作 rbd 平行于 RD,令弧 Acb 总是相似于弧 ACB。再设点 A 与点 B 重合,则角 bAd 将消失,所以,三个三角形,rAb,rAcb,rAd(总是有限的)也将重合,也就是说既相似且相等。所以,总是与它们相似的并成正比的三角形 RAB,RACB,RAD 相互间也将既相似且相等。

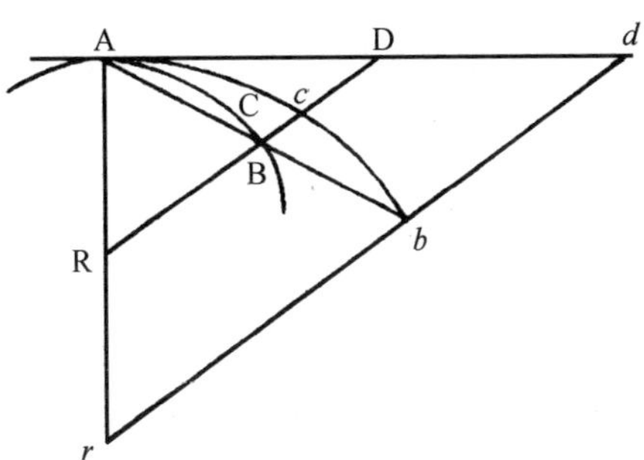

推论. 因此,在考虑所有最终比问题时,可将这些三角形中的任意一个来代替其他。

引 理 9

如果直线 AE,曲线 ABC 二者位置均已给定,并以给定角相交于 A;另二条水平直线与该直线成给定夹角,并与曲线相交于 B,C,而 B,C 共同趋近于 A 并与之重合,则三角形 ABD 与 ACE 的最终面积之比是其对应边之比的平方。

当点 B,C 趋近点 A 时,设 AD 延伸至远点 *d* 和 *e*,则 A*d*,A*e* 将正比于 AD,AE,作水平线 *db*,*ec* 平行于横向线 DB 和 EC,并与 AB 和 AC 相交于 *b* 和 *c*。令曲线 A*bc* 相似于曲线 ABC,作直线 A*g* 与曲线相切于 A 点,与横线 DB,EC,*db*,*ec* 相交于 F,G,*f*,*g*。再设 A*e* 长度保持不变,令点 B 与 C 相会于 A 点,则

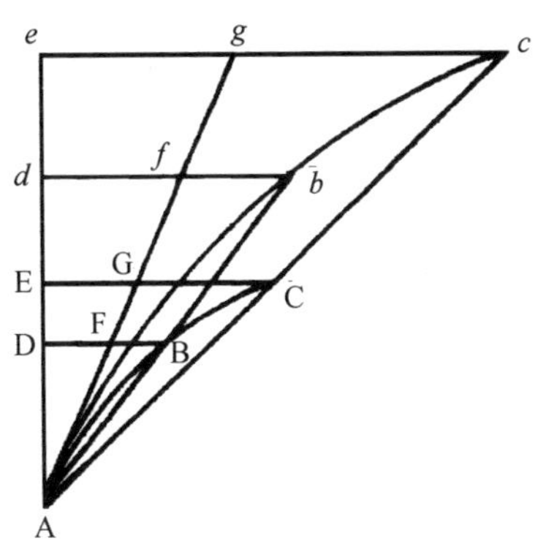

角 cAg 消失，曲线面积 Abd，Ace 将与直线面积 Afd，Age 重合，所以（由引理 5）它们中一个与另一个的比将是边 Ad，Ae 的比的平方。但面积 ABD，ACE 总是正比于这些面积，边 AD，AE 也总是正比于这些边。所以，面积 ABD，ACE 最终比是边 AD，AE 的比的平方。

证毕。

引 理 10

物体受任意有限力作用时，不论该力是已知的不变的，或是连续增强或连续减弱，它越过的距离在运动刚开始时与时间的平方成正比。

令直线 AD，AE 表示时间，它们产生的速度以横线 DB，EC 表示，则这些速度产生的距离就是横线围成的面积 ABD，ACE，即，在运动刚开始时（由引理 9），正比于时间 AD，AE 的平方。

证毕。

推论Ⅰ. 由此容易推出，在均匀时间间隔内，物体描绘的相似图形的相似部分，其误差由作用于该物体上的任意相等的力产生，并可由物体到相似图形相应位置的距离求得。如果没有那种力的作用，物体应在上述时间间隔内到达那个位置——大致上正比于产生这些误差的时间的平方。

推论Ⅱ. 但类似地作用于位于相似图形相似位置上物体的均匀力，其所产生的误差是该力与时间的平方的乘积。

推论Ⅲ. 对于物体在不同力作用下所描绘的任何距离都可作相同理解，在物体刚开始运动时，它们都正比于力与时间平方的积。

推论Ⅳ. 所以，力正比于刚开始运动时所描绘的距离，反比于时间的平方。

推论Ⅴ. 所以，时间的平方正比于所描绘的距离，反比于力。

附 注

如果在不同种类的不确定量之间作比较，其中任何一个都可以说成是与另一量成正比或反比，这意味着前者与后者以相同比率增加或减少，或与后者的倒数成正比。如果任意一个量被说成是与其他任意两个或更多的量成正比或反比，即意味着第一个量与其他量的比率的复合以相同的比率或其倒数增加或减少。例如：说A正比于B，正比于C，反比于D，即是说A以与$B\cdot C\cdot\frac{1}{D}$相同的比率相加或减少，也就是说，A与$\frac{BC}{D}$相互间具有给定比值。

引 理 11

在所有曲线的一有限曲率点上，切线与趋于零的弦的接触角的弦最终正比于相邻弧长对应的弦的平方。

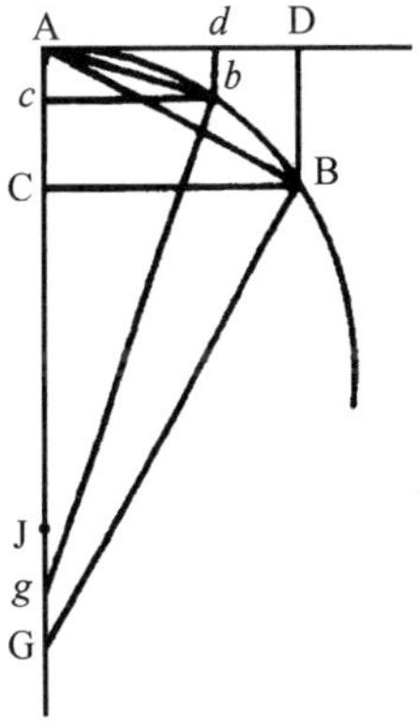

第一种情形：令AB为弧长，AD是其切线，BD垂直于切线，是接触角的弦，直线AB是弧对应的弦。作BG垂直于弦AB，作AG垂直于切线AD，二者相交于G。再令点D，B，和G趋近于点d，b和g，设J为直线BG、AG的最后交点，此时点D，B与A重合，很明显，距离GJ可以小于任何给定的距离，但（由通过点A，B，G和通过点A，b，g的圆的特性）

$$AB^2=AG\cdot BD \text{ 和 } Ab^2=Ag\cdot bd$$

但由于GJ可以小于任何给定的长度，AG和Ag的比与单位量的差也可以小于任何给定值，所以，AB^2和Ab^2的比与BD和bd的比的差也可以小于任何给定值。所以，由引理1，最终有：

$$AB^2:Ab^2=BD:bd$$

证毕。

第二种情形：令BD与AD夹角的任意给定值，BD与bd的最终比仍与以前相同，所以AB^2与Ab^2的比也相同。

证毕。

第三种情形: 如果角 D 不曾给定,但直线 BD 向一给定点收敛,或由任何其他条件决定。则由相同规则决定的角 D 和角 d 仍总是趋于相等,并以小于任何给定差值相互趋近。所以,由引理 1,将最终相等。所以,线段 BD 与 bd 的比仍与以前相同。

证毕。

推论Ⅰ. 因为切线 AD,Ad,弧 AB,Ab 以及它们的正弦 BC,bc 最后均与弧弦 AB,Ab 相等,它们的平方最终也将正比于角弦 BD,bd。

推论Ⅱ. 它们的平方最终还将正比于弧的正矢,该正矢等分弦,并向给定点收敛,因为这些正矢正比于角弦 BD,bd。

推论Ⅲ. 所以,正矢正比于物体以给定速度沿轨迹运动所需时间的平方。

推论Ⅳ. 因为

$$\triangle ADB : \triangle Adb = AD \cdot DB : Ad \cdot db,$$

而最后比例:

$$AD^2 : Ad^2 = DB : db,$$

即得到比例式:

$$\triangle ADB : \triangle Adb = AD^3 : Ad^3 = DB^{\frac{3}{2}} : db^{\frac{3}{2}}$$

最后也得到:

$$\triangle ABC : \triangle Abc = BC^3 : bc^3$$

推论Ⅴ. 因为 DB,db 最终平行于,并正比于 AD,Ad 的平方,最后的曲线面积 ADB,Adb 将(由抛物线特性)是直线三角形 ADB,Adb 的三分之二,而缺块 AB,Ab 是同一三角形的三分之一,因此,这些面积与缺块将正比于切线 AD,Ad 的平方,也正比于弧或弦 AB,Ab 的立方。

附　　注

不过,我们在所有讨论中均假定相切角既非无限大于亦非无限小于圆与其切线所成的相切角。也就是说,点 A 的曲率既非无限小亦非无限大，间隔 AJ 具有有限值，因为可以设 DB 正比于 AD^3，在此情形下不能通过点 A 在切线 AD 和曲线 AB 之间作圆，所以夹角将无限小于这些圆。出于同样理由，如果能逐次地使 DB 正比于 AD^4，AD^5，AD^6，AD^7 等等，我们将得到一系列夹角趋于无限，随后的每一项都无限小于其前面的项。而如果逐次使 DB 正比于 AD^2，$AD^{\frac{3}{2}}$，$AD^{\frac{4}{3}}$，$AD^{\frac{5}{4}}$，$AD^{\frac{6}{5}}$，$AD^{\frac{7}{6}}$，等等，我们将得到另一系列无限夹角，其第一个与圆的相同，而第二个既为无限大，其后每一项都比前一项无限大。但在这些角的任意两个之间，还可以插入另一系列的中介夹角，并向两边伸入无限，其中每一项都比其前一项无限大或无限小，例如在 AD^2 项与 AD^3 项之间，可以插入 $AD^{\frac{13}{6}}$，$AD^{\frac{11}{5}}$，$AD^{\frac{9}{4}}$，$AD^{\frac{7}{3}}$，$AD^{\frac{5}{2}}$，$AD^{\frac{8}{3}}$，$AD^{\frac{11}{4}}$，$AD^{\frac{14}{5}}$，$AD^{\frac{17}{6}}$，等等，而在该系列中的任意两项之间，又能再插入一个新的系列，其间相互差别可以是无限间隔。自然是无止境的。

由曲线及其围成的表面所证明的规律，可以方便地应用于曲面和固体自身，这些引理意在避免古代几何家采用的自相矛盾的冗长推导。用不可分量方法证明比较简捷，但由于不可分假设有些生硬，所以这方法被认为是不够几何化，所以我在证明以后的命题时宁可采用最初的与最后的和，以及新生的与将趋于零的量的比，即采用这些和与比值的极限，并以此作为前提，尽我可能简化对这些极限的证明。这一方法与不可分量方法可作相同运用，现在它的原理已得到证明，我们可以更可靠地加以使用。所以，此后如果我说某量由微粒组成，或以短曲线代替直线，不要以为我是指不可分量，而是指趋于零的可分量，不要以为我指确定部分的和与比率，而总是指和与比率的极限，这样演示的力总是以前述引理的方法为基础的。

可能会有人反对，认为不存在将趋于零的量的最后比，因为在量消失之前，比率总不是最后的，而当它们消失时，比率也没有了。但根据同样的理由，我们也可以说物体到达某一处所并在那里停止，也没有最后速度，在它到达前，速度不是最后速度，而在它到达时，速度没有了。回答很简单,最后速度意味着物体以该速度运动着,既不是在它到达其最后处所并终止运动之前,也不是在其后,而是在它到达的一瞬间。也就是说,物体到达其最后处所并终止运动时的速度,用类似方法,将消失的量的最后比可以理解为既不是这些量消失之前的比,也不是之后的比,而是它消失那一瞬间的比,用类似方法,新生量的最初比是它们刚产生时的比,最初的与最后的和是它们刚开始时或刚结束时(或增加与减少时)的和。在运动尚存的最后时刻速度有一极限,不能超越,这就是最后速度;所有初始和最后的量或比也有极限。由于这些极限是确定的,实在的,所以求出它们就是严格的几何学问题。而可用以求解或证明任何其他事物的几何学也都是几何学。

还可能有人反对,说如果给定将消失量的最后比值,它们的最后量值也就给定了:因此所有量都包含不可分量,而这与欧几里得在《几何原本》第十卷中证明的不可通约量相矛盾。然而这一反对意见建立在一个错误命题上。量消失时的最后的比并不真的是最后量的比,而是无止境减少的量的比必定向之收敛的极限,比值可以小于任何给定的差向该极限趋近,绝不会超过,实际上也不会达到,直到这些量无限减少。在无限大的量中这种事情比较明显。如果两个量,它们的差已给定,是无限增大的,则这些量的最后的比也将给定,即相等的比,但不能由此认为,它们中最后的或最大的量的比已给定。所以,如果在下文中出于易于理解的理由,我论及最小的,将消失的,或最后的量,读者不要以为是在指确定大小的量,而是指作无止境减小的量。

第2章 向心力的确定

命题1　定理1

作环绕运动的物体，其指向力的不动中心的半径所掠过的面积位于同一不动的平面上，而且正比于画出该面积所用的时间。

设时间分为相等的间隔，在第一时间间隔里物体在其惯性力作用下扫过直线AB。在第二时间间隔里，物体将(由定律Ⅰ)沿直线B*c*一直运动到*c*，如果没阻碍的话，B*c*等于AB，所以由指向中心的半径AS，BS，*c*S，可以得到相等的面积ASB，BS*c*。但当物体到达B时，设向心力立即对它施以巨大推斥作用，使它偏离直线B*c*，迫使它沿直线BC运动。作*c*C平行BS，与BC相交于C，在第二时间间隔最后，物体(由定律推论Ⅰ)将出现在C，与三角形ASB处于同一平面，连接SC，由于SB与C*c*平行，三角形SBC面积等于三角形SB*c*，所以也等于三角形SAB，由于同样理由，向心力依次作用于C，D，E等点，并使物体在每一个时间间隔内画出直线CD，DE，EF等，它们都处于同一平面。而且三角形SCD等于三角形SBC，SDE等于SCD，SEF等于SDE。所以，在相同时间里，在不动

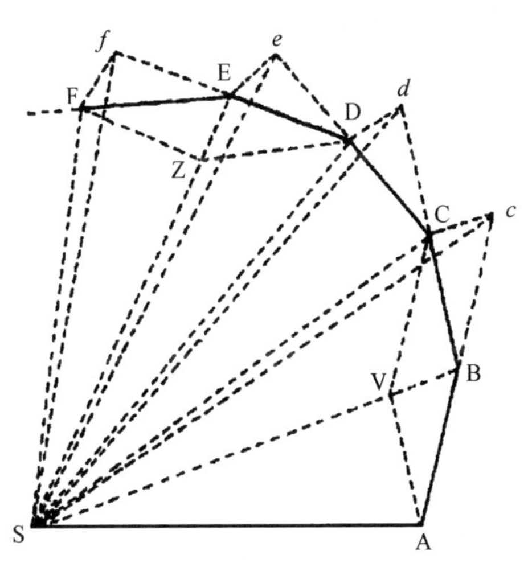

平面上画出相等面积：而且由命题，这些面积的任意的和 SADS，SAFS 都分别正比于它们的时间。现在，令这些三角形的数目增加，它们的底宽无限减少；(由引理 3 推论Ⅳ)它们的边界 ADF 将成为一条曲线：所以向心力连续使物体偏离该曲线的切线；而且，任意扫出的面积 SADS，SAFS 原先是正比于扫出它们所用时间的，在此情形下仍正比于所用时间。

证毕。

推论Ⅰ. 被吸引向不动中心的物体的速度，在无阻力的空间中，反比于由中心指向轨道切线的垂线。因为在处所 A，B，C，D，E 的速度可以看做是全等三角形的底 AB，BC，CD，DE，EF，这些底反比于指向它们的垂线。

推论Ⅱ. 如果两段弧的弦 AB，BC 相继由同一物体在相等时间里画出，在无阻力空间中，作平行四边形 ABCV，则该平行四边形的对角线 BV，在对应弧长无限缩小时所获得的位置上延长，必定通过力的中心。

推论Ⅲ. 如果弧的弦 AB，BC 与 DE，EF 在相等时间内画出，在无阻力空间中，作平行四边形 ABCV，DEFZ，则在 B 和 E 点的力之比与对应弧长无限缩小时对角线 BV，EZ 的最后比相同。因为物体沿 BC 和 EF 的运动是(由本定律推论Ⅰ)沿 B*c*，BV 和 E*f*，EZ 运动的复合；但在本命题证明中，BV 和 EZ 等于 C*c* 和 F*f*，是由于向心力在 B 和 E 点的推斥作用产生的，所以正比于这些推斥作用。

推论Ⅳ. 无阻力空间中使物体偏离直线运动并进入曲线轨道的力，正比于相等时间里所画出的弧的正矢，该正矢指向力的中心，并在弧长无限缩小时等分对应弦长。因为这些正矢是推论Ⅲ中对角线的一半。

推论Ⅴ. 所以，这种力与引力的比，正如所讨论的正矢与抛体在相同时间内画出的抛物线弧上垂直于地平线的正矢的比。

推论Ⅵ. 当物体运动所在平面，以及置于该平面上的力的中心不是静止的，而且做匀速直线运动的，上述结论(按定律推论Ⅴ)依然有效。

命题2　定理2

沿平面上任意曲线运动的物体，其半径指向静止的或做匀速直线运动的点，并且关于该点掠过的面积正比于时间，则该物体受到指向该点的向心力的作用。

第一种情形：任何沿曲线运动的物体（由定律Ⅰ）都受到某种力的作用迫使它改变直线路径。这种迫使物体离开直线运动的力，在相等时间里，使物体画出最小的三角形SAB，SBC，SCD等等，关于不动点S（由欧几里得《几何原本》第一卷命题40和定律Ⅱ）作用于处所B，其方向沿着平行于cC的直线，即沿着直线BS的方向。而在处所C，沿着平行于dD的直线的方向，即沿着直线CS的方向，等等；所以它总是沿着指向不动点S的方向。

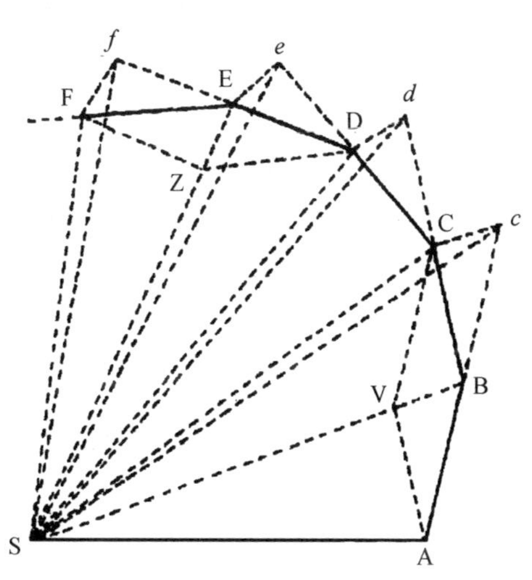

第二种情形：（由定律推论Ⅴ）物体作曲线运动所在的面，不论是静止的，或是与物体，与物体画出的图形，与中心点S一同做匀速直线运动，都没有区别。

推论Ⅰ. 在无阻抗的空间或介质中，如果掠过的面积不正比于时间，则力不指向半径通过的点。如果掠过面积是加速的，则偏向运动所指的方向，如果是减速的，则背离运动方向。

推论Ⅱ. 甚至在阻抗介质中，如果加速掠过面积，则力的方向也偏离半径的交点，指向运动所指方向。

附　　注

物体可能受到由若干力复合而成的向心力作用。在此情形下，命题的意义是，所有力的合力指向点S。但如果某个力连续地沿着物体所画表面的垂线方向，则该力将使物体偏离其运动平面，但并不增大或减小所画表面的面积，所以在考虑力的合成时忽略不计。

命题3　定理3

任何物体，其环绕半径指向另一任意运动物体的中心，所掠过的面积正比于时间，则该物体受到指向另一物体的向心力，以及另一物体所受到的所有加速力的复合力的作用。

令L表示一物体，T表示另一物体（由运动定律推论Ⅵ），如果两物体在平行线方向上受到一个新的力的作用，这个力与第二个物体T所受到的力大小相等方向相反，则第一个物体L仍像从前一样环绕第二个物体T掠过相等的面积；但另一个物体T受到的力现在被相等且相反的力所抵消，所以（由定律Ⅰ）另一个物体T现在不再受力，处于静止或匀速直线运动状态；而第一个物体L则受到两个力的差，即剩余的力的作用，连续环绕另一个物体T以正比于时间掠过面积。所以（由定理2）这些力的差是指向其环绕中心另一个物体T的。

证毕。

推论Ⅰ. 如果一个物体L的环绕半径指向另一个物体T，掠过的面积正比于时间，则由第一个物体L所受到的合力（由定律的推论Ⅱ，不论这个力是简单的，或是几个力的复合），减去（由同一推论）另一物体所受到的全部加速力，最后剩余的推动第一个物体的力是指向环绕中心另一个物体T的。

推论Ⅱ. 而且，如果掠过的面积近似正比于时间，则剩余力的指向也接近于另一个物体T。

推论Ⅲ. 反之，如果剩余力指向接近于另一个物体T，则面积也接近于正比于时间。

推论Ⅵ. 如果物体 L 的环绕半径指向另一物体 T，其所掠过的面积与时间相比很不相等，而另一物体 T 处于静止或匀速直线运动状态，则指向另一个物体 T 的向心力作用或是消失，或是受到其他力的强烈干扰和复合；而所有这些力（如果它们有许多）的复合力指向另一个（运动的或不动的）中心。当另一个物体的运动是任意的时候，也可得出相同结论，这时产生作用的向心力是减去作用于另一个物体 T 的力所剩余的。

附　注

由于掠过相等的面积意味着对物体影响最大的力有一个中心，这个力使物体脱离直线运动维持在轨道上，那么，我们为什么不能在以后的讨论中，把掠过相等面积当作自由空间所有环绕运动的中心存在的标志呢？

命题 4　定理 4

沿不同圆周等速运动的若干物体的向心力，指向各自圆周的中心，它们之间的比，正比于等时间里掠过的弧长的平方，除以圆周的半径。

这些力指向各自圆周的中心（由命题 2 和命题 1，推论Ⅱ），它们之间的比，如同等时间内掠过的最小弧长的正矢的比（由命题 1 推论Ⅳ），即正比于同一弧长的平方除以圆周的直径（由引理 7）。由于这些弧长的比就是任意相等时间里所掠过的弧长的比，而直径的比就是半径的比，所以力正比于任意相同时间里掠过的弧长的平方除以圆周半径。

证毕。

推论Ⅰ. 由于这些弧长正比于物体的速度，向心力正比于速度的平方除以半径。

推论Ⅱ. 由于环绕周期正比于半径除以速度，向心力正比于半径除以环绕周期的平方。证毕。

推论Ⅲ. 如果周期相等，因而速度正比于半径，则向心力也正比于半径，反之亦然。

推论Ⅳ. 如果周期与速度都正比于半径的平方根，则有关的向心力相等，反之亦然。

推论Ⅴ. 如果周期正比于半径，因而速度相等，则向心力将反比于半径；反之亦然。

推论Ⅵ. 如果周期正比于半径的$\frac{3}{2}$次方，则向心力反比于半径的平方；反之亦然。

推论Ⅶ. 推而广之，如果周期正比于半径 R 的多次方 R^n，因而速度反比于半径的 R^{n-1} 方，则向心力将反比于半径的 R^{2n-1} 次方；反之亦然。

推论Ⅷ. 物体运动掠过任何相似图形的相似部分，这些图形在相似位置上有中心，这时有关的时间、速度和力都满足以前的结论，只需要将以前的证明加以应用即可。这种应用是容易的，只要用掠过的相等面积代替相等的运动，用物体到中心的距离代替半径。

推论Ⅸ. 由同样的证明可以知道，在给定向心力作用下沿圆周匀速运动的物体，其在任意时间内掠过的弧长，是圆周直径与同一物体受相同力作用在相同时间里下落空间的比例中项。

附　　注

推论Ⅵ的情形发生在天体中（如克里斯托弗·雷恩爵士，胡克博士和哈雷博士分别观测到的）；所以，我拟在下文中就与向心力随物体到中心距离的平方减少有关的问题作详尽讨论。

还有，由上述命题及其推论，我们可以知道向心力与任何其他已知力如重力的比，因为，如果一个物体因其重力沿以地球为心的圆周轨道运行，这个重力就是那个物体的向心力。由重物体的下落（根据本命题推论Ⅸ)，它环绕一周的时间，以及在任意时间里掠过的弧长都可以知道。惠更斯先生在他的名著《论摆钟》中就是根据这一命题把重力与环绕物体的向心力作类比的。

也可以用这一方法证明上述命题。在任意圆内作内接多边形，其边数是任意的，如果物体以给定速度沿多边形的边运动，在各角顶点被圆周反弹，则每次反弹物体撞击圆周的力正比于其速度：所以，在给定时间里，这些力的和正比于速度与反弹次数的乘积；也就是说，(如果多边形已经给定)正比该给定时间里所掠过的长度，并随着相同长度与圆周半径的比增减，即，正比于长度的平方除以半径，所以，当多边形的边无限减小时，趋于与圆周重合，这时，即正比于在给定时间里掠过的弧长除以半径，这就是物体施加给圆周的向心力，而圆周连续作用于物体使其指向中心的反向力，与之相等。

命题 5　问题 1

在任意位置，物体受指向某一公共中心的力的作用以给定速度运动并画出给定轨道图形，求该中心。

令三条直线 PT，TQV，VR 与已知图形在同样多的点 P，Q，R 上相切，并相交于 T 和 V 点。在切线上过 P，Q，R 点作垂线 PA，QB 和 RC，长度与物体在 P，Q，R 点的速度成反比，即，使得 PA 比 QB 等于 Q 点的速度与 P 点的速度的比，而 QB 比 RC 等于 R 点与 Q 点的速度比，过垂线端点 A，B，C 作直线 AD，DBE，EC，使之互成直角，相交于 D 和 E；再作直线 TD，VE，并延长至 S 点，求得中心。

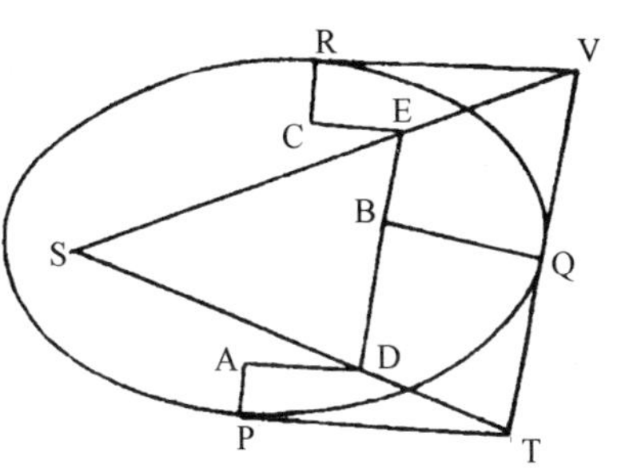

因为由中心 S 做出的切线 PT，QT 的垂线反比于物体在点 P 和 Q 的速度(由命题 1 推论Ⅰ)，因而正比于垂线 AP，BQ，即，正比于由 D 点做

出的切线垂线。由此易于推知点 S,D,T 在同一条直线上,类似地可知点 S,E,V 也在同一条直线上,所以,中心 S 处于直线 TD,VE 相交处。

证毕。

命题 6 定理 5

在无阻力空间中,如果物体沿任意轨道环绕一不动中心运行,在最短时间里掠过极短弧长,该弧的正矢等分对应的弦,并通过力的中心:则弧中心的向心力正比于该正矢而反比于时间的平方。

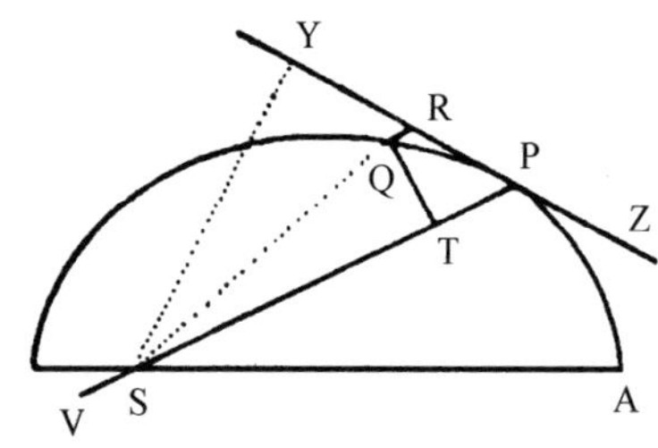

因为给定时间的正矢正比于向心力(由命题 1 推论Ⅳ),而弧长随时间的增加作相同比率的增加,正矢将以该比率的平方增加(由引理 11 推论Ⅱ和推论Ⅲ),所以正比于力和时间的平方,两边同除以时间的平方,即得到力正比于正矢,反比于时间的平方。

证毕。

用引理 10 推论Ⅳ也能同样容易地证明该定理。

推论Ⅰ. 如果物体 P 环绕中心 S 画出曲线 APQ,直线 ZPR 与该曲线在任意点 P 上相切,由曲线上另一任意点 Q 作平行于距离 SP 的直线,与切线相交于 R;再作 QT 垂直于距离 SP,则向心力将反比于 $\frac{SP^2 \cdot QT^2}{QR}$,如果该立方取点 P 点 Q 重合时的值的话。因为 QR 等于弧 QP 的二倍的正矢,该弧中点是 P:也等于三角形 SQP 的二倍,或 SP · QT 正比于掠过二倍弧所用的时间,因此,可用以表示时间。

推论Ⅱ. 由类似的理由,向心力反比于立方 $\frac{SY^2 \cdot QP^2}{QR}$;如果 SY 是由力的中心伸向轨道切线 PR 的垂线的话。因为矩形 SY · QP 与 SP · QT 相等。

推论Ⅲ. 如果轨道是圆周，或与一同心的圆周相切或相交，即，轨道在相切或相交处包含有极小角度的圆周，并与点 P 有相等的曲率与曲率半径；又，如果 PV 是该圆周上由物体通过力的中心做出的弦，则向心力反比于立方 $SY^2 \cdot PV$。因为 PV 就是$\frac{QP^2}{QR}$。

推论Ⅳ. 在相同假设下，向心力正比于速度的平方，反比于弦，因为由命题 1 推论Ⅰ，速度反比于垂线 SY。

推论Ⅴ. 所以，如果给定任意曲线图形 APQ，因而向心力连续指向的点 S 也给定，即可得到向心力定律：物体 P 受该定律支配连续偏离直线运动，维持在图形边缘上，通过连续环绕画出相同图形。即，通过计算可以知道，立方$\frac{SP^2 \cdot QT^2}{QR}$或立方 $SY^2 \cdot PV$ 反比于向心力。下述问题将给出该定律实例。

命题 7　问题 2

如果物体沿圆周运动，求指向任意给定点的向心力的定律。

令 VQPA 是圆周，S 是力所指向的给定中心，P 是沿圆周运动的物体，Q 是物体将要到达的处所，PRZ 是圆周在前一个处所的切线。通过点 S 作弦 PV，以及圆的直径 VA，连接 AP，作 QT 垂直于 SP，并延长与切线 PR 相交于 Z，最后，通过点 Q 作 LR 平行于 SP，与圆周相交于 L，与切线 PZ 相交于 R。因

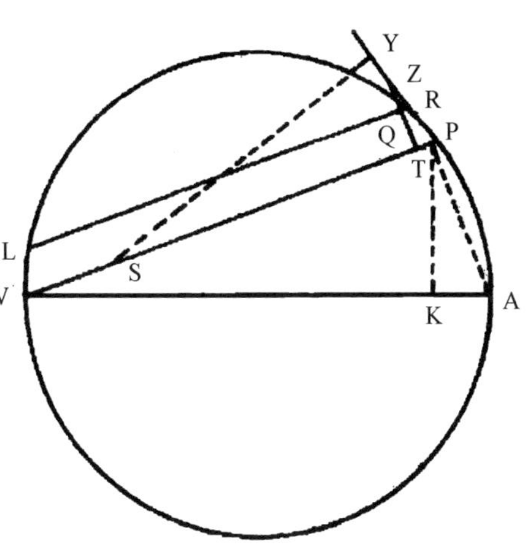

为三角形 ZQR，ZTP，VPA 相似，$RP^2 = RL \cdot QR$，而 $QT^2 = \frac{RL \cdot QR \cdot PV^2}{AV^2}$。

所以，

$$RP^2 : QT^2 = AV^2 : PV^2$$

等式两边同乘以$\frac{SP^2}{QR}$，当点 P 与 Q 重合时，RL 可写为 PV，于是有：

$$\frac{SP^2 \cdot PV^3}{AV^2} = \frac{SP^2 \cdot QT^2}{QR}$$

所以，(由命题 6 推论Ⅰ和Ⅴ)向心力反比于$\frac{SP^2 \cdot PV^3}{AV^2}$，即(由于 AV^2 已给定)反比于 SP^2 与 PV^3 的乘积。

完毕。

另一种解法

在切线 PR 上作垂线 SY，(由于三角 SYP，VPA 相似)即有 AV 比 PV 等于 SP 比 SY，所以$\frac{SP \cdot PV}{AV} = SY$，$\frac{SP^2 \cdot PV^3}{AV^2} = SY^2 \cdot PV$，所以(由命题 6 推论Ⅲ和Ⅴ)向心力反比于$\frac{SP^2 \cdot PV^3}{AV^2}$，即(因为 AV 已经给定)反比于 $SP^2 \cdot PV^3$。

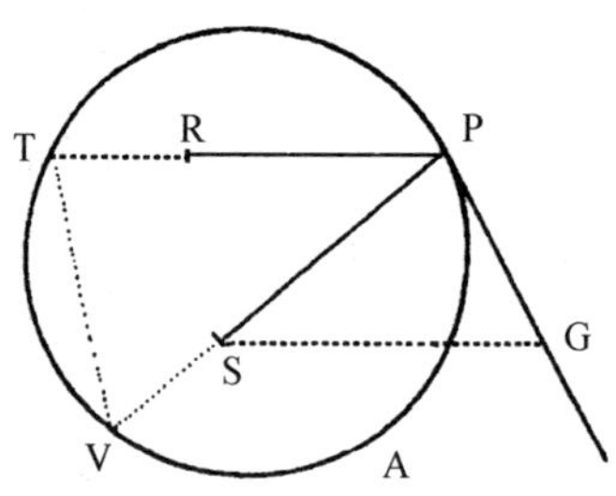

推论Ⅰ. 如果向心力永远指向的点 S 已给定，并位于圆周上，如位于 V，则向心力反比于 SP 长度的 5 次方。

推论Ⅱ. 使物体 P 沿圆周 APTV 环绕力的中心 S 运动的力，与使同一物体 P 沿同一圆周以相同周期环绕另一力的中心 R 运动的力的比，等于 $RP^2 \cdot SP$ 与直线 SG 的立方的比。直线 SG 是由第一个中心 S 做出的平行于物体到第二个中心 R 的距离 PR，并与轨道切线

PG 相交于 G 点的直线距离。因为,由本命题,前一个力与后一个力的比等于 $RP^2 \cdot PT^3$ 比 $SP^2 \cdot PV^3$,也就是说,等于 $SP \cdot RP^2$ 比 $\frac{SP^3 \cdot PV^3}{PT^3}$,或正比于(因为三角形 PSG,TPV 相似)$SG^3$。

推论Ⅲ. 使物体 P 沿任意轨道环绕力的中心 S 运动的力,与使同一物体沿同一轨道以相同周期环绕另一任意力的中心 R 的力的比,等于立方 $SP \cdot RP^2$,其中包括物体到第一个中心 S 的距离,和物体到第二个力的中心 R 的距离的平方,与直线 SG 的立方的比。SG 是由第一个力的中心 S 沿平行于物体到第二个力的中心 R 的距离的直线到它与轨道切线 PG 的交点 G 的距离,因为在该轨道上任意一点 P 的力与它在相同曲率圆周上的力相等。

命题 8 问题 3

如果物体沿半圆 PQA 运动,试求指向点 S 的向心力的规律,该点如此遥远,以至于所有指向该点的直线 PS,RS,都可看作是平行的。

由半圆中心 C 作半径 CA,与诸平行线正交于 M,N 点,连接 CP,因为三角形 CPM,PZT 和 RZQ 相似,则有:

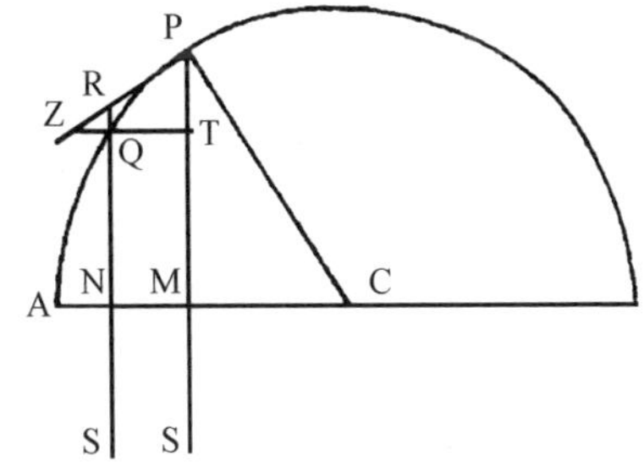

$CP^2 : PM^2 = PR^2 : QT^2$,

由圆的性质,当 P 和 Q 点重合时,$PR^2 = QR(RN+QN) = QR \cdot 2PM$,所以,$CP^2 : PM^2 = QR \cdot 2PM : QT^2$,而且,$\frac{QT^2}{QR} = \frac{2PM^3}{CP^2}$,$\frac{QT^2 \cdot SP^2}{QR} = \frac{2PM^3 \cdot SP^2}{CP^2}$,所以,(由命题 6 推论Ⅰ和Ⅴ)向心力反比于$\frac{2PM^3 \cdot SP^2}{CP^2}$,即(给定比值$\frac{2SP^2}{CP^2}$不予考虑)反比于 PM^3。

完毕。

由上述命题也容易推出相同结论。

附　注

由类似理由，物体在椭圆上甚至双曲线或抛物线上运动时，所受到的向心力反比于它到位于无限遥远的力的中心的纵向距离的立方。

命题 9　问题 4

如果物体沿螺旋线 PQS 运动，以给定角度与所有半径 SP，SQ 相交，求指向该螺旋线的中心的向心力的规律。

设不定小的角度 PSQ 为已知，则因为所有的角均已给定，图形 SPRQT 也就给定。所以，比值$\frac{QT}{QR}$也已给定，于是$\frac{QT^2}{QR}$正比于 QT（因

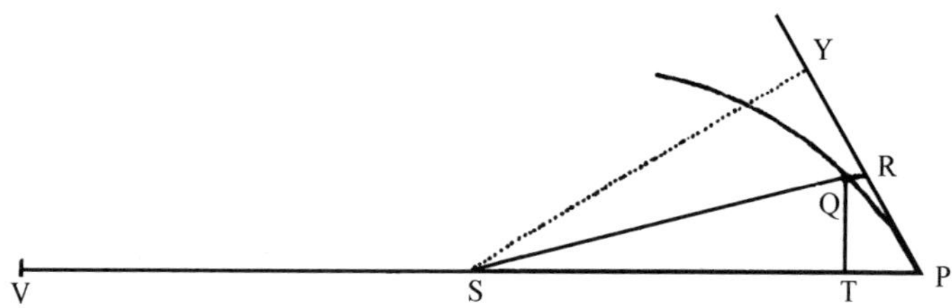

为图形已给定），即正比于 SP，但如果角度 PSQ 有任何变化，则相切角 QPR 相对的直线 QR（由引理 11）将以 PR^2 或 QT^2 的比率变化，所以，比值$\frac{QT^2}{QR}$保持不变，仍是 SP，而$\frac{QT^2 \cdot SP^2}{QR}$正比于 SP^3，所以，（由命题 6 推论Ⅰ和Ⅴ）向心力反比于距离 SP 的立方。

完毕。

另一种解法。

作切线的垂线 SY，并作与螺旋线共心的圆的弦 PV 与螺旋线相交，它与距离 SP 的比是给定的。所以 SP^3 正比于 $SY^2 \cdot PV$，即（由命题 6 推论Ⅲ和Ⅴ）反比于向心力。

引　理　12

所有关于给定椭圆或双曲线共轭直径外切的平行四边形都相等。

本书作者已在关于圆锥曲线内容中加以证明。

命题 10　问题 5

如果物体沿椭圆环行，求指向该椭圆中心的向心力的规律。

设 CA，CB 是该椭圆的半轴，GP，DK 是其共轭直径，PF，QT 垂直于共轭直径，Qv 是到直径 GP 的纵距。如果作平行四边形 QvPR，则(由圆锥曲线性质)$Pv \cdot vG : Qv^2 = PC^2 : CD^2$，又由于三角形 Q$v$T，PCF 相似，$Qv^2 : QT^2 = PC^2 : PF^2$，消去 Qv^2，$vG : \frac{QT^2}{Pv} = PC^2 : \frac{CD^2 \cdot PF^2}{PC^2}$。由于 $QR = Pv$，以及(由引理 12)$BC \cdot CA = CD \cdot PF$，当点 P 与 Q 重合时，$2PC = vG$，把外项与中项乘到一起，就得到$\frac{QT^2 \cdot PC^2}{QR} = \frac{2BC^2 \cdot CA^2}{PC}$。所以(由命题 6 推论Ⅴ)向心力反比于$\frac{2BC^2 \cdot CA^2}{PC}$，即

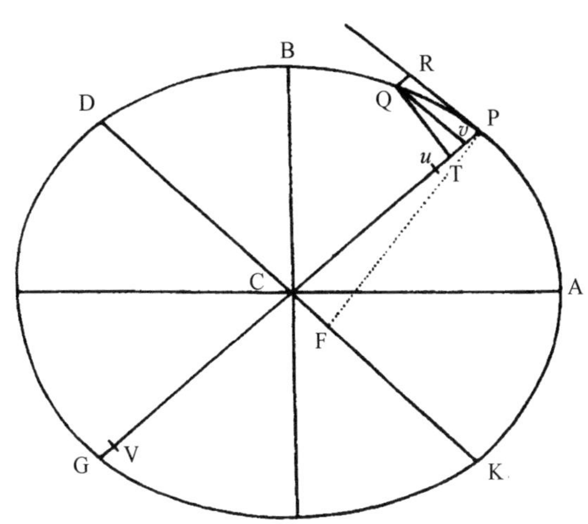

(因为 $2BC^2 \cdot CA^2$ 已给定)反比于$\frac{1}{PC}$,亦即正比于距离 PC。

完毕。

另一种解法

在直线 PG 上点 T 的另一侧,取点 u 使 Tu 等于 Tv。再取 uV,使 $uV : vG = DC^2 : PC^2$。根据圆周曲线特性,$Qv^2 : Pv \cdot vG = DC^2 : PC^2$,于是 $Qv^2 = Pv \cdot uV$,两边同加 $Pu \cdot Pv$,则弧 PQ 的弦的平方将等于乘积 $PV \cdot Pv$。所以,与圆锥曲线相切于 P 点并通过 Q 点的圆周,也将通过点 V,现在令点 P 与 Q 会合,则 uV 与 vG 的比,等同于 DC^2 与 PC^2 的比,将变成 PV 与 PG 的比,或 PV 与 2PC 的比,所以,PV 等于$\frac{2DC^2}{PC}$,所以,物体 P 在椭圆上受到的力将反比于$\frac{2DC^2}{PC} \cdot PF^2$(由命题 6 推论Ⅲ),即(因为 $2DC^2 \cdot PF^2$ 已给定)正比于 PC。

完毕。

推论Ⅰ.所以,力正比于物体到椭圆中心的距离。反之,如果力正比于距离,则物体沿着中心与力的中心重合的椭圆运动,或沿椭圆蜕变成的圆周轨道运动。

推论Ⅱ.沿中心相同的椭圆轨道的环绕周期均相等,因为相似的椭圆所用时间相等(由命题 4 推论Ⅲ和Ⅷ);但对于长轴相同的椭圆,环绕时间之间的比正比于整个椭圆的面积,反比于同一时间掠过的椭圆的面积。即正比于短轴,反比于在长轴顶点的速度,也就是正比于短轴,反比于公共长轴上同一点的纵距,所以(因为正反比值相等)比值相等,1∶1。

附　注

如果椭圆的中心被移到无限远处,它就演变为抛物线,物体将沿该抛物线运动,力将指向无限远处的中心,变成一常数,这正是伽利略的定理。如果圆锥曲线由抛物线(通过改变圆锥截面)演变为双曲线,物体将沿双曲线运动,其向心力变为离心力。与圆周或椭圆中的方法相似，如果力指向位于横距上的圆形的中心，则这些力随着纵距的任意增减，或甚至于改变纵距与横距的夹角，总是增减其到中心的距离的比率，而运行周期不变。在所有种类图形中，如果纵距作任意增减，或它们相对横距的倾角改变，周期都将保持相同，而指向位于横距上任意处的中心的力随物体到中心距离比率的变化在不同的纵距上增减。

第3章

物体在偏心的圆锥曲线上的运动

命题11　问题6

物体沿椭圆运动，求指向椭圆焦点的向心力的规律。

令S为椭圆焦点，作SP与椭圆直径DK相交于E，与纵距Qv相交于x；画出平行四边形$QxPR$，显然EP等于长半轴AC：因为，由椭圆另一焦点H作HI平行于EC，由于CS，CH相等，ES，EI也将相等，所以EP是PS与PI的和的一半，即（因为HI与PR是平行线，角IPR与HPZ相等），PS与PH的和的一半，而PS与PH的和等于整个长轴2AC。作QT垂直于SP，并令L为椭圆的通径（*the principal latus rectum*）（或$\frac{2BC^2}{AC}$），即得到：

$$L\cdot QR : L\cdot Pv = QR : Pv = PE : PC = AC : PC$$

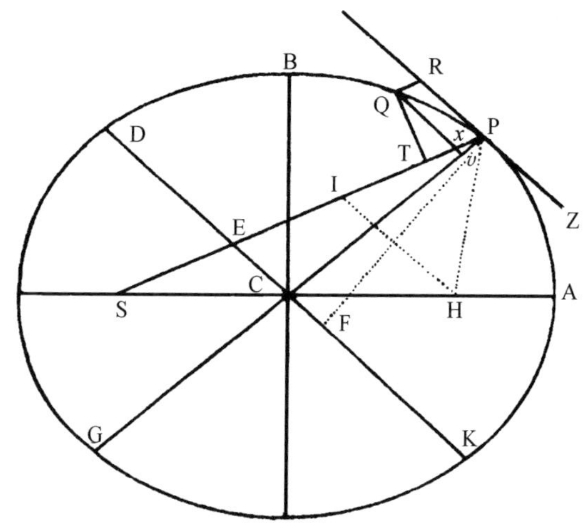

以及

$L\cdot Pv : Gv\cdot Pv = L : Gv$ 和 $Gv\cdot Pv : Qv^2 = PC^2 : CD^2$。

由引理 7 推论Ⅱ，当点 P 与 Q 重合时，$Qv^2 = Qx^2$，而 Qx^2 或 $Qv^2 : QT^2 = EP^2 : PF^2 = CA^2 : PF^2$，而且(由引理 12)$= CD^2 : CB^2$。将四个等式中对应项乘到一起并整理简化，得到 $L\cdot QR : QT^2 = AC\cdot L\cdot PC^2\cdot CD^2 : PC\cdot Gv\cdot CD^2\cdot CB^2 = 2PC : Gv$，因为 $AC\cdot L = 2BC^2$。但当点 P 与 Q 重合时，2PC 与 Gv 相等，所以量 $L\cdot QR$ 与 QT^2 同它们成正比，而且相等。将这些等式两边同乘$\frac{SP^2}{QR}$，则 $L\cdot SP^2$ 将等于$\frac{SP^2\cdot QT^2}{QR}$，所以(由命题 6 推论Ⅰ和Ⅴ)向心力反比于 $L\cdot SP^2$，即反比于距离 SP 的平方。

完毕。

另一种解法

因为使物体 P 沿椭圆运动的指向椭圆中心的力，(由命题 10 推论Ⅰ)正比于物体到椭圆中心 C 的距离 CP，作 CE 平行于椭圆切线 PR，如果 CE 与 PS 相交于 E 点，则使同一物体 P 环绕椭圆中一其他任意点 S 的力，将正比于$\frac{PE^3}{SP^2}$(由命题 7 推论Ⅲ)，即如果点 S 是椭圆的焦点，因而 PE 是给定数，将正比于 SP^2 的倒数。

完毕。

我们曾用同样简捷的方式把第五个问题推广到抛物线和双曲线，在此本应也作同样的推广，但由于这个问题的重要性以及在以后的应用，我将用特殊的方法加以证明。

命题 12 问题 7

设一物体沿双曲线运动，求指向该图形焦点的向心力的定律。

令 CA，CB 为双曲线的半轴，PG，KD 是不同的共轭直径，PF 是共轭直径 KD 的垂线，Qv 是相对于共轭直径 GP 的纵距。作 SP 与直径

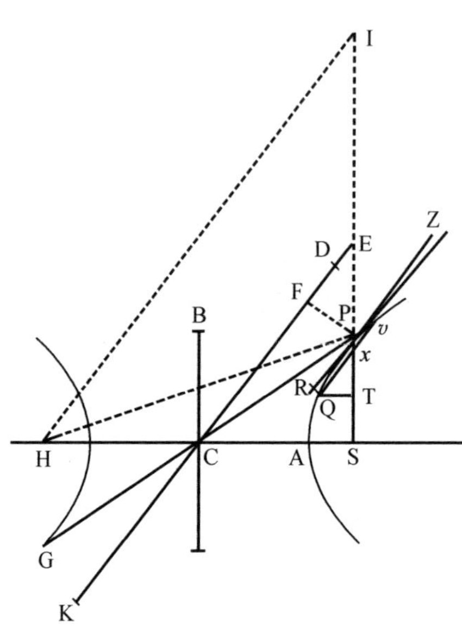

DK 相交于 E，与纵距 Qv 相交于 x，画出平行四边形 $QRPx$，显然 EP 等于半横轴 AC，因为由双曲线另一焦点 H 作直线 HI 平行于 EC，由于 CS，CH 相等，ES，EI 也将相等，所以 EP 是 PS 与 PI 的差的一半，即（因为 IH 与 PR 平行，角 IPR，HPZ 相等），PS 与 PH 差的一半，这个差等于轴长 2AC，作 QT 垂直于 SP，令 L 等于双曲线的通径（即等于 $\frac{2BC^2}{AC}$），即得到

$L\cdot QR : L\cdot Pv = QR : Pv = Px : Pv = PE : PC = AC : PC$，和 $L\cdot Pv : Gv\cdot Pv = L : Gv$，以及 $Gv\cdot Pv : Qv^2 = PC^2 : CD^2$。由引理 7 推论Ⅱ，当 P 与 Q 重合时，$Qx^2 = Qv^2$，而且，

$$Qx^2 \text{ 或 } Qv^2 : QT^2 = EP^2 : PF^2 = CA^2 : PF^2,$$

由引理 12，$= CD^2 : CB^2$。

四个比例式中对应项乘到一起，化简：

$L\cdot QR : QT^2 = AC\cdot L\cdot PC^2\cdot CD^2 : PC\cdot Gv\cdot CD^2\cdot CB^2 = 2PC : Gv$，在此 $AC\cdot L = 2BC^2$，但点 P 与 Q 重合时，2PC 与 Gv 相等，所以，量 $L\cdot QR$ 与 QT^2 正比于它们，而且相等，等式两边同乘 $\frac{SP^2}{QR}$，得到 $L\cdot SP^2$ 等于 $\frac{SP^2\cdot QT^2}{QR}$，所以（由命题 6 推论Ⅰ和Ⅴ）向心力反比于 $L\cdot SP^2$，即反比于距离 SP 的平方。

完毕。

另一种解法

求出指向双曲线中心 C 的力，它正比于距离 CP，然而由此（根据命题 7 推论Ⅲ）指向焦点 S 的力将正比于$\frac{PE^3}{SP^2}$，即，由于 PE 是给定数，正比于 SP^2 的倒数。

完毕。

用相同方法可以证明，当物体的向心力变为离心力时，将沿共轭双曲线运动。

引　理　13

抛物线的任何顶点的通径是该顶点到图形焦点距离的四倍。

作者已在论圆锥曲线内容中加以证明。

引　理　14

由抛物线焦点到其切线的垂线，是焦点到切点的距离，与顶点距离的比例中项。

令 AP 为抛物线，S 是其焦点。A 是顶点，P 是切点，PO 是主轴上的纵距，切线 PM 与主轴相交于 M 点，SN 是由焦点到切点的垂线：连接 AN，因为直线 MS 等于 SP，MN 等于 NP，MA 等于 AO，直线 AN 与 OP 相平行，因而三角形 SAN 在 A 的角是直角，并与相等的三角形 SNM，SNP 相似，所以，PS 比 SN 等于 SN 比 SA。

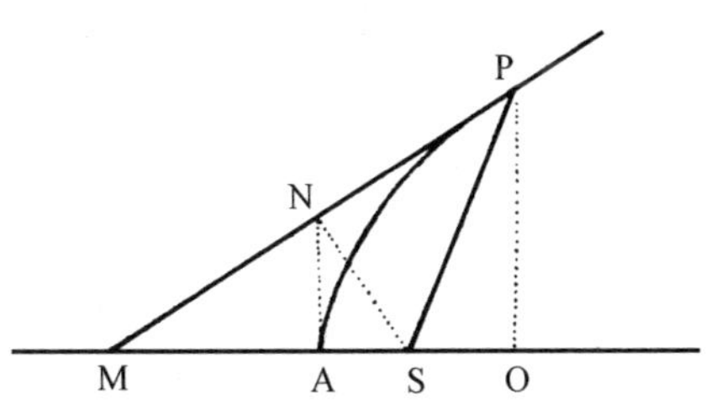

证毕。

推论Ⅰ. PS^2 比 SN^2 等于 PS 比 SA。

推论Ⅱ. 因为 SA 是给定数，SN^2 正比于 PS 变化。

推论Ⅲ.任意切线 PM,与由焦点到切线的垂线 SN 的交点,必落在抛物线顶点的切线 AN 上。

命题 13 问题 8

如果物体沿抛物线运动,求指向该图形焦点的向心力的定律。

保留上述引理的图,令 P 为沿抛物线运动的物体,Q 为物体即将到达点。作 QR 平行于 SP,QT 垂直于 SP,再作 Qv 平行于切线,与直径 PG 交于 v,与距离 SP 交于 x。因为三角形 Pxv,SPM 相似,SP 与 SM 是同一三角形的相等边,另一三角形的边 Px 或 QR 与 Pv 也相等,但(因为是圆锥曲线)纵坐标 Qv 的平方等于由通径与直径小段 Pv 组成的矩形,即(由引理 13)等于矩形 $4PS \cdot Pv$ 或 $4PS \cdot QR$;当点 P 与 Q 重合时,(由引理 7 推论Ⅱ)$Qx = Qv$。所以,在这种情形下,Qx^2 等于矩形 $4PS \cdot QR$。但(因为三角形 QxT,SPN 相似),

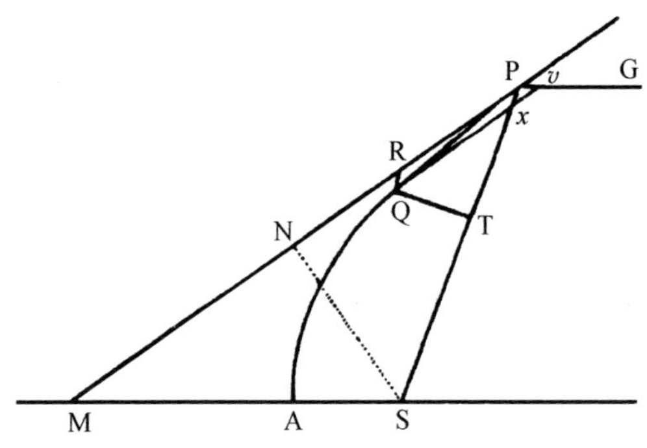

$$Qx^2 : QT^2 = PS^2 : SN^2 = PS : SA$$

(由引理 14 推论Ⅰ)$= 4PS \cdot QR : 4SA \cdot QR$

所以,由(欧几里得《几何原本》第五卷命题 9),$QT^2 = 4SA \cdot QR$。该等式两边同乘$\frac{SP^2}{QR}$,则$\frac{SP^2 \cdot QT^2}{QR}$将等于 $SP^2 \cdot 4SA$;所以,(由命题 6 推论Ⅰ和Ⅴ)向心力反比于 $SP^2 \cdot 4SA$,即,由于 4SA 是给定数,反比于距离 SP 的平方。

完毕。

推论Ⅰ.由上述三个命题可知,如果任意物体 P 在处所 P 以任意速度沿任意直线 PR 运动，同时受到一个反比于由该处所到其中心的向心力的作用，则物体将沿圆锥曲线中的一种运动，曲线的焦点就是力的中心；反之亦然，因为焦点、切点和切线已知，圆锥曲线便决定了，切点的曲率也就给定了，而曲率决定于向心力和给定的物体速度。相同的向心力和相同的速度不可能给出两条相切的轨道。

推论Ⅱ. 如果物体在处所 P 的速度这样给定，使得在无限小的时间间隔里通过小线段 PR，而向心力在相同时间里使物体通过空间 QR，则物体沿圆锥曲线中的一条运动，其通径在小线段 PR，QR 无限减小的极限状态下为 $\frac{QT^2}{QR}$。在这两个推论中，我把圆周当作椭圆，并排除了物体沿直线到达中心的可能性。

命题 14 定理 6

如果不同物体环绕公共中心运行，向心力都反比于其到该中心距离的平方，则它们的轨道的通径正比于物体到中心的半径在同一时间里所掠过的面积的平方。

因为（由命题 13 推论Ⅱ）通径 L 在点 P 与 Q 重合的极限状态下等于量 $\frac{QT^2}{QR}$。但小线段 QR 在给定时间里正比于产生它的向心力，即（由假定条件）反比于 SP^2。所以 $\frac{QT^2}{QR}$ 正比于 $QT^2 \cdot SP^2$，即通径 L 正比于面积 $QT \cdot SP$ 的平方。

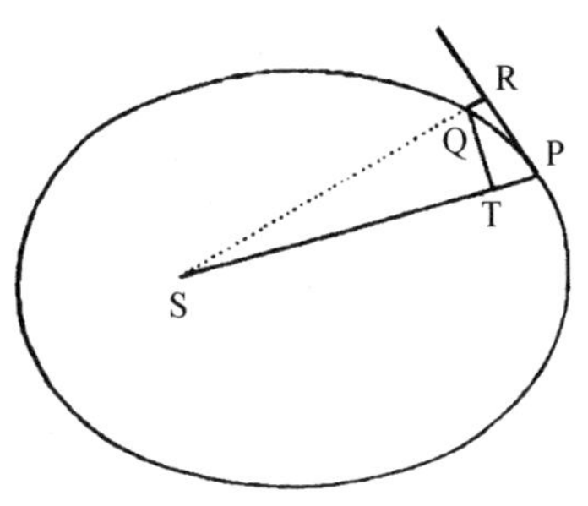

证毕。

推论. 因此，正比于由其轴长组成的矩形的整个椭圆的面积，正比于其通径的平方根与周期的乘积。因为整个椭圆面积正比于给定时间里掠过的面积 $QT \cdot SP$ 乘以周期。

命题 15 定理 7

在相同条件下，椭圆运动的周期正比于其长轴的$\frac{3}{2}$次方(*in ratione sesquiplicata*)。

因为短轴是长轴与通径的比例中项，因此，长短轴的乘积等于通径的平方根与长轴的$\frac{3}{2}$次方的乘积。但两轴的乘积(由命题 14 推论)正比于通径的平方根与周期的乘积而变化，双边同除以通径的平方根，即得到长轴的$\frac{3}{2}$次方正比于周期。

证毕。

推论. 椭圆运动的周期与直径等于椭圆长轴的圆周运动的周期相等。

命题 16 定理 8

在相同条件下，通过物体作轨道切线，再由公共焦点作切线的垂线，则物体的速度反比于该垂线而正比于通径的平方根变化。

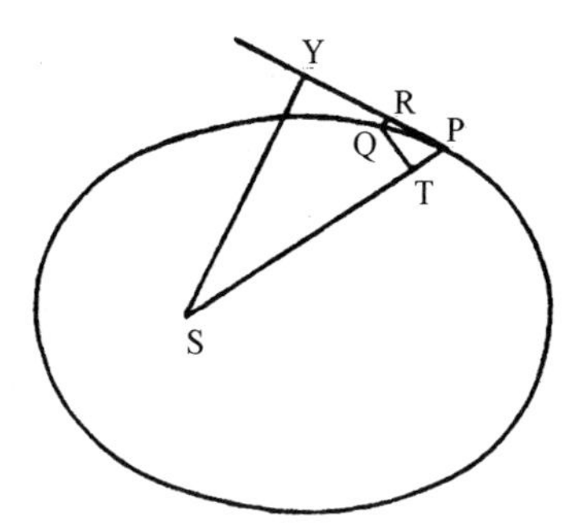

由焦点 S 作直线垂直于切线 PR，则物体 P 的速度反比于量$\frac{SY^2}{L}$的平方根变化。因为速度正比于给定时间间隔内掠过的无限小弧长 PQ，即(由引理 7)正比于切线 PR，也就是(因为有比例式 PR : QT = SP : SY)正比于$\frac{SP \cdot QT}{SY}$，或反比于 SY，正比于 SP · QT，而 SP · QT 是给定时间里掠过的面积，也就是(由命题 14)正比于通径的平方根。

证毕。

推论 Ⅰ. 通径正比于垂线的平方以及速度的平方变化。

推论Ⅱ. 在距焦点最大和最小距离处，物体的速度反比于该距离而正比于通径的平方根，因为那些垂线此时就是距离。

推论Ⅲ. 在距焦点最远或最近时，沿圆锥曲线的运动速度与沿以相同距离为半径的圆周的运动速度的比，等于通径的平方根与该距离二倍之比。

推论Ⅳ. 沿椭圆做环绕运动的物体，在其与公共焦点的平均距离上[18]，其速度与以相同距离做圆周运动的物体的速度相同，即(由命题 4 推论Ⅳ)反比于该距离的平方。因为此时垂线就是半短轴，也是该距离与通径的比例中项。令(诸半短轴的)比值的倒数乘以诸通径的平方根的比，即得到距离比值倒数的平方根。

推论Ⅴ. 在同一图形，或甚至在不同图形中，诸通径是相等的，而物体的速度反比于由焦点到切线的垂线。

推论Ⅵ. 在抛物线上，速度反比于物体到图形的焦点距离变化率的平方根，相对于该变化率，椭圆速度变化较大，而双曲线变化较小，因为(由引理 14 推论Ⅱ)由焦点到抛物线切线的垂线正比于距离的平方根。双曲线垂线变化较小，而椭圆的变化较大。

推论Ⅶ. 在抛物线中，到焦点为任意距离的物体的速度，与以相同距离沿圆周作环绕运动的物体速度的比，等于数字 2 的平方根比 1。对于椭圆该值较小，而双曲线较大。因为(由本命题推论Ⅱ)在抛物线顶点该速度适于这个比值，而(由本命题推论Ⅳ和命题 4)在同一距离上都满足该比值。所以，对于抛物线，物体在其上各处的速度也等于沿以其距离的一半做圆周运动的速度。对于椭圆速度较小，而对于双曲线该速度较大。

推论Ⅷ. 沿任何一种圆锥曲线运动的物体，其速度与以其通径的一半做圆周运动物体的速度的比，等于该距离与由焦点到曲线的切线的垂线的比，这可由推论Ⅴ得证。

推论Ⅸ. 因而，由于(根据命题 4 推论Ⅵ)沿这种圆周运动的物体的速度与沿另一任意圆周运动的另一物体的速度比，反比于它们距离之比的平方根，所以，类似地，沿圆锥曲线运动物体的速度与沿以相同距离做圆周运动物体速度的比，是该共同距离以及圆锥曲线通径的一半，与由公共焦点到曲线切线的垂线的比的比例中项。

命题 17 问题 9

设向心力反比于物体处所到中心的距离的平方，该力的绝对值已知，求物体由给定处所以给定速度沿给定直线方向运动的路径。

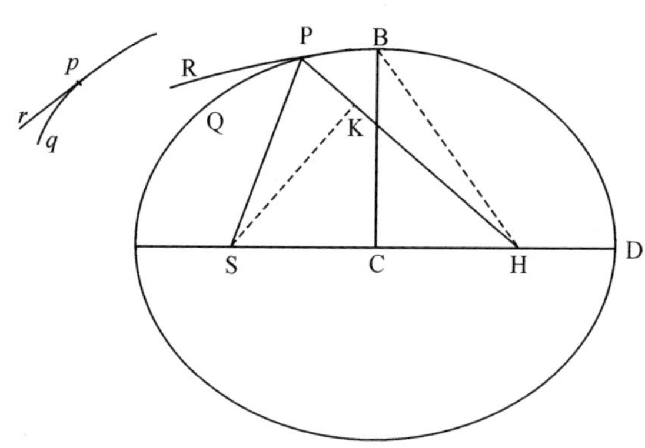

令向心力指向点 S，使得物体 p 沿任意给定轨道 pq 运动；设该物体在处所 p 的速度已知。然后，设物体 P 由处所 P 以给定速度沿直线 PR 的方向运动，但由于向心力的作用它立即偏离直线进入圆锥曲线 PQ，这样，直线 PR 将与曲线在 P 点相切。类似地，设直线 pr 与轨道 pq 在 p 点相切。如果设想一垂线由 S 落向切线，则圆锥曲线的通径（由命题 16，推论 Ⅰ）与该轨道通径之比，等于它们的垂线之比的平方与速度之比的平方的乘积，因而是给定的。令该通径为 L，圆锥曲线的焦点 S 也已给定。令角 RPH 为角 RPS 的补角，另一个焦点位于其上的直线 PH 位置已定，作 SK 垂直于 PH，并作共轭半轴 BC，即得到

$$SP^2-2PH\cdot PK+PH^2=SH^2=4CH^2=4(BH^2-BC^2)$$

$$=(SP+PH)^2-L(SP+PH)$$

$$=SP^2+2PS\cdot PH+PH^2-L(SP+PH),$$

两边同加

$$2PK\cdot PH-SP^2-PH^2+L(SP+PH),$$

即有

L(SP+PH)=2PS·PH+2PK·PH,或者

(SP+PH):PH=2(SP+KP):L。

因此PH的长度和位置都已确定。即,在P处物体的速度如果使得通径L小于2SP+2KP,则PH将与直线SP位于切线PR的同一侧;所以图形将是椭圆,其焦点S,H,以及主轴SP+PH都已确定,但如果物体速度较大,使得通径L等于2SP+2KP,则PH的长度为无限大,所以图形变为抛物线,其轴SH平行于直线PK,因而也得到确定。如果物体在处所P的速度更大,直线PH处于切线的另一侧,使得切线自两个焦点中间穿过,图形将变为双曲线,其主轴等于线段SP与PH的差,也是确定的。因为在这些情形中,如果物体所沿圆锥曲线确定了,命题11,12,13已证明,向心力将反比于物体到力的中心距离的平方,所以,我们就能正确地得出物体在该力作用下自给定处所P以给定速度沿给定直线方向运动所画出的曲线。

完毕。

推论Ⅰ.因此,在每一种圆锥曲线中,由给定的顶点D,通径L和焦点S,即可以通过令DH比DS等于通径比通径与4DS的差来求得另一个焦点H,因为比例式

(SP+PH):PH=(2SP+2KP):L,

在本推论情形中变为

(DS+DH):DH=4DS:L

以及DS:DH=(4DS−L):L。

推论Ⅱ.所以,如果物体在顶点的速度为已知,则其轨道可以求出。即,令其通径与二倍距离DS的比,等于该给定速度与物体以距离DS做圆周运动的速度的比的平方(由命题16,推论Ⅲ),再令DH比DS等于通径比通径与4DS的差。

推论Ⅲ.如果物体沿任意圆锥曲线运动,并遭某种推斥作用被逐出其轨道,它以后运动所循的新轨道也可以求出。因为把物体原先的

正常运动与单由推斥作用产生的运动加以合成，就可得到物体在被逐出点受给定直线方向的推斥作用后产生的运动。

推论Ⅳ. 如果该物体连续受到某外力作用的骚扰，则可以通过采集该外力在某些点造成的变化，类推出它在整个序列中的影响，估计它在各点之间的连续作用，近似求出物体的运动。

附　　注

如果物体 P 受指向任意点 R 的向心力作用，沿以 C 为中心的任意圆锥曲线运动，并满足向心力定律；作 CG 平行于半径 RP，与轨道切线相交于 G 点，则物体受到的力（根据命题 10 推论 Ⅰ 和附注，以及命题 7 推论 Ⅲ）为$\frac{CG^3}{RP^2}$。

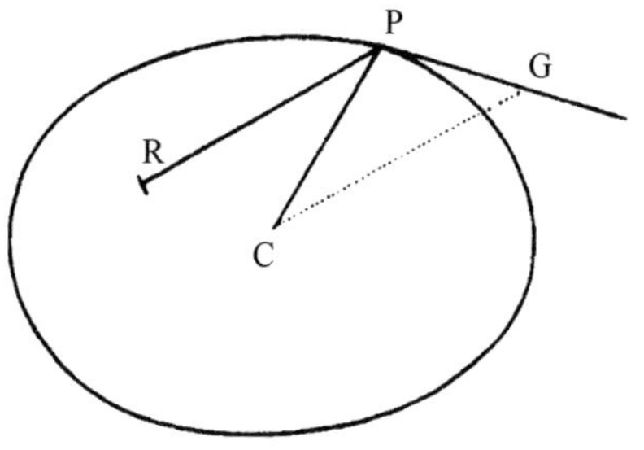

第4章
由已知焦点求椭圆、抛物线和双曲线轨道

引　理　15

如果由椭圆或双曲线的两个焦点S，H作直线SV，HV相交于任意第三个点V，使HV等于图形的主轴，即等于焦点所在轴，而另一条直线SV被其上的垂线TR在T点等分，则该垂线TR将在某处与该圆锥曲线相切；或者反之，如果它们相切，则HV必等于图形的主轴。

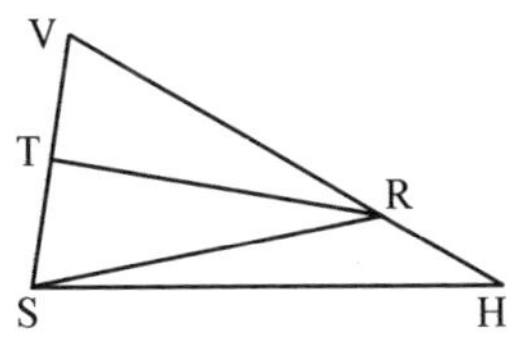

因为，如果必要的话，可使垂线TR与HV相交于R，连接SR。由于TS与TV相等，所以直线SR与VR，以及角TRS与TRV均相等，因而点R在圆锥曲线上，TR将与它在同一点相切；反之亦然。

证毕。

命题18　问题10

由已知的一个焦点和主轴，做出椭圆或双曲线，使之通过给定点并与给定直线相切。

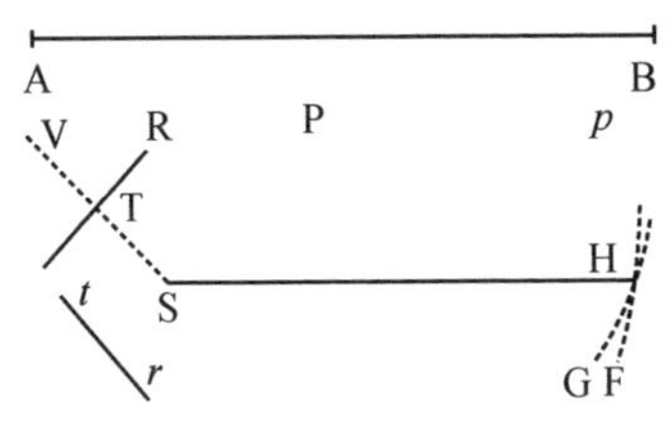

令S为图形的公共焦点；AB为任意圆锥曲线的主轴长度；P为圆锥曲线所应通过的点，TR为它应与之相切的直线。以P为中心，AB－SP为半径，如果轨道是椭圆的话，或者以AB＋SP为半径，如果轨道是双曲线的话，作圆周HG。在切线TR上作垂线ST并延长到V使

TV 等于 ST。再以 V 为圆心以 AB 为半径作圆周 FH。以此方法，无论是已知两点 P 与 p，或两条切线 TR 与 tr，或一点 P 与一条切线 TR，都可以作两个圆周。令 H 为其公共交点。以 S，H 为焦点，由已知主轴作圆锥曲线，问题即得解。因为（椭圆时 PH＋SP，双曲线时 PH－SP 均等于主轴）所作圆锥曲线将通过点 P，且（由前述引理）与直线 TR 相切，由相同方法可使它通过两点 P 和 p，或与两条直线 TR 和 tr 相切。

命题 19　问题 11

由一个已知焦点作抛物线使之通过已知点并与已知位置的直线相切。

令 S 为焦点，P 为给定点，TR 为已知直线。以 P 为圆心，PS 为半径作圆周 FG，由焦点作切线的垂线 ST，并延长到 V 点，使 TV 等于 ST。用相同方法可作另一个圆 fg，如果已知另一个点 p；或求出另一个点 v，如果另一条直线 tr 已知；再作直线 IF，在已知两点 P 与 p 时，可使它与两圆相切；或两切线 TR 与 tr 已知时，使之通过两点 V 与 v；或已知点 P 与切线 TR 时，使之与圆 FG 相切并通过点 V，在 FI 上作垂线 SI，K 为其中点，以 SK 为主轴，K 为顶点做出抛物线，问题即得到解决。因为该抛物线（SK 等于 IK，SP 等于 FP）将通过点 P，而且（由引理 14 推论Ⅲ）因为 ST 等于 TV，而角 STR 是直角，它将与直线 TR 相切。

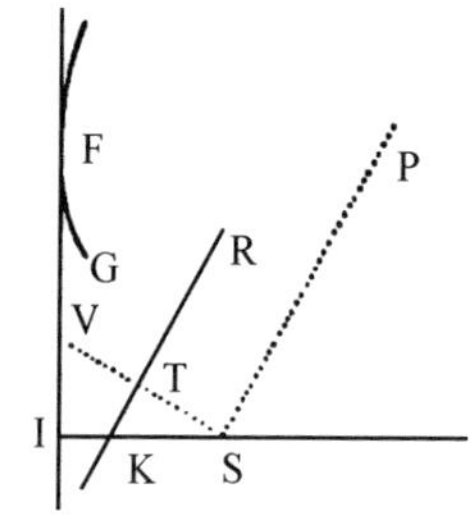

完毕。

命题 20　问题 12

由一个已知焦点，做出通过已知点并与已知位置的直线相切的圆锥曲线。

情形 1. 由已知焦点 S 求圆锥曲线 ABC，并通过两点 B，C。因为圆锥曲线类型已知，其主轴与焦点距离的比也已知，取 KB 比 BS 以及

LC 比 CS 等于该值，以 B,C 为圆心，BK,CL 为半径作两个圆；并在与它们相切于 K 和 L 的直线 KL 上作垂线 SG；在 SG 上截取两点 A 与 a，使 GA 比 AS，以及 Ga 比 aS 等于 KB 比 BS；再以 Aa 为轴，A 与 a 为顶点做出圆锥曲线，问题得解。因为令 H 为所画图形的另一个焦点，由于 GA∶AS=Ga∶aS，即有 Ga－GA∶aS－AS=GA∶AS，或者，Aa∶SH=GA∶AS，所以 GA 与 AS 的比等于所画图形的主轴与焦距的比，所以，所作图形正是所要求的类型。而且，由于 KB 比 BS，以及 LC 比 CS 相等，该图形将通过点 B,C，这正是圆锥曲线所要求的。

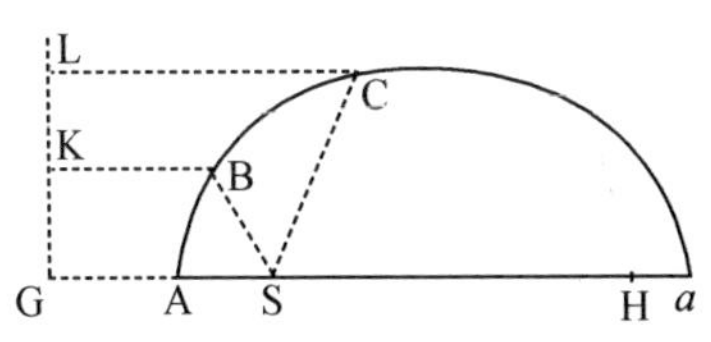

情形 2. 由焦点 S 作圆锥曲线，使之与两条直线 TR,tr 相切。过该焦点作这些切线的垂线 ST,St，并延长到 V,v，使 TV,tv 等于 TS,tS，在 O 点等分 Vv，并作其不定垂线 OH，并与直线 VS 延长线相交，在 VS 线上截取 K,k，使 VK 比 KS，以及 Vk 比 kS 等于要画的圆锥曲线的主轴与其焦距的比，以 Kk 为直径作圆与 OH 相交于 H。以 S,H 为焦点，VH 为主轴作圆锥曲线，问题得解。因为在 X 等分 Kk，连接 HX,HS,HV,Hv，由于 VK 比 KS 等于 Vk 比 kS；因而求和等于 VK+Vk 比 KS+kS，求差等于 Vk－VK 比 kS－KS，即等于 2VX 比 2KX 以及 2KX 比 2SX，所以等于 VX 比 HX 以及 HX 比 SX，而三角形 VXH,HXS 相似，所以 VH 比 SH 等于 VX 比 XH，所以等于 VK 比 KS，所以，所画圆锥曲线的主轴 VH 与其焦距 SH 的比，等于所要求的圆锥曲线的主轴与焦距的比。所以它们类型相同。而且由于 VH,vH 等于主轴，VS,vS 被直线 TR,tr 垂直等分，显然（由引理 15）它们与所画曲线相切。

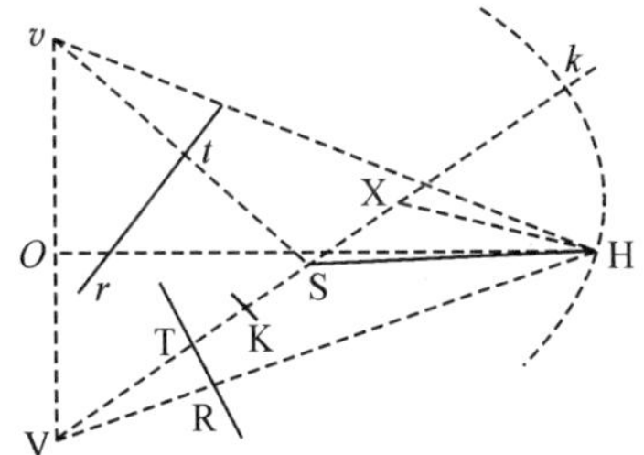

完毕。

情形 3. 由焦点 S 作圆锥曲线，使之在给定点 R 与直线 TR 相切。

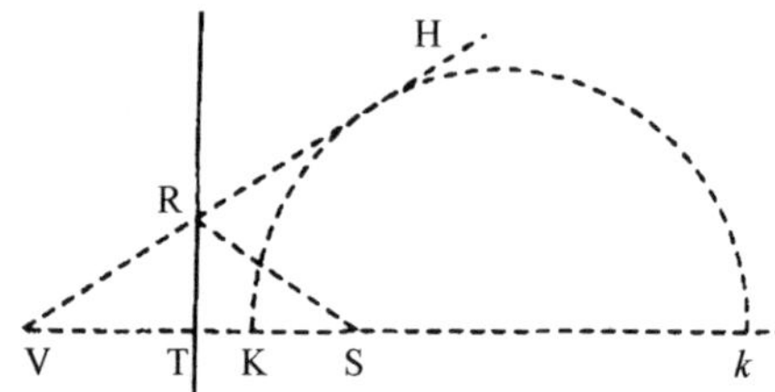

在直线 TR 上作垂线 ST，延长到 V 使 TV 等于 ST，连接 VR，并在直线 VS 延长线上截取 K，*k* 两点，使 VK 比 SK，以及 V*k* 比 S*k*，等于要画的椭圆主轴比其焦距，以 K*k* 为直径作圆周与直线 VR 相交于 H 点；再以 S，H 为焦点，VH 为主轴，作圆锥曲线，问题得解。因为 VH∶SH＝VK∶SK，所以等于所要画的圆锥曲线的主轴比其焦距(我已在情形 2 中证明)；所以所画曲线与所要画的曲线类型相同，而由圆锥曲线特性知，直线 TR 等分角 VRS，与曲线在点 R 相切。

完毕。

情形 4. 由焦点 S 作圆锥曲线 APB 使之与直线 TR 相切，并通过切线外任一已知点 P，并与以 *s*，*h* 为焦点，以 *ab* 为主轴的圆锥曲线 *apb* 相似。在切线 TR 上作垂线 ST，延长至 V 点使 TV 等于 ST；作角 *hsq*，*shq* 等于角 VSP，SVP，以 *q* 为圆心，以其与 *ab* 的比等于 SP 与 VS 的比的长度为半径作圆周与图形 *apb* 交于 *p* 点。连接 *sp*，作 SH 使 SH 比 *sh* 等于 SP 比 *sp*，并使角 PSH 等于角 *psh*，角 VSH 等于角

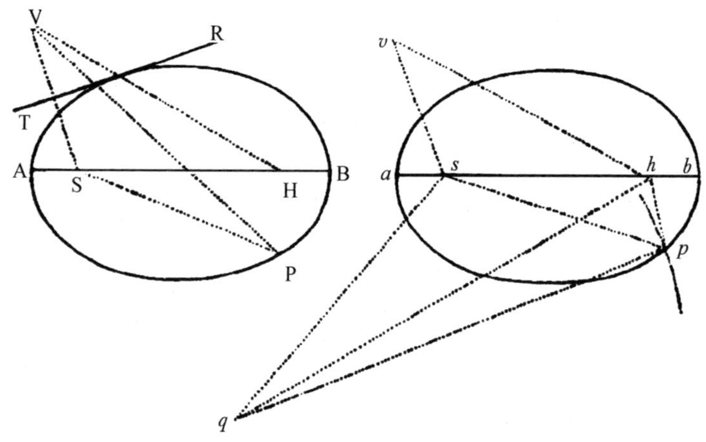

psq。然后再以 S，H 为焦点，AB 等于距离 VH 为主轴作圆锥曲线，问题得解。因为如果作 sv 使 sv 比 sp 等于 sh 比 sq，角 vsp 等于角 hsq，则角 vsh 等于角 psq，三角形 svh 与 spq 相似，所以 vh 比 pq 等于 sh 比 sq；即（因为三角形 VSP，hsq 相似）等于 VS 比 SP，或等于 ab 比 pq。所以 vh 等于 ab，但由于三角形 VSH，vsh 相似，VH 比 SH 等于 vh 比 sh，即所画曲线的主轴与焦距的比等于主轴 ab 与焦距 sh 的比，所以所画图形与图形 aph 相似，而由于三角形 PSH 相似于三角形 psh，该图形通过点 P；又由于 VH 等于其主轴，VS 垂直于直线 TR 且被 TR 等分，因而该图形与直线 TR 相切。

完毕。

引 理 16

由三个已知点向第四个未知点作三条直线，使其差或为已知，或为零。

情形 1. 令已知点为 A，B，C，而 Z 是第四个要找出的点，由于直线 AZ，BZ 的差是给定的，点 Z 的轨迹将是双曲线，其焦点是 A 和 B，主轴是给定的差，令该主轴为 MN，取 PM 比 MA 等于 MN 比 AB，作 PR 垂直于 AB，并作 PR 的垂线 ZR；则由双曲线特性知，ZR ∶ AZ＝MN ∶ AB。由类似的理由，点 Z 的轨迹是另一条双曲线，其焦点是 A，C，主轴是 AZ 与 CZ 的差，作 QS 垂直于 AC，对 QS 而言，如果由双曲线上任意一点 Z 作垂线 ZS，则 ZS 比 AZ 等于 AZ 与 CZ 的差比 AC。所以，ZR 与 ZS 对 AZ 的比是已知的，因而 ZR 比 ZS 的值也是已知的。所以，如果直线 PR，SQ 相交于 T，作 TZ 和 TA，则图形 TRZS 类型已知，而点 Z 位于其上的直线 TZ 位置也就给定。而直线 TA 与角 ATZ 也将给定；因为 AZ 与 TZ 比 ZS 的

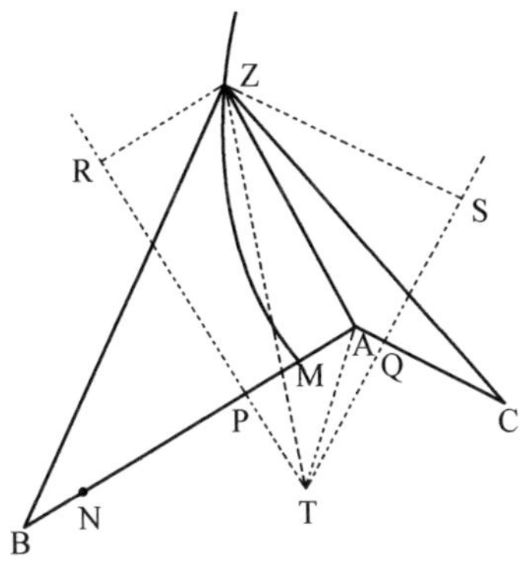

值已给定，它们之间的比也就给定，类似地三角形 ATZ 也可给定，其顶点是点 Z。

证毕。

情形 2. 如果这三条直线中的两条，如 AZ 和 BZ，是相等的，作直线 TZ 平分直线 AB，再用与上述相同方法找出三角形 ATZ。

证毕。

情形 3. 如果三条直线均相等。点 Z 将位于通过点 A，B，C 的圆周的圆心上。

证毕。

本引理中问题在维埃特[①]收编的[佩尔吉的]阿波罗尼奥斯[②]《论切触》(*Book of Tactions* of Apollonius[of Perga])中作了类似处理。

命题 21 问题 13

由一个已知焦点作圆锥曲线使之通过已知点并与已知直线相切。

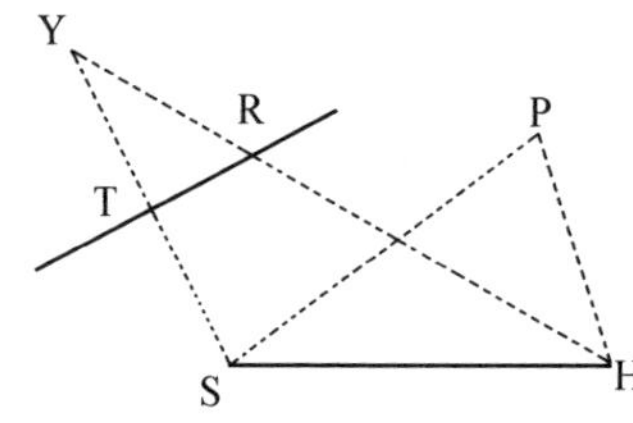

令焦点 S，点 P 和切线 TR 均给定，设求另一焦点 H。在切线上作垂线 ST 并延长到 Y，使 TY 等于 ST，则 YH 等于主轴，连接 SP，HP，则 SP 将是 HP 与主轴的差。用此方法，如果已知更多的切线 TR，或已知更多的点 P，总可以确定由所说的点 Y 或 P 到焦点 H 的同样多的直线 YH 或 PH，它们中哪一个等于主轴，哪一个是主轴与已知长度 SP 的差；所以，也就知道它们中哪些是相等的，或具有给定的差，因此(由前述引理)，另一个焦点 H 也就知道了，而已知焦点和轴长(或是 YH，或者当为椭圆

---

① Vieta，1504—1603，法国数学家，法文名为 Francois Viète，他在历史上第一个引入系统的代数符号，并对方程论作了改进。——译者注

② Apollonius，约公元前 262—前 190，古希腊数学家，是古代科学巨著《圆锥曲线论》的作者。——译者注

时，为 PH＋SP；或者，当为双曲线时，为 PH－SP）时，圆锥曲线给定。

完毕。

附　注

当圆锥曲线是双曲线时，上述讨论中不包括共轭双曲线。因为物体沿一条双曲线连续运动时不可能跳跃到它的共轭双曲线轨道上。

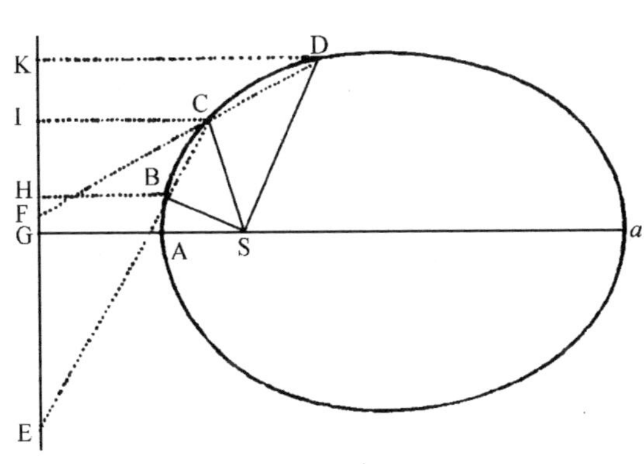

已知三点的情形，可作更简捷的解决，令 B，C，D 为已知点。连接 BC，CD，并延长到 E，F，使 EB 比 EC 等于 SB 比 SC，而 FC 比 FD 等于 SC 比 SD，在 EF 上作垂线 SG，BH，并将 GS 不定延长，使 GA 比 AS 以及 Ga 比 aS 等于 HB 比 BS：则 A 为顶点，而 Aa 为曲线主轴，并由 GA 大于、等于或小于 AS 决定是椭圆、抛物线或双曲线。在前一情形中点 a 与点 A 同样落于直线 GF 的同侧；第二种情形里点 a 位于无限远处；第三种情形点 a 位于直线 GF 另一侧。因为如果在 GF 上作垂线 CI，DK，则 IC 比 HB 等于 EC 比 EB，即等于 SC 比 SB，作置换调整，IC 比 SC 等于 HB 比 SB，或等于 GA 比 SA，由类似理由可以证明，KD 与 SD 比值相同，所以，点 B，C，D 位于以 S 为焦点的圆锥曲线上，并使得由焦点 S 到曲线上各点的直线，与由同一点到直线 GF 的垂线的比为已知值。

杰出的几何学家德拉希尔（M. de la Hire）[①]曾在他的著作《圆锥曲线》第八卷命题 25 中以几乎相同的方法解决了这一问题。

---

① M. de la Hire，1640—1718，法国画家、数学家和天文学家。映射几何和解析几何的先驱者之一，其《圆锥曲线》一书发表于 1685 年。——译者注

第5章
焦点未知时怎样求轨道

引 理 17

如果由已知圆锥曲线上任一点 P 向其任意内接四边形[19] ABDC 的四个边 AB，CD，AC，DB 以已知夹角作同样多的直线 PQ，PR，PS，PT，每边对应一条直线，则由位于相对边 AB，CD 上的矩形 PQ·PR 与位于另两相对边 AC，BD 上的矩形 PS·PT 的比是给定的。

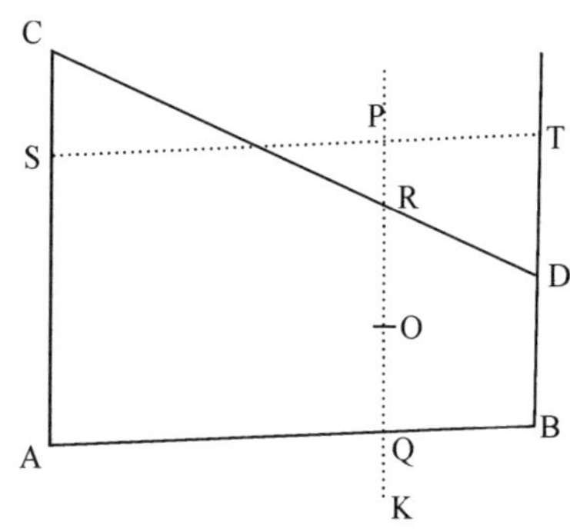

情形 1. 首先设画向一对对边的直线分别与另两边平行，即 PQ 和 PR 与 AC 边，PS 和 PT 与 AB 边相平行，而另一对对边，如 AC 与 BD 也相互平行。则等分这些平行边的直线是圆锥曲线的一条直径，而且同样等分 RQ，令 O 为 RQ 的等分点，PO 即为该直径上的纵坐标。延长 PO 到 K，使 OK 等于 PO，则 OK 为该直径在另一侧的纵坐标，因为点 A，B，P 和 K 都在圆锥曲线上，而 PK 以已知角与 AB 相交，则（由阿波罗尼奥斯的《论圆锥曲线》第三卷，命题 17，19，21 和 23）矩形 PQ·QK 与矩形 AQ·QB 的比为给定值，但 QK 与 PR 相等，是相等直线 OK，OP 与 OQ，QR 的差，所以矩形 PQ·QK 与 PQ·PR 相等，所以，矩形 PQ·PR 与矩形 AQ·QB 的比，即与矩形 PS·PT 的比，是给定的。

证毕。

情形 2. 再设四边形相对边 AC 与 BD 不平行，作 B*d* 平行于 AC，

与圆锥曲线相交于 d，与直线 ST 相交于 t。连接 Cd 与 PQ 交于 r，作 DM 平行 PQ 与 Cd 交于 M，与 AB 交于 N，则（因为三角形 BTt 与 DBN 相似）Bt 或 PQ∶Tt＝DN∶NB。同样 Rr∶AQ 或 PS＝DM∶AN。所以，前项乘以前项，后项乘以后项，则矩形 PQ·Rr 比矩形 PS·Tt 等于矩形 DN·DM 比矩形 NA·NB；同样（由情形 1）运用除法，则矩形 PQ·Pr 比矩形 PS·Pt 等于矩形 PQ·PR 比矩形 PS·PT。

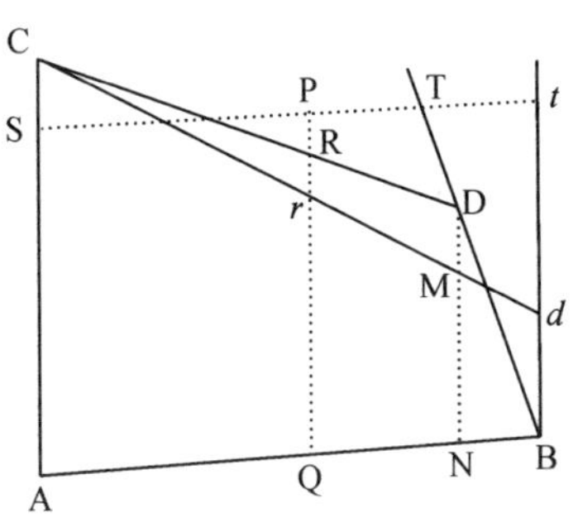

证毕。

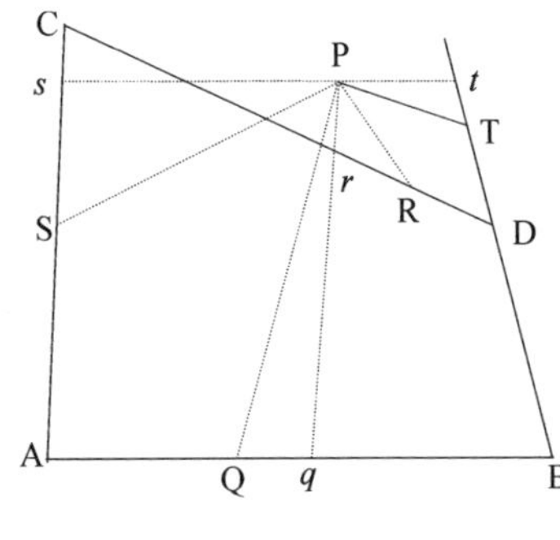

情形 3. 最后设四条线 PQ，PR，PS，PT 不平行于边 AC，AB，而是任意相交的。作 Pq，Pr 平行于 AC，Ps，Pt 平行于 AB。因为三角形 PQq，PRr，PSs，PTt 的角是给定的，则 PQ 比 Pq，PR 比 Pr，PS 比 Ps，PT 比 Pt 的值也是给定的，所以，复合比 PQ·PR 比 Pq·Pr 以及 PS·PT 比 Ps·Pt 是给定的，但由前面已证明的，Pq·Pr 比 Ps·Pt 为已知，所以 PQ·PR 比 PS·PT 也为已知。

证毕。

引理 18

在相同条件下，如果作向四边形二条对边的直线的乘积 PQ·PR 比作向另两对边的直线的乘积 PS·PT 的值为已知，则点 P 位于围成该四边形的圆锥曲线上。

设圆锥曲线通过点 A，B，C，D，以及无限多个点 P 中的一个，例如

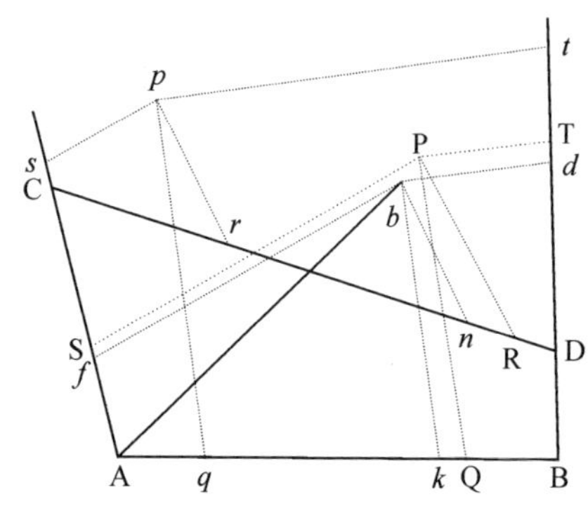

是 P：则点 P 总是位于该曲线之上。如果否认这一点，连接 AP 与该圆锥曲线相交于 P 以外的一点比如 b。所以，如果由点 p 和 b 以给定角度向四边形的边作直线 pq，pr，ps，pt 和 bk，bn，bf，bd，则（由引理 17）$bk \cdot bn$ 比 $bf \cdot bd$ 等于 $pq \cdot pr$ 比 $ps \cdot pt$，而且等于（由假定条件）PQ · PR 比 PS · PT。因为四边形 bkAf，PQAS 相似，所以 bk 比 bf 等于 PQ 比 PS。将此比例式对应项除前一比例式，得到 bn 比 bd 等于 PR 比 PT。所以，等角四边形 Dnbd 与 DRPT 相似，它们的对角线 Db，DP 重合，b 落在直线 AP 与 DP 的交点上，因而与点 P 重合。所以，不论如何选取 P，它总落在给定的圆锥曲线上。

证毕。

推论. 如果由公共点 P 向三条已知直线 AB，CD，AC 作同样多的直线 PQ，PR，PS，并一一对应，而且相应夹角也是已知的，其中任意两条的乘积 PQ · PR 与第三条 PS 的平方的比也是已知的，则引出直线的点 P 将位于与直线 AB，CD 相切于 A 和 C 的圆锥曲线上。反之亦然，因为三条直线 AB，CD，AC 的位置不变，令直线 BD 向 AC 趋近并与之重合，同样再令直线 PT 与 PS 重合，则乘积 PT · PS 变为 PS^2，原先与曲线相交于点 A，B，C，D 的直线 AB，CD 不再与之相交，而只是相切于曲线上相重合的点。

附　注

本引理中，圆锥曲线的概念应作广义理解，经过锥体顶点的直线截面与平行于锥体底面的圆周截面都包括在内。因为如果点 P 处在连接 A 与 D 或 C 与 B 点的直线上，圆锥曲线就变成两条直线，其中一条就是点 P 所在的直线，另一条连接着四个点中的另外两个。如果四边形的相对角合起来等于两个直角，四条直线 PQ，PR，PS，PT 因而以直角或其他相等角引向四条边，而且矩形 PQ · PR 等于矩形 PS · PT，则圆锥曲线变为圆。如果四条直线以任意角度画成，乘积 PQ · PR 比乘积 PS · PT 等于后两条直线 PS，PT 与其对应边夹角 S，T 的正弦的乘积比前两条直线 PQ，PR 与其对应边夹角 Q，R 的正弦的乘积，则圆锥曲线也是圆。在所有其他情形中，点 P 的轨迹是通常称之为圆锥曲线的三种曲线中的一种。也可以不用四边形 ABCD，而代之以一种对边像对角线那样交叉的四边形。四个点 A，B，C，D 中的一个或两个也可以移到无限远距离处，这意味着四边形的边收敛于该点，成为平行线，在此情形下，圆锥曲线将通过余下的点，并在同一方向上以抛物线形式伸向无限远。

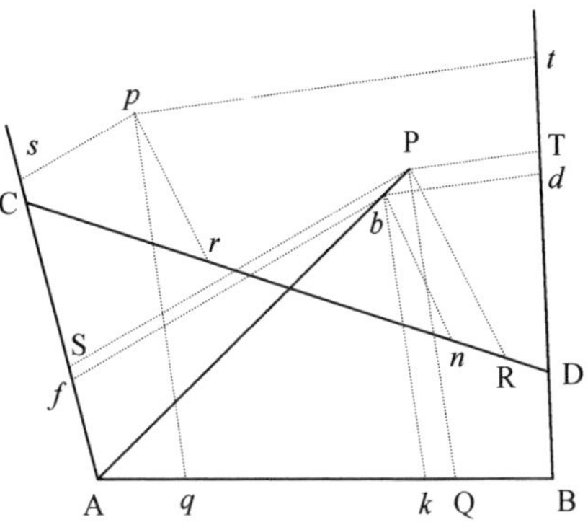

引 理 19

求出点 P，使由它向已知直线 AB，CD，AC，BD 以已知角度做出的同样多的一一对应直线 PQ，PR，PS，PT 中的任意两条的乘积 PQ · PR 与另两条的乘积 PS · PT 的比值为给定值。

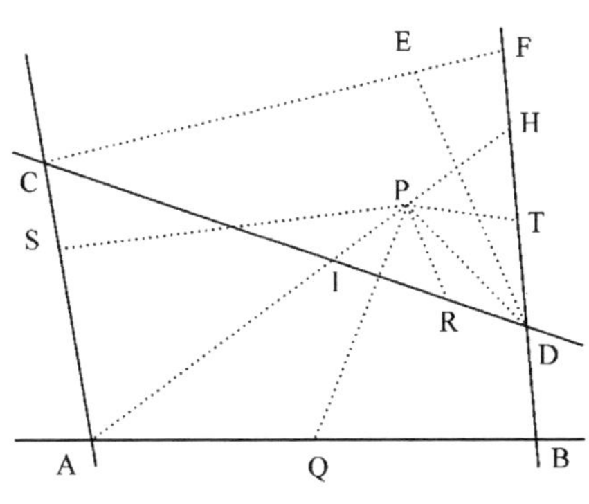

设引向已知直线 AB，CD 的二条直线 PQ，PR 包含上

述乘积之一，并与另两条已知直线相交于 A，B，C，D 点，由这些点中的一个，设为 A，作任意直线 AH，使点 P 位于其上，令该直线与已知直线 BD，CD 相交于 H 和 I；而且由于图形的所有角度都是已知的，PQ 比 PA，以及 PA 比 PS，进而 PQ 比 PS 都是已知的。以该比值除给定比值 PQ · PR 比 PS · PT，得到比值 PR 比 PT，再乘以给定比值 PI 比 PR，和 PT 比 PH，即得到 PI 比 PH 的值，以及点 P。

证毕。

推论Ⅰ. 由此可以在点 P 的轨迹上任意一点 D 作切线。在 AH 通过点 D 处，点 P 与 D 相遇，弦 PD 变成切线。在此情形中，趋于零的线段 IP 与 PH 的比的最后值可由上述推导求出，所以，作 CF 平行于 AD，与 BD 相交于 F，并以该最后比值截取 E 点，则 DE 即为所求切线；因为 CF 与趋于零的线段 IH 平行，并以相同比例在 E 和 P 截开。

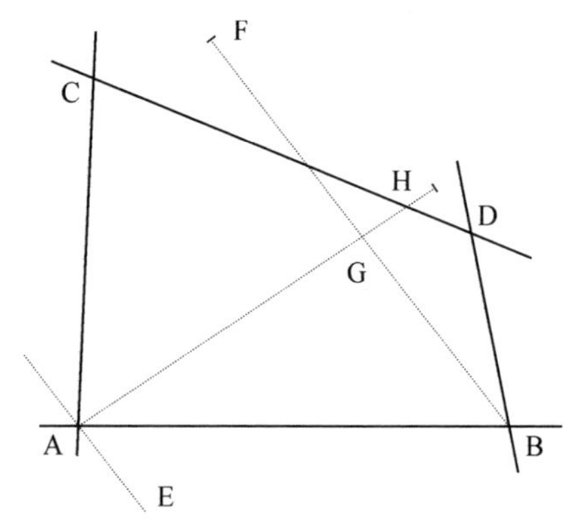

推论Ⅱ. 也可以求出所有点 P 的轨迹。通过点 A，B，C，D 中的一个，设为 A 作 AE 与轨迹相切，通过另一点 B 作平行于该切线的直线 BF 与轨迹交于 F，并由本引理求出点 F。在 G 点等分 BF，作直线 AG，它就是直径所在位置，BG 与 FG 是其纵坐标，令 AG 与轨迹相交于 H，则 AH 为直径或横向通径，而通径与它的比等于 BG^2 比 AG · GH。如果 AG 不与轨迹相交，AH 为无限，则轨迹为抛物线；其对应于直线 AG 的通径为 $\frac{BG^2}{AG}$。但它如果与轨迹相交于某处，则轨迹为双曲线，此时点 A 与 H 位于点 G 的同一侧；对于椭圆，则点 G 位于点 A 与 H 之间；如果这时角 AGB 是直角，同时 BG^2 等于乘积 GA · GH，则这种情形下轨迹为圆。

这样，我们在此推论中对始自欧几里得，继之阿波罗尼奥斯所研究的著名四线问题给出解答，在此不用分析计算，而用几何作图，正是古人所要求的。

引 理 20

如果任意平行四边形 ASPQ 的相对角的顶点 A 与 P 与圆锥曲线相遇于点 A 和 P，这两个角之一的两条边 AQ，AS 的延长线与圆锥曲线在 B，C 相遇，再由 B 和 C 向圆锥曲线上第五个点 D 作两条直线 BD，CD 并延长与平行四边形的边 PS，PQ 相交于 T 和 R；则由平行四边形边上截下的部分 PR 与 PT 的比为给定值；反之，如果截下的部分相互间有给定比值，则点 D 为通过点 A，B，C，P 的圆锥曲线上的点。

情形 1. 连接 BP，CP，由点 D 作两条直线 DG，DE，使 DG 平行于 AB，并与 PB，PQ，CA 相交于 H，I，G；另一条直线 DE 平行于 AC，与 PC，PS，AB 相交于 F，K，E，则（由引理 17）乘积 DE · DF 与 DG · DH 的比为给定值。但 PQ 比 DE（或 IQ）等于 PB 比 HB，因而等于 PT 比 DH；整理得，PQ 比 PT 等于 DE 比 DH。类似地，PR 比 DF 等于 RC 比 DC，所以等于（IG 或）PS 比 DG，调整得 PR 比 PS 等于 DF 比 DG；将两组比式相乘，得到乘积 PQ · PR 比乘积 PS · PT 等于乘积 DE · DF 比乘积 DG · DH，为给定值，而 PQ 与 PS 为已知，所以 PR 与 PT 的比值也就给定。

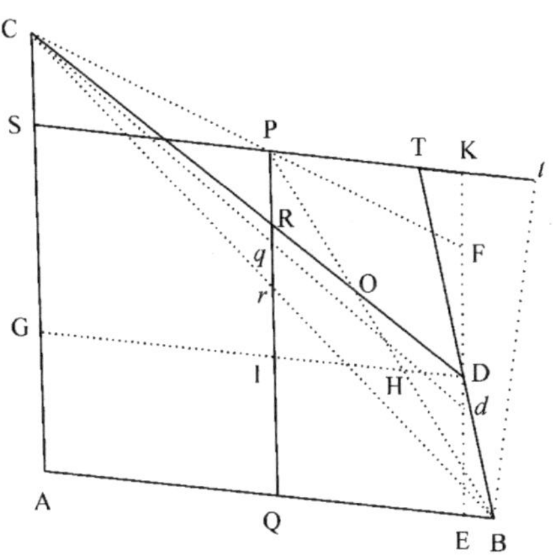

证毕。

情形 2. 如果 PR 与 PT 相互间比值给定，则由相似理由倒推回去，即得到乘积 DE · DF 比乘积 DG · DH 为给定值，因此点 D（由引理 18）

位于通过点 A,B,C,P 的圆锥曲线上。

证毕。

推论Ⅰ. 如果作 BC 与 PQ 相交于 r,在 PT 上取 t,使 Pt 比 Pr 等于 PT 比 PR;则 Bt 将在 B 点与圆锥曲线相切。因为设点 D 与点 B 合并,使得弦 BD 消失,BT 即成为切线,而 CD 和 BT 将与 CB 和 Bt 重合。

推论Ⅱ. 反之,如果 Bt 是切线,直线 BD,CD 在曲线上任一点 D 上相遇,则 PR 比 PT 等于 Pr 比 Pt。而反过来,如果 PR 比 PT 等于 Pr 比 Pt,则 BD 与 CD 相遇于曲线上某点 D。

推论Ⅲ. 一条圆锥曲线与另一条圆锥曲线的交点不可能超过四个。因为,如果这是可能的,令两条圆锥曲线通过五个点 A,B,C,P,O;令直线 BD 与两曲线相交于 D 和 d,直线 Cd 与直线 PQ 相交于 q。所以 PR 比 PT 等于 Pq 比 PT:因而 PR 与 Pq 相等,与命题冲突。

引　理　21

如果两条能动且不确定的直线 BM,CM 通过给定点 B,C 并以其为极点,由两直线的交点 M 引第三条位置已知的直线 MN,再作另两条不确定直线 BD,CD,与前两条直线在给定点 B,C 形成给定角 MBD,MCD;则直线 BD,CD 的交点 D 将画出圆锥曲线并通过点 B,C。反之,如果直线 BD,CD 的交点 D 画出圆锥曲线并通过点 B,C,A,而且角 DBM 总是等于已知角 ABC,而且角 DCM 总是等于给定角 ACB,则点 M 的轨迹是一条位置已定的直线。

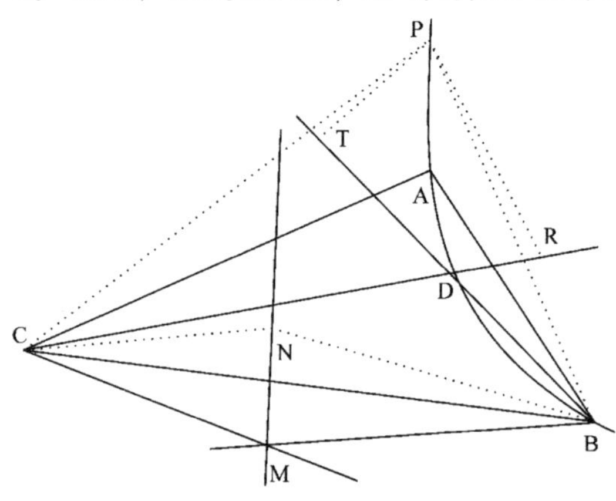

在直线 MN 上给定一点 N,当可动点 M 落到不动点 N 上时,令可动点 D 落到不动点

P 上。连接 CN,BN,CP,BP,由点 P 作直线 PT,PR 与 BD,CD 相交于 T 和 R,并使角 BPT 等于给定角 BNM,角 CPR 等于给定角 CNM。因为(由设定条件)角 MBD,NBP 相等,角 MCD,NCP 也相等,移去公共角 NBD 和 NCD,则余下的角 NBM 与 PBT,以及 NCM 与 PCR 相等;所以三角形 NBM,PBT 相似,三角形 NCM,PCR 也相似。所以,PT 比 NM 等于 PB 比 NB;PR 比 NM 等于 PC 比 NC。而点 B,C,N,P 是不可移动的,所以 PT 和 PR 与 NM 的比是给定的,因而这两个比之间也有给定比值;所以,(由引理 20)点 D 随可动直线 BT 和 CR 连续运动,处于通过点 B,C,P 的圆锥曲线上。

证毕。

反之,如果可动点 D 处于通过给定点 B,C,A 的圆锥曲线上,角 DBM 总是等于给定角 ABC,角 DCM 总是等于给定角 ACB,当点 D 相继落到圆锥曲线上任意两个不动点 p,P 上时,可动点 M 也相继落入不动点 n,N。通过点 n,N 作直线 nN:则该直线 nN 为点 M 的连续轨迹。因为,如果可能的话,令点 M 位于任意曲线上,因而点 D 将处于通过五点 B,C,A,p,P 的圆锥曲线上,同时点 M 持续处于一条曲线上。但由前面所证明的,点 D 也在通过五个相同点 B,C,A,p,P 的圆锥曲线上,同时点 M 保持在一条直线上,所以两条圆锥曲线通过五个相同点,与命题 20 推论 Ⅲ 相悖。所以,点 M 处于一条曲线上的假设是不合理的。

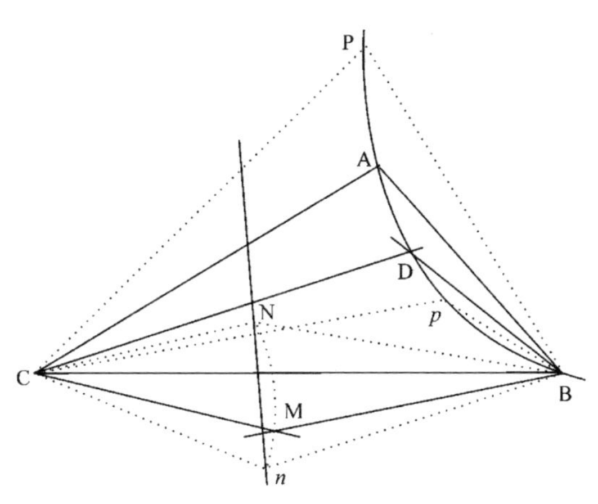

证毕。

命题 22　问题 14

作一条圆锥曲线使之通过五个给定点。

令五个给定点为 A,B,C,P,D。由它们中的任意一个,比如 A,到另外任意两点如 B,C,它们可称之为极点,作直线 AB,AC,再通过第四个点 P 作直线 TPS,PRQ 平行于上述两直线。再由两个极点 B,C,

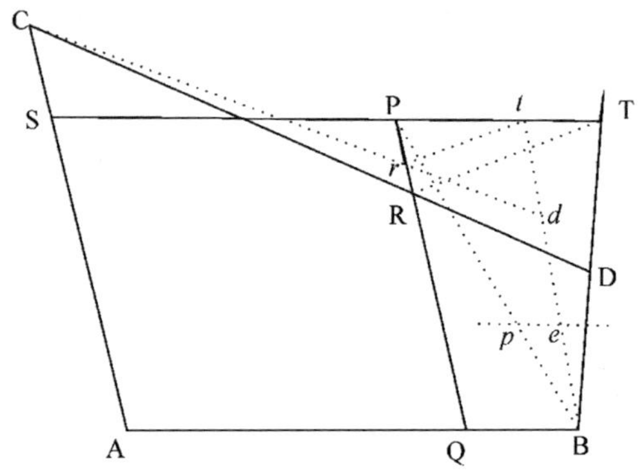

作通过第五个点 D 的两条不确直线 BDT,CRD,与上述两条直线 TPS,PRQ(前者与前者,后者与后者)相交于 T,R。再作直线 *tr* 平行于 TR,在直线 PT,PR 上截取正比于 PT,PR 的部分 P*t*,P*r*;如果通过其端点 *t*,*r*,以及极点 B,C 作直线 B*t*,C*r*,并相交于 *d*,则点 *d* 即在所求圆锥曲线上,因为(由引理 20)该点 *d* 处于通过四点 A,B,C,P 的圆锥曲线上;当线段 R*r*,T*t* 趋于零时,点 *d* 与点 D 重合,所以圆锥曲线通过五个点 A,B,C,P,D。

证毕。

另一种解法

将任意已知点中三个例如 A,B,C 连接,并以其中两个点 B,C 为极点,使具有给定大小的角 ABC,ACB 旋转,先令边 BA,CA 移至点 D,然后移至点 P,在这两种情形中,另两个边 BL,CL 分别相交于点 M,N。作不定直线 MN,令两个可转动角绕极点 B,C 转动,由此边 BL,CL 或 BM,CM 产生的相交点设为 *m*,它将永远处于不定直线

MN 上；而边 BA，CA，或 BD，CD 的交点，现设为 d，将画出所需的圆锥曲线 PADdB，因为(由引理 21)点 d 在通过点 B，C 的圆锥曲线上，当点 m 与点 L，M，N 重合时，点 d(见图)将与点 A，D，P 重合。所以，由此将画出通过五个点 A，B，C，P，D 的圆锥曲线。

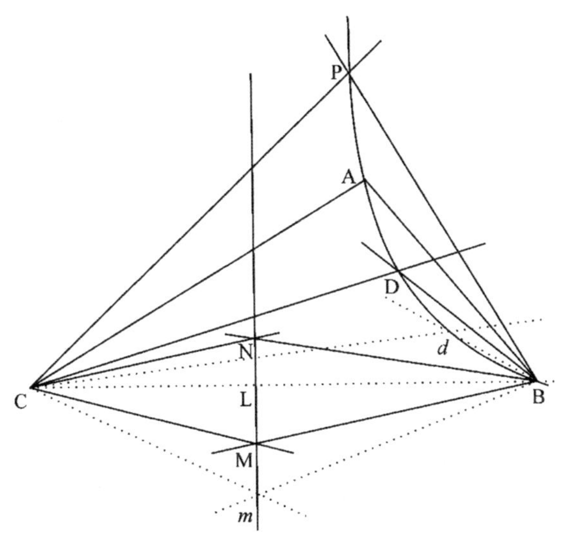

推论Ⅰ. 由此容易画出一直线使之在给定点 B 与圆锥曲线相切，令点 d 与点 B 重合，则 Bd 即成为所要求的切线。

推论Ⅱ. 由此可以像在引理 19 推论中那样求出圆锥曲线的中心、直径和通径。

附　注

上述作图中的前一种可以加以简化，连接 B，P，并在该直线上，如果必要的话，在其延长线上，取 Bp 比 BP 等于 PR 比 PT；通过点 p 作不定直线 pe 平行于 SPT，并使 pe 永远等于 Pr；作直线 Be，Cr 相交于 d。因为 Pr 比 Pt，PR 比 PT，pB 比 PB，pe 比 Pt 都是相同比值，pe 与 Pr 永

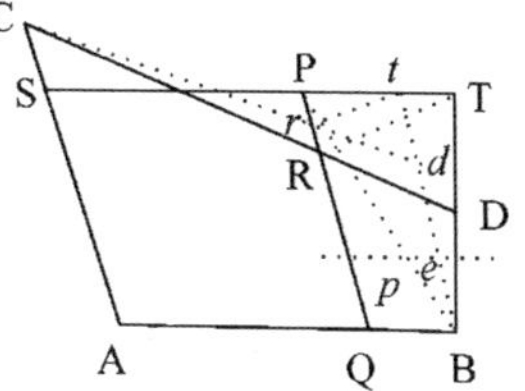

远相等。沿用此方法圆锥曲线上的点最容易找出，除非采用第二种作图法机械地描绘曲线。

命题 23　问题 15

作圆锥曲线通过四个给定点，并与给定直线相切。

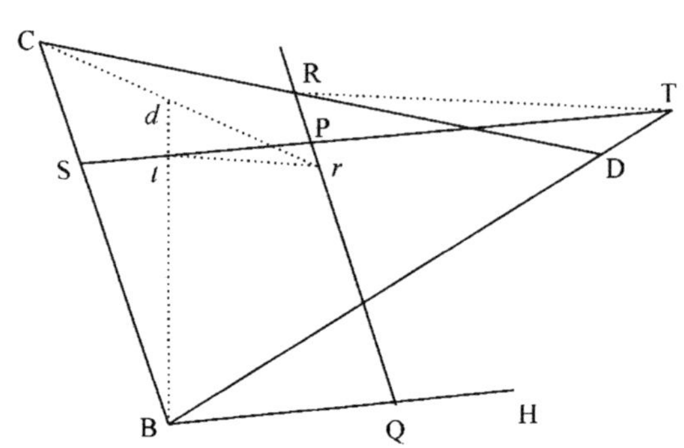

情形 1. 设 HB 为已知切线，B 为切点，C，D，P 为另三个已知点。连接 BC，作 PS 平行于 BH，PQ 平行于 BC；画出平行四边形 BSPQ，作 BD 与 SP 相交于 T，CD 与 PQ 相交于 R。最后，作任意直线 *tr* 平行于 TR，分别从 PQ，PS 分割出 P*r*，P*t* 正比于 PR，PT，作 C*r*，B*t*，它们的交点 *d*（由引理 20）总是落在所要画的圆锥曲线上。

另一种解法

令大小给定的角 CBH 绕极点 B 旋转，并使直线半径 DC 绕极点 C 旋转并向两边延长，角的一边 BC 与半径相交于点 M，N，同时另一边与相同半径交于点 P 和 D，再作不定直线 MN，使半径 CP 或 CD 与角的 BC 边在该直线上保持相交，则角的另一边 BH 与半径的交点将描出所需的曲线。

因为，如果在前述问题的作图中，点 A 与点 B 重合，直线 CA 与 CB 也将重合，则直线 AB 的最后位置就是切线 BH;所以,前述作图即与本问题作图相同。所以,BH 边与半径的交点所画出的圆锥曲线将通过点 C,D,P,并在 B 点与直线 BH 相切。

完毕。

情形 2. 设已知四点 B,C,D,P 均不在切线 HI 上。由相交于 G 的直线 BD,CP 各连接两个已知点,并与切线相交于 H 和 I,在 A 分割切线,使得 HA 比 IA 等于 CG 和 GP 的比例中项与 BH 和 HD 的比例中项的乘积,再比 GD 和 GB 的比例中项与 PI 和 IC 的比例中项的乘积,则 A 就是切点。因为,如果平行于直线 PI 的 HX 与曲线相交于任意点 X 和 Y,则点 A(由圆锥曲线特性)将使得 HA^2 比 AI^2 的值等于乘积 HX · HY 比乘积 BH · HD,或乘积 CG · GP 比乘积 DG · GB;再乘以乘积 BH · HD 比乘积 PI · IC。而在切点 A 找到之后,曲线即可以由第一种情形做出。

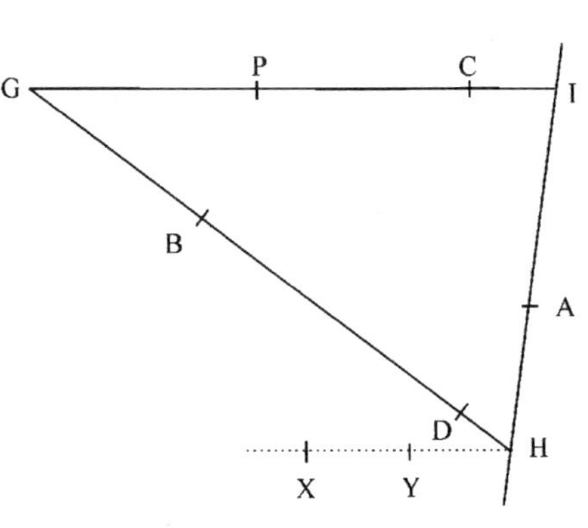

不过点 A 既可以在点 H 与 I 之间,也可以在其外,由此可画出两种曲线。

命题 24 问题 16

画一条圆锥曲线,使它通过三个已知点,并与两条已知直线相切。

设 HI,KL 为已知切线,B,C,D 为已知点。通过已知点中的任意两个,设为 B,D,作不确定直线 BD 与两条切线相交于点 H,K,再用类似方法通过另外两点 C,D 作直线 CD 与两切线相交于 I,L,将所画的直线相交于 R,S,使得 HR 比 KR 等于 BH 和 HD 的比例中项比 BK 和 KD 的比例中项,IS 比 LS 等于 CI 和 ID 的比例中项比 CL 和 LD 的

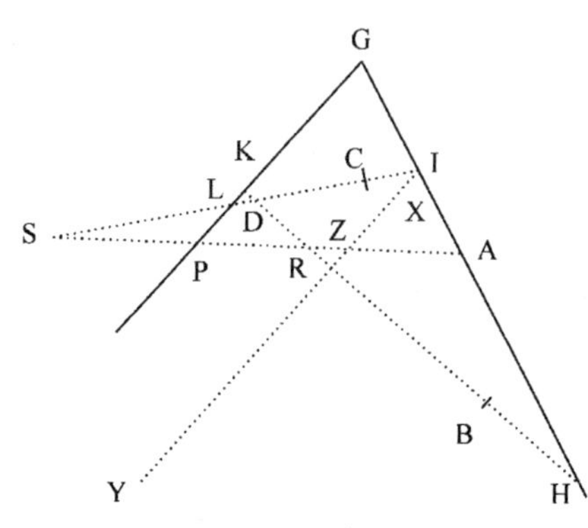

比例中项，不过，交点在K和H，以及I和L之间或之外可以随意选定。然后作RS与两切线相交于A和P，则A与P就是切点。因为，如果在切线上任何其他位置上的A与P是切点，通过点H，I，K，L中的任意一个，设为任一条切线HI上的I，作直线IY平行于另一条切线KL，并与曲线相交于X和Y，在该直线上使IZ等于IX和IY的比例中项，则乘积XI·IY或IZ^2(由圆锥曲线性质)比LP^2将等于乘积CI·ID比乘积CL·LD；即(如图)等于SI比SL^2。所以，IZ∶LP＝SI∶SL。所以，点S，P，Z在同一条直线上。而且，由于两切线相交于G，则乘积XI·IY或IZ^2(由圆锥曲线性质)比IA^2等于GP^2比GA^2，所以IZ∶IA＝GP∶GA。因而点Z，P，A在一条直线上，所以，点S，P，A也在一条直线上，由相同理由可以证明R，P，A也在一条直线上。因而切点A与P在直线RS上，而在找到这些点后，曲线即可以画出，与前述问题第一种情形相同。

完毕。

在本命题，以及前一命题情形2中，作图法相同，无论直线XY是否与曲线相交于X，Y。相交与否与作图无关。但已证明的作图是采用该直线与曲线相交的假设的，不相交的作图也就证明了。所以，出于简捷的考虑，我省略了详细的证明。

引　理　22[20]

将图形变换为同种类的另一个图形。

设任意图形HGI需要加以变换。随意作两条平行线AO，BL与任意给定的第三条直线AB相交于A和B，并由图形中任意点G作任意直线 GD 平行于 OA，并延长至直线 AB，然后由任意直线 OA 上的给定点 O 向点 D 作直线 OD，与 BL 相交于 d；由该交点作直线 dg 与直线 BL 成任意给定夹角，并使 dg 比 Od 等于 DG 比 OD；则 g 是新图形 hgi 中对应于 G 的点。由类似方法可使第一个图形中若干点给出在图形中同样多的对应点，所以，如果设想点 G 以连续运动通过第一个图形中的所有点，则点 g 将相似地以连续运动通过新图形中所有的点，画出相同的图形。为了加以区别，我们称 DG 为原纵距，dg 为新纵距，AD 为原横距，ad 为新横距，O 为极点，OD 为分割径，OA 为原纵径，Oa（由它使平行四边形 OABa 得以完成）为新纵径。

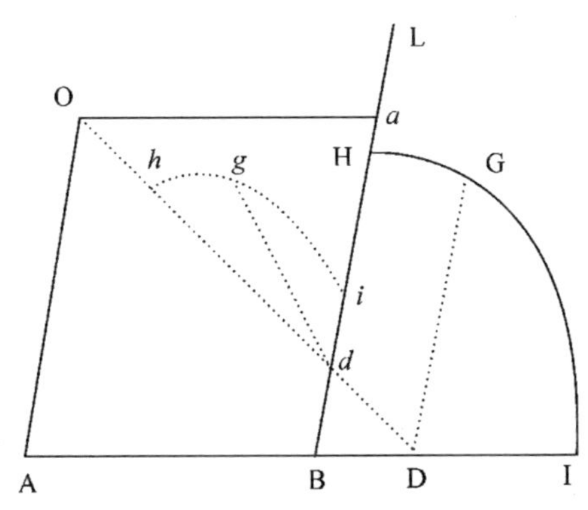

如果点 G 在给定直线上，则点 g 也将在一给定直线上，如果点 G 在一圆锥直线上，则点 g 也在一圆锥直线上，在此，我把圆也当作圆锥曲线中的一种。而且，如果点 G 在一条三次曲线上，点 g 也将在三次曲线上，对于更高次的曲线也是如此，点 G 与 g 所在的曲线其次数总是相同，因为 ad ∶ OA＝Od ∶ OD＝dg ∶ DG＝AB ∶ AD；所以，AD 等于$\frac{OA \cdot AB}{ad}$，而 DG 等于$\frac{OA \cdot dg}{ad}$。现在，如果点 G 在直线上，则在任何表示横距 AD 与纵距 GD 的关系的方程中，未确定的曲线 AD 和 DG 不会高于一次；在此方程中以$\frac{OA \cdot AB}{ad}$代替 AD，以$\frac{OA \cdot dg}{ad}$代替 DG，则得到的表示新横距 ad 和新纵距 dg 关系的方程也只是一次的，所以它只表示一条直线；但如果 AD 与 DG（或它们中的一个）在原方程中升为二次方，则 ad 与 dg 在第二个方程中也类似地升到二次方。对于三次或更高次方也是如此。ad 与 dg 在第二个方程中，以及 AD 与 DG 在原方程中所要确定的曲线其次数总是相同的，因而点 G，g 所在曲线的解析次数总是相同。

而且，如果任意直线与一个图形中的曲线相切，则同一直线以与曲线相同的方式移至新图形中也与新图形中的曲线相切；反之亦然。因为，如果原图形曲线上的任意两点相互趋近并重合，则相同的点变换到新图形中也将相互趋近并重合，所以，两个图形中哪些点构成的直线将变成曲线的切线。我本应用更几何的形式对此加以证明，但在此从简了。

所以，如果要将一个直线图形变换成另一个，只需要将原图形中包含的直线的交点加以变换，在新图形中通过已变换的交点作直线。但如果要变换曲线图形，则必须运用确定该曲线的方法，变换若干点、切线和其他直线。本引理可用于解决更困难的问题；因而由此我们可以把复杂的图形变换为较简单的。这样，把原纵距半径以通过收敛直线的交点的直线来代替，可以将收敛到一点的任意直线变换为平行线，因为这样使它们的交点落在无限远处；而平行线正是趋向于无限远处的一点的。在新图形的问题解决之后，如果运用相反的操作把新图形变换为原图形，就会得到所需要的解。

本引理还可用于解决立体问题。因为通常需要解决两条圆锥曲线相交的问题，它们中的任何一条，如果是双曲线或抛物线的话，都变换成椭圆，而该椭圆又很容易变换为圆。在平面构图问题中也是如此，直线与圆锥曲线可以变换为直线与圆。

命题 25　问题 17

作一圆锥曲线，使它通过两个已知点，并与三条已知直线相切。

通过任意两条切线的交点，以及第三条切线与通过两个已知点的直线的交点，作一条不确定直线，将此直线作为原纵坐标半径，运用前述引理把图形变换为新图形。在此图形中原先的两条切线变为相互

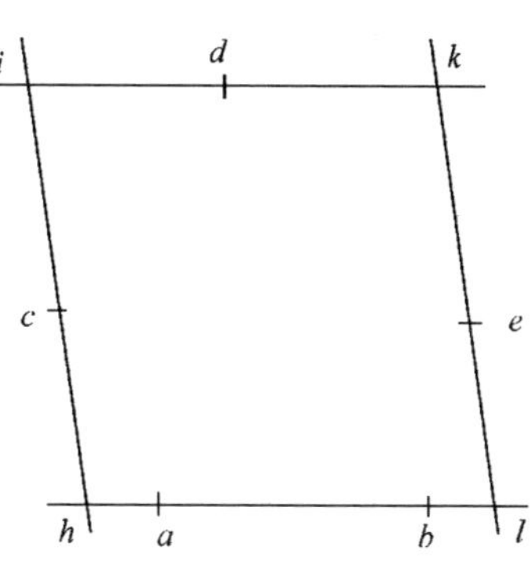

平行，而第三条切线与通过两已知点的直线相互平行。设 hi，kl 为那两条平行的切线，ik 为第三条切线，hl 为与之相平行的通过两点 a，b 的直线，在新图形中圆锥曲线应通过两点，作平行四边形 $hikl$，令直线 hi，ik，kl 相交于 c，d，e，并使 hc 比乘积 $ah \cdot hb$ 的平方根，ic 比 id，以及 ke 比 kd，等于直线 hi 与 ki 的和，比三条直线的和，第一条是直线 ik，另两条是乘积 $ah \cdot hb$ 与 $al \cdot lb$ 的平方根；则 c，d，e 为切点。因为，由圆锥曲线的性质，

$$hc^2 : ah \cdot hb = ic^2 : id^2 = ke^2 : kd^2 = el^2 : al \cdot lb。$$

所以，

$$\begin{aligned} hc : \sqrt{ah \cdot hb} &= ic : id = ke : kd = el : \sqrt{al \cdot lb} \\ &= hc + ic + ke + el : \sqrt{ah \cdot hb} + id + kd + \sqrt{al \cdot lb} \\ &= hi + kl : \sqrt{ah \cdot hb} + ik + \sqrt{al \cdot lb}。\end{aligned}$$

所以，由该给定比值可得到新图形中的切点 c，d，e。运用前一引理的相反操作，将这些点变换到原图形中，由问题 14 即可画出所需圆锥曲线。

完毕。

不过，根据点 a，b 落在点 h，l 之间，或是在它们之外，点 c，d，e 相应地也落在点 h，i，k，l 之间或之外。如果 a，b 中的一个落在点 h，l 之间，而另一个在点 h，l 之外，则问题不可能求解。

命题 26 问题 18

作一圆锥曲线，使它通过一个已知点，并与四条已知直线相切。

由任意两条切线的交点到另两条切线的交点作一条不确定直线；并以此直线为原纵坐标半径，把图形（由引理 22）变换为新图形，则两

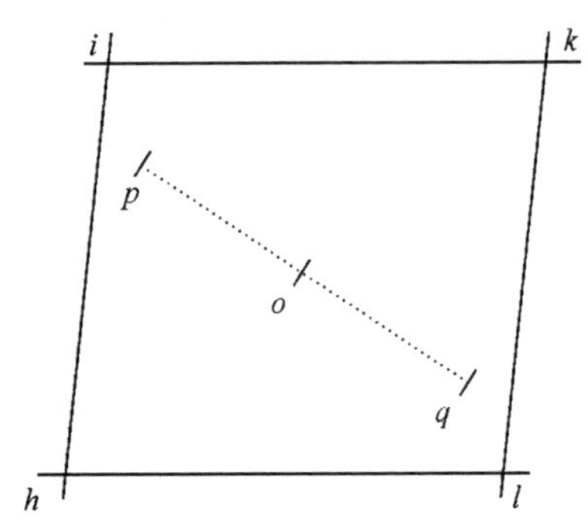

对在原纵坐标半径中相交的切线现在变为相互平行，令 *hi* 和 *kl*，*ik* 和 *hl* 为这两对平行线，作平行四边形 *hikl*。令 *p* 为新图形中对应于原图形中已知点的点。通过图形中心 *o* 作 *pq* 使 *oq* 等于 *op*，*q* 为在新图形中圆锥曲线必定要通过的另一个点。运用引理 22 的相反操作，将此点变换到原图形中，我们就得到圆锥曲线要通过的两个点。而由引理 17，通过这两个点可以做出所要画的圆锥曲线。

引　理　23

如果两条已知直线 AC，BD 以已知点 A，B 为端点，相互间有给定比值，而连接不定点 C，D 的直线 DC 在 K 处以一给定比值分割，则点 K 在一给定直线上。

令直线 AC，BD 相交于 E，在 BE 上取 BG 比 AE 等于 BD 比 AC，令 FD 总是等于给定直线 EG；则在图上，EC 比 GD，即比 EF，等于 AC 比 BD，所以是给定比值，所以三角形 EFC 形状已知。令 CF 在 L 处分割使 CL 比 CF 等于 CK 比 CD，由于这是个已知比值，所以三角形 EFL 形状也为已知，因而点 L 在已知直线 EL 上，连接 LK，三角形 CLK，CFD 相似，因为 FD 是已知直线，LK 比 FD 为已知，所以 LK 就给定了，令 EH 等于 LK，则 ELKH 总是平行四边形，所以点 K 总是在该平行四边形

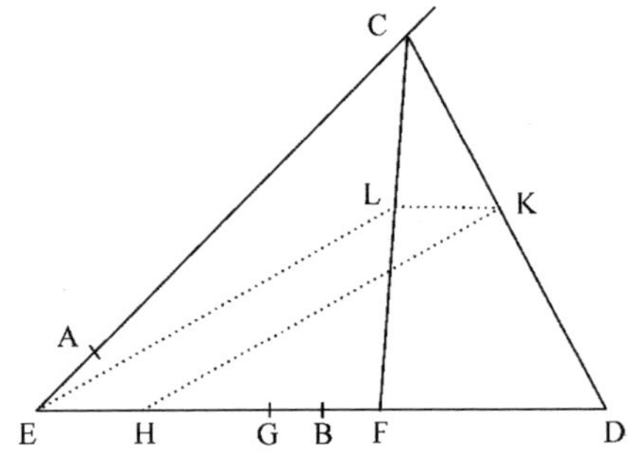

的已知边 HK 上。

证毕。

推论：因为图形 EFLC 形状已定，三条直线 EF，EL 和 EC，也就是 GD，HK 和 EC 相互间有给定比值。

引 理 24

如果三条直线与一任意圆锥曲线相切，其两条直线相互平行且位置已知，则该圆锥曲线上与平行直线相平行的半径是由二平行线切点到它们被第三条切线截取的线段的比例中项。

令 AF，GB 为两条平行直线，与圆锥曲线 ADB 相切于 A 和 B，EF 为第三条直线与圆锥曲线相切于 I，并与前两条切线相交于 F 和 G，令 CD 为图形上平行于前两条切线的半径：则 AF，CD，BG 呈连续比例关系，因为，如果共轭直径 AB，DM 与切线 FG 相交于 E 和 H，二直径相交于 C，作平行四边形 IKCL；由圆锥曲线性质，

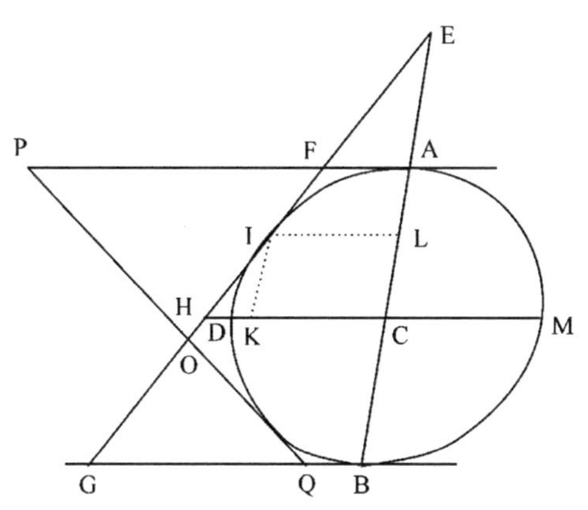

$$EC : CA = CA : CL;$$

所以，
$$(EC - CA) : (CA - CL) = EC : CA$$

或者
$$EA : AL = EC : CA;$$

所以，
$$EA : (EA + AL) = EC : (EC + CA)$$

或者
$$EA : EL = EC : EB。$$

所以，因为三角形 EAF，ELI，ECH，EBG 相似，

$$AF : LI = CH : BG,$$

类似地，由圆锥曲线性质，

LI 或 CK∶CD＝CD∶CH。

在最后二比例式中对应项相乘并化简，

AF∶CD＝CD∶BG。

证毕。

推论Ⅰ. 如果两切线 FG，PQ 相交于 O，且与两平行切线 AF，BG 相交于 F 和 G，以及 P 和 Q，则把本引理应用到 EG 和 PQ 上，

AF∶CD＝CD∶BG，

BQ∶CD＝CD∶AP，

所以，　AF∶AP＝BQ∶BG

而且　AP－AF∶AP＝BG－BQ∶BG

或者　PF∶AP＝GQ∶BG，

以及　AP∶BG＝PF∶GQ＝FO∶GO＝AF∶BQ。

推论Ⅱ. 而且，通过点 P 和 G 以及 F 和 Q 的直线 PG，FQ 将与通过图形中心以及切点 A，B 的直线 ACB 相交。

引　理　25

如果一平行四边形的四条边与任意一条圆锥曲线相切，并且其延长线与第五条切线相交，则对于平行四边形对角上的两个相邻的边上被截取的两段，其一段与截开它的边的比等于相邻的边上切点到第三条边之间的部分比另一段。

令平行四边形 MLIK 的四条边 ML，IK，KL，MI 与圆锥曲线相交于 A，B，C，D，令第五条切线 FQ 与这些边相交于 F，Q，H 和 E，取两边 MI，KI 上的二段 ME，KQ，或边 KL，ML 上的二段 KH，MF，则

ME∶MI＝BK∶KQ，

以及　KH∶KL＝AM∶MF

因为，由前述引理推论Ⅰ，

ME∶EI＝AM 或 BK∶BQ，

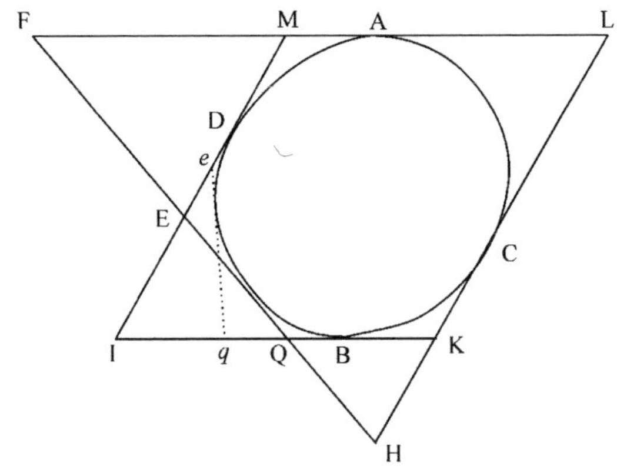

用加法，

ME ∶ MI＝BK ∶ KQ。

证毕。

而且，KH ∶ HL＝BK 或 AM ∶ AF，

用减法，　　KH ∶ KL＝AM ∶ MF

证毕。

推论Ⅰ. 如果包含给定圆锥曲线的平行四边形为已知，则乘积 KQ · ME 以及与之相等的乘积 KH · MF 也就给定了。因为三角形 KQH，MFE 相似，因而这些乘积相等。

推论Ⅱ. 如果作第六条切线 *ep* 与切线 KI，MI 相交于 *q* 和 *e*，则乘积 KQ · ME 等于乘积 K*q* · M*e*，而且

KQ ∶ M*e*＝K*q* ∶ ME，

再由减法，

KQ ∶ M*e*＝Q*q* ∶ E*e*。

推论Ⅲ. 如果作 E*q*，*e*Q 并进行二等分，再通过两个等分点作直线，则该直线将通过圆锥曲线中心，因为 Q*q* ∶ E*e*＝KQ ∶ M*e*，同一直线将通过所有直线 E*q*，*e*Q，MK 的中点（由引理 23），而直线 MK 的中点就是曲线的中心。

命题 27　问题 19

作一条圆锥曲线与五条位置已知直线相切。

设 ABG,BCF,GCD,FDE,EA 为位置已定的切线。在 M,N 平分由其任意四条切线组成的四边形 ABFE 的对角线 AF,BE;(由引理 25

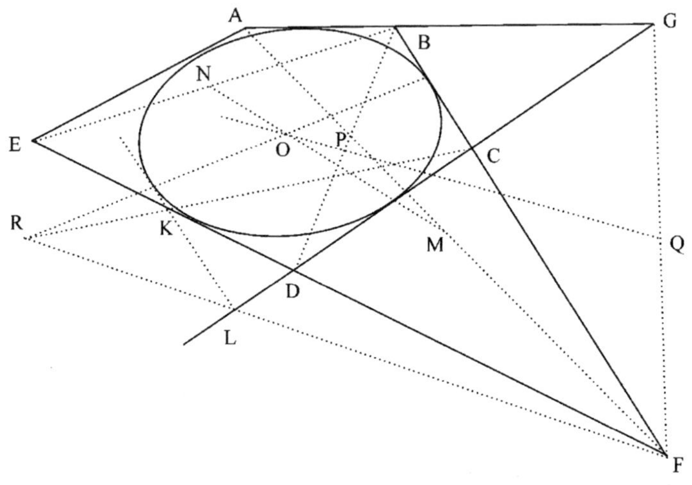

推论Ⅲ)通过等分点所作的直线 MN 将通过圆锥曲线中心,再在 P 和 Q 等分由另外任意四条切线组成的四边形 BGDF 的对角线(如果可以这样称它们的话)BD,GF,则通过等分点的直线 PQ 也将通过圆锥曲线中心;所以该中心在二条等分点连线的交点上,设为 O,平行于任一切线 BC 作 KL,使中心 O 正好位于两切线的中间,则 KL 将与要画的圆锥曲线相切,令该切线与另外两个任意切线 GCD,FDE 相交于 L 和 K,不平行的切线 CL,FK 与平行切线 CF,KL 相交于点 C 和 K,F 和 L,作直线 CK,FL 相交于 R,再作直线 OR 并延长,与平行切线 CF,KL 在切点相交,这可以由引理 24 推论Ⅱ证明。用相同的方法可以找到其他切点,再由问题 14 作出圆锥曲线。

完毕。

附 注

以上诸命题中也包含已知圆锥曲线的中心或渐近线的问题。因为当已知点、切线和中心时,也就知道了在中心另一侧相同距离处同样多的点和切线,渐近线可以看做是切线,其在无限远处的极点(如果可以这样称它的话)就是一个切点。设想一条切线的切点向无限远处移动,则切线最终变为渐近线,而上述问题中的作图就成了已知渐近线问题的作图了。

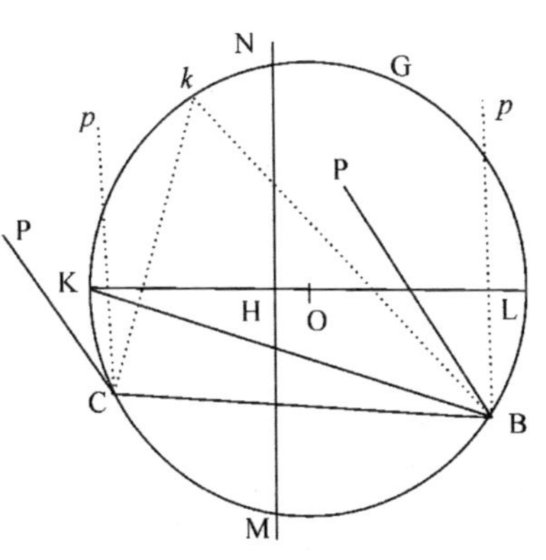

做出圆锥曲线后,可以这样找出它们的轴和焦点。在引理 21 的构图中,令其交点画出圆锥曲线的动角 PBN,PCN 的边 BP,CP 相互平行,并在图形中保持这样的位置使它们绕其极点 B,C 转动,同时过这二个角的另外二个边 CN,BN 的交点 K 或 k 画出圆 BKGC。令 O 为该圆的中心。由该中心向在画圆锥曲线时使边 CN,BN,保持交会的平行线 MN 作垂线 OH 并与圆相交于 K 和 L。当另两个边 CK,BK 在与平行线 MN 距离最近的点 K 相交时,先前的两个边 CP,BP 将平行于长轴,垂直于短轴;如果这些边相交于最远点 L,则发生相反情况。所以,当圆锥曲线的中心给定时,其轴也就给定,而它们已知时,其焦点也就易于求得了。

两个轴的平方的比等于 KH 比 LH,因而容易通过四个给定点作已知类型的圆锥曲线,因为如果给定点中的两个是极点 B,C,第三个将给出动角 PCK 和 PBK;而已知这些,可做出圆 BGKC。然后,因为圆锥曲线类型已定,OH 比 OK 的值,因而 OH 本身也就给定。关于 O 以间隔 OH 为半径作另一个圆,而通过边 CK,BK 的交点与该圆相切的直线,在先前的边 CP,BP 相交于第四个已知点时,即变成平行线 MN,由它即可画出圆锥曲线。此外,还可以作一个已知圆锥曲线的内接四边形(少数不可能的情形除外)。

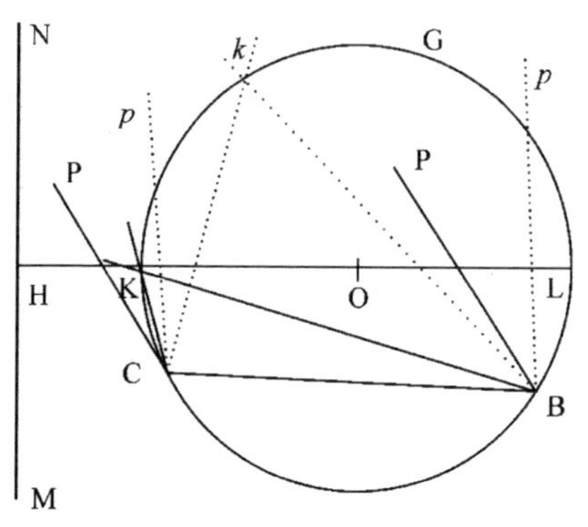

还有些引理,通过已知点,相切于已知直线,可做出已知类型的圆锥曲线,其类型是,如果通过一已知点的直线位置已定,它将与给定圆锥曲线相交于两点,将这两点间距离二等分,则等分点将与另一个类型相同的圆锥曲线相切,且其轴平行于前一图形的轴。不过,我急于讨论更有用的事情。

引 理 26

三角形的类型和大小均给定,将其三个角分别对应于同样多的相互不平行的已知直线,使每个角与一条直线相接触。

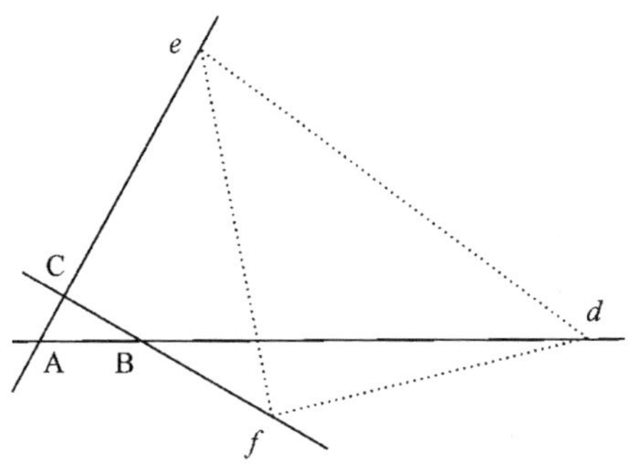

三条不定直线 AB,AC,BC 位置已定,现在要求这样安置三角形 DEF,使角 D 与直线 AB 相接触,角 E 与直线 AC 相接触,而角 F 与直线 BC 相接触,在 DE,DF 和 EF 上作三段圆弧 DRE,DGF,EMF,其张角分别等于 BAC,ABC,ACB。而这些圆弧这样面对直线 DE,DF,EF,使字母 DRED 的转动顺序与字母 BACB 相同,字母 DGFD 的顺序与 ABCA 相同,而字母 EMFE 的顺序与字母 ACBA 相同;然后将这些圆弧拼成整圆,令前两个圆相交于 G,并设它们的中心为 P 和 Q,连接 GP,

PQ,使

$$Ga : AB = GP : PQ;$$

以 G 为中心,间隔 Ga 为半径,画一个圆与第一个圆 DGE 相交于 a,连接 aD 与第二个圆 DFG 相交于 b,再作 aE 与第三个圆 EMF 相交于 c,作图形 ABCdef 与图形 abcDEF 相似而且相等,则问题得解。

因为,作 Fc 与 aD 相交于 n,连接 aG,bG,QG,QD,PD,并画出角 EaD 等于角 CAB,角 acF 等于角 ACB;所以三角形 anc 与三角形 ABC 等角,因而角 anc 或 FnD 等于角 ABC,进而等于角 FbD;所以点 n 落在点 b 上。而且,圆心角 GPD 的半角 GPQ 等于圆周角 GaD,而圆心角 GQD 的半角 GQP 等于圆周角 GbD 的补角,因而等于角 Gba。由此,三角形 GPQ 与 Gab 相似,而且

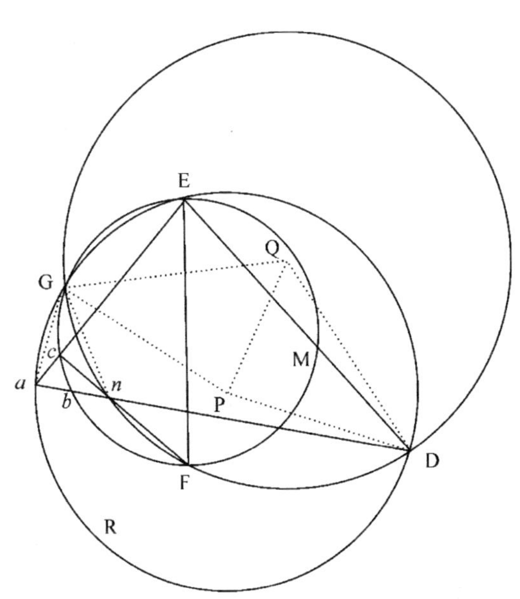

$$Ga : ab = GP : PQ;$$

由图中可知,

$$GP : PQ = Ga : AB。$$

因而 ab 与 AB 相等;至此我们证明了三角形 abc,ABC 不仅相似,而且相等,所以,由于三角形 DEF 的角 D,E,F 分别与三角形 abc 的边 ab,ac,bc 相切,做出图形 ABCdef 相似且相等于图形 abcDEF,则问题得解。

证毕。

推论. 因此,可以做出一条直线,其给定长度的部分介于三条位置已定的直线之间。设有三角形 DEF,其点 D 向边 EF 趋近,随着边 DE,DF 变成一条直线,三角形本身也变成一条直线,其给定部分 DE 介于位置已定的直线 AB,AC 之间,而其给定部分 DF 介于位置已定的直线 AB,BC 之间;然后把上述作图法用于本情形,问题得解。

命题 28 问题 20

作一类型和大小均已知的圆锥曲线,使其给定部分介于位置已定的三条直线之间。

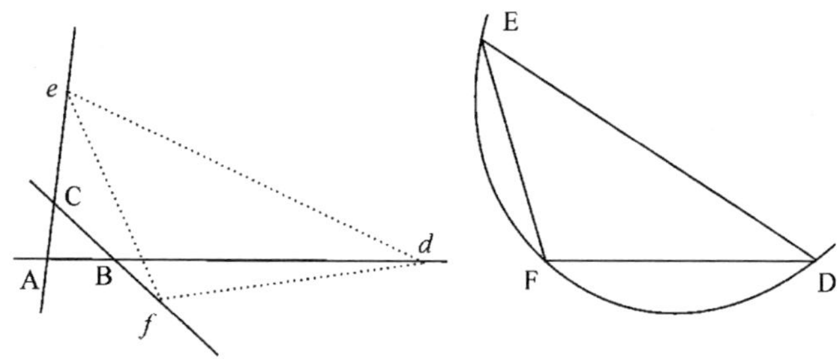

设一条圆锥曲线可以画成相似且相等于曲线 DEF,并可以被三条位置已定的直线 AB,AC,BC 分割为与该曲线的给定部分相似且相等的部分 DE 和 EF。

作直线 DE,EF,DF;将三角形 DEF 的角 D,E,F 与位置已定的直线相接触(由引理 26)。再关于三角形画出圆锥曲线,使其与曲线 DEF 相似而且相等。

完毕。

引　理　27

作一类型已定的四边形,使其角分别与四条既不相互平行,又不向一公共点收敛的直线相接触。

令四条直线 ABC,AD,BD,CE 位置已定;第一条直线与第二条相交于 A,与第三条相交于 B,与第四条相交于 C;设所要画的四边

形 $fghi$ 与四边形 FGHI 相似，其角 f 等于给定角 F，与直线 ABC 相接触；其他的角 g，h，i 等于其他给定角 G，H，I，分别与其他直线 AD，BD，CE 相接触。连接 FH，并在 FG，FH，FI 上作同样多的圆弧 FSG，FTH，FVI，其中第一个 FSG 张角等于角 BAD，第二个 FTH 张角等于角 CBD，第三个 FVI 张角等于角 ACE。而这些圆弧这样面对直线 FG，FH，FI，使字母 FSGF 的圆顺序与字母 BADB 相同，字母 FTHF 的旋转顺序与字母 CBDC 相同，而字母 FVIF 的顺序与字母 ACEA 相同。把这些圆弧拼成整圆，令 P 为第一个圆 FSG 的中心，Q 为第二个圆 FTH 的中心，连接 PQ 并向两边延长，取 QR 使得 QR∶PQ＝BC∶AB。而 QR 指向点 Q 的一侧，使得字母 P，Q，R 的顺序与字母 A，B，C 的相同；再以 R 为中心，RF 为半径作第四个圆 F*Nc* 与第三个圆 FVI 相交于 c。连接 Fc 与第一个圆交于 a，与第二个圆交于 b。作 aG，bH，cI，令图形 ABC$fghi$ 相似于图形 abcFGHI；则四边形 $fghi$ 即是所要画的图形。

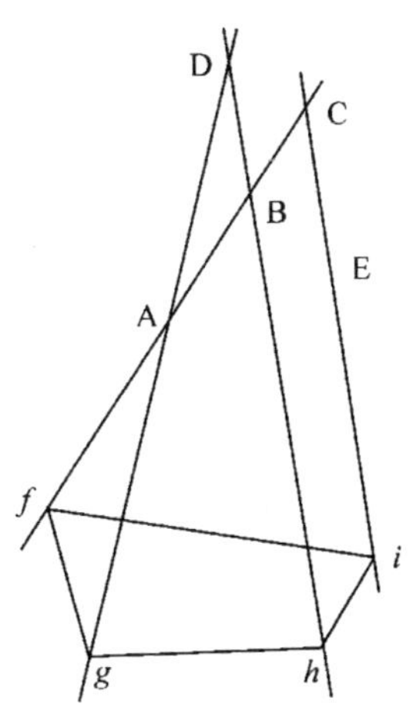

因为，令前两个圆相交于 K，连接 PK，QK，RK，aK，bK，cK，并把 QP 延长到 L。圆周角 FaK，FbK，FcK 是圆心角 FPK，FQK，FRK 的一半，所以等于这些角的半角 LPK，LQK，LRK。所以图形 PQRK 与图形 $abck$ 等角且相似，因而 ab 比 bc 等于 PQ 比 QR，即等于 AB∶BC。而由作图知，角 fAg，fBh，fCi 等于角 FaG，FbH，FcI，所以，画出的图形 ABC$fghi$ 将相似于图形 abcFGHI，此后，画出的四边形 $fghi$ 将相似于四边形 FGHI，而且其角 f，g，h，i 与直线 ABC，AD，BD，CE 相接触。

证毕。

推论. 可以作一条直线，其各部分以给定顺序介于四条给定直线之

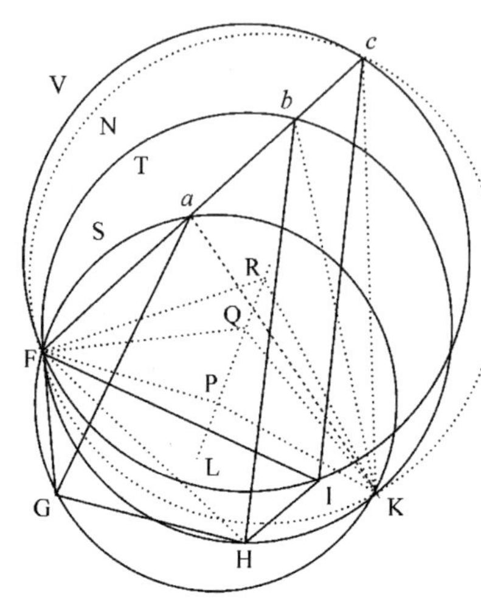

间，而且相互间呈已知比。令角FGH，GHI 增大，使得直线 FG，GH，HI 成为同一条直线；根据本情形中问题的作图，可画出直线 $fghi$，其各部分 fg，gh，hi 介于四条位置已定的直线之间，AB 与 AD，AD 与 BD，BD 与 CE，而且其相互间的比与直线 FG，GH，HI 间同样顺序的比相等。不过，这件事可以用更容易的方法来做：

把 AB 延长到 K，BD 延长到 L，使 BK 比 AB 等于 HI 比 GH；DL 比 BD 等于 GI 比 FG；连接 KL 与直线 CE 相交于 i。把 iL 延长到 M，使 LM 比 iL 等于 GH 比 HI，再作 MQ 平行于 LB，与直线 AD 相交于 g，连接 gi 与 AB，BD 相交于 f，h 则问题得解。

因为，令 Mg 与直线 AB 相交于 Q，AD 与 KL 相交于 S，作直线 AP 平行于 BD 并与 iL 相交于 P，则 gM 比 Lh（gi 比 hi，Mi 比 Li，GI 比 HI，AK 比 BK）与 AP 比 BL 比值相同，在 R 分割 DL，使 DL 比 RL 取同一比值；因为 gS 比 gM，AS 比 AP，以及 DS 比 DL 相等，所以，等于 gS 比 Lh，AS 比 BL，DS 比 RL；相互混合，（BL－RL）比（Lh－BL），等于 AS-DS 比（gS－AS）。即，BR 比 Bh 等于 AD 比 Ag，所以等于 BD 比 gQ。或者，BR 比 BD 等于 Bh 比 gQ，或等于 fh 比 fg。而由作图知，直线 BL 在 D 和 R 被分割的比值与直线 FI 在 G 和 H 被分割相同，所以 BR 比 BD 等于 FH 比 FG。所以，fh 比 fg 等于 FH 比 FG。所以，类似地有 gi 比 hi 等于 Mi 比 Li，即等于 GI 比 HI，这意味着直线 FI，fi 在 G 和 H，g 和 h 被相似地分割。

证毕。

在本推论作图中，继作直线 LK 与 CE 相交于 i 之后，可以把 iE 延长到 V，使 EV 比 Ei 等于 FH 比 HI，然后作 Vf 平行于 BD。如果

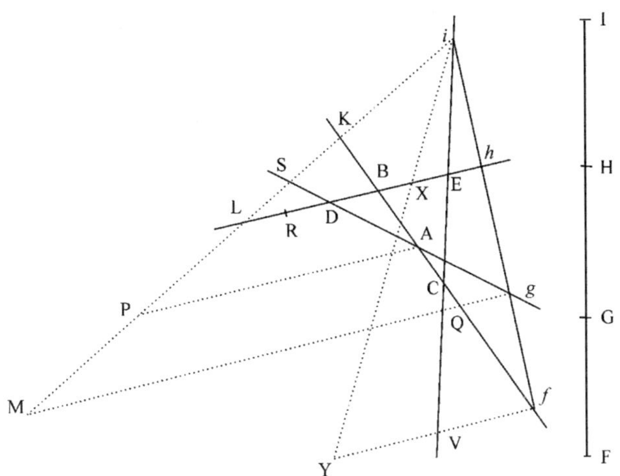

以 i 为中心，IH 为间隔作一圆交 BD 于 X，再延长 iX 到 Y 使 iY 等于 IF，再作 Yf 平行于 BD，也得到相同结果。

克里斯托弗·雷恩爵士和瓦里斯博士很久以前曾给出这一问题的其他解法。

命题 29 问题 21

作一类型已定的圆锥曲线，使它被四条位置已定的直线分割成顺序、类型和比例均给定的部分。

设所要画的圆锥曲线相似于曲线 FGHI，其各部分相似于且正比于后者的部分 FG，GH，HI，介于位置已定的直线 AB 和 AD，AD 和

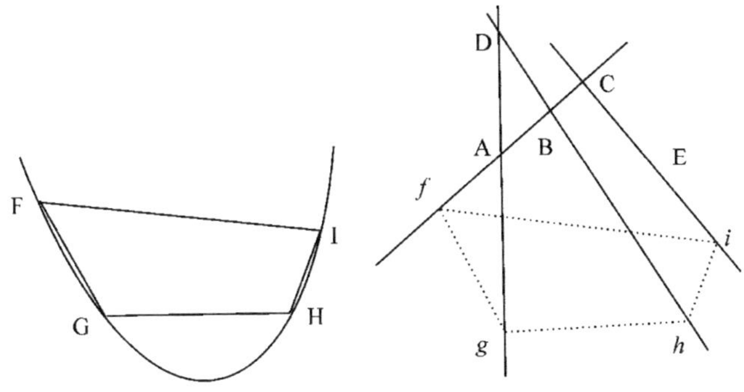

BD，BD 和 CE 之间，即，第一部分介于前两条直线之间，第二部分介于第二对直线之间，第三部分介于第三对直线之间。作直线 FG，GH，HI，FI；（根据引理 27）作四边形 $fghi$ 相似于四边形 FGHI，其角 f，g，h，i 分别依次与位置已定的直线 AB，AD，BD，CE 相接触，然后关于此四边形作圆锥曲线，则该圆锥曲线将相似于曲线 FGHI。

附　注

这个问题可用下述方法解出，连接 FG，GH，HI，FI，延长 GF 到 V，连接 FH，IG，使角 CAK，DAL 等于角 FGH，VFH，令 AK，AL 与直线 BD 相交于 K 和 L，再作 KM，LN，其中 KM 使得角 AKM 等于角 GHI，且 KM 比 AK 等于 HI 比 GH。令 LN 使角 ALN 等于角 FHI，

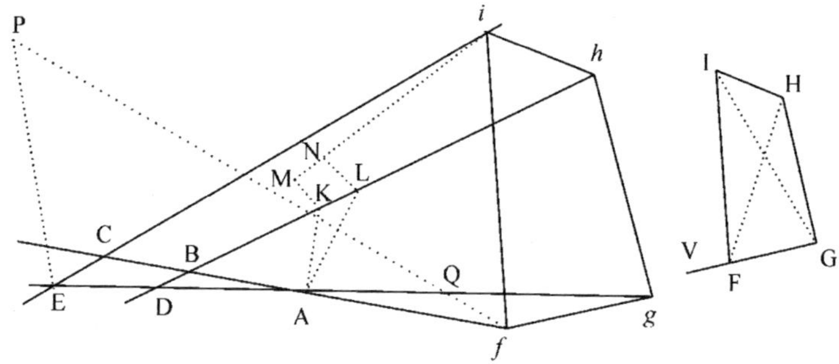

且 LN 比 AL 等于 HI 比 FH。而 AK，KM，AL，LN 是这样指向直线 AD，AK，AL 的一侧，使得字母 CAKMC，ALKA，DALND 的轮换顺序与字母 FGHIF 相同；作 MN 与直线 CE 相交于 i，使角 iEP 等于角 IGF，令 PE 比 Ei 等于 FG 比 GI；通过 P 作 PQf 使它与直线 ADE 的夹角 PQE 等于角 FIG，并与直线 AB 相交于 f，连接 fi。而 PE 和 PQ 是这样指向直线 CE，PE 的一侧，使得字母 PEiP 和 PEQP 的轮换顺序与字母 FGHIF 相同；如果在直线 fi 上以相同字母顺序作四边形 $fghi$ 相似于四边形 FGHI，再关于它作一类型已知的外切圆锥曲线，则问题得解。

迄此为止讨论的都是轨道的求法。下面要求出物体在这些轨道上的运动。

第6章
怎样求已知轨道上的运动

命题30 问题22

求沿抛物线运动的物体在任意给定时刻的位置。

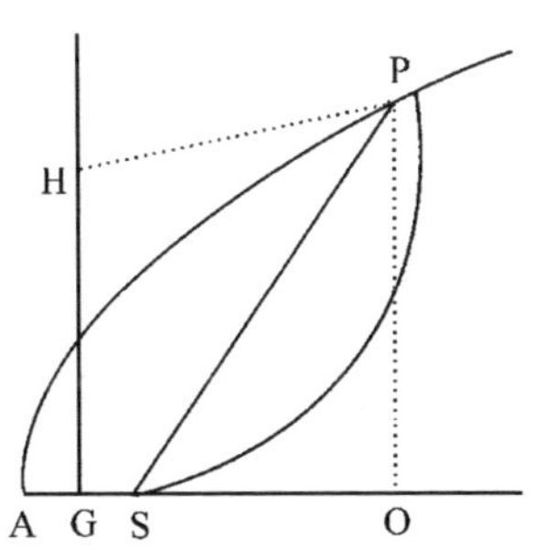

令S为抛物线的焦点，A为其顶点；设4AS·M等于抛物线下被分割的部分APS的面积，它可以由半径SP在物体离开顶点后掠成，也可以是它到达那里之前的剩余。现在我们知道这块被分割的面积在数值上正比于时间。在G二等分AS，画垂线GH等于3M，以H为中心，HS为半径作一圆，与抛物线在所要求的点P相交。因为作PO垂直于主轴，作PH，则

$$AG^2+GH^2=HP^2=(AO-AG)^2+(PO-GH)^2$$
$$=AO^2+PO^2-2AO\cdot AG-2GH\cdot PO+AG^2+GH^2$$

因而，

$$2GH\cdot PO=AO^2+PO^2-2AO\cdot AG=AO^2+\frac{3}{4}PO^2$$

以 $AO\cdot\frac{PO^2}{4AS}$ 代替 AO^2，再把所有各项除以3PO，乘以2AS，得到

$$\frac{4}{3}GH\cdot AS=\frac{1}{6}AO\cdot PO+\frac{1}{2}AS\cdot PO$$
$$=\frac{AO+3AS}{6}\cdot PO=\frac{4AO-3SO}{6}\cdot PO$$
$$=\text{面积 }APO-SPO$$
$$=\text{面积 }APS。$$

而 GH 等于 3M，所以$\frac{4}{3}$GH·AS 等于 4AS·M。所以被分割的面积 APS 等于被分割的面积 4AS·M。

完毕。

推论Ⅰ. 所以 GH 比 AS 等于物体掠过弧 AP 所用时间比物体掠过由顶点 A 到焦点 S 处主轴垂线所截一段弧所用时间。

推论Ⅱ. 设圆 APS 连续地通过运动物体 P，则物体在点 H 处速度比它在顶点 A 的速度为 3 比 8；所以，直线 GH 比物体在相同时间内以在顶点 A 的速度由 A 运动到 P 所画直线也是这个比值。

推论Ⅲ. 另一方面，也可以求出物体掠过任意给定弧长 AP 所用时间，连接 AP，在其中点作垂线与直线 GH 相交于 H 即可。

引　理　28[21]

一般地，以任意直线分割的卵形面积不能用求解任意多个有限项和元的方程的方法求出。

设在卵形内任意给定一点，以它为极点的一条直线做连续匀速转动，同时在此直线上有一可动点以正比于卵形内直线长的平方的速度由极点向外运动。这样，该点的运动轨迹是匝数不定的螺旋线。如果该直线所分割的卵形面积可由有限方程求出，则正比于该面积的动点到极点的距离也可由同一方程确定，因而螺旋线上所有点也都可以由有限方程求出，所以位置已知的直线与该螺旋线的交点也可由有限方程求出。但每一条无限直线与螺旋线有无限多个交点，而决定这两条线某一交点的方程会在同时以同样无限多个根表示出所有的交点，因而产生与交点数相同的元。两个圆相交于两个交点，其中一个交点如果不用能决定另一个交点的二元方程就无法找到。两条圆锥曲线可以有四个交点，一般而言，如果不用能决定所有交点的四元方程，无法找出其中任何一个。因为，当分别去找这些交点时，由于所有的定律与条件都相同，使每次的计算也都相同，所以结果也总是相同，它必定是同时表达了所有交点，完全没有区别。所以，当圆锥曲线与三次曲线相交时，因为其交点多到六个，因而需要六元方程；而两条三次曲线相交点时，其交点多达九个，因而需用九元方程。若不是这样的话，则所有立体问题都可以简化为平面问题，而那些维数高于立体的问题也可以简化为立体问题了。但我在此讨论的曲线其幂次不能降低。因为表达曲线的方程幂次一旦降低，则曲线将不再是完整的曲线，而是由二条或更多条曲线的组合，它们的交点可以由不同的计算分别确定。出于相同的理由，直线与圆锥曲线的两个交点总需要二元方程求解；直线与不能化简的三次曲线的三个交点要由三元方程求出；直线与不能化简的四次曲线的四个交点需由四元方程求出。以此类推至于无限。所以，直线与螺旋线的无数个交点，由于螺旋线是简单曲线，不能简化为更多曲线，需要用元和根数都无限多的方程加以总体表达。因为所有的定律和条件都相同。如果由极点作该相交线的垂线，且与相交直线一同关于极点旋转，则螺旋线的交点将相互间交替变换，第一个或最近的一个交点，在直线转过一周后变为第二个，转二周后变为第三个，以此类推：与此同时方程保持不变，只是决定相交直线位置的量的数值不断改变。所以，由于这些量在旋转一周后都回到其初始数值，方程又回到其初始形式；因而同一个方程可以表示所有交点，它有可以表示所有交点的无限多个根。所以，一般而言，一条直线与一条螺旋线的交点不能由有限方程来确定；所以，一般而言，被任意直线分割的卵形面积不能由这种方程来表示。

出于同样理由，如果描述螺旋线的极点与动点间距离正比于被切割卵形的边长，则可以证明，该边长一般不能用有限方程表达。但我在此讨论的卵形不与伸向无限远的共轭图形相切。

推论. 由焦点到运动物体的半径来表示的椭圆面积，不能由有限方程给出的时间来确定，因而不能由在几何上有理的曲线作图求出。在此，说这些曲线在几何上有理，是指其所有的点都可以由方程求出长度后加以确定。其他曲线（如螺旋线，割圆曲线，摆线）我称之为几何上无理的，因为其长度是或不是数与数的比（根据欧几里得《几何原本》第十卷)在算术上称为有理的或无理的。所以,我用下述方法,以几何上无理的曲线分割正比于时间的椭圆面积。

命题 31　问题 23

找出在指定时刻沿已知椭圆运动的物体的处所。

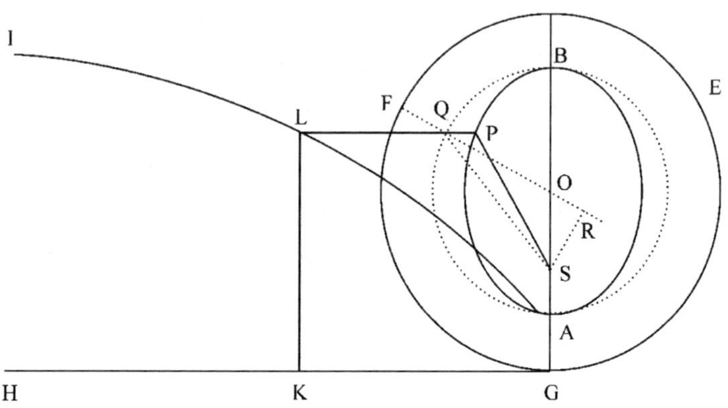

设 A 是椭圆 APB 顶点,S 是焦点,O 是中心;令 P 为所要找出的物体的处所。延长 OA 到 G 使得 OG∶OA=OA∶OS,作垂线 GH;以 O 为中心,OG 为半径作圆 GEF;再以直线 GH 为底线,设圆轮 GEF 关于自己的轴在其上滚动,同时轮上的点 A 画出摆线 ALI。然后取 GK 比轮的周长 GEFG 等于物体由 A 掠过弧 AP 所用的时间比它环绕椭圆一周所用时间。作垂线 KL 与摆线相交于 L;再作 LP 平行 KG,并与椭圆相交于 P,即找出物体的处所。

因为,以 O 为中心,OA 为半径画半圆 AQB,如果必要的话,将 LP 延长到弧 AQ 于 Q 点,连接 SQ,OQ,令 OQ 与弧 EFG 交于 F,在 OQ 上作垂线 SR。面积 APS 正比于面积 AQS 变化,即,正比于扇形 OQA 与三角形 OQS 的差,或正比于乘积$\frac{1}{2}$OQ · AQ 与$\frac{1}{2}$OQ · SR 的差,即,因为$\frac{1}{2}$OQ 是已知的,正比于弧 AQ 与直线 SR 的差;所以(因为已知比值 SR 比弧 AQ 的正弦,OS 比 OA,OA 比 OG,AQ 比

GF,以及相除后 AQ-SR 比 GF-弧 AQ 的正弦都是相等的)正比于弧 GF 与弧 AQ 的正弦的差。

完毕。

附 注[22]

然而由于画出这条曲线很困难,用近似求解更为可取。首先,找出一个角 B,它与半径的张角 57.29578 度角的比,等于焦距 SH 比椭圆直径 AB。其次,找出一个长度 L,使它半径的比等于上述比值的倒数。求出这些后,问题可以由下述分析解决。通过任意作图(甚至猜

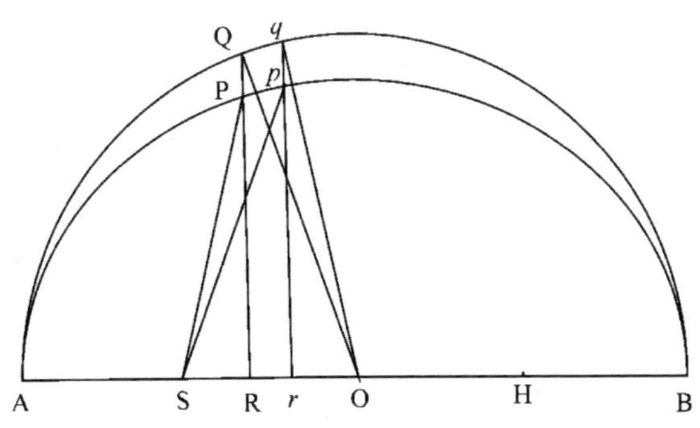

想),设我们知道物体的处所 P 靠近其真实处所 p。然后在椭圆的轴上作纵坐标 PR,由椭圆直径的比例,可以求出外切圆 AQB 的纵坐标 RQ;设 AO 是半径,并与椭圆相交于 P,则该纵坐标是角 AOQ 的正弦。这个角使用接近于真实的数字粗略计算也已足够。设我们还知道该角正比于时间,即它与四个直角的比等于物体掠过弧 Ap 所用时间与环绕椭圆一周所用时间的比。令该角为 N,再取角 D,它与角 B 的比等于角 AOQ 的正弦比半径;取角 E,使它比角 N－AOQ＋D 等于长度 L 比同一长度 L 减去角 AOQ 的余弦,当该角小于直角时,或加上该余弦,在它大于直角时。下一步,取角 F 使它比角 B 等于角 AOQ＋E 的正弦比半径;取角 G,使它比角 N－AOQ－E＋F 等于长度 L 比同一长度 L 减去角 AOQ＋E 的余弦,当该角小于直角时,或加上该余弦,当它大于

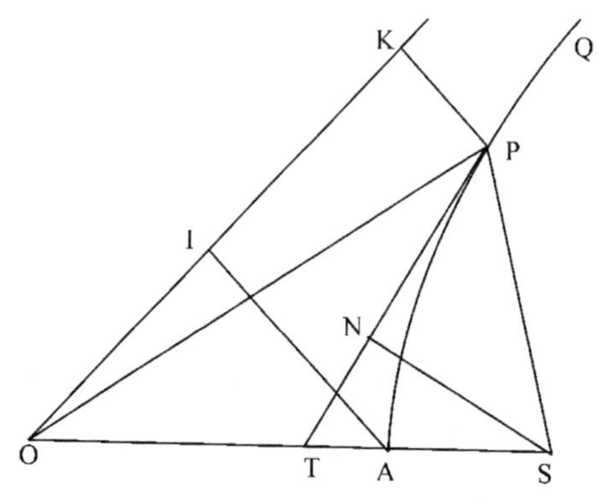

直角时。第三步，取角 H，它与角 B 的比等于角 AOQ＋E＋G 的正弦比半径；取角 I，它与角 N－AOQ－E－G＋H 的比，等于长度 L 比同一长度 L 减去角 AOQ＋E＋G 的余弦，当该角小于直角时，或加上该角的余弦，当它大于直角时，反复运用这一方法至于无限。最后，取角 AOq 等于角 AOQ＋E＋G＋I＋，等等，由其余弦 Or 与纵坐标 Pr（它与其正弦 qr 的比等于椭圆的短轴与长轴的比），即可得到物体的正确处所 p。当角 N－AOQ＋D 为负时，角 E 前的＋号都应改为－，而－号都应改为＋。当角 N－AOQ－E＋F 以及角 N－AOQ－E－G＋H 为负时，角 G 和 I 前的符号都应作相同变化。但无限系列 AOQ＋E＋G＋I＋；等等，收敛如此之快，很少需要计算到第二项 E 之后。这种计算以这一定理为基础，即面积 APS 正比于弧 AQ 与由焦点 S 垂直作向半径 OQ 的直线的差而变化。

用大致相同的方法，可以解决双曲线中的同一问题。令其中心为 O，顶点为 A，焦点为 S，渐近线为 OK；设其正比于时间的被分割面积数值已知，令其为 A，设我们知道分割面积 APS 近乎于真实的直线 SP 的位置。连接 OP，由 A 和 P 向渐近线作平行于另一渐近线的直线 AI，PK；由对数表可知面积 AIKP，以及与之相等的面积 OPA，后者被从三角形 OPS 中减去后将余下被切除的面积 APS。将 2APS－2A，或 2A－2APS，被分割的面积 A，与被切除的面积 APS 的差的二倍，除以由焦点 S 垂直作向切线 TP 的直线 SN，即得到弦 PQ 的长度。该弦 PQ 内接于 A 和 P 之间，如果被切除的面积 APS 大于被分割的面积 A；而在其他情形，它则指向点 P 的另一侧：则点 Q 是更精确的物体处所。重复这种计算即可以越来越高的精度求得该处所。

运用这种计算可得对这一问题的普适的分析解。不过下述特殊计算更适用于天文学目的。设 AO,OB,OD 为椭圆半轴,L 为其通径,D 为短半轴 OD 与通径的一半$\frac{1}{2}$L 的差:找出一个角 Y,其正弦比半径等于差 D 与二轴的和的一半 AO+OD 的乘积,比长轴 AB 的平方。再找出另一角 Z,其正弦半径等于焦距 SH 与差 D 的乘积的二倍,比半长度 AO 的平方的三倍。一旦找到这些角,就可以这样确定物体的处所:取角 T 正比于通过弧 BP 的时间,或等于所谓平均运动;取角 V,第一平均运动均差,比角 Y,最大第一均差,等于二倍角 T 的正弦比半径;取角 X,第二均差,比角 Z,第二最大均差,等于角 T 的正弦的立方比半径的立方。然后取角 BHP,平均差运动,或是等于 T+X+V,角 T,V,X 的和,如果角 T 小于直角;或是等于 T+X-V,这些角的差,如果角 T 大于一个直角而小于二个直角;而如果 HP 与椭圆相交于 P,作 SP,则它将分割面积 BSP,近似正比于时间。

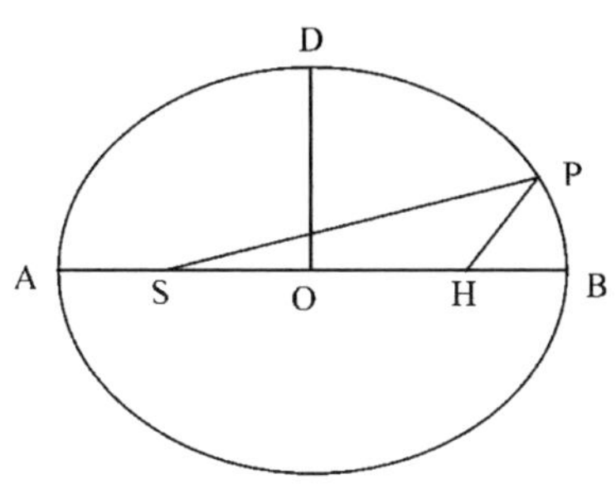

这一方法看起来相当简捷,因为角 V 和 X 均为秒的若干分之一,是非常小的,随意求出其前二三位即足以敷用。类似地,它还以足够的精度解决行星运动理论问题。因为即使是火星轨道,其最大的中心均差达到 10°,计算误差也很少超过 1 秒。而一旦平均运动差角 BHP 求出,真实运动角 BSP,距离 SP,也就易于用已知方法求出。

迄此讨论的是物体沿曲线的运动。但我们也会遇到运动物体沿直线上升或下落的情形,现在我继续讨论属于此类运动的问题。

第7章 物体的直线上升或下降

命题32 问题24

设向心力反比于处所到中心的距离的平方;求物体在给定时间内沿直线下落的距离。

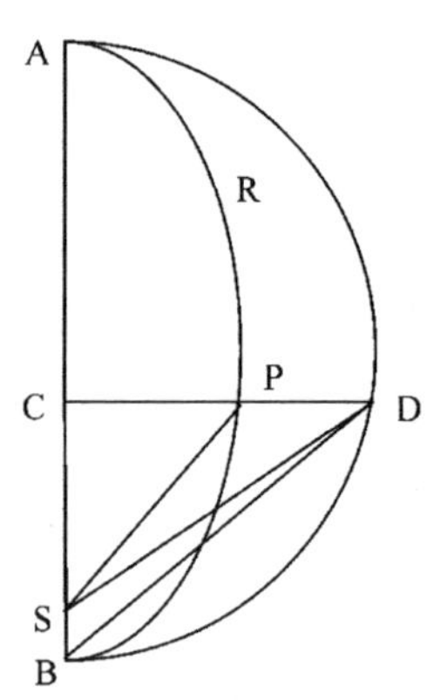

情形1. 如果物体不是垂直下落,它将(根据命题13,推论Ⅰ)掠过一焦点在力的中心的圆锥曲线。设该圆锥曲线为ARPB,焦点为S。首先,如果轨迹是椭圆,在长轴AB上作半圆ADB,令直线DPC通过下落物体,与主轴成直角;再作DS,PS,则面积ASD将正比于面积ASP,所以也正比于时间。保持主轴AB不变,令椭圆的宽度连续缩小,面积ASD总是正比于时间。设宽度无限缩小;此时轨道APB与主轴AB重合,焦点S与主轴顶点B重合,则物体沿直线AC下落,面积ABD也将正比于时间。所以,如果取面积ABD正比于时间,并由点D作直线DC垂直落向直线AB,则物体在给定时间内由处所A垂直下落所掠过的距离AC可以求出。

完毕。

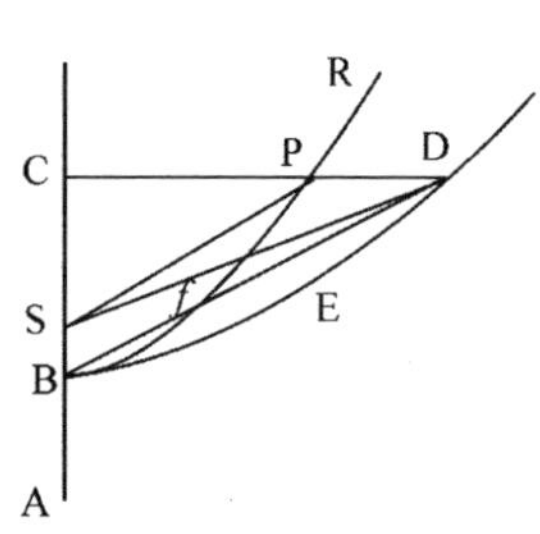

情形2. 如果图形RPB是双曲线,在同一主轴AB上作直角双曲线BED;因为在几块面积与高度CP和CD之间有如下关系存在:CSP∶CSD=CBfP∶CBED=SPfB∶SDEB=CP∶CD,以及面积SPfB

正比于物体 P 通过弧 PfB 所用的时间而变化，面积 SDEB 也将正比于时间变化。令双曲线 RPB 的通径无限缩小，同时横轴保持不变，则弧 PB 将与直线 CB 重合，焦点 S 与顶点 B 重合，而直线 SD 与直线 BD 重合。所以面积 BDEB 将正比于物体 C 沿直线 CB 垂直下落所用时间而变化。

完毕。

情形 3. 由相似理由，如果图形 RPB 是抛物线，以同一顶点 B 作另一条抛物线 BED，并使之保持不变，同时物体 P 沿其边缘运动的前一条抛物线随着其通径缩小并变为零而与直线 CB 重合，则抛物线截面 BDEB 将正比于物体 P 或 C 落向中心 S 或 B 所用的时间而变化。

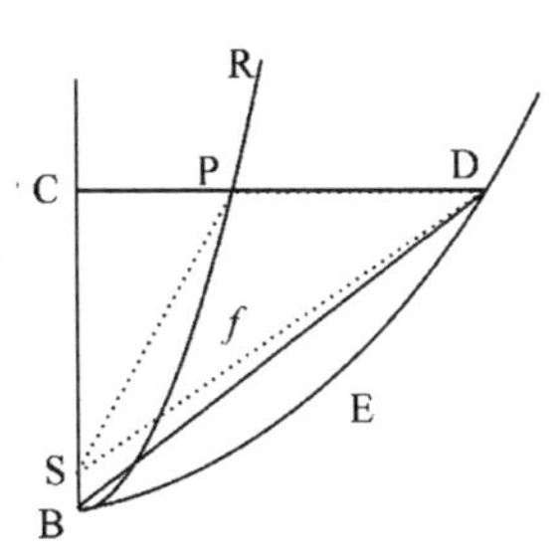

完毕。

命题 33　定理 9

在上述假设中，落体在任意处所 C 的速度与它环绕以 B 为中心，BC 为半径的圆运动的速度的比，等于物体到该圆或直角双曲线的远顶点 A 的距离与该图形的主半径 $\frac{1}{2}$AB 的比值的平方根。

令两个图形 RPB，DEB 的公共直径 AB 在 O 点被等分；作直线 PT 与图形 RPB 相切于 P，并与公共直径 AB(必要时作延长)相交于 T；令 SY 垂直于该直线，BQ 垂直于直径，设图形 RPB 的通径为 L。由命题 16 推论 IX 知，物体沿关于中心 S 的曲线 RPB 运动时在任意处所 P 的速度，比它沿关于同一中心，半径为 SP 的圆运动的速度，等于乘积 $\frac{1}{2}L \cdot SP$ 与 SY^2 的比值的平方根。因为由圆锥曲线的性质，

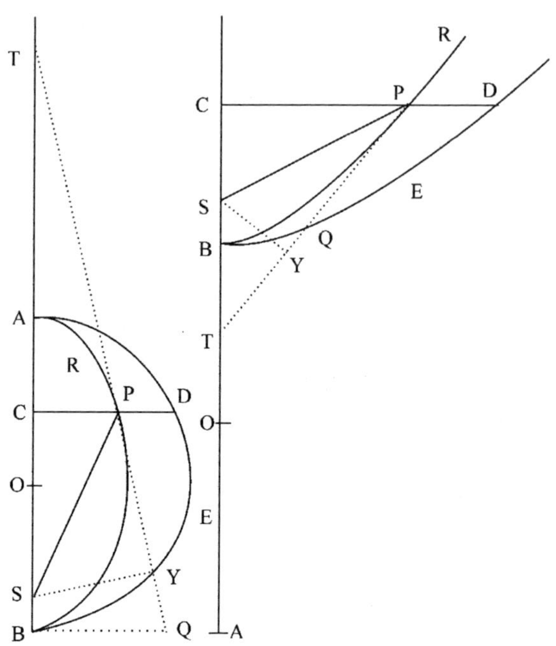

AC・CB 比 CP^2 等于 2AO 比 L，所以$\dfrac{2CP^2 \cdot AO}{AC \cdot CB}$等于 L。所以这些速度相互间的比等于$\dfrac{CP^2 \cdot AO \cdot SP}{AC \cdot CB}$与 SY^2 的比值的平方根。又根据圆锥曲线的性质。

$$CO : BO = BO : TO,$$

所以，
$$(CO+BO) : BO = (BO+TO) : TO,$$

而且，
$$CO : BO = CB : BT。$$

由此，
$$(BO-CO) : BO = (BT-CB) : BT$$

而且，
$$AC : AO = TC : BT = CP : BQ;$$

由于，
$$CP = \frac{BQ \cdot AC}{AO},$$

即得到，
$$\frac{CP^2 \cdot AO \cdot SP}{AC \cdot CB} \text{等于} \frac{BQ^2 \cdot AC \cdot SP}{AO \cdot BC}。$$

现在设图形 RPB 的宽 CP 无限缩小，使点 P 与点 C 重合，点 S 与点 B 重合，直线 SP 与直线 BC 重合，直线 SY 与直线 BQ 重合；则物体沿直线 CB 垂直下落的速度比它沿以 B 为中心，BC 为半径的圆运动的速度，等于$\frac{BQ^2 \cdot AC \cdot SP}{AO \cdot BC}$与 SY^2 的比值的平方根，即（消去相等的比值 SP 比 BC，以及 BQ^2 比 SY^2）等于 AC 与 AO 或$\frac{1}{2}$AB 的比值的平方根。

证毕。

推论Ⅰ. 当点 B 与 S 重合时，TC 比 TS 将等于 AC 比 AO。

推论Ⅱ. 以给定距离绕中心做圆周运动的物体，当其运动变为竖直向上时，可上升到距中心二倍的高度。

命题 34 定理 10

如果图形 BED 是抛物线，则落体在任意处所 C 的速度等于物体以间隔 BC 的一半关于中心 B 做匀速圆运动的速度。

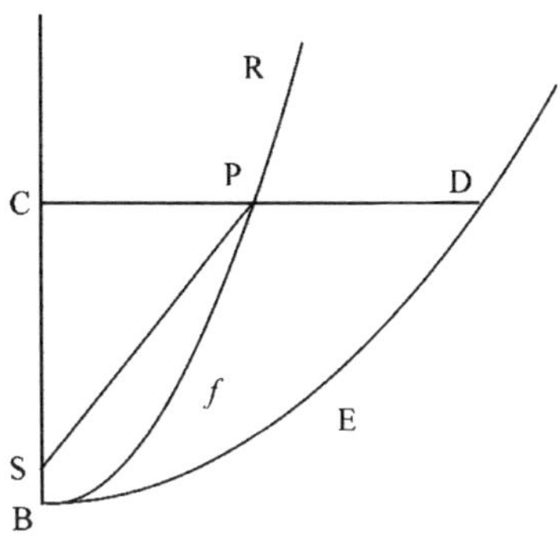

因为（由命题 16，推论Ⅶ）物体沿关于中心 S 的抛物线 RPB 运动时，在任意处所 P 的速度，等于物体在间隔 SP 的一半处关于同一中心做匀速圆运动的速度，令抛物线宽 CP 无限缩小，使抛物线弧 P*f*B 与直线 CB 重合，中心 S 与顶点 B 重合，间隔 SP 与间隔 BC 重合，命题得证。

证毕。

命题 35 定理 11

在相同假设下，不定半径 SD 所掠过的图形的面积 DES，等于物体以图形 DES 的通径的一半为半径关于中心 S 做匀速圆运动在相同

时间里所掠过的面积。

设物体 C 在最小时间间隔里下落一个不定小线段 C*c*，同时另一物体 K 关于中心 S 沿圆周 OK*k* 作匀速运动，掠过弧 K*k*。作垂线 CD，*cd* 与图形 DES 相交于 D，*d*。连接 SD，S*d*，SK，S*k*，作 D*d* 与轴 AS 交于 T，并在其上作垂线 SY。

情形 1. 如果图形 DES 是圆，或直角双曲线，在 O 点等分其横向直径 AS，则 SO 为其半通径。而因为

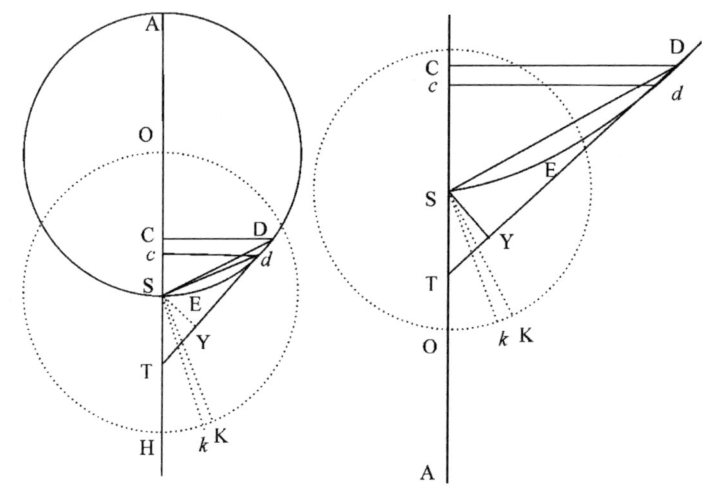

$$TC : TD = Cc : Dd$$

以及 $$TD : TS = CD : SY,$$

即得到 $$TC : TS = CD \cdot Cc : SY \cdot Dd。$$

但（由命题 33，推论 Ⅰ）

$$TC : TS = AC : AO,$$

即，如果点 D，*d* 合并，取线段的最后比值。所以，

$$AC : AO \text{ 或 } SK = CD \cdot Cc : SY \cdot Dd。$$

而且，落体在 C 的速度比物体以间隔 SC 关于中心 S 作圆运动的速度，等于 AC 与 AO 或 SK 的比值的平方根（由命题 33）；而该速度比物体

沿圆 OKk 运动的速度等于 SK 与 SC 的比值的平方根(由命题 4,推论Ⅵ);因而,第一个速度比最后一个速度,即小线段 Cc 比弧 Kk,等于 AC 与 SC 的比值的平方根,即等于 AC 与 CD 的比值。

所以,

$$\mathrm{CD}\cdot\mathrm{C}c=\mathrm{AC}\cdot\mathrm{K}k,$$

因而,
$$\mathrm{AC}:\mathrm{SK}=\mathrm{AC}\cdot\mathrm{K}k:\mathrm{SY}\cdot\mathrm{D}d,$$

而且
$$\mathrm{SK}\cdot\mathrm{K}k=\mathrm{SY}\cdot\mathrm{D}d,$$

$$\frac{1}{2}\mathrm{SK}\cdot\mathrm{K}k=\frac{1}{2}\mathrm{SY}\cdot\mathrm{D}d,$$

即面积 KSk 等于面积 SDd。所以,在每一个时间间隔中,都产生出两个相等的面积元 KSk 和 SDd,如果它们在大小趋于零,而数目无限增多,则(由引理Ⅳ的推论)得到二者同时产生的整个面积总是相等的。

证毕。

情形 2. 如果图形 DES 是抛物线,与上述情形相同,也有

$$\mathrm{CD}\cdot\mathrm{C}c:\mathrm{SY}\cdot\mathrm{D}d=\mathrm{TC}:\mathrm{TS},$$

即$=2:1$,所以,

$$\frac{1}{4}\mathrm{CD}\cdot\mathrm{C}c=\frac{1}{2}\mathrm{SY}\cdot\mathrm{D}d。$$

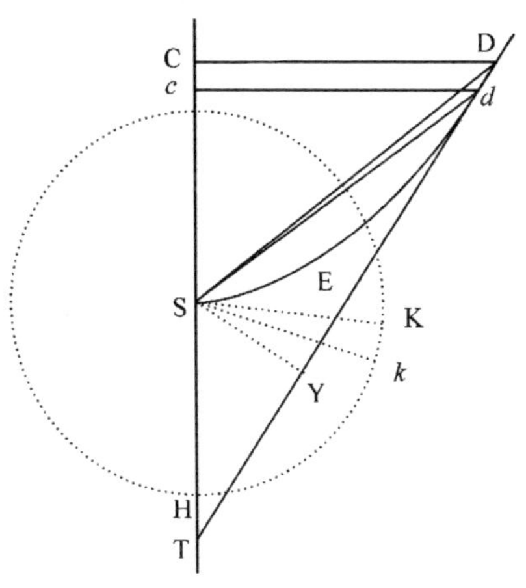

但落体在 C 点的速度等于在间隔 $\frac{1}{2}$SC 处作匀速圆周运动的速度(由命题 34)。而该速度比沿以半径 SK 作圆运动的速度,即小线段 Cc 比弧 Kk,(由命题 4,推论Ⅵ)等于 SK 与 $\frac{1}{2}$SC 的比值的平方根;即等于 SK 比 $\frac{1}{2}$CD。所以 $\frac{1}{2}\mathrm{SK}\cdot\mathrm{K}k$ 等于 $\frac{1}{4}\mathrm{CD}\cdot\mathrm{C}c$,所以等于 $\frac{1}{2}\mathrm{SY}\cdot\mathrm{D}d$;即面积 KS$k$ 等于面积 SDd,与上述情形相同。

证毕。

命题 36　问题 25

求物体自给定处所 A 下落的时间。

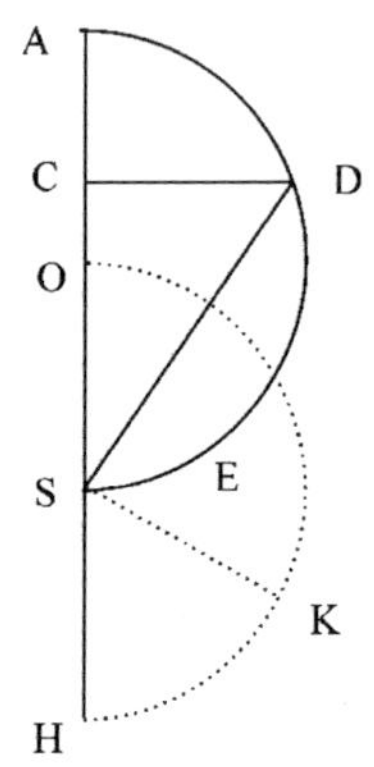

在直径 AS 上，以开始下落时物体到中心距离为半径作半圆 ADS，再以 S 为中心作一相同的半圆 OKH。由物体的任意处所 C 作纵距 CD。连接 SD，取扇形 OSK 等于面积 ASD。显然（由命题 35）在落体掠过距离 AC 的同时，另一关于中心 S 作匀速圆运动的物体将掠过弧 OK。

完毕。

命题 37　问题 26

求由给定处所上抛或下抛物体所用的上升或下降的时间。

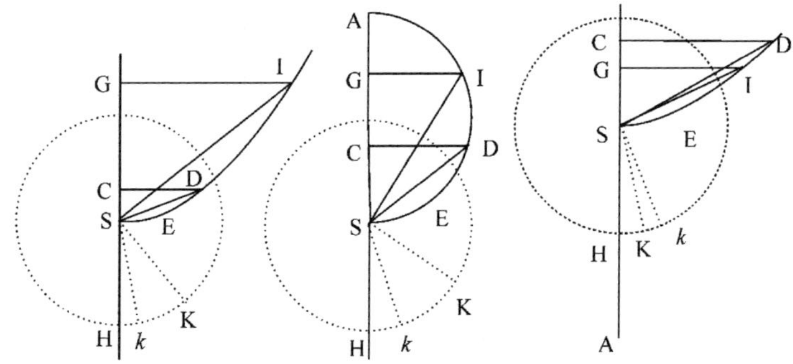

设物体以任意速度沿直线 GS 离开给定处所 G，取 GA 比 $\frac{1}{2}$AS 等于该速度与该物体以给定间隔 SG 关于中心 S 作匀速圆运动的速度的比值平方。如果该比值等于 2∶1，则点 A 在无限远处；此时应像命题 34 所说画一抛物线，其通径是任意的，顶点为 S，主轴为 SG；但如果该比值小于或大于 2 比 1，则根据命题 33，应在直径 SA 上，前一情形画一个圆，后一情形画一直角双曲线。然后关于中心 S，以半通径为半径画一个圆 HkK；再在物体开始上升或下降的处所 G，以及其任意处所 C，作垂直线 GI，CD，与圆锥曲线或圆交于 I 和 D。连接 SI，SD，令扇形 HSK，HSk 等于弓形 SEIS，SEDS，则在（由命题 35）物体 G 掠过距离 GC 的同时，物体 K 掠过弧 Kk。 完毕。

命题 38 定理 12

设向心力正比于物体的处所到中心的高度或距离，则物体下落的时间和速度，以及所掠过的距离，将分别正比于弧，弧的正弦和正矢。

设物体由任意处所 A 沿直线 AS 下落；关于力的中心 S，以 AS 为半径作四分之一圆 AE；令 CD 为任意弧 AD 的正弦，则物体 A 将在时间 AD 内下落掠过距离 AC，并在处所 C 获得速度 CD。

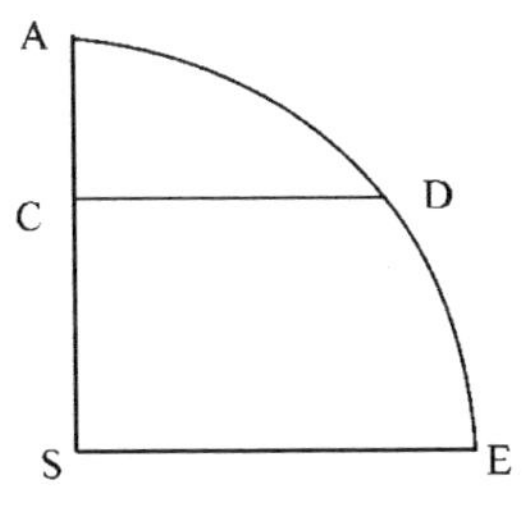

此定理证法与命题 10 相同，一如命题 32 由命题 11 得证。

推论Ⅰ. 物体由处所 A 到达中心 S 所用时间，与另一物体掠过四分之一圆弧 ADE 所用时间相等。

推论Ⅱ. 所以物体由任意处所到达中心的时间都相等。因为（由命题 4，推论Ⅲ）所有环绕物体的周期都相等。

命题 39 问题 27

设已知任意种类的向心力，以及曲线图形的面积：求沿一直线上升或下落的物体在它所通过的不同处所的速度，以及它到达任一处所所用的时间；或反过来由速度或时间求出处所。

设物体 E 由任意处所 A 沿直线 ADEC 下落；在处所 E 设想一垂线 EG 总是正比于在该点指向中心 C 的向心力；令 BFG 为一曲线，是点 G 的轨迹。在开始运动处设 EG 与垂线 AB 重合；则在任意处所 E

物体的速度将是一条直线，其平方等于曲线面积 ABGE。

完毕。

在 EG 上取 EM 反比于一线段，其平方等于面积 ABGE，令 VLM 为一曲线，其上点 M 移动与直线 AB 形成渐近线，物体下落掠过直线 AE 所需时间，正比于曲线面积 ABTVME。 完毕。

因为，在直线 AE 上取一段已知极小线段 DE，令物体位 D 时直线 EMG 的处所在 DLF；如果向心力使得一条直线，其平方等于面积 ABGE，正比于落体的速度，则该面积将正比速度的平方；即，如果把在 D 和 E 处的速度记为 V 和 V+I，则面积 ABFD 将正比于 VV，而面积 ABGE 正比于 VV+2VI+II；由减法，面积 DFGE 正比于 2VI+II，所以$\frac{\text{DFGE}}{\text{DE}}$将正比于$\frac{\text{2VI+II}}{\text{DE}}$；即，如果取这些量刚产生时的最初比，则长度 DF 正比于量$\frac{\text{2VI}}{\text{DE}}$，所以也正比于该量的一半$\frac{\text{V} \cdot \text{I}}{\text{DE}}$，但物体掠过极小线段 DE 所用时间正比于该线段，反比于速度 V；而力正比速度的增量 I，反比于时间；所以，如果取这些量刚产生时的最初比，则力正比于$\frac{\text{I} \cdot \text{V}}{\text{DE}}$，即正比于长度 DF。所以正比于 DF 或 EG 的力将使物体以正比于其平方等于面积 ABGE 的直线的速度下落。

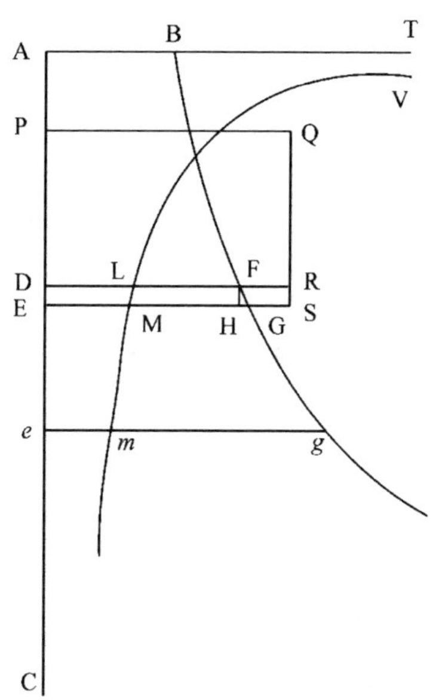

完毕。

而且，由于掠过极小的给定长度 DE 所用的时间反比于速度，因而也反比于其平方等于面积 ABFD 的直线；又由于线段 DL，因而刚产生的面积 DLME，反比于同一直线，则时间正比于面积 DLME，所有时间的和将正比于所用面积的和；即（由引理4的推论），掠过AE所用的全部时间正比于整个面积ATVME。

证毕。

推论Ⅰ. 令P为物体应由之开始下落的处所，使得当它受到任意已知的均匀向心力（如常见的引力）的作用时，在处所D获得的速度，等于另一物体受任意力作用下落到同一处所D时所获得的速度。在垂线DF上取DR，它比DF等于该均匀力比在处所D的另一个力。作矩形PDRQ，分割面积ABFD等于该矩形，则A为另一个物体所由之下落的处所。因为作矩形DRSE，由于面积ABFD比面积DFGE等于VV比2VI，所以等于$\frac{1}{2}$V比I，即等于总速度的一半比下落物体受变化力作用产生的速度增量；用类似方法，面积PQRD比面积DRSE等于总速度的一半比下落物体受均匀力作用产生的速度增量；而由于这些增量（考虑到初始时间的相等性）正比于产生它们的力，即，正比于纵坐标DF，DR，因而正比于新生面积DFGE，DRSE；所以，整个面积ABFD，PQRD相互间的比正比于总速度的一半；所以，由于这些速度相等，它们也相等。

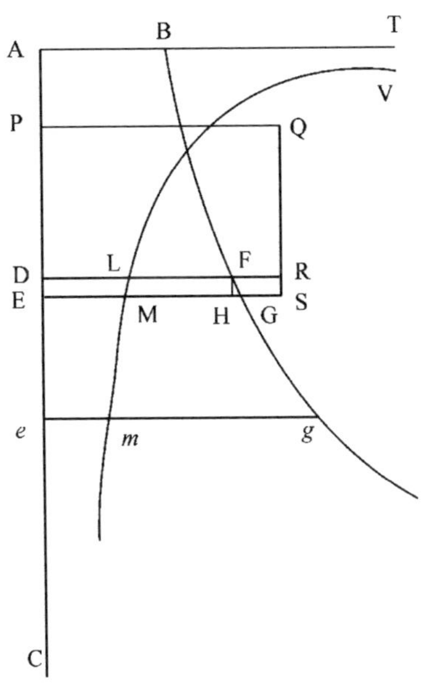

推论Ⅱ. 如果任意物体被由任意处所D以给定速度向上或向下抛出，并且所受到的向心力的定律已给定，则它在任意其他场所，如e的速度，可以这样求出：作纵坐标eg，取该速度比在处所D的速度其平方为矩形PQRD，再加上曲线面积DFge，如果处所e低于处所D，或减同一面积DFge，如果处所e高于

D的直线，比其平方刚好等于矩形PQRD的直线。

推论Ⅲ. 时间也可以这样求得：作纵坐标 *em* 反比于 PQRD＋或－DF*ge* 的平方根，取物体掠过线段 D*e* 的时间比另一物体受均匀力由P下落到达到D所用的时间等于曲线面积 DL*me* 比乘积 2PD·DL。因为，物体受均匀力作用掠过线段PD的时间比同一物体掠过线段PE所用的时间等于PD与PE比的平方根；即（极小线段DE刚刚产生），等于PD与PD＋$\frac{1}{2}$DE或2PD与2PD＋DE的比，由减法，它比物体掠过小线段DE所用的时间，等于2PD比DE，所以，等于乘积2PD·DL比面积DLME；两个物体掠过极小线段DE的时间比物体以变化运动掠过线段 D*e* 的时间，等于面积DLME比面积 DLM*e*；所以，上述时间中的第一个与最后一个的比等于乘积2PD·DL比面积 DL*me*。

第8章

受任意类型向心力作用的物体环绕轨道的确定

命题40 定理13

如果一个物体受任意一种向心力的作用以某种方式运动，而另一物体沿一条直线上升或下落，且在某一相同高度上它们的速度相等，则在一切相等高度上它们的速度都相等。

令一物体由A通过D和E落向中心C，令另一物体由V沿曲线VIK*k*运动，以C为中心，取任意半径作同心圆DI，EK与直线AC相交于D和E，与曲线VIK相交于I和K。作IC与KE交于N，并在IK上作垂线NT；令两同心圆的间距DE或IN很小；设在D与I的两物体速度相等。因为距离CD和CI相等，在D和I处的向心力也必相等。用等长短线DE和IN表示这些向心力；将力IN(由运动定律的推论Ⅱ)分解为两个力，NT与IT，则力NT的作用沿线段NT的方向，与物体的路径ITK相垂直，对物体在该处的速度无影响或改变，只把它拉开直线方向，使它连续偏离轨道切线，沿曲线路径ITK*k*运行。所以该力只起到这种作用。而另一个力IT作用于物体的运动方向上，全部用于对它加速，在极短时间里产生的加速度正比于该时间，所以在相同的时间里，物体在D和I的加速度正比于线段DE，IT(如果取新生线段DE，IN，IK，IT，NT的最初比)；而在不等的时间里加速度正比于这些线段与时间的乘积。但由于速度相等(在D和I)，物体掠过DE和IK所用的时间正比于DE和IK的长度，所以，物体在通过线段DE和IK时的加速度正比于

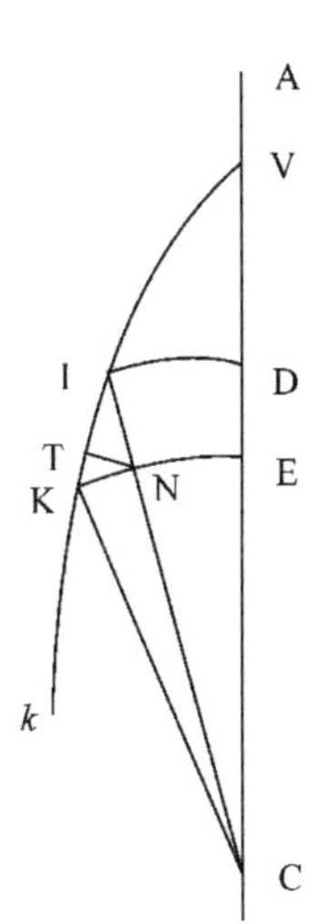

DE 与 IT,以及 DE 与 IK 的乘积;即,等于 DE 的平方比乘积 IT・IK。而 IT・IK 等于 IN 的平方,即等于 DE 的平方;所以,物体在由 D 和 I 运动到 E 和 K 时产生的加速度相等。所以,物体在 E 和 K 的速度也相等:由相同的理由知,它们在以后任何相等的距离上总是相等的。

证毕。

又由相同的理由,在与中心相同距离处速度相等的物体,在上升到相同距离处时,递减的速度也相等。

推论Ⅰ.一个物体不论是悬于一根弦上摆动,或是被迫沿一光亮、完全平滑的表面作曲线运动,而另一物体沿直线上升或下落,只要它们在某一相同高度处速度相等,则它们在所有相同高度处的速度都相等。因为,在摆动物体的弦上,或在容器完全平滑的表面上,所发生的情形与横向力 NT 的影响相同。它既不使物体加速也不使之减速,只是迫使它偏离直线运动。

推论Ⅱ.设量 P 是物体由中心所能上升到的最大距离,不论是通过摆动,或是沿曲线转动,或是由曲线上某一点以其在该点的速度向上抛出。令量 A 为物体由其轨道上任意一点到中心的距离;再令向心力总是正比于量 A 的幂 A^{n-1},该幂的指数 $n-1$ 是任意数减一,则在任意高度 A,物体的速度正比于$\sqrt{P^n-A^n}$,因而是给定的。因为由命题 39,沿直线上升或下落的物体的速度等于该比值。

命题 41　问题 28

设任意类型的向心力,以及曲线图形的面积均为已知;求物体在其上运动的曲线,以及沿此曲线运动的时间。

令任意向心力指向中心 C,要求出曲线 VIKk。有一已知圆 VR,其中心是 C,任意半径是 CV;由同一中心作另两个任意圆 ID,KE,与曲线相交于 I 和 K,与直线 CV 相交于 D 和 E。然后作直线 CNIX 与圆 KE,VR 相交于 N 和 X,作直线 CKY 与圆 VR 相交于 Y。令点 I 与 K 无限接近;令物体由 V 通过 I 和 K 运动到 k;再令点 A 为另一物体

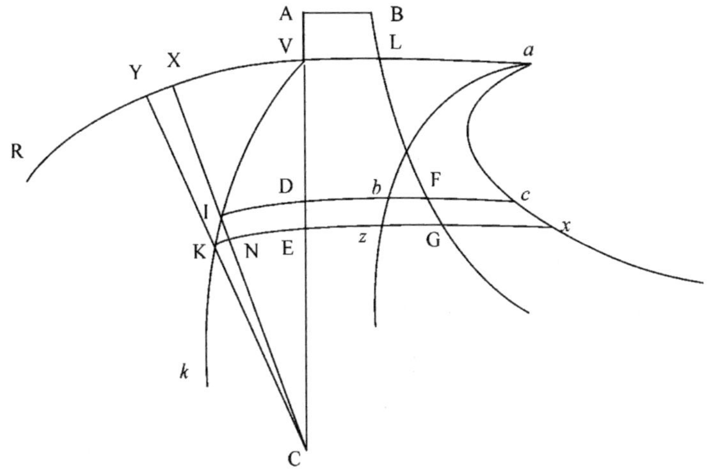

开始下落的处所，使到达 D 时的速度等于第一个物体在 I 的速度。以下方法与命题 39 相同，在最短给定时间内掠过的短线段 IK 将正比于该速度，因而也正比于其平方等于面积 ABFD 的直线，所以正比于时间的三角形 ICK 可以求出，所以 KN 反比于高度 IC；即（如果给定任意量 Q，高度 IC 等于 A），正比于$\frac{Q}{A}$。令该量$\frac{Q}{A}$等于 Z，设 Q 的大小在某一情形下使得

$$\sqrt{ABFD} : Z = IK : KN,$$

则在所有情形下

$$\sqrt{ABFD} : Z = IK : KN,$$

和

$$ABFD : ZZ = IK^2 : KN^2,$$

由减法，

$$ABFD - ZZ : ZZ = IN^2 : KN^2,$$

所以，

$$\sqrt{(ABFD - ZZ)} : Z \text{ 或 } \frac{Q}{A} = IN : KN,$$

$$A \cdot KN = \frac{Q \cdot IN}{\sqrt{(ABKD - ZZ)}}。$$

由于 $YX \cdot XC : A \cdot KN = CX^2 : AA$,

所以有 $YX \cdot XC = \frac{Q \cdot IN \cdot CX^2}{AA\sqrt{(ABFD-ZZ)}}$,

所以,在垂线 DF 上分别连续取 Db,Dc 等于 $\frac{Q}{2\sqrt{(ABFD-ZZ)}}$, $\frac{Q \cdot CX^2}{2AA\sqrt{(ABFD-ZZ)}}$,画出曲线 ab,ac,焦点 b 和 c,再由点 V 作直线 AC 的垂线 Va,分割曲线面积 $VDba$,$VDca$,并画出纵坐标 Ez,Ex。因为乘积 $Db \cdot IN$ 或 $DbzE$ 等于乘积 $A \cdot KN$ 的一半,或等于三角形 ICK;而乘积 $Dc \cdot IN$ 或 $DcxE$ 等于乘积 $YX \cdot XC$ 的一半,或等于三角形 XCY;即,因为 $VDba$,VIC 的新生面积元 $DbzE$,ICK 总是相等,而 $VDca$,VCX 的新生面积元 $DcxE$,XCY 总是相等:所以产生的面积 $VDba$ 将等于产生的面积 VIC,因而正比于时间,而产生的面积 $VDca$ 等于产生的扇形 VCX。所以,如果给定任意时间,其间物体由 V 开始运动,则正比于该时间的面积 $VDba$ 也就给定,因而物体的高度 CD 或 CI 也就给定,面积 $VDca$ 和与之相等的扇形 VCX 以及扇形张角 VCI 也都给定。而由已知的角 VCI,高度 CI,也可以求知物体在该时间之末时的处所。

完毕。

推论Ⅰ. 因此,很容易找出物体的最大和最小高度,即曲线的回归点。因为当直线 IK 与 NK 相等时,即面积 ABFD 等于 ZZ 时,回归点通过由中心作向曲线 VIK 的垂线 IC。

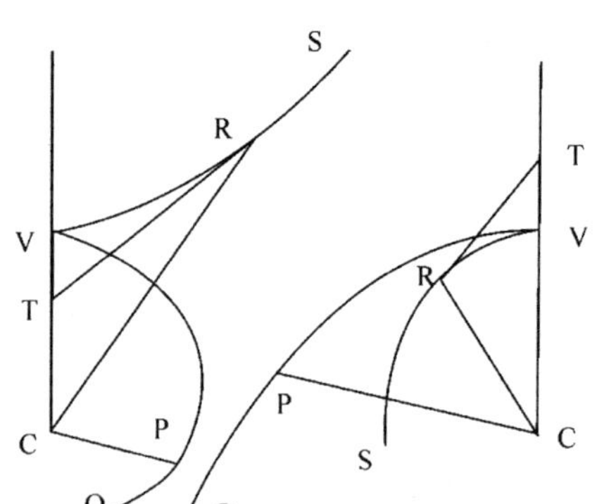

推论Ⅱ. 也容易求出曲线在任意处所与直线 IC 的夹角 KIN:通过给定的物体的高度 IC,即通过使该角的正弦比半径等于 KN 比 IK,也就是等于 Z 比面积 ABFD 的平方根。

推论Ⅲ. 如果通过中心 C

和顶点 V 作一条圆锥曲线 VRS,由其上任意一点,如 R,作切线 RT 与主轴 CV 的延长线交于点 T,连接 CR。作直线 CP 等于横坐标 CT,使角 VCP 正比于扇形 VCR;如果指向中心的向心力反比于物体到中心距离的立方,且由处所 V 以适当速度沿垂直于直线 CV 的方向抛出一物体,则该物体总是沿着点 P 所在的曲线 VPQ 运动;如果圆锥曲线 VRS 是双曲线,则物体将落入中心;但如果它是椭圆,物体将连续升高,越来越远直至无限。反之,如果物体以任意速度脱离处所 V,则根据它是直接落向中心,或是直接脱离而去,可判明图形 VRS 是双曲线或椭圆,该曲线可以给定比率增大或减小角 VCP 求出。在向心力变成离心力时,物体将直接沿曲线 VPQ 离去,该曲线可以取角 VCP 正比于椭圆扇形 VRC,取长度 CP 等于长度 CT,由上述相同方法求出。所有这些都可由上述命题通过某一曲线的面积求出,其方法十分容易,为求简捷在此从略。

命题 42　问题 29

已知向心力规律,求由给定处所以给定速度沿给定直线方向抛出的物体的运动。

假设条件与上述三个命题相同,令物体在处所 I 抛出,方向沿着小线段 IK,速度与另一物体在均匀向心力作用下由处所 P 下落到 D

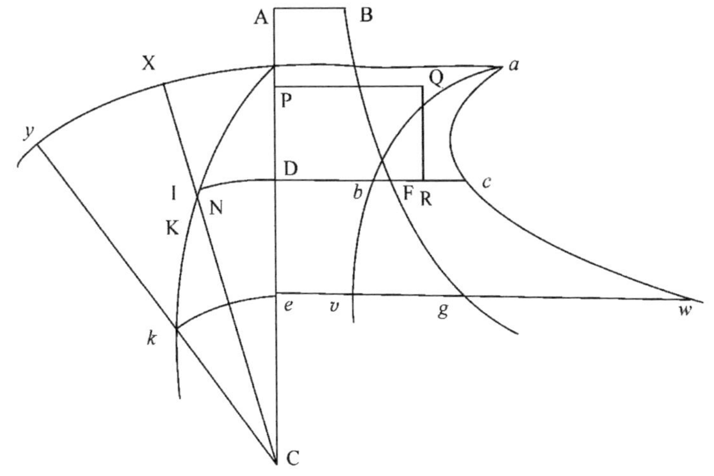

处所获得的相同；令该均匀力比物体在 I 所受到的最初推动力等于 DR 比 DF。令该物体向 *k* 运动；关于中心 C 以 C*k* 为半径作圆 *ke*，与直线 PD 相交于 *e*，再作曲线 BF*g*，*abv*，*acw* 的纵坐标 *eg*，*ev*，*ew*。由给定矩形 PDRQ 和第一个物体所受到的向心力的定律，曲线 BF*g* 可通过命题 27 的作图及其推论 I 求出。然后由给定角 CIK 求出新生线段 IK，KN 的比例；因而，由命题 28 的作图法，求出量 Q，以及曲线 *abv*，*acw*；所以，在任意时间 D*bve* 终了，物体的高度 C*e* 或 C*k*，与扇形 XC*y* 相等的面积 D*cwe*，以及角 ICK 都可以求出，即可以找到物体所在的处所 *k*。

完毕。

在以上几个命题中我们假设向心力随其到中心的距离而依照某种可以任意设定的规律变化，但在到中心相同距离处向心力处处相等。

迄此所讨论的物体运动都是沿着不动轨道运动。现在我们要在环绕力的中心的轨道上的物体运动中增加某些内容。

第9章 沿运动轨道的物体运动;回归点运动

命题43 问题30

使一物体沿一环绕力的中心转动的曲线运动,其方式与另一物体沿同一静止曲线运动相同。

在固定轨道 VPK 上,令物体 P 由 V 向 K 作环绕运动。由中心 C 连续作 Cp 等于 CP,使角 VCp 正比于角 VCP;直线 Cp 掠过的面积比直线 CP 在同一时间里掠过的面积 VCP,等于直线 Cp 掠过的速度比直线 CP 掠过的速度,即等于角 VCp 比角 VCP,所以其比值为已知,因而正比于时间。因为在固定平面上直线 Cp 掠过的面积正比于时间,所以物体在适当的向心力作用下,可以与点 P 一起在曲线上旋转,而此曲线则由同一个点 P 以刚刚阐述过的方法在一个固定平面上画出。使角 VCu 等于角 PCp,直线 Cu 等于 CV,图形 uCp 等于图形 VCP,则物体总是位于点 P,沿旋转图形 uCp 的图边运动,画出其(旋转)弧 up 所需时间,与另一物体 P 在固定图形 VPK 上画出相似且相等的弧 VP 所用时间相同。然后,由命题6推论V找出使物体得以沿着由点 P 在固定平面上画出的轨道旋转的向心力,问题即解决。

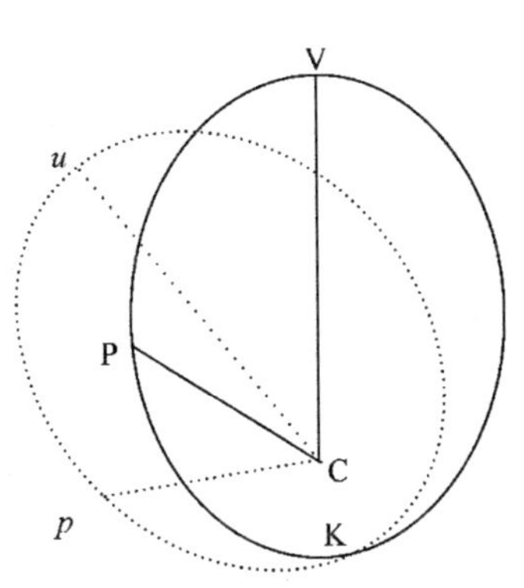

完毕。

命题 44　定理 14

使一个物体沿固定轨道运动的力，与使另一个物体沿一相同的旋转轨道作相同运动的力的差，反比于其共同高度的三次方而变化。

令固定轨道上的部分 VP，PK 相似且相等于旋转轨道上的部分 up，pk；设点 P 与 K 间的距离为最小。由点 k 作垂线 kr 到直线 pC，并延长到 m，使 mr 比 kr 等于角 VCp 比角 VCP。因为物体的高度 PC 与 pC，KC 与 kC 总是相等，所以线段 PC 与 pC 的增量或减量总是相等；如果把两个物体在处所 P 和 p 的运动分别分解为二（由运动定律的推论Ⅱ），其一指向中心，或沿着直线 PC，pC，而另一个则与前一个相垂直，沿着垂直于直线 PC，pC 的方向；则指向中心的运动相等，而物体 p 的横向运动与物体 P 的横向运动的比，等于直线 pC 的角运动比直线 PC 的角运动；即等于角 VCp 比角 VCP。所以，在同一时间里，物体 P 由两方面的运动到达点 K，而物体 p 则以指向中心的相同运动由点 p 相等地运动到 C；所以，当该时间终止时，它将位于通

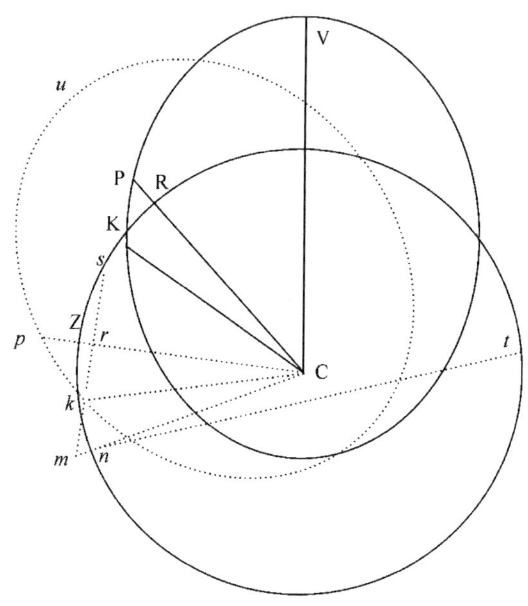

过点 k 与直线 pC 相垂直的直线 mkr 上某处，而其横向运动将使它获得一个到直线 pC 的距离，该距离比另一物体 P 所获得的到直线 PC 的距离，等于物体 p 的横向运动比另一个物体 P 的横向运动。由于 kr 等于物体 P 到直线 PC 的距离，而 mr 比 kr 等于角 VCp 比角 VCP，即，等于物体 p 的横向运动比物体 P 的横向运动，所以，在该时间终了时，物体 p 将位于处所 m。之所以如此，是因为如果物体 p 和 P 在直线 pc 和 PC 上作相等的运动，则在该方向上受到相等的作用力。但如果取角 pCn 比角 pCk 等于角 VCp 比角 VCP，nC 等于 kC，在此情形下，物体 p 在时间终了时将的确在 n；如果 nCp 大于角 kCp，即，如果轨道 upk 以大于直线 CP 被携带前进速度的二倍运动，不论是前进或是后退，则物体 p 比物体 P 受到的作用力大。如果轨道的后退运动较慢，则受到的力小。二力的差将正比于在给定时间间隔内物体受该力差的作用所通过的处所的间距 mn。关于中心 C 以间距 cn 或 ck 为半径作圆与直线 mr，mn 的延长线相交于 s，t 则乘积 $mn \cdot mt$ 等于乘积 $mk \cdot ms$，所以 mn 等于 $\frac{mk \cdot ms}{mt}$。但由于在给定时间里，三角形 pCk，pCn 的大小已知，而 kr 和 mr，以及它们的差 mk，它们的和 ms，反比于高度 pC，所以，乘积 $mk \cdot ms$ 反比于高度 pC 的平方。而且，mt 正比于 $\frac{1}{2}mt$，即正比于高度 pC。这些都是新生线段的最初比。所以，$\frac{mk \cdot ms}{mt}$，即新生的短线段 mn，以及与它成正比的力的差，反比于高度 pC 的立方。

证毕。

推论Ⅰ. 在处所 P 与 p，或 K 与 k 的力的差，比物体在与物体 P 于固定轨道上掠过弧 PK 相同的时间内由 R 做圆周运动到 K 所受到的力，等于新生线段 mn 比新生弧 PK 的正矢，即等于 $\frac{mk \cdot ms}{mt}$ 比 $\frac{rk^2}{2kc}$，或等于 $mk \cdot ms$ 比 rk 的平方；也就是说，如果取给定量 F 和 G 的比值等于角 VCP 比角 VCp，则二力之比等于（GG－FF）比 FF。所以，如果由中心 C 以任意半径 CP 或 Cp 作一圆周扇形等于面积 VPC，在任意给定的时间内物体沿固定轨道作环绕运动其到中心的半径所掠过的面积，则两个力，其一使物体 P 沿固定轨道运动，另一使物体 p 沿运动轨道运动，它们的差，与在面积 VPC 被掠过的同时使另一物体到中心的半径均匀掠过该扇形的向心力的比，等于(GG－FF)比 FF。因为该扇形与面积 pCk 的比等于它们被掠过的时间的比。

推论Ⅱ. 如果轨道 VPK 是椭圆，其焦点为 C，上回归点是 V，设有另一椭圆 upk 相似且相等于它，使得 pc 总是等于 PC，角 VCp 比角 VCP 为给定比值 G 比 F；令 A 等于高度 PC 或 pC，2R 等于椭圆的通径，则使物体在运动椭圆轨道上运动的力将正比于 $\frac{FF}{AA}+\frac{RGG-RFF}{A^3}$，反之亦然。令使物体沿固定轨道运动力以量 $\frac{FF}{AA}$ 表示，则在 V 的力为 $\frac{FF}{CV^2}$。然而，使一物体在距离 CV 处以与物体在椭圆轨道上 V 处相同速度做圆周运动的力，比在回归点 V 作用于作椭圆运动的物体的力，等于该椭圆通径的一半比该圆直径的一半 CV，所以等于 $\frac{RFF}{CV^3}$；而与此相比等于 GG－FF 比 FF 的力，等于 $\frac{RGG-RFF}{CV^3}$；这个力(由本命题推论Ⅰ)正是物体 P 在 V 处沿固定椭圆 VPK 运动所受到的力与物体 p 在运动椭圆 upk 上所受的力的差。由本命题知，在任意其他高度 A 上该差与其自身在高度 CV 上的比等于 $\frac{1}{A^3}$ 比 $\frac{1}{CV^3}$，因而该差在每一高度 A 上都正比于 $\frac{RGG-RFF}{A^3}$。所以在物体沿固定椭圆 VPK 所受的力 $\frac{FF}{AA}$ 上，加上差 $\frac{RGG-RFF}{A^3}$，其和就是物体在同一时刻沿运动椭圆 upk 运动所受到的力 $\frac{FF}{AA}+\frac{RGG-RFF}{A^3}$。

推论Ⅲ. 如果固定轨道 VPK 是椭圆，其中心在力的中心 C，设有一运动椭圆 upk 与之相似、相等而且共心；该椭圆的通径是 2R，横向通径即长轴是 2T；而且总有角 VCp 比角 VCP 等于 G 比 F，则在相同时间里，使物体在固定轨道和运动轨道上运动的力分别等于$\frac{FFA}{T^3}$和$\frac{FFA}{T^3}+\frac{RGG-RFF}{A^3}$。

推论Ⅳ. 如果令物体的最大高度CV为T，轨道VPK在V处的曲率半径，即弯曲度相同的圆的半径为R，使物体在处所V沿任意固定曲线VPK运动的向心力为$\frac{VFF}{TT}$，在另一处所P的力为X，高度CP为A，且取G比F等于角VCp比角VCP；则一般地，使同一物体在同一时间沿同一曲线upk作同一种圆运动的向心力，等于力$X+\frac{VRGG-VRFF}{A^3}$的和。

推论Ⅴ. 给定物体沿固定轨道的运动，则其绕力的中心的角运动也以给定比值增加或减少，所以，物体在新的向心力作用下所环绕的新的固定轨道可以求出。

推论Ⅵ. 如果作不定长度的直线VP垂直于位置已定的直线CV，作CP及与之相等的Cp，使角VCp与角VCP有给定比值，则使物体沿点p连续画出的曲线Vpk运动的力，将反比于高度Cp的立方。因为物体P在没有力作用于它时，其惯性使它沿直线VP匀速前进，在加上指向中心C且反比于高度CP或Cp的立方的力后，物体（如刚才证明的）将偏离其直线运动而进入曲线Vpk。但该曲线Vpk与命题41推论Ⅲ中的曲线VPQ相同，物体在这种力吸引下将斜向上升。

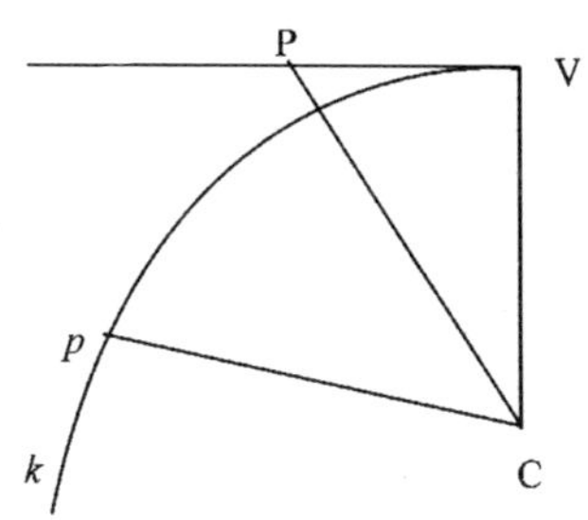

命题45　问题31

求非常接近于圆的轨道的回归点的运动。[23]

本问题用算术方法求解，把物体在固定平面上沿可运动椭圆（如在上述命题的推论Ⅱ和Ⅲ中那样）运动所画出的轨道，简化为求回归点的轨道图形；然后找出物体在固定平面上所画轨道的回归点。但要使轨道的图形相同，需使轨道得以画出的向心力相互之间的相同在高度上成正比。令点 V 是最高的回归点，T 是最大高度 CV，A 是其他高度 CP 或 Cp，X 是高度差 CV-CP；则使物体沿绕其焦点 C 转动的椭圆运动（如推论Ⅱ那样）的力，在推论Ⅱ中等于 $\frac{FF}{AA}+\frac{RGG-RFF}{A^3}$，即等于 $\frac{FFA+RGG-RFF}{A^3}$，以 T－X 代替 A，即变为 $\frac{RGG-RFF+TFF-FFX}{A^3}$。用类似方法，任何其他向心力都可以化为分母是 A^3 的分数，而分子可以通过合并同类项变为相似。这可以通过举例加以说明。

例 1. 设向心力是均匀的，因而正比于 $\frac{A^3}{A^3}$，或者，在分子中以 T－X 代替 A，正比于 $\frac{T^3-3TTX+3TXX-X^3}{A^3}$。然后合并分子中的对应项，即使已知项与已知项相比，未知项与未知项相比，它变为

$$(RGG-RFF+TFF):T^3=-FFX:(-3TTX+3TXX-X^3)$$
$$=-FF:(-3TT+3TX-XX)。$$

由于假设该轨道极为接近于圆，令它与圆相重合。因为在此情形下 R 与 T 相等，X 无限缩小，则最后的比为

$$GG:T^2=(-FF):(-3TT),$$

以及
$$GG:FF=TT:3TT=1:3;$$

所以，G 比 F，即角 VCp 比角 VCP，等于 $1:\sqrt{3}$。由于在固定椭圆中，当物体由上回归点落到下回归点时，将掠过一个，如果可以这样说的话，180°的角，而另一个在运动椭圆中的物体，处于我们所讨论的固定平面上，在其由上回归点落到下回归点时，掠过 $\frac{180^\circ}{\sqrt{3}}$ 的角 VCp。之所以如此是因为这个由受均匀向心力作用的物体画出的轨道相似于物体在固定平面上沿运动椭圆运动所画出的轨迹。通过这种项的比较，

使这些轨道相似，但这不是普适的，仅当它们非常近似于圆时才成立。所以，一个物体，当它在均匀向心力作用下沿近圆轨道运动，由上回归点到下回归点总是关于中心掠过一个$\frac{180^\circ}{\sqrt{3}}$，或 $103^\circ 55' 23''$的角，然后再由下回归点掠过相同角度回到上回归点；循环往复以至无限。

例 2. 设向心力在正比于高度 A 的任意次幂，例如，A^{n-3}，或$\frac{A^n}{A^3}$；在此，$n-3$ 与 n 表示幂的任意指数，可以是整数或分数，有理数或无理数，正数或负数。用我的收敛级数方法把分子 A^n 或$(T-X)^n$ 化为不确定级数

$$T^n - nXT^{n-1} + \frac{nn-n}{2}XXT^{n-2}, \text{等等。}$$

将这些项与另一个分子的项

$$RGG-RFF+TFF-FFX,$$

作比较，它即变为

$$RGG-RFF+TFF : T^n = -FF : \left(-nT^{n-1} + \frac{nn-n}{2}XT^{n-2}\right), \text{等等},$$

当轨道趋近于圆时取最后比，上式变为

$$RGG : T^n = (-FF) : (-nT^{n-1}),$$

或

$$GG : T^{n-1} = FF : nT^{n-1},$$

而且

$$GG : FF = T^{n-1} : nT^{n-1} = 1 : n;$$

所以 G 比 F，即角 VCp 比角 VCP，等于 1 比$\sqrt{n}$。由于物体在椭圆中由上回归点落到下回归点时掠过的角 VCP 为 180°，而在由一物体受正比于幂 A^{n-3} 的向心力作用下运动所画出的近圆轨道上，物体由上回归点下落到下回归点时掠过的角 VCp 等于$\frac{180^\circ}{\sqrt{n}}$，物体由下回归点返回上回归点时又重复该角，循环往复以至无限。如果向心力正比于物体到中心的距离，即正比于 A，或$\frac{A^4}{A^3}$，则 n 等于 4，而$\sqrt{n}$等于 2；所以

上下回归点之间的角度为$\frac{180^\circ}{2}$，或 90°。所以，物体在掠过圆的四分之一部分后到达下回归点，掠过下一个四分之一部分后又到达上回归点，循环往复以至无限。这种情形也出现在命题 10 中。因为受这种向心力作用的物体沿固定椭圆运动，轨道的中心就是力的中心。如果向心力反比于距离，即正比于$\frac{1}{\mathrm{A}}$或$\frac{\mathrm{A}^2}{\mathrm{A}^3}$，则 $n=2$，所以上下回归点间的角度为$\frac{180^\circ}{\sqrt{2}}$，或 127°16′45″；所以受这种向心力作用的物体将持续重复这一角度，不断由上回归点到下回归点，又由下回归点到上回归点。而如果向心力反比于高度的 11 次幂的 4 次方根，即反比于 $\mathrm{A}^{\frac{11}{4}}$，因而正比于$\frac{1}{\mathrm{A}^{\frac{11}{4}}}$或正比于$\frac{\mathrm{A}^{\frac{1}{4}}}{\mathrm{A}^3}$，$n$ 等于$\frac{1}{4}$，则$\frac{180^\circ}{\sqrt{n}}$等于 360°；所以物体离开其上回归点连续运动，在完成一个环绕周期后到达下回归点，再环绕一周后又回到上回归点，如此不断地重复。

例 3. 取 m 和 n 表示高度的幂的指数，b 和 c 为任意给定数，设向心力正比于$(b\mathrm{A}^m+c\mathrm{A}^n)\div\mathrm{A}^3$，即正比于$[b(\mathrm{T}-\mathrm{X})^m+c(\mathrm{T}-\mathrm{X})^n]\div\mathrm{A}^3$，或（由上述收敛级数方法）正比于

$$[b\mathrm{T}^m+c\mathrm{T}^n-mb\mathrm{XT}^{m-1}-nc\mathrm{XT}^{n-1}+\frac{mm-n}{2}b\mathrm{XXT}^{m-2}+\frac{nn-n}{2}c\mathrm{XXT}^{n-2}，\text{等等}]\div\mathrm{A}^3；$$

比较分子中的项，得到

$$(\mathrm{RGG}-\mathrm{RFF}+\mathrm{TFF}):(b\mathrm{T}^m+c\mathrm{T}^n)=(-\mathrm{FF}):\left(-mb\mathrm{T}^{m-1}-nc\mathrm{T}^{n-1}+\frac{mm-m}{2}b\mathrm{XT}^{m-2}+\frac{nn-n}{2}c\mathrm{XT}^{n-2}\right)，$$

等等。当轨道接近于圆时取最后比值，得到

$$\mathrm{GG}:b\mathrm{T}^{m-1}+c\mathrm{T}^{n-1}=\mathrm{FF}:mb\mathrm{T}^{m-1}+nc\mathrm{T}^{n-1}；$$

以及，$\mathrm{GG}:\mathrm{FF}=b\mathrm{T}^{m-1}+c\mathrm{T}^{n-1}:mb\mathrm{T}^{n-1}+nc\mathrm{T}^{n-1}$。

令最大高度 CV 或 T 在算术上等于 1,则该比例式变为,GG∶FF $=b+c : mb+nc=1 : \frac{mb+nc}{b+c}$。因而 G 比 F,即角 VC$p$ 比角 VCP,等于 1 比 $\sqrt{\frac{mb+nc}{b+c}}$。所以,由于在固定椭圆上,角 VCP 介于上下回归点之间,为 180°,而角 VCp 在由物体受正比于$\frac{b\mathrm{A}^m+c\mathrm{A}^n}{\mathrm{A}^3}$的向心力作用画出的轨道上介于相同的回归点之间,将等于一个 $180°\sqrt{\frac{b+c}{mb+nc}}$的角。由相同的理由,如果向心力正比于$\frac{b\mathrm{A}^m-c\mathrm{A}^n}{\mathrm{A}^3}$,则回归点之间的角等于

$$180°\sqrt{\frac{b-c}{mb-nc}}。$$

对于较困难的情形也可以用相同的方法求解这种问题。向心力所正比的量必须分解成分母为 A^3 的收敛级数。然后设该运算中出现的已知分子与未知分子的比,等于分子 RGG－RFF＋TFF－FFX 比同一分子中的未知部分。再舍去多余的量,令 T 为 1,即可得到 G 与 F 的比例式。

推论Ⅰ. 如果向心力正比于高度的任意次幂,则这个幂可以由回归点的运动求出;反之亦然。即,如果物体返回同一个回归点的整个角运动,比其环绕一周,或 360°的角运动,等于数 m 比数 n,且高度为 A,则力将正比于高度 A 的幂 $\mathrm{A}^{\frac{nn}{mm}-3}$,该幂的指数是$\frac{nn}{mm}-3$。这种情形出现在第二个例子中。由此易于理解该力在其距中心最远处的减少最多不能超过高度比的立方。否则,受这种力作用的物体一旦离开回归点开始下落,将再也不能到达下回归点或最低高度,而是沿着命题 41 推论Ⅲ所讨论的曲线落向中心。但如果它离开下回归点后能稍稍上升,它将决不会回到上回归点。而是沿着同一推论和命题 45 推论Ⅳ所讨论的曲线无限上升。所以,当在距中心最远处力的减小大于

高度比的立方时，物体一旦离开其回归点，便或是落向中心，或是逃逸到无限远，这由其开始运动时是下落或是上升来决定。但如果在距中心最远处力的减小或是小于高度比的立方，或是随高度的任意比率而增加，则物体决不会落向中心，而是在某一时刻到达下回归点；反之，如果物体交替地由其一个回归点到另一个回归点不断上升或下降，决不到达中心，则力或是在距中心最远处增大，或是其减小小于高度比的立方；物体由一个回归点到另一个回归点的时间越短，该力与该立方比值的比就越大。如果物体回到或离开上回归点前经过8，或4，或2，或$1\frac{1}{2}$周的上升和下降，即，如果m比n为8，或4，或2，或$1\frac{1}{2}$比1，则$\frac{nn}{mm}-3$为$\frac{1}{64}-3$，或$\frac{1}{16}-3$，或$\frac{1}{4}-3$，或$\frac{4}{9}-3$；则力正比于$A^{\frac{1}{64}-3}$，或$A^{\frac{1}{16}-3}$，或$A^{\frac{1}{4}-3}$，或$A^{\frac{4}{9}-3}$，即反比于$A^{3-\frac{1}{64}}$，或$A^{3-\frac{1}{16}}$，或$A^{3-\frac{1}{4}}$，或$A^{3-\frac{4}{9}}$。如果物体每运行一周回到同一个回归点，该回归点没有移动，则m比n等于1比1，所以$A^{\frac{nn}{mm}-3}$等于A^{-2}，或$\frac{1}{AA}$；所以力的减小是高度的平方比值，与以前证明相同。如果物体经过$\frac{3}{4}$，或$\frac{2}{3}$，或$\frac{1}{3}$，或$\frac{1}{4}$周的运行回到同一个回归点，则m比n等于$\frac{3}{4}$或$\frac{2}{3}$或$\frac{1}{3}$或$\frac{1}{4}$比1，所以$A^{\frac{nn}{mm}-3}$等于$A^{\frac{16}{9}-3}$或$A^{\frac{9}{4}-3}$或A^{9-3}或A^{16-3}；所以力反比于$A^{\frac{11}{9}}$或$A^{\frac{3}{4}}$，或正比于A^{6}或A^{13}。最后，如果物体由其下回归点再回到同一个下回归点运行了整整一周又零三度，因而该回归点每当物体运行一周后向前移三度，则m比n等于363°比360°，或121比120，所以$A^{\frac{nn}{mm}-3}$等于$A^{-\frac{29523}{14641}}$，因而向心力反比于$A^{\frac{29523}{14641}}$，或近似反比于$A^{2\frac{4}{243}}$。所以向心力的减小比率略大于平方比率，但它接近平方比率比接近立方比率要强$59\frac{4}{3}$倍。

推论Ⅱ.如果一个物体受反比于高度平方的向心力作用，沿焦点位于力的中心的椭圆运动；有一个新的外力增强或减弱这个向心力，则该外力引起的回归点运动将(由第三个例子)可以求出;反之:如果使物体沿椭圆环绕的力正比于$\frac{1}{\mathrm{AA}}$,而外力正比于$c\mathrm{A}$,则净剩力正比于$\frac{\mathrm{A}-c\mathrm{A}^4}{\mathrm{A}^3}$,(由第三个例子知)$b$ 等于 1,m 等于 1,n 等于 4,则两回归点间角度等于 $180^\circ\sqrt{\frac{1-c}{1-4c}}$。设该外力比使物体环绕椭圆的另一个力小 357.45 倍,即 c 为 $\frac{100}{35745}$,A 或 T 等于 1;则 $180^\circ\sqrt{\frac{1-c}{1-4c}}$ 等于 $180^\circ\sqrt{\frac{35645}{35345}}$ 或 180.7623°,即 180°45′44″。所以,物体离开上回归点后,要运动 180°45′44″才到达下回归点,再重复这一角运动回到上回归点,所以每运行一周上回归点向前移动 1°31′28″。月球回归点的移动约为该数值的一倍。

物体沿其平面通过力的中心的轨道的运动就讨论到此。现在要讨论在偏心平面上的运动。因为过去研究各物体运动的作者在考虑这类物体的上升或下落时,不是仅限于垂直方向上,而是涉及给定平面的所有倾斜角度;出于同样理由,我们在此要研究受任意力作用倾向中心的物体在偏心平面上的运动。假定这些平面完全光滑平坦,对在其上运动的物体没有任何阻碍。而且,在这些证明中,我将不用物体在其上滚动或滑动,因而是物体的切面的平面,而代之以与它们相平行的平面,物体的中心在其上运动并画出轨道。此后我还将用相同方法研究弯曲表面上的运动。

第10章 物体在给定表面上的运动;物体的摆动运动

命题46 问题32

设任意种类的向心力,力的中心以及物体在其上运动的平面均为已知,而且曲线图形的面积可以求出;求一物体以给定速度沿位于上述平面上的给定直线方向脱离一给定处所的运动。

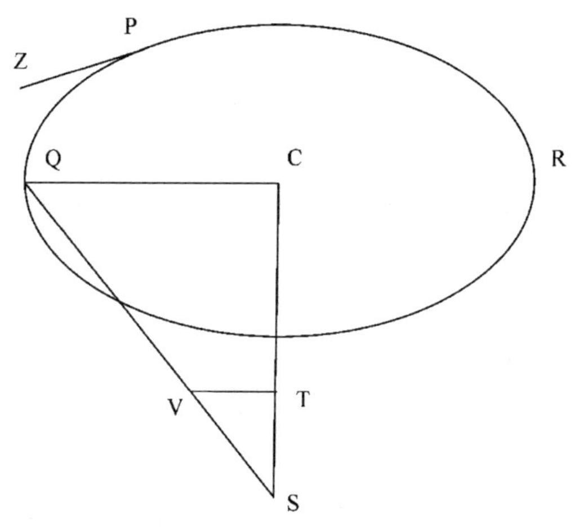

令S为力的中心,SC为该中心到给定平面的最近距离,P为由处所P出发沿直线PZ方向运动的物体,Q为沿着曲线运动的同一物体,而PQR为要在给定平面上求出的曲线本身。连接CQ,QS,如果在QS上取SV正比于把物体吸引向中心S的力,作VT平行于CQ并与SC相交于T;则力SV可以分解为二(由运动定律推论Ⅱ),力ST和力TV;其中ST沿垂直于平面的直线方向吸引物体,完全不改变它在该平面上的运动;而另一个力TV的作用与平面本身的位置相重合,直接把物体吸引向平面上已知点C;所以它使得物体在平面上运动犹如力ST被除去一样,物体就像是在自由空间中受力TV的单独作用关于中心C运动。而已知使物体Q在自由空间中关于中心C环绕运动的向心力TV,即可求出(由命题 42)物体画出的曲线 PQR;物体在任何时刻的位置 Q,以及物体在该处所 Q 的速度。反之亦然。

完毕。

命题 47　定理 15

设向心力正比于物体到中心的距离;则所有沿任意平面运动的物体都画出椭圆,而且在相同时间里完成环绕;而沿直线运动的物体,则往返交替,在相同时间里完成各自的往复周期。

设前述命题的所有条件均成立,把在任意平面 PQR 上运行的物体 Q 吸引向中心 S 的力 SV,正比于距离 SQ;则由于 SV 与 SQ,TV 与 CQ 成正比,在轨道平面上把物体吸引向已知点 C 的力 TV 正比于距离 CQ。所以,把出现在平面 PQR 上诸物体吸引向点 C 的力,按距离的比例,等于相同物体被各自吸引向中心 S 的力;所以,诸物体将在任意平面 PQR 上关于点 C 在相同时间里沿相同图形运动,如同它们在自由空间中绕中心 S 运动一样;所以(由命题 10 推论 Ⅱ 和命题 38 推论 Ⅱ)它们在相同时间里或是在该平面上画出关于中心 C 的椭圆,或是沿通过该平面上的中心 C 的直线往返运动;在所有情形下完成相同的时间周期。

证毕。

附　　注

在弯曲表面上物体的上升或下降运动与我们刚才讨论的运动有密切关系。设想在任意平面上作若干曲线,并使之沿任意给定的通过力的中心的轴旋转,画出若干曲面;做此类运动的物体其中心总是在这些表面上。如果这些物体通过斜向上升和下降而来回摆动,则它们的运动在通过转动轴的诸平面上进行,因而也在通过转动形成曲面的诸曲线上进行。所以,对于这些情形,只要考虑各曲线中的运动就足够了。

命题 48　定理 16

如果一只轮子直立于一只球的外表面，并绕其轴沿球上大圆滚动，则轮子边缘任意一点自其与球接触时起所掠过的曲线路径（该曲线路径可称为摆线或外摆线）的长度，与自该接触时刻起所通过的球的弧的一半的正矢的二倍的比，等于球与轮直径之和比球的半径。

命题 49　定理 17

如果轮子直立于球的内表面，并绕其轴沿球上大圆滚动，则轮子边缘上任意一点自其与球接触后所掠过的曲线路径的长度，与自接触后整个时间里所通过的球的弧的一半的正矢的二倍的比，等于球与轮直径的差比球的半径。

令 ABL 为球，C 是其中心，BPV 是立于球上的轮子，E 是轮子中心，B 是接触点，P 是轮边缘上任意一点。设该轮沿大圆 ABL 由 A 经过 B 向 L 滚动，滚动方式总是使弧 AB，PB 相等，同时轮边缘上给定点 P 画出曲线路径 AP。令 AP 为自轮子在 A 与球接触后画出的全部曲线路径，则该曲线路径的长度 AP 比弧$\frac{1}{2}$PB 的正矢的二倍等于 2CE 比 CB。因为令直线 CE（必要时延长）与轮相交于 V，连接 CP，BP，EP，VP；延长 CP，并在其上作垂线 VF。令 PH，VH 相交于 H，与轮相切于 P 和 V，并使 PH 在 G 分割 VF，在 VP 上作垂线 GI，HK。由中心 C 以任意半径作圆 *nom*，与直线 CP 相交于 *n*，轮子边缘 BP 相交于 O，曲线路径 AP 相交于 *m*；由中心 V 以 V*o* 为半径作圆与 VP 延长线交于 *q*。

因为滚动中总是关于接触点 B 转动，则直线 BP 垂直于轮上点 P 所画出的曲线 AP，所以直线 VP 与此曲线相切于 P。令圆 *nom* 的半径逐渐增加或减小，使得它最终与距离 CP 相等；由于趋于零的图形 P*nomq* 与图形 PFGVI 相似，趋于零的短线段 P*m*，P*n*，P*o*，P*q* 的最后比，即曲线 AP，直线 CP，圆弧 BP 和直线 VP 暂时增量的比，将分别与

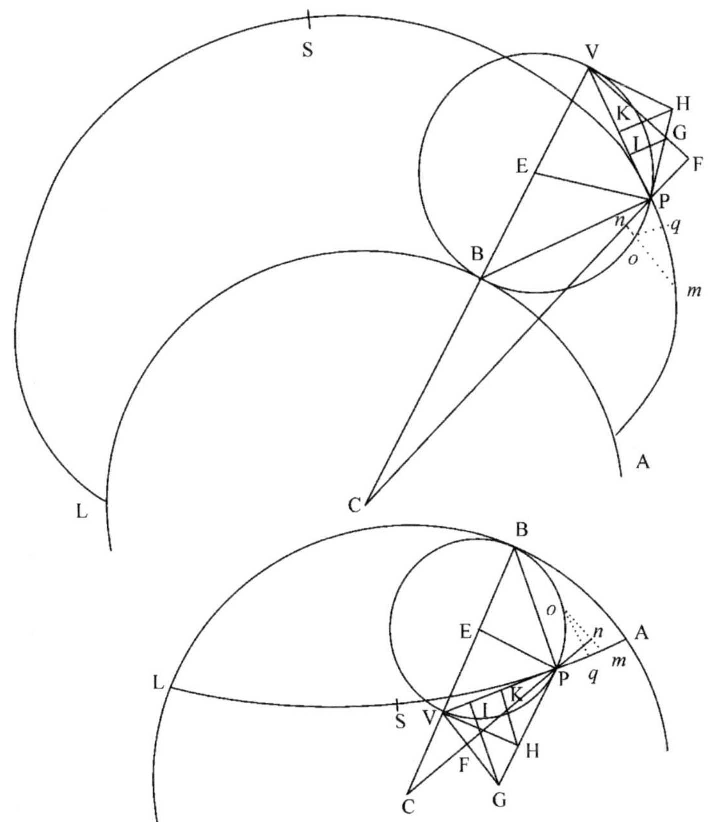

直线 PV,PF,PG,PI 的增量相等。但由于 VF 垂直于 CF,VH 垂直于 CV,所以角 HVG,VCF 相等;角 VHG(因为四边形 HVEP 在 V 与 P 的角是直角)等于角 CEP,三角形 VHG 与 CEP 相似,因而有

$$EP : CE = HG : HV \text{ 或 } HP = KI : PK,$$

由加法或减法,

$$CB : CE = PI : PK,$$

以及
$$CB : 2CE = PI : PV = Pq : Pm。$$

所以直线 VP 的增量,即直线 BV－VP 的增量,比曲线 AP 的增量,等于给定比值 CB 比 2CE,所以(由引理 4 推论)由这些增量所产生的长度 BV－VP 与 AP 也比值相同。但如果 BV 是半径，VP 是角 BVP 或 $\frac{1}{2}$BEP 的余弦，因而 BV－VP 是同一个角的正矢，则在该半径为$\frac{1}{2}$BV 的轮子上，BV－VP 等于弧$\frac{1}{2}$BP 的正矢的二倍。所以 AP 比弧$\frac{1}{2}$BP 的正矢的二倍等于 2CE 比 CB。

证毕。

为便于区分，我们把前一个命题中的曲线 AP 称为球外摆线，而后一命题中的另一个曲线称为球内摆线。

推论Ⅰ. 如果画出整条摆线 ASL，并在 S 处二等分，则 PS 部分的长度比长度 PV(当 EB 是半径时，它是角 VBP 正弦的二倍)等于 2CE 比 CB，因而比值是给定的。

推论Ⅱ. 摆线 AS 半径的长度与轮子 BV 直径的比等于 2CE 比 CB。

命题 50　问题 33

使摆动物体沿给定摆线摆动。

在以 C 为中心的球 QVS 内作摆线 QRS，并在 R 加以二等分，与球表面在两边的极点 Q 和 S 相交。作 CR 在 O 等分弧 QS，并延长到 A，使得 CA 比 CO 等于 CO 比 CR。关于中心 C 以 CA 为半径作外圆 DAF，并在此圆内由半径为 AO 的轮画两个半摆线 AQ，AS 与内圆相切于 Q 和 S，与外圆相交于 A。由点 A 置一长度等于直线 AR 的细线，把物体 T 系于其上并使之这样在两个半摆线 AQ，AS 之间摆动：每当摆离开垂线 AR 时，细线 AP 的上部与它所摆向的半摆线 APS 压合，像固体那样紧贴在该曲线上，而同一根细线上未接触半摆线的其余部分 PT 仍保持直线状态。则重物 T 沿给定摆线 QRS 摆动。

完毕。

因为，令细线 PT 与摆线 QRS 相交于 T，与圆 QOS 相交于 V，作 CV；由极点 P 和 T 向细线的直线部分作垂线 BP，TW，与直线 CV 相

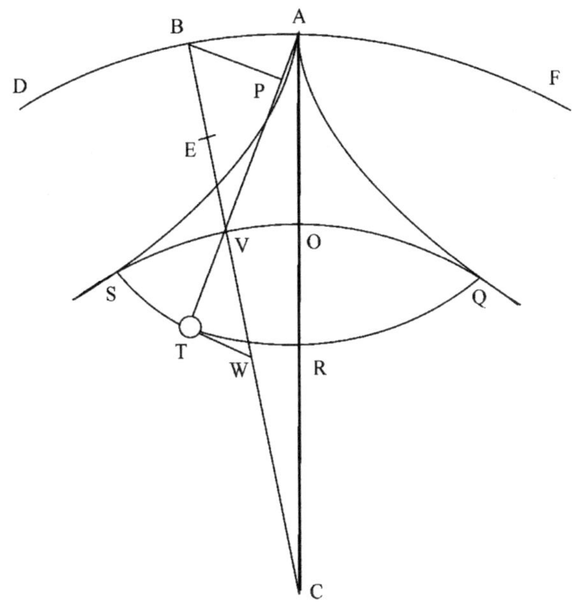

交于 B 和 W。显然，由相似图形 AS，SR 的作图和产生知，垂线 PB，TW 从 CV 上截下的长度 VB，VW，等于轮子直径 OA，OR。所以 TP 比 VP（当$\frac{1}{2}$BV 是半径时，它是角 VBP 正弦的二倍）等于 BW 比 BV，或 AO+OR 比 AO，即（由于 CA 与 CO，CO 与 CR，以及由除法 AO 与 OR 均成正比）等于 CA+CO 比 CA，或者，如果在 E 二等分 BV，等于 2CE 比 CB，所以（由命题 49 推论 Ⅰ），细线 PT 的直线部分总是等于摆线 PS 弧长，而整个细线 APT 总是等于摆线 APS 的一半，即（由命题 49 推论 Ⅱ），等于长度 AR，反之，如果细线总是等于长度 AR，则点 T 总是沿摆线 QRS 运动。

证毕。

推论. 细线 AR 等于半摆线 AS，所以它与外球半径 AC 的比，等于相同的半摆线 SR 比内球半径 CO。

命题 51　定理 18

如果球面各处的向心力都指向球心 C，且在所有处所都正比于到球心的距离；当单独受该力作用的物体 T 沿摆线 QRS 摆动（按上述方法）时，所有的摆动，不管它们多么不同，其摆动时间都相等。

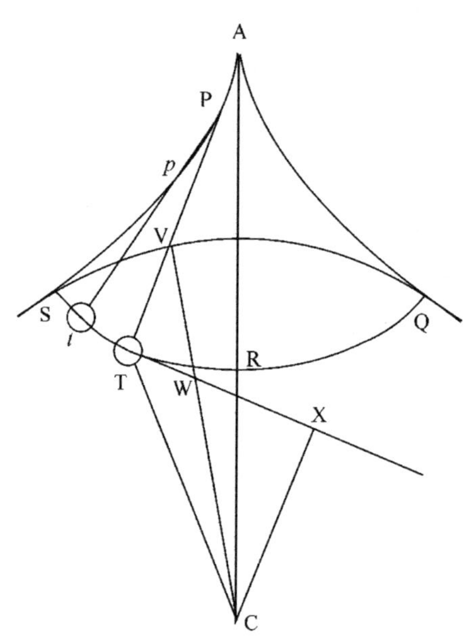

在切线 TW 的延长线上作垂线 CX，连接 CT。因为迫使物 T 倾向 C 的向心力正比于距离 CT，将该力（按运动定律推论Ⅱ）分解为两部分 CX，TX，其中 CX 把物体从 P 拉开，使细线 PT 张紧，而细线的阻力使之完全抵消，不产生其他作用；而另一个力 TX 是横向拉力，或把物体拉向 X，使之沿摆线的运动加速。所以容易理解，正比于该加速力的物体的加速度，在每一时刻都正比于长度 TX，即（因为 CV 与 WV，TX 与 TW 成正比，而且都是给定的）正比于长度 TW，也即（由命题 39 推论Ⅰ）正比于摆线 TR 的弧长。所以，如果两个摆 APT，A*pt* 到垂线 AR 的距离不相等，令它们同时下落，则它们的加速度总是正比于所掠过的弧 TR，*t*R。但运动开始时所掠过的部分正比于加速度，即正比于运动开始时将要掠过的全部距离，因而将要掠过的余下部分，以及其后的加速度，也正比于这些部分，也正比于全部距离，等等。所以，加速度，以及由此产生的速度，以及这些速度所掠过的部分，以及将要掠过的部分，都总是正比于全部余下的距离；所以，未掠过的部分相互间维持一个给定比值，将一同消失，即两个摆动物体将在同时到达垂线 AR,另一方面,由于摆在最低处所 R 沿摆线减速上升,在所经过各处又受到它们下落时相同的加速力的阻碍,因而容易理解它们在上升或下落经过相同弧长时的速度相等,因而需用时间相等;所以,由于摆线置于垂线两侧的部分 RS 和 RQ 相似且相等,两个摆在相同时间里完成其摆动的全部或一半。

证毕。

推论. 在摆线上 T 处使物体 T 加速或减速的力,与同一物体在最高处所 S 或 Q 的全部重量的比,等于摆线 TR 的弧长比弧 SR 或 QR。

命题 52 问题 34

求摆在各处所的速度,以及完成全部与部分摆动的时间。

关于任意中心 G,以等于摆线 RS 的弧长为半径画半圆 HKM,并为半径 GK 所等分。如果向心力正比于处所到中心的距离指向中心 G,且在圆 HIK 上的力等于在球 QOS 表面上指向其中心的向心力,在摆 T 由最高处所 S 下落的同时,一个物体,比如 L,从 H 向 G 下落;则由于作用于二物体上的力在开始时相等,且总是正比于将要掠过的空间 TR,LG,所以,如果 TR 与 LG 相等,则在处所 T 和 L 也相等,因而易于理解这些物体在开始时掠过相等的空间 ST,HL,以后仍在相等的力作用下继续掠过相等的空间。所以,由命题 38,物体掠过弧 ST 的时间比一次摆动的时间,等于物体 H 到达 L 所用时间弧 HI,比物体 H 将到达 M 所用时间半圆 HKM。而摆锤在处所 T 的速度比其在最低处的 R 的速度,即物体 H 在处所 L 的速度比其在处所 G 的速度,或者,线段 HL 的瞬时增量比线段 HG(弧 HI,HK 以均匀速度增加)的瞬时增量,等于纵坐标 LI 比半径 GK,或等于$\sqrt{(SR^2-TR^2)}$比 SR。所以,由于在不相等的摆动中相同时间里掠过的弧长正比于整个摆动弧长,则

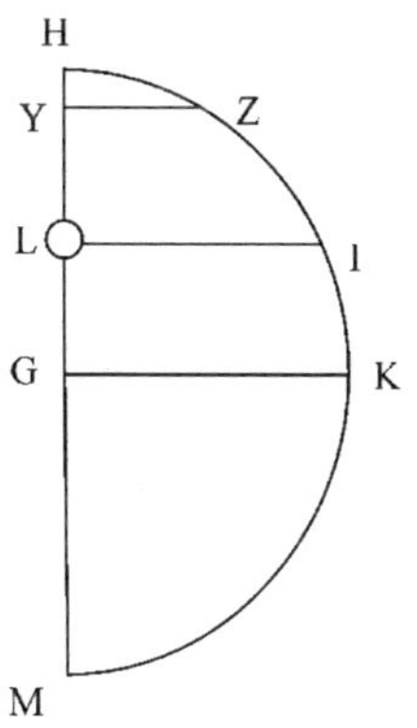

由给定时间,一般可以得到所有振动的速度和所掠过的弧长。这是求解问题的第一步。

现在令任意摆锤沿由不同的球内画出的不同摆线摆动,它们受到的绝对力也不同;如果任意球 QOS 的绝对力为 V,则推动球面上摆锤的加速力,在摆锤直接向球心运动时,将正比于摆锤到球心的距离与球的绝对力的乘积,即正比于 CO · V。所以,正比于该加速力 CO · V 的短线段 HY 可以在给定时间内画出;而如果作垂线 YZ 与球面相交于 Z,则新生弧长 HZ 可表示该给定时间。但该新生弧长 HZ 正比于乘积 GH · HY 的平方根,因而正比于$\sqrt{(GH \cdot CO \cdot V)}$而变化。因而沿摆线 QRS 的一次全摆动的时间(它正比于半圆 HKM,后者直接表示一次全摆动;反比于以类似方式表示给定时间的弧长 HZ)将正比于 GH 而反比于$\sqrt{(GH \cdot CO \cdot V)}$;即,因为 GH 与 SR 相等,正比于$\sqrt{\frac{SR}{CO \cdot V}}$,或(由命题 50 推论),正比于$\sqrt{\frac{AR}{AC \cdot V}}$。所以,沿所有球或摆线的摆动、在某种绝对力驱使下,其变化正比于细线长度的平方根,反比于摆锤悬挂点到球心的距离的平方根,还反比于球的绝对力的平方根。

完毕。

推论Ⅰ. 因此可以将物体的摆动、下落和环绕时间作相互比较。

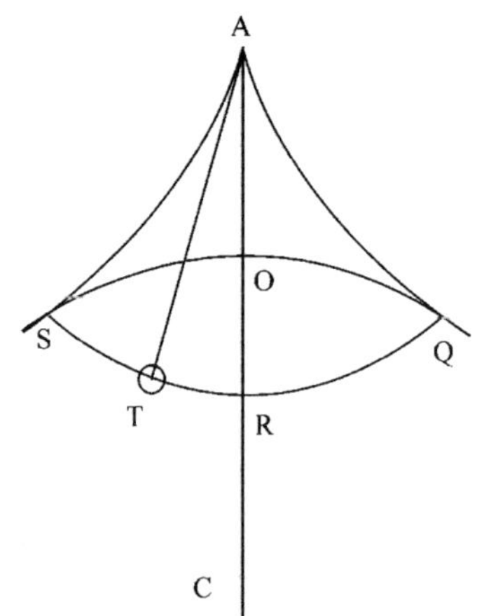

因为,如果在球内画出摆线的轮子的直径等于球的半径,则摆线成为通过球心的直线,而摆动变为沿该直线的上下往返。因而可求出物体由任一处所下落到球心的时间,以及物体在任意距离上绕球心匀速环绕四分之一周所用的时间。因为该时间(由情形 2)比在任意摆线 QRS 上的半振动时间等于 $1 : \sqrt{\frac{AR}{AC}}$。

推论Ⅱ.由此还可以推出克里斯托弗·雷恩爵士和惠更斯先生关于普通摆线的发现。因为如果球的直径无限增大,其球面将变成平面,向心力沿垂直于该平面的方向均匀作用,而我们的摆线则变得与普通摆线相同。但在此情形中介于该平面与画出摆线的点之间的摆线弧长等于介于相同平面和点之间的轮子的半弧长正矢的四倍,与克里斯托弗·雷恩爵士的发现相同。而介于这样的两条摆线之间的摆将在相等时间里沿一条相似且相等的摆线摆动,一如惠更斯先生所证明的。重物体的下落时间与一次振动时间相同,这也是惠更斯先已证明的。

这里证明的几个命题,适用于地球的真实构造。如果使轮子沿地球大圆滚动,则轮边的钉子的运动将画出一条球外摆线;在地下矿井或深洞中的摆将画出球内摆线,这些振动都可以相同时间进行。因为重力(第三编将要讨论)随其离开地球表面而减弱;在地表之上正比于到地球中心距离的平方根,在地表之下正比于该距离。

命题 53　问题 35

已知曲线图形的面积,求使物体沿给定曲线作等时摆动的力。

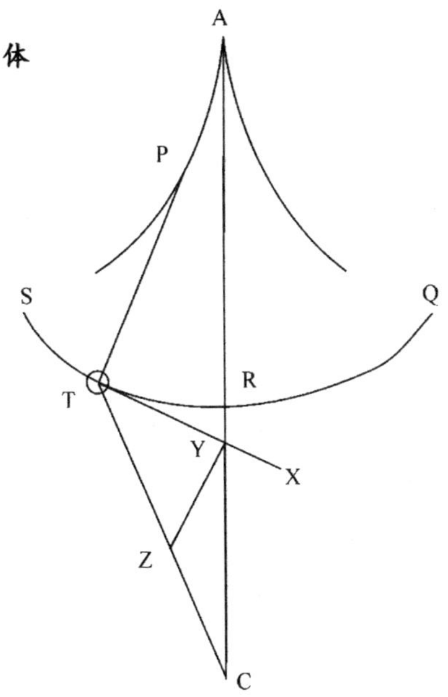

令物体 T 沿任意给定曲线 STRQ 摆动,曲线的轴 AR 通过力的中心 C。作 TX 与曲线相切于物体 T 的任意处所,并在该切线 TX 上取 TY 等于弧长 TR。该弧长可用普通方法由图形面积求得。由点 Y 作直线 YZ 垂直于切线,作 CT 与 YZ 相交于 Z,则向心力将正比于直线 TZ。

完毕。

因为,如果把物体由 T 吸引

向 C 的力以正比于它的直线 TZ 来表示，则该力可以分解为两个力 TY，YZ，其中 YZ 沿细绳 PT 的长度方向拉住物体，对其运动变化完全没有作用，而另一个力 TY 直接沿曲线 STRQ 方向对物体的运动加速或减速。所以，由于该力正比于将要掠过的空间 TR，掠过二次摆动的两个成正比部分（一个较大，一个较小）的物体的加速或减速，将总是正比于这些部分，因而同时掠过这些部分。而在相同时间内连接掠过正比于整个摆程的部分的物体，将在相同时间内掠过整个摆程。

证毕。

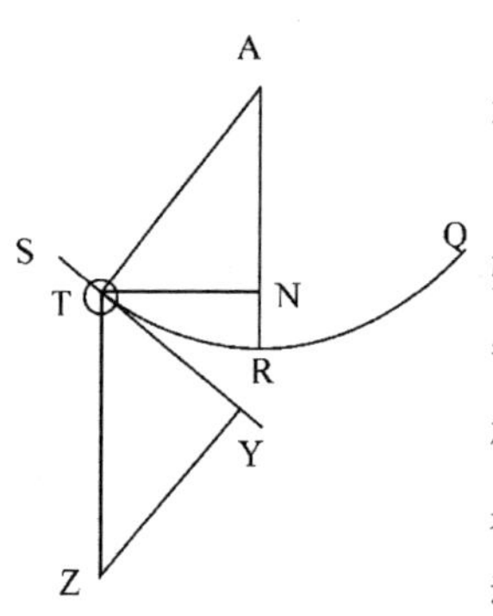

推论Ⅰ. 如果物体 T 由直细绳 AT 悬挂在中心 A，掠过圆弧 STRQ，同时受平行向下的任意力的作用，该力与均匀重力的比等于弧 TR 比其正弦 TN，则各种摆动的时间相等。因为，TZ，AR 相等，三角形 ATN，ZTY 相似，所以 TZ 比 AT 等于 TY 比 TN；即，如果均匀的重力由给定长度 AT 表示，则使摆动等时的力 TZ 比重力 AT 等于与 TY 相等的弧长 TR 比该弧的正弧 TN。

推论Ⅱ. 在时钟里，如果通过某种机械把力加在维持运动的摆上，并将它与重力这样复合，使得指向下的合力总是正比于一条直线，该直线等于弧 TR 与半径 AR 的乘积除以正弦 TN，则整个摆动具有等时性。

命题 54　问题 36

已知曲线图形的面积，求物体沿着位于经过力的中心的平面上的曲线在任意向心力作用下上升或下降的时间。

令物体由任意处所 S 下落，沿着经过力的中心 C 的平面上的给定曲线 STtR 运动。连接 CS，并把它分为无数相等部分，令 Dd 为其中之一。以 C 为中心，以 CD，Cd 为半径作圆 DT，dt 与曲线 STtR 相交于 T 和 t。由于向心力的规律已给定，物体开始下落的高 CS 也已给定，则物体在任意其他高度 CT 的速度可以求出（由命题 39）。而物体掠过短线段 Tt 的时间正比于该线段，即正比于角 tTC 的正割而反比于速度。令正比于该时间的纵坐标 DN 在点 D 垂直于直线 CS，由于 Dd 已给定，则乘积 Dd · DN，即面积 DNnd，将正比于同一时间。所以，如果 PNn 是点 N 连接接触的曲线，其渐近线 SQ 与直线 CS 垂直，则面积 SQPND 将正比于物下落经过曲线 ST 所用的时间；所以求出该面积也就求出了时间。

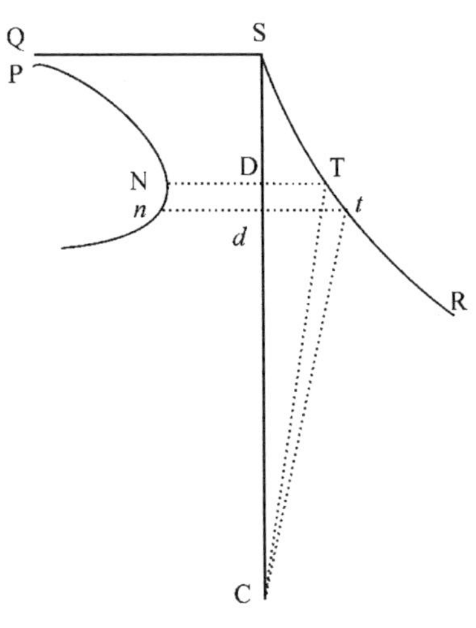

完毕。

命题 55 定理 19

如果物体沿任意曲线表面运动，该表面的轴通过力的中心，由物体作轴的垂线；并由轴上任意给定点作与之相等的平行线：则该平行线围成的面积正比于时间。

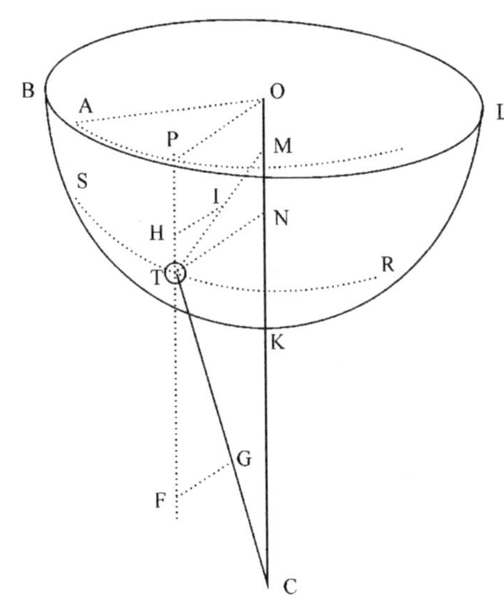

令 BKL 为曲线表面，T 是在其上运动的物体，STR 是物体在同一表面上掠过的曲线，S 是曲线的起点，OMK 是曲线表面的轴，TN 是由物体作向轴的垂线；OP 是由轴上给定点 O 做出的与之相等的平行线；

AP是旋转线OP所在平面AOP上一点P掠过的路径；A是该路径对应于点S的起点；TC是由物体作向中心的直线；TG是其上与使物体倾向于中心C的力成正比的部分；TM是垂直于曲面的直线，TI是其上正比于物体压迫表面的力的部分，该力又受到表面上指向M的力的反抗；PTF是平行轴且通过物体的直线，而GF，IF是由点G，I向它所作的垂线且平行于PHTF。则由半径OP作运动开始后掠过的面积AOP，正比于时间。因为，力TG(由运动定律推论Ⅱ)分解为两个力TF，FG；而力TI分解为力TH，HI；但力TF，TH作用在与平面AOP相垂直的直线PF方向上，对垂直于该平面方向以外的运动变化无影响。所以，物体的运动，就其在平面位置相同方向上而言，即画出曲线在平面上投影AP的点P的运动，如同力TF，TH不存在一样，而物体的运动只受力FG，HI的作用；即与物体在平面AOP上受指向中心O的向心力作用画出曲线AP一样，该力等于力FG与HI的和。而受该力作用所掠过的面积AOP(由命题1)正比于时间。

证毕。

推论. 由相同理由，如果物体受指向两个或更多位于同一条直线上CO上的中心的若干力的作用，并在自由空间中掠过任意曲线ST，相应的面积AOP总是正比于时间。

命题56 问题37

已知曲线图形面积，以及指向一给定中心的向心力的规律，和其轴通过该中心的曲面，求物体在该曲面上以给定速度沿曲面上的给定方向离开给定点所画出的曲线。

保留上述图形，令物体T离开给定处所S，沿位置已定的直线方向，进入要求的曲线STR，其在平面BDO上的正交投影是AP。由物体在高度SC的速度，可以求出它在任意高度TC的速度。从该速度令物体在给定时刻掠过其轨迹的一小段Tt，它在平面AOP上的投影是Pp。连接Op，并在曲面上关于中心T以Tt为半径作一个小圆，

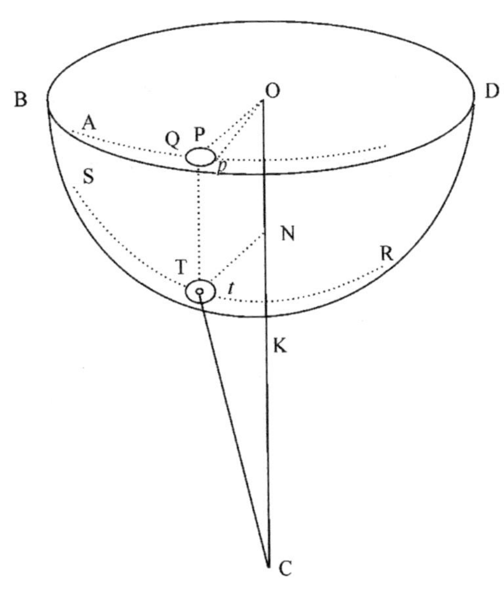

该圆在平面 AOP 上的投影是椭圆 pQ。因为该小圆 Tt 的大小，以及它到轴 CO 的距离 TN 或 PO 已给定，椭圆 pQ 的形状、大小以及它到直线 PO 的距离也就给定。由于面积 POp 正比于时间，而时间已给定，因而角 POp 也给定。所以椭圆与直线 Op 的公共交点，以及曲线投影 APp 与直线 OP 的夹角 OPp 都可以求出。而由此(比较命题 41 与其推论Ⅱ)即易于看出确定曲线 APp 的方法。然后由若干投影点 P 向平面 AOP 作垂直线 PT 与曲面相交于 T，即可得到曲面上各点 T。

完毕。

第11章
受向心力作用物体的相互吸引运动

至此为止本书论述的都是物体被吸引向不动中心的运动；虽然自然界中很可能不存在这种情况。因为吸引是针对物体的，而根据第三定律，被吸引与吸引物体的作用是相反且相等的；这使得两个物体，无论是被吸引者或是吸引者，都不是真正的静止，而两者(由运动定律推论Ⅳ)是相互吸引，绕公共重心旋转。如果有更多物体，不论是它们是受到一个物体的吸引，它们也吸引它，或是它们之间相互吸引，这些物体都将这样运动，使得它们的公共重心或是静止，或是沿直线做匀速运动。所以我现在来讨论相互吸引物体的运动，把向心力看作是吸引作用，虽然从物理学严格性上说它们也许应更准确地称为推斥作用。但这些命题只被看做是纯数学的，所以，我把物理考虑置于一边，用所熟悉的表达方式，使我所要说的更易于为数学读者理解。

命题57　定理20

两个相互吸引的物体，围绕它们的公共重心，也相互围绕对方，描出相似图形。

因为物体到它们公共重心的距离与物体成反比；因而相互间有给定比值；比值的大小与物体间的全部距离也呈固定比值。这些距离随着物体绕其公共端点以均匀角速度运动，因为位于同一条直线上，它们不会改变相互间的倾向。但相互间有给定比例的直线，也随物体绕其端点在平面上作均匀角速度运动，这平面或是相对于它们静止，或是作没有角运动的移动，而直线关于这些端点所画出的图形完全相似。所以，这些距离旋转画出的图形都是相似的。

证毕。

命题 58 定理 21

如果两个物体以某种力相互吸引，且绕公共重心旋转：则在相同力作用下，绕其中一个被固定物体旋转所得到的图形，相似且相等于这种相互环绕运动做出的图形。

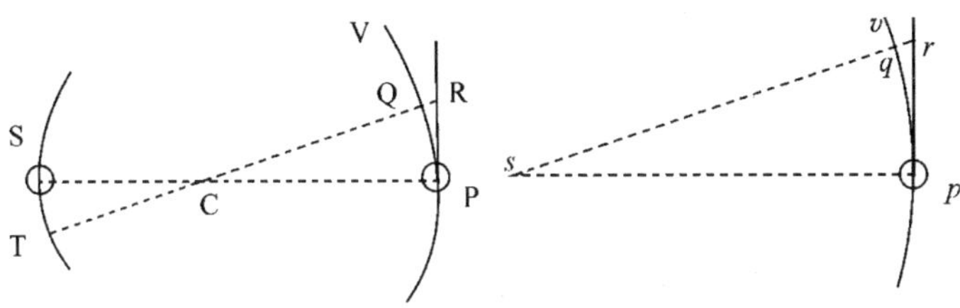

令物体 S 和 P 关于它们的公共重心 C 旋转，方向是由 S 向 T 以及由 P 向 Q。由给定点 s 连续作 sp，sq 等于且平行于 SP，TQ；则点 p 绕固定点 s 旋转所作曲线 pqv，将相似于且相等于物体 S 和 P 相互环绕所作的图形；因此，由定理 20，也相似于相同物体关于它们的公共引力中心 C 旋转所得的曲线 ST 和 PQV；而且这也可以由线段 SC，CP 与 SP 或相互间给定比例推知。

情形 1. 公共重心 C（由运动定律推论Ⅳ）或是静止，或是匀速直线运动。首先设它静止，两物体位于 s 和 p，在 s 处的不动，在 p 处的另一个运动，与物体 S 和 P 的情况相似。作直线 PR 和 pr 与曲线 PQ 和 pq 相交于 P 和 p，并延长 CQ 和 sq 到 R 和 r。因为图形 CPRQ，$sprq$ 相似，RQ 比 rq 等于 CP 比 sp，所以有给定比值。所以如果把物体 p 吸引向物体 S，因而也吸引向其间的引力中心 C 的力比把物体 p 吸引向中心 s 的力取相同比值，则这些力在相同时间里通过正比于该力的间隔 RQ，rq 把物体由切线 PR，pr 吸引向弧 PQ，pq；所以后一种力（指向 s）使物体 p 沿曲线 pqv 旋转，它与第一个力推动物体 P 旋转所沿的曲线 PQV 相似；它们的环绕在相同时间内完成。但由于这些力相互比值不等于 CP 与 sp 的比值，而是（因为物体 S 与 s，P 与 p，以及距离 SP 与 sp 的相等性）相等，物体在相同时间内由切线所作的曲线也相等;所以物体 p 通过更大的间隔 rq 被吸引,需要正比于该间隔平方根的更长的时间;因为,由引理 10,运动开始时掠过的距离正比于时间的平方。然后,设物体 p 的速度比物体 P 的速度等于距离 sp 与距离 CP 比值的平方根,使得相互间有简单比值的弧 pq,PQ 可以在正比于距离平方根的时间画出;而物体 P,p 总是受到相同的力吸引,将绕固定中心 C 和 s 画出相似图形 PQV,pqv,其中后一图形 pqv 相似且相等于物体 P 绕运动物体 S 旋转所画出的图形。

证毕。

情形 2. 设公共重心,以及物体在其间相互运动的空间,沿直线匀速运动;则(由运动定律推论Ⅵ)在此空间中所有运动都与前一情形相同,所以物体相互间运动所画出的图形也相似且相等于图形 pqv,如前所述。

证毕。

推论Ⅰ. 所以两个以正比于其距离的力相互吸引的物体,(由命题 10)都绕其公共重心,以及相互绕对方,画出共心的椭圆;反之,如果画出这样的图形,则力正比于距离。

推论Ⅱ. 两个物体,其力反比于距离的平方,(由命题 11,12,13)都环绕其公共重心,以及相互环绕对方,画出圆锥曲线,其焦点在图形环绕的中心。反之,如果画出这样的图形,则向心力反比于距离的平方。

推论Ⅲ. 绕公共重心旋转的两个物体,其伸向该中心或对方的半径所掠过的面积正比于时间。

命题 59　定理 22

两个物体 S 和 P 绕其公共重心 C 运动的周期,比其中一个物体 P 绕另一个保持固定的物体 S,并做出相似且相等于二物体相互环绕所作图形的运动的周期,等于 $\sqrt{S}$ 比 $\sqrt{S+P}$。

因为,由前一命题的证明,画出任意相似弧 PQ 和 pq 的时间的比等于 $\sqrt{CP}$ 比 $\sqrt{SP}$ 或 $\sqrt{sp}$,即等于 $\sqrt{S}$ 比 $\sqrt{S+P}$。将该比值叠加,画出整个相似弧 PQ 和 pq 的时间的和，即画出整个图形的总时间，等于同一比值，$\sqrt{S}$ 比 $\sqrt{S+P}$。

证毕。

命题 60 定理 23

如果两个物体 P 和 S，以反比于它们的距离平方的力相互吸引，绕它们的公共重心旋转：则其中一个物体，如 P，绕另一个物体 S 旋转所画出的椭圆的主轴，与同一个物体 P 以相同周期环绕固定了的另一个物体 S 运动所画成的椭圆的主轴，二者之比等于两个物体的和 S+P 比该和与另一个物体 S 之间的两个比例中项中前一项。[24]

因为，如果画出椭圆是相等的，则由前一定理知，它们的周期的时间正比于物体 S 与物体的和 S+P 的比的平方根。令后一椭圆的周期时间按相同比例减小，则周期相等；但由命题 15，该椭圆的主轴将按前一比值的 $\frac{3}{2}$ 次幂减小；即，它的立方等于 S 比 S+P，因而它的轴比另一椭圆的轴等于 S+P 与 S 比 S+P 之间的两个比例中项中的前一个之间的比。反之，绕运动物体画出的椭圆的主轴比绕不动物体画出的椭圆主轴等于 S+P 比 S+P 与 S 之间的两个比例中项中的前一项。

证毕。

命题 61 定理 24

如果两个物体以任意种类的力相互吸引，不受其他干扰或阻碍，以任意方式运动，则它们的运动等同于它们并不相互吸引，而都受到位于它们的公共重心的第三个物体的相同的力的吸引；而且该吸引力的规律，就物体到公共重心的距离，以及两物体之间的距离而言，是相同的。

因为使物体相互吸引的力，在指向物体的同时，也指向位于物体之间连线上的公共引力中心；所以与从其间的物体上所发出的力相同。

证毕。

又，因为其中一个物体到公共中心的距离与两物体间距离的比值已给定，当然也就可以求出一个距离的任意次幂与另一种距离的同次幂的比值；还可以求出一个距离以任意方式与给定量组合而任意导出的新量，与另一个距离以相同方式与数量相同且与该距离和第一个距离有相同比值的量所复合而成的另一个新的量的比值。所以，如果一个物体受另一个物体的吸引力正比或反比于两物体间的相互距离，或正比于该距离的任意次幂；或者，正比于该距离以任意方式与给定量所复合而成的量；则使同一个物体为公共引力中心所吸引的相同的力，也以相同方式正比或反比于被吸引物体到公共引力中心的距离，或正比于该距离的任意次幂；或者，最后，正比于以相同方式由该距离与类似的已知量的复合量。即，吸引力的规律对这两种距离而言是相同的。

证毕。

命题 62　问题 38

求相互间吸引力反比于距离平方的两个物体自给定处所下落的运动。

由上述定理，物体的运动方式与它们受到置于公共重心的第三个物体吸引相同；由命题假设该中心在运动开始时是固定的，所以，（由运动定律推论Ⅳ）它总是固定的。所以物体的运动（由问题 25）可以由与它们受指向该中心的力推动的相同方式求出；由此即得到相互吸引物体的运动。

完毕。

命题 63　问题 39

求两个以反比于其距离的平方的力相互吸引的物体自给定处所

以给定速度沿给定方向的运动。

开始时物体的运动已给定，因而可以求出公共重心的均匀运动，以及随该中心沿直线做匀速运动的空间的运动，以及最初，或开始时物体相对于该空间的运动。（由运动定律推论Ⅴ和前一定理）物体随后在该空间中的运动，其方式与该空间和公共重心保持静止，以及二物体间没有吸引力，而受位于公共重心的第三个物体的吸引相同。所以在此运动空间中，每个离开给定处所，以给定速度沿给定方向运动，且受到指向该中心的向心力作用的物体的运动，可以由问题 9 和问题 26 求出，同时还可以求出另一个物体绕同一中心的运动。将此运动与该空间以及在其中环绕的物体的整个系统的匀速直线运动合成，即得到物体在不动空间中的绝对运动。

完毕。

命题 64 问题 40

设物体相互间吸引力随其到中心距离的简单比值而增加，求各物体相互间的运动。

设前两个物体 T 和 L 的公共重心是 D。则由定理 21 推论Ⅰ知，它们画出以 D 为重心的椭圆，由问题 5 可以求出椭圆的大小。

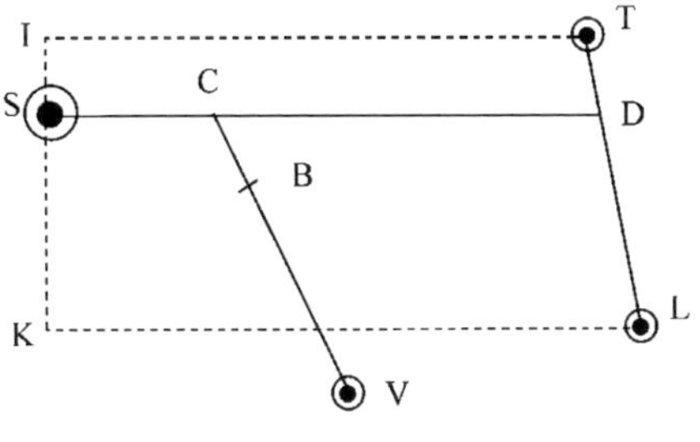

设第三个物体 S 以加速力 ST，SL 吸引前两个物体 T 和 L，它也受到它们的吸引。力 ST（由运动定律推论Ⅱ）可以分解为力 SD，DT；而力 SL 可分解为力 SD 和 DL。力 DT，DL 的合力是 TL，它正比于使二物体相互吸引的加速力，将该力加在物体 T 和 L 的力上，前者加于前者，后者加于后者，得到的合力仍与先前一样正比于距离 DT 和 DL，只是比先前的力大；所以（由命题 10 推论Ⅰ，命题 4 推论Ⅰ和Ⅷ）它与先前的力一样使物体画出椭圆，但运动得更快。余下的加速力 SD 和 DL，通过其运动力 SD・T 和 SD・L，沿平行于 DS 的直线 TI 和 LK 同样吸引物体，完全不改变物体相互间的位置，只能使它们同等地趋近直线 IK，该直线通过物体 S 的中心，且垂直于直线 DS。但这种向直线 IK 的趋近受到阻止，物体 T 和 L 在一边，而物体 S 在另一边组成的系统以适当速度绕公共重心 C 旋转。在这种运动中，由于运动力 SD・T 与 SD・L 的和正比于距离 CS，物体 S 倾向于重心 C，并关于该中心画出椭圆；而由于 CS 与 CD 成正比，点 D 画出与对应的类似椭圆。受到运动 SD・T 和 SD・L 吸引力的物体 T 和 L，如前面所说，前者对应前者，后者对应后者，同等地沿平行直线 TI 和 LK 的方向，（由运动定律推论Ⅴ和Ⅵ）绕运动点 D 画出各自的椭圆。

完毕。

如果再加上第四个物体 V，由同样的理由可以证明，该物体与点 C 关于围绕公共重心 B 画出椭圆；而物体 T，L 和 S 绕重心 D 和 C 的运动不变，只是速度加快了。运用相同方法还可以随意加上更多的物体。

完毕。

即使物体 T 和 L 相互吸引的加速力大于或小于它们按距离比例吸引其他物体的加速力，上述情形仍成立。令所有加速吸引力相互间的比等于吸引物体距离的比，则由以前的定理容易推知，所有物体都在一个不动平面上以相同周期关于它们的公共重心 B 画出不同的椭圆。

完毕。

命题 65　定理 25

力随其到中心距离的平方而减小的物体，相互间沿椭圆运动；而由焦点引出的半径掠过的面积极近似于与时间成正比。

在前一命题中我们已证明了沿椭圆精确进行的运动情形。力的规律与该情形的规律相距越远，物体运动间的相互干扰越大；除非相互距离保持某种比例，否则按该命题所假设的规律相互吸引的物体不可能严格沿椭圆运动。不过，在下述诸情形中轨道与椭圆差别不大。

情形 1. 设若干小物体围绕某个很大的物体在距它不同距离上运动，且指向每个物体的力正比于其距离。因为(由运动定律推论Ⅳ)它们全体的公共重心或是静止，或是匀速运动。设小物体如此之小，以至于根本不能测出大物体到该重心的距离；因而大物体以无法感知的误差处静止或匀速运动状态中；而小物体绕大物体沿椭圆运动，其半径掠过的面积正比于时间(如果我们排除由大物体到公共重心间距所引入的误差，或由小物体相互间作用所引入的误差的话)。可以使小物体如此缩小，使该间距和物体间的相互作用小于任意给定值；因而其轨道成为椭圆，对应于时间的面积没有不小于任意给定值的误差。

证毕。

情形 2. 设一个系统，其中若干小物体按上述情形绕一个极大物体运动，或设另一个相互环绕的二体系统，做匀速直线运动，同时受到另一个距离很远的极大物体的推动而偏向一侧。因为沿平行方向推动物体的加速不改变物体相互间的位置，只是在各部分维持其间的相互运动的同时，推动整个系统改变其位置，所以相互吸引物体之间的运动不会因该极大物体的吸引而有所改变，除非加速吸引力不均匀，或相互间沿吸引方向的平行线发生倾斜。所以，设所有指向该极大物体的加速吸引力反比于它和被吸引物体间距离的平方，通过增大极大物体的距离，直到由它到其他物体所作的直线长度之间的差，以及这些直线相互间的倾斜都可以小于任意给定值，则系统内各部分的运动将以不大于任意给定值的误差继续进行。因为，由于各部分间距离很小，整个被吸引的系统如同一个物体，它像一个物体一样因而受到吸引而运动；即，它的重心将关于该极大物体画出一条圆锥曲线(即如果该吸引较弱画出抛物线或双曲线，如果吸引较强则画出椭圆)；而且由极大物体指向该系统的半径将正比于时间掠过面积。由前面假设知，各部分间距离所引起的误差很小，并可以任意缩小。

证毕。

由类似的方法可以推广到更复杂的情形,直至无限。

推论Ⅰ.在情形 2 中,极大物体与二体或多体系统越是趋近,则该系统内各部分相互间运动的摄动越大;因为由该极大物体作向各部分的直线相互间倾斜变大;而且这些直线比例不等性也变大。

推论Ⅱ.在各种摄动中,如果设系统所有各部分指向极大物体的加速吸引力相互之间的比不等于它们到该极大物体的距离的平方的反比,则摄动最大;尤其当这种比例不等性大于各部分到极大物体距离的不等性时更是如此。因为,如果沿平行线方向同等作用的加速力并不引起系统内部分运动的摄动,而当它不能同等作用时,当然必定要在某处引起摄动,其大小随不等性的大小而变化。作用于某些物体上较大推斥力的剩余部分并不作用于其他物体,必定会使物体间的相互位置发生改变。而这种摄动叠加到由于物体间连线的不等性和倾斜而产生摄动上,将使整个摄动更大。

推论Ⅲ.如果系统中各部分沿椭圆或圆周运动,没有明显的摄动,且它们都受到指向其他物体的加速力的作用,则该力十分微弱,或在很近处沿平行方向近于同等地作用于所有部分之上。

命题 66　定理 26

三个物体,如果它们相互吸引的力随其距离的平方而减小;且其中任意两个倾向于第三个的加速吸引力反比于相互间距离的平方;且两个较小的物体绕最大的物体旋转:则两个环绕物体中较靠内的一个作向最靠内且最大物体的半径,环绕该物体所掠过的面积更接近正比于时间,画出的图形更接近于椭圆,其焦点位于两个半径的交点,如果该最大物体受到这吸引力的推动,而不是像它完全不受较小物体的吸引,因而处于静止;或者像它被远为强烈的或远为微弱的力所吸引,或在该吸引力作用下被远为强烈地或远为微弱地推动所表现的那样的话。

由前一命题的第二个推论不难得出这一结论，但也可以用某种更严格更一般的方法加以证明。

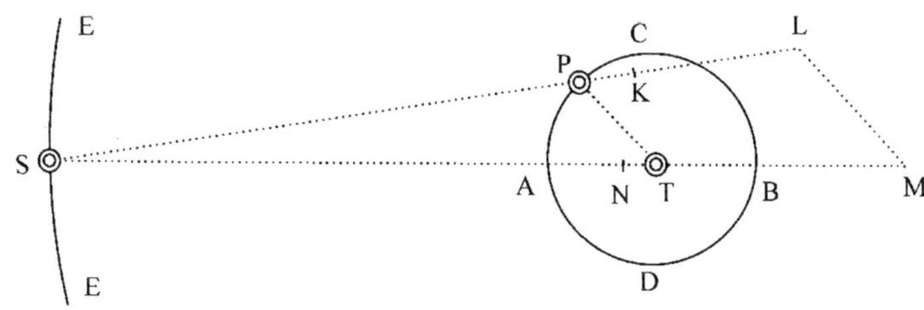

情形 1. 令小物体 P 和 S 在同一平面上关于最大物体 T 旋转，物体 P 画出内轨道 PAB，S 画出外轨道 ESE。令 SK 为物体 P 和 S 的平均距离；物体 P 在平均距离处指向 S 的加速吸引力由直线 SK 表示。作 SL 比 SK 等于 SK 的平方比 SP 的平方，则 SL 是物体 P 在任意距离 SP 处指向 S 的加速吸引力。连接 PT，作 LM 平行于它并与 ST 相交于 M；将吸引力 SL 分解（由运动定律推论 Ⅱ）为吸引力 SM，LM。这样，物体 P 受到本三个吸引力的作用。其中之一指向 T，来自物体 T 和 P 的相互吸引。该力使物体 P 以半径 PT 环绕物体 T，掠过的面积正比于时间，画出的椭圆焦点位于物体 T 的中心；这一运动与物体 T 处于静止或受该吸引力而运动无关，这可以由命题 11，以及定理 21 的推论 Ⅱ 和推论 Ⅲ 知道。另一个力是吸引力 LM，由于它由 P 指向 T，因而叠加在前一个力上，产生的面积，由定理 21 推论 Ⅲ 知，也正比于时间。但由于它并不反比于距离 PT 的平方，在叠加到前一个力上后，产生的复合力将使平方反比关系发生变化；复合力中这个力的比例相对于前一个力越大，变化也越大，其他方面则保持不变。所以，由命题 11，定理 21 推论 Ⅱ，画出以 T 为焦点的椭圆的力本应指向该焦点，且反比于距离 PT 的平方，而使该关系发生变化的复合力将使轨道 PAB 由以 T 的焦点的椭圆轨道发生变化；该力的关系变化越大，轨道的变化也越大，而且第二个力 LM 相对于第一个力的比例也越大，其他方面保持不变。而第三个力 SM 沿平行于 ST 的方向吸引物体

P,与另两个力合成的新力不再直接由 P 指向 T;这种方向变化的大小与第三个力相对于另两个力的比例相同,其他方面保持不变,因此,使物体 P 以半径 TP 掠过的面积不再正比于时间;相对于该正比关系发生变化的大小与第三个力相对于另两个力的比例的大小相同。然而这第三个力加剧了轨道 PAB 相对于前两种力造成的相对于椭圆图形的变化:首先,力不是由 P 指向 T;其次,它不反比于距离 PT 的平方。当第三个力尽可能地小,而前两个力保持不变时,掠过的面积最为接近于正比于时间;而当第二和第三两个力,特别是第三个力,尽可能地小,第一个力保持先前的量不变时,轨道 PAB 最接近于上述椭圆。

令物体 T 指向 S 的加速吸引力以直径 SN 表示;如果加速吸引力 SM 与 SN 相等,则该力沿平行方向同等地吸引物体 T 和 P,完全不会引起它们相互位置的改变,由运动定律推论Ⅵ,这两个物体之间的相互运动与该吸引力完全不存在时一样。由类似的理由,如果吸引力 SN 小于吸引力 SM,则 SM 被吸引力 SN 抵消掉一部分,而只有(吸引力)剩余的部分 MN 干扰面积与时间的正比性和轨道的椭圆图形。再由类似的方法,如果吸引力 SN 大于吸引力 SM,则轨道与正比关系的摄动也由吸引力差 MN 引起。在此,吸引力 SN 总是由于 SM 而减弱为 MN,第一个与第二个吸引力完全保持不变。所以,当 MN 为零或尽可能小时,即当物体 P 和 T 的加速吸引力尽可能接近于相等时,亦即吸引力 SN 既不为零,也不小于吸引力 SM 的最小值,而是等于吸引力 SM 的最大值和最小值的平均值,即当吸引力既不远大于也不远小于吸引力 SK 之时,面积与时间最接近于正比关系,而轨道 PAB 也最接近于上述椭圆。

证毕。

情形 2. 令小物体 P、S 关于大物体 T 在不同平面上旋转。在轨道 PAB 平面上沿直线 PT 方向的力 LM 的作用与上述相同,不会使物体 P 脱离该轨道平面。但另一个力 NM,沿平行 ST 的直线方向作用(因而,当物体 S 不在交点连线上时,倾向于轨道 PAB 的平面),除引起所谓纵向摄动之外，还产生另一种所谓横向摄动，把物体P吸引出其轨道平面。在任意给定物体P和T的相互位置情形下，这种摄动正比于产生它的力MN；所以，当力MN最小时，即(如前述)当吸引力既不远大于也不远小于吸引力SK时，摄动最小。

证毕。

推论Ⅰ. 所以，容易推知，如果几个小物体P,S,R等关于极大物体T旋转，则当大物体与其他物体相互间都受到吸引和推动(根据加速吸引力的比值)时，在最里面运动的物体P受到的摄动最小。

推论Ⅱ. 在三个物体T、P、S的系统中，如果其中任意两个指向第三个的加速吸引力反比于距离的平方，则物体P以PT为半径关于物体T掠过面积时，在会合点A及其对点B附近时快于掠过方照点C和D。因为，每一种作用于物体P而不作用于物体T的力，都不沿直线PT方向，根据其方向与物体的运动方向相同或是相反，对它掠过面积加速或减速。这就是力NM。在物体由C向A运动时，该力指向运动方向，对物体加速；在到达D时，与运动方向相反，对物体减速；然后直到运动到B,它与运动同向；最后由B到C时它又与运动反向。

推论Ⅲ. 由相同理由知，在其他条件不变时，物体P在会合点及其对点比在方照点运动得快。

推论Ⅳ. 在其他条件不变时，物体P在轨道在方照点比在会合点及其对点弯曲度大。因为物体运动越快，偏离直线路径越少。此外，在会合点及其对点。力KL,或NM与物体T吸引物体P的力方向相反，因而使该力减小；而物体P受物体T吸引越小，偏离直线路径越小。

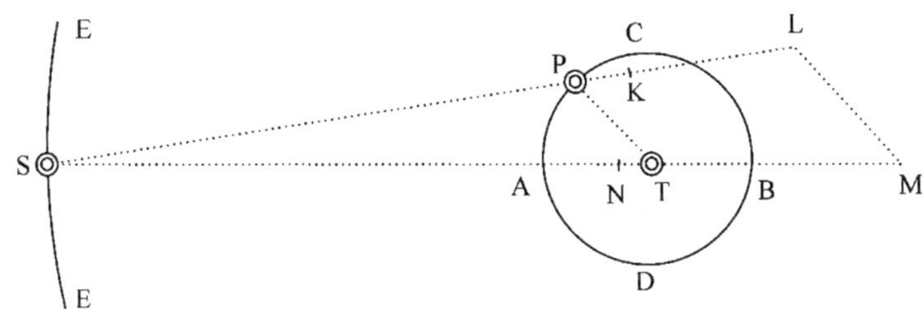

推论Ⅴ. 在其他条件不变时，物体 P 在方照点比在会合点及其对点距物体 T 更远。不过这仅在不计偏心率变化时才成立。因为如果物体 P 的轨道是偏心的，当回归点位于朔望点时，其偏心率(如将在推论Ⅸ中计算的)最大，因而有可能出现这种情况，当物体 P 的朔望点接近其远回归点时，它到物体 T 的距离大于在方照点的距离。

推论Ⅵ. 因为使物体 P 滞留在其轨道上的中心物体 T 的向心力，在方照点由于力 LM 的加入而增强，而在朔望点由于减去力 KL 而削弱，又因为力 KL 大于 LM，因而削弱的多于增强的；而且，由于该向心力(由命题 4 推论Ⅱ)正比于半径 TP，反比于周期的平方变化，所以不难推知力 KL 的作用使合力比值减小；因此设轨道半径 PT 不变，则周期增加，并正比于该向心力减小比值的平方根；因此，设半径增大或减小，则由命题 4 推论Ⅵ，周期以该半径的$\frac{3}{2}$次幂增大或减小。如果该中心物体的吸引力逐渐减弱，被越来越弱地吸引的物体 P 将距中心物体 T 越来越远；反之，如果该力越来越强，它将距 T 越来越近。所以，如果使该力减弱的远物体 S 的作用由于旋转而有所增减，则半径 TP 也相应交替地增减；而随着远物体 S 的作用的增减，周期也随半径的比值的$\frac{3}{2}$次幂，以及中心物体 T 的向心力的减弱或增强比值的平方根的复合比值而增减。

推论Ⅶ. 由前面证明的还可以推知，物体 P 所画椭圆的轴，或回归线的轴，随其角运动而交替前移或后移，只是前移较后移为多，因此总体直线运动是向前移的。因为，在方照点力 MN 消失，把物体 P 吸引向 T 的力由力 LM 和物体 T 吸引物体 P 的向心力复合而成。如果距离 PT 增加，第一个力 LM 近似于以距离的相同比例增加，而另一个力则以正比于距离比值的平方减少；因此两个力的和的减少小于距离 PT 比值的平方；因此由命题 45 推论Ⅰ，将使回归线，或者等价地，使上回归点后移。但在会合点及其对点使物体 P 倾向于物体 T 的力是力 KL 与物体 T 吸引物体 P 的力的差，而由于力 KL 极近似于随距离

PT 的比值而增加，该力差的减少大于距离 PT 比值的平方；因此由命题 45 推论Ⅰ，使回归线前移。在朔望点和方照点之间的地方，回归线的运动取决于这两种因素的共同作用，因此它按两种作用中较强的一项的剩余值比例前移或后移。所以，由于在朔望点力 KL 几乎是力 LM 在方照点的两倍，剩余在力 KL 一方，因而回归线向前移。如果设想两个物体 T 和 P 的系统为若干物体 S、S、S，等等，在各边所环绕，分布于轨道 ESE 上，则本结论与前一推论便易于理解了，因为由于这些物体的作用，物体 T 在每一边的作用都减弱，其减少大于距离比值的平方。

推论Ⅷ. 但是，由于回归点的直线或逆行运动决定于向心力的减小，即决定于在物体由下回归点移向上回归点过程中，该力大于或是小于距离 TP 比值的平方；也决定于物体再次回到下回归点时向心力类似的增大；所以，当上回归点的力与下回归点的力的比值较之距离平方的反比值有最大差值时，该回归点运动最大。不难理解，当回归点位于朔望点时，由于相减的力 KL 或 NM－LM 的缘故，其前移较快；而在方照点时，由于相加的力 LM，其后移较慢。因为前行速度或逆行速度持续时间很长，这种不等性相当明显。

推论Ⅸ. 如果一个物体受到反比于它到任意中心的距离的平方的力的阻碍，环绕该中心运动；在它由上回归点落向下回归点时，该力受到一个新的力的持续增强，且超过距离减小比值的平方，则该总是被吸引向中心的物体在该新的力的持续作用下，将比它单独受随距离减小的平方而减小的力的作用更倾向于中心，因而它画出的轨道比原先的椭圆轨道更靠内，而且在下回归点更接近于中心。所以，新力持续作用下的轨道更为偏心。如果随着物体由下回归点向上回归点运动再以与上述的力的增加的相同比值减小向心力，则物体回到原先的距离上；而如果力以更大比值减小，则物体受到的吸引力比原先要小，将迁移到较大的距离，因而轨道的偏心率增大得更多。所以，如果向心力的增减比值在每一周中都增大，则偏心率也增大；反之，如果该比值减小，则偏心率也减小。

所以，在物体 T、P、S 的系统中，当轨道 PAB 的回归点位于方照点时，上述增减比值最小，而朔望点时最大。如果回归点位于方照点，该比值在回归点附近小于距离比值的平方，而在朔望点大于距离比值的平方；而由该较大比值即产生的回归线运动，正如前面所述。但如果考虑上下回归点之间的整个增减比值，它还是小于距离比值的平方。下回归点的力比上回归点的力小于上回归点到椭圆焦点的距离与下回归点到同一焦点的距离的比值的平方，反之，当回归点位于朔望点时，下回归点的力比上回归点的力大于上述距离比值的平方。因为在方照点，力 LM 叠加在物体 T 的力上，复合力比值较小；而在朔望点，力 KL 减弱物体 T 的力，复合力比值较大。所以，在回归点之间运动的整个增减比值，在方照点最小，在朔望点最大；所以，回归点在由方照点向朔望点运动时，该比值持续增大，椭圆的偏心率也增大；而在由朔望点向方照点运动时，比值持续减小，偏心率也减小。

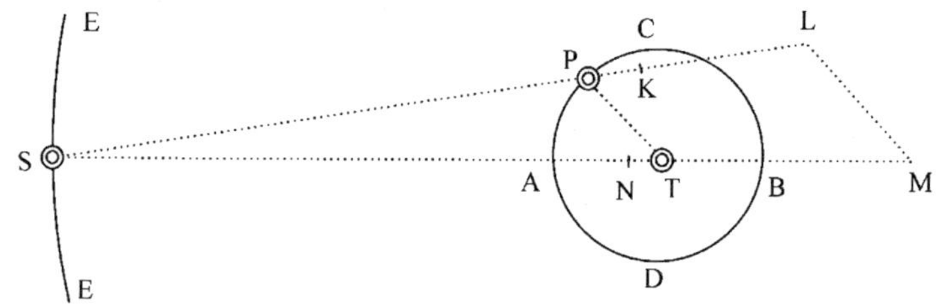

推论 X. 我们可以求出纬度误差。设轨道 EST 的平面不动，由上述误差的原因可知，两个力 NM 和 ML 是误差的唯一和全部原因，其中力 ML 总是在轨道 PAB 平面内作用，不会干扰纬度方向的运动；而力 NM，当交会点位于朔望点时，也作用于轨道的同一平面，此时也不会影响纬度运动。但当交会点位于方照点时，它对纬度运动有强烈干扰，把物体持续吸引出其轨道平面；在物体由方照点向朔望点运动时，它减小轨道平面的倾斜，而当物体由朔望点移向方照点时，它又增加平面的倾斜。所以，当物体到达朔望点时，轨道平面倾斜最小，而当物体到达下一个交会点时，它又恢复到接近于原先的值。但如果物体位于方照点后的八分点(45°)即位于C和A,D和B之间,则由于刚才说明的原因,物体P由任一交会点向其后90°点移动时,平面倾斜逐渐减小;然后,在由下一个45°向下一个方照点移动时,倾斜又逐渐增加;其后,再由下一个45°度向交会点移动时,倾斜又减小。所以,倾斜的减小多于增加,因而在后一个交会点总是小于前一个交会点。由类似理由,当交会点位于A和D、B和C之间的另一个八分点时,平面倾斜的增加多于减小。所以,当交会点在朔望点时倾斜最大。在交会点由朔望点向方照点运动时,物体每次接近交会点,倾斜都减小,当交会点位于方照点同时物体位于朔望点时倾斜达到最小值;然后它又以先前减小的程度增加,当交会点到达下一个朔望点时恢复到原先值。

推论Ⅺ. 因为,当交会点在方照点时,物体P被逐渐吸引离开其轨道平面,又因为该吸引力在它由交会点C通过会合点A向交会点D运动时是指向S的,而在它由交会点D通过对应点B移向交会点C时,方向又相反,所以,在离开交会点C的运动中,物体逐渐离开其原先的轨道平面CD,直至它到达下一个交会点,因而在该交会点上,由于它到原先平面CD距离最远,它将不在该平面的另一个交会点D,而在距物体S较近的一个点通过轨道EST的平面,该点即该交会点在其原先处所后的新处所。而由类似理由,物体由一个交会点向下一个交会点运动时,交会点也向后退移。所以,位于方照点的交会点逐渐退移;而在朔望点没有干扰纬度运动的因素,交会点不动;在这两种处所之间两种因素兼而有之,交会点退移较慢。所以,交会点或是逆行,或是不动,总是后移,或者说,在每次环绕中都向后退移。

推论Ⅻ. 在物体P和S的会合点,由于产生摄动的力NM,ML较大,上述诸推论中描述的误差总是略大于对点的误差。

推论ⅩⅢ. 由于上述诸推论中误差和变化的原因和比例与物体S的大小无关,所以即使物体S大到使二物体P和T的系统环绕它运动的上述情形也会发生。物体S的增大使其向心力增大,导致物体P的运动误差增大,也使在相同距离上所有误差都增大,在这种情形下,误差要大于物体 S 环绕物体 P 和 T 的系统运动的情形。

推论XIV. 但是，当物体 S 极为遥远时，力 NM、ML 极其接近于正比于力 SK 以及 PT 与 ST 的比值；即，如果距离 PT 与物体 S 的绝对力二者都给定，反比于 ST^3；力 NM、ML 是前述各推论中所有误差和作用的原因；则如果物体 T 和 P 仍与先前相同，只改变距离 ST 和物体 S 的绝对力，所有这些作用都将极为接近于正比于物体 S 的绝对力，反比于距离 ST^3。所以，如果物体 P 和 T 的系统绕远物体 S 运动，则力 NM、ML 以及它们的作用，将(由命题 4 推论Ⅱ)反比于周期的平方。所以，如果物体 S 的大小正比于其绝对力，则力 NM、ML 及其作用，将正比于由 T 看远物体 S 的视在直径的立方；反之亦然。因为这些比值与上述复合比值相同。

推论XV. 如果轨道 ESE、PAB 保持其形状比例及相互间夹角不变，而只改变其大小，且物体 S 和 T 的力或者保持不变，或者以任意给定比例变化，则这些力(即，物体 T 的力，它迫使物体 P 由直线运动进入轨道 PAB，以及物体 S 的力，它使物体 P 偏离同一轨道)总是以相同方式和相同比例起作用。因而，所有的作用都是相似而且是成比例的。这些作用的时间也是成比例的；即，所有的直线误差都比例于轨道直径，角误差保持不变；而相似直线误差的时间，或相等的角误差的时间，正比于轨道周期。

推论XVI. 如果轨道图形和相互间夹角给定，而其大小、力以及物体的距离以任意方式变化，则我们可以由一种情形下的误差以及误差的时间非常近似地求出其他任意情形下的误差和误差时间。这可以由以下方法更简捷地求出。力 NM、ML 正比于半径 TP，其他条件均不变；这些力的周期作用(由引理 10 推论Ⅱ)正比于力以及物体 P 的周期的平方。这正是物体 P 的直线误差；而它们到中心 T 的角误差(即回归点与交会点的运动，以及所有视在经度和纬度误差)在每次环绕中都极近似于正比于环绕时间的平方。令这些比值与推论XIV中的比值相乘，则在物体 T、P、S 的任意系统中，P 在非常接近处环绕 T 运动，而 T 在很远处环绕 S 运动，由中心 T 观察到的物体 P 的角误差在 P 的每次环绕中都正比于物体 P 的周期的平方，而反比于物体 T 的周期的平方。所以回归点的平均直线运动与交会点的平均运动有给定比值；因而这两种运动都正比于物体 P 的周期，反比于物体 T 的周期的平方。轨道 PAB 的偏心率和倾角的增大或减小对回归点和交会点的运动没有明显影响，除非这种增大或减小程度很大。

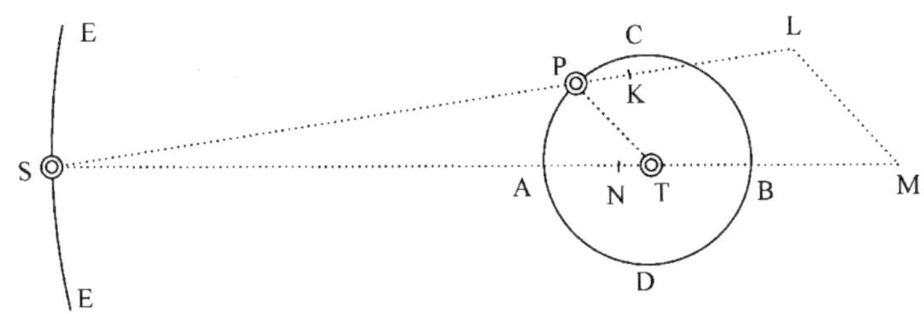

推论 XVII. 由于直线 LM 有时大于，有时又小于半径 PT，令 LM 的平均量由半径 PT 来表示：则该平均力比平均力 SK 或 SN（它也可以由 ST 来表示）等于长度 PT 比长度 ST。但使物体 T 维持其环绕 S 的轨道上的平均力 SN 或 ST 与使物体 P 维持在其环绕 T 的力的比值，等于半径 ST 与半径 PT 的比值，与物体 P 环绕 T 的周期的平方与物体 T 环绕 S 的周期的平方的比值的复合。因而，平均力 LM 比使物体 P 维持在其环绕 T 的轨道上的力（或使同一物体 P 在距离 PT 处关于不动点 T 作相同周期运动的力）等于周期的平方比值。因而周期给定，同时距离 PT、平均力 LM 也给定；而这个力给定，则由直线 PT 和 MN 的对比也可非常近似地得出力 MN。

推论 XVIII. 利用物体 P 环绕物体 T 的相同规律，设许多流动物体在相同距离处环绕物体 T 运动；它们数目如此之多，以至于首尾相接，形成圆形流体圈，或圆环，其中心在物体 T；这个环的各个部分在与物体 P 相同的规律作用下，在距物体 T 更近处运动，并在它们自己以及物体 S 的会合点及其对点运动较快，而在方照点运动较慢。该环的交会点或它与物体 S 或 T 的轨道平面的交点在朔望点静止；但在朔望点以外，它们将退行，或逆行方向运动，在方照点时速度最大，而在其他处所较慢。该环的倾角也变化，每次环绕中它的轴都摆动，环绕结束时轴又回到原先的位置，唯有交会点的岁差使它作少许转动。

推论 XIX. 设球体 T 包含若干非流体物体，被逐渐扩张其边缘延伸到上述环处，沿球体边缘开挖一条注满水的沟道；该球绕其自身的轴以相同周期匀速转动。则水被交替地加速或减速（如前一推论那样），在朔望点速度较快，方照点较慢，在沟道中像大海一样形成退潮和涨潮。如果撤去物体 S 的吸引，则水流没有潮涌和潮落，只沿球的静止中心环流。球做匀速直线运动，同时绕其中心转动时与此情形相同（由运动定律推论 V），而球受直线力均匀吸引时也与此情形相同（由运动定律推论 VI）。但当物体 S 对它有作用时，由于吸引力的变化，水获得新的运动；距该物体较近的水受到的吸引较强，而较远的吸引较弱。力 LM 在方照点把水向下吸引，并一直持续到朔望点：而力 KL 在朔望点向上吸引水，并一直持续到方照点；在此，水的涌落运动受到沟道方向的导引，以及些微的摩擦除外。

推论 XX. 设圆环变硬，球体缩小，则水的涌落运动停止；但环面的倾斜运动和交会点岁差不变。令球与环共轴，且旋转时间相同，球面接触环的内侧并连为整体；则球参与环的运动，而整体的摆动，交会点的退移一如我们所述，与所有作用的影响完全相同。当交会点在朔望点时，环面倾角最大。在交会点向方照点移动时，其影响使倾角逐渐减小，并在整个球运动中引入一项运动。球使该运动得以维持，直至环引入相反的作用抵消这一运动，并入相反方向的新的运动。这样，当交会点位于方照点时，使倾角减小的运动达到最大值，在该方照点后八分点处倾角有最小值；当交会点位于朔望点时，倾斜运动有最大值，在其后的八分点处斜角最大。对于没有环的球，如果它的赤道地区比极地地区略高或略密一些，则情形与此相同，因为赤道附近多出的物体取代了环的地位。虽然我们可以设球的向心力任意增大，使其所有部分像地球上各部分一样竖直向下指向中心，但这一现象与前述各推论却少有改变；只是水位最高和最低处有所不同；因为这时水不再靠向心力维系在其轨道内，而是靠它所沿着流动的沟道维系。此外，力 LM 在方照点吸引水向下最强，而力 KL 或 NM－LM 在朔望点吸引水向上最强。这些力的共同作用使水在朔望点之前的八分点不再受到向下的吸引，而转为受到向上吸引；而在该朔望点之后的八分点不再受到向上的吸引，而转为向下的吸引。因此，水的最大高度大约发生在朔望点后的八分点，其最低高度大约发生在方照点之后的八分点；只是这些力对水面上升或下降的影响可能由于水的惯性，或沟道的阻碍而有些微推延。

推论 XXI. 同样的理由，球上赤道地区的过剩物质使交会点退移，因此这种物质的增多会使逆行运动增大，而减少则使逆行运动减慢，除去这种物质则逆行停止。因此，如果除去较过剩者更多的物质，即如果球的赤道地区比极地地区凹陷，或物质稀薄，则交会点将前移。

推论 XXII. 所以，由交会点的运动可以求出球的结构。即，如果球的极地不变，其（交会点的）运动逆行，则其赤道附近物体较多；如果该运动是前行的，则物质较少。设一均匀而精确的球体最初在自由空间中静止；由于某种侧面施加于其表面的推斥力使其获得部分转动和部分直线运动。由于该球相对于其通过中心的所有轴是完全相同的，对一个方向的轴比对另一任意轴没有更大的偏向性，则球自身的力绝不会改变球的转轴，或改变转轴的倾角。现在设该球如上述那样在其表面相同部分又受到一个新的推斥力的斜向作用，由于推斥力的作用不因其到来的先后而有所改变，则这两次先后到来的推斥力冲击所产生的运动与它们同时到达效果相同，即与球受到由这两者复合而成的单个力的作用而产生的运动相同（由运动定律推论 II），即产生一个关于给定倾角的轴的转动。如果第二次推斥力作用于第一次运动的赤道上任意其他处所，情形与此相同，而第一次推斥力作用在由第二次作用所产生的运动的赤道上的任意一点上的情形也与此完全相同；所以二次推斥力作用于任意处的效果均相同，因为它们产生的旋转运动与它们同时共同作用于由这两次冲击分别单独作用所产生的运动的赤道的交点上所产生的运动相同。所以,均匀而完美的球体并不存留几种不同的运动,而是将所有这些运动加以复合,化简为单一的运动,并总是尽其可能地绕一根给定的轴作单向匀速转动,轴的倾角总是维持不变。向心力不会改变轴的倾角,或转动的速度。因为如果设球被通过其中心的任意平面分为两个半球,向心力指向该中心,则该力总是同等地作用于这两个半球,所以不会使球关于其自身的轴的转动有任何倾向。但如果在该球的赤道和极地之间某处添加一堆像山峰一样的物质,则该堆物质通过其脱离运动中心的持续作用,干扰球体的运动,并使其极点在球面上游荡,关于其自身以及其对点运动画出圆形,极点的这种巨大偏移运动无法纠正,除非把此山移到二极之一,在此情形中,由推论 XXI,赤道的交会点顺行;或移至赤道地区,这种情形中,由推论 XX,交会点逆行;或者,最后一种方法,在轴的另一边加上另一座新的物质山堆,使其运动得到平衡;这样,交会点或是顺行,或是逆行,这要由山峰与新增的物质是近于极地或是近于赤道来决定。

命题 67 定理 27

在相同的吸引力规律下,较外的物体 S,以它伸向较内的物体 P 与 T 的公共重心点 O 的半径环绕该重心运动,比它以伸向最里面最重的物体 T 的半径环绕该物体 T 的运动,所掠过的面积更近于正比于时间,画出的轨道更近于以该重心为焦点的椭圆。

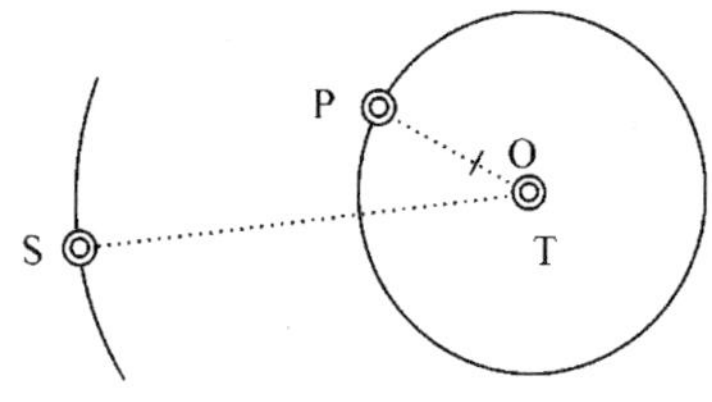

因为物体 S 指向 T 和 P 的吸引力复合成其绝对吸引力,它更近于指向物体 T 和 P 的公共重心 O,而不是最大的物体 T;它更近于反比于距离 SO 的平方,而不是距离 ST 的平方;这稍作考虑即可明白。

证毕。

命题 68 定理 28

在相同的吸引力规律下，如果最里面最大的物体像其他物体一样也受到该吸引力的推动，而不是处于静止，完全不受吸引力作用，或者，不是被或是极强或是极弱地吸引而极强或是极弱地被推动，则最外面的物体 S，以其伸向较内的物体 P 和 T 的公共重心的半径，关于该重心所掠过的面积更近于正比于时间，其轨道也更近于以该重心为焦点的椭圆。

该定理可以用与命题 66 相同的方法证明，但由于它冗长烦琐，我在此略过。可以用如下简便方法来考虑。由前一命题的证明易知，物体 S 受到两个力的共同作用而倾向的中心，非常接近于另两个物体的公共重心，如果该中心与该公共重心重合，而且这三个物体的公共重心是静止的，物体 S 位于其一侧，而那两个物体的公共重心位于其另一侧，都将关于该静止公共重心画出真正的椭圆。这可以由命题 58 推论Ⅱ，比较命题 64 和命题 65 的证明推知。现在这一精确的椭圆运动受到二个物体的重心到使第三个物体 S 被吸引的中心的距离的微小干扰，而且，还要加上三个物体公共重心的运动，摄动增加更多。所以，当三个物体的公共重心静止时，即当最里面、最大的物体 T 受到与其他物体一样的吸引力作用时，摄动最小；而当三物体的公共重心，由于物体 T 的运动的减小而开始运动，并越来越剧烈时，摄动最大。

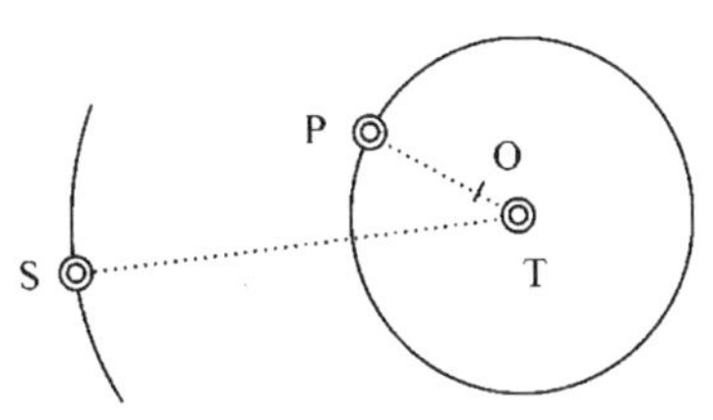

推论. 如果若干小物体绕大物体旋转，容易推知，如果所有物体都受到正比于其绝对力，反比于距离平方的加速力的相互吸引和推动，如果每个轨道的焦点都位于所有较靠里面物体的公共重心上(即，如果第一个和最靠里面的轨道的焦点位于最大和最里面物体的重心上；第二个轨道的焦点位于最里面二个物体的公共重心上；第三个轨道的

焦点位于最里面的三个物体的公共重心上，以此类推)，而不是最里面的物体处于静止，而且是所有轨道的公共焦点，则轨道接近于椭圆，面积的生成也比较均匀。

命题 69 定理 29

在若干物体 A、B、C、D，等等的系统中，如果其中一个，如 A，吸引所有其他物体 B、C、D，等等，加速力反比于到吸引物体距离的平方；而另一个物体，如 B，也吸引所有其他物体 A、C、D，等等，加速力也反比于到吸引物体的距离的平方；则吸引物体 A 和 B 的绝对力相互间的比就等于这些力所属的物体 A 和 B 的比。

因为，由假设知，所有物体 B、C、D，指向物体 A 的加速吸引力在距离相同时相等；由类似方法知所有物体指向 B 的加速吸引力在距离相同处也相等。而物体 A 的绝对吸引力比物体 B 的绝对吸引力，等于所有物体指向物体 A 的绝对吸引力比在相同距离处所有物体指向物体 B 的绝对吸引力；物体 B 指向物体 A 的吸引力比物体 A 指向物体 B 的加速吸引力也与此相等。但是，物体 B 指向物体 A 的加速吸引力比物体 A 指向物体 B 的加速吸引力等于物体 A 的质量比物体 B 的质量；因为运动力(由第二，第七和第八定义)正比于加速力乘以被吸引的物体，且由第三定律相互间是相等的。所以物体 A 的绝对加速力比物体 B 的绝对加速力等于物体 A 的质量比物体 B 的质量。

证毕。

推论Ⅰ. 如果系统 A、B、C、D 中的每一个物体都独自以反比于它到吸引物体的距离的平方的加速力吸引其他物体，则所有这些物体的绝对力之间的比等于它们自身的比。

推论Ⅱ. 由类似理由，如果系统 A、B、C、D 中的每一个物体都独自吸引其他物体，其加速力或是反比或是正比于它到吸引物体的任意次幂；或者，该力按某种共同规律由它到吸引物体间的距离来决定；则易知这些物体的绝对力正比于物体自身。

推论Ⅲ. 在一系统中力正比于距离的平方而减少，如果小物体沿椭圆绕一个极大物体运动，它们的公共焦点位于极大物体的中心，椭圆形状极为精确；而且，伸向该极大物体的半径精确地正比于时间掠过半径；则这些物体的绝对力相互间的比，或是精确地或是接近于等于物体的比，反之亦然。这可以由命题 68 的推论与本命题的第一个推论比较得证。

附　注

由这些命题自然使我们推知向心力与这种力通常所指向的中心物体之间类似之处；因为有理由认为被指向物体的向心力应当由这些物体的性质和量来决定，如我们在磁体实验中所见到的那样。当发生这种情形时，我们必须通过赋予它们中每一个以适当的力来计算物体的吸引，再求出它们的总和。我在此使用吸引一词是广义的，指物体所造成的相互趋近的一切企图，不论这企图来自物体自身的作用，由于发射精气而相互靠近或推移；或来自以太，或空气，或任意媒介的相互作用，不论这媒介是物质的还是非物质的，以任意方式促使处于其中的物体相互靠拢。我使用推斥一词同样是广义的。在本书中我并不想定义这些力的类别或物理属性，而只想研究这些力的量与数学关系，一如我们以前在定义中所声明的那样。在数学中，我们研究力的量以及它们在任意设定条件下的相互关系，而在物理学中，则要把这些关系与自然现象作比较，以便了解这些力在哪些条件下对应着吸引物体的哪些类型。做完这些准备工作之后，我们就更有把握去讨论力的本质、原因和关系。现在，让我们再来研究用哪些力可以使由具有吸引能力的部分组成的球体必定按上述方式相互作用，以及因此会产生哪些类型的运动。

第12章 球体的吸引力

命题70 定理30

如果指向球面每一点的相等的向心力随到这些点的距离的平方减小，则该球面内的小球将不会受到这些向心力的吸引。

令 HIKL 为球面，P 是球面内的小球。通过 P 向球面作条直线 HK，IL，截取极短弧长 HI，KL；因为（由引理 7 推论Ⅲ）三角形 HPI，LPK 相似，这些弧正比于距离 HP，LP；落在由通过 P 的直线在球面上所限定的弧 HI 和 KL 之内的那些粒子，正比于这些距离的平方。所以这些粒子作用于物体 P 上的力相互间相等。因为力正比于粒子，反比于距离的平方。这两个比值复合成相等的比值 1∶1。所以吸引相等，但作用于相反方向上，相互抵消。由类似理由，整个球面产生的吸引由于反向吸引而全部抵消。所以物体 P 完全不受这些吸引力的作用。

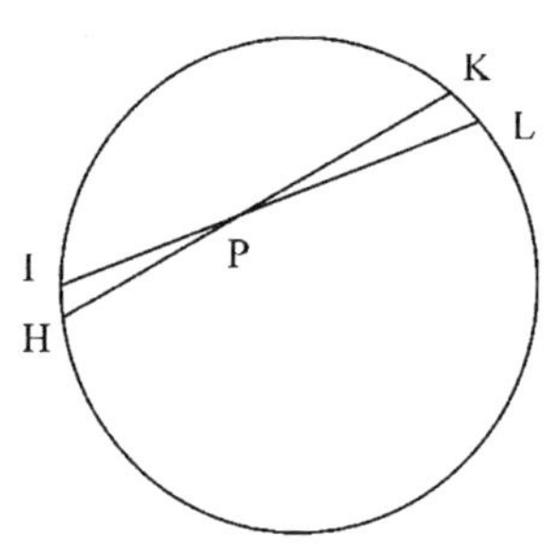

证毕。

命题71 定理31

在相同条件下，球面外小球受到的指向球面中心的吸引力反比于它到该中心距离的平方。

令 AHKB，*ahkb* 为关于中心 S，*s* 的两个相等的球面，它们的直径为 AB，*ab*；令 P 和 *p* 为二球面外直径延长线上的小球。由小球作直线 PHK，PIL，*phk*，*pil*，在大圆 AHB，*ahb* 上截取相等弧长 HK，*hk*，IL，

il;并作这些直线的垂线 SD,sd,SE,se,IR,ir;其中 SD,sd 与 PL,pl 交于 F 和 f。再在直径上作垂线 IQ,iq。现在令角 DPE,dpe 消失;因为 DS 与 ds,ES 与 es 相等,故可以取直线 PE,PF 与 pe,pf,以及短线段 DF,df 相等;因为当角 DPE,dpe 共同消失时,它们的比值是相等的比值。由此可得:

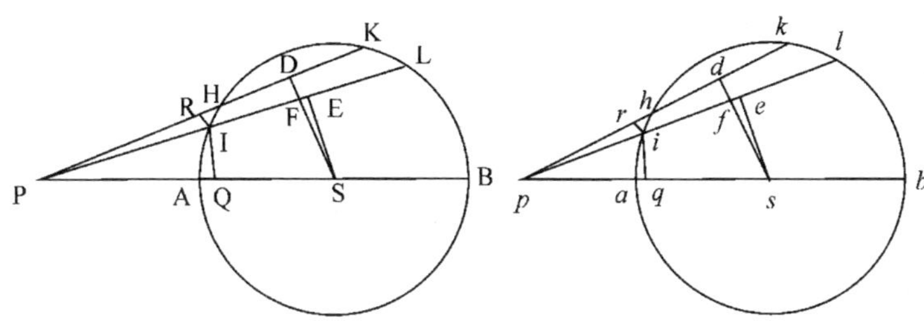

$$\mathrm{PI} : \mathrm{PF} = \mathrm{RI} : \mathrm{DF}$$

以及 $$pf : pi = df \text{ 或 } \mathrm{DF} : ri。$$

将对应项相乘,

$$\mathrm{PI} \cdot pf : \mathrm{PF} \cdot pi = \mathrm{RI} : ri$$

$$= \text{弧 IH} : \text{弧 } ih\text{(由引理 7 推论Ⅲ)。}$$

又, $$\mathrm{PI} : \mathrm{PS} = \mathrm{IQ} : \mathrm{SE}$$

以及 $$ps : pi = se \text{ 或 } \mathrm{SE} : iq。$$

因而, $$\mathrm{PI} \cdot ps : \mathrm{PS} \cdot pi = \mathrm{IQ} : iq。$$

将其对应项与前面相似的比例式相乘:

$$\mathrm{PI}^2 \cdot pf \cdot ps : pi^2 \cdot \mathrm{PF} \cdot \mathrm{PS} = \mathrm{HI} \cdot \mathrm{IQ} : ih \cdot iq,$$

即,等于当半圆 AKB 关于其直径 AB 旋转时弧 IH 所掠过的环面,比当半圆 akb 关于其直径 ab 旋转时弧 ih 所掠过的环面。而由假设条件知,使这些环面沿指向它们的方向吸引小球 P 和 p 的力正比于环面自身,反比于环面到小球的距离的平方;即等于 $pf \cdot ps$ 比 PF · PS。又,这些力与其沿直线 PS,ps 指向球心的斜向部分(由像定律推论Ⅱ中那样力的分角得到)的比,等于 PI 比 PQ,以及 pi 比 pq;即(由于三角形 PIQ 与 PSF,以及 pig 与 psf 相似)等于 PS 比 PF 以及 ps 比

pf。所以，吸引小球 P 指向 S 的吸引力比吸引小球 p 指向 s 的力，等于$\frac{PF \cdot pf \cdot ps}{PS}$比$\frac{pf \cdot PF \cdot PS}{ps}$，即等于 ps^2 比 PS^2。而且，由类似理由，弧 KL，kl 旋转生成的环面吸引小球的力的比也等于 ps^2 比 PS^2。在球面上，只要取 sd 等于 SD，se 等于 SE，则所分割的环面对小球的吸引力的比总是有相同的比值。所以，把它们再组合起来，整个球面作用于小球的力的比也有相同比值。

证毕。

命题 72　定理 32

如果指向球上若干点的相等的向心力随其到这些点的距离的平方而减小，而且球的密度以及球直径与小球到球中心的比值为给定值，则使小球被吸引的力正比于球半径。

因为，设想两个小球分别受到两个球的吸引，一个吸引一个，另一个吸引另一个，且它们到球心的距离分别正比于球的直径；则球可以分解为与小球所在位置相对应的相似粒子。则一个小球对球各相似粒子的吸引比其他小球对其他球同样多的相似粒子的吸引，等于正比于各部分间的比值与反比于距离平方的比值的复合比。而各粒子正比于球，即正比于直径的立方，而距离正比于直径；所以第一个比值正比于后一个比值的二次反比，变成直径与直径的比值。

证毕。

推论Ⅰ. 如果多个小球绕由同等吸引的物质组成的球做圆周运动，且到球中心的距离正比于它们的直径，则环绕周期相等。

推论Ⅱ. 反之，如果周期相等，则距离正比于直径。这两个推论可由命题 4 推论Ⅲ得证。

推论Ⅲ. 如果两个物体形状相似密度相等，其上各点的相等的向心力随到这些点的距离的平方而减少，则使处于相对于两个物体相似位置上的小球受吸引的力之间的比，等于物体的直径的比。

命题 73　定理 33

如果已知球上各点相等的向心力随到这些点的距离的平方而减小，则球内小球受到的吸引力正比于它到中心的距离。

在以 S 为中心的球的 ACBD 中，置入一小球 P；关于同一中心 S，以间隔 SP 为半径作一内圆 PEQF。易知(由命题 70)共心球组成的球面差 AEBF 对于其上的物体 P 不发生作用，吸引力被反向吸引所抵消。所以只剩下内球 PEQF 的吸引力，而(由命题 72)该吸引力正比于距离 PS。

证毕。

附　　注

我在此设想的构成固体的表面，并不是纯数学面，而是极薄的壳体，其厚度几乎为零；即，当壳体的数目不断增加时，最终构成球的新生壳体的厚度无限减小。同样地，构成线、面和体的点也可看作是一些相等的粒子，其大小也是完全不可想象的。

命题 74　定理 34

在相同条件下，球外的小球受到的吸引力反比于它到球心的距离的平方。

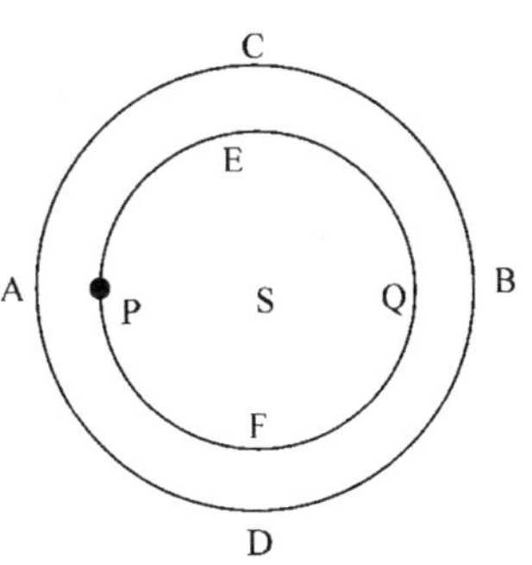

设该球分割为无数共心球面，各球面对小球的吸引(由命题 71)反比于小球到球心的距离的平方。通过求和，这些吸引力的和，即整个球对小球的吸引力，也等于相同比值。

证毕。

推论Ⅰ. 均匀球在相同距离处的吸引力的比等于球自身的比。因为(由命题 72)如果距离正比于球的直径，则力的比等于直径的比。令较大的距离以该比值减小，使距离相等，则吸引力以该比值的平方增大；所以它与其他吸引力的比等于该比值的立方，即等于球的比值。

推论Ⅱ. 在任意距离处吸引力正比于球，反比于距离的平方。

推论Ⅲ. 如果位于均匀球外的小球受到的吸引力反比于它到球心距离的平方，而球由吸引粒子组成，则每个粒子的力将随小球到每个粒子的距离的平方而减小。

命题 75　定理 35

如果加在已知球上的各点的向心力随到这些点的距离的平方而减小，则另一个相似的球也受到它的吸引，该力反比于两球心距离的平方。[25]

因为，每个粒子的吸引反比于它到吸引球的中心的距离的平方（由命题 74），因而该吸引力如同出自一个位于该球心的小球。另一方面，该吸引力的大小等于该小球自身所受到的吸引，如同它受到被吸引球上各粒子以等于它吸引它们的力吸引它一样。而小球的吸引（由命题 74）反比于它到被吸引球的中心的距离的平方；所以，与之相等的球的吸引的比值相同。

证毕。

推论Ⅰ. 球对其他均匀球的吸引正比于吸引的球除以它们的中心到被它们吸引的球心距离的平方。

推论Ⅱ. 被吸引的球也能吸引时情形相同。因为一个球上若干点吸引另一个球上若干点的力，与它们被后者吸引的力相同；由于在所有吸引作用中（由第三定律），被吸引的与吸引的点二者同等作用，吸引力由于它们的相互作用而加倍，而其比例保持不变。

推论Ⅲ. 在涉及物体关于圆锥曲线的焦点运动时，如果吸引的球位于焦点，物体在球外运动，则上述诸结论均成立。

推论Ⅳ. 如果环绕运动发生在球内，则仅有物体绕圆锥曲线的中心运动才满足上述结论。

命题 76 定理 36

如果若干球体（就其物质密度和吸引力而言）相互间由其中心到表面的同类比值完全不相似，但各球在其到中心给定距离处是相似的，而且各点的吸引力随其到被吸引物体的距离的平方而减小，则这些球体中的一个吸引其他球体的全部的力反比于球心距离的平方。

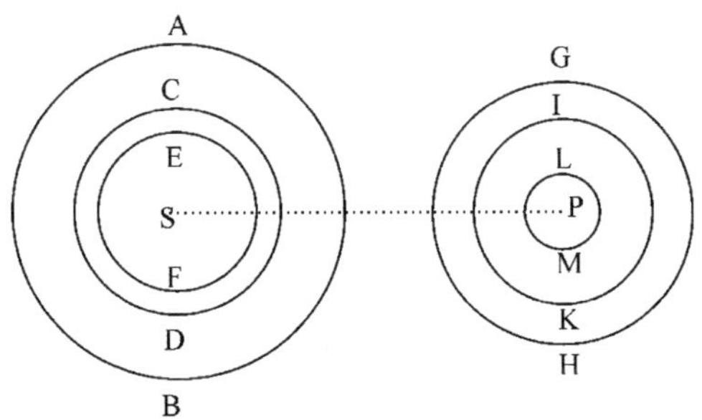

设若干同心相似球 AB、CD、EF，等等。其中最里面的一个加上最外面的一个所包含的物质其密度大于球心，或者减去球心处密度后余下同样稀薄的物质。则由命题 75，这些球体将吸引其他相似的同心球 GH、IK、LM 等，其中每一个对其他一个的吸引力反比于距离 SP 的平方。运用相加或相减方法，所有这些力的总和，或者其中之一与其他的差，即整个球体 AB(包括所有其他同心球或它们的差)的合力吸引整个球体 GH(包括所有其他同心球或它们的差)也等于相同比值。令同心球数目无限增加，使物质密度同时使吸引力在沿由球面到球心的方向上按任意给定规律增减；并通过增加无吸引作用的物质补足不足的密度，使球体获得所期望的任意形状；而由前述理由，其中之一吸引其他球体的力同样反比于距离的平方。

证毕。

推论Ⅰ. 如果有许多此类的球，在一切方面相似，相互吸引，则每个球体对其他一个球体的加速吸引作用，在任意相等的中心距离处，都正比于吸引球体。

推论Ⅱ.在任意不相等的距离处,正比于吸引球体除以两球心距离的平方。

推论Ⅲ.一个球相对于另一个球的运动吸引,或二者间的相对重量,在相同的球心距离处,共同正比于吸引的与被吸引的球,即正比于这两个球的乘积。

推论Ⅳ.在不同的距离处,正比于该乘积,反比于两球心距离的平方。

推论Ⅴ.如果吸引作用由两个球相互作用产生,上述比例式依然成立。因为两个力的相互作用仅使吸引作用加倍,比例式保持不变。

推论Ⅵ.如果这样的球绕其他静止的球转动,每个球绕另一个球转动,而且静止球与运动球心的距离正比于静止球的直径,则环绕周期相同。

推论Ⅶ.如果周期相同,则距离正比于直径。

推论Ⅷ.在绕圆锥曲线焦点的运动中,如果具有上述条件和形状的吸引球位于焦点上,上述结论成立。

推论Ⅸ.如果具有上述条件的运动球也能吸引,结论依然成立。

命题 77 定理 37

如果球心各点的向心力正比于这些点到被吸引物体的距离,则两个相互吸引的球的复合力正比于二球心间的距离。

情形 1.令 AEBF 为一个球体,S 是其中心;P 是被它吸引的小球;PASB 为球体通过小球中心的轴;EF,ef 是分割球体的两个平面,与该轴垂直,而且在球的两边到球心的距离相等;G 和 g 是二平面与轴的交点;H 是平面 EF 上任意一点。点 H 沿直线 PH 方向作用于小球 P 的向心力正比于距离 PH;而(由运动定律推

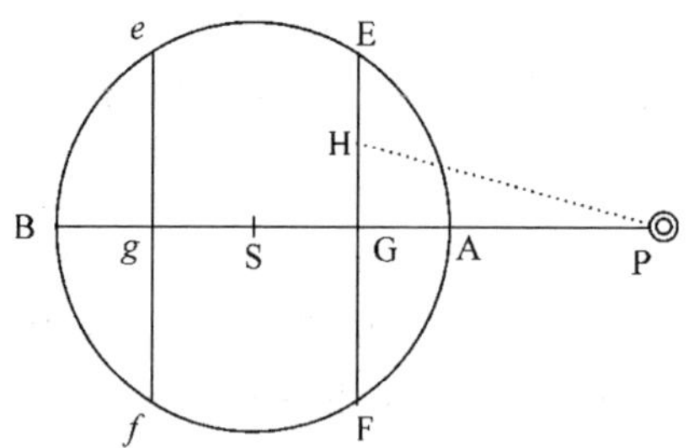

论Ⅱ)沿直线PG方向或指向球心S的力,也正比于长度PG。所以,平面EF上所有点(即整个平面)向中心S吸引小球P的力正比于距离PG乘以这些点的数目,即正比于由平面EF和距离PG构成的立方体。由相似方法,使小球P被吸引向球心S的平面 ef 的力,正比于该平面乘以其距离Pg,或正比于相等平面EF乘以距离Pg;这两个平面的力的和正比于平面EF乘以距离的和PG+Pg,即正比于该平面乘以中心到小球距离PS的二倍;即正比于平面EF的二倍乘以球心到小球距离PS,或正比于相等平面EF+ef 乘以相同距离。而由类似理由,整个球体上球心两边到球心距离相同的所有平面的力,都正比于这些平面的和乘以距离PS,即正比于整个球体与距离PS的乘积。

证毕。

情形2. 设小球P也吸引球体AEBF。由相同理由,则使球体被吸引的力也正比于距离PS。

证毕。

情形3. 设另一球体包含无数小球P。因为使每个小球被吸引的力正比于小球到第一个球心的距离,同样也正比于第一个球,因而这个力好像是从一个位于球心的小球所发出的一样。则使第二个球体中所有小球被吸引的力,即整个第二个球被吸引的力,也如同是受到位于第一个球心的小球所发生的吸引力一样;所以正比于两个球心之间的距离。

证毕。

情形4. 令两球相互吸引,则吸引力加倍,但比例不变。

证毕。

情形5. 令小球P置于球体AEBF内,因为平面 ef 作用于小球的力正比于该平面与距离Pg 所围成的立方体;而平面EF的相反的力正比于它与距离PG所围成的立方体;二者的复合力正比于两个立方体的差,即正比于两个相等平面的和乘以距

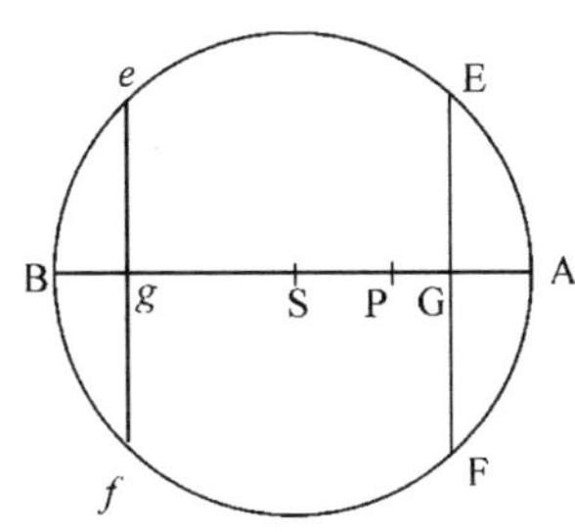

离的差的一半;即,正比于该和乘以 PS,小球到球心的距离。而且,由类似理由,通过整个球体的所有平面 EF,ef 的吸引力,即,整个球体的吸引力,正比于所有平面的和,或正比于整个球体,也正比于 PS,小球到球体中心的距离。

证毕。

情形 6. 如果由无数小球 P 组成的新球体置于第一个球体 AEBF 之内,可以证明,与前述相同,不论是一个球体吸引另一个,或是二者相互吸引,吸引力都正比于二球心的距离 PS。

证毕。

命题 78　定理 38

设有二球体,由球心到球面方向上既不相似也不相等,但到中心相等距离处均相似;而且每个点的吸引力正比于到被吸引物体的距离,则使两个这样的球体相互吸引的全部的力正比于二球心之间的距离。

这可以由前一个命题得证,与命题 76 可由命题 75 得证一样。

推论. 以前在命题 10 和 64 中所证明的物体绕圆锥曲线运动的结论,当吸引作用来自具有上述条件的球体的力,以及被吸引物体也是同类球体时,均都成立。

附　注

至此我已解释了吸引的两种基本情形;即当向心力随距离比的平方而减小,或随距离的简单比值而增大,使物体在这两种情形下都沿圆锥曲线转动,并组合成球体,其向心力按同样定律随其到球心的距离而增减,一如球体内各部分那样;这一点极为重要。至于其他情形,其结论有欠优雅和重要,如果把它们像上述情形一样详加论述则有失繁冗。以下我宁可用一种普适的方法对它们作总体的解释和求解。

引　理　29

如果围绕中心 S 画一任意圆周 AEB,又绕中心 P 也画两个圆周

EF 和 ef，并与第一个圆相交于 E 和 e，与直线 PS 相交于 F 和 f；再在 PS 上作垂线 ED，de：则如果弧长 EF，ef 的距离无限减小，趋于零的线段 Dd 与趋于零的线段 Ff 的最后比等于线段 PE 比线段 PS。

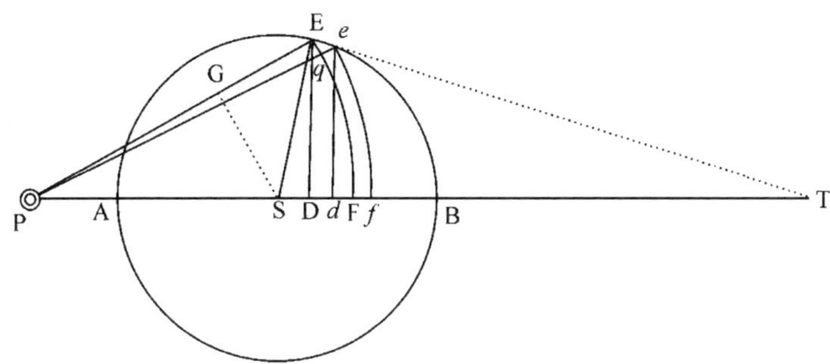

如果直线 Pe 与弧 EF 相交于 q；而直线 Ee 与趋于零的弧 Ee 重合，并延长与直线 PS 相交于 T；再由 S 向 PE 作垂线 SG，则，因为三角形 DTE，dTe，DES 相似，

$$Dd : Ee = DT : TE = DE : ES;$$

又因为三角形 Eeq，ESG(由引理 8，和引理 7 推论Ⅲ)相似，

$$Ee : eq \text{ 或 } Ff = ES : SG。$$

将两比例式对应项相乘，

$$Dd : Ff = DE : SG = PE : PS$$

(因为三角形 PDE，PGS 相似)。

证毕。

命题 79　定理 39

设一表面 EFfe 的宽度无限缩小，并刚好消失；而同一个表面绕轴 PS 转动产生一个球状凹凸形体，其各部分受到相等的向心力：则形体吸引位于 P 的小球的力，等于立方体 $DE^2 \cdot Ff$ 的比与使位于 Ff 处给定部分吸引同一个小球的力的比的复合比。

首先考虑弧 FE 旋转而成的球面 EF 的力，该弧在某处，比如 r 被直线 de 分割，这样，弧 rE 旋转而成的面的圆环部分将比例于短线

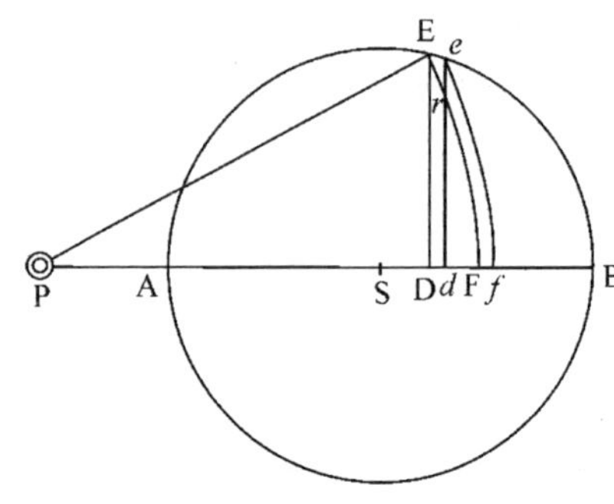

Dd，而球体的半径 PE 保持不变；正如阿基米德在他的著作《论球体和柱体》中所证明的那样。直线 PE 或 Pr 分布于整个圆锥体表面，圆环面的力沿着直线 PE 或 Pr 的方向，比例于该圆环本身；即，正比于短线 Dd，或者，等价地，正比于球体的已知半径 PE 与短线段 Dd 的乘积；但该力沿直线 PS 方向指向球心 S，小于 PD 与 PE 的比，所以正比于 $PD \cdot Dd$。现在，设线段 DF 被分割成无数个相等的粒子，每个粒子都以 Dd 表示，则表面 FE 也被分割成同样多个圆环；它们的力正比于所有乘积 $PD \cdot Dd$ 的总和，即正比于 $\frac{1}{2}PF^2 - \frac{1}{2}PD^2$，所以正比于 DE^2。再将表面 FE 乘以高度 Ff；则立体 $EFfe$ 作用于小球 P 的力正比于 $DE^2 \cdot Ff$；即，如果这个力已知，其上任一给定粒子 Ff 在距离 PF 处作用于小球 P 的力。而如果这个力为未知，则立体 $EFfe$ 的力将正比于立体 $DE^2 \cdot Ff$ 乘以该未知力。

证毕。

命题 80 定理 40

如果以 S 为中心的球体 ABE 上若干相等部分都受到相等的向心力作用；而且在球 AB 的直径上置一小球，并在直径上取若干点 D，在其上作垂线 DE 与球体相交于 E，如果在这些垂线上取长度 DN 正比于量 $\frac{DE^2 \cdot PS}{PE}$，同时也正比于球体内位于轴上的一粒子在距离 PE 处作用于小球的力：则使小球被吸引向球体的全部力正比于球体 AB 的轴与点 N 的轨迹曲线 ANB 所围成的面积 ANB。

设前一引理和定理的作图成立，把球体 AB 的轴分割为无数相等粒子 Dd，则整个球体分为同样多的凹凸圆片 $EFfe$；作垂线 dn。由前

一定理，圆片 $EFfe$ 吸引小球 P 的力正比于 $DE^2 \cdot Ff$ 与一个粒子在

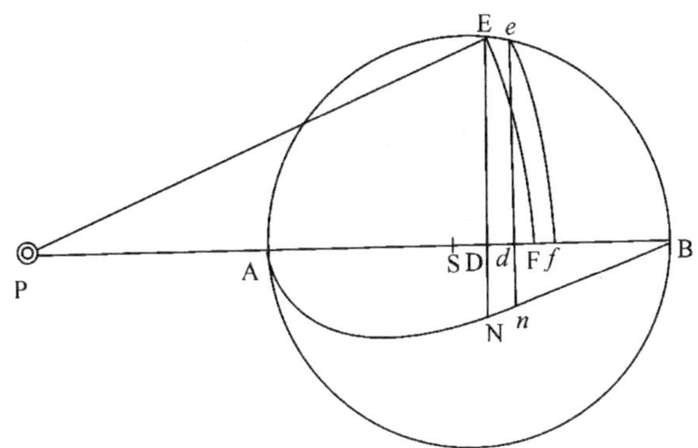

距离 PE 或 PF 处作用于小球的力的乘积。但(由上述引理)Dd 比 Ff 等于 PE 比 PS，所以 Ff 等于 $\frac{PS \cdot Dd}{PE}$；而 $DE^2 \cdot Ff$ 等于 $Dd \cdot \frac{DE^2 \cdot PS}{PE}$；所以圆片 $EFfe$ 的力正比于 $Dd \cdot \frac{DE^2 \cdot PS}{PE}$ 与一个粒子在距离 PF 处的作用力的乘积即，由本命题的假设可知，正比于 $DN \cdot Dd$，或正比于趋于零的面积 $DNnd$。所以，所有圆片作用于小球的总力正比于所有面积 $DNnd$，即整个球的力正比于整个面积 ANB。

证毕。

推论Ⅰ. 如果指向若干粒子的向心力在所有距离上都相等，而且 DN 正比于 $\frac{DE^2 \cdot PS}{PE}$，则球体吸引小球的全部力正比于面积 ANB。

推论Ⅱ. 如果各粒子的向心力反比于它到被吸引的小球的距离，而且 DN 正比于 $\frac{DE^2 \cdot PS}{PE^2}$，则整个球体对小球 P 的吸引力正比于面积 ANB。

推论Ⅲ. 如果各粒子的向心力反比于被它吸引的小球的距离的立方，而且 DN 正比于 $\frac{DE^2 \cdot PS}{PE^4}$，则整个球体对小球的吸引力正比于面积 ANB。

推论Ⅳ. 一般地，如果指向球体若干粒子的向心力反比于量 V；而且 DN 正比于$\frac{DE^2 \cdot PS}{PE \cdot V}$；则整个球体吸引小球的力正比于面积 ANB。

命题 81　问题 41

在上述条件下，求面积 ANB。

由点 P 作直线 PH 与球体相切于 H；在轴 PAB 上作垂线 HI，在点 L 二等分 PI；则(由欧几里得《几何原本》第二卷命题 12)PE^2 等于 $PS^2+SE^2+2PS \cdot SD$。但因为三角形 SPH，SHI 相似，SE^2 或 SH^2 等于乘积 $PS \cdot IS$。所以，PE^2 等于 PS 与 PS+SI+2SD 的乘积，即 PS 与 2LS+

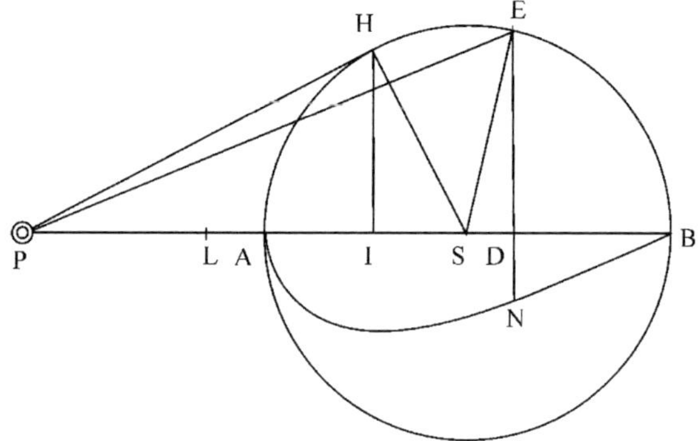

2SD 的乘积，也即 PS 与 2LD 的乘积。而且，DE^2 等于 SE^2-SD^2，或等于

$$SE^2-LS^2+2LS \cdot LD-LD^2,$$

即

$$2LS \cdot LD-LD^2-LA \cdot LB。$$

由于 LS^2-SE^2 或 LS^2-SA^2(由欧几里得《几何原本》第二卷命题 6)等于乘积 $LA \cdot LB$。所以，把 DE^2 以

$$2LS \cdot LD-LD^2-LA \cdot LB$$

代替，则正比于长度 DN(由前一命题推论Ⅳ)的量$\frac{DE^2 \cdot PS}{PE \cdot V}$可以分解

为三部分

$$\frac{2SL \cdot LD \cdot PS}{PE \cdot V}-\frac{LD^2 \cdot PS}{PE \cdot V}-\frac{LA \cdot LB \cdot PS}{PE \cdot V};$$

如果以向心力的反比值代替 V，以 PS 与 2LD 的比例中项代替 PE，则这三部分即变成同样多的曲线的纵距，曲线的面积可由普通方法求出。

完毕。

例 1. 如果指向球体各粒子的向心力反比于距离，以距离 PE 代替 V，2PS · LD 代替 PE^2；则 DN 正比于 $SL-\frac{1}{2}LD-\frac{LA \cdot LB}{2LD}$。设 DN 等于其二倍 $2SL-LD-\frac{LA \cdot LB}{LD}$；则纵距的已知部分 2SL 与长度

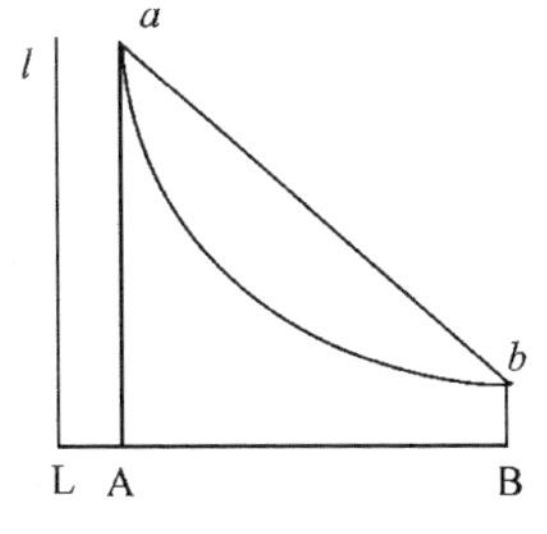

AB 构成长方形面积 2SL · AB；其不确定部分 LD 以连续运动垂直通过同一长度，并在其运动中通过增减其一边或另一边的长度使之总是等于长度 LD，做出面积 $\frac{LB^2-LA^2}{2}$，即面积 SL · AB；前一个面积 2SL · AB 减去它，余下面积 SL · AB。但用相同方法垂直地连续通过同一长度的第三部分 $\frac{LA \cdot LB}{LD}$，将画出一个双曲线的面积，将其从面积 SL · AB 中减去后就余下要求的面积 ANB。由此得到本问题的作图法。在点 L，A，B 作垂线 L*l*，A*a*，B*b*；使 A*a* 等于 LB，B*b* 等于 LA。以 L*l* 和 LB 为渐近线，通过点 *a*，*b* 作双曲线 *ab*。作弦线 *ba*，则所围的面积 *aba* 就是要求的面积 ANB。

例 2. 如果指向球体各粒子的向心力反比于距离的立方，或（是同一回事）正比于该立方除以一个任意给定平面；以 $\frac{PE^3}{2AS^2}$ 代替 V，以 2PS · LD 代替 PE^2；则 DN 正比于

$$\frac{SL \cdot AS^2}{PS \cdot LD}-\frac{AS^2}{2PS}-\frac{LA \cdot LB \cdot AS^2}{2PS \cdot LD^2},$$

即(因为 PS,AS,SI 连续成正比),正比于

$$\frac{SL \cdot SI}{LD}-\frac{1}{2}SI-\frac{LA \cdot LB \cdot SI}{2LD^2}$$

将这三部分通过长度 AB,第一部分$\frac{SL \cdot SI}{LD}$产生双曲线的面积;第二部分$\frac{1}{2}$SI 产生面积$\frac{1}{2}$AB · SI;第三部分$\frac{LA \cdot LB \cdot SI}{2LD^2}$产生面积$\frac{LA \cdot LB \cdot SI}{2LA}-\frac{LA \cdot LB \cdot SI}{2LB}$,即,$\frac{1}{2}$AB · SI。从第一个面积中减去第二个和第三个面积的和,则余下的即是要求的面积 ANB。由此得本问题的作图法。在点 L,A,S,B,作垂线 Ll,Aa,Ss,Bb,其中设 Ss 等于 SI;通过点 s,以 Ll,LB 为渐近线作双曲线 asb 与垂线 Aa,Bb 相交于 a 和 b;从双曲线面积 AasbB 中减去面积 2SA · SI,即得到要求的面积 ANB。

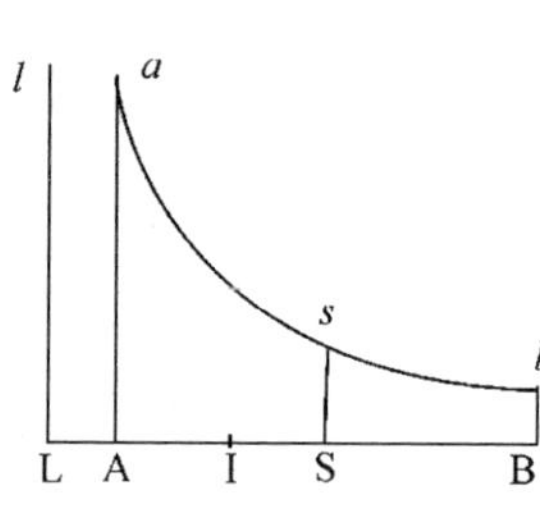

例 3. 如果指向球体各粒子的向心力随其到各粒子的距离的四次方而减小;以$\frac{PE^4}{2AS^3}$代替 V,以$\sqrt{(2PS \cdot LD)}$代替 PE,则 DN 正比于

$$\frac{SI^2 \cdot SL}{\sqrt{2SI}} \cdot \frac{1}{\sqrt{LD^3}}-\frac{SI^2}{2\sqrt{2SI}} \cdot \frac{1}{\sqrt{LD}}-\frac{SI^2 \cdot LA \cdot LB}{2\sqrt{2SI}} \cdot \frac{1}{\sqrt{LD^5}}。$$

将这三部分通过长度 AB,产生以下三个面积:$\frac{2SI^2 \cdot SL}{\sqrt{2SI}}$产生$\left(\frac{1}{\sqrt{LA}}-\frac{1}{\sqrt{LB}}\right)$;$\frac{SI^2}{\sqrt{2SI}}$产生$\sqrt{LB}-\sqrt{LA}$;$\frac{SI^2 \cdot LA \cdot LB}{3\sqrt{2SI}}$产生$\left(\frac{1}{\sqrt{LA^3}}-\frac{1}{\sqrt{LB^3}}\right)$。经过化简后得到$\frac{2SI^2 \cdot SL}{LI}$,$SI^2$,和 $SI^2+\frac{2SI^3}{3LI}$。从第一项中减去后两项,得到$\frac{4SI^3}{3LI}$。所以小球所受到的指向球体中心的总力正比于$\frac{SI^3}{PI}$,即

反比于 $PS^3 \cdot PI$。

完毕。

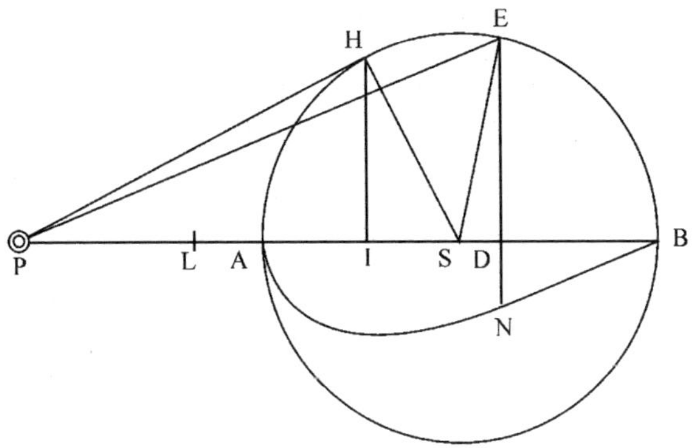

运用相同方法可以求出位于球体内小球受到的吸引力,但采用下述定理将更为简便。

命题 82　定理 41

一个以 S 为心以 SA 为半径的球体,如果取 SI,SA,SP 为连续正比项,则位于球体内任意位置 I 的小球所受到的吸引力,与位于球体外 P 处的所受到力的比,等于两者到球心的距离 IS,PS 的比的平方根,与在这两处 P 和 I 指向球心的向心力的比的平方根的复合比。

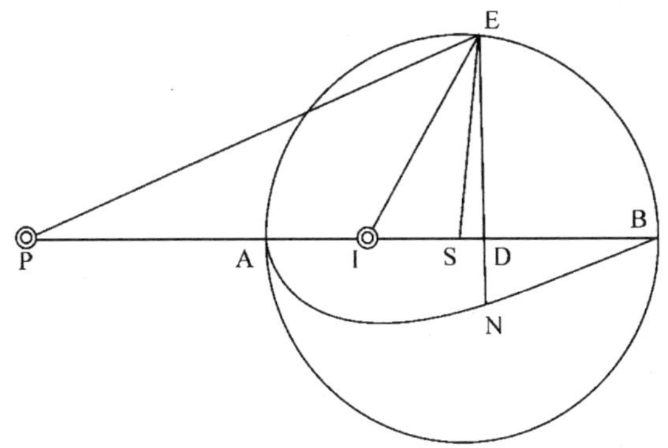

如果球体各粒子的向心力反比于被它们吸引的小球的距离,则整

个球体吸引位于 I 处小球的力,比它吸引位于 P 处小球的力,等于距离 SI 与距离 SP 的比的平方根,以及位于球心的任意粒子在 I 处产生的向心力与同一粒子在 P 处产生的向心力的比二者的复合比。即,反比于距离 SI,SP 相互间比的平方根。这两个比的平方根复合成相等比值,所以,整个球体在 I 与在 P 处产生的吸引相等。由类似计算,如果球上各粒子的力反比于距离的平方,则可以发现 I 处的吸引力比 P 处的吸引力等于距离 SP 比球体半径 SA。如果这些力反比于距离比的立方,在 I 和 P 处吸引力的比将等于 SP^2 比 SA^2;如果反比于比的四次方,则等于 SP^3 比 SA^3。所以,由于在最后一种情形中 P 处的吸引力反比于 $PS^2 \cdot PI$,在 I 处的吸引力将反比于 $SA^3 \cdot PI$,即因为 SA^3 给定,反比于 PI。用相同方法可以此类推至于无限。该定理的证明如下:

保留上述作图,一个小球在任意处所 P,其纵距 DN 正比于 $\frac{DE^2 \cdot PS}{PE \cdot V}$。所以,如果画出 IE,则任意其他处所的小球,如 I 处,其纵距(其他条件不变)正比于 $\frac{DE^2 \cdot IS}{IE \cdot V}$。设由球体任意点 E 发出的向心力在距离 IE 和 PE 处的比为 PE^n 比 IE^n(在此,数值 n 表示 PE 与 IE 的幂次),则这些纵距变为 $\frac{DE^2 \cdot PS}{PE \cdot PE^n}$ 和 $\frac{DE^2 \cdot IS}{IE \cdot IE^n}$,相互间比值为 $PS \cdot IE \cdot IE^n$ 比 $IS \cdot PE \cdot PE^n$。因为 SI,SE,SP 是连续正比的,三角形 SPE,SEI 相似;因而 IE 比 PE 等于 IS 比 SE 或 SA。以 IS 与 SA 的比值代替 IE 与 PE 的比值,则纵距比值变为 $PS \cdot IE^n$ 与 $SA \cdot PE^n$ 的比值。但 PS 与 SA 的比值是距离 PS 与 SI 的比值的平方根,而 IE^n 与 PE^n 的比值,(因为 IE 比 PE 等于 IS 比 SA)是在距离 PS,IS 处吸引力的比值的平方根。所以,纵距,进而纵距画出的面积,以及与它成正比的吸引力之间的比值,是这些比值的平方根的复合比。

证毕。

命题 83 问题 42

求使位于球体中心处一小球被吸引向任意一球冠的力。

令 P 为球体中心处物体，RBSD 为平面 RDS 与球表面 RBS 之间的球冠。令 DB 为由球心 P 画出的球面 EFG 分割于 F，并将球冠分割为 BREFGS 与 FEDG 两部分。设该球冠不是纯数学的而是物理的表面，具有某种厚度，但又是完全无法测度的。令该厚度为 O，则(由阿基米德所证明的)该表面正比于 PF・DF・O。再设球上各粒子吸引力反比于距离的某次幂，其指数为 n；则表面 EFG 吸引物体 P 的力将(由命题 79)正比于 $\frac{DE^2 \cdot O}{PF^n}$，即，正比于 $\frac{2DF \cdot O}{PF^{n-1}} - \frac{DF^2 \cdot O}{PF^n}$。

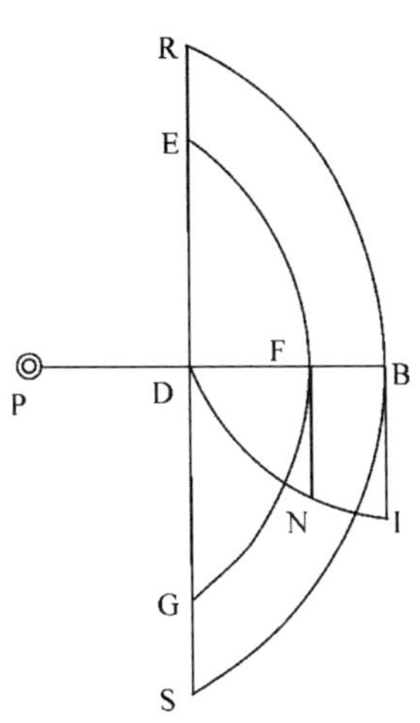

令垂线 FN 乘以 O 正比于这个量；则纵坐标 FN 连续运动通过长度 DB 所画出的曲线面积 BDI，将正比于整个球冠吸引物体 P 的力。

命题 84 问题 43

求不在球心处而在任意一球冠轴上的小球受该球冠吸引的力。

令物体 P 位于球冠 EBK 的轴 ADB 上，受到球冠的吸引。关于中心 P 以 PE 为半径画球面 EFK，它把球冠分为二部分 EBKFE 和 EFKDE。用命题 81 求出第一部分的力，再由命题 83 求出后一部分的力，二力的和就是整个球冠

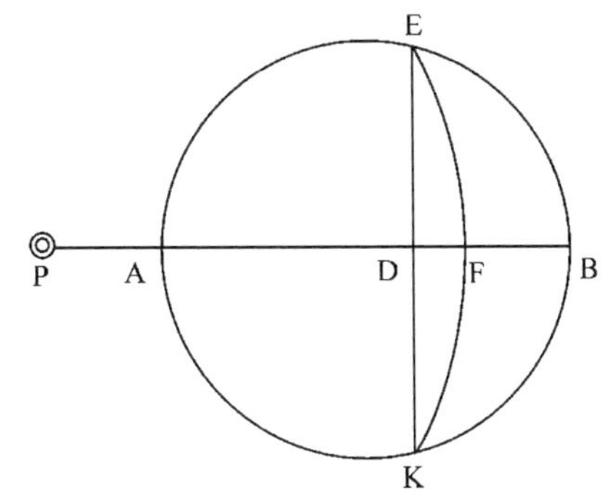

EBKDE 的力。

完毕。

附　注

叙述完球体的吸引力后，应该接着讨论由吸引的粒子以类似方法组成的其他物体的吸引定律；但我的计划不拟专门讨论它们。只需补述若干与这些物体的力以及由此产生的运动有关的普适命题即足以敷用，因为这些知识在哲学研究中用处不大。

第13章
非球形物体的吸引力

命题85　定理42

如果一个物体受到另一个物体的吸引，而且该吸引作用在它与吸引物体相接触时远大于它们之间有极小间隔时；则吸引物体各粒子的力，在被吸引物体离开时，以大于各粒子的距离比的平方而减小。

如果力随着到各粒子的距离的平方而减小，则指向球体的吸引力(由命题74)应反比于被吸引物体到球心距离的平方，不会由于接触而有显著增大，而如果在被吸引物体离开时，吸引力以更小的比率减小，则更不可能增大。所以，本命题在吸引球体的情形中是显而易见的。在凹形球壳吸引外部物体的情形中也是一样。而当球壳吸引位于其内部的物体时则更是如此，因为吸引作用在通过球壳的空腔时被扩散，受到反向吸引力的抵消，因而在接触处甚至没有吸引作用。如果在这些球体或球壳远离接触点处移去任意部分，并在其他任意地方增补新的部分，也就对吸引物体作了随意的改变；但在远离接触点处增补或移去的部分对两物体接触而产生的吸引作用没有明显增强。所以本命题对于所有形状的物体都适用。

命题86　定理43

如果组成吸引物体的粒子的力，在吸引物体离开时，随到各粒子距离的三次或多于三次方而减小，则在接触点的吸引力远大于吸引与被吸引物体相互分离时的情形，尽管分离的间隔极小。

当被吸引小球向这种吸引球靠近并接触时，吸引力无限增大，这已在问题41的第二个和第三个例子的求解中表明。靠近凹形球壳的物体的吸引(通过比较这些例子和定理 41)也是一样,不论被吸引物体是置于球壳之外,还是放在空腔内。而通过移去球体或球壳上接触点以外任意地方的吸引物质,使吸引物体变为预期的任意形状,本命题仍将普适于所有物体。

证毕。

命题 87 定理 44

如果两个物体相似,并包含吸引作用相同的物质,分别吸引两个正比于这些物体且位置与它们相似的小球,则小球指向整个物体的加速吸引将正比于小球指向物体的与整体成正比且位置相似的粒子的加速吸引。

如果把物体分为正比于整体的粒子,且在其中位置相似,则指向一个物体中任一粒子的吸引力比指向另一个物体中对应粒子的吸引力,等于指向第一个物体中若干粒子的吸引力比指向另一个物体中对应粒子的吸引力;而且,通过比较知,也等于指向整个第一个物体的吸引力比指向整个第二个物体的吸引力。

推论Ⅰ. 如果随着被吸引小球距离的增加,各粒子的吸引力按距离的任意次幂的比率减小,则指向整个物体的加速吸引力将正比于物体,反比于距离的幂,如果各粒子的力随被吸引小球的距离的平方而减小,而且物体正比于 A^3 和 B^3,则物体的立方边,以及被吸引小球到物体的距离正比于 A 和 B;而指向物体的加速吸引将正比于 $\frac{A^3}{A^2}$ 和 $\frac{B^3}{B^2}$,即,正比于物体的立方边 A 和 B。如果各粒子的力随到被吸引小球距离的立方减小,则指向整个物体的加速吸引将正比于 $\frac{A^3}{A^3}$ 和 $\frac{B^3}{B^3}$,即,相等。如果力随四次方减小,则指向物体的吸引正比于 $\frac{A^3}{A^4}$ 和 $\frac{B^3}{B^4}$,即反比于立方边 A 和 B。其他情形以此类推。

推论Ⅱ. 另一方面,由相似物体吸引位置相似小球的力,可以求出在被吸引小球离开时各粒子的吸引力减小的比率；如果这种减小仅仅正比或反比于距离的某种比率的话。

命题 88　定理 45

如果任意物体中相等粒子的吸引力正比于到该粒子的距离，则整个物体的力指向其重心；对于由相似且相等物质构成，且球心在重心上的球体，它的力情况相同。

令物体 RSTV 的粒子 A,B 以正比于距离 AZ,BZ 的力吸引任意小球 Z,二粒子是相等的；如果它们不相等，则力共同正比于这些粒子与距离 AZ,BZ,或者（如果可以这样说的话）正比于这些粒子分别乘以它们的距离 AZ,BZ。以 A · AZ 和 B · BZ 表示这些力。连接 AB,并在 G 被分割，使 AG 比 BG 等于粒子 B 比粒子 A；则 G 为 A 和 B 二粒子的公共重心。力 A · AZ 可以（根据运动定律推论Ⅱ）分解为力 A · GZ 和 A · AG；而力 B · BZ 可以分解为 B · GZ 和 B · BG。因为 A 垂直于 B,BG 垂直于 AG,力 A · AG 与 B · BG 相等，所以沿相反方向作用而相互抵消。只剩下力 A · GZ 和 B · GZ。它们由 Z 指向中心 G,复合为力(A+B) · GZ；即，它等同于吸引粒子 A 和 B 一同置于其公共重心上组成一只较小的球体所产生的力。

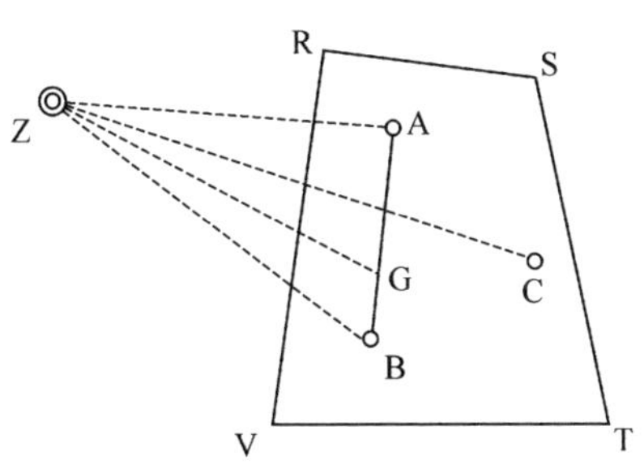

由相同理由，如果加上第三个粒子 C,它的力与指向中心 G 的力(A+B) · GZ 复合，形成指向位于 G 的球体与粒子 C 的公共重心的力；即指向三个粒子 A,B,C 的公共重心；等同于该球体与粒子 C 同置于它们的公共重心组成一更大的球体；可以照此类推至于无限。所以任意物体 RSTV 的所有粒子的合力与该物体保持其重心不变而变为球体形状后相同。

证毕。

推论. 被吸引物体 Z 的运动与吸引物体 RSTV 变为球体后相同；所以，不论该吸引物体是静止，还是做匀速直线运动，被吸引物体都将沿中心在吸引物体重心上的椭圆运动。

命题 89　定理 46

如果若干物体由其力正比于相互间距离的相等粒子组成，则使任意小球被吸引的所有力的合力指向吸引物体的公共重心；而且其作用与这些吸引物体保持其公共重心不变而组成一只球体相同。

本命题的证明方法与前一命题相同。

推论. 所以被吸引物体的运动，与吸引物体保持其公共重心不变而组成一只球体后相同。所以，不论吸引物体的公共重心是静止，还是做匀速直线运动，被吸引物体都将沿其中心在吸引物体公共重心上的椭圆运动。

命题 90　问题 44

如果指向任意圆周上各点的向心力相等，并随距离的任意比率而增减；求使一小球被吸引的力，即，该小球位于一条与圆周平面成直角且穿过圆心的直线上某处。

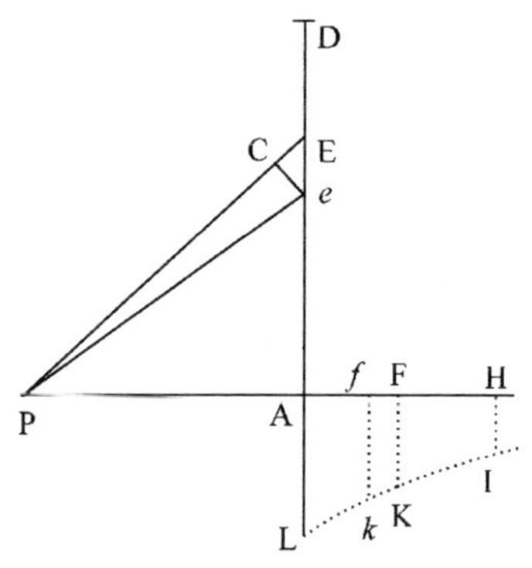

设一圆周圆心为 A，半径为 AD，处在以直线 AP 为垂线的平面上；所要求的是使小球 P 被吸引指向同一圆周的力。由圆上任一点 E 向被吸引小球 P 作直线 PE。在直线 PA 上取 PF 等于 PE，并在 F 作垂线 FK，正比于 E 点吸引小球 P 的力。再令曲线 IKL 为点 K 的轨迹。令该曲线与圆周平面相交于 L。在 PA 上取 PH 等于 PD，作垂线 HI 与曲线相交于 I；则小球 P 指向圆周的吸引力将正比于面积 AHIL 乘以高度 AP。

完毕。

因为，在 AE 上取极小线段 Ee，连接 Pe，又在 PE，PA 上取 PC，Pf，二者都等于 Pe。因为，在上述平面上以 A 为圆心，AE 为半径的圆上任意点 E 吸引物体 P 的力，设正比于 FK，所以该点把物体吸引向 A 的力正比于$\frac{AP \cdot FK}{PE}$；整圆把物体 P 吸引向 A 的力共同正比于该圆和$\frac{AP \cdot FK}{PE}$；而该圆又正比于半径 AE 与宽 Ee 的乘积，该乘积又（因为 PE 与 AE，Ee 与 CE 成正比）等于乘积 PE · CE 或 PE · Ff；所以该圆把物体 P 吸引向 A 的力共同正比于 PE · Ff 和$\frac{AP \cdot FK}{PE}$；即正比于 Ff · FK · AP，或正比于面积 FKkf 乘以 AP。所以，对于以 A 为圆心，AD 为半径的圆，把物体 P 吸引向 A 的力的总和，正比于整个面积 AHIKL 乘以 AP。

证毕。

推论 Ⅰ. 如果各点的力随距离的平方减小，即，如果 FK 正比于$\frac{1}{PF^2}$，因而面积 AHIKL 正比于$\frac{1}{PA}-\frac{1}{PH}$；则小球 P 指向圆的吸引力正比于

$$1-\frac{PA}{PH};$$

即，正比于$\frac{AH}{PH}$。

推论 Ⅱ. 一般地，如果在距离 D 的点的力反比于该距离的任意次幂 D^n；即，如果 FK 正比于$\frac{1}{D^n}$，因而面积 AHIKL 正比于$\frac{1}{PA^{n-1}}-\frac{1}{PH^{n-1}}$；则小球 P 指向圆的吸引力正比于$\frac{1}{PA^{n-2}}-\frac{PA}{PH^{n-1}}$。

推论 Ⅲ. 如果圆的直径无限增大，数 n 大于 1；则小球 P 指向整个无限平面的吸引力反比于 PA^{n-2}，因为另一项$\frac{PA}{PH^{n-1}}$已变为零。

命题 91　问题 45

求位于圆形物体轴上的小球的吸引力，指向该圆形物体上各点的向心力随距离的某种比率减小。

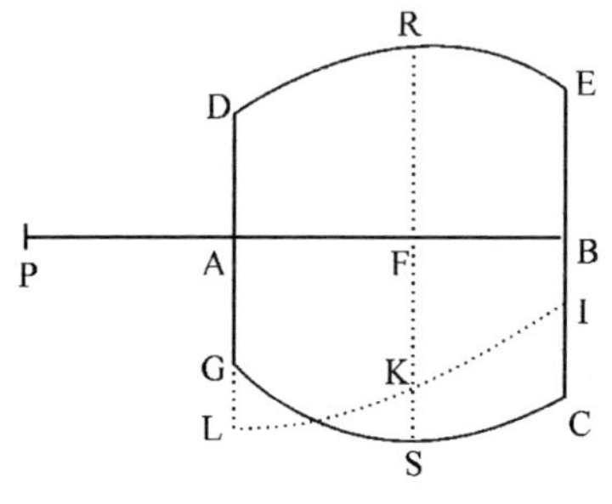

令小球 P 位于物体 DECG 的轴 AB 上，受到该物体的吸引。令与该轴垂直的任意圆 RFS 分割该物体；圆半径 FS 在一穿过轴的平面 PALKB 上，在 FS 上(由命题 90)取长度 FK 正比于使小球被吸引向该圆的力。令点 K 的轨迹为曲线 LKI，与最外面的圆 AL 和 BI 的平面相交于 L 和 I；则小球指向物体的吸引力正比于面积 LABI。

完毕。

推论Ⅰ. 如果物体是由平行四边形 ADEB 绕轴 AB 旋转而成的圆柱体，而且指向其上各点的向心力反比于到各点距离的平方；则小球 P 指向该圆柱体的吸引正比于 AB－PE＋PD。因为纵距 FK(由命题 90 推论Ⅰ)正比于 $1-\frac{PF}{PR}$。该量的第一部分乘以长度 AB，表示面积 1 · AB；另一部分$\frac{PF}{PR}$乘以长度 PB，表示面积 1 · (PE－AD)(这易于由曲线 LKI 的面积求得)；用类似方法，同一部分乘以长度 PA 表示面积 1 · (PD－AD)，乘以 PB 与 PA 的差 AB，表示面积差 1 · (PE－PD)。由第一项 1 · AB 中减去最后一项 1 · (PE－PD)。余下的面积 LABI 等于 1 · (AB－PE＋PD)。所以吸引力正比于该面积 AB－PE＋PD。

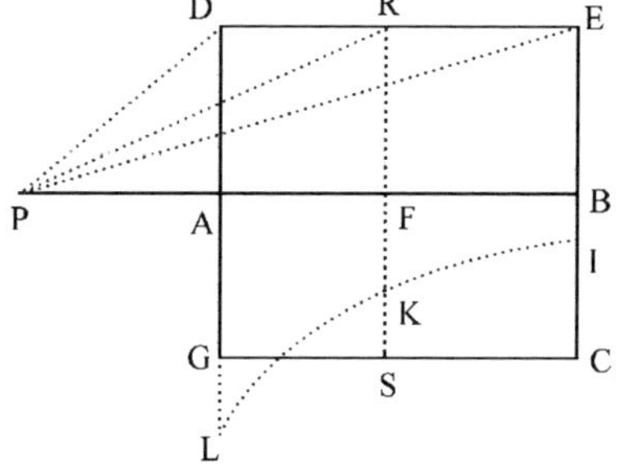

推论Ⅱ. 还可以求出椭球体 AGBC 吸引位于其外且在轴 AB 上的物体 P 的力。令 NKRM 为一圆

锥曲线，其垂直于 PE 的纵距 ER 总是等于线段 PD 的长度，PD 由向该纵坐标与椭圆体的交点 D 连续画出。由该椭圆体的顶点 A，B 向其轴 AB 作垂线 AK，BM，分别等于 AP，BP，与圆锥曲线相交于 K 和 M；连接 KM，分割出面积 KMRK。令 S 为椭圆体的中心，SC 为其长半轴；则该椭圆体吸引物体 P 的力比以 AB 为直径的球体吸引同一物体的力等于 $\frac{AS\cdot CS^2-PS\cdot KMRK}{PS^2+CS^2-AS^2}$ 比 $\frac{AS^2}{3PS^2}$。运用同一原理可以计算出椭圆体球冠的力。

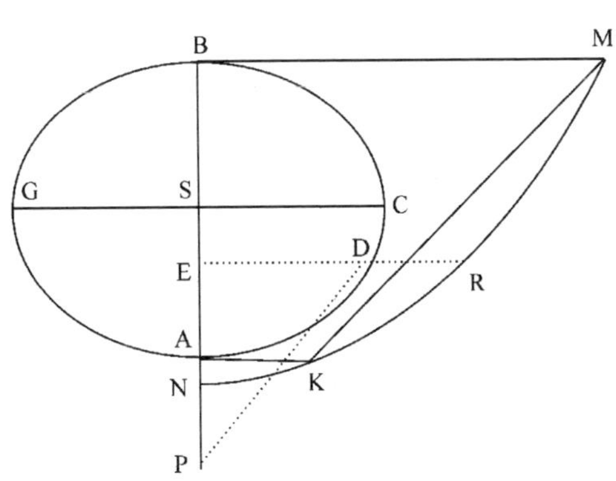

推论Ⅲ. 如果小球位于椭球内部的轴上，则吸引力正比于它到球心的距离。这可以容易地由下述理由推出，无论该小球是在轴上还是在其他已知直径上。令 AGOF 为吸引椭球，球心为 S，P 是被吸引物体。通过物体 P 作半径 SPA，再作二条直线 DE，FG 与椭球交于 D 和 E，F 和 G；令 PCM，HLN 为与外面的椭球共心且相似的两个内椭球的表面，其中第一个通过物体 P，并与直线 DE，FG 相交于 B 和 C；后者与相同直线交于 H 和 I，K 和 L。令所有椭球共轴，且直线被二边截下的部分 DP 和 BE，FP 和 CG，DH 和 IE，FK 和 LG 分别相等；因为直线 DE，PB 和 HI 在同一点被二等分，直线 FG，PC 和 KL 也在同一点被二等分。现设 DPF，EPG 表示以无限小顶角 DPF，EPG 画出的相反圆锥曲线，则线段 DH，EI 也为无限小。由椭球表面分割的圆锥曲线的局部 DHKF，GLIE，根据线段 DH 和 EI 的相等性知，相互间的比等于到物体 P 距离的平方，因而对该物体吸引相同。由类似理由，如果把空间 DPF，EGCB 用无数与上述椭球相似且共轴的椭球加以分割，则得到的所有粒子也都在两边对物体 P 施加同等反向的吸引。所以，圆锥曲线 DPF 与圆锥曲线局部 EGCB 的力相等，而且由于反向作用而相互抵消。这一情形适用于所有内椭球 PCBM 以外的物质的力。所以，物体 P 只受到内椭球 PCBM 的吸引，所以（根据命题 72 推论Ⅲ）它的吸引力比整个椭球 AGOD 对物体 A 的吸引力等于距离 PS 比距离 AS。

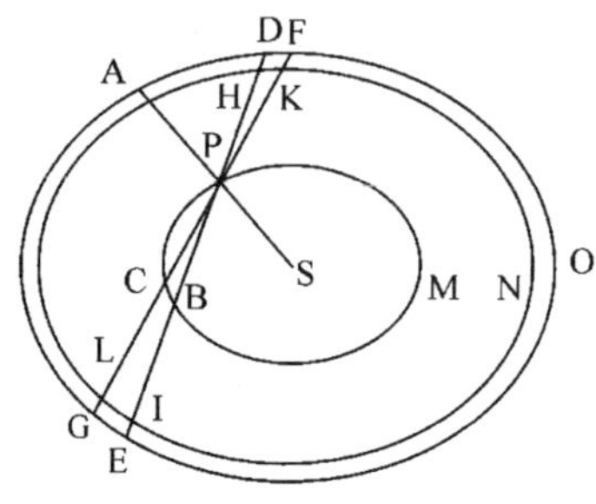

完毕。

命题 92　问题 46

已知吸引物体，求指向其上各点向心力减小的比率。

该已知物体必定是球体、圆柱体或某种规则形状物体，它对应于某种减小率的吸引力规律可以由命题 80，命题 81 和命题 91 求出。然后，通过实验，可以测出在不同距离处的吸引力，求出整个物体的吸引规律，由此，即可求得不同部分的力的减小比率；问题得解。

命题 93　定理 47

如果物体的一面是平面，其余各边都无限伸展，由吸引作用相等的相等粒子组成。当到该物体的距离增大时，其力以大于距离的平方的某次幂的比率减小，一个置于该平面某一侧之前的小球受到整个物体的吸引；则随着到平面距离的增大，整个物体的吸引力将按一个幂的比率减小，幂的底是小球到平面的距离，其指数比距离的幂指数小 3。

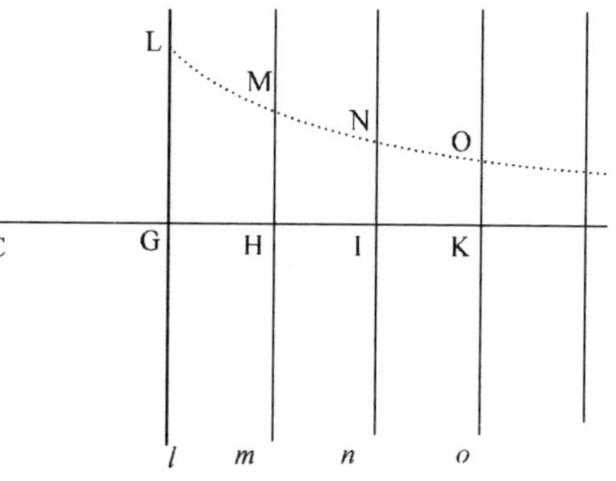

情形 1. 令 LGl 为标界物体的平面。物体位于平面指向 I 一侧，令物体分解为无

数平面 mHM,nIN,oKO 等等,都与 GL 平行。首先设被吸引物体 C 置于物体之外。作 CGHI 垂直于这些平面,并令物体中各点的吸引力按距离的幂的比率减小,幂指数是不小于 3 的数 n。因而(由命题 90 推论Ⅲ)任意平面 mHM 吸引点 C 的力反比于 CH^{n-2}。在平面 mHM 上取长度 HM 反比于 CH^{n-2},则该力正比于 HM。以类似方法,在各平面 lGL,nIN,oKO 等上取长度 GL,IN,KO 等,反比于 CG^{n-2},CI^{n-2},CK^{n-2} 等,这些平面的力正比于如此选取的长度,所以力的和正比于长度的和,即整个物体的力正比于向着 OK 无限延伸的面积 GLOK。而该面积(由已知求面积方法)反比于 CG^{n-3},

所以整个物体的力反比于 CG^{n-3}。

证毕。

情形 2. 令小球 C 置于平面 lGL 的在物体内的另一侧,取距离 CK 等于距离 CG。在平行平面 lGL,oKO 之间的物体局部 $LGloKO$ 对位于其正中的小球 C,既不从一边又不从另一边吸引,相对点的反向作用由于相等而抵消。所以小球只受到位于平面 OK 以外的物体的吸引。而该吸引力(同情形 1)反比于 CK^{n-3},即反比于 CG^{n-3}(因为 CG,CK 相等)。

证毕。

推论Ⅰ. 如果物体 LGIN 的两侧以两个无限的平行平面 LG,IN 为边,它的吸引力可以由整个无限物体 LGKO 的吸引力中减去无限延伸至 KO 的较远部 NIKO 求得。

推论Ⅱ. 如果移去该物体较远的部分,则由于其吸引较之较近部分的吸引小得不可比拟,较近处部分的吸引,将随着距离的增大,近似地以幂 CG^{n-3} 的比率减小。

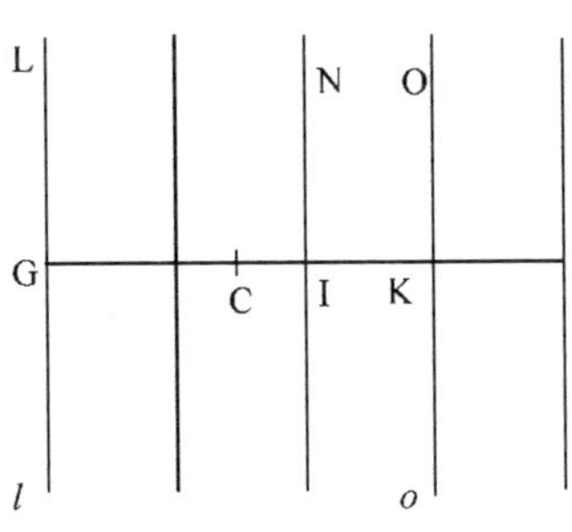

推论Ⅲ. 如果任意有限物体,以平面为其一边,吸引置于平面中间附近的小球,小球与平面间的距离较之吸引物体的尺度极小;且吸引物体由均匀部分

构成,其吸引力随大于距离的四次方的幂减小;则整个物体的吸引力将极近似于以一个幂的比率减小,幂的底是该极小距离,指数比前一指数小了。但该结论不适用于物体的组成粒子的吸引力随距离的三次幂减小的情形;因为,在此情形中,推论Ⅱ中无限物体的较远部分的吸引总是无限大于较近部分的吸引。

附　注

如果一物体被垂直吸引向已知平面,由已知的吸引定律求解该物体的运动;这一问题可以(由命题 39)求出物体沿直线落向平面的运动,再(由运动定律推论Ⅱ)将该运动与沿平行于该平面的直线方向的运动相复合。反之,如果要求沿垂直方向指向平面的吸引力的定律,这种吸引力使物体沿一已知曲线运动,则问题可以沿用第三个问题的方法求解。

不过,如果把纵距分解为收敛级数,运算可以简化。例如,底数 A 除以纵距长度 B 为任意已知角数,该长度正比于底的任意次幂 $A^{\frac{m}{n}}$;求使一物体沿纵距方向被吸引向或推斥开该底的力,物体在该力作用沿纵距上端画出的曲线运动;设该底增加了一个极小的部分 O,把纵距 $(A+O)^{\frac{m}{n}}$ 分解为无限级数。

$$A^{\frac{m}{n}}+\frac{m}{n}OA^{\frac{m-n}{n}}+\frac{mm-mn}{2nn}OOA^{\frac{m-2n}{n}}\text{等等},$$

设吸引力正比于级数中 O 为二次方的项,即正比于$\frac{mm-mn}{2nn}OOA^{\frac{m-2n}{n}}$。所以要求的力正比于$\frac{mm-mn}{nn}A^{\frac{m-2n}{n}}$,或者,等价地,正比于$\frac{mm-mn}{nn}B^{\frac{m-2n}{n}}$。如果纵距画出抛物线,$m=2$,而 $n=1$,力正比于已知量 $2B^0$,因而是已知的。所以,在已知力作用下物体沿抛物线运动,正如伽利略所证明的那样。如果纵距画出双线,$m=0-1$,$n=1$,则力正比于 $2A^{-3}$ 或 $2B^3$;所以正比于纵距的立方的力使物体沿双曲线运动。对此类命题的讨论到此为止,下面我将论述一些与尚未涉及的运动有关的命题。

第14章

受指向极大物体各部分的向心力推动的极小物体的运动

命题94　定理48

如果两个相似的中介物相互分离，其间隔空间以两平行平面为界，一个物体受垂直指向两中介物之一的吸引力或推斥力的作用通过该空间，而不受其他力的推动或阻碍；在距平面距离相等处吸引力是处处相等的，都指向平面的同一侧方向；则该物体进入其中一个平面的入射角的正弦比自另一平面离开的出射角的正弦为一给定比值。

情形1. 令 Aa 和 Bb 为两个平行平面，物体自第一个平面 Aa 沿线 GH 进入，在穿越整个中介空间过程中受到指向作用介质的吸引或推斥，令曲线 HI 表示该作用，而物体又沿线 IK 方向离开。作 IM 垂直于物体离开的平面 Bb，与入射线 GH 的延长线相交于 M，与入射平面 Aa 相交于 R；延长出射线 KI 与 HM 相交于 L。以 L 为圆心，LI 为半径作圆，与 HM 相交于 P 和 Q，与 MI 的延长线相交于 N；首先如果吸引力或推斥力是均匀的，曲线 HI（伽利略曾证明过）是抛物线，其性质是，已知通径乘以直线 IM 等于 HM 的平方；而且线 HM 在 L 处被二等分。如果作 MI 的垂线 LO，则 MO 与 OR 相等，加上相等的 ON，OI，整个 MN，IR 也相等。

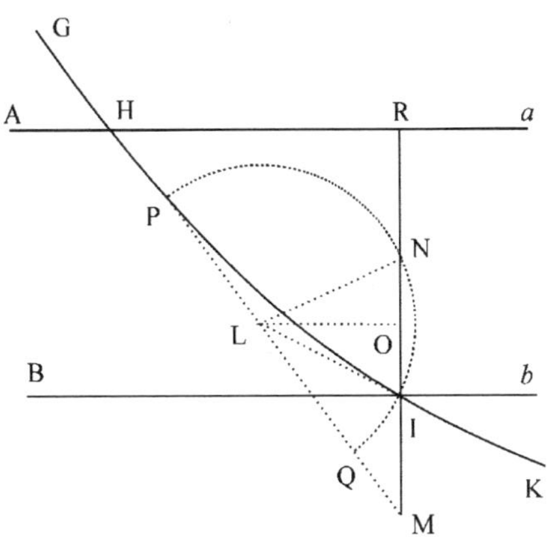

所以,由于 IR 已知,MN 也已知,乘积 MI · MN 比通径乘以 IM,即比 HM^2 也为一已知比值。但乘积 MI · MN 等于乘积 MP · MQ,即比平方差 ML^2-PL^2 或 LI^2;而 HM^2 与其四分之一的平方 ML^2 有给定比值;所以,ML^2-LI^2 与 ML^2 的比值是给定的,把 LI^2 与 ML^2 的比值加以变换,其平方根,LI 比 ML 也是给定值。而在每个三角形中,如 LMI,角的正弦正比于对边,所以入射角 LMR 的正弦比出射角 LIR 的正弦是给定的。

证毕。

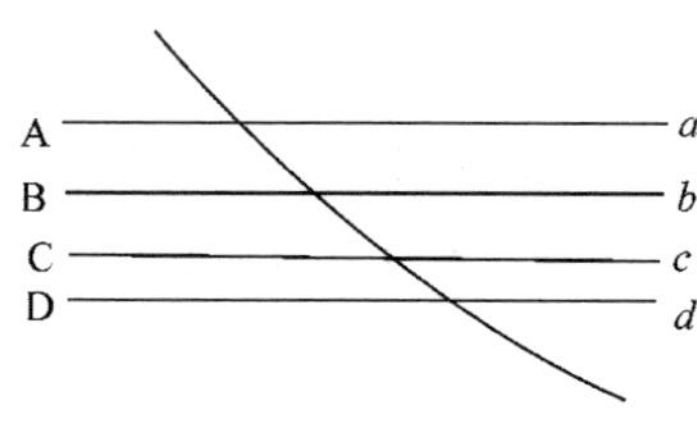

情形 2. 设物体先后通过以平行平面 A*ab*B,B*bc*C 等隔开的若干空间,在其中它分别受到均匀力的作用,但在不同空间中力也不同;由刚才所证明的,在第一平面 A*a* 上,入射角的正弦比由第二个平面 B*b* 出射角的正弦为给定值;而这一在第二个平面 B*b* 上的入射角的正弦比自第三个平面 C*c* 的出射角的正弦也为给定值;这个正弦比自第四个平面的出射角的正弦还是给定值,以此类推到无限;通过将这些量相乘,物体自第一个平面入射角的正弦比自最后一个平面出射角的正弦的比为给定值。现在令平面之间的间隔趋于零,则它们的数目无限增多,使得物体受到规律已知的吸引或推斥力的作用连续运动,它自第一个平面入射角的正弦与自最后一个平面同样为已知的出射角的正弦的比,也是给定值。

证毕。

命题 95 定理 49

在相同条件下,物体入射前的速度与出射后的速度的比等于出射角正弦与入射角正弦的比。

取 AH 等于 I*d* 作垂线 AG,*d*K 与入射线和出射线 GH,IK 相交于 G 和 K。在 GH 上取 TH 等于 IK,在平面 A*a* 上作垂线 T*v*。(由运动定律推动 Ⅱ)将物体运动分解为二部分,一部分垂直于平面 A*a*,

Bb,Cc 等,另一部分与它们平行。沿垂直于这些平面方向作用的吸引或推斥力对沿平行方向的运动无影响,所以在相等时间里物体沿该方向的运动通过线 AG 与点 H 以及点 I 与直线 dK 之间的相等的平行间隔;即在相等的时间里画出相等的线 GH 和 IK。所以入射前的速度比出射后的速度等于 GH 比 IK 或 TH,即等于 AH 或 Id 比 vH,即(设 TH 或 IK 为半径)等于出射角的正弦比入射角的正弦。

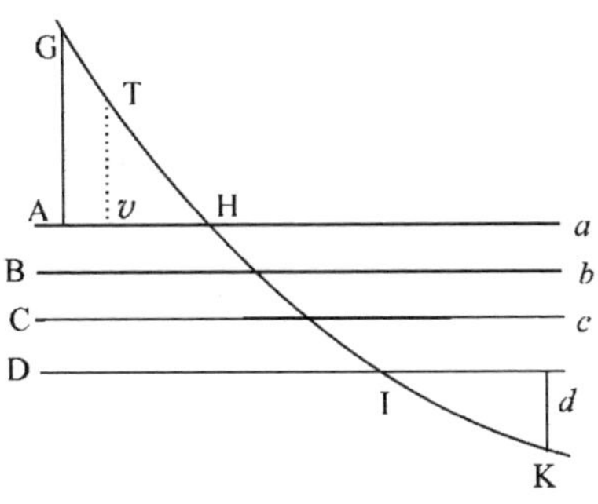

证毕。

命题 96[26] 定理 50

在相同条件下,且入射前的运动快于入射后的运动,则如果入射线是连续偏折的,物体将最终被反射出来,且反射角等于入射角。

设物体与前面一样在平行平面 Aa,Bb,Cc 等等之间通过,画出抛物线弧;令这些弧为 HP,PQ,QR 等。又令入射线 GH 这样倾斜于第一个平面 Aa,使得入射角正弦比正弦与之相等的圆半径,等于同一个入射角正弦比由平面 Dd 进入空间 DdeE 的出射角的正弦;因为现在该出射角正弦与上述半径相等,出射角成为正角,因而出射线与平面 Dd 重合。令物体在 R 点到达该平面;因为出射线与平面重合,物体不可能再达到平面 Ee。但它也不可能沿出射线 Rd 前进;因为它总是受到入射介质的吸引和推斥。所以,它将在平面 Cc 和 Dd 之间返回,画出一个顶点在 R(由伽利略的证明推知)的抛物线弧,以与在 Q 入射的相同角度与平面 Cc 相交于 q;然后沿与入射弧 QP,PH 等相似且相等的抛物线弧 qp,ph 等行进,

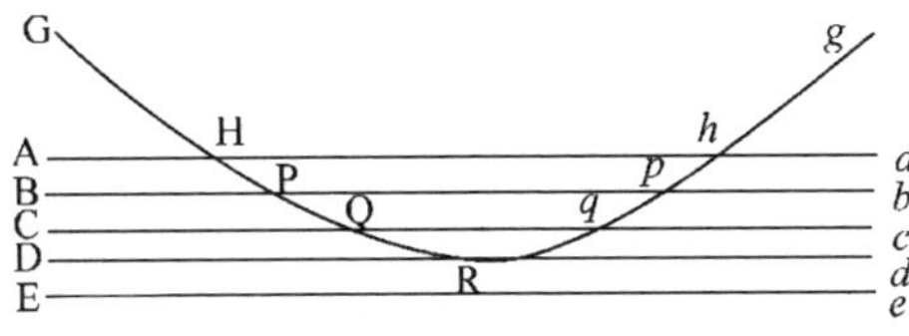

与其余平面以与入射时在 P,H 等处相同的角度在 p,h 等处相交,最后在 h 以与在 H 处进入同一平面相同的倾斜离开第一个平面。现设平面 Aa,Bb,Cc 等的间隔无限缩小,数目无限增多,使按已知规律作用的吸引或推斥力连续变化;则出射角总是等于对应的入射角,直至最后出射角等于入射角。

证毕。

附　　注

这些吸引作用极为类似于斯奈尔(Snell)发现的光的反射和折射角有给定正割比,因而也像笛卡儿所证明的那样有给定正弦比。因为木星卫星的现象已经表明,许多天文学家已经证实,光是连续传播的,从太阳到地球大约需要七八分钟。而且,空气中的光束(最近格里马尔迪〔Grimaldi〕发现,我本人也试验过,光通过小孔射入暗室)经过物体的棱边时,不论物体是透明的或不透明的(如金、银或铜币的圆形成方形边缘,或刀、石块、玻璃的边缘)都像受到它们的吸引一样而围绕物体弯曲或屈折;[27]最靠近物体的光弯曲得最厉害,如像受到最强烈的吸引一样;我也十分仔细地观察了这一现象。距离物体较远的光束弯曲较小;反而远的光束则向相反方向弯曲,形成三个彩色条纹。图中 s 表示刀口,或任意一种楔形 AsB;$gowog$,$fnunf$,$emtme$,$dlsld$ 是沿着弧 owo,nun,mtm,lsl 向刀口弯曲的光束;弯曲的大小程度随到刀口的距离而定。由于光束的这种弯曲发生在刀口以外的空气中,因而落在刀口上的光束必定在接触刀口之前已首先弯曲。落在玻璃上的光束情形也相同。所以,折射不是发生在入射点,而是由光束逐渐的、连续的弯曲造成的;折射部分发生于光束接触玻璃前的空气中,部分发生于(如果我没有想错)入射以后的玻璃中;如图中所示,光束 $ckzc$,

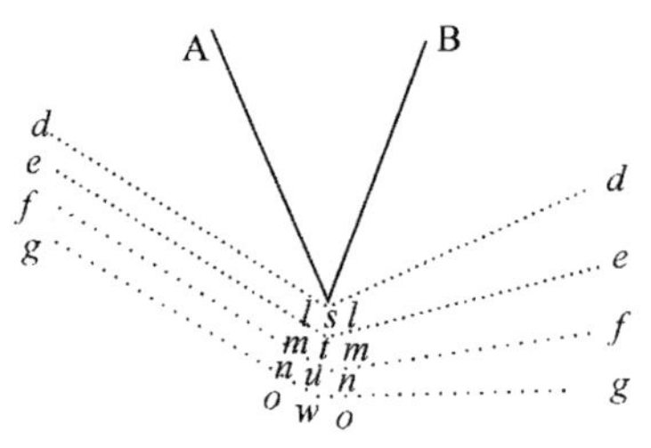

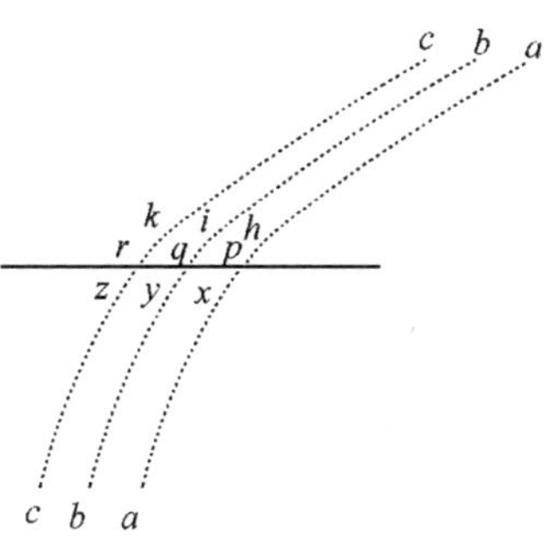

$biyb$，$ahxa$ 落在 r，q，p，弯曲发生在 k 和 z，i 和 y，h 和 x 之间。所以，因为光线的传播与物体的运动相类似，我认为把下述命题付诸光学应用是不会有错的，在此，完全不考虑光线的本质，或探究它们究竟是不是物体；只是假定物体的路径极其相似于光线的路径而已。

命题 97　问题 47

设在任意表面上入射角的正弦与出射角的正弦的比为给定值；且物体路径在表面附近的偏折发生于极小空间内，可以看作是一个点；求能使所有自一给定处所发生的小球会聚到另一给定处所的面。

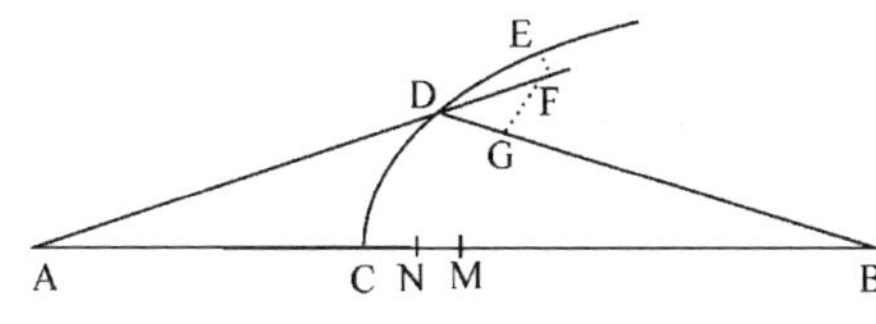

令 A 为小球所要发散的处所；B 为它们所要会聚的处所；CDE 为一曲线，当它绕轴 AB 旋转时即得到所求曲面；D，E 为曲线二个任意点；EF，EG 为物体路径 AD，DB 上的垂线，令点 D 趋近点 E；使 AD 增加的线段 DF 与使 DB 减少的线段 DG 的比，等于入射正弦与出射正弦的比。所以，直线 AD 的增加量与直线 DB 的减少量的比为给定值；因而，如在轴 AB 上任取一点 C，使曲线 CDE 必定经过该点，再按给定比值取 AC 的增量 CM 比 BC 的减量 CN，以 A，B 为圆心，AM，BN 为半径作两个圆相交于点 D；则该点 D 与所要求的曲线 CDE 相切，而且，通过使它在任意处相切，可求出曲线。

完毕。

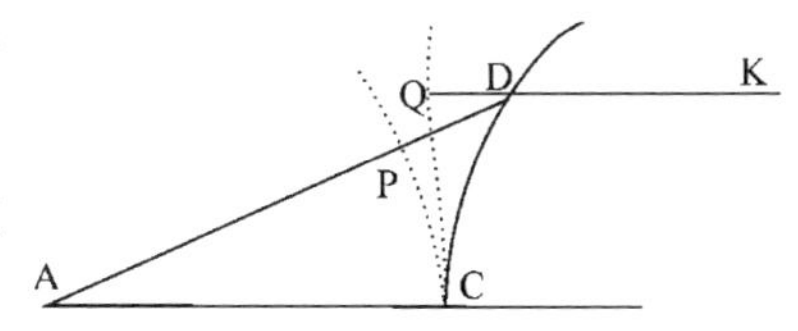

推论Ⅰ. 通过使点 A 或 B 某些时候远至无穷，某些时候又趋向点 C 的另一侧，可以得到笛卡儿在

《光学》和《几何学》中所画的与折射有关的图形。笛卡儿对此发明秘而不宣,我在此昭示于世。

推论Ⅱ. 如果一个物体按某种规律沿直线AD的方向落在任意表面CD上,将沿另一直线DK的方向弹出;由点C作曲线CP,CQ总是与AD,DK垂直;则直线PD,QD的增量,因而由增量产生的直线PD,QD本身相互间的比,将等于入射正弦与出射正弦的比。反之亦然。

命题98 问题48

在相同条件下,如果绕轴AB作任意吸引表面CD,规则的或不规则的,且由给定处所A出发的物体必定经过该面;求第二个吸引表面EF,它使这些物体会聚于一给定处所B。

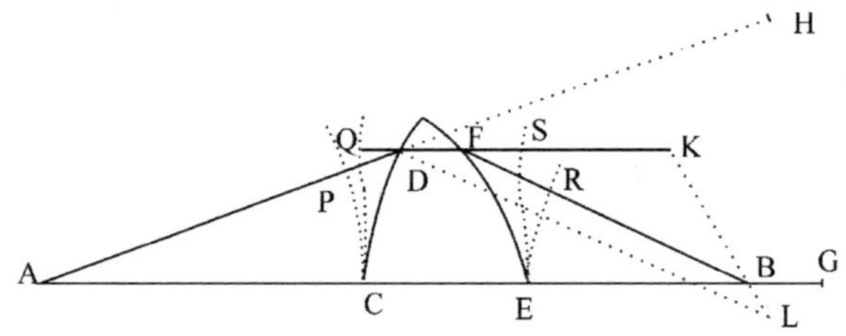

令连线AB与第一个面交于C与第二个面交于E,点D为一任意点。设在第一个面上的入射正弦与出射正弦的比,以及在第二个面上的出射正弦与入射正弦的比,等于任意给定量M比另一任意给定量N;延长AB到G,使BG比CE等于M－N比N;延长AD到H,使AH等于AG;延长DF到K,使DK比DH等于N比M。连接KB,以D为圆心,DH为半径画圆与KB延长线相交于L,作BF平行于DL;则点F与直线EF相切,当它绕轴AB转动时,即得到要求的面。

完毕。

设曲线CP,CQ分别处处垂直于AD,DF,曲线ER,ES垂直于FB,FD,因而QS总是等于CE;而且(由命题97推论Ⅱ)PD比QD等于M比N,所以等于DL比DK,或FB比FK;由相减法,等于DL－FB或PH－PD－FB比FD或FQ－QD;由相加法,等于PH－FB比

FQ，即（因为 PH 与 CG，QS 与 CE 相等），等于 CE＋BG－FR 比 CE－FS。而（因为 BG 比 CE 等于 M－N 比 N）CE＋BG 比 CE 等于 M 比 N；所以，由相减法，FR 比 FS 等于 M 比 N；所以（由命题 97 推论 Ⅱ）表面 EF 把沿 DF 方向落于其上的物体沿线 FR 弹射到处所 B。

证毕。

附　注

用同样的方法可以推广到三个或更多个面。但在所有形状中，球形最适于光学应用。如果望远镜的物镜由两片球形玻璃制成，它们之间充满水，则利用水的折射来纠正玻璃外表面造成的折射误差到足够精度不是不可能的。这样的物镜比凸透镜或凹透镜好，不仅由于它们易于制作，精度高，还由于它们能精确折射远离镜轴的光线。但不同光线有不同的折射率，致使光学仪器终究不能用球形或任何其他形状而臻于完美。除非能纠正由此产生的误差，否则校正其他误差的所有努力都将是徒劳的。

位于伍尔索普村的牛顿故居。(王克迪 摄)

第二编

物体(在阻滞介质中)的运动

• *Book Ⅱ. The Motion of Bodies (In Resistinc Mediums)* •

受与速度成正比的阻力作用的物体运动——受正比于速度平方的阻力作用的物体运动——物体受部分正比于速度部分正比于速度平方的阻力的运动——物体在阻滞介质中的圆运动——流体密度和压力;流体静力学——摆体的运动与阻力——流体的运动,及其对抛体的阻力——通过流体传播的运动——流体的圆运动

剑桥大学三一学院正门。

第1章
受与速度成正比的阻力作用的物体运动

命题1　定理1

如果一个物体受到的阻力与其速度成正比，则阻力使它损失的运动正比于它在运动中所掠过的距离。

因在每个相等的时间间隔里损失的运动都正比于速度，即，正比于掠过距离的微小增量，所以，通过加以复合知，整个时间中损失的运动正比于掠过的距离。

证毕。

推论. 如果该物体不受任何引力作用，仅靠其惯性力推动在自由空间中运动，并且已知其开始运动时的全部运动，以及它掠过部分路程后剩余的运动，则也可以求出该物体能在无限时间中所掠过的总距离。因为该距离比现已掠过的距离等于开始时的总运动比该运动中已损失的部分。

引　理　1

正比于其差的几个量连续正比。

令 A∶(A－B)＝B∶(B－C)＝C∶(C－D)＝等等；

则由相减法，

A∶B＝B∶C＝C∶D＝等等。

证毕。

命题2　定理2

如果一个物体受到正比于其速度的阻力，并只受其惯性力的推动

而运动，通过均匀介质，把时间分为相等的间隔，则在每个时间间隔的开始时的速度形成几何级数，而其间掠过的距离正比于该速度。

情形 1. 把时间分为相等间隔；如果设在每个间隔开始时阻力以正比于速度的单次冲击对物体作用，则每个间隔里速度的减少量都正比于同一个速度。所以这些速度正比于它们的差，因而(根据第二编引理1)连续正比。所以，如果越过相等的间隔数把任意相等的时间部分加以组合，则在这些时间开始时的速度正比于从一个连续级数中越过相等数目的中间项取出的项。但这些项的比值是由中间项相等比值重复组合得到的，因而是相等的。所以正比于这些项的速度，也构成几何级数，令相等的时间间隔趋于零，其数目趋于无限，使阻力的冲击复得连续；则在相等时间间隔开始时连续正比的速度这时也连续正比。[28]

证毕。

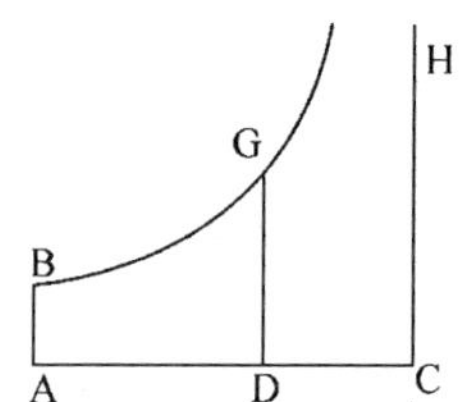

情形 2. 由相减法，速度的差，即每个时间间隔中所失去的速度部分正比于总速度；而每个时间间隔中掠过的距离正比于失去的速度部分(由第一编，命题 1)，因而也正比于总距离。

证毕。

推论. 如果关于直角渐近线 AC，CH 作双曲线 BG，再作 AB，DG 垂直于渐近线 AC，把运动开始时物体的速度和介质阻力用任意已知线段 AC 表示，而若干时间以后的用不定直线 DC 表示；则时间可以由面积 ABGD 表示，该时间中掠过的距离可以由线段 AD 表示。因为，如果该面积随着点 D 的运动而与时间一样均匀增加，则直线 DC 将按几何比率随速度一同减少；而在相同时间里所画出的直线 AC 部分，也将以相同比率减少。

命题 3　问题 1

求在均匀介质中沿直线上升或下落的物体的运动，其所受阻力正比于其速度，还有均匀重力作用于其上。

设物体上升，令任意给定矩形 BACH 表示重力；而直线 AB 另一侧的矩形 BADE 表示上升开始时的介质阻力。通过点 B，关于直角渐近线 AC，CH 作一双曲线，与垂线 DE，de 相交于 G，g；上升的物体在时间 DGgd 内掠过距离 EGge；在时间 DGBA 内掠过整个上升距离 EGB；在时间 ABKI 内掠过下落距离 BFK；在时间 IKki 内掠过下落距离 KFfk；而物体在此期间的速度(正比于介质阻力)分别为 ABED，ABed，0，ABFI，ABfi；物体下落所获得的最大速度为 BACH。

因为，把矩形 BACH 分解为无数小矩形 Ak，Kl，Lm，Mn 等，它们将正比于在同样多相等时间间隔内产生的速度增量；则 0，Ak，Al，Am，An 等正比于总速度，因而(由命题)正比于每个时间间隔开始时的介质阻力。取 AC 比 AK，或 ABHC 比 ABkK 等于第二个时间间隔开始时的重力比阻力；则从重力中减去阻力，ABHC，KkHC，LlHC，MmHC 等等，将正比于在每个时间间隔开始时使物体受到作用的绝对力，因而(由定律 I)正比于速度的增量，即，正比于矩形 Ak，Kl，Lm，Mn 等等，因而(由第一编引理 1)组成几何级数。所以，如果延长直线 Kk，Ll，Mm，Nn 等等使之与双曲线相交于 q，r，s，t 等，则面积 ABqK，KqrL，LrsM，MstN 等将相等，因而与相等的时间以及相等的重力相似。但面积 ABqK(由第一编引理 7 推论Ⅲ和引理 8)比面积 Bkq 等于 Kq 比 $\frac{1}{2}kq$，或 AC 比 $\frac{1}{2}$AK，即等于重力比第一个时间间隔中间时刻的阻力。由类似理由，面积 qKLr，rLMs，sMNt 等等比面积 $qklr$，$rlms$，$smnt$ 等等，等于重力比第二，第三，第四等等时间间隔

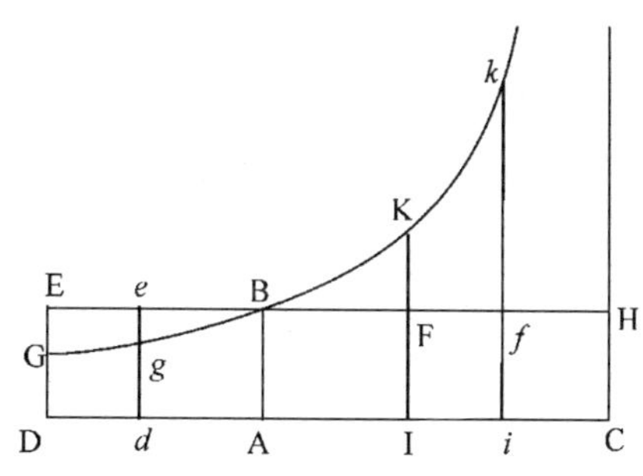

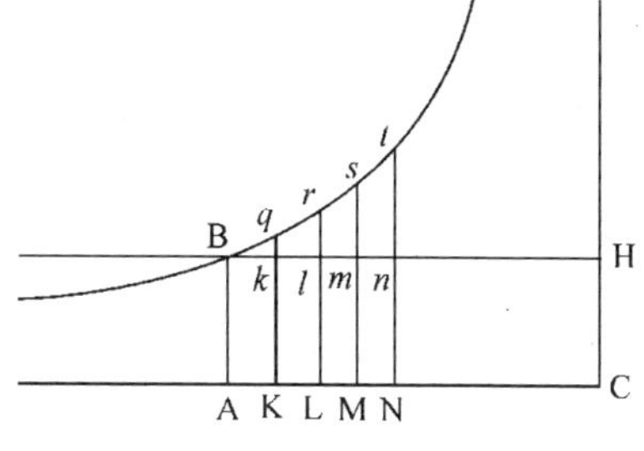

中间时刻的阻力。所以，由于相等于面积 BAK*q*，*q*KL*r*，*r*LM*s*，*s*MN*t* 等等相似于重力，面积 B*kq*，*qklr*，*rlms*，*smnt* 等等也相似于每个时间间隔中间时刻的阻力，即（由命题），相似于速度，也相似于掠过的距离。取相似量以及面积 B*kq*，B*l*r，B*ms*，B*nt* 等等的和，它将相似于掠过的总距离；而面积 AB*q*K，AB*r*L，AB*s*M，AB*t*N 等等也与时间相似。所以，下落的物体在任意时间 AB*r*L 内掠过距离 B*lr*，在时间 L*rt*N 内掠过距离 *rlnt*。

完毕。

上升运动的证明与此相似。

推论Ⅰ. 物体下落所能得到的最大速度比任意已知时间内得到的速度等于连续作用于它之上的已知重力比在该时间末阻碍它运动的阻力。

推论Ⅱ. 时间作算术级数增加时，物体在上升中最大速度与速度的和，以及在下落中它们的差，都以几何级数减少。

推论Ⅲ. 在相等的时间差中，掠过的距离的差也以相同几何级数减少。

推论Ⅳ. 物体掠过的距离是两个距离的差，其一正比于开始下落后的时间，另一个则正比于速度；而这两个（距离）在开始下落时相等。

命题 4　问题 2

设均匀介质中的重力是均匀的，并垂直指向水平面：求其中受正比于速度的阻力作用的抛体的运动。

令抛体自任意处所 D 沿任意直线 DP 方向抛出，在运动开始时的速度以长度 DP 表示。自点 P 向水平线 DC 作垂线 PC，与 DC 相交于 A，使 DA 比 AC 等于开始向上运动时所受到的介质阻力的垂直分量，比重力；或（等价地）使得 DA 与 DP 的乘积比 AC 与 CP 的乘积等于开始运动时的全部阻力比重力。以 DC，CP 为渐近线作任意双曲线 GTBS 与垂线 DG，AB 相交于 G 和 B；作平行四边形 DGKC，其边 GK 与 AB 相交于 Q。取一段长度 N，使它与 QB 的比等于 DC 比 CP；在直线

DC 上任意点 R 作其垂线 RT，与双曲线相交于 T，与直线 EH，GK，DP 相交于 I，t 和 V；在该垂线上取 Vr 等于 $\frac{t\mathrm{GT}}{\mathrm{N}}$，或，等价地，取 R$r$ 等于 $\frac{\mathrm{GTIE}}{\mathrm{N}}$；抛体在时间 DRTG 内将到达点 r，画出曲线 DraF，即点 r 的轨迹；因而将在垂线 AB 上的点 a 达到其最大高度；以后即向渐近线 PC 趋近，它在任意点 r 的速度正比于曲线的切线 rL。

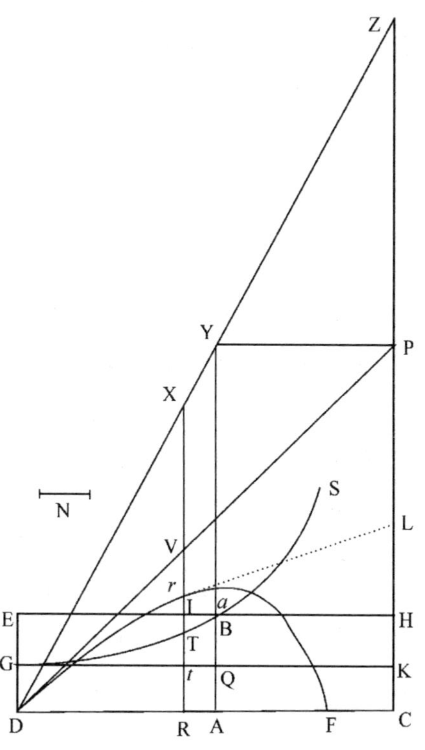

完毕。

因为 N ∶ QB＝DC ∶ CP＝DR ∶ RV，所以 RV 等于 $\frac{\mathrm{DR}\cdot\mathrm{QB}}{\mathrm{N}}$，而且 R$r$（即 RV－V$r$，或 $\frac{\mathrm{DR}\cdot\mathrm{QB}-t\mathrm{GT}}{\mathrm{N}}$）等于 $\frac{\mathrm{DR}\cdot\mathrm{AB}-\mathrm{RDGT}}{\mathrm{N}}$。现在令面积 RDGT 表示时间，且把物体的运动（由运动定律推论Ⅱ）分为两部分，一为向上的，另一为水平的。由于阻力正比于运动，把它也分解为与这二种运动成正比且方向相反的两部分：因而表示水平方向运动的长度（由第二编命题 2）正比于线段 DR，而高度（由第二编命题 3）正比于面积 DR · AB－RDGT，即正比于线段 Rr。但在运动刚开始时面积 RDGT 等于乘积 DR · AQ，因而该线段 Rr 或 $\left(\frac{\mathrm{DR}\cdot\mathrm{AB}-\mathrm{DR}\cdot\mathrm{AQ}}{\mathrm{N}}\right)$ 比 DR 等于 AB－AQ 或 QB 比 N，即等于 CP 比 DC；所以等于开始时向上的运动比水平的运动。由于 Rr 总是正比于高度，DR 总是正比于水平长度，而开始运

动时 Rr 比 DR 等于高度比长度，由此可以推出，Rr 比 DR 总是等于高度比长度；所以物体将沿点 r 的轨迹曲线 DraF 运动。

证毕。

推论Ⅰ. Rr 等于 $\frac{DR \cdot AB}{N} - \frac{RDGT}{N}$；所以，如果延长 RT 到 X，使 RX 等于 $\frac{DR \cdot AB}{N}$，即，如果作平行四边形 ACPY，作 DY 与 CP 相交于 Z，再延长 RT 与 DY 相交于 X；则 Xr 等于 $\frac{RDGT}{N}$，因而正比于时间。

推论Ⅱ. 如果按几何级数选取无数个线段 CR，或等价地，取无数个线段 ZX，则有同样多个线段 Xr 按算术级数与之对应。所以曲线 DraF 很容易用对数表做出。

推论Ⅲ. 如果以 D 为顶点作一抛物线，把直径 DG 向下延长，其通径比 2DP 等于运动开始时的全部阻力比重力，则物体由处所 D 沿直线 DP 方向在均匀阻力的介质中画出曲线 DraF 的速度，与它由同一处所 D 沿同一直线 DP 方向在无阻力介质中画出一抛物线的速度相同。因为在运动刚开始时，该抛物线的通径为 $\frac{DV^2}{Vr}$；而 Vr 等于 $\frac{tGT}{N}$ 或 $\frac{DR \cdot Tt}{2N}$。如果作一条直线与双曲线 GTS 相切于 G，则它平行于 DK[①]，因而 Tt 等于 $\frac{CK \cdot DR}{DC}$，而 N 等于 $\frac{QB \cdot DC}{CP}$。所以 Vr 等于 $\frac{DR^2 \cdot CK \cdot CP}{2DC^2 \cdot QB}$，即(由于 DR 与 DC，DV 与 DP 成正比)，等于 $\frac{DV^2 \cdot CK \cdot CP}{2DP^2 \cdot QB}$；通径 $\frac{DV^2}{Vr}$ 等于 $\frac{2DP^2 \cdot QB}{CK \cdot CP}$，即(因为 QB 与 CK，DA 与 AC 成正比)，等于 $\frac{2DP^2 \cdot DA}{AC \cdot CP}$，所以通径比 2DP 等于 DP · DA 比 CP · AC；即等于阻力比重力。

证毕。

推论Ⅳ. 如果从任意处所 D 以给定速度抛出一物体，抛出方向沿着位置已定的直线 DP，且在运动开始时介质阻力为已知，则可以求出物体

① 原文即如此，疑为笔误。DK 疑为 DC？——译者注

画出的曲线 DraF。因为速度已知，则容易求出抛物线的通径。再取 2DP 比该通径等于引力比阻力，即可求出 DP。然后在 DC 上取 A，使 CP · AC 比 DP · DA 等于重力比阻力，即求得点 A，因此得到曲线 DraF。

推论 Ⅴ. 反之，如果已知曲线 DraF，则可以求出物体在每一个处所 r 的速度和介质的阻力。因为 CP · AC 与 DP · DA 比值已知，则开始运动时的介质阻力，以及抛物线的通径可以求出。因而也可以求出开始运动时的速度，再由切线 rL 的长度即可求得与它成正比的任意处所 r 的速度以及与该速度成正比的阻力。

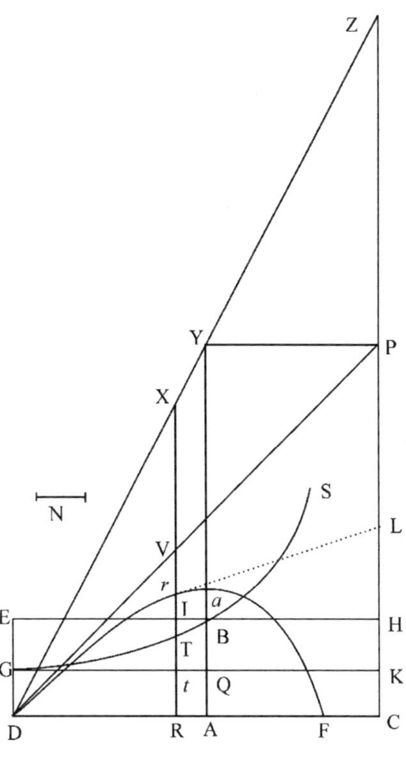

推论 Ⅵ. 由于长度 2DP 比抛物线的通径等于在 D 处的引力比阻力，由速度的增加可知阻力也以相同比率增加，而抛物线通径以该比率的平方增加，容易推知长度 2DP 仅以该简单比率增加；所以它总是正比于速度；角度 CDP 的变化对它的增减没有影响，除非速度也变化。

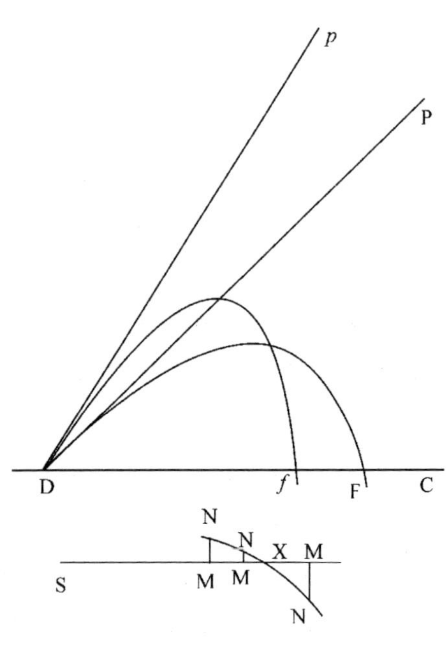

推论Ⅶ. 由此得到一种与该现象很近似的求曲线 D*ra*F 的方法。因而可以求出被抛射物体受到的阻力和速度。由处所 D 沿不同角度 CDP 和 CD*p* 以相同速度抛出两个相等的物体,测知它们落在地平面 DC 上的位置 F,*f*。然后在 DP 或 D*p* 上任取一段长度表示 D 处的阻力,它与重力的比为任意比值,令该比值以任意长度 SM 表示。然后,由该假设长度 DP 计算出长度 DF,D*f*;再由计算出的比值 $\frac{Ff}{DF}$ 减去由实验测出的同一比值;令该差值以垂线 MN 表示。通过不断设定阻力与引力的新比值 SM 得到新的差 MN,重复两到三次,在直线 SM 的一侧画出正差值,另一侧画出负差值;通过点 N,N,N 画出规则曲线 NNN,与直线 SMMM 相交于 X,则 SX 就是要求的阻力与重力的实际比值。由该比值可以计算出长度 DF;而那个与假设长度 DP 的比等于实验测出的长度 DF 与刚计算出的长度 DF 的比的长度,就是 DP 的实际长度。求出这些以后,就既可以得到物体画出的曲线 D*ra*F,又可以得到物体在任一处所的速度和阻力。

附　　注

不过,物体的阻力正比于速度,与其说是物理实际,不如说是数学假设。在完全没有黏度的介质中,物体受到的阻力都正比于速度的平方。因为,运动速度较快的物体在较短时间内把占较大速度中较多比例的运动传递给等量的介质;而在相同时间里,由于受到扰动的介质数量较多,被传递的运动正比于该比比例的平方;而阻力(由运动定律Ⅱ和运动定律Ⅲ)正比于被传递的运动。所以,让我们看看这一阻力定律带来什么样的运动。

第2章 受正比于速度平方的阻力作用的物体运动

命题5 定理3

如果一物体受到的阻力正比于其速度的平方，在均匀介质中运动时只受其惯性力的推动；按几何级数取时间值，并将各项由小到大排列；则每个时间间隔开始时的速度是由一个几何级数的倒数；而每个时间间隔内物体越过的距离相等。

由于介质的阻力正比于速度的平方，而速度的减少正比于阻力：如果把时间分为无数相等间隔，则各间隔开始时速度的平方正比于相同速度的差。令这些时间间隔为直线 CD 上选取的 AK，KL，LM 等等，作垂线 AB，Kk，Ll，Mm 等等，与以 C 为中心，以 CD，CH 为直角渐近线的双曲线 BklmG 相交于 B，k，l，m 等等；则 AB 比 Kk 等于 CK 比 CA，由相减法，AB－Kk 比 Kk 等于 AK 比 CA，交换之，AB－Kk 比 AK 等于 Kk 比 CA；所以等于 AB·Kk 比 AB·CA。所以既然 AK 和 AB·CA 是已知的，AB－Kk 正比于 AB·Kk；最后，当 AB 与 Kk 重合时正比于 AB^2。由类似理由，Kk－Ll，Ll－Mm 等等都分别正比于 Kk^2，Ll^2 等等。所以线段 AB，Kk，Ll，Mm 等等的平方正比于它们的差；所以，既然前面已证明速度的平方正比于它们的差，则这两个级数量是相似的。由此还可以推知这些线段掠过的面积与这些速度掠过的距离也是相似级数。所以，如果以线段 AB 表示第一个时间间隔 AK

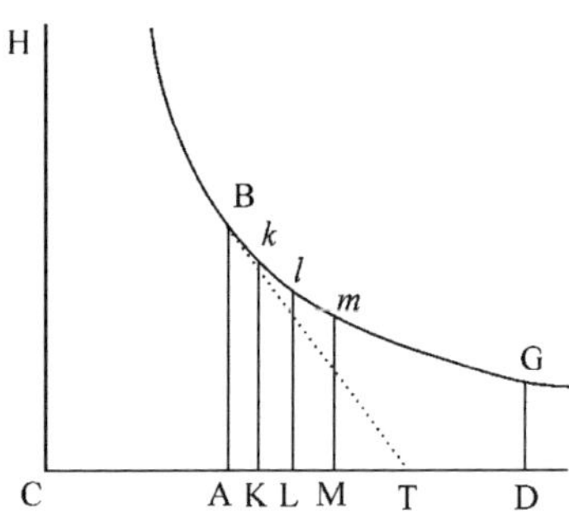

开始时的速度，以线段 Kk 表示第二个时间间隔 KL 开始时的速度，以面积 AKkB 表示第一个时间内掠过的长度，以后的速度可以由以下线段 Ll，Mm 等等来表示，掠过的长度可以由面积 Kl，Lm 等等来表示。经过组合后，如果以 AM 表示全部时间，即各间隔总和，以 AMmB 表示全部长度，即其各部分之总和，设时间 AM 被分割为部分 AK，KL，LM 等等，使得 CA，CK，CL，CM 等按几何级数排列，则这些时间部分也按相同几何级数排列，而对应的速度 AB，Kk，Ll，Mm 等等则按相同级数的倒数排列，而相应的空间 Ak，Kl，Lm 等等都是相等的。

证毕。

推论Ⅰ. 可以推知，如果以渐近线上任意部分 AD 表示时间，以纵坐标 AB 表示该时间开始时的速度，而以纵坐标 DG 表示结束的速度；以邻近的双曲线面积 ABGD 表示掠过的全部距离；则任意物体在相同时间里以初速度 AB 通过无阻力介质的距离，可以由乘积 AB · AD 表示。

推论Ⅱ. 由此，可以求出在阻滞介质中掠过的距离，方法是它与物体在无阻力介质中以均匀速度 AB 掠过的距离的比，等于双曲线面积 ABGD 比乘积 AB · AD。

推论Ⅲ. 也可以求出介质的阻力。在运动刚开始时，它等于一个均匀向心力，该力可以使一个物体在无阻力介质中的时间 AC 内获得下落速度 AB。因为如果作 BT 与双曲线相切于 B，与渐近线相交于 T，则直线 AT 等于 AC，它表示该均匀分布的阻力完成抵消速度 AB 所需的时间。

推论Ⅳ. 由此还可以求出该阻力与重力或其他任何已知向心力的比例。

推论Ⅴ. 反之，如果已知该阻力与任何已知向心力的比值，则可以求出时间 AC，在该时间内与阻力相等的向心力可以产生正比于 AB 的速度；由此也可以求出点 B，通过它可以画出以 CH，CD 为渐近线的双曲线；还可以求出空间 ABGD，它是物体以开始运动时的速度 AB

在任意时间 AD 内掠过均匀阻滞介质的空间。

命题 6 定理 4

均匀而相等的球体受到正比于速度平方的阻力，在惯性力的推动下运动，它们在反比于初始速度的时间内掠过相同的距离，而失去的速度部分正比于总速度。

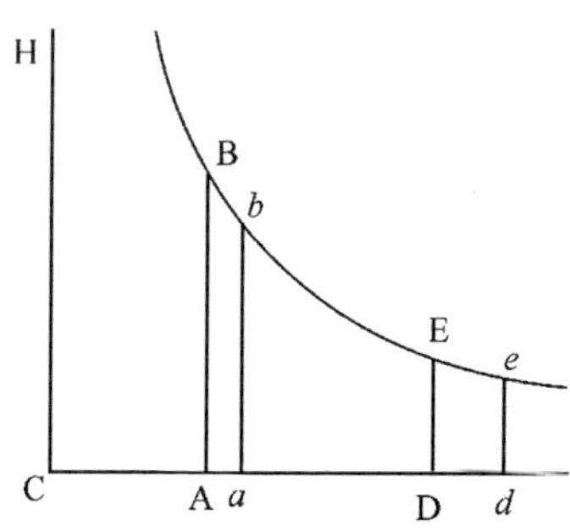

以 CD,CH 为直角渐近线作任意双曲线 B*b*E*e*，与垂线 AB,*ab*,DE,*de* 相交于 B,*b*,E,*e*；令垂线 AB,DE 表示初速度，线段 A*a*,D*d* 表示时间。因而（由假设）A*a* 比 D*d* 等于 DE 比 AB，也（由双曲线性质）等于 CA 比 CD；经过组合知，等于 C*a* 比 C*d*。所以，面积 AB*ba*,DE*ed*，即掠过的距离，相互间相等，而初速度 AB,DE 正比于末速度 *ab*,*de*；所以，由相减法，正比于速度所失去的部分 AB－*ab*,DE－*de*。

证毕。

命题 7 定理 5

如果球体的阻力正比于速度的平方，则在正比于初速度反比于初始阻力的距离内，它们失去的运动正比于其全部，而掠过的空间正比于该时间与初速度的乘积。[29]

因为运动所失去的部分正比于阻力与时间的乘积，所以该部分应正比于全部，阻力与应正比于运动的时间的乘积，所以时间正比于运动反比于阻力。所以在以该比值选取的时间间隔内，物体所失去的运动部分总是正比于其全部，因而余下的速度也总正比于初速度。因为速度的比值是给定的，它们所掠过的空间正比于初速度与时间的乘积。

证毕。

推论Ⅰ. 如果速度相同的球体所受阻力正比于直径的平方,不论均匀球体以什么样的速度运动,在掠过正比于其直径的距离后,所失去的运动部分都正比于其全部。因为每个球的运动都正比于其速度与质量的乘积,即正比于速度与其直径立方的乘积;阻力(由命题)则正比于直径的平方与速度的平方的乘积;而时间(由命题)与前者成正比,与后者成反比;所以,正比于时间与速度的距离也正比于直径。

推论Ⅱ. 如果速度相同的物体的阻力正比于其直径的$\frac{3}{2}$次幂,则以任意速度运动的均匀球体在掠过正比于其直径$\frac{3}{2}$次幂的距离后,所失去的运动部分正比于其全部。

推论Ⅲ. 一般而言,如果速度相同的物体受到的阻力正比于直径的任意次幂,则以任意速度运动的均匀球体,在失去其运动的部分正比于总运动量时,所掠过的距离正比于直径的立方除以该幂。令球体直径为 D 和 E;如果在速度相等时阻力正比于 D^{3-n} 和 E^{3-n},则球体以任意速度运动并失去其运动的部分正比于全部时,所掠过的距离正比于 D^{3-n} 和 E^{3-n},而对于均匀球体,其掠过空间正比于 D^{3-n} 和 E^{3-n},则所余下的速度相互间的比等于开始时的比。

推论Ⅳ. 如果球是不均匀的,较密的球所掠过的距离的增加正比于密度。因为在相等速度下,运动正比于密度,而时间(由命题)也正比于运动增加,所掠过的距离则正比于时间。

推论Ⅴ. 如果球在不同的介质中运动,在其他条件相同时,在阻力较大的介质中,距离正比于该较大阻力减小。因为时间(由命题)的减少正比于增加的阻力,而距离正比于时间。

引　理　2

任一生成量(genitum)的瞬(moment)等于各生成边(generating sides)的瞬乘以这些边的幂指数,再乘以它们的系数,然后再求总和。

我称之为生成量的任意量,不是由若干分立部分相加或相减形成的，而是在算术上由若干项通过相乘、相除或求方根产生或获得的；在几何上则由求容积和边，或求比例外项和比例中项形成。这类量包括有乘积、商、根、长方形、正方形、立方体、边的平方和立方以及类似的量。在此，我把这些量看作是变化的和不确定的，可随连续的运动或流动增大或减小。所谓瞬，即指它们的瞬时增减；可以认为，呈增加时瞬为正值，呈减少时瞬为负值。但应注意这不包括有限小量。[30]有限小量不是瞬，却正是瞬所产生的量。我们应把它们看作是有限的量所刚刚新生出的份额。在此引理中我们也不应将瞬的大小，而只应将瞬的初始比，看作是新生的。如果不用瞬，则可以用增加或减少(也可以称作量的运动、变化和流动)的速率，或相应于这些速率的有限量来代替，效果相同。所谓生成边的系数，指的是生成量除以该边所得到的量。

因此，本引理的含义是，如果任意量 A，B，C 等由于连续的流动而增大或减小，而它们的瞬或与它们相应的变化率以 a，b，c 来表示，则生成量 AB 的瞬或变化等于 $a\mathrm{B}+b\mathrm{A}$；容积 ABC 的瞬等于 $a\mathrm{BC}+b\mathrm{AC}+c\mathrm{AB}$；而这些变量所产生的幂 A^2，A^3，A^4，$\mathrm{A}^{\frac{1}{2}}$，$\mathrm{A}^{\frac{3}{2}}$，$\mathrm{A}^{\frac{1}{3}}$，$\mathrm{A}^{\frac{2}{3}}$，A^{-1}，A^{-2}，$\mathrm{A}^{-\frac{1}{2}}$ 的瞬分别为 $2a\mathrm{A}$，$3a\mathrm{A}^2$，$4a\mathrm{A}^3$，$\frac{1}{2}a\mathrm{A}^{-\frac{1}{2}}$，$\frac{3}{2}a\mathrm{A}^{\frac{1}{2}}$，$\frac{1}{3}a\mathrm{A}^{-\frac{2}{3}}$，$\frac{2}{3}a\mathrm{A}^{-\frac{1}{3}}$，$-a\mathrm{A}^{-2}$，$-2a\mathrm{A}^{-3}$，$-\frac{1}{2}a\mathrm{A}^{-\frac{3}{2}}$；一般地，任意幂 $\mathrm{A}^{\frac{n}{m}}$ 的瞬为 $\frac{n}{m}a\mathrm{A}^{\frac{n-m}{m}}$。生成量 $\mathrm{A}^2\mathrm{B}$ 的瞬为 $2a\mathrm{AB}+b\mathrm{A}^2$；生成量 $\mathrm{A}^3\mathrm{B}^4\mathrm{C}^2$ 的瞬为 $3a\mathrm{A}^2\mathrm{B}^4\mathrm{C}^2+4b\mathrm{A}^3\mathrm{B}^3\mathrm{C}^2+2c\mathrm{A}^3\mathrm{B}^4\mathrm{C}$；生成量 $\frac{\mathrm{A}^3}{\mathrm{B}^2}$ 或 $\mathrm{A}^3\mathrm{B}^{-2}$ 的瞬为 $3a\mathrm{A}^2\mathrm{B}^{-2}-2b\mathrm{A}^3\mathrm{B}^{-3}$；以此类推。本引理可以这样证明：[31]

情形 1. 任一矩形，如 AB，由于连续的流动而增大，当边 A 和 B 尚缺少其瞬的一半 $\frac{1}{2}a$ 和 $\frac{1}{2}b$ 时，等于 $\left(\mathrm{A}-\frac{1}{2}a\right)$ 乘以 $\left(\mathrm{B}-\frac{1}{2}b\right)$，或者 $\mathrm{AB}-\frac{1}{2}a\mathrm{B}-\frac{1}{2}b\mathrm{A}+\frac{1}{4}ab$；而当边 A 和 B 长出半个瞬时，乘积变为

$\left(A+\frac{1}{2}a\right)$乘以$\left(B+\frac{1}{2}b\right)$，或者 $AB+\frac{1}{2}aB+\frac{1}{2}bA+\frac{1}{4}ab$。将此乘积减去前一个乘积，余下差$aB+bA$。所以当变量增加 a 和 b 时，乘积增加 $aB+bA$。

证毕。

情形 2. 设 AB 恒等于 G，则容积 ABC 或 CG(由情形 1)的瞬为 $gC+cG$，即(以 AB 和 $aB+bA$ 代替 G 和 g)，$aBC+bAC+cAB$。不论容积有多少个边，瞬的求法与此相同。

证毕。

情形 3. 设变量 A，B 和 C 恒相等；则 A^2，即乘积 AB 的瞬 $aB+bA$ 变为 $2aA$；而 A^3，即容积 ABC 的瞬 $aBC+bAC+cAB$ 变为 $3aA^2$。同样地，任意幂 A^n 的瞬是 naA^{n-1}。

证毕。

情形 4. 由于$\frac{1}{A}$乘以 A 是 1，则$\frac{1}{A}$的瞬乘以 A，再加上$\frac{1}{A}$乘以 a，就是 1 的瞬，即等于零。所以，$\frac{1}{A}$，或 A^{-1} 的瞬是$\frac{-a}{A^2}$。一般地，由于$\frac{1}{A^n}$乘 A^n 等于 1，$\frac{1}{A^n}$的瞬乘以 A^n 再加上$\frac{1}{A^n}$乘以 naA^{n-1} 等于零。所以$\frac{1}{A^n}$或 A^{-n} 的瞬是$-\frac{na}{A^{n+1}}$。

证毕。

情形 5. 由于 $A^{\frac{1}{2}}$ 乘以 $A^{\frac{1}{2}}$ 等于 A，$A^{\frac{1}{2}}$ 的瞬乘以 $2A^{\frac{1}{2}}$ 等于 a(由情形 3)；所以，$A^{\frac{1}{2}}$ 的瞬等于$\frac{a}{2A^{\frac{1}{2}}}$或$\frac{1}{2}aA^{-\frac{1}{2}}$。推而广之，令 $A^{\frac{m}{n}}$ 等于 B，则 A^m 等于 B^n，所以 maA^{m-1} 等于 nbB^{n-1}，maA^{-1} 等于 nbB^{-1}，或 $nbA^{-\frac{m}{n}}$；所以$\frac{m}{n}aA^{\frac{n-m}{n}}$等于 b，即等于 $A^{\frac{m}{n}}$ 的瞬。

证毕。

情形 6. 所以，生成量 $A^m B^n$ 的瞬等于 A^m 的瞬乘以 B^n，再加上 B^n 的瞬乘以 A^m，即 $maA^{m-1}B^n+nbB^{n-1}A^m$；不论幂指数 m 和 n 是整数还是分数，是正数还是负数，对于更高次幂也是如此。

证毕。

推论 Ⅰ. 对于连续正比的量[32]，如果其中一项已知，则其余项的变化率正比于该项乘以该项与已知项间隔项数。令 A、B、C、D、E、F 连续正比；如果 C 为已知，则其余各项的瞬之间的比为 $-2A$，$-B$，D，2E，3F。

推论 Ⅱ. 如果在四个正比量里两个中项为已知，则端项的变化率正比于该端项。这同样适用于已知乘积的变量。

推论 Ⅲ. 如果已知两个平方的和或差，则边的瞬反比于该边。

附　注[33]

我在 1672 年 12 月 10 日致科林斯(J. Collins)①先生的信中，曾谈到一种作切线方法，我猜测它与司罗斯(Sluse)②当时尚未发表的方法是相同的，这封信中说：

这是一种普适方法的特例或更是一种推论，它不仅可以毫不困难地推广到求作无论是几何的还是力学的曲线的切线，或与直线及其他曲线有关的方法中，还可用于解决有关曲率、面积、长度、曲线的重心等困难问题；它还不(像许德③的求极大值与极小值方法那样)仅限于不含不尽根量的方程，把我的方法和这种方法联合运用于求解方程，可将它们化简为无限级数。

以上是那封信中的一段话。其中最后几句是针对我在 1671 年写

① John Collins(1625—1683)，英国代数学家。未受过大学教育，1667 年当选皇家学会会员。曾与当时的科学家(主要是数学家)有大量书信交往。——译者注

② Rene-Francois de Sluse(1622—1685)，法国业余数学家，与巴斯卡、惠更斯、瓦里斯等有大量书信交往，1674 年当选为皇家学会会员。——译者注

③ John van Waveren Hudde(1628—1704)，荷兰数学家。英译本误作 Hudden。——译者注

成的一篇关于这项专题研究的论文的。这个普适方法的基础已包含在上述引理中。

命题 8　定理 6

如果均匀介质中的物体在重力的均匀作用下沿一条直线上升或下落；将它所掠过的全部空间分为若干相等部分，并将各部分起点(根据物体上升或下落，在重力中加上或减去阻力)与绝对力对应起来：则这些绝对力组成几何级数。

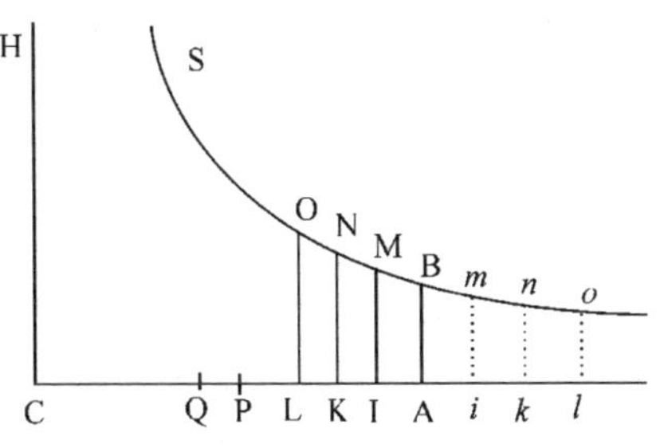

令已知线段 AC 表示重力;不定线段 AK 表示阻力;二者的差 KC 表示下落物体的绝对力;线段 AP 表示物体速度，它是 AK 和 AC 的比例中项，因而正比于阻力的平方根，短线段 KL 表示给定时间间隔中阻力的增量，而短线段 PQ 表示速度的瞬时增量；以 C 为中心，以 CA，CH 为直角渐近线，作双曲线 BNS 与垂线 AB，KN，LO 相交于 B，N 和 O。因为 AK 正比于 AP^2，其中一个的瞬 KL 正比于另一个的瞬 2AP · PQ，即，正比于 AP · KC；因为速度的增量 PQ(由定律Ⅱ)正比于产生它的力 KC。将 KL 的比乘以 KN 的比，则乘积 KL · KN 正比于 AP · KC · KN；即(因为乘积 KC · KN 已知)，正比于 AP，但双曲线 KNOL 的面积与矩形 KL · KN 的最后比，在点 K 与 L 重合时，变为相等比。所以，双曲线趋于零的面积正比于 AP。所以整个双曲线面积 ABOL 由总是正比于速度 AP 的间隔组成；因而它本身也正比于速度掠过的距离。现将该距离分为若干相等部分 ABMI，IMNK，KNOL 等等，则对应的绝对力 AC，IC，KC，LC 等等构成几何级数。

证毕。

由类似理由，在物体的上升中，在点 A 的另一侧取相等面积

ABmi，$imnk$，$knol$ 等等，则可以推知绝对力 AC，iC，kC，lC 等连续正比。所以如果整个上升和下降空间分为相等部分，则所有的绝对力 lC，kC，iC，AC，IC，KC，LC 等等构成连续正比。

证毕。

推论Ⅰ. 如果以双曲线面积 ABNK 表示掠过的空间，则重力，物体的速度和介质的阻力，可以分别用线段 AC，AP 和 AK 表示；反之亦然。

推论Ⅱ. 物体在无限下落中所能达到的最大速度可以线段 AC 表示。

推论Ⅲ. 如果对应于已知速度的介质阻力为已知，则可以求出最大速度。方法是令它比该已知速度等于重力比该已知阻力的平方根。

命题 9　定理 7

设上述证明成立，如果取圆与双曲线张角的正切正比于速度，再取一适当大小的半径，则物体上升到最高处所的总时间正比于圆的扇形，而由最高处下落的总时间正比于双曲线的扇形。

在表示重力的直线 AC 上作与之相等的垂线 AD，以 D 为圆心，AD 为半径作一个四分之一圆 AtE，再作直角双曲线 AVZ，其轴为 AK，顶点为 A，渐近线为 DC。作 Dp，DP；则圆扇形 AtD 正比于上升到最高处所的总时间；而双曲线扇形 ATD 则正比于由该最高处下落的总时间；如果这成立，则切线 Ap，AP 正比于速度。

情形 1. 作 Dvq 在扇形 ADt 和三角形 ADp 上切下瞬或同时掠过的小间隔 tDv 和 qDp。由于这些间隔（因为属于共同角 D）正比于边的平方，间隔 tDv 正比于$\frac{q\mathrm{D}p \cdot t\mathrm{D}^2}{p\mathrm{D}^2}$，即（因为 tD 已知），正比于$\frac{q\mathrm{D}p}{p\mathrm{D}^2}$。但 $p\mathrm{D}^2$ 等于 $\mathrm{AD}^2+\mathrm{A}p^2$，即，$\mathrm{AD}^2+\mathrm{AD}\cdot\mathrm{A}k$，或者 $\mathrm{AD}\cdot\mathrm{C}k$；而 qDp 等于 $\frac{1}{2}\mathrm{AD}\cdot pq$。所以扇形间隔 tDv 正比于$\frac{pq}{\mathrm{C}k}$；即正比于速度的减小量 pq，反比于减慢速度的力 Ck；所以正比于对应于速度减量的时间间隔。通过组合，在扇形 ADt 中所有间隔 tDv 的总和正比于对应于不

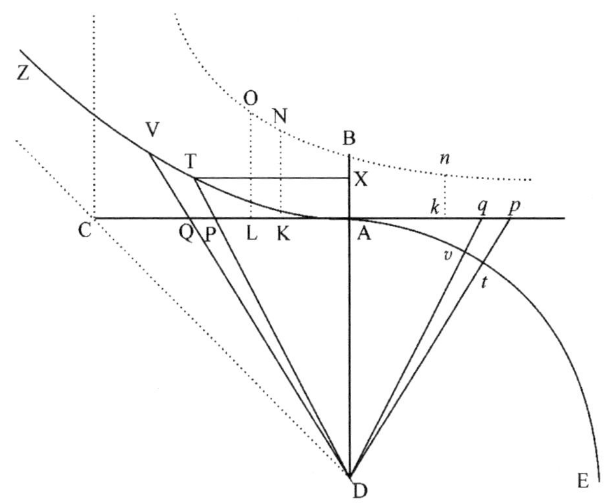

断变慢的速度 Ap 所失去的每一个小间隔 pq 的时间间隔的总和，直到该趋于零的速度消失；即，整个扇形 ADt 正比于上升到最高处所的时间。

证毕。

情形 2. 作 DQV 在扇形 DAV 和三角形 DAQ 上割下小间隔 TDV 和 PDQ；这两个小间隔相互间的比等于 DT^2 比 DP^2，即（如果 TX 与 AP 平行）等于 DX^2 比 DA^2 或 TX^2 比 AP^2；由相减法，等于 DX^2-TX^2 比 DA^2-AP^2，但由双曲线性质知，DX^2-TX^2 等于 AD^2；而由命题所设条件，AP^2 等于 AD·AK。所以二间隔相互间的比等于 AD^2 比 $AD^2-AD\cdot AK$；即等于 AD 比 AD－AK 或 AC 比 CK；所以扇形的间隔 TDV 等于 $\frac{PDQ\cdot AC}{CK}$；所以（因为 AC 与 AD 已知）等于 $\frac{PQ}{CK}$；即，正比于速度的增量，反比于产生该增量的力；所以正比于对应于该增量的时间间隔。通过组合知，使速度 AP 产生全部增加量 PQ 的总时间间隔，正比于扇形 ATD 的间隔；即总时间正比于整个扇形。

证毕。

推论Ⅰ. 如果 AB 等于 AC 的四分之一部分，则在任意时间内物体下落所掠过的距离，比物体以其最大速度 AC 在同一时间内匀速运动所掠过的距离，等于表示下落掠过的距离的面积 ABNK 比表示时间的面积 ATD。因为

$$AC : AP = AP : AK$$

由本编引理 2 推论 I，

$$LK : PQ = 2AK : AP = 2AP : AC,$$

所以 $$LK : \frac{1}{2}PQ = AP : \frac{1}{4}AC \text{ 或 } AB,$$

而由于 $$KN : AC \text{ 或 } AD = AD : CK,$$

将对应项相乘，

$$LKNO : DPQ = AP : CK。$$

如上所述，

$$DPQ : DTV = CK : AC。$$

所以， $$LKNO : DTV = AP : AC;$$

即，等于落体速度比它在下落中所能获得的最大速度。所以，由于面积 ABNK 和 ATD 的变化率 LKNO 和 DTV 正比于速度，在同一时间里产生的这些面积的所有部分正比于同一时间里掠过的空间；所以自下落开始后产生的整个面积 ABNK 和 ADT，正比于下落的全部空间。

证毕。

推论 Ⅱ. 物体上升所掠过的空间情况相同，也就是说，总距离比同一时间中以均匀速度 AC 掠过的距离，等于面积 ABnK 比扇形 ADt。

推论 Ⅲ. 物体在时间 ATD 内下落的速度，比它同一时间里在无阻滞空间中所可能获得的速度，等于三角形 APD 比双曲线扇形 ATD。因为在无阻滞介质中速度正比于时间 ATD，而在有阻滞介质中正比于 AP，即正比于三角形 APD。而在刚开始下落时，这些速度与面积 ATD，APD 一样，都是相等的。

推论 Ⅳ. 同理，上升速度比物体相同时间里在无阻滞空间中所损失的上升运动，等于三角形 ApD 比圆扇形 AtD；或等于直线 Ap 比

弧 At。

推论Ⅴ. 所以，物体在有阻力介质中下落所获得的速度 AP，比它在无阻力空间中下落获得最大速度 AC 所需时间，等于扇形 ADT 比三角形 ADC；而物体在无阻力介质中由于上升而失去速度 Ap 的时间，比它在有阻力介质中上升失去相同速度所需时间，等于弧 At 比切线 Ap。

推论Ⅵ. 由已知时间可以求出上升或下落的距离。因为物体无限下落的最大速度是已知的(由本编定理 6 推论Ⅱ和Ⅲ)；因而也可以求出物体在无阻力空间中下落获得这一速度所需要的时间。取扇形 ADT 或 ADt 比三角形 ADC 等于已知时间比刚求出的时间，即可以求出速度 AP 或 Ap，以及面积 ABNK 或 ABnk，它与扇形 ADT 或 ADt 的比等于所求距离与前面求出的在已知时间内以最大速度匀速运动掠过的距离的比。

推论Ⅶ. 采用反向推导，由已知上升或下落的距离 ABnk 或 ABNK，可以求出时间 ADt 或 ADT。

命题 10 问题 3[34]

设均匀重力垂直指向地平面，阻力正比于介质密度与速度平方的乘积：求使物体沿任意给定曲线运动的各点介质密度，以及物体的速度，和各点的介质阻力。

令 PQ 为与纸平面垂直的平面；PFHQ 为一曲线，与该平面相交于点 P 和 Q；物体沿此曲线由 F 到 Q 经过四个点 G，H，I，K；GB，HC，ID，KE 是由这四点向地平面作的四条平行纵坐标，落向地平线 PQ 上的垂点 B，C，D，E；令纵坐标间距 BC，CD，DE 相等。由点 G 和 H 作直线

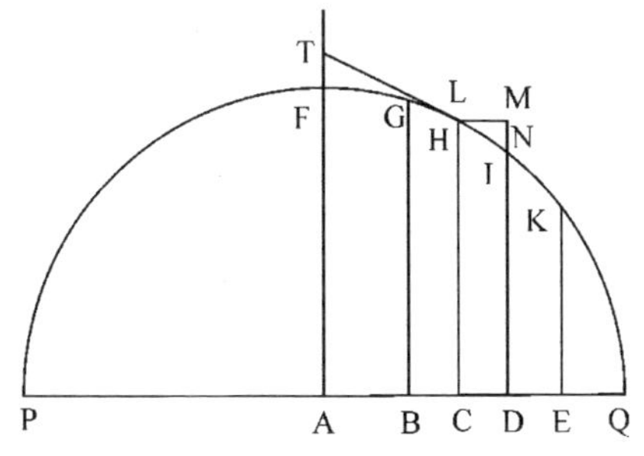

GL，HN 与曲线相切于点 G，H，并与纵坐标向上的延长线 CH，DI 相交于 L 和 N；作出平行四边形 HCDM。则物体掠过弧 GH，HI 的时间，正比于物体在该时间里由切点下落的高度 LH，NI 的平方根；而速度正比于掠过的长度 GH，HI，反比于时间。令 T 和 t 表示时间，$\frac{GH}{T}$ 和 $\frac{HI}{t}$ 表示速度，则时间 t 内速度的减量为 $\frac{GH}{T}-\frac{HI}{t}$。该减量是由阻碍物体的阻力和对它加速的重力所产生的。伽利略曾证明过，掠过距离 NI 的落体所受重力产生的速度，可以使它在相同时间里掠过二倍的距离；即，速度 $\frac{2NI}{t}$：但如果物体掠过的是弧 HI，这个力只使弧增加长度 HI－HN，或者 $\frac{MI\cdot NI}{HI}$；所以产生速度 $\frac{2MI\cdot NI}{t\cdot HI}$。将这一速度加上前述减量，就可以得阻力单独产生的速度减量，即 $\frac{GH}{T}-\frac{HI}{t}+\frac{2MI\cdot NI}{t\cdot HI}$。由于在同一时间里重力使落体产生速度 $\frac{2NI}{t}$，则阻力比重力等于

$$\frac{GH}{T}-\frac{HI}{t}+\frac{2MI\cdot NI}{t\cdot HI}\text{比}\frac{2NI}{t}\text{或者}\frac{t\cdot GH}{T}-HI+\frac{2MI\cdot NI}{HI}\text{比 }2NI。$$

现设横距 CB，CD，CE 为 $-o$，o，$2o$，纵距 CH 为 P；MI 为任意级数 $Qo+Ro^2+So^3+$等等。则级数中第一项以后的所有项，即 Ro^2+So^3+等等，等于 NI；而纵距 DI，EK 和 BG 则分别为 $P-Qo-Ro^2-So^3-$等等。$P-2Qo-4Ro^2-8So^3-$等等，以及 $P+Qo-Ro^2+So^3-$等等。取纵距的差 BG－CH 与 CH－DI 的平方，再加上 BC 与 CD 的平方，即得到弧 GH，HI 的平方 $oo+QQoo-2QRo^3+$等等以及 $oo+QQoo+2QRo^3+$等等，它们的根 $o\sqrt{(1+QQ)}-\frac{QRoo}{\sqrt{(1+QQ)}}$ 与 $o\sqrt{(1+QQ)}+\frac{QRoo}{\sqrt{(1+QQ)}}$ 就是弧 GH 和 HI。而且，如果由纵距 CH 中

减去纵距 BG 与 DI 的和的一半，由纵距 DI 中减去纵距 CH 与 EK 的和的一半，则余下 Roo 与 $Roo+3So^3$，这是弧 GI 和 HK 的正矢。它们正比于短线段 LH 和 NI，因而正比于无限小时间 T 和 t 的平方：因而比值 $\frac{t}{T}$ 正比于 $\frac{R+3So}{R}$ 或 $\frac{R+\frac{3}{2}So}{R}$ 的平方变化；在 $\frac{t\cdot GH}{T}-HI+\frac{2MI\cdot NI}{HI}$ 中代入刚才求出的 $\frac{t}{T}$，GH，HI，MI 和 NI 的值，得到 $\frac{3Soo}{2R}\cdot\sqrt{(1+QQ)}$。由于 2NI 等于 $2Roo$，则阻力比重力等于 $\frac{3Soo}{2R}\cdot\sqrt{(1+QQ)}$ 比 $2Roo$，即等于 $3S\sqrt{(1+QQ)}$ 比 4RR。

速度等于一物体自任意处所 H 沿切线 HN 方向在真空中画出抛物线的速度，该抛物线的直径为 HC，通径为 $\frac{HN^2}{NI}$ 或 $\frac{1+QQ}{R}$。

阻力正比于介质密度与速度平方的乘积；因而介质密度正比于阻力，反比于速度平方；即，正比于 $\frac{3S\sqrt{(1+QQ)}}{4}$，反比于 $\frac{1+QQ}{R}$；即正比于 $\frac{S}{R\sqrt{(1+QQ)}}$。

完毕。

推论Ⅰ. 如果将切线 HN 向两边延长，使它与任意纵坐标 AF 相交于 T，则 $\frac{HT}{AC}$ 等于 $\sqrt{(1+QQ)}$，因而由上述推导知可以替代 $\sqrt{(1+QQ)}$。由此，阻力比重力等于 $3S\cdot HT$ 比 $4RR\cdot AC$；速度正比于 $\frac{HT}{AC\sqrt{R}}$，介质密度正比于 $\frac{S\cdot AC}{R\cdot HT}$。

推论Ⅱ. 由此，如果像通常那样曲线 PFHQ 由底或横距 AC 与纵距 CH 的关系来决定，纵距的值分解为收敛级数，则本问题可利用级数的前几项简单地解决；如下例所示。

例 1. 令 PFHQ 为直径 PQ 上的半圆，求使抛体沿此曲线运动的介质密度。

在 A 二等分直径 PQ，并令 AQ 为 n；AC 为 a；CH 为 e；CD 为 o；则 DI^2 或 $AQ^2-AD^2=nn-aa-2ao-oo$，或 $ee-2ao-oo$；用我们的方法求出根，得到

$$DI=e-\frac{ao}{e}-\frac{oo}{2e}-\frac{aaoo}{2e^3}-\frac{ao^3}{2e^3}-\frac{a^3o^3}{2e^5}-\text{，等等。}$$

在此取 nn 等于 $ee+aa$，则

$$DI=e-\frac{ao}{e}-\frac{nnoo}{2e^3}-\frac{anno^3}{2e^5}-\text{，等等。}$$

在此级数中我用这一方法区分不同的项：不含无限小 o 的项为第一项；含该量一次方的为第二项，含二次方的为第三项，三次方的为第四项；以此类推以至无限。其第一项在这里是 e，总是表示位于不确定量 o 的起点的纵距 CH 的长度，第二项是$\frac{ao}{e}$，表示 CH 与 DN 的差，被平行四边形 HCDM 切下的短线段 MN；因而总是决定着切线 HN 的位置；在此，方法是取 MN ∶ HM$=\frac{ao}{e}:o=a:e$。第三项是$\frac{nnoo}{2e^3}$，表示位于切线与曲线之间的短线段 IN；它决定切角 IHN，或曲线在 H 的曲率。如果该短线段 IN 有确定量，则它由第三项与其以后无限多个项决定。但如果该短线段无限缩短，则以后的项比第三项为无限小，可以略去。第四项决定曲率的变化；第五项是该变化的变化，等等。顺便指出，由此我们得到了一种不容轻视的方法，利用这一级数可以求解曲线的切线和曲率问题。

现在，将级数

$$e-\frac{ao}{e}-\frac{nnoo}{2e^3}-\frac{anno^3}{2e^5}-\text{，等等，}$$

与级数

$$P-Qo-Roo-So^3-\text{，等等，}$$

作一比较，以 e，$\frac{a}{e}$，$\frac{nn}{2e^3}$和$\frac{ann}{2e^5}$代替 P，Q，R 和 S，以 $\sqrt{1+\frac{aa}{ee}}$ 或$\frac{n}{e}$代替 $\sqrt{(1+QQ)}$；则得到介质和密度正比于$\frac{a}{ne}$；即(因为 n 为已知)，正比于 $\frac{a}{e}$或$\frac{AC}{CH}$，即，正比于切线 HT 的长度，它由 PQ 上的垂直半径截得；而阻力比重力等于 $3a$ 比 $2n$，即，等于 3AC 比圆的直径 PQ；速度则正比于$\sqrt{CH}$。所以，如果物体自处所 F 以一适当速度沿平行于 PQ 的直线运动，介质中各点 H 的密度正比于切线 HT 的长度，且注意点 H 处的阻力比重力等于 3AC 比 PQ，则物体将画出圆的四分之一 FHQ。

完毕。

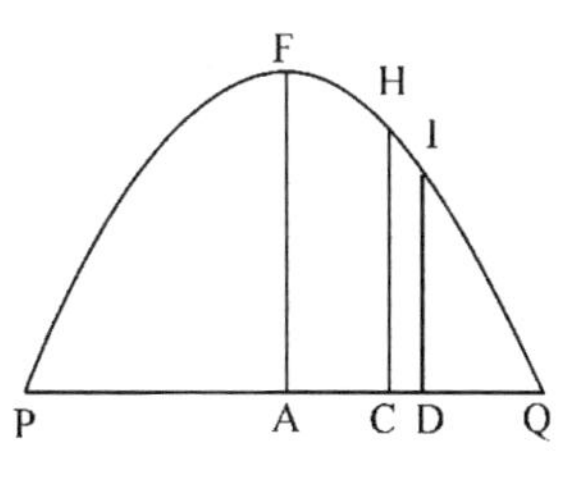

但如果同一物体由处所 P 沿垂直于 PQ 的直线运动，且在开始时沿着半圆 PFQ 的弧，则必须在圆心 A 的另一侧选取 AC 或 a；所以它的符号也应改变，以 $-a$ 代替 $+a$。对应的介质密度正比于$-\frac{a}{e}$。但自然界中不存在负密度，即，使物体运动加速的密度；所以，不可能使物体自动由 P 上升画出圆的四分之一 PF，要获得这一效应，物体应能在推动的介质中而不是在有阻力的介质中，得到加速。

例 2. 令曲线 PFQ 为抛物线，其轴垂直于地平线 PQ；求使抛体沿该曲线运动的介质密度。

由抛物线性质，乘积 $-$PQ · DQ 等于纵坐标 DI 与某个已知直线的乘积；即，如果该直线是 b，而 PC 为 a；PQ 为 c；CH 为 e；CD 为 o；则乘积

$$(a+o)(c-a-o)=ac-aa-2ao+co-oo=b\cdot \mathrm{DI};$$

所以，$\mathrm{DI}=\frac{ac-aa}{b}+\frac{c-2a}{b}\cdot o-\frac{oo}{b}$。现在，以该级数中第二项$\frac{c-2a}{b}o$

代替 Qo，以第三项$\frac{oo}{b}$代替 Roo。但由于没有更多的项，第四项的系数 S 是零；所以，介质的密度所正比的量$\frac{S}{R\sqrt{(1+QQ)}}$是零。所以，在介质密度为零的地方，抛体沿抛物线运动。这正是伽利略所证明了的。

完毕。

例 3. 令曲线 AGK 为双曲线，其渐近线 NX 垂直于地平面 AK：求使抛体沿此曲线运动的介质密度。

令 MX 为另一条渐近线，与纵坐标 DG 的延长线相交于 V；由双曲线性质，XV 与 VG 的乘积是已知的，DN 与 VX 的比值也是已知的，所以 DN 与 VG 的乘积也为已知。令该乘积为 bb；作平行四边形 DNXZ，令 BN 为 a；BD 为 o；NX 为 c；令已知比值 VZ 比 ZX 或 DN 为$\frac{m}{n}$，则 DN 等于 $a-o$，VG 等于$\frac{bb}{a-o}$，VZ 等于$\frac{m}{n}(a-o)$，而 GD 或 NX－VZ－VG 等于

$$c-\frac{m}{n}a+\frac{m}{n}o-\frac{bb}{a-o}。$$

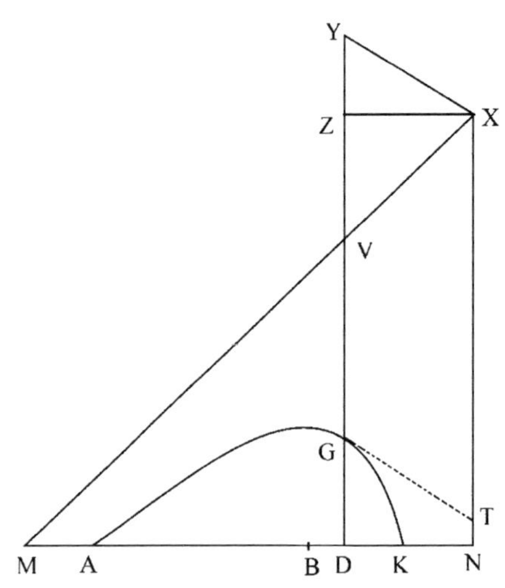

把项$\frac{bb}{a-o}$分解为收敛级数

$$\frac{bb}{a}+\frac{bb}{aa}o+\frac{bb}{a^3}oo+\frac{bb}{a^4}o^3+\cdots$$

则 GD 等于

$$c-\frac{m}{n}a-\frac{bb}{a}+\frac{m}{n}o-\frac{bb}{aa}o-\frac{bb}{a^3}o^2-\frac{bb}{a^4}o^3-\cdots$$

该级数第二项$\frac{m}{n}o-\frac{bb}{aa}o$ 就是 Qo；第三项$\frac{bb}{a^3}o^2$ 改变符号就是 Ro^2；第四项$\frac{bb}{a^4}o^3$，改变符号

就是 So^3,它们的系数$\frac{m}{n}-\frac{bb}{aa}$,$\frac{bb}{a^3}$和$\frac{bb}{a^4}$就是前述规则中的 Q,R 和 S,完成这一步后,得到介质的密度正比于

$$\frac{\frac{bb}{a^4}}{\frac{bb}{a^3}\sqrt{\left(1+\frac{mm}{nn}-\frac{2mbb}{n}+\frac{b^4}{aa}\right)}}$$

或者

$$\frac{1}{\sqrt{\left(aa+\frac{mm}{nn}aa-\frac{2mbb}{n}+\frac{b^4}{aa}\right)}}$$

即,如果在 VZ 上取 VY 等于 VG,则正比于$\frac{1}{\mathrm{XY}}$,因为 aa 与$\frac{m^2}{n^2}a^2-\frac{2mbb}{n}+\frac{b^4}{aa}$是 XZ 和 ZY 的平方。但阻力与重力的比值等于 3XY 与 2YG 的比值;而速度则等于可使该物体画出一抛物体的速度,其顶点为 G,直径为 DG,通径为$\frac{\mathrm{XY}^2}{\mathrm{VG}}$。所以,设介质中各点 G 的密度反比于距离 XY,而且任意点 G 的阻力比重力等于 3XY 比 2YG;当物体由点 A 出发以适当速度运动时,将画出双曲线 AGK。

完毕。

例 4. 设 AGK 是一条双曲线,其中心为 X,渐近线为 MX,NX,使得画出矩形 XZDN 后,其边 ZD 与双曲线相交于 G,与渐近线相交于 V,VG 反比于线段 ZX 或 DN 的任意次幂 DN^n,幂指数为 n:求使抛体沿此曲线运动的介质密度。

分别以 A,O,C 代替 BN,BD,NX,令 VZ 比 XZ 或 DN 等于 d 比 e,且 VG 等于$\frac{bb}{\mathrm{DN}^n}$;则 DN 等于 A－O,$\mathrm{VG}=\frac{bb}{(\mathrm{AC})^n}$,$\mathrm{VZ}=\frac{d}{e}$(A－O),GD 或 NX－VZ－VG 等于

$$\mathrm{C}-\frac{d}{e}\mathrm{A}+\frac{d}{e}\mathrm{O}-\frac{bb}{(\mathrm{A}-\mathrm{O})^n}。$$

将项$\frac{bb}{(\mathrm{A}-\mathrm{O})^n}$分解为无限级数

$$\frac{bb}{\mathrm{A}^n}+\frac{nbb}{\mathrm{A}^{n+1}}\cdot\mathrm{O}+\frac{nn+n}{2\mathrm{A}^{n+2}}\cdot bb\mathrm{O}^2+\frac{n^3+3nn+2n}{6\mathrm{A}^{n+3}}\cdot bb\mathrm{O}^3+\cdots$$

则 GD 等于

$$\mathrm{C}-\frac{d}{e}\mathrm{A}-\frac{bb}{\mathrm{A}^n}+\frac{d}{e}\mathrm{O}-\frac{nbb}{\mathrm{A}^{n+1}}\mathrm{O}-\frac{nn+n}{2\mathrm{A}^{n+2}}bb\mathrm{O}^2-\frac{n^3+3nn+2n}{6\mathrm{A}^{n+3}}bb\mathrm{O}^3+\cdots$$

该级数的第二项$\frac{d}{e}\mathrm{O}-\frac{nbb}{2\mathrm{A}^{n+1}}\mathrm{O}$就是 Q$o$，第三项$\frac{nn+n}{2\mathrm{A}^{n+2}}bb\mathrm{O}^2$是 R$oo$，第四项$\frac{n^3+3nn+2n}{6\mathrm{A}^{n+3}}bb\mathrm{O}^3$是 S$o^3$，因此在任意处所 G 介质的密度$\frac{\mathrm{S}}{\mathrm{R}\sqrt{(1+\mathrm{QQ})}}$等于

$$\frac{n+2}{3\sqrt{\left(\mathrm{A}^2+\frac{dd}{ee}\mathrm{A}^2-\frac{2dnbb}{e\mathrm{A}^n}\mathrm{A}+\frac{nnb^4}{\mathrm{A}^{2n}}\right)}},$$

所以，如果 VZ 上取 VY 等于 $n\cdot$ VG，则密度正比于 XY 的倒数。因为 A^2 与$\frac{dd}{ee}\mathrm{A}^2-\frac{2dnbb}{e\mathrm{A}^n}\mathrm{A}+\frac{nnb^4}{\mathrm{A}^{2n}}$是 XZ 和 ZY 的平方。而同一处所 G 的介质阻力比重力等于 $3\mathrm{S}\cdot\frac{\mathrm{XY}}{\mathrm{A}}$ 比 4RR，即等于 XY 比$\frac{2nn+2n}{n+2}$VG。速度则与使物体沿一条抛物线的相同，该抛物线顶点是 G，直径为 GD，通径为$\frac{1+\mathrm{QQ}}{\mathrm{R}}$或$\frac{2\mathrm{XY}^2}{(nn+n)\cdot\mathrm{VG}}$。

完毕。

附　注

由与推论Ⅰ相同的方法，可得出介质的密度正比于$\frac{\mathrm{S}\cdot\mathrm{AC}}{\mathrm{R}\cdot\mathrm{HT}}$，如果阻力正比于速度 V 的任意次幂 V^n，则介质密度正比于

$$\frac{S}{R^{\frac{4-n}{2}}} \cdot (\frac{AC}{HT})^{n-1}$$

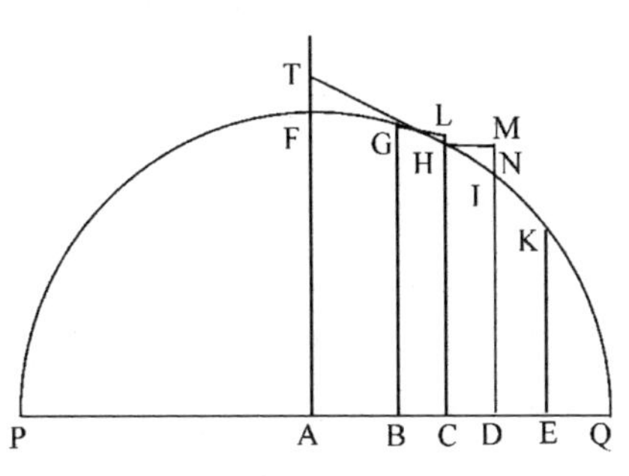

所以,如果能求出一条曲线,使得$\frac{S}{R^{\frac{4-n}{2}}}$与$(\frac{HT}{AC})^{n-1}$,或$\frac{S^2}{R^{4-n}}$与$(1+QQ)^{n-1}$的比值为已知,则在阻力正比于速度V的任意次幂$V^n$的均匀介质中,物体将沿此曲线运动。现在还是让我们回到比较简单的曲线上来。

由于在无阻力介质中只存在抛物线运动,而这里所描述的双曲线运动是由连续阻力产生的;所以很明显抛体在均匀阻力介质中的轨道更近于双曲线而不是抛物线。这样的轨道曲线当然属于双曲线类型,但它的顶点距渐近线较远,而在远离顶点处较之这里所讨论的双曲线距渐近线更近。然而,其间的差别并不太大,在实用上可以足够方便地以后者代替前者,也许这些比双曲线更有用,虽然它更精确,但同时也更复杂。具体应用按下述方法进行。

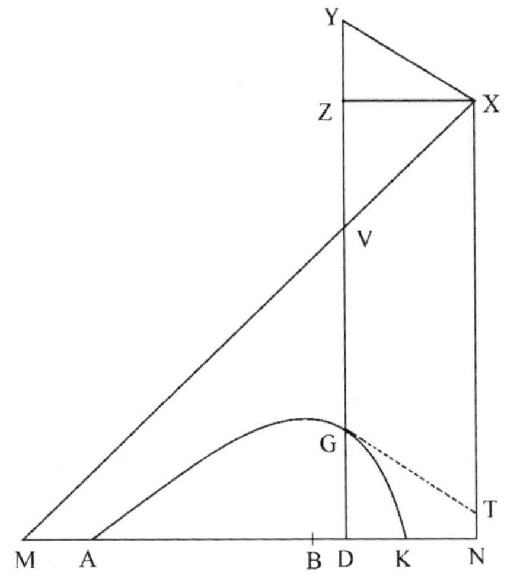

作平行四边形XYGT,则直线GT将与双曲线相切于G,因而在G点介质密度反比于切线GT,速度正比于$\sqrt{\frac{GT^2}{GV}}$;阻力比重力等于GT比$\frac{2nn+2n}{n+2} \cdot GV$。

所以,如由处所A抛出的物体沿直线AH的方向画出双曲线AGK,延长AH与渐近线 NX 相交于 H，作 AI 与它平行并与另一条渐近线 MX 相交于 I；则 A 处介质密度反比于 AH，物体速度正比于 $\sqrt{\frac{AH^2}{AI}}$，阻力比重力等于 AH 比 $\frac{2nn+2n}{n+2}\cdot AI$。由此得出以下规则。

规则 1. 如果 A 点的介质密度以及抛出物体的速度保持不变，而角 NAH 改变，则长度 AH，AI，HX 不变。所以，如果在任何一种情况下求出这些长度，则由任意给定角 NAH 可以很容易求出双曲线。

规则 2. 如果角 NAH，与 A 点的介质密度保持不变，抛出物体的速度改变，则长度 AH 维持不变；而 AI 则反比于速度的平方改变。

规则 3. 如果角 NAH，物体在 A 点的速度以及加速引力保持不变，而 A 点的阻力与运动引力的比以任意比率增大；则 AH 与 AI 的比值也以相同比率增大；而上述抛物线的通径保持不变，与它成正比的长度 $\frac{AH^2}{AI}$ 也不变；因而 AH 以同一比率减小，而 AI 则以该比率的平方减小。但当体积不变而比重减小，或当介质密度增大，或当体积减小，而阻力以比重量更小的比率减小时，阻力与重量的比增大。

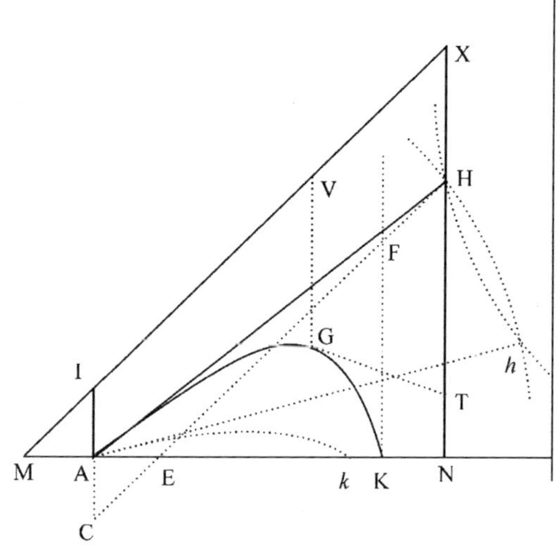

规则 4. 因为在双曲线顶点附近的介质密度大于处所 A 的，所以要求平均密度，应先求出切线 GT 的最小值与切线 AH 的比值，而 A 点的密度的增加应大于这两条切线的和的一半与切线 GT 最小值的比值。

规则 5. 如果长度 AH，AI 已知，要画出图形 AGK，则延长 HN 到

X,使 HX 比 AI 等于 $n+1$ 比 1;以 X 为中心,MX,NX 为渐近线,通过点 A 画出双曲线,使 AI 比任意直线 VG 等于 XV^n 比 XI^n。

规则 6. 数 n 越大,物体由 A 上升的双曲线就越精确,而向 K 下落的就越不精确;反之亦然。圆锥双曲线是这二者的平均,并比所有其他曲线都简单。所以,如果双曲线属于这一类,要找出抛体落在通过点 A 的任意直线上的点 K,令 AN 延长与渐近线 MX,NX 相交于 M,N,取 NK 等于 AM。

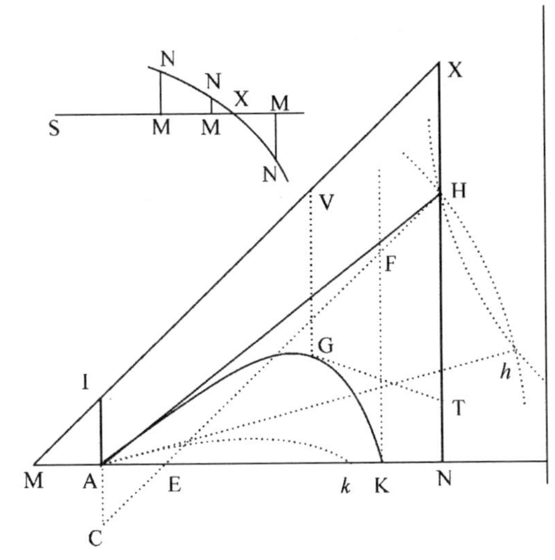

规则 7. 由此现象得到一种求这条双曲线的简便方法。令两个相等物体以相同速度沿不同角度 HAK,hAk 抛出,落在地平面上的点 K 和 k 处;记下 AK 与 Ak 比值,令其为 d 比 e。作任意长度的垂线 AI,并任意设定长度 AH 或 Ah,然后用作图法,或使用直尺与指南针,收集 AK,Ak 的长度(用规则 6)。如果 AK 与 Ak 的比值等于 d 与 e 比值,则 AH 长度选取正确。如果不相等,则在不定直线 SM 上取 SM 等于所设 AH 的长;作垂线 MN 等于二比值的差 $\frac{\mathrm{AK}}{\mathrm{A}k}-\frac{d}{e}$ 再乘以任意已知直线。由类似方法,得到若干 AH 的假设长度,对应有不同的点 N;通过所有这些点作规则曲线 NNXN,与直线 SMMM 相交于 X。最后,设 AH 等于横坐标 SX,再由此找出长度 AK;则这些长度比 AI 的假设长度,以及这最后假设的长度 AH,等于实验测出的 AK,比最后求得的长度 AK,它们就是所要求的 AI 和 AH 的真正长度,而

求出这些后，也就可求出处所 A 的介质阻力，它与重力的比等于 AH 比$\frac{4}{3}$AI。令介质密度按规则 4 增大，如果刚求出的阻力也以同样比率增大，则结果更为精确。

规则 8. 已知长度 AH，HX；求直线 AH 的位置，使以该已知速度抛出的物体能落在任意点 K 上。在点 A 和 K，作地平线的垂直线 AC，KF；把 AC 竖直向下画，并等于 AI 或$\frac{1}{2}$HX。以 AK，KF 为渐近线，画一条双曲线，它的共轭线通过点 C；以 A 为圆心，间隔 AH 为半径画一圆与该双曲线相交于点 H；则沿直线 AH 方向抛出的物体将落在点 K 上。

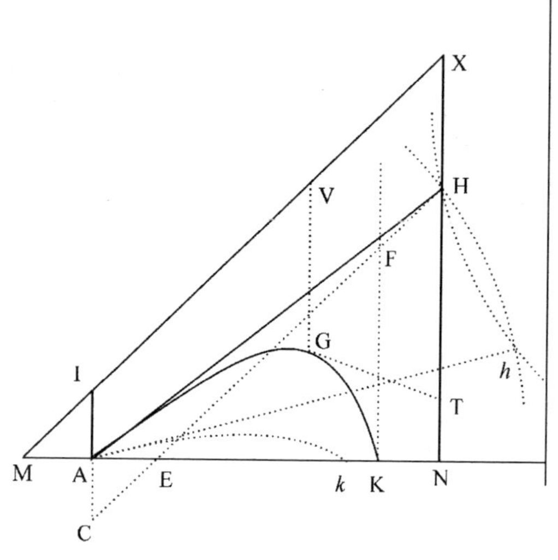

完毕。

因为给定长度 AH 的缘故，点 H 必定在画出的圆图上，作 CH 与 AK 和 KF 相交于点 E 和 F；因为 CH，MX 平行，AC 与 AI 相等，所以 AE 等于 AM；因而也等于 KN，而 CE 比 AE 等于 FH 比 KN，所以 CE 与 FH 相等。所以点 H 又落在以 AK，KF 为渐近线的双曲线上，其共轭曲线通过点 C；因而找出了该双曲线与所画出的圆周的公共交点。

完毕。

应当说明的是，不论直线 AKN 是平行于还是以任意角倾斜于地平线，上述方法都是相同的；由两个交点 H，*h* 得到两个角 NAH，NA*h*；在力学实践中，一次只要画一个圆就足够了，然后用长度不定的直尺向点 C 作 CH，使其在圆与直线 FK 之间的部分 FH 等于位于点

C 与直线 AK 之间的部分 CE 即可。

有关双曲线的结论都很容易应用于抛物线。因为如果以 XAGK 表示一条抛物线，在顶点 X 与一条直线 XV 相切，其纵坐标 IA，VG 正比于横坐标 XI，XV 的任意次幂 XI^n，XV^n；作 XT，GT，AH，使 XT 平行于 VG，令 GT，AH 与抛物线相切于 G 和 A：则由任意处所 A，沿直线 AH 方向，以一适当速度抛出的物体，在各点 G 的介质密度反比于切线 GT 时，将画出这条抛物线。在此情形下，在 G 点的速度将等于物体在无阻力空间中画出圆锥抛物线的速度，该抛物线以 G 为顶点，VG 向下的延长线为直径，$\frac{2GT^2}{(nn-n)}VG$ 为通径。而 G 点的阻力比重力等于 GT 比 $\frac{2nn-2n}{n-2}VG$。所以，如果 NAK 表示地平线，点 A 的介质密度与抛出物体的速度不变，则不论角 NAH 如何改变，长度 AH，AI，HX 都保持不变；因而可以求出抛物线的顶点 X，以及直线 XI 的位置；如果取 VG 比 IA 等于 XV^n 比 XI^n，则可求得抛物线上所有的点 G，这正是抛体所经过的轨迹。

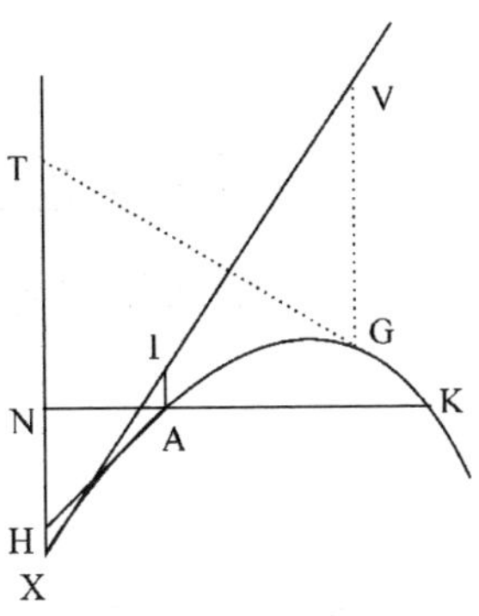

第3章
物体受部分正比于速度、部分正比于速度平方的阻力的运动

命题11 定理8

如果物体受到部分正比于其速度、部分正比于其速度的平方的阻力，在均匀的介质中只受到惯性力的推动而运动；而且把时间按算术级数划分：则反比于速度的量，在增加某个给定量后，变为几何级数。

以C为中心，CAD*d* 和CH为直角渐近线画双曲线BE*e*，令AB，DE，*de* 平行于渐近线CH。在渐近线CD上令A，G为已知点；如果由双曲线面积ABED表示的时间均匀增加，则物体速度可由长度DF表示，其倒数GD，与给定直线CG所共同组成的长度CD按几何级数增加。

因为，令小面积DE*ed* 为时间的最小增量，则D*d* 反比于DE，因而正比于CD。所以$\frac{1}{GD}$的减量$\frac{Dd}{GD^2}$（由第二编引理2），也正比于$\frac{CD}{GD^2}$或$\frac{CG+GD}{GD^2}$，即正比于$\frac{1}{GD}+\frac{CG}{GD^2}$。所以，当时间ABED均匀地增加到给定间隔ED*de* 时，$\frac{1}{GD}$以与速度相同的比率减小。因为速度的减量正比于阻力，即（由题设），正比于两个量的和，其中之一正比于速度，另一个正比于速度的平方；而$\frac{1}{GD}$的减量正比于量$\frac{1}{GD}$和$\frac{CG}{GD^2}$，其中第一项是$\frac{1}{GD}$本身，后一项

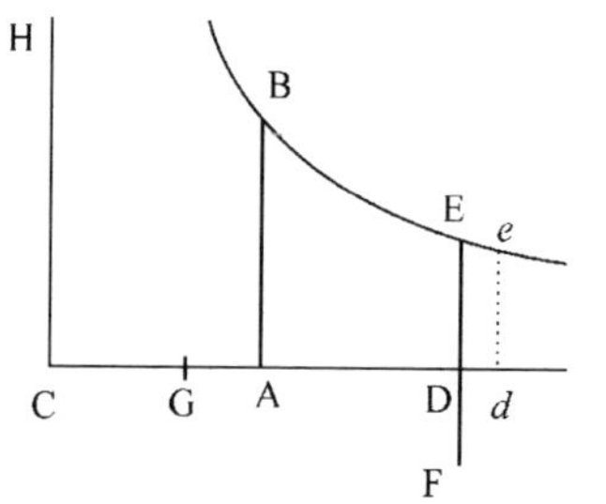

$\frac{CG}{GD^2}$正比于$\frac{1}{GD^2}$:所以$\frac{1}{GD}$正比于速度,二者的减量是类似的。如果量GD反比于$\frac{1}{GD}$,并增加到给定量CG;则当时间ABED均匀增加时,其和CD按几何级数增加。

证毕。

推论Ⅰ. 如果点A和G已知,双曲线面积ABED表示时间,则速度由GD的倒数$\frac{1}{GD}$表示。

推论Ⅱ. 取GA比GD等于任意时间ABED开始时速度的倒数比该时间结束时速度的倒数,则可以求出点G。求出该点后,则可由任意给定的其他时间求出速度。

命题12　定理9

在相同条件下,如果将掠过的空间分为算术级数,则速度在增加一个给定量后变为几何级数。

设在渐近线CD上已知点R,作垂线RS与双曲线相交于S,令掠过的空间以双曲线面积RSED表示;则速度正比于长度GD,该长度与给定线CG组成的长度CD,当距离RSED按算术级数增加时,按几何级数减小。

因为,空间增量ED*de*为给定量,GD的减量短线D*d*反比于ED,因而正比于CD;即正比于同一个CD与给定长度CG的和。而在掠过给定空间间隔D*de*E所需的正比于速度的时间中,速度的减量正比于阻力乘以时间,即正比于两个量的和,反比于速度,这两个量中之一正比于速度,另一个正比于速度的平方;因而正比于两个量的和,其中一个是给定的,另一个正比于速度。所以,速度以及直线

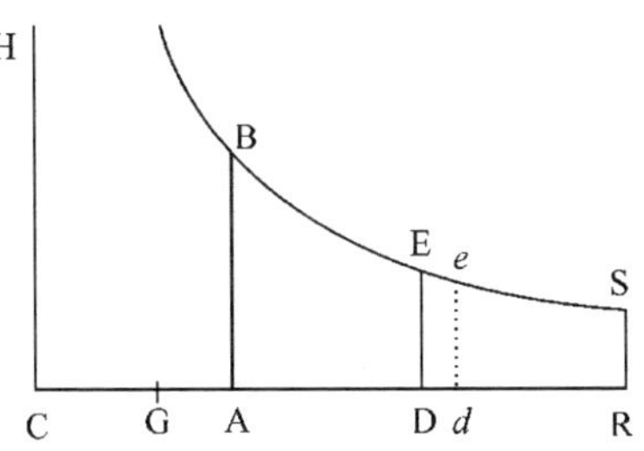

GD 二者的减量正比于给定量与一个减小量的乘积；而因为两个减量相似，两个减小的量，即速度与线段 GD，也总是相似的。

证毕。

推论Ⅰ. 如果以长度 GD 表示速度，则掠过的空间正比于双曲线面积 DESR。

推论Ⅱ. 如果任意设定点 R，则通过取 GR 比 GD 等于开始时的速度比掠过空间 RSED 后的速度，则可以求出点 G。求出点 G 后，即可由给定速度求出空间；反之亦然。

推论Ⅲ. 由于由给定时间（通过命题 11）可以求出速度，而（由本命题）空间又可以由给定速度推出，所以由给定时间可以求出空间；反之亦然。

命题 13　定理 10

设一物体受竖直向下的均匀重力作用沿一直线上升或下落；受到的阻力同样部分正比于其速度，部分正比于其速度的平方：如果作几条平行于圆和双曲线直径且通过其共轭直径端点的直线，而且速度正比于平行线上始自一给定点的线段，则时间正比于由圆心向线段端所作直线截取的扇形面积；反之亦然。

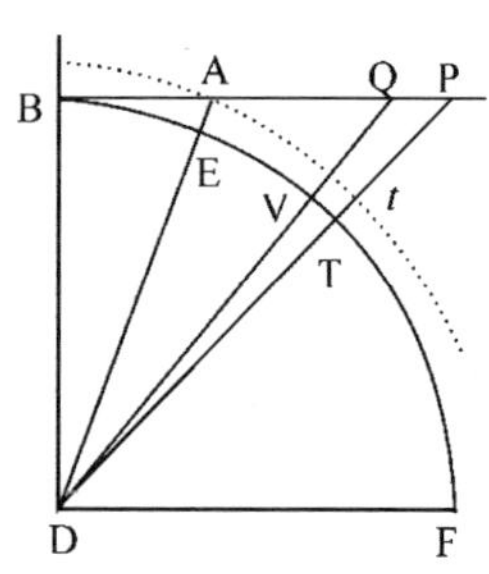

情形 1. 首先设物体上升，以 D 为圆心，以任意半径 DB 画圆的四分之一 BETF，通过半径 DB 的端点 B 作不定直线 BAP 平行于半径 DF。在该直线上设有已知点 A，取线段 AP 正比于速度。由于阻力的一部分正比于速度，另一部分正比于速度的平方，令整个阻力正比于 $AP^2+2BA \cdot AP$。连接 DA，DP，与圆相交于 E 和 T，令 DA^2 表示重力，使得重力比 P 处的阻力等于 DA^2 比 $AP^2+2BA \cdot AP$；则整个上升时间正比于圆的扇形 EDT。

作 DVQ，分割出速度 AP 的变化率 PQ，以及对应于给定时间变化率的扇形 DET 的变化率 DTV；则速度的减量 PQ 正比于重力 DA^2 与阻力 $AP^2+2BA\cdot AP$ 的和；即(由欧几里得《几何原本》第二卷命题 12)，正比于 DP^2。而正比于 PQ 的面积 DPQ 正比于 DP^2，面积 DTV 比面积 DPQ 等于 DT^2 比 DP^2，因而 DTV 正比于给定量 DT^2。所以，面积 EDT 减去给定间隔 DTV 后，均匀地随着未来时间的比率减小，因而正比于整个上升时间。

情形 2. 如果物体的上升速度像前一情形那样以长度 AP 表示，则阻力正比于 $AP^2+2BA\cdot AP$；而如果重力小得不足以用 DA^2 表示，则可以这样取 BD 的长度，使 AB^2-BD^2 正比于重力，再令 DF 垂直且等于 DB，通过顶点 F 画出双曲线 FTVE，其共轭半径为 DB 和 DF，曲线与 DA 相交于 E，与 DP，DQ 相交于 T 和 V；则整个上升时间正比于双曲线扇形 TDE。

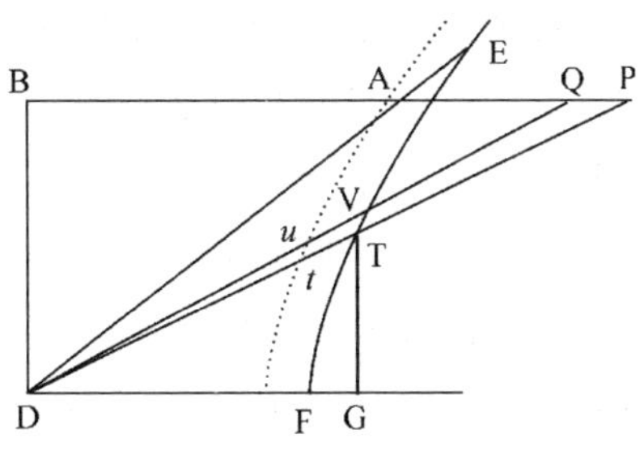

因为在已知时间间隔中产生的速度减量 PQ 正比于阻力 $AP^2+2BA\cdot AP$ 与重力 AB^2-BD^2 的和，即正比于 BP^2-BD^2，但面积 DTV 比面积 DPQ 等于 DT^2 比 DP^2；所以，如果作 GT 垂直于 DF，则上述比等于 GT^2 或者 GD^2-DF^2 比 BD^2，也等于 GD^2 比 BP^2，由相减法知，等于 DF^2 比 BP^2-BD^2。所以，由于面积 DPQ 正比于 PQ，即，正比于 BP^2-BD^2，因而面积 DTV 正比于给定量 DF^2。所以，面积 EDT 在每一个相等的时间间隔内，通过减去同样多的间隔 DTV，将均匀减小，因而正比于时间。

证毕。

情形 3. 令 AP 为下落物体的速度，$AP^2+2BA\cdot AP$ 为阻力，BD^2-AB^2 为重力，角 DBA 为直角。如果以 D 为中心，B 为顶点，作直角双曲线 BETV 与 DA，DP 和 DQ 的延长线相交于 E，T，V；则该双曲线的扇形 DET 正比于整个下落时间。

因为速度的增量 PQ，以及正比于它的面积 DPQ，正比于重力减

去阻力的剩余，即正比于

$$BD^2-AB^2-2BA\cdot AP-AP^2$$

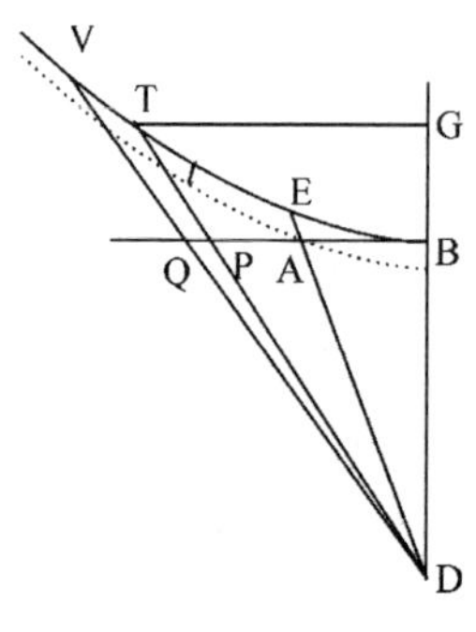

或 BD^2-BP^2。而面积 DTV 比面积 DPQ 等于 DT^2 比 DP^2；所以等于 GT^2 或 GD^2-BD^2 比 BP^2；也等于 GD^2-BD^2，由相减法，等于 BD^2 比 BD^2-BP^2。所以，由于面积 DPQ 正比于 BD^2-BP^2，面积 DTV 正比于给定量 BD^2。所以面积 EDT 在若干相等的时间间隔内，加上同样多的间隔 DTV 后，将均匀增加，因而正比于下落时间。

证毕。

推论. 如果以 D 为中心，以 DA 为半径，通过顶点 A 作一个弧 A*t* 与弧 ET 相似，其对角也是 ADT，则速度 AP 比物体在时间 EDT 内在无阻力空间由于上升所失去或由于下落所获得的速度，等于三角形 DAP 的面积比扇形 DA*t* 的面积；因而该速度可以由已知的时间求出。因为在无阻力的介质中速度正比于时间，所以也正比于这个扇形；在有阻力介质中，它正比于该三角形；而在这二种介质中，当它很小时，趋于相等，扇形与三角形也是如此。

附　　注

还可以证明这种情形，物体上升时，重力小得不足以用 DA^2 或 AB^2+BD^2 表示，但又大于以 AB^2-DB^2 来表示，因而只能用 AB^2 表示。不过我在此拟讨论其他问题。

命题 14　定理 11

在相同条件下，如果按几何级数取阻力与重力的合力，则物体上升或下落所掠过的距离，正比于表示时间的面积与另一个按算术级数增减的面积的差。

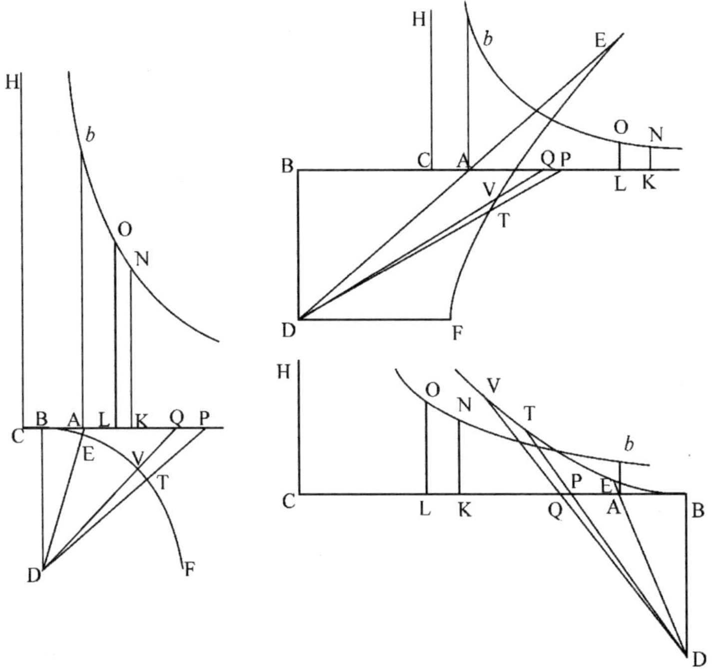

取 AC(在三个图中)正比于重力,AK 正比于阻力;如果物体上升,这二者取在点 A 的同侧,如果物体下落,则取在两侧。作垂线 A*b*,使它比 DB 等于 DB^2 比 $4BA \cdot CA$;以 CK,CH 为直角渐近线作双曲线 *b*N;再作 KN 垂直于 CK,则面积 A*b*NK 在力 CK 按几何级数取值时按算术级数增减,所以,物体到其最大高度的距离正比于面积 A*b*NK 减去面积 DET 的差。

因为 AK 正比于阻力,即,正比于 $AP^2+2BA \cdot AP$;设任意给定量 Z,取 AK 等于 $\dfrac{AP^2+2BA \cdot AP}{Z}$;则(由本编引理 2)AK 的瞬 KL 等于 $\dfrac{2PQ \cdot AP+2BA \cdot PQ}{Z}$或者$\dfrac{2PQ \cdot BP}{Z}$,而面积 A*b*NK 的瞬 KLON 等于$\dfrac{2PQ \cdot BP \cdot LO}{Z}$或者$\dfrac{PQ \cdot BP \cdot BD^3}{2Z \cdot CK \cdot AB}$。

情形 1. 如果物体上升,重力正比于 AB^2+BD^2,BET 是一个圆,则正比于重力的直线 AC 等于$\frac{AB^2+BD^2}{Z}$,而 DP^2 或 $AP^2+2BA\cdot AP+AB^2+BD^2$ 等于 $AK\cdot Z+AC\cdot Z$ 或 $CK\cdot Z$;所以面积 DTV 比面积 DPQ 等于 DT^2 或 DB^2 比 $CK\cdot Z$。

情形 2. 如果物体上升,重力正比于 AB^2-BD^2,则直线 AC 等于$\frac{AB^2-BD^2}{Z}$,而 DT^2 比 DP^2 等于 DF^2 或 DB^2 比 BP^2-BD^2 或 $AP^2+2BA\cdot AP+AB^2-BD^2$,即,比 $AK\cdot Z+AC\cdot Z$ 或 $CK\cdot Z$。所以面积 DTV 比面积 DPQ 等于 DB^2 比 $CK\cdot Z$。

情形 3. 由相同理由,如果物体下落,因而重力正比于 BD^2-AB^2,直线 AC 等于$\frac{BD^2-AB^2}{Z}$;则面积 DTV 比面积 DPQ 等于 DB^2 比 $CK\cdot Z$,与前述相同。

所以,由于这些面积总是取这同一个比值,如果不用不变的面积 DTV 表示时间的瞬,而代之以任意确定的矩形 $BD\cdot m$,则面积 DPQ,即$\frac{1}{2}BP\cdot PQ$ 比 $BD\cdot m$ 等于 $CK\cdot Z$ 比 BD^2,因而 $PQ\cdot BD^3$ 等于 $2BD\cdot m\cdot CK\cdot Z$,而以前求出的面积 $AbNK$ 的瞬 KLON 变成$\frac{BP\cdot BD\cdot m}{AB}$。由面积 DET 减去它的瞬 DTV 或 $BD\cdot m$,则余下$\frac{AP\cdot BD\cdot m}{AB}$。所以,瞬的差,即面积的差的瞬,等于$\frac{AP\cdot BD\cdot m}{AB}$;所以$\left(因为\frac{BD\cdot m}{AB}是给定量\right)$正比于速度 AP;即正比于物体在上升或下落中掠过距离的瞬。所以,二面积的差,与正比于瞬,且与之同时开始又同时消失的距离的增减,是成正比的。

证毕。

推论. 如果以 M 表示面积 DET 除以直线 BD 所得到的长度;再取一个长度 V,使它比长度 M 等于线段 DA 比线段 DE;则物体在有阻

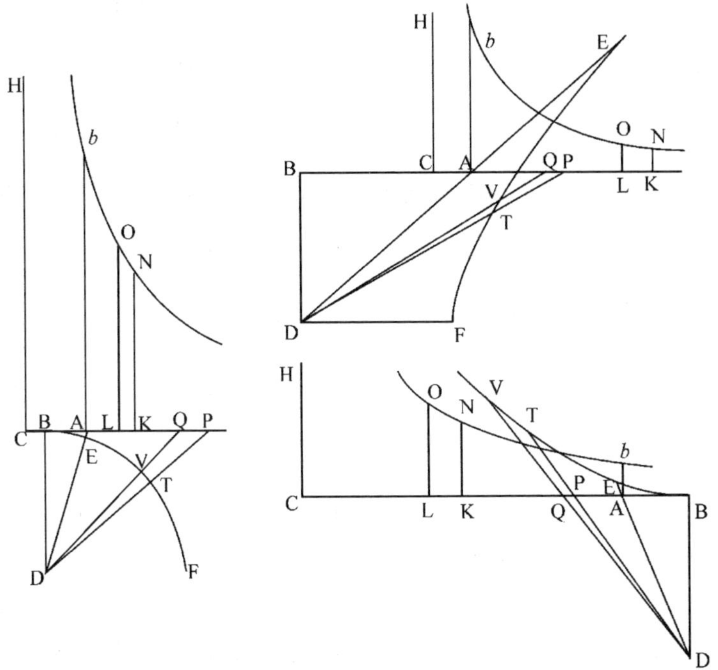

力介质中上升或下落的总距离，比在无阻力介质中相同时间内由静止开始下落的距离，等于上述面积差比$\frac{BD \cdot V^2}{AB}$；因而可以由给定时间求出。因为在无阻力介质中距离正比于时间的平方，或正比于V^2；又因为BD与AB是已知的，也即正比于$\frac{BD \cdot V^2}{AB}$。该面积等于面积$\frac{DA^2 \cdot BD \cdot M^2}{DE^2 \cdot AB}$，M的瞬是$m$；所以该面积的瞬是$\frac{DA^2 \cdot BD \cdot 2M \cdot m}{DE^2 \cdot AB}$。而该瞬比上述二面积DET与A$b$NK的差的瞬，即比$\frac{AP \cdot BD \cdot m}{AB}$，等于$\frac{DA^2 \cdot BD \cdot M}{DE^2}$比$\frac{1}{2}BD \cdot AP$，或等于$\frac{DA^2}{DE^2}$乘以DET比DAP；所以，当面积DET与DAP极小时，比值为1。所以，当所有这些面积都极小时，面积$\frac{BD \cdot V^2}{AB}$以及面积DET与AbNK的差，有相等的瞬；所以二

者相等，由于在下落开始与上升终了时的速度，因而在两种介质中所掠过的距离，是趋于相等的，所以二者相比等于面积$\frac{BD \cdot V^2}{AB}$比面积DET与AbNK的差；而且，由于在无阻力介质中距离连续正比于$\frac{BD \cdot V^2}{AB}$，而在有阻力介质中，距离连续正比于面积DET与AbNK的差；由此必然推导出在二种介质中，相同时间内所掠过的距离的比，等于面积$\frac{BD \cdot V^2}{AB}$比面积DET与AbNK的差。

证毕。

附　注

球体在流体中受到的阻力部分来自黏滞性，部分来自摩擦，部分来自介质密度。其中来自流体密度的那部分阻力，我已讨论过，是正比于速度的平方的；另一部分来自流体的黏滞性，它是均匀的，或正比于时间的瞬；因此，我们现在可以进而讨论这种物体运动，它受到的阻力部分来自一个均匀的力，或正比于时间的瞬，部分正比于速度的平方。不过早在前面的命题8和命题9及其推论中，就已经为解决这种问题彻底扫清了道路。因为在这些命题中，可以将上升物体的重力所带来的均匀阻力，代之以介质的黏滞性所产生的均匀阻力，前提是物体只受惯性力的推动；而当物体沿直线上升时，可把均匀力叠加在重力上，当物体沿直径下落时，则从中减去。还可以进而讨论受到部分是均匀的，部分正比于速度，部分正比于同一速度的平方的阻力的物体的运动。而我在前述的命题13和命题14中为此铺平了道路，其中，只要用介质黏滞性产生的均匀阻力代替重力，或者像以前那样，代之以二者的合力。我们还有其他问题要讨论。

第4章
物体在阻滞介质中的圆运动

引　理　3

令 PQR 为一螺旋线，它与所有呈相同夹角的半径 SP，SQ，SR 等相交。作直线 PT 与螺旋线相切于任意点 P，与半径 SQ 相交于 T；作 PO，QO 与螺旋线垂直，并相交于 O，连接 SO：如果点 P 和 Q 趋于重合，则角 PSO 成为直角，而乘积 TQ·2PS 与 PQ^2 的最后的比成为相等的比。

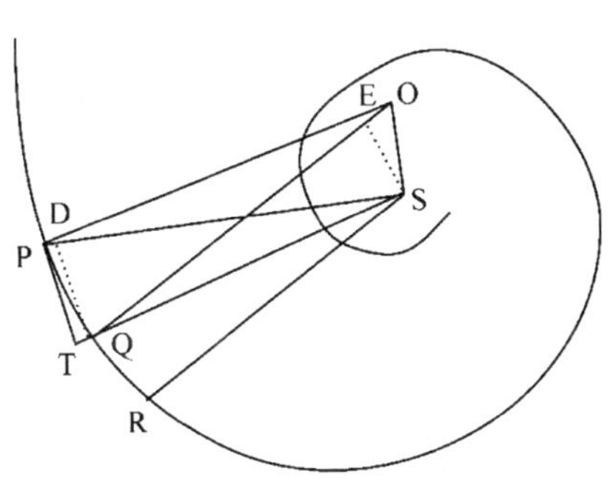

因为，由直角 OPQ，OQR 中减去相等的角 SPQ，SQR，余下的角 OPS，OQS 仍相等。所以，通过点 O，P，S 的圆必定也通过点 Q。令点 P 与 Q 重合，则该圆在 P，Q 重合处与螺旋线相切，因而与直线 OP 垂直相交。所以，OP 成为该圆的直径，而角 OSP 位于半圆上，所以是直角。

证毕。

作 QD，SE 垂直于 OP，则几条线最后的比等于

$$TQ : PD = TS \text{ 或 } PS : PE = 2PO : 2PS;$$

以及

$$PD : PQ = PQ : 2PO;$$

将相等比式中对应项相乘，

$$TQ : PQ = PQ : 2PS。$$

因而 PQ^2 等于 TQ·2PS。

证毕。

命题 15 定理 12

如果各点的介质密度反比于由该点到不动中心的距离，且向心力正比于密度的平方，则物体沿一螺旋线运动，该线以相同角度与所有转向中心的半径相交。

设所有条件与前述引理相同，延长 SQ 到 V，使得 SV 等于 SP。令物体在任意时间内在有阻滞介质中掠过极小弧 PQ，而在二倍的时间里掠过极小弧 PR；而阻力造成的弧的减量，或它们与在无阻力介质中相同时间内所掠过的弧的差，相互间的比正比于生成它们的时间的平方；所以弧 PQ 的减量是弧 PR 的减量的四分之一。因而，如果取面积 QSr 等于面积 PSQ，则弧 PQ 的减量也等于矩线 Rr 的一半；所以阻力与向心力之间的比等于短线$\frac{1}{2}$Rr 与同时生成的 TQ 的比。因为物体在点 P 受到的向心力反比于 SP^2，而(由第一编引理 10)该力所产生的短线 TQ 正比于一个复合量，它正比于该力以及掠过弧 PQ 所用的时间的平方(在此我略去阻力，因为它比起向心力来为无限小)，由此导出 $TQ \cdot SP^2$，即(由上述引理)，$\frac{1}{2}PQ^2 \cdot SP$，正比于时间的平方，因而时间正比于 $PQ \cdot \sqrt{SP}$；而在该时间里物体掠过弧 PQ 的速度，正比于$\frac{PQ}{PQ \cdot \sqrt{SP}}$或$\frac{1}{\sqrt{SP}}$，即，反比于 SP 的平方根。而且，由相同理由，掠过弧 QR 的速度反比于 SQ 的平方根。现在，弧 PQ 与 QR 的比等于速度的比；即，等于 SQ 比 SP 的平方根，或等于 SQ 比 $\sqrt{(SP \cdot SQ)}$；而因为角 SPQ，SQr 相等，面积 PSQ，QSr 相等，弧 PQ 比弧 Qr 等于 SQ 比 SP。取正比部分的差，得到，弧 PQ 比弧 Rr 等于 SQ 比 SP－

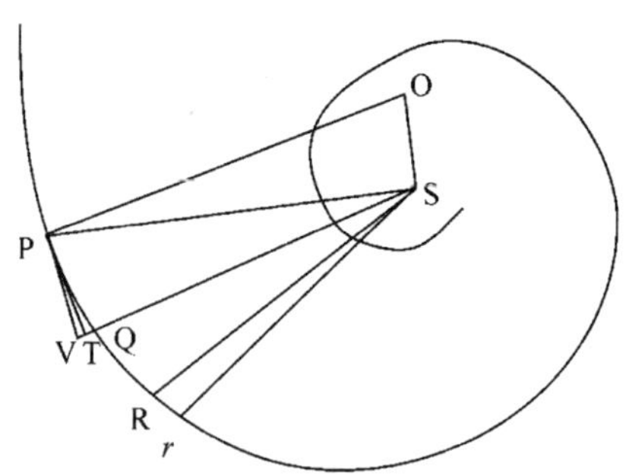

$\sqrt{(SP \cdot SQ)}$，或$\frac{1}{2}VQ$。因为，点 P 与 Q 重合时，$SP-\sqrt{(SP \cdot SQ)}$与$\frac{1}{2}VQ$的最终比是相等比。由于阻力产生的弧 PQ 的减量或其二倍 Rr，正比于阻力与时间的平方的乘积，所以阻力正比于$\frac{Rr}{PQ^2 \cdot SP}$。取 PQ 比 Rr 等于 SQ 比$\frac{1}{2}VQ$，因而$\frac{Rr}{PQ^2 \cdot SP}$正比于$\frac{\frac{1}{2}VQ}{PQ \cdot SP \cdot SQ}$，或正比于$\frac{\frac{1}{2}OS}{OP \cdot SP^2}$。因为点 P 与 Q 重合时，SP 与 SQ 也重合，三角形 PVQ 为一直角三角形；又因为三角形 PVQ，PSO 相似，PQ 比$\frac{1}{2}VQ$等于 OP 比$\frac{1}{2}OS$。所以$\frac{OS}{OP \cdot SP^2}$正比于阻力，即，正比于点 P 的介质密度与速度平方的乘积。抽去速度的平方部分，即$\frac{1}{SP}$，则余下 P 处的介质密度，它正比于$\frac{OS}{OP \cdot SP}$。若螺旋线为已知的，因为 OS 比 OP 为已知，点 P 处介质密度正比于$\frac{1}{SP}$。所以在密度反比于距离 SP 的介质中，物体将沿该螺旋线运动。

证毕。

推论Ⅰ. 在任意处所 P 的速度，恒等于物体在无阻滞介质中受相同向心力以相同距离做圆周运动的速度。

推论Ⅱ. 如果距离 SP 已知，则介质密度正比于$\frac{OS}{OP}$，如果距离未知，则正比于$\frac{OS}{OP \cdot SP}$。所以螺旋线适用于任何介质密度。

推论Ⅲ. 在任意处所 P 的阻力比同一处所的向心力等于$\frac{1}{2}OS$比

OP。因为二力相互间的比等于$\frac{1}{2}$Rr 比 TQ，或等于$\frac{\frac{1}{4}\text{VQ}\cdot\text{PQ}}{\text{SQ}}$比$\frac{\frac{1}{2}\text{PQ}^2}{\text{SP}}$，即等于$\frac{1}{2}$VQ 比 PQ，或$\frac{1}{2}$OS 比 OP。所以给定了螺旋线，也就给定了阻力与向心力的比值；反之，由该比值也可求出螺旋线。

推论Ⅳ. 除非阻力小于向心力的一半，物体不会沿螺旋线运动。令阻力等于向心力的一半，螺旋线与直线 PS 重合，在该直线上，物体落向中心，其速度比先前讨论过的沿抛物线（第一编定理 10）在无阻力介质中下落的速度，等于 1 比 2 的平方根。所以下落时间反比于速度，因而是给定的。

推论Ⅴ. 因为在到中心距离相等处，螺旋线 PQR 上的速度等于直线 SP 上的速度，螺旋线的长度比直线 PS 的长度为给定值，即，等于 OP 比 OS；沿螺旋线下落的时间与沿直线下落的时间的比也为相同比值，因而是给定的。

推论Ⅵ. 如果由中心引出两条任意半径作两个圆；保持二圆不变，使螺旋线与半径 PS 的交角任意改变；则物体在两个圆之间沿螺旋线

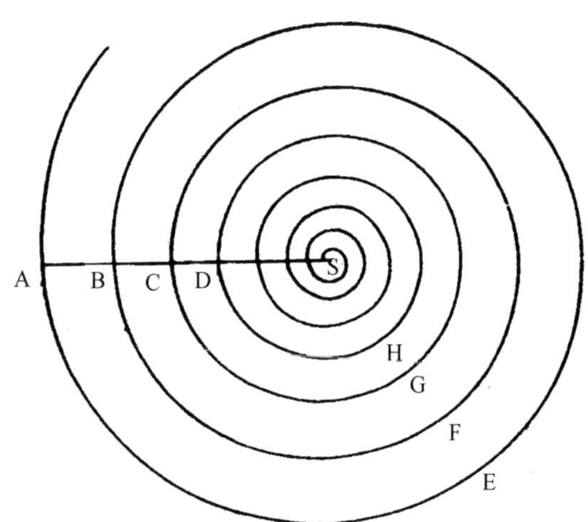

环绕的圈数正比于$\frac{PS}{OS}$,或正比于螺旋线与半径PS夹角的正切;而同一环绕的时间正比于$\frac{OP}{OS}$,即正比于同一个角的正割,或反比于介质密度。

推论Ⅶ. 如果物体在密度反比于处所到中心距离的介质中沿任意曲线AEB绕该中心运动,且在B点与第一个半径AS的交角与在A点相同,其速度与在A点的速度的比反比于到中心的距离的平方根(即,正比于AS比AS与BS的比例中项),则该物体将连续掠过无数个相似的环绕轨道BFC,CGD,等等,将半径AS分割为连续正比的部分AS,BS,CS,DS等。但环绕周期正比于轨道周长AEB,BFC,CGD等,反比于在这些轨道起点A,B,C等处的速度,即,正比于$AS^{\frac{3}{2}}$,$BS^{\frac{3}{2}}$,$CS^{\frac{3}{2}}$。而物体到达中心的总时间比做第一个环绕的时间,等于所有连续正比项$AS^{\frac{3}{2}}$,$BS^{\frac{3}{2}}$,$CS^{\frac{3}{2}}$等直至无穷的和,比第一项$AS^{\frac{3}{2}}$;即非常近似地等于第一项$AS^{\frac{3}{2}}$比前两项的差$AS^{\frac{3}{2}}-BS^{\frac{3}{2}}$,或$\frac{2}{3}AS$比AB。因而容易求出总时间。

推论Ⅷ. 由此也可以足够近似地推出,物体在密度均匀或按任意设定规律变化的介质中的运动。以S为中心,以连续正比的半径SA,SB,SC等画出数目相同的圆;设在以上讨论的介质中,在任意两个圆之间的环绕时间,比在相同圆之间在拟定介质中的环绕时间,近似等于这两个圆之间拟定介质的平均密度,比上述介质的平均密度;而且在上述介质中上述螺旋线与半径AS的交角的正割正比于在拟定介质中新螺旋与同一半径的交角的正割;以及在两个相同的圆之间环绕的次数都近似正比于交角的正切;如果在每两个圆之间的情形处处如此,则物体的运动连续通过所有的圆。由此方法可以毫不困难地求出物体在任意规则介质中环绕的运动和时间。

推论Ⅸ. 虽然这些偏心运动是沿近似于椭圆的螺旋线进行的,但如果假设这些螺旋线的若干次环绕是在相同距离进行的，而且其倾向于中心的程度与上述螺旋线是相同的，则也可以理解物体是怎样沿着这螺旋线运动的。

命题 16　定理 13

如果介质在各处的密度反比于由该处到不动中心的距离，而向心力反比于同一距离的任意次幂；则物体沿螺旋线的环绕与所有指向中心的半径都以给定角度相交。

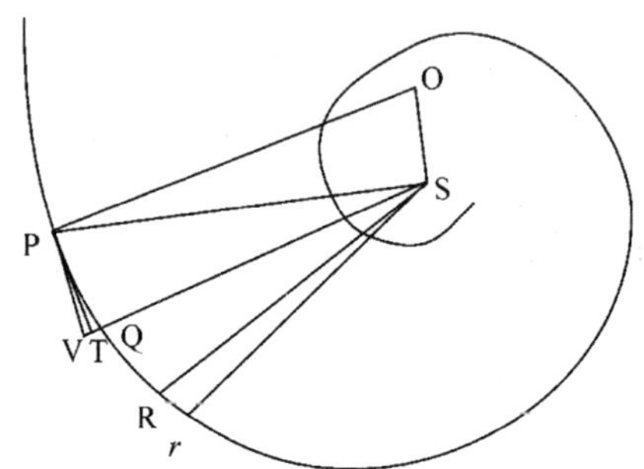

本命题的证明与前一命题相同。因为如果在 P 处的向心力反比于距离 SP 的任意次幂 SP^{n+1}，其指数为 $n+1$；则与前者相同，可以推知物体掠过任意弧 PQ 的时间正比于 $PQ\cdot PS^{\frac{1}{2n}}$；而 P 处的阻力正比于 $\frac{Rr}{PQ^2\cdot SP^n}$，或正比于 $\frac{\left(1-\frac{1}{2}n\right)\cdot VQ}{PQ\cdot SP^n\cdot SQ}$，因而正比于 $\frac{\left(1-\frac{1}{2}n\right)\cdot OS}{OP\cdot SP^{n+1}}$，即$\left[\text{因为}\frac{\left(1-\frac{1}{2}n\right)\cdot OS}{OP}\text{是给定量}\right]$反比于 SP^{n+1}。所以，由于速度反比于 $SP^{\frac{1}{2n}}$，P 处的密度反比于 SP。

推论Ⅰ. 阻力比向心力等于 $\left(1-\frac{1}{2}n\right)\cdot OS$ 比 OP。

推论Ⅱ. 如果向心力反比于 SP^3，则 $1-\frac{1}{2}n$ 等于 0；因而阻力与介质密度均为零，情形与第一编命题 9 相同。

推论Ⅲ. 如果向心力反比于半径 SP 的任意次幂，其指数大于 3，则正阻力变为负值。

附　注

本命题与前一命题均与不均匀密度的介质有关,它们只适用于物体做微小运动的场合,以至于对物体一侧的介质密度高出另一侧的部分可以不予考虑。此外,等价地,我还设阻力正比于密度。所以,在阻力不正比于密度的介质中,密度必须迅速增加或减小,使得阻力的多余或不足部分得以抵消或补充。

命题 17　问题 4

一个物体的速度规律已知,沿一条已知螺旋线环绕,求介质的向心力和阻力。

令螺旋线为 PQR。由物体掠过极小弧段 PQ 的速度可以求出时间;而由正比于向心力的高度 TQ,以及时间的平方,可以求出向心力。然后由相同时间间隔中画出的面积 PSQ 和 QSR 的差 RS*r*,可以求出物体的变慢;而由这一变慢可以求出阻力和介质密度。

命题 18　问题 5

已知向心力规律,求使一物体沿已知螺旋线运动的介质各处的密度。

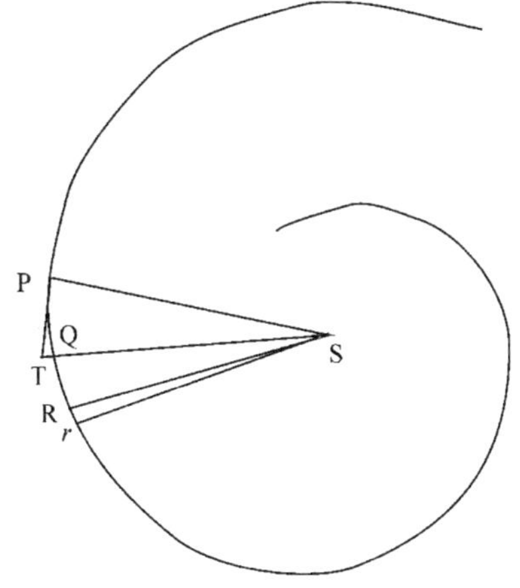

由向心力必定可以求出各处的速度;然后由速度的变慢可以求出介质密度。这与前一命题相同。

不过,我在本编命题 10 和引理 2 中已解释过处理这类问题的方法;不拟再向读者详细介绍这些烦琐的问题。现在我将增加某些与运动物体的力以及该运动发生于其中的介质的密度和阻力有关的内容。

第5章
流体密度和压力;流体静力学

流体定义

流体是这样一种物体，它的各部分能屈服于作用于其上的力，而且这种屈服能使它们相互间轻易地发生运动。

命题19　定理14

盛装在任意静止容器内的均匀而静止并且在各边上都受到压迫的流体的各部分（不考虑凝聚力、重力以及一切向心力），在各边上都受到相等的压力，停留在各自的处所，不会因该压力而产生运动。

情形1. 令流体盛装于球形容器ABC内,各边均匀受到压迫:则该压力不会使流体的任何部分运动。因为,如果任意部分D运动,则各边上到球心距离相等的类似部分必定都在同时也做类似的运动;因为它们所受到的压力都是相似而且相等的;而非由这种压力而产生的运动都是不可能的。而如果这些部分都向中心附近运动,则流体必定向球心集聚,这与题设矛盾,如果它们远离球心而去,则流体必定向球面集聚,这也与题设矛盾。它们不能向任何方向运动,只能保持其到中心的不变距离,因为相同的理由可以使它们向相反方向运动;而同一部分不可能同时向相反的两个方向运动,所以流体的各部分都不会离开其处所。

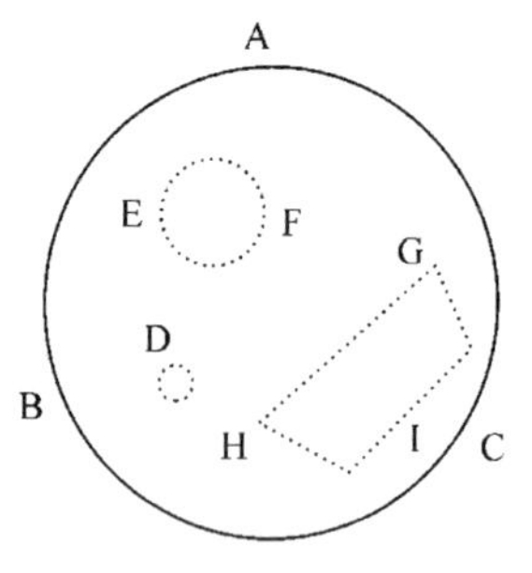

证毕。

情形2. 该流体的所有球形部分在各方向上都受到相等的压力。因为令EF为流体的球体部分;如果它不是受到各方面相等的压力,则压力较小方面会增加压力直到各方面压力相等;而该部分(由情形 1)将停留在其位置上。但在压力增加之前,它们不会离开原先的位置(由情形 1);而由流体定义,增加新的压力后它们将会由这些位置运动。这两个结论相互矛盾。所以球体 EF 各方向上受不等压力的说明是错误的。

证毕。

情形 3. 此外,球的不同部分的压力也相等。因为球体毗邻部分在接触点相互施加相等的压力(由第三定律)。但(由情形 2)它们向各方面都施以相同的压力。所以球体的任意两个不毗邻的部分,由于能与这二者都接触的中介部分的作用,相互间也施以相等的压力。

证毕。

情形 4. 流体的所有部分处处压力相等。因为任意两个部分都与球体的某些点保持接触;它们对这些球体部分的压力相等(由情形 3),因而受到的反作用也相等(由定律Ⅲ)。

证毕。

情形 5. 由于流体的任意部分 GHI 被封闭在流体的其余部分内,如同盛装在容器中一样,对各方面的压力相等,而且它的各部分也相互间同等压迫,因而相互间维持静止;所以说流体的所有部分 GHI 向各方面施加压力,相互间也同等地压迫,而且相互间保持静止。

证毕。

情形 6. 如果流体盛装在一个屈服物质或非刚体的容器中,且各方面压力不相等,则由流体定义,容器也将向较大的压力屈服。

情形 7. 所以,在非流动的或刚体容器中,流体不会向一个方向维持较其他方向更大的压力,而是在短时间内向它屈服;因为容器的刚性边壁不会随流体一同屈服,而屈服的流体会压迫容器的对边,这样各方面的压力趋于相等。而因为流体一旦屈服于压力较大的部分而运动,即受到容器对面边壁阻力的抗衡,使一瞬间各方面的压力变为相等,不发生局部运动;由此知,流体的各部分(由情形 5)相互间同等压迫,维持静止。

证毕。

推论. 所以流体各部分相互之间的运动不可能由于外表面所传递的压力而有所改变,除非该表面的形状发生改变,或由于流体所有各部分间相互压力较强或较弱,使它们相互间的滑移有或多或少的困难。

命题 20　定理 15

如果球形流体的所有部分在到球心距离相等时是均匀的,置于一同心的瓶上,都被吸引向球心,则该瓶所承受的是一个柱体的重量,其底等于球的表面,而高度则等于覆盖的流体。

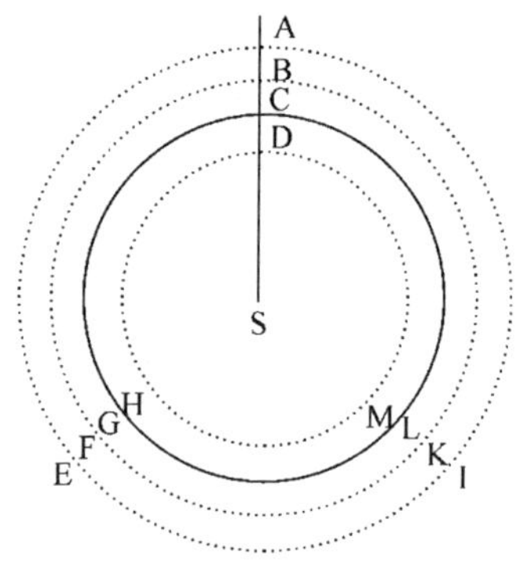

令 DHM 为瓶的表面,AEI 为流体的上表面。把流体分为等厚度的同心球壳,相应的是无数个球面 BFK,CGL 等等;设重力只作用于每个球壳的外表面,而且对球面上相等的部分作用相等。因而上表面 AEI 只受到其自身重力的作用,这个力使上表面的所有部分,以及第二个表面 BFK(由命题 19),根据其大小而受到相等的压力。类似地,第二个表面 BFK 也受到其自身的重力作用,该力叠加在前一种力上使压力加倍。而第三个表面 CGL 则根据该力的大小,在其自身重力之外又受到这一压力的作用,使它的压力增为三倍。用类似的方法,第四个表面的压力是四倍,第五个表面的压力是五倍,以此类推。所以作用于每个表面的压力并不正比于上层流体的体积量,而是正比于到达流体上表面的层数;等于最低层乘以层数;即,等于一个体积的重量,它与上述柱体的最后的比(当层数无限增加,层厚无限减小,使由下表面到上表面的重力作用变得连续时)是相等的比。所以,下表面承受着上述柱体的重量。

证毕。

由类似理由,流体的重力按到中心的距离的任意给定比率减小,以及流体的上部稀薄,而下部稠密,都是本命题的明证。

证毕。

推论Ⅰ. 瓶并未受到其上的流体全部重量的压力,只承受本命题中所述的那一部分压力;其余压力为球形流体的拱曲表面所承受。

推论Ⅱ. 压力的量在到中心距离相等处总是相等的,不论表面受到的力是平行于地平面,或是垂直于它,与它斜向相交。也不论流体是由受压表面沿直线向上涌出,或是自蜿蜒曲折的洞穴和隧道斜向流出,也不论这些通道是规则或不规则的,是宽是窄。这些条件不能使压力有任何改变,这可以由将本定理应用到若干种流体的情形得到证明。

推论Ⅲ. 由同一证明还可以推出(由命题 19),重流体各部分自身相互间不会因为其上部重量的压力而运动,因凝聚而产生的运动除外。

推论Ⅳ. 如果一个比重相同又不会压缩的另一个物体没入流体中,它将不会因其上部的重量而发生运动:它既不下沉也不上浮,外形也不改变。如果它是球体,尽管有此压力它仍保持球形,如果它是立方体,则仍保持立方体,不论它是柔软的或是流体的,也不论它是在该流体中自由游动或沉入底部。因为流体内部各部分与没入其中的部分状态相同;而具有相同的尺度、外形和比重的没入物体,其情形都与此相似。如果没入的物体保持其重量,分解而转变成流体,则这个物体如果原先是上浮的、下沉的,或受某种压力变为新形状的,都将类似地仍然上浮、下沉或变为新形状;这是因为其重力和其运动的其他原因得以维持。但是(由命题 19,情形 5)它现在应是静止的,保持其原形。所以与上一种情形相同。

推论Ⅴ. 如果物体的比重大于包围着它的流体,它将下沉;而比重较轻的则上浮,所获得的运动和外形变化正比于其重力所出超或不足部分。因为出超或不足的部分其效果等同于一个冲击,它可以使与流体各部分取得的平衡受到作用;这与天平一边的重量增减的情形相类似。

推论Ⅵ. 所以在流体内的物体有两种重力:其一是真实和绝对的,其二是表象的、普通的和相对的。绝对重力是使物体竖直向下的全部的力;相对和普通的重力是重力的超出部分,它使物体比周围的流体更强烈地竖直向下。第一种重力使流体和物体的所有部分被吸引在适当的处所;所以它们的重力合在一起即构成总体的重量。因为全体合在一起就是重量,正如盛满液体的容器那样;全体的重量等于所有部分的重量的和,是由所有部分组成的。另一种重力并不使物体被吸引在其处所;即,通过相互比较,它们并不超出,但阻碍相互的下沉倾向,使其像没有重量那样滞留在原处。空气中的比空气轻的物体,一般被认为是没有重量的。而重于空气的物体通常是有重量的,因为它们不能为空气的重量所承担。普通重量无非是物体的重量超出空气重量的部分。因而没有重量的物体,一般也称为轻物体,它们轻于空气,被向上托起,但这只是相对地轻,不是真实的,因为它们在真空中仍是下沉的。同样,在水中,物体由其重量决定下沉或上浮,相对地表现出重或是轻;它们相对的、表象的重或轻正是它们的真实重量超出或不足于水的重量的部分。不过那些重于流体而不下沉,轻于流体而不上浮的物体,虽然它们的真实重量增加了总体重量,但一般而言,它们在水中没有相对重量。这些情形可以作类似的证明。

推论Ⅶ. 已证明的结论适用于与所有其他向心力有关的场合。

推论Ⅷ. 所以,如果介质受到其自重或任意其他向心力的作用,在其中运动的物体受到同一种力的更强烈的作用;则二种力的差正是运动力,在前述命题中,我都称之为向心力。但如果该物体受此力作用较轻,则力的差变为离心力,而且只能按离心力来处理。

推论Ⅸ. 但是,由于流体的压力不改变没入其中的物体的形状,因而(由命题19推论)也不改变其内部各部分相互间的位置关系;因而,如果动物没入流体中,而且所有的知觉是由各部分的运动产生的,则流体既不伤害浸入的躯体,也不刺激任何感觉,除非躯体受到压迫而蜷缩。所有为流体所包围的物体系统都与此情形相同。系统的所有部分都像在真空中一样受到同一种运动的推动，只保留相对重量；除非流体或多或少地阻碍它们的运动，或在压力下被迫与之结合。

命题 21　定理 16

令任意流体的密度正比于压力，其各部分受反比于到中心距离平方的向心力的吸引竖直向下：如果该距离是连续正比的，则在相同距离处的流体密度也是连续正比的。

令 ATV 表示流体的球形底面，S 是球心，SA，SB，SC，SD，SE，SF 等等是连续正比的距离。作垂线 AH，BI，CK，DL，EM，FN 等等，正比于 A，B，C，D，E，F 处的介质密度；则这些处所的比重正比于 $\frac{AH}{AS}$，$\frac{BI}{BS}$，$\frac{CK}{CS}$等，或者完全等价地，正比于$\frac{AH}{AB}$，$\frac{BI}{BC}$，$\frac{CK}{CD}$等。首先设这些重力由 A 到 B，由 B 到 C，由 C 到 D 等等都是均匀的连续的，而在点 B，C，D 等处形成减量台阶。将这些重力乘以高度 AB，BC，CD 等即得到压力 AH，BI，CK 等等，它们作用于底 ATV(由定理 15)。所以，部分 A 承受着 AH，BI，CK，DL 等直至无限的所有压力；部分 B 承受着除第一层 AH 以外的所有压力；而部分 C 承受着除前二层以外的所有压力；以此类推：所以第一部分 A 的密度 AH 比第二部分 B 的密度 BI，等于 AH＋BI＋CK＋DL 等等所有无限多项的和比 BI＋CK＋DL 等等所有无限多项的和。而第二部分 B 的密度 BI 比第三部分 C 的密度 CK，等于 BI＋CK＋DL＋……的和比 CK＋DL＋……的和。所以这些和正比于它们的差 AH，BI，CK 等等，因而是连续正比的。而由于在处所 A，B，C 等的密度正比于 AH，BI，CK 等，它们也是连续正比的。间隔地取值，在连续正比的距离 SA，SC，SE 处，密度 AH，CK，EM 也连续正比。由类似理由，在连续正比的任意距离 SA，

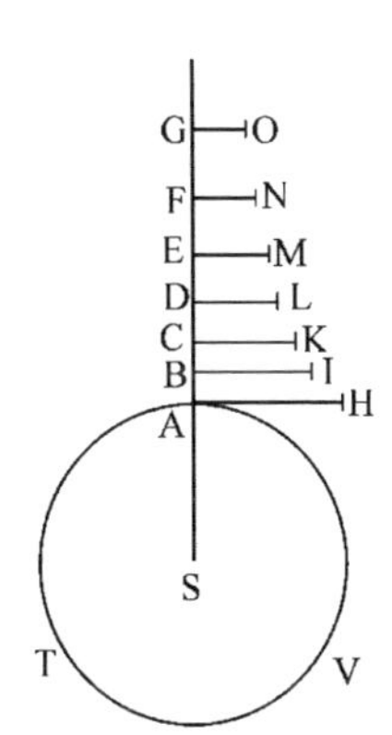

SD,SG 处,密度 AH,DL,GO 也是连续正比的。现在令 A,B,C,D,E 等点重合,使由底 A 到流体顶部的比重级数变为连续的,则在连续正比的任意距离 SA,SD,SG 处,相应也连续正比的密度 AH,DL,GO 仍将维持连续正比。

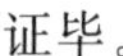

证毕。

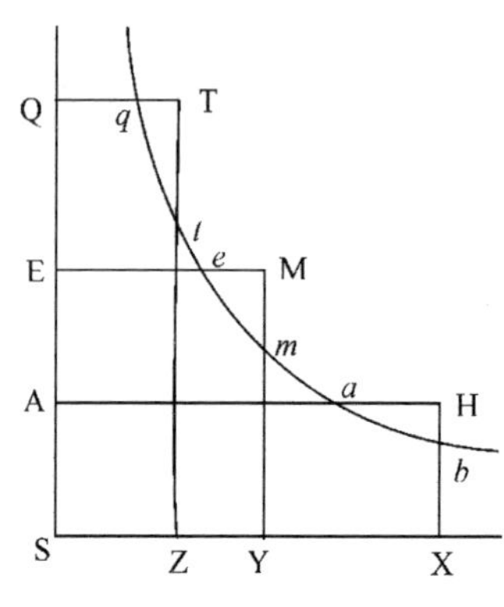

推论. 如果 A,E 两处的流体密度为已知,则可以求出任意其他处所 Q 的密度。以 S 为中心,关于直角渐近线 SQ,SX 作双曲线与垂线 AH,EM,QT 相交于 a,e 和 q,与渐近线 SX 的垂线 HX,MY,TZ 相交于 b,m 和 t。作面积 YmtZ 比已知面积 YmbX 等于给定面积 EeqQ 比给定面积 EeaA;延长直线 Zt 截取线段 QT 正比于密度。因为,如果直线 SA,SE,SQ 是连续正比的,则面积 EeqQ,EeaA 相等,而与它们正比的面积 YmtZ,XbmY 也相等;而直线 SX,SY,SZ,即 AH,EM,QT 连续正比,如它们所应当的那样,如果直线 SA,SE,SQ 按其他次序成连续正比序列,则由于正比的双曲线面积,直线 AH,EM,QT 也按相同的次序构成连续正比序列。

命题 22　定理 17

令任意流体的密度正比于压力,其各部分受反比于到中心距离平方的重力作用而竖直向下:则如果按调和级数取距离,在这些距离上的流体密度构成几何级数。

令 S 为中心,SA,SB,SC,SD,SE 为按几何级数取的距离。作垂线 AH,BI,CK 等等。它们都正比于 A,B,C,D,E 等处的流体密度,而对应的比重则正比于 $\frac{AH}{SA^2}$,$\frac{BI}{SB^2}$,$\frac{CK}{SC^2}$,等等。设这些重力是均匀连续

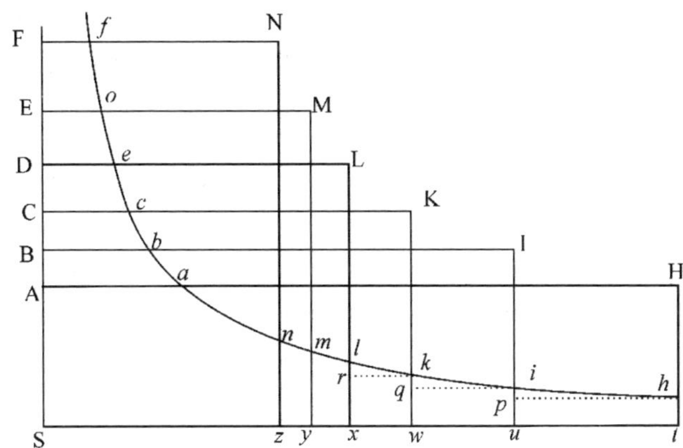

的,第一个由 A 到 B,第二个由 B 到 C,第三个由 C 到 D,等等,它们乘以高度 AB,BC,CD,DE 等等,或者,等价地,乘以距离 SA,SB,SC,等等,正比于这些高度,则得到表示压力的$\frac{AH}{SA}$,$\frac{BI}{SB}$,$\frac{CK}{SC}$,等等,所以,由于密度正比于这些压力的和,则密度的差 AH$-$BI,BI$-$CK 等正比于这些和$\frac{AH}{SA}$,$\frac{BI}{SB}$,$\frac{CK}{SC}$的差。以 S 为中心,SA,Sx 为渐近线,画任意双曲线,与垂线 AH,BI,CK 等相交于 a,b,c 等,作于渐近线 Sx 上的与垂线 Ht,Iu,Kw 相交于 h,i,k;则密度的差 tu,uw 等将正比于$\frac{AH}{SA}$,$\frac{BI}{SB}$等,而矩形 $tu \cdot th$,$uw \cdot ui$ 等,或 tp,uq 等,比$\frac{AH \cdot th}{SA}$,$\frac{BI \cdot ui}{SB}$等,正比于 Aa,Bb 等。因为,由双曲线的特性,SA 比 AH 或 St 等于 th 比 Aa,因而$\frac{AH \cdot th}{SA}$等于 Aa。由类似理由,$\frac{BI \cdot ui}{SB}$等于 Bb,等等。但 Aa,Bb,Cc 等是连续正比的,因而也正比于它们的差 A$a$$-Bb$,B$b$$-Cc$ 等等,所以矩形 tp,uq 等等也正比于这些差;也正比于矩形的和 $tp$$+$$uq$ 成 $tp$$+$$uq$$+$$wr$ 与差 A$a$$-Cc$ 或 A$a$$-Dd$ 的和的比。设这些项中的若干个与所有差的和,如 A$a$$-Ff$,正比于所有矩形 $zthn$ 的和。无限增加项数,减小点 A,B,C 等之间的距离,则这些矩形等于双曲线

面积 $zthn$，因而差 $Aa-Ff$ 正比于该面积。现取按调和级数取任意距离 SA，SD，SF，则差 $Aa-Dd$，$Dd-Ff$ 相等；所以面积 $thlx$，$xlnz$ 正比于这些差，而且相互相等，而密度 St，Sx，Sz，即 AH，DL，FN 则连续正比。

证毕。

推论. 如果已知流体的两个密度 AH，BI，则可以求出对应于其差 tu 的面积 $thiu$；因而取面积 $thnz$ 比该已知面积 $thiu$ 等于差 $Aa-Ff$ 比差 $Aa-Bb$，即可以求出任意高度 SF 的密度 FN。

附 注

由类似理由可以证明，如果流体各部分的重力正比于到中心距离的立方，反比于距离 SA，SB，SC 等等的平方$\left(\text{即}\frac{SA^3}{SA^2},\frac{SA^3}{SB^2},\frac{SA^3}{SC^2}\right)$减小，并按算术级数取值，则密度 AH，BI，CK 等构成几何级数。而如果重力正比于距离的四次幂，反比于距离的立方$\left(\text{即}\frac{SA^4}{SA^3},\frac{SA^4}{SB^3},\frac{SA^4}{SC^3}\right)$等，按算术级数取值，则密度 AH，BI，CK 等等也构成几何级数。以此类推可至无限。而且，如果流体各部分的重力在所有距离处都是相同的，距离为算术级数，则密度也是几何级数，正如哈雷博士所发现的那样。如果重力正比于距离，而距离的平方为算术级数，则密度仍是几何级数。以此类推可至无限。当流体因压迫而集聚，其密度正比于压迫力；或者，等价地，当流体所占据的空间反比于这个力时，上述情形均成立。还可以设想一些其他的凝聚规律，如凝聚力的立方正比于密度的四次幂，或力的比的立方等于密度比的四次幂：在此情形下，如果重力反比于到中心距离的平方，则密度反比于距离的立方。设压力的立方正比于密度的五次幂；如果重力反比于距离的平方，则密度反比于距离的$\frac{3}{2}$次幂。设压力正比于密度的平方，重力反比于距离的平方，则密度反比于距离。但就我们的空气而言，这个关系取自实验，它的密度精确地，至少是极为近似地正比于压力；因而地球大气中的空气密度正比于上面全部空气的重量,即,正比于气压计中的水银高度。

命题 23 定理 18

如果流体由相互离散的粒子组成,密度正比于压力,则各粒子的离心力反比于它们中心之间的距离。反之,如果各粒子是相互离散的,离散力反比于它们中心间的距离的平方,则由此组成的弹性流体,其密度正比于压力。

设流体贮存于立方空间 ACE 中,然后被压缩入较小的立方空间 *ace*;在这两个空间中各粒子维持着相似的相互位置关系,距离正比于立方的边 AB,*ab*;而介质的密度反比于包含的空间 AB^3,ab^3。在大立方体 ABCD 的平面边取一正方形 DP 等于小立方体的平面边 *db*;由题设知,正方形 DP 压迫其内部流体的压力,比正方形 *db* 压迫其内部流体的压力,等于两种介质相互间的比,即等于 ab^3 比 AB^3。但正方形 DB 压迫其内部流体的压力比正方形 DP 压迫其内部相同流体的压力,等于正方形 DB 比正方形 DP,即等于 AB^2 比 ab^2。所以两式的对应项相乘,正方形 DB 压迫流体的压力比正方形 *db* 压迫其内部流体的压力等于 *ab* 比 AB。作平面 FGH,*fgh* 通过两个立方体的内部,把流体分为两部分。这两部分相互间的压力等于它们受到平面 AC,*ac* 的压力,即相互比值等于 *ab* 比 AB:因而承受该压力的离心力也有相同比值。在两个立方空间中,被平面 FGH,*fgh* 隔开的粒子数目相同,位置相似,所有的粒子产生的作用于全体的力正比于各粒子间相互作用的力。所以在大立方体中被平面 FGH 隔开的各粒子间的作用力,比在小立方体中被平面 *fgh* 隔开的各粒子间的作用力,等于 *ab* 比 AB,即,反比于各粒子之间的距离。

证毕。

反之,如果某一粒子的力反比于距离,即反比于立方体的边 AB,*ab*;则力的和也为相同比值,而边 DB,*db* 的压力正比于力的和;因而正方形 DP 的压力比边 DB 的压力等于 ab^2 比 AB^2。将比例式中对应项相乘，得到正方形DP的压力比边 db 的压力等于 ab^3 比 AB^3；即，在一个中的压力比在另一个中的压力等于前者的密度比后者的密度。

证毕。

附　注

由类似理由，如果各粒子的离心力反比于中心之间距离的平方，则压力的立方正比于密度的四次幂。如果离心力反比于距离的三次幂或四次幂，则压力的立方正比于密度的五次幂或六次幂。一般地，如果D是距离，E是受压流体的密度，离心力反比于距离的任意次幂 D^n，其指数为 n，则压力正比于幂 E^{n+2} 的立方根，其幂指数为 $n+2$；反之亦然。所有这些要求离心力仅发生于相邻接的粒子之间，或相距不远者，磁体提供了一个这方面的例子。磁体的力会因为间隔的铁板而减弱，几乎终止于该铁板：因为远处的物体受磁体的吸引不如受铁板的吸引强，参照此方法，各粒子排斥与它同类型的邻近粒子，而对较远处的则无作用，则这种粒子所组成的流体与本命题所讨论的流体相同。如果粒子的力向所有方向无限扩散，则要构成具有相同密度的较大量的流体，需要更大的凝聚力。但弹性流体究竟是否由这种相互排斥的粒子组成，这是个物理学问题。我们在此只对由这种粒子组成的流体的性质做出证明，哲学家们不妨对这个问题作一讨论。

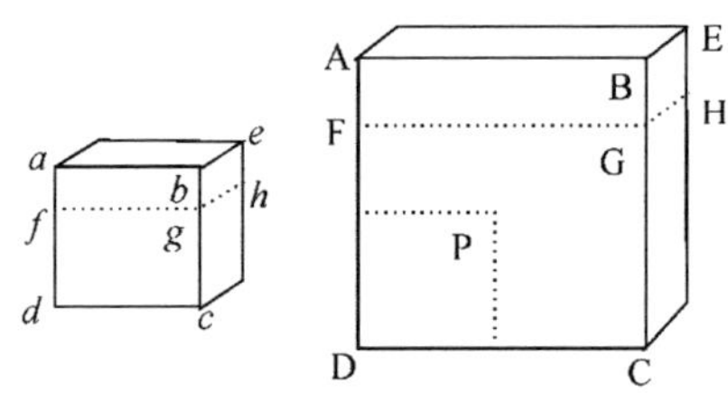

第6章
摆体的运动与阻力

命题24　定理19

几个摆体的摆动中心到悬挂中心的距离均相等，则摆体物质的量的比等于在真空中重量的比与摆动时间比的平方的乘积。

因为一个已知的力在已知时间内所能使已知物体产生的速度正比于该力和时间，反比于物体，力或时间越大，或物体越小，则所产生的速度越大。这是第二运动定律的内容。如果各摆长度相同，在到摆距离相等处运动力正比于重量：则如果两个摆体掠过相等弧度，把这两个弧度分为若干相等部分；由于摆体掠过弧的对应部分所用的时间正比于总摆动时间，摆过各对应部分的速度相互间的比，正比于运动力和总摆动时间，反比于物质的量：所以物质的量正比于摆动的力和时间，反比于速度。但速度反比于时间，因而时间正比于而速度反比于时间的平方，因而物质的量正比于运动力和时间的平方，即正比于重量与时间的平方。

证毕。

推论Ⅰ. 如果时间相等，则各自物质的量正比于重量。

推论Ⅱ. 如果重量相等，则物质的量正比于时间的平方。

推论Ⅲ. 如果物质的量相等，则重量反比于时间的平方。

推论Ⅳ. 完全等价地，由于时间的平方正比于摆长，所以如果时间与物质的量都相等，则重量正比于摆长。

推论Ⅴ. 一般地，摆体的物质的量正比于重量和时间平方，反比于摆长。

推论Ⅵ. 但在无阻力介质中，摆体的物质的量正比于相对重量和时间平方，反比于摆长。因为前面已证明，相对重量是物体在任意重介质中的运动力；所以它在无阻力介质中的作用与真空中的绝对重量相同。

推论Ⅶ. 由此得到一种方法，用以比较物体各自所含物质的量，以及同一物体在不同处所的重量，以了解重力变化情况。我通过极为精密的实验发现，物质含物质的量总是正比于它们的重量。

命题 25　定理 20

在任意介质中受到的阻力正比于时间的变化率的摆体，与在比重相同的无阻力介质中运动的摆体，它们在摆动中在相同时间内都画出一条摆线，而且共同掠过成正比的弧段。

令物体 D 在无阻力介质中摆动时，在任意时间内画出的一段摆线弧为 AB。在 C 点二等分该弧，使 C 为其最低点；则物体在任意处所 D，或 *d*，或 E 受到的加速力，正比于弧长 CD，或 C*d*，或 CE。令该力以这些弧表示；由于阻力正比于时间的变化率，因而是已知的，令它以摆线弧的已知段 CO 表示，取弧 O*d* 比弧 CD 等于弧 OB 比弧 CB：则摆体在有阻力介质中的 *d* 点受到的力为力 C*d* 超出阻力 CO 的部分，以弧 O*d* 表示，它与摆体 D 在无阻力介质中的处所 D 受到的力的比，等于弧 O*d* 比弧 CD；而在处所 B，等于弧 OB 比弧 CB。所以如果两个摆体 D，*d* 自处所处 B 受到这二个力的推动，由于在开始时力正比于弧 CB 和 OB，则开始的速度与所掠过的弧比值相同，令该弧为 BD 为 B*d*，则余下的弧 CD，O*d* 比值也相同。所以正比于弧 CD，O*d* 的力在开始时也保持相同比值，因而摆体以相同比值共同摆动。所以力，速度和余下的弧 CD，O*d* 总是正比于总弧长 CB，OB，而余下的弧是共同掠过的。所以两个摆体 D 和 *d* 同时到达处所 C 和 O；在无阻力介质中的摆动到达处所 C，而另一个在有阻力介质中的摆动到达处所 O。现在，由于在 C 和 O 的速度正比于弧 CB，OB，摆体仍以相同比值掠过更远的弧。令这些弧为 CE 和 O*e*。在无阻力介质中的摆体 D 在 E 处受到的阻力正比于 CE，而在有阻力介质中的摆体 *d* 在 *e* 处受到的阻力正比于力 C*e* 与阻力 CO 的和，即正比于 O*e*；所以两摆体受到的阻力正比于弧 CB，OB，即正比于弧 CE，O*e*；所以以相同比值变慢的速度的比也为相同的已知比值。所以速度以及以该速度掠过的弧相互间的比总是等于弧 CB 和 OB 的已知比值。所以，如果整个弧长 AB，*a*B 也按同一比值选取，则摆体 D 和 *d* 同时掠过它们，在处所 A 和 *a* 同时失去全部运动。所以整个摆动是等时的，或在同一时间内完成的；而共同掠过弧长 BD，B*d*，或 BE，B*e*，正比于总弧长 BA，B*a*。

证毕。

推论. 所以在有阻力介质中，最快的摆动并不发生在最低点 C，而是发生在掠过的总弧长 B*a* 的二等分点 O。而摆体由该点摆向点 *a* 的减速度与它由 B 落向 O 的加速度相同。

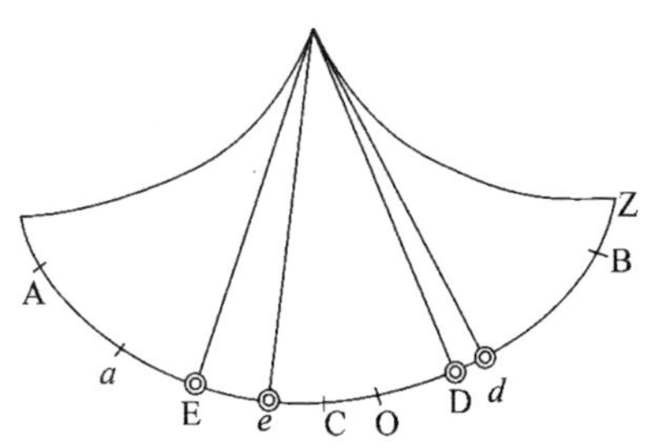

命题 26 定理 21

受阻力正比于速度的摆体，沿摆线作等时摆动。

如果两个摆体到悬挂中心的距离相等，摆动中掠过的弧长不相等，但在对应弧段的速度的比等于总弧长的比；则正比于速度的阻力的比也等于该弧长比。所以，如果在正比于弧长的重力产生的运动力上叠加或减去这些阻力，则得到的和或差的比也为相同的比值；而由于速度的增量或减量正比于这些和或差，速度总是正比于总弧长；所以，如果速度在某种情况下正比于总弧长，则它们总是保持相同比值。但在运动开始时，当摆体开始下落并掠过弧时，此刻正比于弧的力所产生的速度正比于弧。所以，速度总是正比于尚未掠过的总弧长，而这些弧将在同一时间内画出。

证毕。

命题 27　定理 22

如果摆体的阻力正比于速度的平方，则在有阻力介质中摆动的时间，与在比重相同但无阻力介质中摆动的时间的差，近似地正比于摆动掠过的弧长。

令等长摆在有阻力介质中掠过不等弧长 A,B;则沿弧 A 摆动的物体的阻力比在 B 弧上对应部分摆动的物体的阻力等于速度平方的比,即近似等于 AA 比 BB。如果弧 B 的阻力比弧 A 的阻力等于 AB 比 AA,则沿弧 A 和 B 的摆动时间相等(由前一命题)。所以弧 A 的阻力 AA 或弧 B 的阻力 AB 在弧 A 上引起的时间超过在无阻力介质中的时间;而阻力 BB 在弧 B 上引起的时间超过在无阻力介质中的时间。而这些超出量近似地正比于有效力 AB 和 BB,即正比于弧 A 和 B。

证毕。

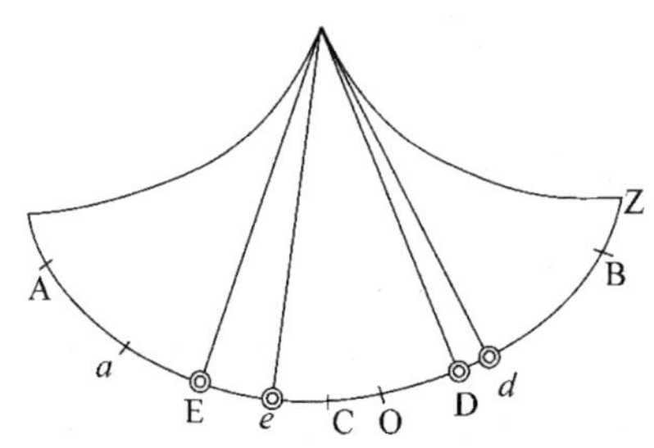

推论Ⅰ. 因此,由在有阻力介质中不相等的弧摆动时间可以求出在比重相同的无阻力介质中的摆动时间。因为这个时间差比沿短弧摆动时间超出在无阻力介质中的时间等于两个弧的差比短弧。

推论Ⅱ. 短弧摆动更近于等时性,极小的摆动其时间近似等于在无阻力介质中的时间。而作较大弧摆动所需时间略长,因为在摆体下落中受到使时间延长的阻力,与下落所掠过的长度相比,较之随后的上升所遇到的使时间缩短的阻力变大了。不过,摆动时间的长度似乎因介质的运动而延长。因为减速的摆体所受阻力与速度比值较小,而加速的摆体该比值较匀速运动为大;因为介质从摆体获得某种运动,与它们做同向运动,在前一种受到的推动较强,后一情形较弱;造成摆体运动的快慢变化。所以就与速度相比较而言,在摆体下落时阻力较大,而上升时较小;这二者导致时间的延长。

命题 28 定理 23

如果摆体沿摆线摆动，阻力正比于时间的变化率，则阻力与重力的比，等于下落所掠过的整个弧长减随后上升的弧长的差值比摆长的二倍。

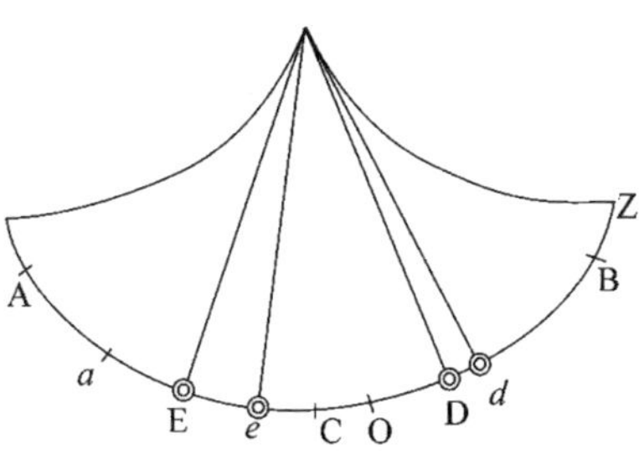

令 BC 表示下落掠过的弧长，C*a* 为上升弧长，A*a* 为二弧的差：其他条件与命题 25 的作图和证明相同，则摆体在任意处所 D 受到的作用力比阻力等于弧 CD 比弧 CO，后者是差 A*a* 的一半。所以，在摆线的起点或最高点。摆体所受到的作用力，即重力，比阻力等于最高点与最低点 C 之间的摆线弧比弧 CO；即(把它们都乘以 2)，等于整个摆弧或摆长的二倍比弧 A*a*。

证毕。

命题 29 问题 6

设沿摆线摆动的摆体的阻力正比于速度的平方；求各处的阻力。

令 B*a* 为一次全摆动的弧长，C 为摆线最低点，CZ 为整个摆线的半长，等于摆长。要求在任意处所 D 摆体的阻力。在 O，S，P，Q 点分割直线 OQ，使(作垂线 OK，ST，PI，QE，以 O 为中心，OK，OQ 为渐近线，作双曲线 TIGE 与垂线 ST，PI，QE 相交于 T，I 和 E，通过点 I 作 KF。平行于渐近线 OQ，与渐近线 OK 相交于 K，与垂线 ST 和 QE 相交于 L 和 F)双曲线面积 PIEQ 比双曲线面积 PITS 等于摆体下落掠过的弧 BC 比上升掠过的弧 C*a*；以及面积 IEF 比面积 ILT 等于 OQ 比 OS。然后以垂线 MN 截取双曲线面积 PINM，使该面积比双曲线面积 PIEQ 等于弧 CZ 比下落掠过的弧 BC。如果垂线 RG 截取双曲线面积 PIGR，使它比面积 PIEQ 等于任意弧 CD 比整个下落弧长 BC，则在任意处所 D 的阻力比重力等于面积 $\frac{OR}{OQ}$IEF－IGH 比面积 PINM。

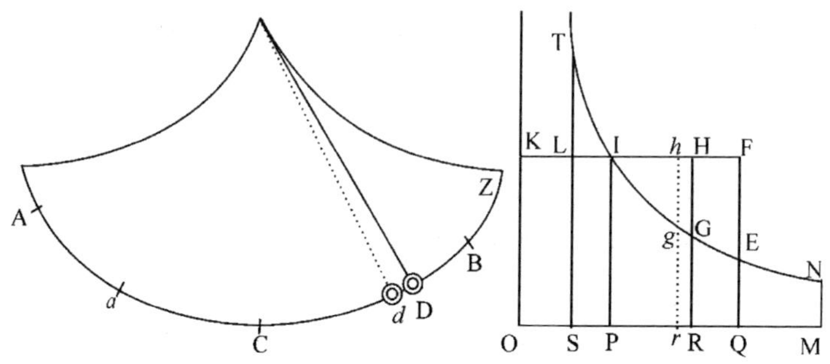

因为，在处所 Z，B，D，a 重力作用于摆体的力正比于面积 CZ，CB，CD，Ca，而这些弧正比于面积 PINM，PIEQ，PIGR，PITS；令这些面积分别表示这些弧和力。令 Dd 为摆体下落中掠过的极小距离；以极小面积 RGgr 表示，夹在平行线 RG，rg 之间。延长 rg 到 h，使 GHhg 和 GRgr 为面积 IGH，PIGR 的瞬时减量。则面积$\frac{OR}{OQ}$IEF－IGH 的增量 GHhg－$\frac{Rr}{OQ}$IEF，或者，Rr · HG－$\frac{Rr}{OQ}$IEF，比面积 PIGR 的减量 RGgr 或 Rr · RG，等于 HG－$\frac{IEF}{OQ}$比 RG；因而等于 OR · HG－$\frac{OR}{OQ}$IEF 比 OR · GR 或 OP · PI，即（因为 OR · HG，OR · HR－OR · GR，ORHK－OPIK，PIHR 和 PIGR＋IGH 相等）等于 PIGR＋IGH－$\frac{OR}{OQ}$IEF 比 OPIK。所以，如果面积$\frac{OR}{OQ}$IEF－IGH 称为 Y，且已知面积 PIGR 的减量 RGgr，则面积 Y 的增量正比于 PIGR－Y。

如果以 V 表示摆体在 D 处受重力作用的力，它正比于将要掠过的弧 CD，以 R 表示阻力，则 V－R 为摆体在 D 处受到的总力，所以速度增量正比于 V－R 与产生它的时间间隔的乘积。而速度本身又正比于同时所掠过的距离增量而反比于同一个时间间隔。所以，由于命题规定阻力正比于速度平方,阻力增量(由引理 2)正比于速度与速度增量的乘积,即正比于距离的瞬与 V－R 的乘积;所以,如果给定距离增量正比于 V－R;即,如果以 PIGR 表示力 V,以任意其他面积 Z 表示阻力,则正比于 PIGR－Z。

所以,面积 PIGR 按照给定的负瞬而均匀减小,而面积 Y 则以 PIGR－Y 的比率增大,面积 Z 按 PIGR－Z 的比率增大。所以,如果面积 Y 和 Z 是同时开始的,且在开始时是相等的,则它们通过增加相等的量而持续相等;而又以相似的方式减去相等的变化率而减小,并一同消失。反之,如果它们同时开始和消失,则它们有相同的瞬因而总是相等。因为,如果阻力 Z 增加,则摆体上升所掠过的弧 C*a* 和速度都减少;而运动和阻力都消失的点向点 C 趋近,因而阻力比面积 Y 消失得快。当阻力减小时,则又发生相反的过程。

面积 Z 产生和消失于阻力为零之处,即运动开始处,弧 CD 等于弧 CB,而直线 RG 落在直线 QE 上;以及运动终止处,弧 CD 等于弧 C*a*,而直线 RG 落在直线 ST 上。面积 Y 或$\frac{OR}{OQ}$IEF－IGH 也产生和消失了阻力为零之处,所以在该处$\frac{OR}{OQ}$IEF 和 IGH 相等。即(如图),在该处直线 RG 先后落在直线 QE 和 ST 上。所以这些面积同时产生和消失,因而总是相等。因此,面积$\frac{OR}{OQ}$IEF－IGH 等于表示阻力的面积 Z,它比表示重力的面积 PINM,等于阻力比重力。

推论Ⅰ.在最低处所 C,阻力比重力等于面积$\frac{OP}{OQ}$IEF 比面积 PINM。

推论Ⅱ.在面积 PIHR 比面积 IEF 等于 OR 比 OQ 处,阻力有最大值。因为在此情形下它的变化率(即,PIGR－Y)为零。

推论Ⅲ.也可以求出在各处的速度,它正比于阻力的平方根变化,而且在运动开始时等于在无阻力介质中沿相同摆线摆动的摆体速度。

但是，由于在本命题中求解阻力和速度很困难，我们拟补充下述命题。

命题 30　定理 24

如果直线 aB 等于摆动体所掠过的摆线弧长，在其上任意点 D 作垂线 DK，该垂线比摆长等于摆体在该点受到的阻力比重力：则在整个下落过程和随后的整个上升过程所掠过的弧差乘以相同的弧的和的一半等于所有垂线构成的面积 BKa。

令一次全摆动掠过的摆线弧长以与它相等的直线 aB 表示，而在真空中掠过的弧长以长度 AB 表示。在 C 点二等分 AB，则 C 表示该摆线的最低点，而 CD 正比于重力所产生的力，它使摆体在点 D 受到沿摆线切线方向的作用，与摆长的比等于在 D 点的力比重力。所以，令该力以长度 CD 表示，而重力以摆长表示；如果在 DE 上取 DK 比摆长等于阻力比重力，则 DK 表示阻力。以 C 为中心，间隔 CA 或 CB 为半径画半径 BEeA。令物体在极短时间里掠过距离 Dd；作垂线 DE，de 与半圆相交于 E，e，则它们正比于摆体在真空中由点 B 下落到 D 和 d 所获得的速度。这已由第一编命题 52 证明过。所以，令这些速度以垂线 DE，de 表示；令 DF 为摆体在有阻力介质中由 B 下落到 D 的速度。如以 C 为圆心、间隔 CF 为半径画圆 FfM 与直线 de 和 AB 相交于 f 和 M，则 M 为这样的处所，如果摆体此后在上升中不受阻力作用可到达于此，df 为其在 d 点获得的速度。因此，如果 Fg 表示摆体掠过极短距离 Dd 由于介质阻力而失去速度的瞬；而取 CN 等于

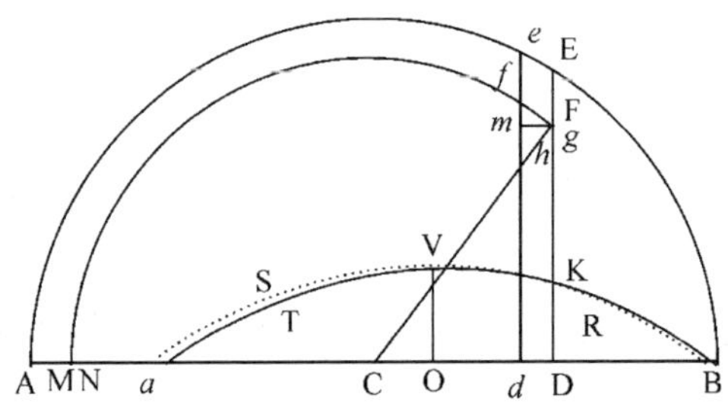

Cg;则 N 也是这样一个处所,如果摆体不再受到阻力,它可以上升到该处,而 MN 表示由速度损失造成的上升减量。作 Fm 垂直于 df,则阻力 DK 造成的速度 DF 的减量 Fg,比力 CD 产生的同一速度的增量 fg,等于作用力 DK 比作用力 CD。但因为三角形 Fmf,Fhg,FDC 相似,fm 比 Fm 或 Dd 等于 CD 比 DF;将对应项相乘,得到 Fg 比 Dd 等于 DK 比 DF。而 Fh 比 Fg 也等于 DF 比 CF;也将对应项相乘,得到 Fh 或 MN 比 Dd 等于 DK 比 CF 或 CM;所以,所有 MN · CM 的和等于所有 Dd · DK 的和。在动点 M 设直角纵坐标总是等于不定直线 CM,它在连续运动中与整个长度 Aa 相乘;该运动中产生的四边形,或相等的矩形 $Aa \cdot \frac{1}{2}a\mathrm{B}$,等于所有的 MN · CM 的和,因而等于所有 Dd · DK 的和,即等于面积 BKVTa。

证毕。

推论. 由阻力的规律,以及弧 Ca,CB 的差 Aa,可以近似求出阻力与重力的比。

因为,如果阻力 DK 是均匀的,则图形 BKTa 是 Ba 和 DK 构成的矩形;因而$\frac{1}{2}$Ba 与 Aa 构成的矩形等于 Ba 与 DK 构成的矩形,而 DK 等于$\frac{1}{2}$Aa。所以,由于 DK 表示阻力,摆长表示重力,则阻力比重力等于$\frac{1}{2}$Aa 比摆长;这与命题 28 的证明完全相同。

如果阻力正比于速度,则图形 BKTa 近似于椭圆。因为,如果摆体在无阻力介质中的一次全摆动掠过弧长 BA,其在任意点 D 的速度应正比于直径 AB 上的圆的纵坐标。所以,由于 Ba 是在有阻力介质中,BA 是在无阻力介质中近似正比于时间掠过的,所以在 Ba 上各点的速度比在长度 BA 上对应点的速度近似等于 Ba 比 BA,而在有阻力介质中点 D 的速度正比于在直径 Ba 上画出的椭圆弧的纵坐标;所以图形 BKVTa 近似于椭圆。由于假设阻力正比于速度,令 OV 在中点 O 的阻力;以中心 O,半轴 OB,OV 画椭圆 BRVSa,近似等于图形

BKVTa 及其相等矩形 Aa · BO。所以 Aa · BO 比 OV · BO 等于该椭圆面积比 OV · BO；即，Aa 比 OV 等于半圆面积比半径的平方，或近似等于 11 比 7；所以$\frac{7}{11}$Aa 比摆长等于摆动体的阻力比其重力。

如果阻力 DK 正比于速度平方变化，则图形 BKVTa 极近似于抛物线，其顶点是 V。轴为 OV，因而近似等于$\frac{2}{3}$Ba 和 OV 构成的矩形。所以$\frac{1}{2}$Ba 乘以 Aa 等于$\frac{2}{3}$Ba · OV，所以 OV 等于$\frac{3}{4}$Aa；所以点 O 对摆动体的阻力比其重力等于$\frac{3}{4}$Aa 比摆长。

我的这些结论其精度足敷实际应用。因为将椭圆或抛物线 BRVSa 在中点 V 与图形 BKVTa 合并，该图形如果在指向 BRV 或 VSa 一侧较大，则在另一侧较小，因而近似与之相等。

命题 31　定理 25

如果在所有与掠过弧成正比的部分对摆动体的阻力按给定比率增大或减小，则下落掠过的弧与随后上升所掠过的弧长的差也将按同一比率增大或减小。

因为该差是由于介质阻力对摆的减速造成的，因而应正比于总减速和与之成正比的减速阻力。在前一命题中直线$\frac{1}{2}a$B 与弧 CB，Ca 的差 Aa 构成的矩形等于面积 BKTa。而如果长度 aB 不变，该面积正比于纵坐标 DK 增大或减小；即正比于阻力，因而正比于长度 aB 与阻力的乘积。所以 Aa 与$\frac{1}{2}a$B 组成的矩形正比于 aB 与阻力的乘积，所以 Aa 正比于阻力。

证毕。

推论Ⅰ. 如果阻力正比于速度，在相同介质中弧差正比于掠过的总弧长；反之亦然。

推论Ⅱ. 如果阻力正比于速度平方变化，则该差正比于该弧长的平方变化;反之亦然。

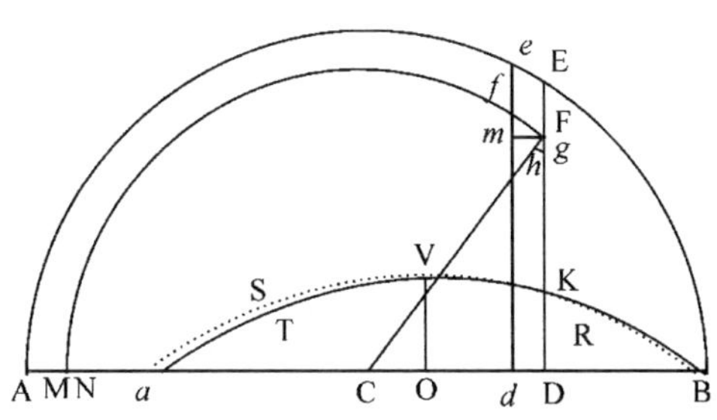

推论Ⅲ. 一般地,如果阻力正比于速度的三次或其他任意次幂,该差正比于整个弧长的相同次幂变化;反之亦然。

推论Ⅳ. 如果阻力部分正比于速度的一次幂;部分正比于它的平方变化,则该差部分正比于整个弧长的一次幂,部分正比于其平方变化;反之亦然。因而,阻力及速度间的规律和比率与该差及弧长间的规律和比率总是相同的。

推论Ⅴ. 所以,如果摆相继掠过不相等的弧,并能找出该差相对于该弧长的增量或减量比率,则也可以求出阻力相对于较大或较小速度的增量或减量比率。

总　注

由这些命题,我们可以通过在介质中摆体的摆动来求介质阻力。我用下述实验求空气阻力。系在牢固钩子上的细线,下悬一木质球,球重 $57\frac{7}{22}$盎司,直径 $6\frac{7}{8}$英寸,钩与球摆动中心的间距为 $10\frac{1}{2}$英尺。在悬线上距悬挂点 10 英尺 1 英寸处作一标记点;并在与该点等长的地方放置一把直尺,我就用这套装置观察摆所掠过的长度。然后记下球失去其运动的$\frac{1}{8}$部分的摆动次数。如果将摆由其垂直位置拉开 2 英寸,然后放开,则在其整个下落中掠过一个 2 英寸的弧,而在由该下落和随后的上升组成的第一次全摆动中,掠过差不多 4 英寸弧,摆经过 164 次摆动失去其运动的$\frac{1}{8}$部分,这样,在它最后一次上升中掠过 $1\frac{3}{4}$英寸弧。如果它第一次下落掠过的弧长为 4 英寸,则经过 121 次全摆动失去其运动的$\frac{1}{8}$部分,在其最后一次上升中掠过弧长 $3\frac{1}{2}$英寸。如果第一次下落掠过弧长为 8，16，32 或 64 英寸，则它分别经过 69，$35\frac{1}{2}$，$18\frac{1}{2}$，$9\frac{2}{3}$ 次摆动失去其运动的$\frac{1}{8}$部分。所以，在第一、第二、第三、第四、第五、第六次情况中，第一次下落与最后一次上升所掠过的弧长的差分别是$\frac{1}{4}$，$\frac{1}{2}$，1，2，4，8 英寸。在每次情况中以摆动次数除差，则在掠过弧长为 $3\frac{3}{4}$，$7\frac{1}{2}$，15，30，60，120 英寸的平均摆动中，下落与随后上升掠过的弧长的差分别为$\frac{1}{656}$，$\frac{1}{242}$，$\frac{1}{69}$，$\frac{4}{71}$，$\frac{8}{37}$，$\frac{24}{29}$英寸。在幅度较大的摆动中这些差近似正比于掠过弧长的平方，而在较小幅度的摆动中略大于该比率；所以（由本编命题引推论Ⅱ）球的阻力在运动很快时近似正比于速度的平方，而在运动较慢时略大于该比率。

现在令 V 表示每次摆动中的最大速度，A，B，C 为给定量，设弧长差等于 $AV+BV^{\frac{3}{2}}+CV^2$。由于在摆线中最大速度正比于摆动掠过弧长的$\frac{1}{2}$，而在圆周中则正比于该弧的$\frac{1}{2}$弦；所以弧长相等时摆线上速度大于圆周上的速度，比值为弧的$\frac{1}{2}$比其弦；但圆运动时间大于摆线运动，其比值反比于速度；因此该项弧差（正比于阻力与时间平方的乘积）在二种曲线上近似相等并不难理解：摆线运动中，该差一方面近似正比于弧与弦的比值的平方而随阻力增加，因为速度按该简单比值增大；另一方面又以同一平方比值随时间的平方减小。所以要在摆线中作此项观察，必须取与圆周运动得到的相同的弧差，并设最大速度近似正比于半摆弧或全弧，即正比于数$\frac{1}{2}$，1，2，4，8，16。所以在第二、第四、第六次情况中，V 取 1，4 和 16；而在第二次情况中弧差$\frac{\frac{1}{2}}{121}=A+B+C$；在第四次情况中，$\frac{2}{35\frac{1}{2}}=4A+8B+16C$；在第 6 次情况中，$\frac{8}{9\frac{2}{3}}=16A+64B+$

256C。解这些方程得到 A＝0.0000916，B＝0.0010847，C＝0.0029558。所以弧差正比于 $0.0000916V+0.0010847V^{\frac{3}{2}}+0.0029558V^{2}$；因而由于(把命题 30 应用到该情况中)在速度为 V 的摆动弧的中间，球阻力比其重量等于 $\frac{7}{11}AV+\frac{7}{10}BV^{\frac{3}{2}}+\frac{3}{4}CV^{2}$ 比摆长，代入刚才求出的数值，球阻力比其重量等于 $0.0000583V+0.0007593V^{\frac{3}{2}}+0.0022169V^{2}$ 比悬挂中心与直尺之间的摆长，即，比 121 英寸，所以，由于 V 在第二次情况中为 1，第四次为 4，第六次为 16，阻力比球重量在第二次情况中等于 0.0030345 比 121；第四次为 0.041748 比 121；第六次为 0.61705 比 121。

在第六次情况中，细线上标记的点所掠过的弧长为 $120-\frac{8}{9\frac{2}{3}}$，或 $119\frac{5}{29}$英寸。由于半径为 121 英寸，而悬挂点与球心之间的摆长为 126 英寸，球心掠过的弧长为 $124\frac{3}{31}$英寸。由于空气阻力的原因，摆动体的最大速度并不落在掠过弧的最低点处，而是接近于全弧的中点处，该速度近似等于球在无阻力介质中下落掠过上述弧的半长，即 $62\frac{3}{62}$英寸所获得的速度，以及沿上述化简摆运动而得到的摆线运动的速度；所以该速度等于该球由相当于该弧的正矢的高度下落而获得的速度。但摆线的正矢比 $62\frac{3}{32}$英寸的弧等于同一段弧比 252 英寸摆长的二倍，所以等于 15.278 英寸。所以摆的速度等于同一物体下落掠过 15.278 英寸的空间所获得的速度。所以球以该速度受到的阻力比其重量等于 0.61705 比 121，或(如果只取阻力正比于速度的平方)等于 0.56752 比 121。

我通过流体静力学实验发现，该木质球的重量比与它体积相同的水球的重量等于 55 比 97；由于 121 比 213.4 也有相同比值，当这样的水球以上述速度运动时遇到的阻力，比其重量等于 0.56752 比 213.4，即等于 $1:376\frac{1}{50}$。由于水球在以均匀速度连续掠过的 30.556 英寸的长度的时间内，其重量可以产生下落水球的全部速度，所以在同一时间里均匀而连续作用的阻力将完全抵消一个速度，它与另一个的比为 $1:376\frac{1}{50}$，即总速度的 $\frac{1}{376\frac{1}{50}}$ 部分。所以在该球以均匀速度连续运动掠过其半径的长度，或 $3\frac{7}{16}$ 英寸所需的时间里，它失去其运动的 $\frac{1}{3342}$ 部分。

我还记录了摆失去其运动的 $\frac{1}{4}$ 部分的摆动次数。在下表中，上面一行数字表示第一次下落掠过的弧长，单位是英寸。中间一行表示最后一次上升掠过的弧长；下面一行是摆动次数。之所以说明这个实验，在于它比上述失去运动 $\frac{1}{8}$ 部分的实验更精确。有关计算留给有兴趣的读者。

第一次下落	2	4	8	16	32	64
最后一次上升	$1\frac{1}{2}$	3	6	12	24	48
摆动次数	374	272	$162\frac{1}{2}$	$83\frac{1}{3}$	$41\frac{2}{3}$	$22\frac{2}{3}$

随后，我将一个直径 2 英寸，重 $26\frac{1}{4}$ 盎司的铅球系在同一根细线上，使球心与悬挂点间距 $10\frac{1}{2}$ 英尺，记录运动失去其给定部分的摆动次数。以下第一个表表示失去总运动 $\frac{1}{8}$ 部分的摆动次数；第二个表为失去总运动的 $\frac{1}{4}$ 的摆动次数。

第一次下落	1	2	4	8	16	32	64
最后一次上升	$\frac{7}{8}$	$\frac{7}{4}$	$3\frac{1}{2}$	7	14	28	56
摆动次数	226	228	193	140	$90\frac{1}{2}$	53	30
第一次下落	1	2	4	8	16	32	64
最后一次上升	$\frac{3}{4}$	$1\frac{1}{2}$	3	6	12	24	48
摆动次数	510	518	420	318	204	121	70

取第一个表中的第三、第五、第七次记录,分别以 1,4,16 表示这些观察中的最大速度,并向前面一样一般取量 V,则在第三次观察中有$\frac{\frac{1}{2}}{193}=A+B+C$,第五次有$\frac{2}{90\frac{1}{2}}=4A+8B+16C$,第七次中有$\frac{8}{30}=16A+64B+256C$。解这些方程得到 A=0.001414,B=0.000297,C=0.000879。因此,以速度 V 的球其阻力比其重量 $26\frac{1}{4}$盎司等于 $0.0009V+0.000208V^{\frac{3}{2}}+0.000659V^2$ 比摆长 121 英寸。如果只取阻力的正比于速度平方的部分,则它与重量的比等于 $0.000659V^2$ 比 121 英寸。而在第一次实验中阻力的这一部分比木球的重量 $57\frac{7}{22}$盎司等于 $0.002217V^2$ 比 121;因此木球的阻力比铅球的阻力(它们的速度相同)等于 $57\frac{7}{22}$乘以 0.002217 比 $26\frac{1}{4}$乘以 0.000659,即 $7\frac{1}{3}$比 1。两球的直径为 $6\frac{7}{8}$英寸 和 2 英寸,它们的平方相互间的比为 $47\frac{1}{4}$比 4,或约等于 $11\frac{13}{16}$比 1。所以这两个速度相等的球的阻力的比小于直

径比的平方。但我们还没有考虑细线的阻力,它当然相当大,应当从已求出的摆的阻力中减去。我无法精确求出它的值,但发现它大于较小的摆的总阻力的$\frac{1}{3}$部分;因此在减去细线的阻力后,球的阻力的比近似等于直径比的平方。因为$7\frac{1}{2}-\frac{1}{3}$比$1-\frac{1}{3}$,或$10\frac{1}{2}$比1与直径的比$11\frac{13}{16}$比1的平方差别极小。

由细线阻力的变化率较之大球的为小,我又以直径$18\frac{3}{4}$英寸的球做了实验。悬挂点与摆心之间的摆长为$122\frac{1}{2}$英寸,悬挂点与线上标记点间距$109\frac{1}{2}$英寸,在摆第一次下落中标记点掠过弧长32英寸。在最后一次上升中同一标记点掠过弧长28英寸,中间摆动5次。弧长的和,或平均摆动总长60英寸;弧差4英寸。其$\frac{1}{10}$部分,或在一次平均摆动中下落与上升的弧差为$\frac{2}{5}$英寸。这样,半径$109\frac{1}{2}$比半径$122\frac{1}{2}$,等于标记点在一次平均摆动中掠过的总弧长60英寸比球心在一次平均摆动中掠过的总弧长$67\frac{1}{8}$英寸;差$\frac{2}{5}$与新的差0.4475的比值也与之相同。如果掠过的弧长不变,摆长按126比$122\frac{1}{2}$的比值增加,则摆动时间增加,摆动速度按同一比值的平方变慢;使得下落与随后上升掠过的弧长的差0.4475保持不变。如果掠过的弧长按$124\frac{1}{31}$比$67\frac{1}{8}$增加,则差0.4475按该比值的平方增加,变为1.5295。如果设摆的阻力正比于速度的平方情况也与此相同。所以,如果摆掠过的总弧长为$124\frac{1}{31}$英寸,悬挂点与摆心间距126英寸,则下落与随后上升的弧长差为1.5295英寸。该差乘以摆球的重量208盎司,得318.86。

又,在上述木质球摆中,当摆心到悬挂点长为 126 英寸,总摆弧长 $124\frac{3}{31}$英寸时,下降与上升的弧差为$\frac{126}{121}$乘以$\frac{8}{9\frac{2}{3}}$。该值乘以摆球重量 $57\frac{7}{22}$盎司,得 49.396。我将差乘以重量目的在于求阻力。因为该差由阻力引起,并正比于阻力反比于重量。所以阻力的比等于数 318.316 比 49.396。但小球阻力中正比于速度平方的部分,与总阻力的比等于 0.56752 比 0.61675,即等于 45.453 比 49.396。而在较大球中阻力的相同部分几乎等于总阻力,所以这些部分间的比近似等于 318.136 比 45.453,即等于 7 比 1。但球的直径为 $18\frac{3}{4}$和 $6\frac{7}{8}$英寸。它们的平方 $351\frac{9}{16}$与 $47\frac{17}{64}$间的比等于 7.438∶1,即近似于球阻力 7 和 1 的比。这些比值的差不可能大于细线产生的阻力。所以对于相等的球,阻力中正比于速度平方的部分,在速度相同情况下,也正比于球直径的平方。

不过,我在这些实验中使用的最大球不是完全球形的,因而在上述计算中,出于简捷,忽略了一些细小差别:在一个不十分精确的实验中不必为计算的精确性而担心。所以我希望再用更大更多形状更精确的球做实验,因为真空中的情形取决于此。如果按几何比例选取球,设其直径为 4,8,16,32 英寸,可以由实验数据按该级数推论出使用更大的球时所发生的情况。

为比较不同流体的阻力,我做了以下尝试。我制作了一个木箱,长 4 英尺,宽 1 英尺,高 1 英尺。该木箱不用盖子,注满泉水,其中浸入摆体,在水中使其摆动。我发现重 $166\frac{1}{6}$盎司,直径 $3\frac{5}{8}$英寸的铅球在其中的摆动情况如下表所示;由悬挂点到细线上某个标记点的摆长为 126 英寸,到摆心长 $134\frac{3}{8}$英寸。

第一次下落标记点弧长,单位英寸	64	32	16	8	4	2	1	$\frac{1}{2}$	$\frac{1}{4}$
最后一次上升弧长,单位英寸	48	24	12	6	3	$1\frac{1}{2}$	$\frac{3}{4}$	$\frac{3}{8}$	$\frac{3}{16}$
正比于失去运动的弧长差,单位英寸	16	8	4	2	1	$\frac{1}{2}$	$\frac{1}{4}$	$\frac{1}{8}$	$\frac{1}{16}$
水中的摆动次数			$\frac{29}{60}$	$1\frac{1}{5}$	3	7	$11\frac{1}{4}$	$12\frac{2}{3}$	$13\frac{1}{3}$
空气中的摆动次数		$85\frac{1}{2}$	287	535					

在第 4 列实验中失去相同运动的摆动次数空气中为 535,水中为 $1\frac{1}{5}$。在空气中的摆动的确略快于在水中的摆动。但如果在水中的摆动按这样的比率加快,使摆的运动在两种介质中相等,所得到的在水中的摆动次数却仍然是 $1\frac{1}{5}$,与此同时失去与以前相同的运动量;因为阻力增大了,时间的平方却按同一比值的平方减小。所以,速度相等的摆,在空气中经过 535 次,在水中经过 $1\frac{1}{5}$次摆动,所损失的运动相等。所以摆在水中的阻力比其在空气中的阻力等于 535 比 $1\frac{1}{5}$。这是第 4 列实验情况反映的总阻力的比例。

令 $AV+CV^2$ 表示球在空气中以最大速度 V 摆动时下落与随后上升掠过的弧差;由于在第 4 列情况中最大速度比第 1 列情况中的最大速度等于 1 比 8;在第 4 列情况中的弧差比第 1 列情况中的弧差等于$\frac{2}{535}$比$\frac{16}{85\frac{1}{2}}$,或等于 $85\frac{1}{2}$比 4280;在这两个情况中以 1 和 8 代表速度,$85\frac{1}{2}$和 4280 代表弧差,则 $A+C=85\frac{1}{2}$,$8A+64C=4280$ 或 $A+8C=535$;然后解这些方程,得 $7C=449\frac{1}{2}$和 $C=64\frac{3}{14}$,$A=21\frac{2}{7}$;所以

正比于$\frac{7}{11}AV+\frac{3}{4}CV^2$的阻力变为正比于$13\frac{6}{11}V+48\frac{9}{56}V^2$。所以在第4列情形中，速度为1，总阻力比其正比于速度平方的部分等于$13\frac{6}{11}+48\frac{9}{56}$或$61\frac{12}{17}$比$48\frac{9}{56}$；因而摆在水中的阻力比在空气中的阻力正比于速度平方的部分(该部分在快速运动时是唯一值得考虑的)，等于$61\frac{12}{17}$比$48\frac{9}{56}$乘以535比$1\frac{1}{5}$，即571比1，如果在水中摆动时全部细线没入水中，其阻力将更大；于是在水中的摆动阻力，即其正比于速度平方的部分(快速运动物体唯一需要考虑的)，比完全相同的摆以相同速度在空气中摆动的阻力，等于约850比1，即近似等于水的密度比空气密度。

在此计算中，我们也应该取摆在水中的阻力的正比于速度平方的部分；不过我发现(这也许看起来很奇怪)水中阻力的增加大于速度比值的平方。我在考虑其原因时想到，水箱相对于摆球的体积而言太窄了，这窄度限制了水屈服于摆球的运动。因为当我将一个直径仅1英寸的摆球浸入水中时，阻力几乎正比于速度的平方增加。我又做了一个双球摆实验，其较轻靠下面的一个在水中摆动，而较大在上面的一个被固定在细线上刚好高于水面的地方，在空气中摆动，它能维持摆的运动，使之持续长久。这套装置的实验结果如下表所示。

第一次下落弧	16	8	4	2	1	$\frac{1}{2}$	$\frac{1}{4}$
最后一次上升弧	12	6	3	$1\frac{1}{2}$	$\frac{3}{4}$	$\frac{3}{8}$	$\frac{3}{16}$
正比于损失运动量的弧差	4	2	1	$\frac{1}{2}$	$\frac{1}{4}$	$\frac{1}{8}$	$\frac{1}{16}$
摆动次数	$3\frac{3}{8}$	$6\frac{1}{2}$	$12\frac{1}{12}$	$21\frac{1}{5}$	34	53	$62\frac{1}{5}$

为比较两种介质的阻力，我还试验过铁摆在水银中的摆动。铁线长约3英尺，摆球直径约$\frac{1}{3}$英寸。在铁线刚好高于水银处，固定了一

个大得使摆足以运动一段时间的铅球。然后在一个约能盛 3 磅水银的容器中交替注满水银和普通水，以使摆在这种不同的流体中相继摆动，找出它们的阻力比值；实验表明水银的阻力比水的阻力约为 13 或 14 比 1；即等于水银密度比水密度。然后我又用了稍大的球，其中一个直径约$\frac{1}{2}$英寸或$\frac{2}{3}$英寸，得出的水银阻力比水阻力为约 12 或 10 比 1。但前一个实验更为可靠，因为在后者中容器相对于浸入其中的摆球太窄；容器应当与球一同增大。我拟以更大的容器用熔化的金属以及其他冷的和热的液体重复这些实验；但我没有时间全部重复；此外，由上述所说的，似乎足以表明快速运动的物体其阻力近似正比于它们于其中运动的流体的密度。我不是说精确地；因为密度相同的流体，黏滞性大的其阻力无疑大于滑润的；如冷油大于热油，热油大于雨水，而雨水大于酒精。但在很容易流动的液体中，如在空气、食盐水、酒精、松节油和盐类溶液，通过蒸馏滤去杂质并被加热的油、矾油、水银和熔化的金属中，以及那些通过摇晃容器对它们施加压力可以使运动保持一段时间，并在倒出来时容易分解成液滴的液体中，我不怀疑已建立的规则能足够精确地成立，特别当实验是用较大的摆体并运动较快时更是如此。

最后，由于某些人认为，存在着某种极为稀薄而精细的以太介质，可以自由穿透所有物体的孔隙；而这种穿透物体孔隙的介质必定会引起某种阻力；为了检验物体运动中所受到的阻力究竟是只来自它们的外表面，抑或是其内部各部分也受到作用于表面的阻力的作用，我设计了以下实验。我把一只圆松木箱用 11 英尺长的细绳悬起来，通过一钢圈挂在一钢制钩子上，构成上述长度的摆。钩子的上侧为锋利的凹形刀刃，使得钢圈的上侧在该刀刃上能更自由地运动；细绳系在钢圈的下侧。制成摆以后，我把它由垂直位置拉开约 6 英尺的距离，并处在垂直于钩刃的平面上，这样可使摆在摆动时钢圈不会在钩子上滑动和偏移；因为悬挂点位于钢圈与钩刃的接触点，是应当保持不动的。我精确记录了摆拉开的位置，然后加以释放，并记下了第 1，2，3 次摆动所回到的位置。这一过程我重复了多次,以尽可能精确地记录摆动位置。然后我在箱子中装满铅或其他近在手边的重金属。但开始时,我称量了空箱子的重量,以及缠在箱子上的绳子,和由钩子到箱子之间绳子的一半的重量。因为在摆自垂直位置被拉开时,悬挂摆的绳子总是以其半重量作用于摆。在此重量之上我又加上了箱内空气的重量。空箱的总重量约为装满金属后箱重的$\frac{1}{78}$。由于箱子装满金属后会把绳子拉长,增加摆长,我又适当缩短绳子使它在摆动时的摆长与空箱摆动时相同。然后把摆拉到第一次记录的位置处,释放之,数得大约经过 77 次摆动,箱子回到第二个记录位置,再经过相同摆动次数回到第三个位置,其后摆动同样次数回到第四个位置。由此我得到结论,装满重物的箱子所受到的阻力,与空箱阻力的比值不大于 78∶77。因为如果阻力相等,则装满的箱子的惯性比空箱的惯性大 78 倍,这将使它的摆动运动持续相同倍数的时间,因而应在 78 次摆动后回到标记点。但实际上是在 77 次摆动后回到标记点的。

所以,令 A 表示箱子外表面受到的阻力,B 为对空箱内表面的阻力,如果速度相同的物体内各部分的阻力正比于物质,或正比于受到阻力的粒子数,则 78B 为装满的箱子内部所受到的阻力;因而空箱的全部阻力 A+B 比满箱的总阻力 A+78B,等于 77 比 78,由相减法,A+B 比 77B 等于 77 比 1;因而 A+B 比 B 等于 77・77 比 1,再由相减法,A 比 B 等于 5928 比 1。所以空箱内部的阻力要小于其外表面阻力的 5000 倍以上。该结果来自这样的假设,即装满的箱子其较大的阻力不是来自任何其他的未知原因,而只能是某种稀薄流体对箱内金属的作用所致。

这个实验是凭记忆描述的,原始记录已遗失;我不得不略去一些已遗忘的细节;我又没有时间再将实验重做一次。我第一次实验时,钩子太软,装满的箱很快就停止摆动。我发现原因是钩子不足以承受箱子的重量,致使摆动过程中钩子时左时右地弯曲。后来我又做了一只足够坚硬的钩子,悬挂点不再移动,即得到上述所有情形。

第7章
流体的运动,及其对抛体的阻力

命题32　定理26

设两个相似的物体系统由数目相同的粒子组成,一一对应的粒子相似而且成正比,位置相似,而相互间密度有给定比值;令它们各自在正比的时间内开始运动(即在一个系统内的粒子相互间运动,另一个系统内的粒子相互间运动)。如果同一系统内的粒子只在反射时相互接触;相互间既不吸引也不排斥,只受到反比于对应粒子的直径,正比于速度平方的加速力:则这两个系统中的粒子将在成正比的时间里维持各自之间的相似运动。

相似的物体在相似的位置,意味着将一个系统中的粒子与另一个系统中相对应的粒子作比较,当它们各自之间作相似运动时,在成正比的时间之末处于相似的位置上。因而时间是成正比的,其间相对应的粒子掠过相似轨迹的相似且成正比的部分。所以,如果设两个这样的系统,其对应粒子由于在开始时作相似的运动,则将维持这种相似的运动与另一个粒子相遇;因为如果它们不受到力的作用,由第一定律知,将沿直线做匀速运动。但如果它们相互间受到某种力的作用,而且这些力反比于对应粒子的直径正比于速度的平方,且因为这些粒子位置相似,受力成正比,则使对应粒子受到推动,且由所有作用力复合而成的总力(由运动定律推论Ⅱ)将有相似的方向,而且其作用效果与由各粒子相似的中心位置所发出的力相同;而且这些合力相互间的比等于复合成它们的各力的比,即,反比于对应粒子的直径,正比于速度的平方:所以将使对应粒子持续掠过该轨迹。如果这些中心是静止的,上述结论成立(由第一编命题4推论Ⅰ和Ⅷ);但如果它们是运动的,由移动的相似性知,它们在系统粒子中的位置关系保持相似,使得粒子画出图形所引入的变化也保持相似。所以,对应于相似粒子的运动保持相似,直至它们第一次相遇;由此产生相似的碰撞和反弹;而这又导致粒子之间的相似运动(由于刚才说明的原因),直到它们再次相互碰撞。这个过程不断重复直至无限。

证毕。

推论Ⅰ. 如果两个物体,它们与系统的对应部分相似且位置也相似,以类似的方式在它们之间按成正比的时间运动,它们的大小以及速度的比等于对应部分大小以及密度的比,则这些物体将在正比的时间内以类似方式维持运动;因为两个系统以及两个部分的多数情形是完全相同的。

推论Ⅱ. 如果两个系统中所有相似的且位置相似的部分相互间静止;其中两个最大的分别在两个系统中保持对应,开始沿位置相似的直线以任意相似的方式运动,则它们将激发系统中其余部分的类似运动,并将在这些部分中以类似方式按正比时间维持运动;因而将掠过正比于其直径的距离。

命题 33　定理 27

在同样条件下,系统中较大的部分受到的阻力正比于其速度的平方、其直径的平方,以及系统中该部分的密度。

因为阻力部分来自系统各部分间相互作用的向心或离心力,部分来自各部分与较大部分间的碰撞与反弹。第一部分阻力相互间的比等于产生它们的总运动力的比,即等于总加速力与相应部分的物质的量的乘积的比;即(由命题),正比于速度的平方,反比于对应部分间的距离,正比于对应部分的物质的量:因而,由于一个系统中各部分间距比另一个系统各部分的间距,等于前一个系统的粒子或部分的直径比另一个系统的对应粒子或部分的直径,而且由于物质的量正比于各部分的密度与直径的立方,所以阻力相互间的比正比于速度的平方与直径的平方以及系统各部分的密度。

证毕。

后一部分阻力正比于对应的反弹次数与反弹力的乘积；但反弹次数的比正比于对应部分的速度反比于反弹间距。而反弹力正比于速度与对应部分的大小和密度的乘积；即正比于速度与这些部分的直径立方以及密度的乘积。所以综合所有这些比值，对应部分阻力间的比正比于速度的平方与直径的平方以及各部密度的乘积。

证毕。

推论Ⅰ. 所以，如果这些系统是两个弹性流体，与我们的空气相似，它们各部分间保持静止；而两个相似物质的大小与密度正比于流体的部分，被沿着位置相似的直线方向抛出；流体粒子相互作用的加速力反比于被抛出物质的直径，正比于其速度的平方；则两个物体将在正比的时间内在流体中激起相似的运动，并将掠过相似的且正比于其直径的距离。

推论Ⅱ. 在同一种流体中快速运动的抛体遇到的阻力近似正比于其速度的平方。因为如果远处的粒子相互作用的力随速度平方增大，则抛体受到的阻力精确正比于同一个比的平方；所以在一种介质中，如果其各部分处于相互间无作用的距离上，则阻力精确正比于速度平方。设有三种介质 A，B，C，由相似相等且均匀分布于相等距离上的部分组成。令介质 A 和 B 的各部分相互分离，作用力正比于 T 和 V；令介质 C 的部分间完全没有作用。如果四个相等的物体 D，E，F，G 运动进入介质中，前两个物体 D 和 E 进入前两种介质 A 和 B，另两个物体 F 和 G 进入第三种介质 C；如果物体 D 的速度比物体 E 的速度，以及物体 F 的速度比物体 G 的速度，等于力 T 与 V 的比值的平方根；则物体 D 的阻力比物体 E 的阻力，以及物体 F 的阻力比物体 G 的阻力，等于速度的平方相比；所以物体 D 的阻力比物体 F 的阻力等于物体 E 的阻力比物体 G 的阻力。令物体 D 与 F 速度相等，物体 E 与 G 速度也相等；以任意比率增加物体 D 和 F 的速度，按相同比率的平方减小介质B的粒子的力,则介质B将任意趋近介质C的形状和条件;所以相等的且速度相等的物体E和G在这些介质中的阻力将连续趋于相等,使得其间的差最终小于任意给定值。所以,由于物体D和F的阻力的比等于物体E和G的阻力的比,它们也将以相似的方式趋于相等的比值。所以,当物体D和F以极快速度运动时,受到的阻力极近于相等;因而由于物体F的阻力正比于速度的平方,物体D的阻力也近似正比于同一值。

推论Ⅲ. 在弹性流体中运动极快的物体其阻力几乎与流体各部分间没有离心力因而不相互远离无异;只是这要求流体的弹性来自粒子的向心力,而物体的速度如此之大,不允许粒子有足够时间相互作用。

推论Ⅳ. 在其相距较远的各部分无相互远离运动的介质中,由于相似且等速的物体的阻力正比于直径的平方,因而以极快的相等速度运动的物体,其在弹性介质中所受的阻力近似正比于直径的平方。

推论Ⅴ. 由于相似、相等、等速的物体,在密度相同其粒子不相互远离的介质中,将在相等的时间内撞击等量的物质,不论组成介质的粒子是大是小,是多是少,因而对这些物质施加相等的运动量,反过来(由第三运动定律)又受到前者等量的反作用,即,受到相等的阻力;所以,也可以说,在密度相同的弹性流体中,当物体以极快的速度运动时,它们的阻力几乎相等,不论流体是由较大的或细微的部分所组成。因为速度极大的抛体,其阻力并不因为介质的细微而明显减小

推论Ⅵ. 对于弹性力来自粒子的离心力的流体,上述结论均成立。但如果这种力来自某种其他原因,如来自粒子像羊毛球或树枝那样的膨胀,或任何其他原因,使得粒子相互间的自由运动受到阻碍,则由于介质的流体性变小,阻力比上述推论为大。

命题34 定理28

在由相同且自由分布于相等距离上的粒子所组成的稀薄介质中,直径相等的球或柱体沿柱体的轴以相等速度运动,则球的阻力

仅为柱体阻力的一半。

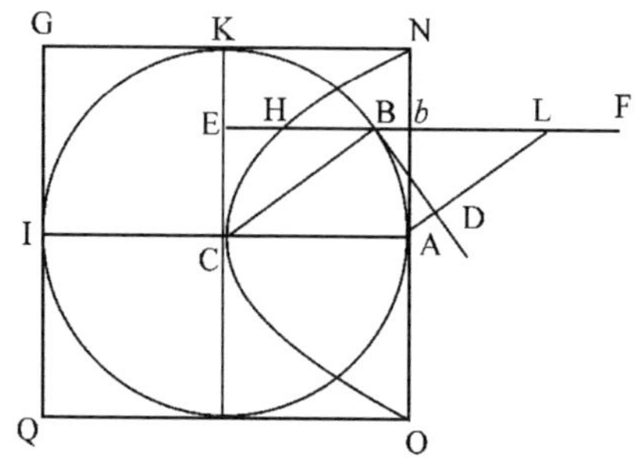

由于不论是物体在静止介质中运动，抑或介质粒子以相同速度撞击静止物体，介质对物体的作用都是相同的(由运动定律推论V)，让我们假设物体是静止的，看看它受到运动介质的什么样的推力。令ABKI表示球体，球心为C，半径为CA，令介质粒子以给定速度沿平行于AC的直线方向作用于球体；令FB为这些直线中的一条，在FB上取LB等于半径CB，作BD与球相切于B。在KC和BD上作垂线BE，LD；则一个介质粒子沿FB方向斜向地在B点撞击球体的力，比同一个粒子与柱体ONGQ(围绕球体的轴ACI画出)垂直相遇于b的力，等于LD比LB，或BE比BC。又，该力沿其入射方向FB或AC推动球体的效率，比相同的力沿其确定方向，即沿直接撞冲球体的直线BC方向，推动球体的效率，等于BE比BC。连接这些比式，一个粒子沿直线FB方向斜向落在球体上推动该球沿其入射方向运动的效果，比同一粒子沿同一直线垂直落在柱体上推动它沿同一方向运动的效果，等于BE^2比BC^2。所以，如果在垂直于柱体NAO的圆底面且等于半径AC的bE上取bH等于$\frac{BE^2}{CB}$；则bH比bE等于粒子撞击球体的效果比它撞击柱体的效果。所以，由所有直线bH组成的立方体比由所有直线bE组成的立方体等于所有粒子作用于球体的效果比所有粒子作用于柱体的效果。但这些立方体中的前一个是抛物面的，其顶点在C，主轴为CA，通径为CA，而后一个立方体是一个与抛物面外切的柱体。所以，介质作用于球体的总力是它作用于柱体总力的一半。所以如果介质粒子是静止的，柱体和球体以相等速度运动，则球体的阻力为柱体阻力的一半。

证毕。

附 注[35]

用同样方法可以比较其他形状物体的阻力;并可以求出最适于在有阻力介质中维持其运动的物体形状。如在以 O 为中心以 OC 为半径的圆形底面 CEBH 上,取高度 OD,可以作一平截头圆锥体 CBGF,它沿轴向向 D 方向运动所受到的阻力小于任何底面与高度均相同的平截头圆锥体;在 Q 二等分高度 OD,延长 OQ 到 S,使 QS 等于 QC,则 S 为已求出的平截头锥体的顶点。

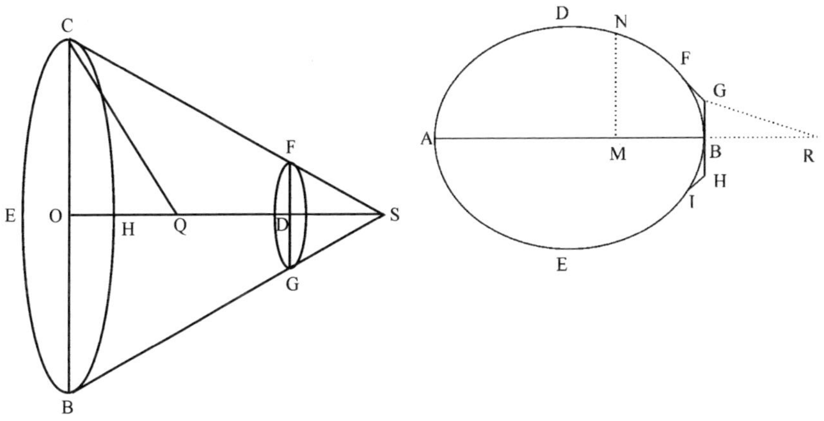

顺便指出,由于角 CSB 总是锐角,由上述可知,如果立方体 ADBE 是由椭圆或卵形线 ADBE 关于其轴 AB 旋转所成,而形成的图形又在点 F,B 和 I 与三条直线 FG,GH,HI 相切,使得 GH 在切点 B 与轴垂直,而 FG,HI 与 GH 的夹角 FGB,BHI 为 135°:则由图形 ADFGHIE 关于同一个轴 AB 旋转所成的立方体,其阻力小于前述立方体,当二者都沿其轴 AB 方向运动,且以各自的极点 B 为前沿时。我认为本命题在造船中有用。

如果图形 DNFG 是这样的曲线,当由其上任意点 N 作垂线 NM 落于轴 AB 上,且由给定点 G 作直线 GR 平行于在 N 与该图形相切的直线，与轴延长线相交于 R 时，MN 比 GR 等于 GR^3 比 $4BR \cdot GB^2$，此图形关于其轴 AB 旋转所成的立方体，当在上述稀薄介质中由 A 向 B 运动时，所受到的阻力小于任何其他长度与宽度均相同的圆形立方体。

命题 35　问题 7

如果一种稀薄介质由极小的，静止的，大小相等且自由分布于相等距离处的粒子组成：求一球体在这种介质中匀速运动所受到的阻力。

情形 1. 设一有相同直径与高度的圆柱体沿其轴向在同一种介质中以相同速度运动；设介质的粒子落在球或柱体上以尽可能大的力反弹回来。由于球体的阻力（由前一命题）仅为柱体阻力的一半，而球体比柱体等于 2 比 3，且柱体把垂直落于其上的粒子以最大的力反弹回来，传递给它们的速度是自身的二倍；可知柱体匀速运动掠过其轴长的一半时，传递给粒子的运动比柱体的总运动，等于介质密度比柱体密度；而球体在向前匀速运动掠过其直径长度时，传递给粒子相同的运动量；在它匀速掠过其直径的三分之二的时间内，它传递给粒子的运动比球体的总运动等于介质的密度比球体密度。所以，球遇到的阻力，与在它匀速通过其直径的三分之二的时间内使其全部运动被抵消或产生出来的力的比，等于介质的密度比球体的密度。

情形 2. 设介质粒子碰撞球体或柱体后并不反弹；则与粒子垂直碰撞的柱体把自己的速度直接传递给它们，因而遇到的阻力只有前一情形的一半，而球体遇到的阻力也只有其一半。

情形 3. 设介质粒子以某种既不是最大，也不为零的平均速度自球体反弹回来；则球的阻力为第一种情形的阻力与第二种情形的阻力的比例中项。

完毕。

推论 Ⅰ. 如球体与粒子都是无限坚硬的，而且完全没有弹性力，因而也没有反弹力，则球体的阻力比在该球在掠过其直径的三分之四的时间内使其全部运动被抵消或产生的力，等于介质的密度比球体密度。

推论Ⅱ. 其他条件不变时，球体阻力正比于速度平方变化。

推论Ⅲ. 其他条件不变时，球体阻力正比于直径平方变化。

推论Ⅳ. 其他条件不变时，球体阻力正比于介质密度变化。

推论Ⅴ. 球体阻力正比于速度平方，直径平方，以及介质密度三者的乘积。

推论Ⅵ. 因此可以这样表示球体的运动及其阻力，令 AB 为时间，在其中球体由于均匀维持的阻力而失去全部运动，作 AD，BC 垂直于 AB。令 BC 为全部运动，通过点 C，以 AD，AC 为渐近线，作双曲线 CF。延长 AB 到任意点 E。作垂线 EF 与双曲线相交于 F。作平行四边形 CBEG，作 AF 交 BC 于 H。如果球体在任意时间 BE 内，在无阻力介质中，以其初始运动 BC 均匀掠过由平行四边形表示的距离 CBEG，则在有阻力介质中相同时间内掠过由双曲线面积表示的距离 CBEF；在该时间末它的运动由双曲线的纵坐标 EF 表示，失去的运动部分为 FG。在同一时间之末其阻力由长度 BH 表示，失去的阻力部分为 CH。所有这些可以由第二编命题 5 推论Ⅰ和推论Ⅲ导出。

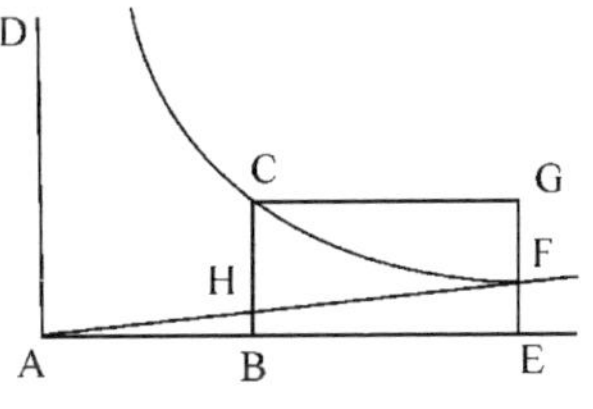

推论Ⅶ. 如果在时间 T 内球体受均匀阻力 R 的作用失去其全部运动 M，则相同的球体在时间 t 内，在阻力 R 正比于速度平方减小的有阻力介质中失去其运动 M 的部分 $\frac{tM}{T+t}$，而余下 $\frac{TM}{T+t}$ 部分；所掠过的距离比它在相同时间 t 内以均匀运动 M 所掠过的距离，等于数 $\frac{T+t}{T}$ 的对数乘以数 2.302585092994，比数 $\frac{t}{T}$，因为双曲线面积 BCFE 比矩形 BCGE 也是该数值。

附　　注

在本命题中，我已说明了在不连续介质中球形抛体的阻力及受阻滞情形，而且指出这种阻力，与在球体以均匀速度掠过其直径的三分之二长度的时间内能使球体总运动被抵消或产生的力的比等于介质密度比球体密度，条件是球体与介质粒子是完全弹性的，并受到最大反弹力的作用；当球体与介质粒子无限坚硬因而反弹力消失时，这种力减弱为一半。但在连续介质中，如水、热油、水银，球体在其中通过时并不直接与所有产生阻力的所有流体粒子相碰撞，而只是压迫邻近它的粒子，这些粒子压迫稍远的，它们再压迫其他粒子，如此等等；在这种介质中阻力又减小一半。在这些极富流动性的介质中，球体的阻力，与在它以均匀速度掠过其直径的$\frac{8}{3}$部分所用的时间内，使其全部运动被抵消或产生的力的比，等于介质的密度比球体的密度。我将在下面证明这一点。

命题 36　问题 8

球自柱形桶底部孔洞中流出的水的运动。[36]

令 ACDB 为柱形容器，AB 为其上端开口，CD 为平行于地平面的底，EF 为桶底中间的圆孔，G 为圆孔中心，GH 为垂直于地平面的桶轴。再设柱形冰块 APQB 体积与桶容积相等，并且是共轴的，以均匀运动连续下落，其各部分一旦与表面 AB 接触，即融化为水，受其重量驱使流入桶中，并且在下落中形成水柱 ABNFEM，通过孔洞 EF 并刚好将它填满。令冰块均匀下落的速度和在圆 AB 内的连续水流速度等于水下落掠过距离 IH 所获得的速度；令 IH 与 HG 位于同一条直线上；通过点 I 作直线 KL 平行于地平线，与冰块的两侧边相交于 K 和 L。则水自孔洞 EF 流出的速度与自 I 流过距离 IG 所获得的速度相等。所以，由伽利略定理，IG 比 IH 等于水自孔洞流出速度，比水在圆 AB 的流速的平方,即,等于圆 AB 与圆 EF 比值的平方;这两个圆都反比于在相同时间里等量通过它们并完全把它们填满的水流速度。我们现在考虑的是水流向地平面的速度,不考虑与之平行使水流各部分相互趋近的运动;因为它既不是由重力产生的,也不改变重力引起的使水流向地平面的运动。我们的确要假定水的各部分有些微凝聚力,它使水在下落过程中以与地平面相平行的运动相互趋近以保持单一的水柱,防止它们分裂为几个水柱;但由这种凝聚力产生的平行于地平面的运动不在我们讨论之列。

情形 1. 设包围着水流 ABNFEM 的水桶总容积都充满了冰,水像流过漏斗那样自冰中穿过。如果水只是非常接近于冰,但不与之接触;或者等价地,如果冰面足够光滑,水虽然与它接触,却可以在其上自由滑移,完全不受到阻力;则水仍将像以前一样以相同速度自孔洞 EF 中穿过,而水柱 ABNFEM 的总重量仍是把水自孔洞挤出的动力,桶底则支撑着环绕该水柱的冰的重量。

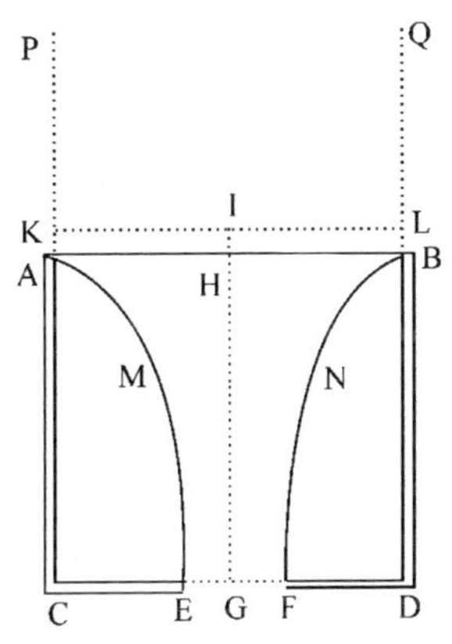

现设桶中的冰融化为水;流出的水保持不变,因为其流速仍像从前一样不变。它之所以不变小,是因为融化了的冰也倾向于下落;它之所以不变大,是因为已成为水的冰不可能克服其他水的下落而独自上升。在流动的水中同样的力永远只应产生同样的速度。

但在位于桶底的孔洞,由于流水粒子有斜向运动,必使水流速度略大于从前。因为现在水的粒子不再全部垂直地通过该孔洞,而是自桶侧边的所有方向流下,向孔洞集聚,以斜向运动通过它;并且在聚集向孔洞时汇集成一股水流,其在孔洞下侧的直径略小于在孔洞处直径;它的直径与孔洞的直径的比等于 5 比 6,或极近于 $5\frac{1}{2}$ 比 $6\frac{1}{2}$,如果我的测量正确的话。我制作了一块薄平板,在中间穿凿一个孔洞,圆洞直径约为 1 英寸的八分之五。为了不对流出的水加速使水流更细，我没有把这块平板固定在桶底，而是固定在桶边，使水沿平行于地平面的方向涌出。然后将桶注满水，放开孔洞使水流出；在距孔洞约半英寸处极精确地测得水流的直径为$\frac{21}{40}$英寸。所以该圆洞的直径与水流的直径的比极近似地等于 25 比 21。所以，水流径孔洞时自所有方面收缩，在流出水桶后该集聚作用使水流变得更小，这种变小使水流加速直到距孔洞半英寸处，在该距离处水流比孔洞处为小，而速度更大，其比值为 25 · 25 比 21 · 21，或非常近似于 17 比 12；即约为$\sqrt{2}$比 1。现在，由此实验可以肯定，在给定的时间内，自桶底孔洞流出的水量等于在相同时间内以上述速度自另一个圆洞中自由流出的水量，后者与前者直径的比为 21 比 25。所以，通过孔洞本身的水流的下落速度近似等于一重物自桶内静止水的一半高度落下所获得的速度。但水在流出后更受到集聚作用的加速，在它到达约为孔洞直径的距离处时，所获得的速度与另一个速度的比约为$\sqrt{2}$比 1；一个重物差不多要从桶内静止水的全部高度处下落才能获得这一速度。

所以，在以下的讨论中，水流的直径我们以称为 EF 的较小孔洞表示。设另一个平面 VW 在孔洞 EF 的上方，与孔平面平行，到孔洞的距离为同一孔洞的直径，并被凿出一个更大的洞 ST，其大小刚好使流过下面孔洞 EF 的水把它填满。所以该孔洞的直径与下面孔洞直径的比约为 25 比 21。通过这一方法，水将垂直流过下面的孔洞；而流出的水量取决于这最后一个孔洞的大小，将极近似地与本问题的解相同。可以把两个平面之间的空间与下落的水流看做是桶底。为了使解更简单和数学化，最好只取下平面为桶底，并假设水像通过漏斗那样自冰块中流过，经过下平面上的孔洞 EF 流出水桶，并连续地保持其运动，而冰块保持静止。所以在以下讨论中令 ST 为以 Z 为中心的圆洞

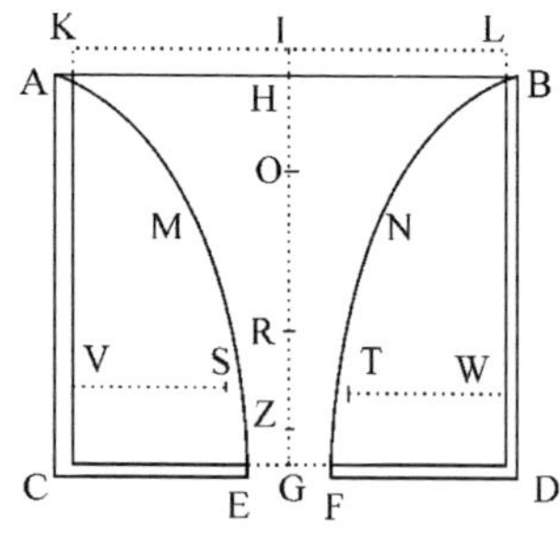

直径,桶中的水全部自该孔洞流出。而令 EF 为另一个孔洞直径,水流过它时把它全部充满,不论流经它的水是自上面的孔洞 ST 来,还是像穿过漏斗那样自桶冰块中间而来。令上孔洞 ST 的直径比下孔洞 EF 的直径约为 25 比 21,令两个孔洞所在平面之间距离等于小孔洞的直径 EF。则自孔洞 ST 向下流过的水的速度,与一物体自高度 IZ 的一半下落到该孔洞时所获得的速度相同;而两种流经孔洞 EF 的水流速度,都等于一物体自整个高度 IG 自由下落所获得的速度。

情形 2. 如果孔洞 EF 不在桶底中间,而是在其他某处,则如果孔洞大小不变,水流出的速度与从前相同。因为虽然重物沿斜线下落到同样的高度比沿垂直线下落需要的时间要长,但在这两种情形中它所获得的下落速度相同;正如伽利略所证明的那样。

情形 3. 水自桶侧边孔洞流出的速度也相同。因为,如果孔洞很小,使得表面 AB 与 KL 之间的间隔可以忽略不计,而沿水平方向流出的水流形成一抛物线图形;由该抛物线的通径可以知道,水流的速度等于一物体自桶内静止水高度 IG 或 HG 下落所获得的速度。因为,我通过实验发现,如果孔洞以上静止水高度为 20 英寸,而孔洞高出一与地平面平行的平面也是 20 英寸,则由此孔洞喷出的水流落在此平面上的点,到孔洞平面的垂直距离极近似于 37 英寸。而没有阻力的水流应落在该平面上 40 英寸处,抛物线状水流的通径应为 80 英寸。

情形 4. 如果水流向上喷出,其速度也与上述相同。因为向上喷出的小股水流,以垂直运动上升到 GH 或 GI,即桶中静止水的高度;它所受到的微小空气阻力在此忽略不计;所以它喷出的速度与它从该高度下落获得的速度相等。静止水的每个粒子在所有方面都受到相等的压力(由第二编命题 19),并总是屈服于该压力,倾向于以相等的力向某处涌出,不论是通过桶底的孔洞下落,或是自桶侧边的孔洞沿水平方向喷出,或是导入管道自管道上侧的小孔涌出。这一结果不仅仅是从理论推导出来的,也是由上述著名实验所证明了的,水流出的速度与本命题中所导出的结果完全相同。

情形 5. 不论孔洞是圆形、方形、三角形，或其他任何形状，只要面积与圆形相等，水流的速度都相等；因为水流速度不取决于孔洞形状，只决定于孔洞在平面 KL 以下的深度。

情形 6. 如果桶 ABCD 的下部为静止水所淹没，且静止水在桶底以上的高度为 GR，则在桶内的水自孔洞 EF 涌入静止水的速度等于水自高度 IR 落下所获得的速度；因为桶内所有低于静止水表面的水的重量都受到静止水的重量的支撑而平衡，因而对桶内水的下落运动无加速作用。该情形通过实验测定水流出的时间也可以得到证明。

推论Ⅰ. 因此，如果水的深度 CA 延长到 K，使 AK 比 CK 等于桶底任意位置上的孔洞的面积与圆 AB 的面积的比的平方，则水流速度将等于水自高度 KC 自由落下所获得的速度。

推论Ⅱ. 使水流的全部运动得以产生的力等于一个圆形水柱的重量，其底为孔洞 EF，高度为 2GI 或 2CK。因为在水流等于该水柱时，它由其自身重量自高度 GI 落下所获得的速度等于它流出的速度。

推论Ⅲ. 在桶 ABDC 中所有水的重量比其中驱使水流出的部分的重量，等于圆 AB 与 EF 的和比圆 EF 的二倍。因为令 IO 为 IH 与 IG 的比例中项，则自孔洞 EF 流出的水，在水滴自 I 下落掠过高度 IG 的时间内，等于以圆 EF 为底，2IG 为其高的柱体，即，等于以 AB 为底，2IO 为高的柱体。因为圆 EF 比圆 AB 等于高度 IH 比高度 IG 的平方根；即等于比例中项 IO 比 IG。而且，在水滴自 I 下落掠过高度 IH 的时间内，流出的水等于以圆 AB 为底，2IH 为高的柱体；在水滴自 I 下落经过 H 到 G 掠过高度差 HG 的时间内，流出的水，即立方体 ABNFEM 内所包含的水，等于柱体的差，即等于以 AB 为底，2HO 为高的柱体。所以，桶 ABDC 中所有的水比装在上述立方体 ABNFEM 中的下落的水，等于 HG 比 2HO，即，等于 HO+OG 比 2HO，或者 IH+IO 比 2IH。但装在立方体 ABNFEM 中的所有水的重量都用于把水逐出水桶；因而桶中所有水的重量比该部分使水外流的重量等于 IH+IO 比 2IH，所以等于圆 EF 与 AB 的和比圆 EF 的 2 倍。

推论Ⅳ. 桶 ABDC 中所有水的重量比另一部分由桶底支撑着的水的重量，等于圆 AB 与 EF 的和比这二者的差。

推论Ⅴ. 该桶底支撑着的部分的重量比用于使水流出的重量等于圆 AB 与 EF 的差比小圆 EF，或等于桶底面积比孔洞的二倍。

推论Ⅵ. 重量中压迫桶底的部分比垂直压迫的总重量等于圆 AB 比圆 AB 与 EF 的和，或等于圆 AB 比圆 AB 的二倍减去桶底面积的差。因重量中压迫桶底的部分比桶中水的总重量等于圆 AB 与 EF 的差比这二者的和(由推论Ⅳ)；而桶中水总重量比垂直压迫桶底的水总重量等于圆 AB 比圆 AB 与 EF 的差。所以，将二比例式中对应项相乘，压迫桶底的重量部分比垂直压迫桶底的所有水的重量等于圆 AB 比圆 AB 与 EF 的和，或比圆 AB 的二倍减桶底的差。

推论Ⅶ. 如果在孔洞 EF 的中间置一小圆片 PQ，它也以 G 为圆心，平行于地平面，则该小圆片支撑的水的重量大于以该小圆片为底，高为 GH 的水柱重量的三分之一。因为仍令 ABNFEM 为下落的水柱，其轴为 GH，令所有对该水柱顺利而迅速地下落无影响的水都冻结，包括水柱周围的与小圆片之上的。令 PHQ 为小圆片之上冻结的水柱，其顶点为 H，高为 GH。设这样的水柱因其自身重量而下落。且既不依附也不压迫 PHQ，而是完全没有摩擦地与之自由滑动，除在开始下落时紧挨着冰柱顶点的水柱或许会发生凹形。由于围绕着下落水柱的冻结水 AMEC，BNFD，其内表面 AME，BNF 向着该下落水柱弯曲，因而大于以小圆片 PQ 为底，高 GH 的圆锥体；即，大于底与高与相同的柱体的三分之一。所以，小圆片所支撑的水柱的重量，大于该圆锥的重量，既大于柱体的三分之一。

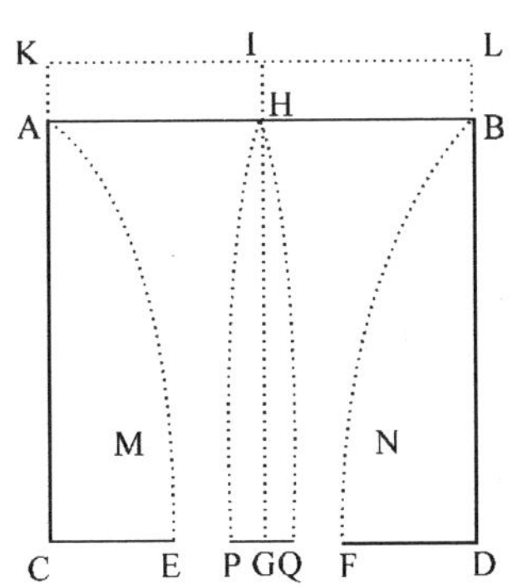

推论Ⅷ. 当圆 PQ 很小时，它所支撑的水的重量似乎小于以该圆为底，高为 HG 的水柱重量的三分之二。因为，在

上述诸条件下，设以该小圆片为底的半椭球体，其半轴或高为 HG。该图形等于柱体的三分之二，被包含在冻结水柱 PHQ 之内，其重量为小圆片所支撑。因为水的运动虽然是直接向下的，而该柱的外表面必定与底 PQ 以某种锐角相交，水在其下落中被连续加速，这种加速使水流变细。所以，由于该角小于直角，该水柱的下部将位于半椭球之内。其上部则为一锐角或集于一点；因为水流是自上而下的，水在顶点的水平运动必定无限大于它流向地平面的运动。而且该圆 PQ 越小，柱体的顶部越尖锐；由于圆片无限缩小时，角 PHQ 也无限缩小，因而柱体位于半椭球之内。所以柱体小于半椭球，或小于以该小圆片为底，高为 GH 的柱体的三分之二部分。所以小圆片支撑的水力等于该柱体的重量，而周围的水则被用以驱使水流出孔洞。

推论Ⅸ. 当小圆 PQ 中包含的水的重量很小时，它非常接近等于以该小圆为底的水柱的重量，其高度为$\frac{1}{2}$GH。这个重量是以前述小圆为底的锥体和半球体的算术平均值。但是，如果这个小圆不是很小，而是相反增大到等于圆孔 EF，则它所包含的水的重量取决于它上面的垂直高度，即，水柱的重量等于小圆孔的底乘以高度 GH。

推论Ⅹ. （就我所知）小圆片所支撑的重量比以该小圆片为底，高为$\frac{1}{2}$GH 的水柱重量，等于 EF^2 比 $EF^2-\frac{1}{2}PQ^2$，或非常接近等于圆 EF 比该圆减去小圆片 PQ 的一半的差。

引 理 4

如果一个圆柱体沿其长度方向匀速运动，它所受到的阻力完全不因为其长度的增加或减少而改变；因而它的阻力等于一个直径相同，沿垂直于圆面方向匀速运动的圆的阻力。

因为柱体的边根本不向着运动方向；当其长度无限缩小为零时即变为圆。

命题 37　定理 29

如果一圆柱体沿其长度方向在被压缩的、无限的和非弹性的流体中匀速运动，则其横截面所引起的阻力比在其运动过四倍长度的时间内使其全部运动被抵消或产生的力，近似等于介质的密度比柱体密度。

令桶 ABDC 以其底 CD 与静止水面接触，水自桶内通过垂直于地平面的柱形管道 EFTS 流入静止水；令小圆片 PQ 与地平面平行地置于管道中间任意处；延长 CA 到 K，使 AK 比 CK 等于管道 EF 的孔洞减去小圆片 PQ 的差比圆 AB 的平方。则(由命题 36 情形 5，情形 6 和推论 Ⅰ)水通过小圆片与桶之间的环形空间的流动速度与水下落掠过高度 KC 或 IC 所获得的速度完全相同。

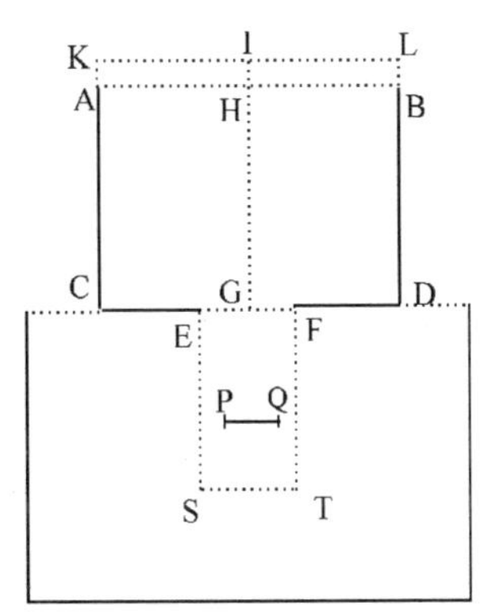

(由命题 36 推论 Ⅹ)如果桶的宽度是无限的，使得短线段 HI 消失，高度 IG，HG 相等；则流下的水压迫小圆片的力比以该小圆片为底，高为$\frac{1}{2}$IG 的水柱的重量，非常接近等于 EF^2 比 $EF^2-\frac{1}{2}PQ^2$。因为通过整个管道均匀流下的水对小圆片 PQ 的压力无论它置于管道内何处都是一样的。

现设管道口 EF，ST 关闭，令小圆片在被自所有方向压缩的流体中上升，并在上升时推挤其上方的水通过小圆片与管道壁之间的空间向下流动。则小圆片上升的速度比流下的水的速度，等于圆 EF 与 PQ 的差比圆 PQ；而小圆片上升的速度比这两个速度的和，即比向下流经上升小圆片的水的相对速度，等于圆 EF 与 PQ 的差比圆 EF，或等于 EF^2-PQ^2 比 EF^2。令该相对速度等于小圆片不动时使上述水通过环形空间的速度，即等于水下落掠过高度 IG 所获得的速度；则水力对该上升小圆片的作用与以前相同(由运动定律推论Ⅴ);即,上升小圆片的阻力比以该小圆片为底,高为$\frac{1}{2}$IG的水柱的重量,近似等于EF^2比$EF^2-\frac{1}{2}PQ^2$。而该小圆片的速度比水下落掠过高度IG所获得的速度,等于EF^2-PQ^2比EF^2。

令管道宽度无限增大;则EF^2-PQ^2与EF^2,以及EF^2与$EF^2-\frac{1}{2}PQ^2$之间的比最后变为等量的比。所以这时小圆片的速度等于水下落掠过高度IG所获得的速度;其阻力则等于以该小圆片为底,高为IG的一半的水柱重量,该水柱自此高度下落必能获得小圆片上升的速度;且在此下落时间内,水柱可以此速度运动过其四倍的距离。而以此速度沿其长度方向运动的柱体的阻力与小圆片的阻力相同(由引理4),因而近似等于在它掠过四倍长度时产生其运动的力。

如果柱体长度增加或减少,则其运动,以及掠过其四倍长度所用的时间,也按相同比例增加或减小;因而使如此增加或减小的运动得以抵消或产生的力保持不变;因为时间也按相同比例增加或减少了;所以该力仍等于柱体的阻力,因为(由引理4)该阻力也保持不变。

如果柱体的密度增加或减小,其运动,以及使其运动得以在相同时间内产生或抵消的力,也按相同比例增加或减小。因而任意柱体的阻力比该柱体在运动过其四倍长度的时间内使其全部运动得以产生或抵消的力,近似等于介质密度比柱体密度。

证毕。

流体必须是因压缩而连续的;之所以要求它连续和非弹性,是因为压缩产生的压力可以即时传播;而作用于运动物体上的相等的力不会引起阻力的变化。由物体运动所产生的压力在产生流体各部分的运动中被消耗掉,由此产生阻力,但由流体的压缩而产生的压力,不论它多么大,只要它是即时传播的,就不产生流体的局部运动,不会对在其中的运动产生任何改变;因而它既不增加也不减小阻力。这可以由

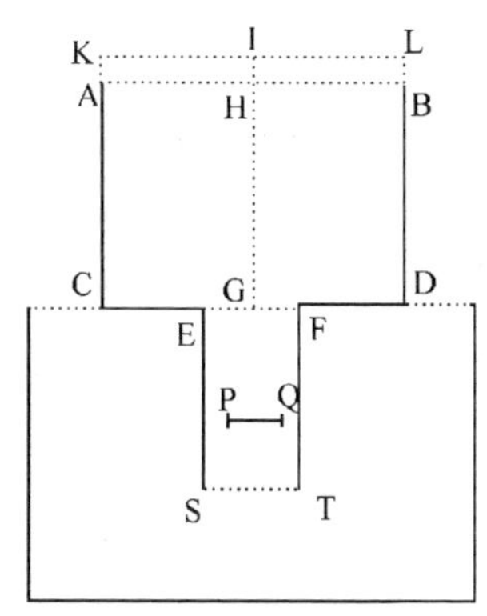

本命题的讨论得到证明，压缩产生的流体作用不会使在其中运动物体的后部压力大于前部，因而不会使阻力减小。如果压缩力的传播无限快于受压物体的运动，则前部的压缩力不会大于后部的压缩力。而如果流体是连续和非弹性的，则压缩作用可以得到无限快的即时传播。

推论Ⅰ. 在连续的无限介质中沿其长度方向匀速运动的柱体，其阻力正比于速度平方、直径平方，以及介质密度的乘积。

推论Ⅱ. 如果管道的宽度不无限增加，柱体沿其长度方向在管道内的静止介质中运动，其轴总是与管道轴重合，则其阻力比在它运动过其四倍长度的时间内能使其全部运动产生或被抵消的力，等于 EF^2 比 $EF^2-\frac{1}{2}PQ^2$，乘以 EF^2 比 EF^2-PQ^2 的平方，再乘以介质密度比柱体密度。

推论Ⅲ. 相同条件下，长度 L 比柱体四倍长度等于 $EF^2-\frac{1}{2}PQ^2$ 比 EF^2 乘以 EF^2-PQ^2 比 EF^2 的平方：则柱体阻力比柱体运动过长度 L 时间内使其全部运动得以产生或抵消的力，等于介质密度比柱体密度。

附　　注

在本命题中，我们只讨论了由柱体横截面引起的阻力，而忽略了由斜向运动所产生的阻力。因为，与命题 36 情形 1 一样，斜向运动使桶中的水自所有方向向孔洞 EF 集聚，对水自该孔洞流出有阻碍作用，在本命题中，水的各部分受到水柱前端的压力，斜向运动屈服于这种压力，向所有方向扩散，阻碍水通过水柱前端附近流向后部，迫使流体从较远处流过；它使阻力的增加，大致等于它使水流出水桶的减少，即,近似等于 25 比 21 的平方。仍与前述命题情形 1 一样,我们令桶中所有围绕着水柱的水都冻结,使水的各部分能垂直而从容地通过孔洞 EF,而其斜向运动与无用部分都没有运动,在本命题中,则设水的各部分能尽可能直接而迅速地屈服于斜向运动并做出反应,使斜向运动得以消除,水的各部分可以自由穿过水柱,只有其横截面能够产生阻力,因为不能使柱体前端变尖,除非使其直径变小;所以必须假设作斜向和无用运动并产生阻力的流体部分,在柱体两端保持相互静止和连续,并与柱体连接在一起。令 ABCD 为一矩形,AE 和 BE 为二段抛物线弧,其轴为 AB,其通径与柱体下落以获得运动速度所掠过的空间 HG 的比,等于 HG 比$\frac{1}{2}$AB。令 DF 与 CF 为另两段关于轴 CD 的抛物线弧,其通径为前者的四倍;将这样的图形关于轴 EF 旋转得到一个立方体,其中部 ABDC 是我们刚讨论过的圆柱体,其两端部分 ABE 和 CDF 则包含着相互静止的流体部分,并固化为两个坚硬物体与圆柱体的两端粘接在一起形成一头一尾。如果这样的立方体 EACFDB 沿其轴长 FE 方向向着 E 的方向运动,则其阻力近似等于我们在本命题中所讨论的情形;即,阻力与在它匀速运动过长度 4AC 的时间内能使柱体的全部运动被抵消或产生的力的比,近似等于流体密度比柱体密度。而且(由命题 36 推论 Ⅶ)该阻力与该力的比至少为 2 比 3。

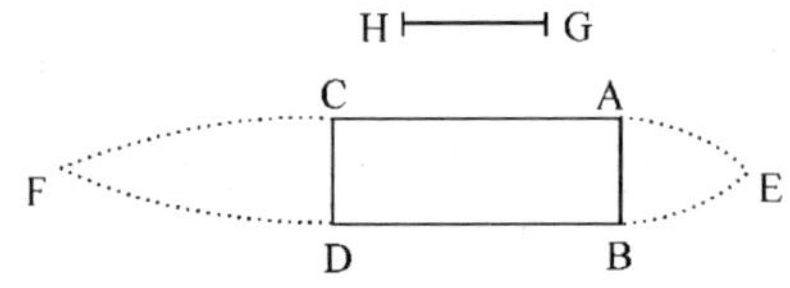

引 理 5

如果先后将宽度相等的圆柱体、球体和椭球体放入柱形管道中间,并使它们的轴与管道轴重合,则这些物体对流过管道的水的阻碍作用相等。

因为介于管道壁与圆柱体、球体和椭球体之间使水能通过的空间是相等的;而自相等空间流过的水相等。

如在命题 36 推论Ⅶ中已解释过的那样,本引理的条件是,所有位于圆柱体、球体,或椭球体上方的水,其流动性对于水尽可能快地通过该空间不是必要的,都被冻结起来。

引 理 6

在相同条件下,上述物体受到流经管道的水的作用是相等的。

这可以由引理 5 和第三定律证明。因为水与物体间的相互作用是相等的。

引 理 7

如果管道中的水是静止的,这些物体以相等速度沿相反方向在管道中运动,则它们相互间的阻力是相等的。

这可以由前一引理得到证明,因为它们之间的相对运动保持不变。

附 注

所有凸起的圆形物体,其轴与管道轴相重合,都与此情形相同。或大或小的摩擦会产生某些差别;但我们在这些引理中假设物体是十分光滑的,而介质的黏性与摩擦为零;能够以其斜向和多余运动干扰、阻碍水流过管道的流体部分,像冻结的水那样被固定起来,并以前一命题的附注中所解释的方式与物体的力和后部相粘连,相互间保持静止;因为在后面我们要讨论横截面极大的圆形物体所可能遇到的极小阻力问题。

浮在流体上的物体作直线运动时,会使流体将其前部抬起,而将其后部下沉,钝形物体尤其如此;因而它们遇到阻力略大于头尾都是尖形的物体。在弹性流体中运动的物体,如果其前后均为钝形,在其前部聚集起稍多的流体，而在其后部则使之稍稀薄；因而它所遇到的阻力也略大于头尾都是尖形的物体。但在这些引理和命题中，我们不讨论弹性流体，而只讨论非弹性流体；不讨论漂浮在流体表面的物体，而讨论深浸于其中的物体。一旦知道了在非弹性流体中物体的阻力，即可以在像空气那样的弹性流体中，以及在像湖泊和海洋那样的静止流体表面上，略为增加一些阻力。

命题 38　定理 30

如果一个球体在压缩了的无限的非弹性流体中匀速运动，则其阻力比在它掠过其直径的三分之八长度的时间内使其全部运动被抵消或产生的力，极近似地等于流体的密度比该球体的密度。

因为球体比其外接圆柱体等于 2 比 3；因而在柱体掠过其直径四倍长度的时间内使同一柱体全部运动被抵消的力，可以在球体掠过其直径三分之二，即，其直径的三分之八长度的时间内，抵消球体的全部运动。现在，柱体的阻力比这个力极近似地等于流体的密度比柱体或球体的密度(由命题 37)，而球体阻力等于柱体的阻力(由引理 5,6,7)。

证毕。

推论Ⅰ. 在压缩了的无限介质中，球体阻力正比于速度平方、直径平方与介质密度的乘积。

推论Ⅱ. 球体以其相对重量在有阻力介质中下落所能获得的最大速度，与相同重量的球体在无阻力介质中下落时所获得的速度相等，掠过的距离比其直径的三分之四等于球密度比介质密度。因为球体以其下落所获得的速度运动时，掠过的距离比其直径的三分之八等于球密度比流体密度；而它的产生这一运动的重力比在球以相同速度掠过其直径的三分之八的时间内，产生同样运动的力，等于流体密度比球体密度；因而(由本命题)重力等于阻力，不能使球加速。

推论Ⅲ. 如果给定球的密度和它开始运动时的速度，以及球在其中运动的静止压缩流体的密度,则可以求出任意时间球体的阻力和速度,以及它所掠过的空间(命题 35,推论Ⅶ)。

推论Ⅳ. 球在压缩了的静止的且密度与它自身相同的流体中运动时,在掠过其二倍直径的长度之前已失去其运动的一半(也由推论Ⅶ)。

命题 39 定理 31

如果一球体在密封于管道中的压缩流体中运动,其阻力比在它掠过直径的三分之八长度的时间内使其全部运动被抵消或产生的力,近似等于管口面积比管口减去球大圆一半的差;与管口面积比管口减去球大圆的差;以及流体密度比球体密度的乘积。

这可以由命题 37 推论Ⅱ,以及与前一命题相同的方法得到证明。

附 注

在以上两个命题中,我们假设(与以前在引理 5 中一样)所有在球之前的、其流动性能使阻力作同样增加的水都已冻结。这样,如果这些水变为流体,它将多少会使阻力增加。但在这些命题中这种增加如此之小,可以忽略不计,因为球体的凸面与水的冻结所产生的效果几乎完全相同。

命题 40 问题 9

由实验求出一球体在具有理想的流动性和压缩了的介质中运动的阻力。

令 A 为球体在真空中的重量,B 为在有阻力介质中的重量,D 为球体直径,F 为某一距离,它比$\frac{4}{3}$D 等于球体密度比介质密度,即等于 A 比 A−B,G 为球以重量 B 在无阻力介质中下落掠过距离 F 所用的时间,而 H 为该下落所获得的速度。则由命题 38 推论Ⅱ,H 为球体以重量 B 在有阻力介质中所能获得的最大下落速度;而当球体以该速度下落时,它遇到的阻力等于其重量 B;由命题 38 推论Ⅰ可知,以其他任意速度运动时的阻力比重量 B 等于该速度与最大速度 H 的比的平方。

这正是流体物质的惰性所产生的阻力。由其弹性、黏性和摩擦所产生的阻力,可以由以下方法求出。

令球体在流体中以其重量 B 下落;P 表示下落时间,以秒为单位,如果 G 是以秒给定的话。求出对应于 0.4342944819 $\frac{2P}{G}$ 的对数的绝对数 N,令 L 为数 $\frac{N+1}{N}$ 的对数;则下落所获得的速度为 $\frac{N-1}{N+1}$H,所掠过的高度为 $\frac{2PF}{G}-1.3862943611F+4.605170186LF$。如果流体有足够深度,可以略去 4.605170186LF 项;而 $\frac{2PE}{G}-1.3862943611F$ 为掠过的近似高度。这些公式可以由第二编命题 9 及其推论推出,其前提是球体所遇到的阻力仅来自物质的惰性。如果它确实遇到了其他任何类型的阻力,则下落将变慢,并可由变慢时间量求出这种新的阻力的量。

为便于求得在流体中物体下落的速度,我制成了如下表格,其第一列表示下落时间;第二列表示下落所获得的速度,最大速度为 100000000;第三列表示在这些时间内下落掠过的距离,2F 为物体在时间 G 内以最大速度掠过的距离;第四列表示在相同时间里以最大速度掠过的距离。第四列中的数为 $\frac{2P}{G}$,由此减去数 1.3862944－4.6051702L,即得到第三列数;要得到下落掠过的距离必须将这些数乘以距离 F。此处加上第五列数值,表示物体以其相对重量的力 B 在真空中相同时间内下落所掠过的距离。

时间 P	物体在流体中的下落速度	在流体中掠过的空间	以最大速度掠过的空间	在真空中下落掠过的空间
0.001G	$99999\frac{29}{30}$	0.000001F	0.002F	0.000001F
0.01G	999967	0.0001F	0.02F	0.0001F
0.1G	9966799	0.0099834F	0.2F	0.01F
0.2G	19737532	0.0397361F	0.4F	0.04F
0.3G	29131261	0.0886815F	0.6F	0.09F
0.4G	37994896	0.1559070F	0.8F	0.16F
0.5G	46211716	0.2402290F	1.0F	0.25F
0.6G	53704957	0.3402706F	1.2F	0.36F
0.7G	60436778	0.4545405F	1.4F	0.49F
0.8G	66403677	0.5815071F	1.6F	0.64F
0.9G	71629787	0.7196609F	1.8F	0.81F
1G	76159416	0.8675617F	2F	1F
2G	96402758	2.6500055F	4F	4F
3G	99505475	4.6186570F	6F	9F
4G	99932930	6.6143765F	8F	16F
5G	99990920	8.6137964F	10F	25F
6G	99998771	10.6137179F	12F	36F
7G	99999834	12.6137073F	14F	49F
8G	99999980	14.6137059F	16F	64F
9G	99999997	16.6137057F	18F	81F
10G	$99999999\frac{3}{5}$	18.6137056F	20F	100F

附 注

为由实验求出阻力,我制作了一个方形木桶,其内侧长和宽均为 9 英寸,深 $9\frac{1}{2}$ 英尺,盛满雨水;又制备了一些包含有铅的蜡球,我记录了这些球下落的时间,下落高度为 112 英寸。1 立方英尺雨水重 76 磅;1 立方英寸雨水重 $\frac{19}{36}$ 盎司,或 $253\frac{1}{3}$ 谷;直径 1 英寸的水球在空气中重 132.645 谷,在真空中重 132.8 谷;其他任意球体的重量正比于它在真空中的重量超出其在水中重量的部分。

实验 1. 一个在空气中重 156 $\frac{1}{4}$谷的球，在水中重 77 谷，在 4 秒钟内掠过全部 112 英寸高度。经多次重复这一实验，该球总是需用完全相同的 4 秒钟。

该球在真空中重 156 $\frac{13}{38}$谷；该重量超出其在水中的重量部分为 79 $\frac{13}{38}$谷。因此球的直径为 0.84224 英寸。水的密度比该球的密度，等于该出超部分比球在真空中的重量；而球直径的$\frac{8}{3}$部分（即 2.24597 英寸）比距离 2F 也等于该值，所以 2F 应为 4.4256 英寸。现在，该球在真空中以其全部重量 156 $\frac{13}{38}$谷向下落，一秒钟内掠过 193 $\frac{1}{3}$英寸；而在无阻力的水中以其重量 77 谷在相同时间内掠过 95.219 英寸；它在掠过 2.2128 英寸的 G 时刻获得它在水中下落所可能达到的最大速度 H，而时间 G 比一秒钟等于距离 F2.2128 英寸与 95.219 英寸之比的平方根。所以时间 G 为 0.15244 秒。而且，在该时间 G 内，球以该最大速度 H 可掠过距离 2F，即 4.4256 英寸；所以球 4 秒钟内将掠过 116.1245 英寸的距离。减去距离 1.3862944 • F，或 3.0676 英寸，则余下 113.0569 英寸的距离，这就是球在盛于极宽容器中的水里下落 4 秒钟所掠过的距离。但由于上述木桶较窄，该距离应按一比值减小，该比值为桶口比它超出球大圆的一半的差值的平方根，乘以桶口比它超出球大圆的差值，即等于 1 比 0.9914。求出该值，即得到 112.08 英寸距离，它是球在盛于该木桶中的水里下落 4 秒钟所应掠过的距离，应与理论计算接近，但实验给出的是 112 英寸。

实验 2. 三个相等的球，在空气和水中的重量分别为 76 $\frac{1}{3}$谷和 5 $\frac{1}{16}$谷，令它们先后下落；在水中每个球都用 15 秒钟下落掠过 112 英寸高度。

通过计算.每个球在真空中重 $76\frac{5}{12}$谷;该重量超出其在水中重量部分为 $71\frac{17}{48}$谷;球直径为 0.81296 英寸;该直径的$\frac{8}{3}$部分为 2.16789 英寸;距离 2F 为 2.3217 英寸;在无阻力水中,重 $5\frac{1}{16}$谷的球一秒钟内掠过的距离为 12.808 英寸,求出时间 G 为 0.301056 秒。所以,一个球体以其 $5\frac{1}{16}$谷的重量在水中下落所能获得的最大速度,在时间 0.301056 秒内掠过距离 2.3217 英寸;在 15 秒内掠过 115.678 英寸。减去距离 1.3862944F,或 1.609 英寸,余下距离 114.069 英寸;所以这就是当桶很宽时球在相同时间内所应掠过的距离。但由于桶较窄,该距离应减去 0.895 英寸。所以该距离余下 113.174 英寸,这就是球在这个桶中 15 秒钟内所应下落的近似距离。而实验值是 112 英寸。差别不大。

实验 3. 三个相等的球,在空气和水中分别重 121 谷和 1 谷,令其先后下落;它们分别在 46 秒、47 秒和 50 秒内通过 112 英寸的距离。

由理论计算,这些球应在约 40 秒内完成下落。但它们下落得较慢,其原因究竟是在较慢的运动中惰性力产生的阻力在其他原因产生的阻力中所占比例较小;或是由于小水泡妨碍球的运动;或是由于天气或放之下沉的手较温暖而使蜡稀疏;或者,还是因为在水中称量球体重量有未察觉的误差,我尚不能肯定。所以,球在水中重量应有若干谷,这时实验才有明确而可靠的结果。

实验 4. 我是在得到前述几个命题中的理论之前开始上述流体阻力的实验研究的。其后,为了对所发现的理论加以检验,我又制作了一个木桶,其内侧宽 $8\frac{2}{3}$英寸,深 $15\frac{1}{3}$英尺。然后又制作了四个包含着铅的蜡球,每一个在空气中重量都是 $139\frac{1}{4}$谷,在水中重 $7\frac{1}{8}$谷。把它们放入水中,并用一只半秒摆测定下落时间。球是冷却的,并在称量和放入水中之前已冷却多时;因为温暖会使蜡稀疏,进入减少球在水中的重量；而变得稀疏的蜡不会因为冷却而立即恢复其原先的密度。在放之下落之前，先把它们都没入水中，以免其某一部分露出水面而在开始下落时产生加速。当它们投入水中并完全静止后，极为小心地放手令其下落，以免受到手的任何冲击。它们先后以 47 $\frac{1}{2}$，48 $\frac{1}{2}$，50 和 51 次摆动的时间下落掠过 15 英尺又 2 英寸的高度。但实验时的天气比称量时略寒冷，所以我后来又重做了一次；这一次的下落时间分别是 49，49 $\frac{1}{2}$，50 和 53 次；第三次实验的时间是 49 $\frac{1}{2}$，50，51 和 53 次摆动。经过几次实验，我认为下落时间以 49 $\frac{1}{2}$和 50 次摆动最常出现。下落较慢的情况，可能是由于碰到桶壁而受阻造成的。

现在按我们的理论来计算。球在真空中重 139 $\frac{2}{5}$谷；该重量超出其在水的重量 132 $\frac{11}{40}$谷；球直径为 0.99868 英寸；该直径的$\frac{8}{3}$部分为 2.66315 英寸；距离 2F 为 2.8066 英寸；重 7 $\frac{1}{8}$谷的球在无阻力的水中一秒钟可以掠过 9.88164 英寸；时间 G 为 0.376843 秒。所以，球在其重量 7 $\frac{1}{8}$谷的力作用下，以其在水中下落所能获得的最大速度运动，在 0.376843 秒内可以掠过 2.8066 英寸长的距离，一秒内可以掠过 7.44766 英寸。

25 秒或 50 次摆动内，距离为 186.1915 英寸。减去距离 1.386294F，或 1.9454 英寸，余下距离 184.2461 英寸，这便是该球体在该时间内在极大的桶中所下落的距离。因为我们的桶较窄，令该空间按桶口比该桶口超出球大圆的一半的平方，乘以桶口比桶口超出球大圆的比值缩小；即得到距离 181.86 英寸，这就是根据我们的理论，球应在 50 次摆动时间内在桶中下落的近似距离。而实验结果是，在 49 $\frac{1}{2}$或 50 次摆动内,掠过距离 182 英寸。

实验 5. 四个球在空气中重 154 $\frac{3}{8}$谷,水中重 21 $\frac{1}{2}$谷,下落时间为 28 $\frac{1}{2}$,29,29 $\frac{1}{2}$和 30 次,有几次是 31,32 和 33 次摆动,掠过的高度为 15 英尺 2 英寸。

按理论计算它们的下落时间应为大约 29 次摆动。

实验 6. 五个球,在空气中重 212 $\frac{3}{8}$谷,水中重 79 $\frac{1}{2}$谷,几次下落时间为 15,15 $\frac{1}{2}$,16,17 和 18 次摆动,掠过高度为 15 英尺 2 英寸。

按理论计算它们的下落时间应为大约 15 次。

实验 7. 四个球,在空气中重 293 $\frac{3}{8}$谷,水中重 35 $\frac{7}{8}$谷,几个下落时间为 29 $\frac{1}{2}$,30,30 $\frac{1}{2}$,31,32 和 33 次摆动,掠过高度为 15 英尺 1 $\frac{1}{2}$ 英寸。

按理论计算,它们的下落时间应为约 28 次摆动。

这些球重量相同,下落距离相同,但速度却有快有慢,我认为原因如下:当球被释放并开始下落时,会绕其中心摆动,较重的一侧最先下落,并产生一个摆动运动。较之完全没有摆动的下沉,球通过其摆动传递给水较多的运动;而这种传递使球自身失去部分下落运动;因而随着这种摆动的或强或弱,下落中受到的阻碍也就或大或小。此外,球总是偏离其向下摆动的一侧,这种偏离又使它靠近桶壁,甚至有时与之发生碰撞。球越重,这种摆动越剧烈;球越大,它对水的推力越大。所以,为了减小球的这种摆动,我又制作了新的铅和蜡球,把铅封在极靠近球表面的一侧;并且用这样的方式加以释放,在开始下落时尽可能使其较重的一侧处于最低点。这一措施使摆动比以前大为减小,球的下落时间不再如此参差不齐:如下列实验所示。

实验 8. 四个球在空气中重 139 谷,水中重 6 $\frac{1}{2}$谷,令其下落数次,大多数时间都是 51 次摆动，再也没有超过 52 次或少于 50 次，掠过高度为 182 英寸。

按理论计算，它们的下落时间应为 52 次。

实验 9. 四只球在空气中重 273 $\frac{1}{4}$谷，水中重 140 $\frac{3}{4}$谷，几次下落时间从未少于 12 次摆动，也从未超过 13 次。掠过高度 182 英寸。

按理论计算，这些球应在约 11 $\frac{1}{3}$次摆动中完成下落。

实验 10. 四只球，在空气中重 384 谷，水中重 119 $\frac{1}{2}$谷，几次下落时间为 17 $\frac{3}{4}$，18，18 $\frac{1}{2}$和 19 次摆动，掠过高度 181 $\frac{1}{2}$英寸。在落到桶底之前，第 19 次摆动时，我曾听到几次它们与桶壁相撞。

按理论计算，它们的下落时间应为约 15 $\frac{5}{9}$次摆动。

实验 11. 三只球，在空气中重 48 谷，水中重 3 $\frac{29}{32}$谷，几次下落时间为 43 $\frac{1}{2}$，44，44 $\frac{1}{2}$，45 和 46 次摆动，多数为 44 和 45 次，掠过高度约为 182 $\frac{1}{2}$英寸。

按理论计算，它们的下落时间应为约 46 $\frac{5}{9}$次摆动。

实验 12. 三只相等的球，在空气中重 141 谷，在水中重 4 $\frac{3}{8}$谷，几次下落时间为 61，62，63，64 和 65 次摆动，掠过空间为 182 英寸。

按理论计算，它们应在约 64 $\frac{1}{2}$次摆动内完成下落。

由这些实验可以看出，当球下落较慢时，如第二、第四、第五、第八、第十一和第十二次实验，下落时间与理论计算吻合很好；但当下落速度较快时，如第六、第九和第十次实验，阻力略大于速度平方。因为球在下落中略有摆动；而这种摆动，对于较轻而下落较慢的球，由于运动较弱而很快停止；但对于较大而下落较快的球，摆动持续时间较长，需要经过若干次摆动后才能为周围的水所阻止。此外,球运动越快,其后部受流体压力越小;如果速度不断增加,最终它们将在后面留下一个真空空间,除非流体的压力也能同时增加。因为流体的压力应正比于速度的平方增加(由命题 32 和 33),以维持阻力的相同的平方比关系。但由于这是不可能的,运动较快的球其后部的压力不如其他方位的大;而这种压力的缺乏导致其阻力略大于速度的平方。

由此可知我们的理论与水中落体实验是一致的。余下的是检验空气中的落体。

实验 13. 1710 年 6 月,有人在伦敦圣保罗大教堂顶上同时落下两个球,一个充满水银,另一个充气;下落掠过的高度是 220 英尺。当时用一张木桌,其一边悬挂在铁铰链上,另一边由木棍支撑。两个球放在该桌面上,由一根延伸到地面的铁丝拉开木棍实现两球同时向地面落下;这样,当木棍被拉掉时,仅靠铰链支撑的桌子绕着铰链向下跌落,而球开始下落。在铁丝拉开木棍的同一瞬间,一只秒摆开始摆动。球的直径和重量,以及下落时间列入下表。

不过观测到的时间必须加以修正;因为水银球(按伽利略的理论)在 4 秒时间内可掠过 257 英尺,而 220 英尺只需要 $3\frac{42}{60}$秒【37】。因此,在木棍被拉开时木桌并不像它所应当的那样立即翻转;这一迟缓在开始时阻碍了球体的下落。因为球放在桌子中间,而且的确距轴而不是距木棍较近。因此下落时间延长了约$\frac{18}{60}$【37】;应通过减去该时间进行修正,对大球尤其如此,由于球直径较大,在转动的桌子上停留时间较其他球更长。修正以后,六个较大球的下落时间变为 $8\frac{12}{60}$秒,$7\frac{42}{60}$,$7\frac{42}{60}$秒,$7\frac{57}{60}$秒,$8\frac{12}{60}$秒,以及 $7\frac{42}{60}$秒。

充满水银的球			充满空气的球		
重量（谷）	直径（英寸）	下落时间（秒）	重量（谷）	直径（英寸）	下落时间（秒）
908	0.8	4	510	5.1	$8\frac{1}{2}$
983	0.8	4－	642	5.2	8
966	0.8	4	599	5.1	8
747	0.75	4＋	515	5.0	$8\frac{1}{4}$
808	0.75	4	483	5.0	$8\frac{1}{2}$
784	0.75	4＋	641	5.2	8

所以充满空气的第五个球，其直径为 5 英寸，重 483 谷，下落时间 $8\frac{12}{60}$秒，掠过距离 220 英尺。与此球体积相同的水重 16600 谷；体积相同的空气重$\frac{16600}{860}$谷，或 $19\frac{3}{10}$谷；所以该球在真空中重 $502\frac{3}{10}$谷；该重量与体积等于该空气的重量的比，为 $502\frac{3}{10}$比 $19\frac{3}{10}$；而 2F 比该球直径的$\frac{8}{3}$，即比 $13\frac{1}{3}$英寸，也等于该值。因此，2F 等于 28 英尺 11 英寸。一个以其 $502\frac{3}{10}$谷的全部重量在真空中下落的球，在 1 秒钟内可掠过 $193\frac{1}{3}$英寸；而以重量 483 谷下落则掠过 185.905 英寸；以该 483 谷重量在真空中下落，在 $57\frac{3}{60}$秒又$\frac{58}{3600}$的时间内可掠过距离 F，或 14 英尺 $5\frac{1}{2}$英寸，并获得它在空气中下落所能达到的最大速度。以这一速度，该球在 $8\frac{12}{60}$秒时间内掠过 245 英尺 $5\frac{1}{3}$英寸。减去 1.3863F，或 20 英尺$\frac{1}{2}$英寸，余下 225 英尺 5 英寸。所以，按我们的理论，这一距离是球应在 $8\frac{12}{60}$秒内下落完成的。而实验结果为 220 英尺。差别是微不足

道的。

将其他充满空气的球作类似计算,结果列于下表。

球的重量 (谷)	直 径 (英寸)	自 220 英尺高处下落时间 (秒)	(秒)[①]	按理论计算所应掠过距离 (英尺)	(英寸)	差 值 (英尺)	(英寸)
510	5.1	8	12	226	11	6	11
642	5.2	7	42	230	9	10	9
599	5.1	7	42	227	10	7	0
515	5	7	57	224	5	4	5
483	5	8	12	225	5	5	5
641	5.2	7	42	230	7	10	7

实验 14. 在 1719 年 7 月,德萨古里耶博士[②]曾用球形猪膀胱重做过这种实验。他把潮湿的猪膀胱放入中空的木球中,在膀胱中吹满空气,使之成形为球状,待膀胱干燥后取出。然后令之自同一教堂拱顶的天窗上下落,即自 272 英尺高处下落;同时令一重约 2 磅的铅球下落。与此同时,站在教堂顶部球下落处的人观察整个下落时间;另一些人则在地面观察铅球与膀胱球下落的时间差。时间是由半秒摆测量的。其中在地面上的一台计时机器每秒摆动四次;另一台制作精密的机器也是每秒摆动四次。站在教堂顶部的人中有一个也掌握着一台这样的机器;这些仪器设计成可以随心所欲地停止或开始运动。铅球的下落时间约 $4\frac{1}{4}$ 秒;加上上述时间差后即可得到膀胱球的下落时间。在铅球落地后,五只膀胱球晚落地的时间,第一次,$14\frac{3}{4}$ 秒,$12\frac{3}{4}$ 秒,$14\frac{5}{8}$ 秒,$17\frac{3}{4}$ 秒和 $16\frac{7}{8}$ 秒;第二次为 $14\frac{1}{2}$ 秒,$14\frac{1}{4}$ 秒,14 秒,19

① 秒,秒下单位,英文 third。1 秒=60 秒。——译者注

② Desaguliers,John Theophilus(1683—1744),英国科学家,曾做过大量自然哲学实验,涉及热学、力学、光学和电学等,并正确指出牛顿的“运动”(momentum=mv)与莱布尼兹的“运动”(vis viva=mv^2)的区别。对于验证牛顿理论做出很大贡献。——译者注

秒和 $16\frac{3}{4}$ 秒。加上铅球下落的时间 $4\frac{1}{4}$ 秒，得到五只球下落的总时间，第一次为 19 秒，17 秒，$18\frac{7}{8}$ 秒，22 秒和 21 秒；第二次为 $18\frac{3}{4}$ 秒，$18\frac{1}{2}$ 秒，$18\frac{1}{4}$ 秒，$23\frac{1}{4}$ 秒和 21 秒。在教堂观测到的时间，第一次为 $19\frac{3}{8}$ 秒，$17\frac{1}{4}$ 秒，$18\frac{3}{4}$ 秒，$22\frac{1}{8}$ 秒和 $21\frac{5}{8}$ 秒；每两次为 19 秒，$18\frac{5}{8}$ 秒，$18\frac{3}{8}$ 秒，24 秒和 $21\frac{1}{4}$ 秒。不过膀胱并不总是直线下落，它有时在空气中飘动，在下落中左右摇摆。这些运动使下落时间延长了，有时增加半秒，有时竟增加整整一秒。在第一次实验中，第二和第四只膀胱下落最直，第二次实验中的第一和第三只也最直。第五只球有些皱纹，这使它受到一些阻碍。我用极细的线在膀胱外圆缠绕两圈测出它们的直径。在下表中我比较了实验结果与理论结果；空气与雨水的密度比取 1 比 860，并代入理论中求得球在下落中所应掠过的距离。

所以，我们的理论可以在极小的误差以内求出球体在空气和水中所遇到的阻力；该阻力对于速度与大小相同的球而言，正比于流体的密度。

膀胱重量 (谷)	直　径 (英寸)	下落掠过 272 英尺所用时间 (秒)	在该时间按理论所应掠过的高度 (英尺)	(英寸)	理论与实验的差 (英尺)	(英寸)
128	5.28	19	271	11	−0	1
156	5.19	17	272	$0\frac{1}{2}$	+0	$0\frac{1}{2}$
$137\frac{1}{2}$	5.3	18	272	7	+0	7
$97\frac{1}{2}$	5.26	22	277	4	+5	4
$99\frac{1}{8}$	5	$21\frac{1}{8}$	282	0	+10	0

我们曾在第 6 章的附注里通过摆实验证明过，在空气、水和水银

中运动相等的且速度相等的球,其阻力正比于流体密度。在此,我们通过空气和水中的落体更精确地做了证明。因为摆的每次摆动都会激起流体的运动,阻碍它的返回运动;而由于这种运动,以及悬挂摆体的细线所产生的阻力,使摆体的总阻力大于在落体实验中所得到的阻力。因为在该附注中所讨论的摆实验中,一个密度与水相同的球,在空气中掠过其半径长度时,会失去其运动的$\frac{1}{3342}$部分,而由第 7 章中所推导并由落体实验所验证的理论,同样的球掠过同样长度所失去的动部分为$\frac{1}{4586}$,条件是设水与空气的密度比为 860 比 1。所以,摆实验中求出的阻力(由刚才说明的原因)大于落体实验中求出的阻力;其比值约为 4 比 3。不过,由于在空气、水和水银中摆动的阻力是出于相同的原因而增加的,因此这些介质之间的阻力比,由摆实验与由落体实验验证是同样精确的。由所有这些可以得出结论,在其他条件相同的情况下,即使在极富流动性的任意流体中运动的物体,其阻力仍正比于流体的密度。

在完成了这些证明和计算之后,我们就可以来求一个在任意流体中被抛出的球体在给定时间所失去的运动部分大约是多少。令 D 为球直径,V 是它开始时的运动速度,T 是时间,在其内球以速度 V 在真空中所掠过的距离比距离$\frac{8}{3}$D 等于球密度比流体密度;则在该流体中被抛出的球,在另一个时间 t 失去其运动的$\frac{tV}{T+t}$部分,余下$\frac{TV}{T+t}$部分:所掠过的距离比在相同时间内以相同的速度 V 在真空中掠过的距离,等于数$\frac{T+t}{T}$的对数乘以数 2.302585093 比数$\frac{t}{T}$,这是由命题 35 推论Ⅶ所给出的结果。运动较慢时阻力略小,因为球形物体比直径相同的柱形物体更有利于运动。运动较快时阻力略大,因为流体的弹性力与压缩力并不正比于速度平方增大。不过我不拟讨论这微小的差别。

虽然通过将空气、水、水银以及类似的流体无限分割,可使之精细化，变为具有无限流体性的介质，但它们对抛出的球的阻力不会改变。因为前述诸命题所讨论的阻力来自物质的惰性；而物质惰性是物体的基本属性，总是正比于物质量。分割流体的确可以减小由于黏滞性和摩擦产生的阻力部分，但这种分割完全不能减小物质量；而如果物质量不变，其惰性力也不变；因此相应的阻力也不变，并总是正比于惰性力。要减小这项阻力，物体掠过于其中的空间的物质必须减少；在天空中，行星与彗星在其间向各方向自由穿行，完全察觉不到它们的运动变慢，所以天空中必定完全没有物质性的流体存在，除了其中也许存在着某种极其稀薄的气体与光线。

抛体在穿过流体时会激起流体运动，这种运动是由抛体前部的流体压力大于其后部流体的压力造成的；就它与各种物质密度的比例而言，这种运动在极富流动性的介质中绝不小于在空气、水和水银中。由于这种压力差正比于压力的量，它不仅激起流体的运动，还作用于抛体，使其运动受阻；所以，在所有流体中，这种阻力正比于抛体在流体中所激起的运动；即使在最精细的以太中，该阻力与以太密度的比值，也绝不会小于它在空气、水和水银中与这些流体密度的比值。

第8章 通过流体传播的运动

命题41 定理32

只有在流体粒子沿直线排列的地方，通过流体传播的压力才会沿着直线方向。

如果粒子 a,b,c,d,e 沿一条直线排列，压力的确可以由 a 沿直线传播到 e；但此后粒子 e 将斜向推动斜向排列的粒子 f 和 g，而粒子 f 和 g 除非得到位于其后的粒子 h 和 k 的支撑，否则无法忍受该传播过来的压力；但这些支撑着它们的粒子又受到它们的压力；这些粒子如果得不到位于更远的粒子 l 和 m 的支撑并对之传递压力的话，将也不能忍受这项压力，以此类推至于无限。所以，一旦压力传递给不沿直线排列的粒子，它将向两侧偏移，并斜向传播到无限；在压力开始斜向传递后，在到达更远的不沿直线排列的粒子时，会再次向两侧偏移直线方向；每当压力传播时遇到不是精确沿直线排列的粒子时，都发生这种情形。

证毕。

推论. 如果压力的任何部分在流体中由一给定点传播时，遇到任意障碍物，则其余未受阻碍的部分将绕过该障碍物而进入其后的空间。

这也可以由以下方法加以证明。如果可能的话，令压力由点 A 沿直线方向向任意一侧传播；障碍物 NBCK 在 BC 处开孔，令所有压力受到阻挡，唯有其圆锥形部分 APQ 通过圆孔 BC。令圆锥体 APQ 为

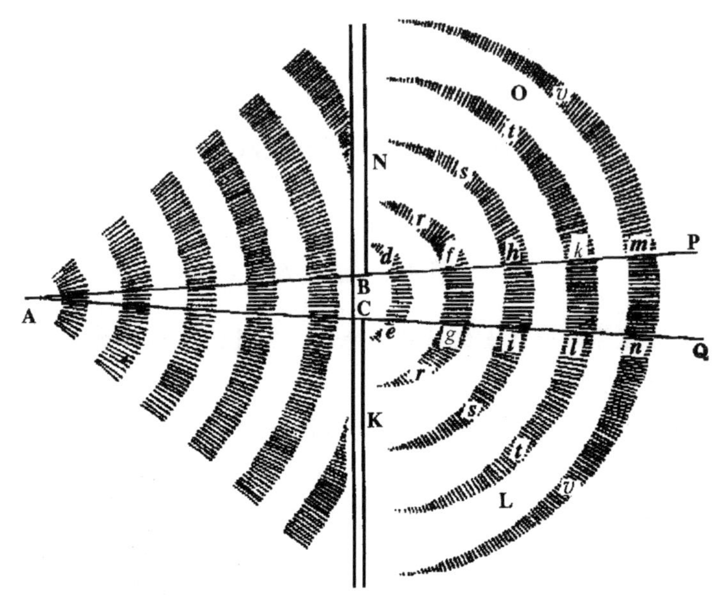

横截面 de，fg，hi 分割为平截头体。当传播压力的锥体 ABC 在 de 而推动位于其后的平截头锥体 $degf$ 时，该平截头锥体又在 fg 面推动其后的平截头锥体 $fgih$，而该平截头锥体又推动第三个平截头锥体，以至于无限；这样，（由第三定律）当第一个平截头锥体 $degf$ 推动并压迫第二个平截头锥体时，由于第二个平截头锥体 $fgih$ 的反作用，它在 fg 面也受到同样大小的推动和压力。所以平截头锥体 $defg$ 受到来自两方面，即受到锥体 Ade 与平截头锥体 $fhig$ 的压迫；因而（由命题 19 情形 6）不能保守其形状，除非它受到来自所有方面的相等压力。所以，它向 df，eg 两侧扩展的力，等于它在 de，fg 面上所受到的压力；而在这两侧（没有任何黏滞性与硬度，具有完全流动性）如果没有周围的流体抵抗这种扩展力，则它将向外膨胀。所以，它在 df，eg 两边以与压迫平截头锥体 $fgih$ 相等的力压迫周围流体；因此，压力由边 df，eg 向两侧传播入空间 NO 和 KL，其大小与由 fg 面传播向 PQ 的压力相同。

证毕。

命题 42 定理 33

在流体中传播的运动自直线路径扩散而进入静止空间。

情形 1. 令运动由点 A 通过孔 BC 传播,如果可能的话,令它在圆锥空间中沿自点 A 扩散的直线传播。先来设这种运动是在静止水面上的波;令 *de*,*fg*,*hi*,*kl* 等为各水波的顶点,相互间由同样多的波谷或凹处隔开。因波脊处的水高于流体 KL,NO 的静止部分,它将由这些波脊顶部 *e*,*g*,*i*,*l* 等等及 *d*,*f*,*h*,*k* 等等从两侧向着 KL 和 NO 流下;而因为在波谷的水低于流体 KL,NO 的静止部分,这些静止水将流向波谷。在第一种流体中波脊向两侧扩大,向 KL 和 NO 传播。因为由 A 向 PQ 的波运动是由波脊连续流向紧挨着它们的波谷带动的,因而不可能快于向下流动的速度;而两侧向 KL 和 NO 流下的水必定也以相同速度行进:因此,水波向 KL 和 NO 两边的传播速度,等于它们由 A 直接传播向 PQ 的速度。所以指向 KL 和 NO 两侧的整个空间中将充满膨胀波 *rfgr*,*shis*,*tklt*,*vmnv*,等等。

证毕。

任何人都可以在静止水面上以实验证明这一情形。

情形 2. 设 *de*,*fg*,*hi*,*kl*,*mn* 表示在弹性介质中由点 A 相继向外传播的脉冲。设脉冲是通过介质的相继压缩与舒张实验传播的,每个脉冲密度最大的部分呈球面分布,球心为 A,相邻脉冲的间隔相等。令直线 *de*,*fg*,*hi*,*kl* 等等表示通过孔 BC 传播的脉冲的最大密度的部分;因为这里的介质密度大于指向 KL 和 NO 两侧的空间,介质将与向脉冲之间的稀薄间隔扩充一样也向指向 KL 和 NO 两个方向的空间扩展;因此,介质总是在脉冲处密集,而在间隔处稀疏,进而参与脉冲运动。而因为脉冲运动的传播是由介质的密集部分向毗邻的稀薄间隔连续舒张引起的;由于脉冲沿两侧向介质的静止部分 KL 和 NO 以近似的速度舒张;所以脉冲自身向所有方向膨胀而进入静止部分 KL 和 NO,其速度几乎与由中心 A 直接向外传播相同,所以将充

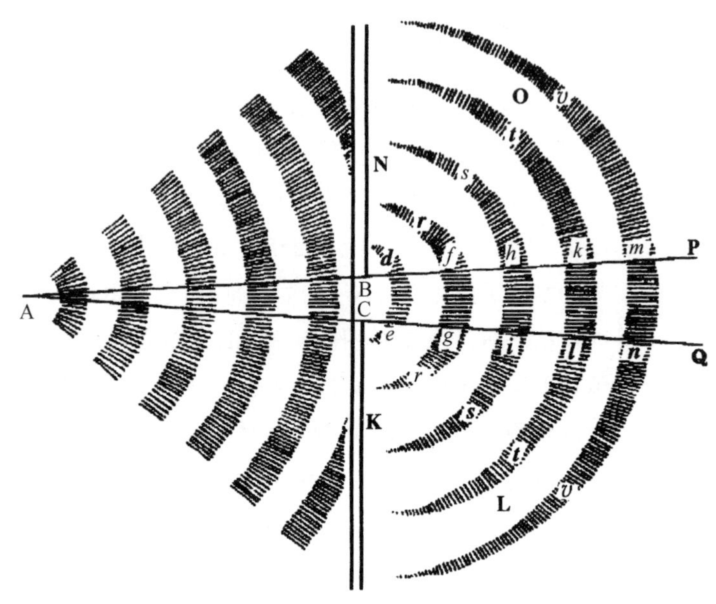

满整个空间 KLON。

证毕。

这也可以由实验证明,我们能隔着山峰听到声音,而且,如果这声音通过窗户进入室内,扩散到屋内的所有部分,则可以在每一个角落听到;这不是由对面墙壁反射回来的,而是由窗户直接传入的,可以由我们的感官判明。

情形 3. 最后,设任意一种运动自 A 通过孔 BC 传播。由于这种运动传播的原因是邻近中心 A 的介质部分扰动并压迫较远的介质部分所造成的;而且由于被压迫的部分是流体,因而运动沿所有方向向受压迫较小的空间扩散:它们将由于随后的扩散而传向静止介质的所有部分,在指向 KL 和 NO 两个方向上与先前指向直线方向 PQ 的相同;由此,所有的运动,一旦它通过孔 BC,将开始自行扩散,并将与在其源头与中心一样,由此直接向所有方向传播。

证毕。

命题 43 定理 34

每个在弹性介质中颤动的物体都沿直线向所有方向传播其脉冲;而在非弹性介质中,则激发出圆运动。

情形 1. 颤动物体的各部分,交替地前后运动,在向前运动时压迫并驱使最靠近其前面的介质部分,并通过脉冲使之紧缩密集;在向后运动时则又使这些紧缩的介质重又舒张,发生膨胀。因此靠着颤动物体的介质部分也往复运动,其方式与颤动物体的各部分相同;而由与该物体的各部分推动介质相同的原因,介质中受到类似颤动推动的部分也转而推动靠近它们的其他介质部分,这些其他部分又以相似方式推动更远的部分,直至无限。与第一部分介质在向前时被压缩,在向后时又被舒张方式相同,介质的其他部分也在向前时被压缩,向后时膨胀。所以它们并不总是在一瞬间里同时向前或向后运动(因为如果是这样的话它们将维持相互间的既定距离,不可能发生交替的压缩和舒张);而由于在被压缩的地方相互趋近,舒张的地方相互远离,所以当它们一部分向前运动时另一部分则向后运动,以至于无限。这种向前的运动产生压缩作用,就是脉冲,因为它们在传播运动中会冲击阻挡前面的障碍物;因而颤动物体随后所产生的脉冲将沿直线方向传播;而且由于各次颤动间隔的时间是相等的,在传播过程中又在近似相等的距离上形成不同脉冲。虽然颤动物体各部分的往复运动是沿固定而确定的方向进行的,但由前述命题,颤动在介质中引起的脉冲却是向所有方向扩展的;并将自颤动物体像颤动的手指在水面激起的水波那样,沿共心的近似球面向所有方向传播,水波不仅随着手指的运动而前后推移,还沿环绕着手指的共心圆向四面八方传播。因为水的重力起到了弹性力的作用。

情形 2. 如果介质是非弹性的,则由于其各部分不能因颤动物体的振动部分所产生的压力而压缩,运动将即时地向着介质中最易于屈服的部分传播,即向着颤动物体所留下空洞的部分传播。这种情形与抛体在任意介质中的运动相同。屈服于抛体的介质不向无限远处移动，而是以圆运动绕向抛体后部的空间。所以一旦颤动物体移向某一部分，屈服于它的介质即以圆运动趋向它留下的空洞部分；而且物体回到其原先位置时，介质又被它从该位置逐开，回到自己原先的位置。虽然颤动物体并不牢固坚硬，而是十分柔软的，尽管它不能通过其颤动而推动不屈服于它的介质，却仍能维持其给定的大小，则离开物体受压部分的介质总是以圆运动绕向屈服于它的部分。

证毕。

推论. 因此，那种认为火焰通过周围介质沿直线方向传播其压力的看法是错误的。这种压力不可能只来自火焰部分的推力，而是来自整体的扩散。

命题 44　定理 35

在管道或水管中，如果水交替地沿竖直管子 KL，MN 上升和下降；一只摆，其在悬挂点与摆动中心之间的摆长等于水在管道中长度的一半，则水的上升与下落时间与摆的摆动时间相等。

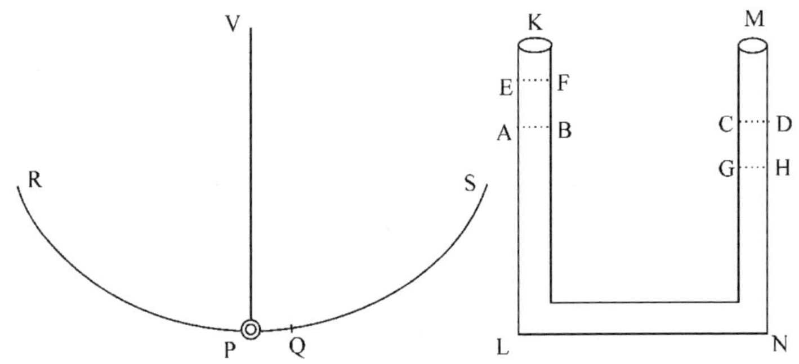

我沿管道及其竖直管子的轴测出水的长度，并使之等于这些轴长的和；水摩擦管壁所引起的阻力忽略不计。所以，令 AB，CD 表示竖直管子中水的平均高度；当水在管子 KL 中上升到高度 EF 时，在管子 MN 中的水将下降到高度 GH。令 P 为摆体，VP 为悬线，V 为悬挂点，RPQS 为摆掠过的摆线，P 为其最低点，PQ 为等于高度 AE 的一段弧长。使水的运动交替加速和变慢的力,等于一只管子中水的重量减去另一只管子中水的重量;因此,当管子 KL 中的水上升到 EF 时,另一只管子中的水下降到 GH,上述力是水 EABF 的重量的二倍,因而水的总重量等于 AE 或 PQ 比 VP 或 PR。而使物体 P 在摆线上任意位置 Q 加速或变慢的力,(由第一编命题 51 推论)比其总重量等于它到最低点 P 的距离 PQ 比摆线长 PR。所以,掠过相等距离 AE,PQ 的水和摆的运动力,正比于被运动的重量;所以,如果开始时水和摆是静止的,则这些力将使它们作等时运动,并且是共同往返的交替运动。

证毕。

推论Ⅰ.水升降往复总是在相等时间内进行的,不论这种运动是强烈或微弱。

推论Ⅱ.如果管道中水的总长度为 $6\frac{1}{9}$巴黎尺(法国单位),则水下降时间为一秒,而上升时间也为一秒,循环往复以至于无限;因为在该计量单位下 $3\frac{1}{18}$巴黎尺长的摆的摆动时间为 1 秒。

推论Ⅲ.如果水的长度增大或减小,则往复时间正比于长度比的平方根增加或缩短。

命题 45 定理 36

波速的变化正比于波宽[①]的平方根。

这可以从下一个命题得到证明。

命题 46 问题 10

求波速。

做一只摆,其悬挂点与摆动中心间距等于波的宽度,在摆完成一次摆动的时间内,波前进的距离约等于其波宽。

① 即波长。——译者注

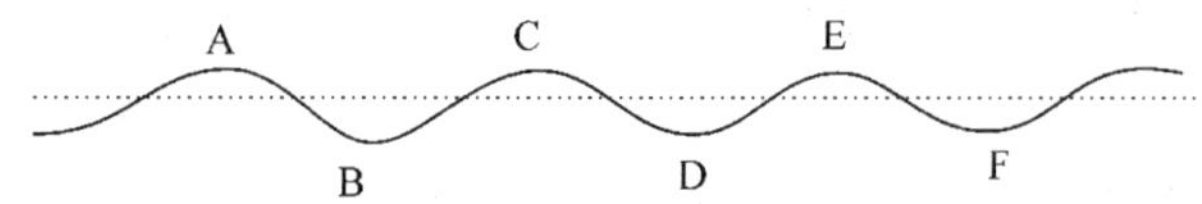

我所谓的波宽，指横截面上波谷的最深处的间距，或波脊顶部的间距。令ABCDEF表示在静止水面上相继起伏的波；令A，C，E等为波峰；B，D，F等为间隔的波谷。因为波运动是由水的相继起伏实现的，所以其中的A，C，E等点在某一时刻是最高点，随后即变为最低点；而使最高点下降或最低点上升的运动力，正是被抬起的水的重量，因此这种交替起伏类似于管道中水的往复运动，因而遵从相同的上升和下降的时间规律；所以(由命题44)，如果波的最高点A，C，E和最低点B，D，F的间距等于任意摆长的二倍，则最高点A，C，E将在一次摆动时间内变为最低点，而另一次摆动时间内又升到最高点。所以每通过一个波，摆将发生两次摆动；即，波在二次摆动的时间里掠过其宽度；但对于四倍于该长度的摆，其摆长等于波宽，则在该时间内摆动一次。

完毕。

推论Ⅰ. 波宽等于$3\frac{1}{18}$巴黎尺，则波在一秒时间内通过其波宽的距离；因此一分钟内将推进$183\frac{1}{3}$巴黎尺的距离；而一小时约为11000尺。

推论Ⅱ. 大的或小的波，其速度正比于波宽的平方根而增大或减小。

上述结论以水各部分沿直线起伏为前提；但实际上，这种起伏更表现为圆；所以我在本命题中给出的时间只是近似值。

命题47　定理37

如果脉冲在流体中传播，则做交替最短往复运动的流体粒子，总是按摆动规律被加速或减速。

令AB，BC，CD等表示相继脉冲的相等距离；ABC为相继脉冲由

A 传播到 B 的直线运动方向；E，F，G 为直线 AC 上静止介质的三个间距相等的物理点；Ee，Ff，Gg 为三个极小的相等距离，上述三点在每次振动中交替往返于其间；ε，φ，γ 为相同点的任意中间位置；EF，FG 为物理短线，或这些点与随后移入的处所 $\varepsilon\varphi$，$\varphi\gamma$ 和 ef，fg 之间的介质的线性部分，作直线 PS 等于直线 Ee。在 O 点将它二等分，并以 O 为圆心，OP 为半径作圆 SIPi。令一次振动的总时间，及其成正比的部分，这样来由该圆的周长及其成正比的部分表示。使得当任意时间 PH 或 PHsh 结束时，如果作 HL 或 hl 垂直于 PS，并取 Eε 等于 PL 和 Pl，则物理点 E 位于 ε。这样，按该规律作往复运动的点 E，在由 E 经过 ε 到 e，再通过 ε 回到 E 的过程中，将在一次摆动时间内完成一次振动，而且加速与减速程度相同。我们现在要证明介质的不同物理点会受到这种运动的推动。那么，让我们设一种介质中有这样一种受激于任意原因的运动，看看会发生什么情况。

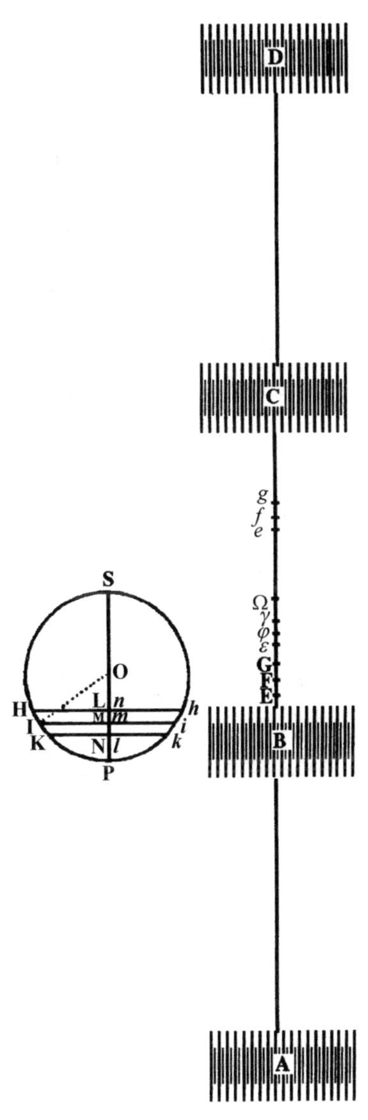

在圆 PHSh 上取相等的弧 HI，IK，或 hi，ik，它们与圆周长的比，等于直线 EF，FG 比整个脉冲间隔 BC，作垂线 IM，KN，或 im，kn；因

为点 E，F，G 受到相继的推动作相似运动，在脉冲由 B 移动到 C 的同时，它们完成一次往复振动；如果 PH 或 PHSh 为 E 点开始运动后的时间，则 PI 或 PHSi 为点 F 开始运动以后的时间，而 PK 或 PHSk 为点 G 开始运动以后的时间；所以，当点前移时 Eε，Fφ，Gγ 分别等于 PL，PM，PN，而当点返回时，又分别等于 Pl，Pm，Pn。所以，当点前移时，$\varepsilon\gamma$ 或 EG+Gγ－Eε 等于 EG－LN，而当它们返回时，则等于 EG+ln。但 $\varepsilon\gamma$ 是处所 $\varepsilon\gamma$ 的介质宽度或 EG 部分的膨胀；因而在前移时该部分的膨胀比其平均膨胀等于 EG－LN 比 EG；而在返回时，则等于 EG+ln 或 EG+LN 比 EG。所以，由于 LN 比 KH 等于 IM 比半径 OP，而 KH 比 EG 等于周长 PHShP 比 BC；即如果以 V 代表周长等于脉冲间隔 BC 的圆的半径，则上述比等于 OP 比 V；将比例式对应项相乘，得到 LN 比 EG 等于 IM 比 V；EG 部分的膨胀，或位于处所 $\varepsilon\gamma$ 的物理点 F 的伸展范围，比其在原先处所 EG 相同部分的平均膨胀，在前移时等于 V－IM，而在返回时等于 V+im 比 V。因此，点 F 在处所 $\varepsilon\gamma$ 的弹性力比其在处所 EG 的平均弹性力，在前移时等于 $\frac{1}{\mathrm{V-IM}}$ 比 $\frac{1}{\mathrm{V}}$，而在返回时等于 $\frac{1}{\mathrm{V}+im}$ 比 $\frac{1}{\mathrm{V}}$。由相同理由，物理点 E 和 G 与平均弹性力的比，在前移时等于 $\frac{1}{\mathrm{V-HL}}$ 和 $\frac{1}{\mathrm{V-KN}}$ 比 $\frac{1}{\mathrm{V}}$；力的差与介质平均弹性力的比等于 $\frac{\mathrm{HL-KN}}{\mathrm{VV-V\cdot HL-V\cdot KN+HL\cdot KN}}$ 比 $\frac{1}{\mathrm{V}}$；即，等于 $\frac{\mathrm{HL-KN}}{\mathrm{VV}}$ 比 $\frac{1}{\mathrm{V}}$，或等于 HL－KN 比 V；如果我们设（因为振动范围极小）HL 和 KN 无限小于量 V 的话。所以，由于量 V 是给定的，力差正比于 HL—KN；即（因为 HL—KN 正比于 HK，而 OM 正比于 OI 或 OP；HK 和 OP 是给定的），正比于 OM；即，如果在 Ω 二等分 Ff，则正比于 Ωφ。由相同的理由，物理点 ε 和 γ 上弹性的差，在物理短线 $\varepsilon\gamma$ 返回时，正比于 Ωφ。而该差（即，点 ε 的弹性超出点 γ 的弹性力部分）。正是使其间的介质物理短线 $\varepsilon\gamma$ 在前移时被加速，以及返回时被减速的力；所以物理短线 $\varepsilon\gamma$ 的加速力正比于它到振动中间位置 Ω 的距离。所以（由

第一编命题38)弧PI正确地表达了时间;而介质的线性部分$\varepsilon\gamma$则按照上述规律运动,即按照摆振动规律运动;这种情形,对于组成介质的所有线性部分都是相同的。

证毕。

推论. 由此可知,传播的脉冲数与颤动物体的振动次数相同,在传播过程中没有增加。因为物理短线$\varepsilon\gamma$一旦回到其原先位置即处于静止;在颤动物体的脉冲,或该物体传播而来的脉冲到达它之前,将不再运动。所以,一旦脉冲不再由颤动物体传播过来,它将回到静止状态,不再运动。

命题48[38] 定理38

设流体的弹性力正比于其密度,则在弹性流体中传播的脉冲速度正比于弹性力的平方根,反比于密度的平方根。

情形1. 如果介质是均匀的,介质中脉冲间距相等,但在一种介质中其运动强于在另一种介质中,则对应部分的收缩与舒张正比于该运动;不过这种正比关系不是十分精确。然而,如果收缩与舒张不是极大,则误差难以察觉;所以,该比例可认为是物理精确的。这样,弹性运动力正比于收缩与舒张;而相同时间内相等部分所产生的速度正比于该力。所以脉冲的相对的对应部分同时往返,通过的距离正比于其收缩与舒张,速度则正比于该空间;所以,脉冲在一次往返时间内前进的距离等于其宽度,并总是紧接着其前一个脉冲进入它所遗留的位置,所以,因为距离相等,脉冲在两种介质中以相等速度行进。

情形2. 如果脉冲的距离或长度在一种介质中大于另一种介质,设对应的部分在每次往复运动中所掠过的距离正比于脉冲宽度;则它们的收缩和舒张是相等的;因而,如果介质是均匀的,则以往复运动推动它们的运动力也是相等的。现在这种介质受该力的推动正比于脉冲宽度;而它们每次往返所通过的距离比例也相同。而且,一次往返所用时间正比于介质的平方根与距离的平方根的乘积;所以正比于距离。而脉冲在一次往返的时间内所通过的距离等于其宽度;即,它们掠过的距离正比于时间,因而速度相同。

情形 3. 在密度与弹性力相等的介质中,所有脉冲速度相同。如果介质的密度或弹性力增大,则由于运动力与弹性力同比例增大,物质的运动与密度同比例增大,产生像从前一样的运动所需的时间正比于密度的平方根增大,却又正比于弹性力的平方根减小。所以脉冲的速度仍反比于介质密度的平方根,正比于弹性力的平方根。

证毕。

本命题可以在以下问题的求解中得到进一步澄清。

命题 49　问题 11

已知介质的密度和弹性力,求脉冲速度。

设介质像空气一样受到其上部的重量的压迫;令 A 为均匀介质的高度,其重量等于其上部的重量,密度与传播脉冲的压缩介质相同。做一只摆,自悬挂点到摆动中心的长度是 A:在摆完成一次往复全摆动的时间内,脉冲行进的距离等于半径为 A 的圆周长。

因为,在命题 47 的作图和证明中,如果在每次振动中掠过距离 PS 的任意物理短线 EF,在每次往返的端点 P 和 S 都受到等于其重量的弹性力的作用,则它的振动时间,与它在长度等于 PS 的摆线上摆动的时间相同;这是因为相等的力在相同或相等的时间内推动相等的物体通过相等的距离。所以,由于摆动时间正比于摆长的平方根,而摆长等于摆线的半弧长,一次振动的时间比长度为 A 的摆的摆动时间,等于长度$\frac{1}{2}$PS 或 PO 与长度 A 的比的平方根。但推动物理短线 EG 的弹性力,当它位于端点 P,S 时,(在命题 47 的证明中)比其弹性力,等于 HL－KN 比 V,即(由于这时 K 落在 P 上),等于 HK 比 V;所有的这种力,或等价地,压迫短线 EG 的上部重量,比短线的重量,等于上部重量的高度比短线的长度 EG;所以,取对应项的乘积,则使短线 EG 在点 P 和 S 受到作用的力比该短线的重量等于 HK · A 比 V ·

EG;或等于 PO·A 比 VV;因为 HK 比 EG 等于 PO 比 V。所以,由于推动相等的物体通过相等的距离所需的时间反比于力的平方根,受弹性力作用而产生的振动时间,比受重量冲击而产生的振动时间,等于 VV 与 PO·A 的比的平方根,而比长度为 A 的摆的摆动时间,等于 VV 与 PO·A 的比的平方根,与 PO 与 A 的比的平方根的乘积;即,等于 V 比 A。而在摆的一次往复摆动中,脉冲行进的空间等于其宽度 BC。所以脉冲通距离 BC 的时间比摆的一次往复摆动时间等于 V 比 A,即等于 BC 比半径为 A 的圆周长。但脉冲通过距离 BC 的时间比它通过等于该圆周的长度也为相同比值,所以在这样的一次摆动时间内,脉冲行进的长度等于该圆周长。

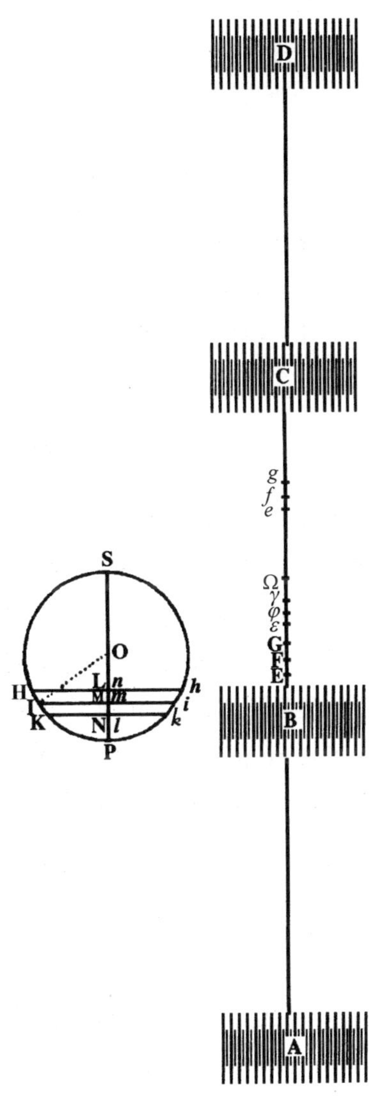

证毕。

推论Ⅰ. 脉冲的速度等于,一个重物体在相同加速运动的下落中,落下高度 A 的一半时所获得的速度。因为如果脉冲以该下落获得的速度行进,则在该下落时间内,掠过的距离等于整个高度 A;所以,在一次往复摆动中,脉冲行进的距离等于半径为 A 的圆周长;因为下落时间比摆动时间等于圆半径

比其周长

推论Ⅱ.由于高度A正比于流体的弹性力,反比于其密度,脉冲速度反比于密度的平方根,正比于弹性力的平方根。

命题50 问题12

求脉冲距离。

在任意给定时间内,求出产生脉冲的颤动物体的振动次数。以该数除在相同时间内脉冲所通过的距离,得到的商即一个脉冲的宽度。

完毕。

附 注

上述几个命题适用于光和声音的运动;因为光是沿直线传播的,它当然不能只包括一个孤立的作用(由命题41和42)。至于声音,由于它们是由颤动物体产生的,无非是在空气中传播的空气脉冲;这可以通过响亮而低沉的声音激励附近的物体震颤得到证实,像我们听鼓声所体验的那样;因为快速而短促的颤动不易于激发。而众所周知的事实是,声音落在绷在发声物体上的同音弦上时,可以激发这些弦的颤动。这还可以由声音的速度证实;因为雨水与水银的比重相互间的比约为1比$13\frac{2}{3}$,当气压计中的水银高度为30英寸时,空气与水的比重比值为约1比870,所以空气与水银的比重比值为1比11890。所以,当水银高度为30英寸时,均匀空气的重量应足以把空气压缩到我们所看到的密度,其高度必定等于356700英寸,或29725英尺;这正是我在前一命题作图中称之为A的那个高度。半径为29725英尺的圆其周长为186768英尺。而由于长$39\frac{1}{5}$英寸的摆完成一次往复摆动的时间为2秒,这一人所共知的事实意味着长29725英尺,或356700英寸的摆,做一次同样的摆动需$190\frac{3}{4}$秒。所以,在该时间内,声音可行进 186768 英尺,因而 1 秒内传播 979 英尺。

但在此计算中,我没有考虑空气粒子的大小,而它们是即时传播声音的。因为空气的重量比水的重量等于 1 比 870,而盐的密度约为水的 2 倍;如果设空气粒子的密度与水或盐相同,而空气的稀薄状况系由粒子间隔所致,则一个空气粒子的直径比粒子中心间距约等于 1 比 9 或 10,而比粒子间距约为 1 比 8 或 9。所以,根据上述计算,声音在 1 秒内传播的距离,应在 979 英尺上再加$\frac{979}{9}$,或约 109 英尺,以补偿空气粒子体积的作用:则声音在 1 秒时间行进约 1088 英尺。

此外,空气中飘浮的蒸汽是另一种情形不同的根源,如果要从根本上考虑声音在真实空气中的传播运动,它还很少被计入在内。如果蒸汽保持静止,则声音的传播运动在真实空气中变快,该加快部分正比于有杂质的空气的平方根。因而,如果大气中含有十成真正的空气,一成蒸汽,则声运动正比于 11 比 10 的平方根加快,或比它在十一成真实空气中的传播非常近似于 21 比 20。所以上面求出的声音运动应加入该比值,这样得出声音在一秒时间里行进 1142 英尺。

这些情形可以在春天和秋天看到,那时空气由于季节的温暖而稀薄,这使得其弹性力较强。而在冬天,寒冷使空气密集,其弹性力略为减弱,声运动正比于密度的平方根变慢;另一方面,在夏天时则变快。

实验测定的声音在一秒时间内行进 1142 英尺,或 1070 法国尺单位。

知道了声音速度,也可以知道其脉冲间隔。M.索维尔①通过他做的实验发现,一根长约 5 巴黎尺的开口管子发出的声音,其音调与每秒振动 100 次的提琴弦的声调相同。所以在声音一秒时间内通过的 1070 巴黎尺的空间中,有大约 100 个脉冲;因而一个脉冲占据约 $10\frac{7}{10}$

① Sauveur,Joseph,英译本误作 M. Sauveur(1653—1716),法国物理学家,曾任路易十四的宫廷教师,主要从事声学的各种实验研究。本实验当完成于 1713 年以前,牛顿在本书中对索维尔的结论进行了纠正。——译者注

巴黎尺的空间，即约为管长的二倍。由此来看，所有开口管子发出的声音，其脉冲宽度很可能都等于管长的二倍。

此外，命题 47 的推论还解释了声音为什么随着发声物体的停止运动而立即消失，以及为什么在距发声物体很远处听到的声音并不比在近处持续更长久。还有，由前述原理，还使我们易于理解声音是怎样在话筒里得到极大增强的；因为所有的往复运动在返回时都被发声机制所增强。而在管子内部，声音的扩散受到阻碍，其运动衰减较慢，反射较强；因而在每次返回时都得到新的运动的推动而增强。这些都是声音的主要现象。

第9章
流体的圆运动

假 设

由于流体各部分缺乏润滑而产生的阻力，在其他条件不变的情况下，正比于使该流体各部分相互分离的速度。

命题51 定理39

如果一根无限长的固体圆柱体在均匀而无限的介质中，沿一位置给定的轴均匀转动，且流体只受到该柱体的冲击而转动，流体各部分在运动中保持均匀，则流体各部分的周期正比于它们到柱体的轴的距离。

令AFL为关于轴S均匀转动的圆柱体，令同心圆BGM，CHN，DIO，EKP等把流体分为无限个厚度相同的同心柱形固体层。因为流体是均匀的，邻接的层相互间的压力（由假设）正比于它们相互间的移动，也正比于产生该压力的相邻接的表面。如果任意一层对其内侧的压力大于或小于对其外侧的压力，则较强的压力将占优势，并对该层的运动产生加速或减速，这取决于它与该层的运动方向是一致还是相反。所以，每一层的运动都能保持均匀，两侧的压力相等而方向相反。所以，由于压力正比于邻接表面，并正比于相互间的移动，该移动将反比于表面，即反比于该表面到轴的距离。

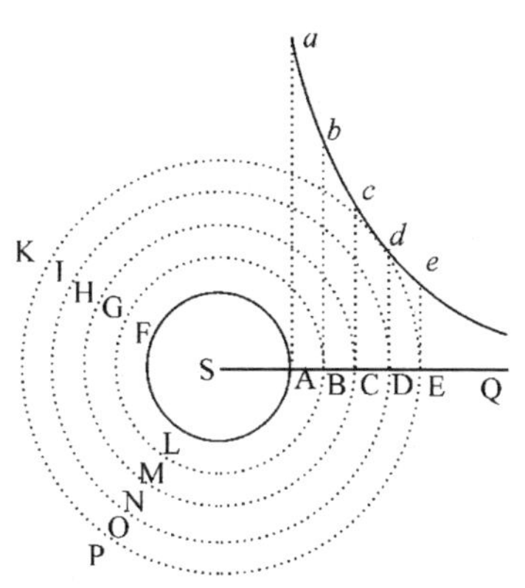

但关于轴的角运动差正比于该移动除以距离，或正比于该移动而反比于该移动除以距离；亦即，将这两个比式相乘，反比于距离的平方。所以，如果作无限直线 SABCDEQ 不同部分上的垂线 Aa，Bb，Cc，Dd，Ee 等，则反比于 SA，SB，SC，SD，SE 等的平方，设一条双曲线通过这些垂线的端点，则这些差的和，即总角运动，将正比于对应线段 Aa，Bb，Cc，Dd，Ee 的和，即（如果无限增加层数而减小其宽度，以构成均匀介质的流体）正比于与该和相似的双曲线面积 AaQ，BbQ，CcQ，DdQ，EeQ 等；时间则反比于角运动，也反比于这些面积。所以，任意粒子 D 的周期，反比于面积 DdQ，即（由已知的求曲线面积法）正比于距离 SD。

证毕。

推论Ⅰ. 流体粒子的角运动反比于它们到柱体轴的距离，而绝对速度相等。

推论Ⅱ. 如果流体盛在无限长柱体容器中，流体内又置一柱体，两柱体绕公共轴转动，且它们的转动时间正比于直径，流体各部分保持其运动，则不同部分的周期时间正比于到柱体轴的距离。

推论Ⅲ. 如果在柱体和这样运动的流体上增加或减去任意共同的角运动量，则因为这种新的运动不改变流体各部分间的相互摩擦，各部分间的运动也不变；因为各部分间的移动决定于摩擦。两侧的摩擦方向相反，各部分的加速并不多于减速，将维持其运动。

推论Ⅳ. 如果从整个柱体和流体的系统中消去外层圆柱的全部角运动，即得到静止柱体内的流体运动。

推论Ⅴ. 如果流体与外层圆柱体是静止的，内侧圆柱体均匀转动，则会把圆运动传递给流体，并逐渐传遍整个流体；运动将逐渐增加，直至流体各部分都获得推论Ⅳ中求出的运动。

推论Ⅵ. 因为流体倾向于把它的运动传播得更远，其冲击将会带动外层圆柱与它一同运动，除非该柱体受反向力作用；它的运动一直要加速到两个柱体的周期相等。但如果外柱体受力而固定不动，则它产生阻碍流体运动的作用；除非内柱体受某种作用于其上的外力推动而维持其运动,它将逐渐停留。

所有这些可以通过在静止深水中的实验加以证实。

命题 52 定理 40

如果在均匀无限流体中,固体球绕一已知的方向的轴均匀转动,流体只受这种球体的冲击而转动;且流体各部分在运动中保持均匀;则流体各部分的周期正比于它们到球心的距离。

情形 1. 令 AFL 为绕轴 S 均匀转动的球,共心圆 BGM,CHN,DIO,EKP 等把流体分为无数个等厚的共心球层。设这些球层是固体的。因为流体是均匀的,邻接球层间的压力(由前提)正比于相互间的移动,以及受该压力的邻接表面。如果任一球层对其内侧的压力大于或小于对外侧的压力,则较大的压力将占优势,使球层的速度被加速或减速,这取决于该力与球层运动方向一致或相反。所以每一球层都保持其均匀运动,其必要条件是球层两侧压力相等,方向相反。所以,由于压力正比于邻接表面,还正比于相互间的移动,而移动又反比于表面,即反比于表面到球心距离的平方。但关于轴的角运动差正比于移动除以距离,或正比于移动反比于距离;即,将这些比式相乘,反比于距离的立方。所以,如果在无限直线 SABCDEQ 的不同部分作垂线 A*b*,B*b*,C*c*,D*d*,E*e* 等,反比于差的和 SA,SB,SC,SD,SE 等即全部角运动的立方,则将正比于对应线段 A*a*,B*b*,C*c*,D*d*,E*e* 等的和,即(如果使球层数无限增加,厚度无限减小,构成均匀流体介质),正比于相似于该和的双曲线面积 A*a*Q,B*b*Q,C*c*Q,D*d*Q,E*e*Q 等;其周期则反比于角运动,还反比于这些面积。所以,任意球层 DIO 的周期时间反比于面积 D*d*Q,即(由已知求面积法),正比于

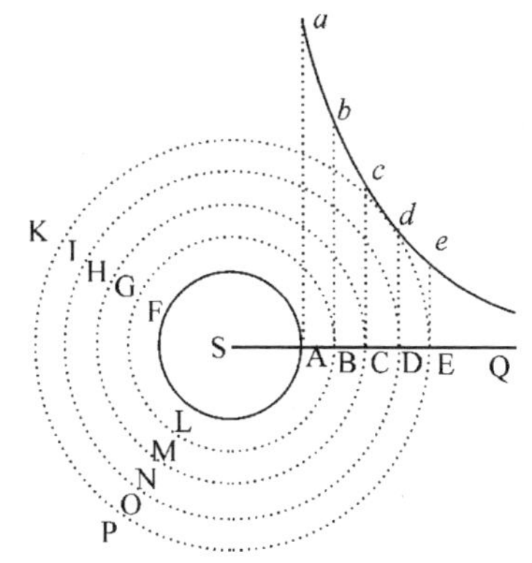

距离 SD 的平方。这正是首先要证明的。

情形 2. 由球心作大量无限长直线，它们与轴所成角为给定的，相互间的差相等；设这些直线绕轴转动，球层被分割为无数圆环；则每一个圆环都有四个圆环与它邻接，即，其内侧一个，外侧一个，两边还各有一个。现在，这些圆环不能受到相等的力推动，内环与外环的摩擦方向相反，除非运动的传递按情形 1 所证明的规律进行。这可以由上述证明得出。所以，任意一组由球沿直线向外延伸的圆环，都将按情形 1 的规律运动，除非设它受到两边圆环的摩擦。但根据该规律，运动中不存在这种情况，所以不会阻碍圆环按该规律运动。如果到球的距离相等的圆环在极点的转动比在黄道点快或慢，则如果慢，相互摩擦使其加速，而如果快，则使其减速；致使周期时间逐渐趋于相等，这可以由情形 1 推知。所以这种摩擦完全不阻碍运动按情形 1 的规律进行，因此该规律是成立的；即不同圆环的周期时间正比于它们到球心的距离的平方。这是要证明的第二点。

情形 3. 现设每个圆环又被横截面分割为无数构成绝对均匀流体物质的粒子；因为这些截面与圆运动规律无关，只起产生流体物质的作用，圆运动规律将像从前一样维持不变。所有极小的圆环都不因这些截面而改变其大小和相互摩擦，或都有相同的变化。所以，原因的比例不变，效果的比例也保持不变；即，运动与周期时间的比例不变。

证毕。

如果由此而产生的正比于圆运动的向心力，在黄道点大于极点，则必定有某种原因发生作用，把各粒子维系在其轨道上；否则在黄道上的物质总是飞离中心，并在涡旋外侧绕极点转动，再由此以连续环绕沿轴回到极点。

推论 Ⅰ. 因此流体各部分绕球轴的角运动反比于到球心的距离的平方，其绝对速度反比于同一平方除以到轴的距离。

推论 Ⅱ. 如果球体在相似而无限的且匀速运动的静止流体中绕位置给定的轴均匀转动，则它传递给流体的转动运动类似于涡旋的运动，该运动将向无限逐渐传播；并且，该运动将在流体各部分中逐渐增加，直到各部分的周期时间正比于到球的距离的平方。

推论Ⅲ. 因为涡旋内部由于其速度较大而持续压迫并推动外部，并通过该作用把运动传递给它们，与此同时外部又把相同的运动量传递给更远的部分，并保持其运动量持续不变，不难理解该运动逐渐由涡旋中心向外围转移，直到它相当平复并消失于其周边无限延伸的边际。任意两个与该涡旋共心的球面之间的物质绝不会被加速；因为这些物质总是把它由靠近球心处所得到的运动传递给靠近边缘的物质。

推论Ⅳ. 所以，为了维持涡旋的相同运动状态，球体需要从某种动力来源获得与它连续传递给涡旋物质的相等的运动量。没有这一来源，不断把其运动向外传递的球体和涡旋内部，无疑将逐渐地减慢运动，最后不再旋转。

推论Ⅴ. 如果另一个球在距中心某距离处漂浮，并在同时受某力作用绕一给定的倾斜轴匀速转动，则该球将激起流体像涡旋一样地转动；起初这个新的小涡旋将与其转动球一同绕另一中心转动；同时它的运动传播得越来越远，逐渐向无限延伸，方式与第一个涡旋相同。出于同样原因，新涡旋的球体被卷入另一个涡旋的运动，而这另一个涡旋的球又被卷入新涡旋的运动，使得两个球都绕某个中间点转动，并由于这种圆运动而相互远离，除非有某种力维系着它们。此后，如果使二球维持其运动的不变作用力中止，则一切将按力学规律运动，球的运动将逐渐停止(由推论Ⅲ和Ⅳ谈到的原因)，涡旋最终将完全静止。

推论Ⅵ. 如果在给定处所的几个球以给定速度绕位置已知的轴均匀转动，则它们激起同样多的涡旋并伸展至无限。因为根据与任意一个球把其运动传向无限远处的相同的道理，每个分离的球都把其运动向无限远传播；这使得无限流体的每一部分都受到所有球的运动的作用而运动。所以各涡旋之间没有明确分界，而是逐渐相互介入；而由于涡旋的相互作用，球将逐渐离开其原先位置，正如前一推论所述；它们相互之间也不可能维持一确定的位置关系，除非有某种力维系着它们。但如果持续作用于球体使之维持运动的力中止，涡旋物质（由推论Ⅲ和Ⅳ中的理由）将逐渐停止，不再做涡旋运动。

推论Ⅶ. 如果类似的流体盛贮于球形容器内，并由于位于容器中心处的球的均匀转动而形成涡旋；球与容器关于同一根轴同向转动，周期正比于半径的平方：则流体各部分在其周期实现正比于到涡旋中心距离的平方之前，不会做既不加速亦不减速的运动。除了这种涡旋，由其他方式构成的涡旋都不能持久。

推论Ⅷ. 如果这个盛有流体和球的容器保持其运动，此外还绕一给定轴作共同角运动转动，则因为流体各部分间的相互摩擦不由于这种运动而改变，各部分之间的运动也不改变；因为各部分之间的移动决定于这种摩擦。每一部分都将保持这种运动，来自一侧阻碍它运动的摩擦等于来自另一侧加速它运动的摩擦。

推论Ⅸ. 所以，如果容器是静止的，球的运动为已知，则可以求出流体运动。因为设一平面通过球的轴，并作反方向运动；设该转动与球转动时间的和比球转动时间等于容器半径的平方比球半径的平方；则流体各部分相对于该平面的周期时间将正比于它们到球心距离的平方。

推论Ⅹ. 所以，如果容器关于球相同的轴运动，或以已知速度绕不同的轴运动，则流体的运动也可以求知。因为，如果由整个系统的运动中减去容器的角运动，由推论Ⅷ知，则余下的所有运动保持相互不变，并可以由推论Ⅺ求出。

推论Ⅺ. 如果容器与流体是静止的，球以均匀运动转动，则该运动将逐渐由全部流体传递给容器，容器则被它带动而转动，除非它被固定住；流体和容器则被逐渐加速，直到其周期时间等于球的周期时间。如果容器受某力阻止或受不变力均匀运动，则介质将逐渐地趋近于推论Ⅷ，Ⅸ，Ⅹ所讨论的运动状态，而绝不会维持在其他状态。但如果这种使球和容器以确定运动转动的力中止，则整个系统将按力学规律运动，容器和球体在流体的中介作用下，将相互作用，不断把其运动通过流体传递给对方，直到它们的周期时间相等，整个系统像一个固体一样地运动。

附 注

以上所有讨论中，我都假定流体由密度和流体性均匀的物质组成；我所说的流体是这样的，不论球体置于其中何处，都可以以其自身的相同运动，在相同的时间间隔内，向流体内相同距离连续传递相似且相等的运动。物质的圆运动使它倾向于离开涡旋轴，因而压迫所有在它外面的物质。这种压力使摩擦增大，各部分的分离更加困难；导致物质流动性的减小。又，如果流体位于任意一处的部分密度大于其他部分，则该处流体性减小，因为此处能相互分离的表面较少。在这些情形中，我假定所缺乏的流体性为这些部分的润滑性或柔软性，或其他条件所补足；否则流体性较小处的物质将联结更紧，惰性更大，因而获得的运动更慢，并传播得比上述比值更远。如果容器不是球形的，粒子将不沿圆周而是沿对应于容器外形的曲线运动；其周期时间将近似于正比于到中心的平均距离的平方。在中心与边缘之间，空间较宽处运动较慢，而较窄处较快；否则，流体粒子将由于其速度较快而不再趋向边缘；因为它们掠过的弧线曲率较小，离开中心的倾向随该曲率的减小而减小，其程度与随速度的增加而增加相同。当它们由窄处进入较宽空间时，稍稍远离了中心，但同时也减慢了速度；而当它们离开较宽处而进入较窄空间时，又被再次加速。因此每个粒子都被反复减速和加速。这正是发生在坚硬容器中的情形；至于无限流体中的涡旋的状态，已在本命题推论Ⅵ中熟知。

我之所以在本命题中研究涡旋的特性，目的在于想了解天体现象是否可以通过它们做出解释。这些现象是这样的，卫星绕木星运行的周期正比于它们到木星中心距离的$\frac{3}{2}$次幂；行星绕太阳运行也遵从相同的规律。就已获得的天文观测资料来看，这些规律是高度精确的。

所以如果卫星和行星是由涡旋携带绕木星和太阳运转的,则涡旋必定也遵从这一规律。但我们在此发现,涡旋各部分周期正比于到运动中心距离的平方;该比值无法减小并化简为$\frac{3}{2}$次幂,除非涡旋物质距中心越远其流动性越大,或流体各部分缺乏润滑性所产生的阻力(正比于使流体各部分相互分离的行进速度),以大于速度增大比率的比率增大。但这两种假设似乎是不合理的。粗糙而流动着的部分若不受中心的吸引,必倾向于边缘。在本章开头,我虽然为了证明的方便,曾假设阻力正比于速度,但实际上,阻力与速度的比很可能小于这一比值;有鉴于此,涡旋各部分的周期将大于与到中心距离平方的比值。如果像某些人所设想的那样,涡旋在近中心处运动较快,在某一界限处较慢,而在近边缘处又较快,则不仅得不到$\frac{3}{2}$次幂关系,也得不到其他任何确定的比值关系。还是让哲学家去考虑怎样由涡旋来说明$\frac{3}{2}$次幂的现象吧!

命题 53　定理 41

为涡旋所带动的物体,若能在不变轨道上环绕,则其密度与涡旋相同,且其速度与运动方向遵从与涡旋各部分相同的规律。

如果设涡旋的一小部分是固着的,其粒子或物理点相互间维持既定的位置关系,则这些粒子仍按原先的规律运动,因为密度、惯性及形状都没有改变。又,如果涡旋的一个固着或固体部分的密度与其余部分相同,并被融化为流体,则该部分也仍遵从先前的规律,其变得有流动性的粒子间相互运动除外。所以,由于粒子间相互运动完全不影响整体运动,可以忽略不计,则整体的运动与原先相同。而这一运动,与涡旋中位于中心另一侧距离相等处的部分的运动相同;因为现融为流体的固体部分与该涡旋的另一部分完全相似。所以,如果一块固体的密度与涡旋物质相同,则与它所处的涡旋部分作相同运动,与包围着它的物质保持相对静止。如果它密度较大,则它比原先更倾向于离开中心;并将克服把它维系在其轨道上并保持平衡的涡旋力,离开中心,沿螺旋线运行,不再回到相同的轨道上。由相同的理由,如果它密度较小,则将趋向中心。所以,如果它与流体密度不同,则绝不可能沿不变轨道运动。而我们在此情形中,也已经证明它的运行规律与流体到涡旋中心距离相同或相等的部分相同。

推论Ⅰ. 在涡旋中转动,并总是沿相同轨道运行的固体,与携带它运动的流体保持相对静止。

推论Ⅱ. 如果涡旋是密度均匀的,则同一个物体可以在距涡旋中心任意远处转动。

附　　注

由此看来,行星的运动并非由物质涡旋所携带;因为,根据哥白尼的假设,行星沿椭圆绕太阳运行,太阳在其公共焦点上;由行星指向太阳的半径所掠过的面积正比于时间。但涡旋的各部分绝不可能做这样的运动。因为,令AD,BE,CF表示三个绕太阳S的轨道,其中最外的圆CF与太阳共心;令里面两圆的远日点为A,B;近日点为D,E。这样,沿轨道CF运动的物体,其伸向太阳的半径所掠过的面积正比于时间,

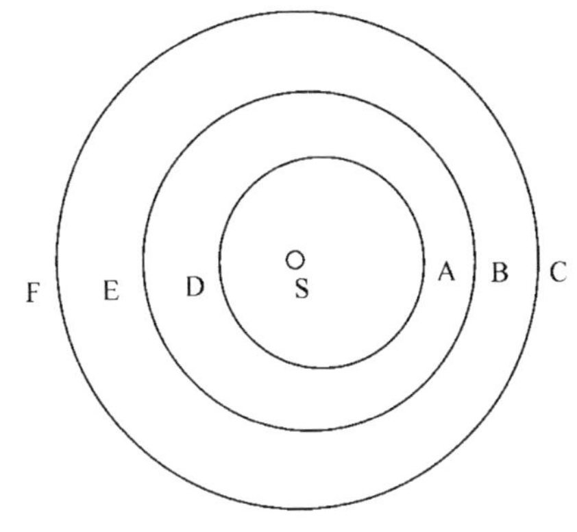

做匀速运动。根据天文学规律,沿轨道BE运动的物体,在远日点B较慢,在近日点E较快;而根据力学规律,涡旋物质在A和C之间的较窄空间里的运动应当快于在D和F之间较宽的空间;即,在远日点较慢而在近日点较快。这两个结论是相互矛盾的。以火星的远日点室女座为起点标记,火星与金星轨道间的距离,比以双鱼座为起点标

记的相同轨道间的距离，大约为 3 比 2；因而这两个轨道之间的物质，在双鱼座起点处的速度应大于在室女座起点处，比值为 3 比 2；因为在一次环绕中，相同的物质量在相同时间里所通过的空间越窄，则在该空间里的速度越大。所以，如果地球与携带它运转的天体物质是相对静止的，并共同绕太阳转动，则地球在双鱼座起点处的速度比在室女座起点处的速度，也应为 3 比 2。所以太阳的周日运动，在室女座起点处应长于 70 分钟，在双鱼座的起点处则应短于 48 分钟；然而，经验观测结果正相反，太阳在双鱼座起点的运动却快于在室女座起点；所以地球在室女座起点的运动快于在双鱼座起点的运动；这使得涡旋假说与天文现象严重对立，非但无助于解释天体运动，反而把事情弄糟。这些运动究竟是怎样在没有涡旋的自由空间中进行的，可以在第一编中找到解答；我将在下一编中对此作进一步论述。

第三编

宇宙体系（使用数学的论述）

· *Book Ⅲ. System of the World (In Mathematical Treatment)* ·

在前两编中，我已奠定了哲学的基本原理；这些原理不是哲学的，而是数学的：即，由此可以在哲学探索中进行推理——它们似乎是哲学的主要依靠；诸如物体的密度和阻力，完全没有物体的空间，以及光和声音的运动等等——现在，我要由同样的原理来证明宇宙体系的结构。

——牛顿

Sr

I have perused yor very ingenious Theory of Vision in wch (to be free wth you as a friend should be) there seems to be some things more solid & satisfactory, others more disputable but yet plausibly suggested & well deserving ye consideration of ye ingenious. The more satisfactory I take to be your asserting yt we see wth both eyes at once, yor speculation about ye use of ye musculus obliquus inferior, yor assigning every fibre in ye optick nerve of one eye to have its correspondent in yt of ye other, both wch make all things appear to both eyes in one & ye same place & yor solving hereby ye duplicity of ye object in distorted eyes & confuting ye childish opinion about ye splitting ye optick cone. The more disputable seems yor notion about every pair of fellow fibres being unisons to one another, discords to ye rest, & this consonance making ye object seen wth two eyes appear but one for ye same reason that unison sounds seem but one sound. I did think to have sent you what I fancy may be objected against this notion & so stain'd for time to write it down, but upon second thoughts I had rather reserve it for discourse at or next meeting: & therefore shall add only my thanks for yor kind letter & present.

Sr I am

Yor much obliged & humble servant

Is. Newton.

Trin. Coll. Cambridge
June 20th 1682

牛顿在 1682 年 6 月 20 日写给威廉·布里格斯的信件。

在前两编中,我已奠定了哲学的基本原理;这些原理不是哲学的,而是数学的:即,由此可以在哲学探索中进行推理。这些原理是某些运动和力的定律和条件,这些运动和力主要是与哲学有关的;为不使它们流于枯燥贫乏,我还曾不时引入哲学附注加以说明,指出某些事物具有普适特性,它们似乎是哲学的主要依靠;诸如物体的密度和阻力,完全没有物体的空间,以及光和声音的运动,等等。

现在,我要由同样的原理来证明宇宙体系的结构。为使这一课题能为更多人所了解,我的确曾使用通俗的方法来写这第三编;但后来,考虑到未很好掌握这些原理的人可能不容易认识有关结论的意义,也无法排除沿袭多年的偏见,所以,为避免由这些说明引发争论,我采取了把本编内容纳入命题形式(数学方式的)的办法,读者必须首先掌握了前两编中提出的原理,才能阅读本编;我并不主张所有人都把前两编中的命题逐条研习;因为它们为数过多太费时间,甚至对于通晓数学的人而言也是如此,如果读者仔细读过定义,运动定律和第一编的前三章,即已足够。他可以直接阅读本编,至于在本编中引述的前两编中的其他命题,读者在遇到时需随时查阅。

哲学中的推理规则

规　则　Ⅰ

寻求自然事物的原因，不得超出真实和足以解释其现象者。

为达此目的，哲学家们说，自然不做徒劳的事，解释多了白费口舌，言简意赅才见真谛；因为自然喜欢简单性，不会响应于多余原因的侈谈。

规　则　Ⅱ

因此对于相同的自然现象，必须尽可能地寻求相同的原因。

例如，人与野兽的呼吸，欧洲与美洲的石头下落，炊事用火的光亮与阳光，地球反光与行星反光。

规　则　Ⅲ

物体的特性，若其程度既不能增加也不能减少，且在实验所及范围内为所有物体所共有；则应视为一切物体的普遍属性。

因为，物体的特性只能通过实验为我们所了解。我们认为是普适的属性只能是实验上普适的；只能是既不会减少又绝不会消失的。我们当然不会因为梦幻和凭空臆想而放弃实验证据，也不会背弃自然的相似性，这种相似性应是简单的，首尾一致的。我们无法逾越感官而了解物体的广延，也无法由此而深入物体内部；但是，因为我们假设所有物体的广延是可感知的，所以也把这一特性普遍地赋予所有物体。我们由经验知道许多物体是硬的，而整体的硬度是由部分的硬度所产生的，所以我们恰当地推断，不仅我们感知的物体的粒子是硬的，而且所有其他粒子都是硬的。说所有物体都是不可穿透的，这不是推理而来的结论，而是感知的。我们发现拿着的物体是不可穿透的，由此推断出不可穿透性是一切物体的普遍性质。说所有物体都能运动,并赋予它们在运动时或静止时具有某种保持其状态的能力(我们称之为惯性),只不过是由我们曾见到过的物体中所发现的类似特性而推断出来的。整体的广延、硬度、不可穿透性、可运动性和惯性,都是由部分的广延、硬度、不可穿透性、可运动性和惯性所造成的;因而我们推断所有物体的最小粒子也都具有广延、硬度、不可穿透性、可运动性,并赋予它们以惯性性质。这是一切哲学的基础。此外,物体分离的但又相邻接的粒子可以相互分开,是观测事实;在未被分开的粒子内,我们的思维能区分出更小的部分,正如数学所证明的那样。但如此区分开的,以及未被分开的部分,能否确实由自然力分割并加以分离,我们尚不得而知。然而,只要有哪怕是一例实验证明,由坚硬的物体上取下的任何未分开的小粒子被分割开来了,我们就可以沿用本规则得出结论,已分开的和未分开的粒子实际上都可以分割为无限小。最后,如果实验和天文观测普遍发现,地球附近的物体都被吸引向地球,吸引力正比于物体所各自包含的物质;月球也根据其物质量被吸引向地球;而另一方面,我们的海洋被吸引向月球;所有的行星相互吸引;彗星以类似方式被吸引向太阳;则我们必须沿用本规则赋予一切物体以普遍相互吸引的原理。因为一切物体的普遍吸引是由现象得到的结论,它比物体的不可穿透性显得有说服力;后者在天体活动范围内无法由实验或任何别的观测手段加以验证。我肯定重力不是物体的基本属性;我说到固有的力时,只是指它们的惯性,这才是不会变更的。物体的重力会随其远离地球而减小。

规　则　Ⅳ

在实验哲学中,我们必须将由现象所归纳出的命题视为完全正确的或基本正确的,而不管想象所可能得到的与之相反的种种假说,直到出现了其他的或可排除这些命题、或可使之变得更加精确的现象之时。

我们必须遵守这一规则,使假说不脱离现象归纳出的结论。

现　　象

现　象　I

木星的卫星，由其伸向木星中心的半径所掠过的面积，正比于运行时间；设恒星静止不动，则它们的周期时间正比于到其中心距离的$\frac{3}{2}$次幂。

这是天文观测事实。因为这些卫星的轨道虽然不是与木星共心的圆，但却相差无几；它们在这些圆上的运动是均匀的。所有天文学家都公认木卫星的周期时间正比于其轨道半径的$\frac{3}{2}$次幂；下表也证实了这一点。

木星卫星的周期

1天18小时27分34秒，3天13小时13分42秒，7天3小时42分36秒，16天16小时32分9秒。

庞德先生曾使用最精确的千分仪按下述方法测出木星直径及其卫星的距角。他用15英尺长的望远镜中的千分仪，在木星到地球的平均距离上，测出木卫四到木星的最大距角大约为$8'16''$。

木卫三的距角用123英尺长望远镜中的千分仪测出，在木星到地球的同一个距离上，该距角为$4'42''$。在木星到地球的同一个距离上，由其周期时间推算出另两个卫星的最大距角为$2'56''47'''$和$1'51''6'''$。

卫星到木星中心的距离

	1	2	3	4	
波莱里①的观测	$5\frac{2}{3}$	$8\frac{2}{3}$	14	$24\frac{2}{3}$	
唐利②用千分仪的观测	5.52	8.78	13.47	24.72	木星
卡西尼③用望远镜的观测	5	8	13	23	半径
卡西尼通过卫星交食的观测	$5\frac{2}{3}$	9	$14\frac{23}{60}$	$25\frac{3}{10}$	
由周期时间推算	5.667	9.017	14.384	25.299	

木星的直径由123英尺望远镜[39]的千分仪测量过多次，在木星到地球的平均距离上，它总是小于40″，但从未小于38″，一般为39″。在较短的望远镜内为40″或41″；因为木星的光由于光线折射率的不同而略有扩散，该扩散与木星直径的比，在较长较完善的望远镜中较小，而在较短性能差些的镜中较大。还用长望远镜观测过木卫一和木卫三两星通过木星星体时间，从初切开始到终切开始，以及从初切结束到终切结束。由木卫一通过木星来看，在其到地球的平均距离上，木星直径为$37\frac{1}{8}''$，而由木卫三则给出$37\frac{3}{8}''$。还观测过木卫一的阴影通过木星的时间，由此得出木星在其到地球的平均距离上直径为约37″。我们设木星直径极为近似于$37\frac{1}{4}''$，则木卫一、木卫二、木卫三和木卫四的距角分别为木星半径的5.965，9.494，15.141和26.63。

现 象 Ⅱ

土星卫星伸向土星中心的半径，所掠过的面积正比于运行时

① Borelli(1608—1679)，意大利天文学家、生理学家、数学家，最先提出彗星沿抛物线运动(1665)。——译者注

② Townly，Richard(1625—1707)，英国自然哲学家，曾对千分仪做出重大改进。——译者注

③ Cassimi，G. D.(1625—1712)，法国天文学家，为巴黎天文台首任台长。——译者注

间；设恒星静止不动，则它们的周期时间正比于它们到土星中心距离的$\frac{3}{2}$次幂。

因为，正如卡西尼由其本人的观测所推算的，卫星到土星中心的距离与它们的周期时间如下：

土星卫星的周期时间

1天21小时18分27秒，2天17小时41分22秒，4天12小时25分12秒，15天22小时41分14秒，79天7小时48分00秒。

卫星到土星中心的距离（按半径计算）

观测值	$1\frac{19}{20}$	$2\frac{1}{2}$	$3\frac{1}{2}$	8	24
由周期推算值	1.93	2.47	3.45	8	23.35

一般由观测推算出土卫四到土星中心的最大距角非常近似于其半径的八倍。但用装在惠更斯先生精度极高的123英尺望远镜中的千分仪发现，该卫星到土星中心的最大距角为其半径的$8\frac{7}{10}$倍。由此观测与周期推算卫星到土星中心的距离为土星环半径的2.1，2.69，3.75，8.7和25.35倍。同一望远镜观测到土星直径比环直径等于3∶7；1719年5月28—29日，测得土星环直径为43″。因此，当土星处于到地球的平均距离上时，环直径为42″，土星直径为18″。这些结果是在极长的高精度望远镜中测出的，因为在这样的望远镜中，天体的像与像边缘的光线扩散比值较大，因在较短的望远镜中该值较小。所以，如果排除所有的虚光，土星的直径将不大于16″。

现　象　Ⅲ

五个行星，水星、金星、火星、木星和土星，在其各自的轨道上环绕太阳运转。

水星与金星绕太阳运行，可以由它们像月球一样的盈亏证明。当它们呈满月状时，相对于我们而言高于或远于太阳；当它们呈亏状时，处于太阳的一侧或另一侧相同高度上;当它呈新月状时,则低于我们或在我们与太阳之间;有时它们直接处于太阳之下,看上去像通过太阳表面的斑点。火星在与太阳的会合点附近时呈满月状,在方照点时呈凸月状,这表明它绕太阳运转。木星和土星也同样绕太阳运动,它们出现于所有位置上;因为卫星的阴影时常出现在它们的表面上,这表明它们的光亮不是自己发出的,而是借自太阳。

现　象　Ⅳ

设恒星静止不动,则五个行星,以及地球环绕太阳(或太阳环绕地球)的周期,正比于它们到太阳平均距离的 $\frac{3}{2}$ 次幂。

这个比率最先由开普勒发现,现已为所有天文学家接受。因为无论是太阳绕地球转,还是地球绕太阳转,周期时间是不变的,轨道尺度也是不变的。至于周期时间的测量,所有天文学家都是一致的。但在轨道尺度方面,开普勒和波里奥[①]的观测推算比所有其他天文学家都精确;对应于周期值的平均距离与它们的预期值不同,但相差无几,而且绝大部分介于它们之间;如下表所示。

行星和地球绕太阳运动周期时间,按天计算,太阳保持静止。[②]

♄(土星)	♃(木星)	♂(火星)
10759.275	4332.514	686.9785
♁(地球)	♀(金星)	☿(水星)
365.2565	224.6176	87.9692

① Boulliau,Ismael(1605—1694),法国数学家、天文学家。——译者注

② 近代天文学家用符号表示行星:♄表示土星;♃表示木星;♂表示火星;♁表示地球;♀表示金星;☿表示水星。——译者注

行星与地球到太阳的平均距离

	♄（土星）	♃（木星）	♂（火星）
开普勒的结果	951000	519650	152350
波里奥的结果	954198	522520	152350
按周期计算结果	954006	520096	152369
	♁（地球）	♀（金星）	☿（水星）
开普勒的结果	100000	72400	38806
波里奥的结果	100000	72398	38585
按周期计算结果	100000	72333	38710

水星与金星到太阳的距离是无可怀疑的；因为它们是由行星到太阳的距角推算出的；至于地球以外的行星的距离，有关的争论都已被木星卫星的交食所平息。因为通过交食可以确定木星投影的位置；由此即可求出木星的日心经度长度。再通过比较其日心经度长度与地心经度长度，即可求出其距离。

现　象　Ⅴ

行星伸向地球的半径，所掠过的面积不与时间成正比；但它们伸向太阳的半径所掠过的面积正比于运行时间。

因为相对于地球而言，它们有时顺行，有时驻留，有时逆行。但从太阳看上去，它们总是顺行的，其运动接近于匀速，也就是说，在近日点稍快，远日点稍慢，因而能保持掠过面积的相等性。这在天文学家中是人所共知的命题，尤其是可以由木星卫星的交食加以证明；前面已经指出，通过这些交食，可以确定木星的日心经度长度以及它到太阳的距离。

现　象　Ⅵ

月球伸向地球中心的半径所掠过的面积正比于运行时间。

这可以由将月球的视在运动与其直径相比较得出。月球的运动确实略受太阳作用的干扰，但误差小而且不明显，我在罗列诸现象时予以忽略。

命 题

命题1 定理1

使木星卫星连续偏离直线运动，停留在适当轨道上向着木星而运动的力，反比于从这些卫星的处所到木星中心距离的平方。

本命题的前一部分由现象Ⅰ和第一编命题2或3证明;后一部分则由现象Ⅰ和第一编命题4推论Ⅵ证明。

环绕土星的卫星,可以由现象推知相同结论。

命题2 定理2

使行星连续偏离直线运动，停留在其适当轨道上向着太阳运动的力，反比于这些行星到太阳中心距离的平方。

本命题的前一部分可以由现象Ⅴ和第一编命题2证明;后一部分可以由现象Ⅳ和第一编命题4推论Ⅵ证明。但该部分可以极高精度由远日点的静止加以证明;因为对距离的平方反比关系的极小偏差(由第一编命题45推论Ⅰ)都足以使每次环绕中的远日点产生明显运动,而在多次环绕则会产生巨大误差。

命题3 定理3

使月球停留在环绕地球轨道的力，反比于它到地球中心距离的平方。

本命题前一部分可以由现象Ⅵ和第一编命题2或3证明;后一部分则可由月球的远地点运动极慢证明;月球在每次环绕中远地点前移$3°3'$,可以忽略不计。因为(由第一编命题45推论Ⅰ),如果月球到地心距离比地球半径等于D比1,则导致该运动的力反比于$D^{2\frac{4}{243}}$,即,反比于D的幂，指数为 $2\frac{4}{243}$；也就是说，略大于平方反比关系，但它接近平方反比关系比接近立方反比关系强 $59\frac{3}{4}$ 倍。而由于这项增加是太阳作用引起的（以后将讨论），在此略去不计。太阳的作用把月球自地球吸引开，约正比于月球到地球的距离；因而（由第一编命题45推论Ⅱ）比月球的向心力等于2比357.45，或接近如此；即，等于1比 $178\frac{29}{40}$。如果忽略如此之小的太阳力，则余下使月球停留在其轨道上的力，它反比于 D^2，如果像下一个命题中那样把该力与重力作对比，这一点即可得到更充分的说明。

推论. 设月球向地球表面下落时，它受到的引力反比于其高度的平方增大，如果将使月球停留在其轨道上的平均向心力先按比例 $177\frac{29}{40}$ 比 $178\frac{29}{40}$，继之按地球半径的平方，比月球与地球中心的平均距离，增大，则可以得到月球处于地球表面上时的向心力。

命题4[40]　定理4

月球吸引地球，这一重力使它连续偏离直线运动，停留在其轨道上。

月球在朔望点到地球的平均距离，以地球半径计，托勒密和大多数天文学家推算为59，凡德林（Vendelin）和惠更斯为60；哥白尼为 $60\frac{1}{3}$；司特里特①为 $60\frac{2}{5}$；而第谷为 $56\frac{1}{2}$。但是第谷以及所有引用他的折射表的人，都认为阳光和月光的折射（与光的本性不合）大于恒星光的折射，在地平面附近约大4弧分或5弧分，这样使月球地平视差增大了相同数值，即，使整个视差增大了 $\frac{1}{12}$ 或 $\frac{1}{15}$。纠正该项误差，即得到距离约为地球半径的 $60\frac{1}{2}$ 倍，接近于其他人的数值。我们设在朔

① Streete，Thomas(1622—1689)，英国天文学家。——译者注

望点的平均距离为地球半径的 60 倍；设月球的一次环绕，参照恒星时间，为 27 天 7 小时 43 分，与天文学家的数值相同；地球周长为 123249600 巴黎尺(法国度量制)。如果月球丧失其全部运动，受使其停留在轨道上的力(命题 3 推论)的作用而落向地球，一分钟时间内掠过的距离为 $15\frac{1}{12}$巴黎尺。这可以由第一编命题 36，或(等价地)由第一编命题 4 推论Ⅸ推算出来。因为月球在地球半径的 60 倍处一分钟所掠过的轨道弧长的正矢为约 $15\frac{1}{2}$巴黎尺，或更准确地说为 15 尺 1 寸 1 分又$\frac{4}{9}$。因此，由于月球被引向地球的力反比于距离平方增加，当在地球表面上时，该力为其在轨道上的 60 · 60 倍，而在地表附近，物体以该力下落时，一分钟内掠过距离为 $60\cdot 60\cdot 15\frac{1}{12}$巴黎尺；一秒钟所掠过的距离为 $15\frac{1}{12}$巴黎尺；或精确地说，为 15 尺 1 寸 1 分又$\frac{4}{9}$。使地球表面上物体下落的正是这个力；因为正如惠更斯先生所发现的，在巴黎的经度上，秒摆的摆长为 3 巴黎尺 8 分又$\frac{1}{2}$。重物体在一秒钟内下落的距离比这种摆长的一半等于圆的周长比其直径的平方(惠更斯先生已经证明过)，所以为 15 巴黎尺 1 寸 1 分又$\frac{7}{9}$。所以，使月球停留在其轨道上的力，在月球落到地球表面上时，变为等于我们所看到的重力。所以(由规则 1 和 2)，使月球停留在其轨道上的力，与我们通常所称的重力完全相同；因为，如果重力是另一种不同的力，则落向地球的物体会受到这二种力的共同作用而使速度加倍，一秒钟内掠过的距离则应为 $30\frac{1}{6}$巴黎尺，这与实验相冲突。

本推算以假设地球静止不动为基础；因为如果地球和月球都绕太阳运动，同时又绕它们的公共重心转动，则月球与地球中心间距离为地球半径的 $60\frac{1}{2}$倍；这可以由第一编命题 60 推算出来。

附　　注

本命题的证明可用下述方法作更详尽的解释。设若干个月球绕地球运动，像木星或土星体系那样；这些月球的周期时间（按归纳理由）应与开普勒发现的行星运动规律相同；因而由本编命题1，它们的向心力应反比于到地球中心距离的平方。如果其中轨道最低的一个很小，且与地球如此接近，几乎碰到最高的山峰顶尖，则使它停留在其轨道上的力，接近等于地面物体在该山顶上的重量，并可以由上述计算求出。如果同一个小月球失去使之维系在轨道上的离心力，并不再继续向前运动，则它将落向地球；下落速度与重物体自同一座山顶部实际下落速度相同，因为使二者下落的作用力是相等的。如果使最低轨道上的月球下落的力与重力不同，而该月球又像山顶上的地面物体那样被吸引向地球，则它应以二倍速度下落，因为受到这二种力的共同作用。所以，由于这二种力，即重物体的重力和月球的向心力，都指向地球中心，相似而且相等，它们只能（由规则1和2）有一个相同的原因。所以，使月球停留在其轨道上的力正是我们通常所说的重力；否则该小月球处在山顶时或则没有重力，或则以重物体下落速度的二倍下落。

命题5　定理5

木星的卫星被吸引向木星；土星卫星被吸引向土星；各行星被吸引向太阳；这些重力使它们偏离直线运动，停留在曲线轨道上。

因为木星卫星绕木星的运动，土星卫星绕土星的运动，以及水星、金星与其他行星绕太阳的运动，与月球绕地球的运动是同一种类的现象；因而，由规则2，必须归于同一种类的原因；尤其是，业已证明这些环绕运动所依赖的力都是指向木星、土星和太阳中心的；以及，这些力随着远离木星、土星和太阳按相同比率减小，而按同样的规律，远离地球的物体，其重力也作同样的减小。

推论Ⅰ. 有一种重力作用指向所有行星和卫星；因为，毫无疑问，金星、水星，以及其他星球，与木星和土星都是同一类星体。而由于所有的吸引(由定律Ⅲ)都是相互的，木星也为其所有卫星所吸引，土星为其所有卫星所吸引，地球为月球所吸引，太阳也为其所有的行星所吸引。

推论Ⅱ.指向任意一颗行星的重力反比于由该处所到该行星中心距离的平方。

推论Ⅲ.由推论Ⅰ和Ⅱ，所有的行星相互间也吸引。因此，当木星和土星接近其交会点时，它们之间的相互作用会明显干扰对方的运动。所以太阳干扰月球的运动；太阳与月球都干扰海洋的运动，这将在以后解释。

附　　注

迄今为止，我们称使天体停留在其轨道上的力为向心力；但现已弄清，它不是别的，而是一种起吸引作用的力，此后我们即称为引力。因为根据规则1，2和4，使月球停留在其轨道上的向心力可以推广到所有行星和卫星。

命题6　定理6

所有物体都被吸引向每一个行星；物体对于任意一个行星的引力，在到该行星中心距离相等处，正比于物体各自所包含的物质的量。

很久以来，人们就已观测到，所有种类的重物体(除去空气的微小阻力造成的不等性和减速)从相同的高度落到地面的时间相等；而时间的相等性是由摆以很高精度测定的。我曾用金、银、铅、玻璃、沙子、食盐、木块、水和小麦做过实验。我用两只相同的圆形木盒，一只填充以木块，在另一只摆的摆动中心悬挂相同重量(尽可能地)的金。木盒所系的细绳都等于11英尺，使两只摆的重量与形状完全相同，受到的空气阻力也相等。把它们并排放在一起，长时间地观察它们同时往复的相等振动。因而(由第二编命题24推论Ⅰ和Ⅵ)金的物质量比木的物质量等于所有作用于金的运动力比所有作用于木的运动力;即,等于一个的重量比另一个的重量:对于其他物体也是如此。由这些相等重量的物体实验,我可以辨别出不到千分之一物质差别,如果有这种差别的话。然而,毫无疑问,指向行星的引力的特性与指向地球的相同,因为,如果设想把地球物体送入月球轨道,同时使月球失去其所有运动,然后使两者同时落向地球,则由以前所证明的可以肯定,在相同时间内物体掠过的距离与月球相等,因而,其与月球物质量的比,等于它们的重量比。还有,木星卫星的环绕时间正比于到木星中心距离的$\frac{3}{2}$次幂,它们指向木星的加速引力反比于到木星中心的平方,即,距离相等时力也相等。所以,如果设这些卫星自相同高度落向木星,将像我们的地球物体那样,在相同时间内掠过相等距离。由相同理由,如果太阳行星自相同距离落向太阳,它们也应在相同时间内掠过相等距离。但不相等物体的相等加速力正比于物体:即是说,行星趋向太阳的重量正比于其物质的量。而且,木星及其卫星趋向太阳的重量正比于它们各自的物质量,这可以由木星卫星极为规则的运动(由第一编命题 65 推论Ⅲ)得到证明。因为,如果这些物体中的某几个按其物质量的比例受太阳的吸引比其他物体更强,则卫星运动会受到不相等吸引力的干扰(第二编命题 65 推论Ⅱ)。如果在到太阳相等距离处,任何卫星按其物质量的比例受太阳的吸引力的确大于木星所受的吸引力比其物质量,设为任意给定量 d 比 e;则太阳中心与木卫星轨道中心间距将总是大于太阳中心与木星中心间距,约正比于上述比值的平方根,如我过去的计算那样。而如果卫星受太阳的吸引力偏小,偏小值为 e 比 d,则卫星轨道中心到太阳的距离小于木星中心到太阳的距离,偏小值为同一比值的平方根。所以,如果在到太阳相等的距离处,任何卫星指向太阳的加速引力大于或小于木星指向太阳的加速引力的$\frac{1}{1000}$部分,则卫星轨道中心到太阳的距离将比木星到太阳距离大或小总距离的$\frac{1}{2000}$部分;即,为木星最远卫星到木星中心距离的$\frac{1}{5}$;这将使轨道的偏心变得非常明显。但卫星轨道与木星是共心的,因而木星的加速引力,以及其所有卫星指向太阳的加速引力是相等的。由相同理由,土星与其卫星指向太阳的重量,在到太阳距离相等处,正比于它们各自的物质量;月球与地球指向太阳的重量,也没有什么不同,精确地正比于它们所包含的物质质量。而按命题5推论Ⅰ和Ⅲ,它们必定有重量。

此外,每个行星所有部分指向任意其他行星的引力,其相互间的比等于各部分的物质的比;因为,如果某些部分的重量比其物质的量偏大或偏小,则整个行星将根据其所含主要成分的种类,重于或轻于它与总体的物质量的比例。这些部分在行星内部或外部是无关紧要的;因为,举例来说,设与我们在一起的地球物体被举高到月球轨道,并与月球物体作比较;如果这种物体的重量比月球以外部分的重量分别等于一个或另一个物质的量,而比其内部部分的重量则偏大或偏小,那么相类似地,这些物体的重量比整个月球的重量也将偏大或偏小;这与我们以上的证明相对立。

推论Ⅰ. 物体的重量不取决它的形状和结构;因为如果重量随形状而改变,则相等的物质将会随形状的变化而变重或变轻;这与经验完全不合。

推论Ⅱ. 一般地,地球附近的物体都受地球的吸引;在到地心相等距离处,所有物体的重量正比于各自包含的物质的量。这正是我们实验所及范围内所有物体的本性;因而(由规则3)也是所有物体的本性。如果以太,或任何其他物体,是完全没有重量的,或所受吸引小于其物质量,则,因为(根据亚里士多德,笛卡儿等人)这些物体与其他物体除物质形状以外并没有什么区别,通过一系列由形状到形状的变化,它最终可以变成与受吸引比其物质量最大的物体条件相同的物体;而反过来,获得其最初形状的最重的物体,也将可以逐渐失去其重量。因此,重量决定物体的形状,并且随形状的改变而改变:而这与业已证明的上一推论相矛盾。

推论Ⅲ. 一切空间都不是被相等地占据着的;因为如果所有空间

都被相等地占据着，则在空气中流淌的流体，由于物体密度极大，其比重将不会小于水银、金或任何其他密度较大的物质的比重；因而，无论是金或其他任何物体，都不可能在空气中下落；因为，除非物体的比重大于流体比重，否则它是不会在流体中下落的。而如果在任何给定空间中的物质的量可以因稀释而减小，又何以阻止它减小到无限？

推论Ⅳ. 如果所有物体的所有固体粒子密度相同，且不能不通过微孔而稀释，则虚空、空间，或真空必须得到承认。我所说的相同密度的物体，指其惯性比其体积相等者。

推论Ⅴ. 引力的性质与磁力不同；因为磁力并不正比于被吸引的物质。某些物体受磁石吸引较强；另一些较弱；而大多数物体则完全不被磁石吸引。同一个物体的磁力可以增强或减弱；而且远离磁石时它不正比于距离的平方而是几乎正比于距离的立方减小，我这个判断得自较粗略的观察。

命题 7　定理 7

对于一切物体存在着一种引力，它正比于各物体所包含的物质的量。

我们以前已证明，所有行星相互间有吸引力；还证明过，当它们相互分离时，指向每个行星的引力反比于由各行星的处所到该行星距离的平方。因此(由第一编命题 69 及其推论)指向所有行星的引力正比于它们所包含的物质。

此外，任意一个行星 A 的所有部分都受到另一个行星 B 的吸引；其每一部分的引力比整体的引力等于该部分的物质比总体的物质；而(由定律Ⅲ)每个作用都有一个相等的反作用；因而反过来看，行星 B 也受到行星 A 所有部分的吸引；其指向任一部分的引力比指向总体的引力等于该部分的物质比总体的物质。

证毕。

推论Ⅰ. 所以，指向任意一颗行星全体的引力由指向其各部分的引力复合而成。磁和电的吸引为我们提供了这方面的例子；因为指向总体的所有吸引力是由指向各部分的吸引力合成的。如果我们设想一颗较大的行星由许多较小的行星组合成球体而形成，则引力方面的情况也不难理解；因为在此很明显，整体的力必定是由各组成部分的力合成的。如果有人提出反驳，认为根据这一规律，地球上所有的物体必定都是相互吸引的，但却不曾在任何地方发现这种引力；我的回答是，因为指向这些物体的引力比指向整个地球的引力等于这些物体比整个地球，因而指向物体的引力必定远小于能为我们的感官所察觉的程度。

推论Ⅱ. 指向任意物体的各个相同粒子的引力，反比于到这些粒子距离的平方；这可以由第一编命题 74 推论Ⅲ证明。

命题 8　定理 8

在两个相互吸引的球体内，如果到球心相等距离处的物质是相似的，则一个球相对于另一个球的引力反比于两球的距离的平方。

我在发现指向整个行星的引力由指向其各部分的引力复合而成，而且指向其各部分的引力反比于到该部分距离的平方之后，仍不能肯定，在合力由如此之多的分力组成的情况下，究竟距离的平方反比关系是精确成立，还是近似如此；因为有可能这一在较大距离上足以精确成立的比例关系在行星表面附近时会失效，在该处粒子间距离不相等，而且位置也不相似。但借助于第一编命题 75 和 76 及其推论，我最终满意地证明了本命题的真实性，如我们现在所看到的。

推论Ⅰ. 由此我们可以求出并比较各物体相对于不同行星的重量；因为沿圆轨道绕行星转动的物体的重量(由第一编命题 4 推论Ⅱ)正比于轨道直径反比于周期的平方；而它们在行星表面，或在距行星中心任意远处的重量(由本命题)将反比于距离的平方而变大或变小。金星绕太阳运动周期为 224 天 16 $\frac{3}{4}$ 小时；木卫四绕木星运动周期为 16 天 16 $\frac{8}{15}$ 小时；惠更斯卫星绕土星运动周期为 15 天 22 $\frac{2}{3}$ 小时；而月球绕地球运动周期为 27 天 7 小时 43 分。将金星到太阳的平均距离与木卫四到木星中心的最大距角 8′16″，惠更斯卫星到土星中心距角 3′4″，月球到地球距角 10′33″作一比较，通过计算，我发现相等物体在到太阳、木星、土星和地球的中心相等距离处，其重量之间的比分别等于 1，$\frac{1}{1067}$，$\frac{1}{3021}$和$\frac{1}{169282}$。因为随着距离的增大或减小，重量按平方关系减小或增大，相等的物体相对于太阳、木星、土星和地球的重量，在到它们的中心距离分别为 10000，997，791 和 109 时，即物体刚好在它们的表面上时，分别正比于 10000，943，529 和 435。这一重量在月球表面上为多少，将在以后求出。

推论Ⅱ.用类似方法可以求出各行星物质的量；因为它们的物质的量在到其中心距离相等处正比于引力；即，在太阳、木星、土星和地球上，分别正比于 1，$\frac{1}{1067}$，$\frac{1}{3021}$和$\frac{1}{169282}$。如果太阳视差大于或小于 10″30‴，则地球的物质量必定正比于该比值的立方增大或减小。

推论Ⅲ.我们也可以求出行星的密度；因为(由第一编命题 72)相等且相似的物体相对于相似球体的重量，在该球体表面上，正比于球体直径；因而相似球体的密度正比于该重量除以球直径。而太阳、木星、土星和地球直径相互间的比为 10000，997，791 和 109；指向它们的重量比分别为 10000，943，529 和 435；所以，它们的密度比为 100，$94\frac{1}{2}$，67 和 400。在此计算中，地球密度并不取决于太阳视差，而是由月球视差求出的，因此是可靠的。所以，太阳密度略大于木星；木星大于土星；而地球密度是太阳的四倍；因为太阳很热，处于一种稀薄状态。以后将会看到，月球密度大于地球。

推论Ⅳ.其他条件不变时，行星越小，其密度即按比率越大；因为这样可以使它们各自的表面引力近于相等。类似地，在其他条件相同时，它们距太阳越近，密度越大，所以木星密度大于土星，而地球大于木星；因为各行星被分置于到太阳不同距离处，使得它们按其密度的程度，享受太阳热量的较大或较小比例。地面上的水,如果送到土星轨道的地方,则会变为冰,而在水星轨道处,则会变为蒸汽而飞散;因为正比于太阳热的阳光,在水星轨道处是我们的七倍,我曾用温度计发现,七倍于夏日阳光的热会使水沸腾。毋庸置疑,水星物质必定适应其热度,因此其密度大于地球物质;对于较密的物质,自然的作用需要更强的热。

命题9　定理9

在行星表面以下,引力近似正比于到行星中心的距离减小。

如果行星由均匀密度物质构成,则本命题精确成立(由第一编命题73)。因此,其误差不会大于密度均差所产生的误差。

命题10　定理10

行星在天空中的运动将持续极长的时间。

在第二编命题40的附注中,我曾证明冻结成冰的水球,在空气中自由运动时,掠过其半径的长度时空气阻力使其失去总运动的$\frac{1}{4586}$部分;同样的比率适用于所有球,不论它有多大,速度多快。但地球的密度比它仅由水组成要大得多,我的证明如下。如果地球只是由水组成的,则凡是密度小于水的物体,因其比重较小,将漂浮在水面上。根据这一理由,如果一个由地球物质组成的球体四周为水所包围,则由于它的密度小于水,将会在某处漂浮起来,而水则下沉聚集到相反的一侧。而我们地球的状况是,其表面很大部分为海洋所包围。如果地球密度不大于水,则应在海洋中漂浮起来,并根据它稀疏的程度,在洋面上或多或少地露出,而海洋中的水则流向相反的一侧。由同样的理由,太阳的黑斑,漂浮在发光物质的上面,轻于这种物质;而不论行星是如何构成的,只要它是流体物质,所有更重的物质都将沉入中心。所以,由于我们地球表面上的普通物质为水的重量的二倍,在较深处的矿井中,物质约重三倍,或四倍,甚至五倍,所以,地球总物质量约比它由水构成时重五倍或六倍;尤其是,我已证明过,地球密度约比木星大四倍。所以,如果木星密度比水略大，则在 30 天里，在木星掠过 459 个半径长度的空间内，它在与空气密度相同的介质中约失去其运动的$\frac{1}{10}$部分。但由于介质阻力正比于其重量或密度减小，使得比水银轻 $13\frac{3}{5}$倍的水其阻力也比水银小相同倍数；而空气又比水轻 860 倍，其阻力也小同样多倍；所以在天空中，由于行星于其中运动的介质的重量极小，其阻力几乎为零。

在第二编命题 22 的附注中，曾证明在地面以上 200 英里高处，空气密度比地面空气密度小，其比值为 0.0000000000003998 比 30，或近似等于 1 比 75000000000000，所以如果木星在密度等于该上层空气密度的介质中运动，则 100 万年中，介质阻力只使它失去百万分之一部分的运动。在地球附近的空间中，阻力只由空气、薄雾和蒸气产生。如果用装在容器底部的空气泵仔细地抽去它们，则在容器内下落的重物体是完全自由的，没有任何可察觉的阻力：金与最轻的物体同时下落，速度是相等的；虽然它们通过的空间长达 4 英尺、6 英尺或 8 英尺，却在同时到达瓶底；实验证明了这一点。所以，在天空中完全没有空气和雾气，行星和彗星在这样的空间中不受明显的阻力作用，将在其中运动极长的时间。

假 设 I

宇宙体系的中心是不动的。

所有人都承认这一点。只不过有些人认为是地球，而另一些认为是太阳处于这个中心。让我们来看看由此会导致什么结果。

命题 11　定理 11

地球、太阳以及所有行星的公共重心是不动的。

因为(由运动定律推论Ⅳ)该重心或是静止的，或做匀速直线运动；而如果该重心是运动的，则宇宙的重心也运动，这与假设相矛盾。

命题 12 定理 12

太阳受到一个连续运动的推动，但从来不会远离所有行星的公共重心。

因为(由命题 8 推论Ⅱ)太阳的物质量比木星的物质量等于 1067 比 1;木星到太阳的距离比太阳半径略大于该比率,所以木星与太阳的共同重心将落在位于太阳表面以内的一点上。由同样理由,由于太阳物质量比土星物质量等于 3021 比 1,土星到太阳的距离比太阳半径略小于该比率,所以土星与太阳的公共重心位于太阳内略靠近表面的一点上。应用相同的计算原理,我们会发现,即使地球与所有的行星都位于太阳的同侧,全体的公共重心到太阳中心的距离也很难超出太阳直径。而在其他情形中,这两个中心间距总是更小;所以,由于该重心保持静止,太阳会因为行星的不同位置而游移不定,但决不会远离该重心。

推论. 因此,地球、太阳以及所有行星的公共重心,可以看做是宇宙的中心;因为地球、太阳和所有的行星相互吸引,因而像运动定律所说的那样,根据各自吸引力的大小而持续地相互推动,不难理解,它们的运动中心不能看做是宇宙的静止中心。如果把某物体置于该中心,能使其他物体受它的吸引最大(根据常识),则优先权非太阳莫属;但因为太阳本身也在运动,固定点只能选在太阳中心相距最近处,而且当太阳密度和体积变大时,该距离会变得更小,因而使太阳运动更小。

命题 13 定理 13

行星沿椭圆轨道运动，其公共焦点位于太阳中心，而且，伸向该中心的半径所掠过的面积正比于运行时间。

我们以前在现象一节中已讨论过这些运动。我们既已知道这些运动所依据的原理,就由这些原理推算天空中的运动。因为行星相对于太阳的重量反比于它们到太阳中心距离的平方,如果太阳静止,各行星间无相互作用,则行星轨道为椭圆,太阳在其一个焦点上;由第一编命题 1 和 11，以及命题 13 推论Ⅰ知，它们掠过的面积正比于运行时间。但行星之间的相互作用如此之小，可以加以忽略；而由第一编命题 66，这种相互作用对行星绕运动着的太阳运动的干扰，小于假设太阳处于静止时所造成的影响。

实际上，木星对土星的作用不能忽略；因为指向木星的引力比指向太阳的引力（在相等距离处，命题 8 推论Ⅱ）等于 1 比 1067；因而在木星和土星的交会点，因为土星到木星的距离比土星到太阳的距离约等于 4 比 9，土星指向木星的引力比土星指向太阳的引力等于 81 比 16 • 1067；或约等于 1 比 211。由此而在土星与木星交会点产生的土星轨道摄动是如此明显，令天文学家们迷惑不解。由于土星在交会点的位置的变化，它的轨道偏心率有时增大，有时减小；它的远日点有时顺行，有时逆行，而且其平均运动交替地加速和放慢；然而它绕太阳运动的总误差，虽然是由如此之大的力产生的，却几乎可以通过把它的轨道的低焦点置于木星与太阳的公共重心（根据第一编命题 67）上而完全避免（平均运动除外），所以该误差在最大时很少超过 2 分钟；而平均运动中，最大误差则很少超过每年 2 分钟。但在木星与土星交会点处，太阳指向土星，木星指向土星，以及木星指向太阳的加速引力，相互间的比约 16，81 和$\frac{16 \cdot 81 \cdot 3021}{25}$，或 156609；因而太阳指向土星与木星指向土星的引力差，比木星指向太阳的引力约为 65 比 156609，或为 1 比 2409。但土星干扰木星运动的最大能力正比于这个差；所以木星轨道的摄动远小于土星。其指行星的轨道，除了地球轨道受月球的明显干扰外，其摄动都远小得多。地球与月球的公共重心沿以太阳为焦点的椭圆运动，其所向太阳的半径所掠过的面积正比于运动时间。而地球又绕该重心作每月一周的运动。

命题 14　定理 14

行星轨道的远日点和交点是不动的。

远日点不动可以由第一编命题 11 证明;轨道平面不动可以由第一编命题 1 证明。如果轨道平面是固定的,其交点必定也是固定的。实际上行星与彗星在环绕运动中的相互作用会造成移动,但它们极小,在此可以不予考虑。

推论Ⅰ. 恒星是不动的,因为观测表明它们与行星的远日点和轨道交点保持不变位置。

推论Ⅱ. 由于在地球年运动中看不到恒星的视差,它们必由于相距极远而不对我们的宇宙产生任何明显的作用。更不用说恒星无处不在地分布于整个天空,由第一编命题 70 知,它们的反向吸引作用抵消了相互作用。

附　注

由于接近太阳的行星(即水星、金星、地球和火星)如此之小,致使相互间的作用力很小,因而它们的远日点和交点必定是固定的,除非受到木星和土星以及更远物体作用的干扰。由此我们可以用引力理论求得,行星远日点相对恒星的微小前移,它正比于各行星到太阳距离的$\frac{3}{2}$次幂。这样,如果火星的远日点在 100 年时间里相对于恒星前移 33′20″,则地球、金星和水星的远日点在 100 年里分别前移 17′40″,10′53″和 4′16″。由于这些运动很不明显,所以在本命题中加以忽略了。

命题 15　问题 1

求行星轨道的主径。

由第一编命题 15,它们正比于周期的$\frac{2}{3}$次幂,而根据该编命题 60,它们各自按太阳与行星物质量的和与该和值与太阳质量的两个比例中项的第一项的比而增大。

命题 16　问题 2

求行星轨道的偏心率和远日点。

本问题可以由第一编命题 18 求解。

命题 17　定理 15

行星的周日运动是均匀的，月球的天平动是由这种周日运动产生的。

本命题可以由第一运动定律和第一编命题 66 推论 XXII 证明。在现象一节中已指出，木星相对于恒星的转动为 9 小时 56 分，火星为 24 小时 39 分，金星约为 23 小时，地球为 23 小时 56 分，太阳为 25 $\frac{1}{2}$天，月球为 27 天 7 小时 43 分。太阳表面黑斑回到日面相同位置的时间，相对于地球为 27 $\frac{1}{2}$天；所以相对于恒星太阳自转需 25 $\frac{1}{2}$。但因为由月球均匀自转而产生的太阳日长达一个月，即，等于它在轨道上环绕一周的时间，所以月球朝向轨道上焦点的面几乎总是相同的；但随着该焦点位置的变化，该面也朝一侧或另一侧偏向处于低焦点的地球，这就是月球的经度天平动；而纬度天平动是由月球纬度以及自转轴对黄道平面的倾斜所引起的。这一月球天平动理论，N. 默卡特[①]先生在 1676 年初出版的《天文学》一书中，已根据我写给他的信作了详尽阐述。土星最外层的卫星似乎也与月球一样地自转，总是以相同的一面朝向土星；因为它在环绕土星运动中，每当接近轨道东部时，即很难发现，并逐渐完全消失；正如 M. 卡西尼所注意到的那样，这可能是由于此时朝向地球的一面上有些黑斑所致。木星最远的卫星似乎也作类似的运动，因为在它背向木星的一面上有一个黑斑，而每当该卫星在木星与我们眼睛之间通过时，它看上去总是像在木星上似的。

命题 18　定理 16

行星的轴小于与该轴垂直的直径。

---

① N. Mercator(1619—1687)，古丹麦数学家、天文学家。——译者注

行星各部分相等的引力,如果不使它产生自转,则必使它成为球形。自转运动使远离轴的部分在赤道附近隆起;如果行星物质处于流体状态,则这种向赤道的隆起使那里的直径增大,并使指向两极的轴缩短。所以木星直径(根据天文学家们公认的观测)在两极方向小于东西方向。由同样理由,如果地球在赤道附近不高于两极,则海洋将在两极附近下沉,而在赤道隆起,并将那里的一切置于水下。

命题 19 问题 3

求行星的轴与垂直于该轴的直径的比例。

1635 年,我们的同胞,诺伍德[①]先生测出伦敦与约克(York)之间的距离为 905751 英尺,纬度差为 $2°28'$,求出一度长为 367196 英尺,即,57300 巴黎托瓦兹。[②] M. 皮卡德[③]测出亚眠(Amien)与马尔瓦新(Malvoisine)之间的子午线弧为 $22'55''$,推算出每度弧长为 57060 巴黎托瓦兹。老 M. 卡西尼测出罗西隆(Roussillon)的科里乌尔(Collioure)镇到巴黎天文台之间的子午线距离;他的儿子把这一距离由天文台延长到敦刻尔克的西塔德尔(Citadel of Dunkirk)。总距离为 $486156\frac{1}{2}$ 托瓦兹,科里乌尔与敦刻尔克之间的纬度差为 $8°3'11\frac{5}{6}''$。因此每度弧长为 57061 巴黎托瓦兹。由这些测量可以得出地球周长为 123249600,半径为 19615800 巴黎尺,假设地球为球形。

在巴黎的纬度上,前面已说过,重物体一秒时间内下落距离为 15 巴黎尺 1 寸 $1\frac{7}{9}$ 分,即 $2173\frac{7}{9}$ 分。物体的重量会由于周围空气的重量而变轻。设由此损失的重量占总重量的 $\frac{1}{11000}$;则该重物体在真空中下落时一秒钟内掠过 2174 分。

---

① Norwood, Richard(1590—1665),英国数学家、航海家。——译者注

② Toise,法国旧时长度单位,1 巴黎托瓦兹等于 1.949 米。——译者注

③ J. Picard,1620—1682,英译本误作 M. Picard,法国天文学家。——译者注

在长为 23 小时 56 分 4 秒的恒星日中，物体在距中心 19615800 英尺处做匀速圆周运动，每秒钟掠过弧长 1433.6 英尺；其正矢为 0.05236516 英尺，或 7.54064 分。所以，在巴黎纬度上，使物体下落的力比物体在赤道上由于地球周日运动而产生的离心力等于 2174 比 7.54064。

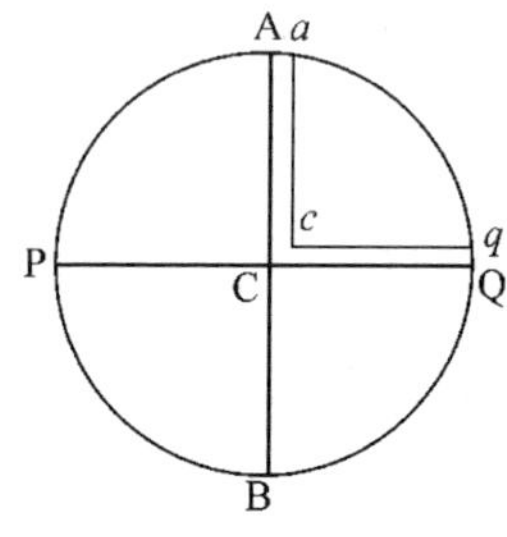

物体在赤道的离心力比在巴黎 48°50′10″ 的纬度上使物体沿直线离开的力，等于半径与该纬度的余弦的比的平方，即等于 7.54064 比 3.267。把这个力迭加到在巴黎纬度使物体由其重量而下落的力上，则在该纬度上，物体受未减小的引力作用而下落，一秒钟将掠过 2177.267 分，或 15 巴黎尺 1 寸又 5.267 分。在该纬度上的总引力比物体在地球赤道处的离心力等于 2177.269 比 7.54064，或等于 289 比 1。

所以，如果 APBQ 表示地球形状，它不再是球形的，而是由绕短轴 PQ 的转动而形成椭球；ACQ*qca* 表示注满水的管道，由极点 Q*q* 经过中心 C*c* 通向赤道 A*a*；则在管道的 AC*ca* 段中水的重量比在另一段 QC*cq* 中水的重量等于 289 比 288，因为自转运动产生的离心力维持并抵消了 $\frac{1}{289}$部分的重量（在一段之中），另外 288 份的水维持着其余重量。通过计算（由第一编命题 91 推论Ⅱ），我发现，如果地球物质都是均匀的，而且没有运动，其轴 PQ 比直径 AB 等于 100 比 101，处所 Q 指向地球的引力比同一处所 Q 指向以 PC 或 QC 为半径，以 C 为球心的球体的重力，等于 126 比 125。由相同理由，处所 A 指向由椭圆 APBQ 关于轴 AB 转动所形成的椭球的引力，比同一处所 A 指向半径为 AC 球心为 C 的球体的引力，等于 125 比 126。而处所 A 指向地球的引力是指向该椭球体与指向该球体的引力的比例中项；因为，当球直径 PQ 按 101 比 100 的比例减小时，即变为地球的形状；而这样的形状，其垂直于两个直径 AB 和 PQ 的第三个直径也按相同比例减小，即变为所说的椭球形状；在这种情形中，A 处的引力都按近似相同的比例减小。所以，A 处指向球心为 C 半径为 AC 的球体的引力,比 A 处指向地球的引力,等于 126 比 125 $\frac{1}{2}$。而处所 Q 指向以 C 为球心以 QC 为半径的球体的引力,比处所 A 指向以 C 为球心,AC 为半径的球体的引力,等于直径的比(由第一编命题 72),即等于 100 比 101。所以,如果把三个比例,126 比 125,126 比 125 $\frac{1}{2}$,以及 100 比 101 连乘,即得到处所 Q 指向地球的引力比处所 A 指向地球的引力,等于 126 • 126 • 100 比 125 • 125 $\frac{1}{2}$ • 101;或等于 501 比 500。

由于(第一编命题 91 推论Ⅲ)在管道的任意一段 AC*ca* 或 QC*cq* 中,引力正比于由其处所到地球中心的距离,如果这二段由平行等距的横截面加以分割,生成的部分正比于总体,则在 AC*ca* 段中任意一个部分的重量比另一段中相同数目的部分的重量,等于它们的大小乘以加速引力的比,即等于 101 比 100 乘以 500 比 501,或等于 505 比 501。所以,如果 AC*ca* 段中每一部分的由自转产生的离心力,比相同部分的重量,等于 4 比 505,使得在被分为 505 等份的每一部分的重量中,离心力可以抵消其中 4 份,则余下的重量在两段管道中保持相等,因而流体可以维持平衡而静止。但第一部分的离心力比同一部分的重量等于 1 比 289;即,应占$\frac{4}{505}$的离心力,实际中占$\frac{1}{289}$。所以,我认为,由比例的规则,如果$\frac{4}{505}$的离心力使得管道 AC*ca* 段中水的高度比 QC*cq* 段中水的高度能高出其总高度的$\frac{1}{100}$部分,则$\frac{1}{289}$的离心力将只能使 AC*ca* 段中水的高度比另一段 QC*cq* 中水的高度高出$\frac{1}{289}$部分;所以地球在赤道的直径【41】比它在两极的直径为 230 比 229。由于根据皮卡德的测算,地球的平均直径为 19615800 巴黎尺,或 3923.16 英里(5000 巴黎尺为一英里),所以地球在赤道处比在两极处高出 85472 巴黎尺,或 17 $\frac{1}{10}$ 英里。其赤道处高约 19658600 英尺,而两极处约 19573000 英尺。

如果在自转中密度与周期保持不变,则大于或小于地球的行星,其离心力比引力，进而两极直径比赤道直径，也都类似地保持不变。但如果自转运动以任何比例加快或减慢，则离心力近似地以同一比例的平方增大或减小；因而直径的差也非常近似地以同一比率的平方增大或减小。如果行星的密度以任何比例增大或减小，则指向它的引力也以同样比例增大或减小：相反的，行星直径的差正比于引力的增大而减小，正比于引力的减小而增大。所以，由于地球相对于恒星的自转时间为 23 小时 56 分，而木星为 9 小时 56 分，它们的周期平方比为 29 比 5，密度比为 400 比 $94\frac{1}{2}$，木星的直径差比其短直径为$\frac{29}{5}\cdot\frac{400}{94\frac{1}{2}}\cdot\frac{1}{229}$比 1，或近似为 1 比 $9\frac{1}{3}$。所以木星的东西直径比其两极直径约为 $10\frac{1}{3}$比 $9\frac{1}{3}$。所以，由于它的最大直径为 37″，其两极间的最小直径为 33″25‴。加上大约 3″的光线不规则折射，该行星的视在直径为 40″和 36″25‴；相互间的比值极近似于 $11\frac{1}{6}$比 $10\frac{1}{6}$。在此，假定木星星体的密度是均匀的。但如果该行星在赤道附近的密度大于在两极附近的密度，其直径比可能为 12 比 11，或 13 比 12，也许为 14 比 13。

1691 年，卡西尼发现，木星的东西向直径约比另一直径大$\frac{1}{15}$部分。庞德先生在 1719 年用他的 123 英尺望远镜配以优良的千分仪，测得木星两种直径如下：

时间			最大直径	最小直径	直径的比
	（日）	（时）	（部分）	（部分）	
一月	28	6	13.40	12.28	12 比 11
三月	6	7	13.12	12.20	$13\frac{3}{4}$比 $12\frac{3}{4}$
三月	9	7	13.12	12.08	$12\frac{2}{3}$比 $11\frac{2}{3}$
四月	9	9	13.32	11.48	$14\frac{1}{2}$比 $13\frac{1}{2}$

所以本理论与现象是一致的;因为该行星在赤道附近受太阳光线的加热较强,因而其密度比两极处略大。

此外,地球的自转会使引力减小,因而赤道处的隆起高于两极(设地球物质密度均匀),这可以由与下述命题相关的摆实验证实。

命题 20　问题 4

求地球上不同区域处物体的重量并加以比较。

因为在不等长管道段中的水 ACQ*qca* 的重量相等;各部分的重量正比于整段的重量,且位置相似者,相互间重量比等于总重量比,因而它们的重量相等;在各段中位置相似的相等部分,其重量的比等于管道长的反比,即反比于 230 比 229。这种情形适用于所有与管道中的水位置相似的均匀相等的物体。它们的重量反比于管长,即反比于物体到地心的距离。所以,如果物体置于管道最顶端,或置于地球表面上,则它们的重量的比等于它们到地心距离的反比。由同样理由,置于地球表面任意其他处所的物体,其重量反比于到地球中心的距离。所以,只要假设地球是椭球体,该比值即已给定。

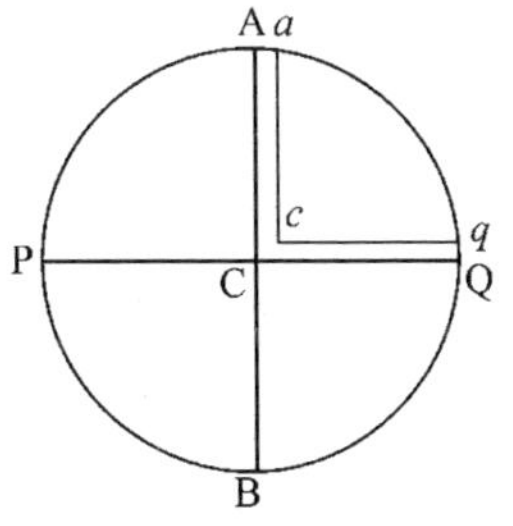

由此即得到定理,由赤道移向两极的物体其重量增加近似正比于二倍纬度的正矢。或者,与之等价地,正比于纬度正弦的平方;而子午线上纬度弧长也大致按相同比例增大。所以,由于巴黎纬度为 48°50′,赤道纬度为 00°00′,两极纬度为 90°;这些弧的二倍的正矢为 1133400000 和 20000,半径为 10000;极地引力比赤道引力为 230 比 229;极地引力的出超比赤道引力等于 1 比 229;巴黎纬度的引力出超比赤道引力为 $1\cdot\frac{11334}{20000}$比 229,或等于 5667 比 2290000。所以,该处总引力比另一处总引力等于 2295667 比 2290000。所以,由于时间相等的摆长正比于引力,在巴黎纬度上秒摆摆长为 3 巴黎尺又 $8\frac{1}{2}$分,或考虑到空气的重量，为 3 尺又 8 $\frac{5}{9}$分，而在赤道，时间相同的摆长要短 1.087 分。用类似的计算可制成下表。

处所纬度	摆　长	每度子午线长度	处所纬度	摆　长	每度子午线长度
（度）	（尺）　（分）	（托瓦兹）[42]	（度）	（尺）　（分）	（托瓦兹）
0	3　7.468	56637	6	3　8.461	57022
5	3　7.482	56642	7	3　8.494	57035
10	3　7.526	56659	8	3　8.528	57048
15	3　7.596	56687	9	3　8.561	57061
20	3　7.692	56724	50	3　8.594	57074
25	3　7.812	56769	55	3　8.756	57137
30	3　7.948	56823	60	3　8.907	57196
35	3　8.099	56882	65	3　9.044	57250
40	3　8.261	56945	70	3　9.162	57295
1	3　8.294	56958	75	3　9.258	57332
2	3　8.327	56971	80	3　9.329	57360
3	3　8.361	56984	85	3　9.372	57377
4	3　8.394	56997	90	3　9.387	57382
45	3　8.428	57010			

此表表明，每度子午线长的不均匀性极小，因而在地理学上可把地球形状视为球形；如果地球密度在赤道平面附近略大于两极处的话，则尤其如此。

今天，有些到遥远的国家做天文观测的天文学家发现，摆钟在赤道附近的确比在我们这里走得慢些。首先是在 1672 年，M. 里歇尔①

① M. Richer(1630—1696)，法国天文学家、物理学家。——译者注

在凯恩岛(island of Cayenne)注意到了这一点;当时是8月份,他正观测恒星沿子午线的移动,他发现他的摆钟相对于太阳的平均运动每天慢2分28秒。于是他制作了一只时间为秒的单摆,用一只优良的钟校准,并测量该单摆的长度;在整整10个月里他坚持每星期测量。回到法国后,他把这只摆的长度与巴黎的摆长(长3巴黎尺又$8\frac{3}{5}$分)作了比较,发现它短了$1\frac{1}{4}$分。

后来,我们的朋友哈雷博士,约在1677年到达圣赫勒拿岛(island of St. Helena),他发现与伦敦制作相同的摆钟到那里后变慢了。他把摆杆缩短了$\frac{1}{8}$寸,或$1\frac{1}{2}$分;为此,由于在摆杆底部的螺纹失效,他在螺母和摆锤之间垫了一只木圈。

1682年,法林(M. Varin)和德斯海斯(M. des Hayes)发现,在巴黎皇家天文台摆动为一秒的单摆长度,为3尺又$8\frac{5}{9}$分。而用相同的手段在戈雷岛(island of Goree)测量时,等时摆的长度为3尺又$6\frac{5}{9}$分,比前者短了2分。同一年里,他们又在瓜达罗普和马丁尼古岛(islands of Guadaloupe and Martinico)发现,在这些岛的等时摆长为3尺又$6\frac{1}{2}$分。

以后,小M.库普莱(M. Couplet)在1697年7月,在巴黎皇家天文台把他的摆钟与太阳的平均运动校准,使之在相当长时间里与太阳运动吻合。次年11月,他到了里斯本,发现他的钟在24小时里比原先慢2分13秒;再次年3月,他到达帕雷巴(Paraiba),发现他的钟比在巴黎,24小时里慢4分12秒。他断定在里斯本的秒摆要比巴黎短$2\frac{1}{2}$分,而比在帕雷巴短$3\frac{2}{3}$分。如果他计算的差值为$1\frac{1}{3}$分和$2\frac{5}{9}$分的话,他的工作将更出色:因为这些差值才对应于时间差2分13秒和4分12秒,但这位先生的观测太粗糙了,我们无法相信。

后来在1699年和1700年,M.德斯海斯再次航行美洲,他发现在凯恩和格林纳达(Granada)岛秒摆略短于 3 尺又 6 $\frac{1}{2}$分;而在圣·克里斯托弗岛(island of St. Christopher)为 3 尺 6 $\frac{3}{4}$分;在圣·多明戈岛(island of St. Domingo)为 3 尺 7 分。

1704 年,弗勒[①]在美洲的皮尔托·贝卢(Puerto Bello)发现,那里的秒摆仅为 3 巴黎尺又 5 $\frac{7}{12}$分,比在巴黎几乎短 3 分;但这次观测是失败的。因为他后来到达马丁尼古岛时,发现那里的等时摆长为 3 巴黎尺又 5 $\frac{10}{12}$分。

帕雷巴在南纬 6°38′;皮尔托·贝卢为北纬 9°33′;凯恩、戈雷、瓜达罗普、马丁尼古、格林那达、圣·克里斯托弗和圣·多明戈诸岛分别为北纬 4°55′,14°40′,15°00′,14°44′,12°06′,17°19′和 19°48′,巴黎秒摆的长度比在这些纬度上的等时摆所超出的长度略大于在上表中所求出的值。所以,地球在赤道处应略高于上述推算,地心处的密度应略大于地表,除非热带地区的热也许会使摆长增加。

因为,M. 皮卡德曾发现,在冬季冰冻天气下长 1 英尺的铁棒,放到火中加热后,长度变为 1 英尺又$\frac{1}{4}$分。后来,M. 德拉希尔发现在类似严冬季节长 6 英尺的铁棒放到夏季阳光下曝晒后伸长为 6 英尺又$\frac{2}{3}$分。前一种情形中的热比后一种强,而在后一情形中也热于人体表面;因为在夏日阳光下曝晒的金属能获得相当可观的热度。但摆钟的杆从未受过夏日阳光的曝晒,也未获得过与人体表面相等的热;因而,虽然 3 英尺长的摆钟杆在夏天的确会比冬天略长一些,但差别很难超过$\frac{1}{4}$分。所以,在不同环境下等时摆钟摆长的差别不能解释为热的差别;法国天文学家并没有错。虽然他们的观测之间一致性并不理想,

① Feuille,Louis(1660—1732),法国天文学家、植物学家。——译者注

但其间的误差是可以忽略的;他们的一致之处在于,等时摆在赤道比在巴黎天文台短,差别不小于 $1\frac{1}{4}$分,不大于 $2\frac{2}{3}$分。M. 里歇尔在凯恩岛给出的观测是,差为 $1\frac{1}{4}$分。这一差值为 M. 德斯海斯的观测所纠正,变为 $1\frac{1}{2}$分或 $1\frac{3}{4}$。其他人精度较差的观测结果约为 2 分。这种不一致可能部分由于观测误差,部分则由于地球内部部分的不相似性,以及山峰的高度;还部分地来自空气温度的差异。

我用的一根 3 英尺长的铁棒,在英格兰,冬天比夏天短$\frac{1}{6}$。因为在赤道处酷热,从 M. 里歇尔的观测结果 $1\frac{1}{4}$分中减去这个量,尚余 $1\frac{1}{12}$分,这与我们先前在本理论中得到的 $1\frac{87}{1000}$相符合得极好。M. 里歇尔在凯恩岛的实验在整整 10 个月里每周都重复,并把他所发现的摆长与记在铁棒上的在法国的长度相比较。这种勤勉与谨慎似乎正是其他观测者所缺乏的。我们如果采用这位先生的观测,则地球在赤道比在极地处高,差值约为 17 英里,这证实了上述理论。

命题 21 定理 17

二分点总是后移的,地轴通过公转运动中的章动,每年两次接近黄道,两次回到原先的位置。

本命题通过第一编命题 66 推论 XX 证明;而章动的运动必定极小,的确难以察觉。

命题 22 定理 18

月球的一切运动,及其运动的一切不相等性,都是以上述诸原理为原因的。[43]

根据第一编命题 65,较大行星在绕太阳运动的同时,可以使较小的卫星绕它们自己运动,这些较小的卫星必定沿椭圆运动,其焦点在较大行星的中心。但它们的运动受到太阳作用的若干种方式的干扰，并像月球那样使运动的相等性遭到破坏。月球(由第一编命题 66 推论Ⅱ，Ⅲ，Ⅳ和Ⅴ)运动越快其伸向地球的半径同时所掠过的面积越大，则其轨道的弯曲越小，因而它在朔望点较在方照点距地球更近，除非这些效应受到偏心运动的阻碍；因为(由第一编命题 66 推论Ⅸ)当远地点位于朔望点时，偏心率最大，而在方照点时最小；因此月球在近地点的运动，在朔望点较在方照点运动更快，距我们更近，而在远地点的运动，在朔望点较在方照点运动更慢且距我们更远。此外，远地点是前移的，而交会点则是后移的；而这并不是由规则的，而是由不相等运动造成的。因为(由第一编命题 66 推论Ⅶ和Ⅷ)远地点在朔望点时前移较快，在方照点时后移较慢；这种顺行与逆行的差造成年度前移。而交会点情况相反(由第一编命题 66 推论Ⅺ)，它在朔望点是静止的，在方照点后移最快。还有，月球的最大黄纬(由第一编命题 66 推论Ⅹ)在月球的方照点大于在朔望点。月球的平均运动在地球的近日点较在其远日点为慢。这些都是天文学家已注意到的(月球运动的)基本不相等性。

但还有一些不相等性不为上述天文学家所认同，它们对月球运动造成的干扰迄今我们尚无法纳入某种规律支配之下。因为月球远地点和交会点的速度或每小时的运动及其均差，以及在朔望点的最大偏心率与在方照点的最小偏心率的差，还有我们称之为变差的不相等性，是(由第一编命题 66 推论ⅩⅣ)在一年时间内正比于太阳的视在直径的立方而增减的。此外(由第一编引理 10 推论Ⅰ和Ⅱ，以及命题 66 推论ⅩⅥ)变差是近似地正比于在朔望之间的时间的平方而增减的。但在天文学计算中，这种不相等性一般都归入月球中心运动的均差之中。

命题 23　问题 5

由月球运动导出木星和土星卫星的不相等运动。

运用下述方法，可以运用第一编命题 66 推论ⅩⅥ，由月球运动推算出木星卫星的对应运动。木星最外层卫星交会点的平均运动比月球交会点的平均运动，等于地球绕日周期与木星绕日周期的比的平方，乘以木卫星绕木星的周期比月球绕地球的周期；所以，这些交会点在100年时间里后移或前移8°24′。由同一个推论，内层卫星交会点平均运动比外层卫星交会点的平均运动等于后者的周期比前者的周期，因而也可以求出。而每个卫星上回归点的前移运动比其交会点的后移运动等于月球远地点的运动比其交会点的运动(由同一推论)，因而也可以求出，但由此求出的回归点运动必须按5比9或1比2减小，其原因我不能在此解释。每个卫星的交会点最大均差和上回归点的最大均差，分别比月球的交会点最大均差和远地点最大均差，等于在前一均差的环绕时间内卫星的交会点和上回归点的运动比在后一均差的环绕时间内，月球的交会点和远地点的运动。木星上看其卫星的变差比月球的变差，由同一推论，等于这些卫星和月球分别在环绕太阳(由离开到转回)期间的总运动的比；所以最外层卫星①【44】的变差不会超过5.2秒。

命题24 定理19

海洋的涨潮和落潮是由于太阳和月球的作用引起的。

由第一编命题66推论XIX或XX可知，海水在每天都涨落各两次，月球日与太阳日一样；而且在开阔而幽深的海洋里的海水应在日、月球到达当地子午线后6小时以内达到最大高度；地处法国与好望角之间的大西洋和埃塞俄比亚海东部海域就是如此；在南部海洋的智利和秘鲁沿岸也是如此；在这些海岸上涨潮约发生在第二、第三或第四小时，除非来自深海的潮水运动受到海湾浅滩的导引而流向某些特殊去处，延迟到第五、第六或第七小时，甚至更晚。我所说的小时是由日、月抵达当地子午线或正好低于或高于地平线时起算的；月球日是月球

① 指木卫四。——译者注

通过其视在周日运动经过一天后再次回到当地子午线所需的时间，小时是该时间的$\frac{1}{24}$。日、月到达当地子午线时，海洋涨潮力最大；但此时作用于海水的力会持续一段时间，并由于新的虽然较小的但仍作用于它的力的加入而不断增强。这使洋面越来越高，直到该力衰弱到再也无法举起它为止，此时洋面达到最大高度。这一过程也许要持续 1 或 2 小时，而在浅海沿岸，常会持续约 3 小时，甚至更久。

太阳和月球激起两种运动，它们没有明显区别，却在二者之间合成一个复合运动。在日、月的会合点或对冲点，它们的力合并在一起，形成最大的涨潮和退潮。在方照点，太阳举起月球的落潮，或使月球的涨潮退落，它们的力的差造成最小的潮。因为(如经验告诉我们的那样)月球的力大于太阳的力，水的最大高度约发生在第三个月球小时。除朔望点和方照点外，单独由月球力引起的最大潮应发生在第三个月球小时，而单独由太阳引起的最大潮应发生在第三个太阳小时，这二者的复合力引起的潮应发生在一个中间时间，且距第三个月球小时较近。所以，当月球由朔望点移向方照点时，在此期间第三个太阳小时领先于第三个月球小时，水的最大高度也先于第三个月球小时到达，并以最大间隔稍落后于月球的八分点；而当月球由方照点移向朔望点时，最大潮又以相同间隔落后于第三月球小时。这些情形发生于辽阔海面上；在河口处最大潮晚于海面的最大高度。

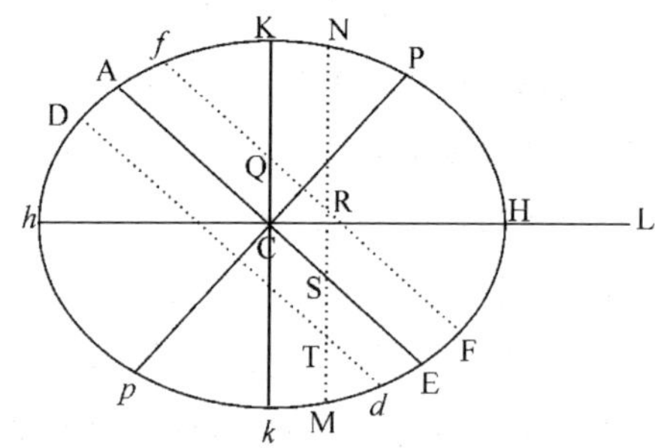

不过，太阳和月球的影响取决于它们到地球的距离；因为距离较近时影响较大，距离较远时影响较小，这种作用正比于它们视在直径的立方。所以在冬季时太阳位于近地点，其影响较大，且在朔望点时影响更大，而在方照点时则较夏季时影响为小；每个月里，当月球处

于近地点时，它引起的海潮大于此前或此后 15 天位于远地点时的情形。由此可知两个最大的海潮并不接连发生于两个紧连着的朔望点之后。

类似地，太阳和月球的影响还取决于它们相对于赤道的倾斜或距离；因为，如果它们位于极地，则对水的所有部分吸引力不变，其作用没有涨落变化，也不会引起交替运动。所以当它们与赤道倾斜而趋向某一极点时，它们将逐渐失去其作用力，由此知它们在朔望点激起的海潮在夏至和冬至时小于春分和秋分时。但在二至方照点引起的潮大于在二分方照点；因为这时月球位于赤道，其作用力超出太阳最多。所以最大的海潮发生于这样的朔望点，最小的海潮发生于这样的方照点，它们与二分点差不多同时；经验也告诉我们，朔望大潮之后总是紧跟着一个方照小潮。但因太阳在冬季距地球较夏季为近，所以最大和最小的潮常常分别出现在春分之前而不是之后，秋分之后而不是之前。

此外，日月的影响还决定于纬度位置。令 ApEP 表示覆盖着深水的地球；C 为地心；P，p 为两极；AE 为赤道；F 为赤道外任一点；Ff 为平行于该点的直线；Dd 为赤道另一侧的对称平行线；L 为三小时前月球的位置；H 为正对着 L 的地球上的点；h 为反面对应点；K，k 为 90 度处的距离；CH，Ch 为海洋到地心的最大高度；CK，Ck 为最小高度：如果以 Hh，Kk 为轴作椭圆，并使该椭圆绕其长轴 Hh 旋转形成椭球 HPKhpk，则该椭球近似表达了海洋形状；而 CF，Cf，CD，Cd 则表示海洋在 Ff，Dd 处的高度。再者，在椭圆旋转时，任意点 N 画出圆 NM 与平行线 Ff，Dd 相交于任意处所 R，T，与赤道 AE 相交于 S；则 CN 表示位于该圆上所有点 R，S，T 上的海洋高度。所以，在任意点 F 的周日运动中，最大潮水发生于 F，月球由地平线上升到子午线之后 3 小时；此后最大落潮发生于 Q 处，月球落下 3 小时后；然后最大潮水又出现在 f，月球落下地平线到达子午线后 3 小时；最后，又是在 Q 处的最大落潮，发生于月球升起后的 3 小时；在 f 处的后一次大潮小于在

F 的前一次大潮。因为整个海洋可以分为两个半球形潮水，半球 KHk 在北半球，而 Khk 则在另一侧，我们不妨称之为北部海潮和南部海潮。这两个海潮总是相反的，以 12 个月球小时为间隔交替地到达所有地方的子午线。北部国家受北部海潮影响较大，南部国家受南部海潮影响较大，由此形成海洋潮汐，在日月升起和落下的赤道以外的所有地方交替地由大变小，又由小变大。最大的潮发生于月球斜向着当地的天顶，到达地平线以上子午线之后 3 小时之时；而当月球改变位置，斜向着赤道另一侧时，较大的潮也变为较小的潮。最大的潮差发生在 2—6 时；当月球上升的交会点在白羊座（Aries）第一星附近时尤其如此。所以经验告诉我们冬季时朝潮大于晚潮，而在夏季时晚潮大于朝潮；科勒普赖斯（Colepress）和斯多尔米（Sturmy）曾观察到，在普利茅斯（Plymouth）这种高差为 1 英尺，而在布里斯托（Bristol）为 15 英寸。

但以上所讨论的海潮运动会因交互作用力而发生某种改变，[45]水一旦发生运动，其惯性会使这种运动持续一小段时间。因而，虽然天体的作用已经消失，但海潮还能持续一段时间。这种保持压缩运动的能力减小了交替的潮差，使紧随着朔望大潮的海潮变大，也使方照小潮之后的小潮变小。因此，普利茅斯和布里斯托的交替海潮差不至于超过 1 英尺或 15 英寸，而且这两个港口的最大潮不是发生在朔望后的第一天，而是在第三天。此外，由于潮水运动在浅水海峡中受到阻碍，使得某些海峡和河口处的最大潮发生于朔望后的第四或第五天。

还有这种情况，来自海洋的潮通过不同海峡到达同一港口，而且通过某些海峡的速度快于通过其他海峡；在这种情形中，同一个海潮分为两个或更多相继而至的潮水，并复合为一种不同类型的新的运动。设两股相等的潮水自不同处所涌向同一港口，一个比另一个晚 6 小时；设第一股水发生于月球到达该港口子午线后第三小时。如果月球到达该子午线时正好在赤道上，则该处每 6 小时交替出现相等的潮,它们与同样多的相等落潮相遇,结果相互间保持平衡,这一天的水面平静安宁。如果随后月球斜向着赤道,则海洋中的潮如上所述交替地时大时小;这时,两股较大,两股较小的潮水将先后交替地涌向港口,两股较大的潮水将使水在介于它们中间的时刻达到最大高度;而在大潮与小潮的中间时刻,水面达到一平均高度,在两股小潮中间时刻水面只升到最低高度。这样,在 24 小时里,水面只像通常所见到的那样,不是两次,而只是一次达到最大高度,一次达到最低高度;而且,如果月球斜向着上极点,则最大潮位发生于月球到达子午线后第六或第 30 小时;当月球改变其倾角时,即转为落潮。哈雷博士曾根据位于北纬 20°50′的敦昆王国(Kingdom of Tunquin)巴特绍港(port of Batshow)水手的观察,为我们提供了一个这样的例子。在这个港口,在月球通过赤道之后的一天内,水面是平静的;当月球斜向北方时,潮水开始涨落,而且不像在其他港口那样一天两次,而是每天只有一次;涨潮发生于月落时刻,而退潮则在月亮升起时。这种海潮随着月球的倾斜而增强,直到第七或第八天;随后的七或八天则按增强的比率逐渐减弱,在月球改变斜度,越过赤道向南时消失。此后潮水立即转为退潮。落潮发生在月落时刻,而涨潮则在月升时刻,直到月球再次通过赤道改变其倾斜。有两条海湾通向该港口和邻近水路,一条来自中国海(seas of China),介于大陆与吕卡尼亚岛(island of Leuconia)之间;另一条则来自印度洋(Indian Sea),介于大陆与波尔诺岛(island of Borneo)之间。但是否真的两股潮水通过这两条海湾而来,一条在 12 小时内由印度洋而来,另一条在 6 小时内由中国海而来,使得在第三和第九月球小时汇合在一起,产生这种运动;或者,还是由于这些海洋的其他条件造成的?我留待邻近海岸的人们去观测判断。

这样,我已解释了月球运动与海洋运动的原因。现在可以考虑与这些运动的量有关的问题了。

命题 25　问题 6

求太阳干扰月球运动的力。

设 S 表示太阳，T 表示地球，P 表示月球，CADB 为月球轨道。在 SP 上取 SK 等于 ST；令 SL 比 SK 等于 SK 与 SP 的比的平方；作 LM 平行于 PT；如果设 ST 或 SK 表示地球向着太阳的加速引力，则 SL 表示月球向着太阳的加速引力。但这个力是由 SM 和 LM 二部分合成的，其中 SM 部分由 TM 表示，它干扰月球运动，正如我们曾在第一编命题 66 及其推论所证明过的那样。由于地球和月球是绕它们的公共重心转动的，地球绕该中心的运动也受到类似力的干扰；但我们可以把这两个力的和与这两种运动的和当作发生于月球上来考虑，以线段 TM 和 ML 表示力的和，它与这二者都相似。力 ML（其平均大小）比使月球在距离 PT 处沿其轨道绕静止地球运动的向心力，等于月球绕地球运动周期与地球绕太阳运动周期的比的平方（由第一编命题 66 推论 XVII）；即，等于 27 天 7 小时 43 分比 365 天 6 小时 9 分的平方，或等于 1000 比 178725；或等于 1 比 $178\frac{29}{40}$。但在该编命题 4 中我们曾知道，如果地球和月球绕其公共重心运动，则其中一个到另一个的平均距离约为 $60\frac{1}{2}$ 个地球平均半径；而使月球在距地球 $60\frac{1}{2}$ 个地球半径的距离 PT 上沿其轨道绕静止地球转动的力，比使它在相同时间里在 60 个半径距离处转动的力，等于 $60\frac{1}{2}$ 比 60；而这个力比地球上的重力非常近似于 1 比 60 · 60。所以，平均力 ML 比地球表面上的引力等于 $1 \cdot 60\frac{1}{2}$ 比 $60 \cdot 60 \cdot 60 \cdot 178\frac{29}{40}$，或等于 1 比 638092.6；因此，由线 TM，ML 的比例也可以求出力 TM；而它们正是太阳干扰月球运动的力。

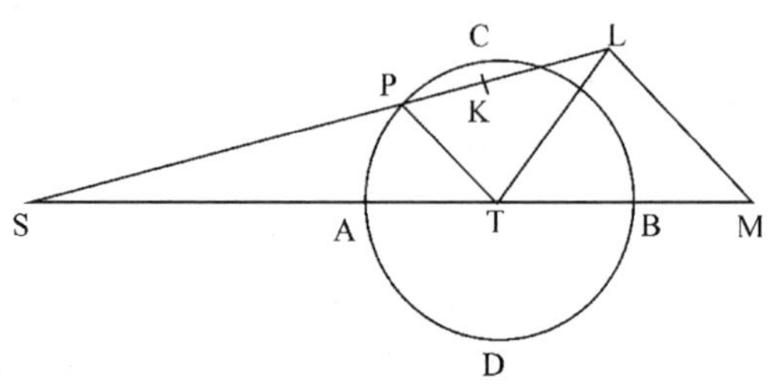

完毕。

命题 26 问题 7

求月球沿圆形轨道运动时其伸向地球的半径所掠过面积的每小时增量。

我们曾在前面证明过,月球通过其伸向地球的半径掠过的面积正比于运行的时间,除非月球运动受到太阳作用的干扰;在此,我们拟求出其变化率的不相等性,或者,受到这种干扰的面积或运动的每小时增量。为使计算简便,设月球轨道为圆形,除现在要考虑的情况外其余不相等性一概予以忽略;又因为太阳距离极远,可进一步设直线 SP 和 ST 是平行的。这样,力 LM 总是可以用其平均量 TP 代替,力 TM 也可以由其平均量 3PK 代替。这些力(由运动定律推论Ⅱ)合成力

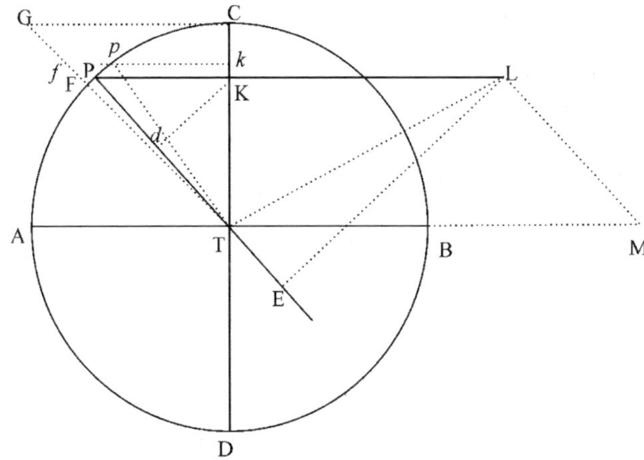

TL;而通过在半径 TP 上作垂线 LE,这个力又可以分解为力 TE,EL;其中力 TE 的作用沿半径 TP 的方向保持不变,对于半径 TP 掠过的面积 TPC 既不加速也不减速;但 EL 沿垂直方向作用在半径 TP 上,它使掠过面积的加速或减速正比于它使月球的加速或减速。月球的这一加速,在其由方照点 C 移向会合点 A 过程中,在每一时刻都正比于生成加速力 EL,即,正比于$\frac{3PK \cdot TK}{TP}$,令时间由月球的平均运动,

或(等价地)由角 CTP,或甚至由弧 CP 来表示。垂直于 CT 作 CG 等于 CT;设直角弧 AC 被分割为无限多个相等的部分 Pp 等,这些部分表示同样无限多个相等的时间部分。作 pk 垂直于 CT,TG 与 KP,kp 的延长线相交于 F,f;则 FK 等于 TK,而 Kk 比 PK 等于 Pp 比 Tp,即,比值是给定的;所以 FK · Kk,或面积 FKkf,将正比于$\frac{3\text{PK} \cdot \text{TK}}{\text{TP}}$,即正比于 EL;合成以后,总面积 GCKF 将正比于在整个时间 CP 中作用于月球的所有力 EL 的和而变化;所以也正比于该总和所产生的速度,即正比于掠过面积 CTP 的加速度,或正比于其变化率的增量。使月球在距离 TP 上绕静止地球以 27 天 7 小时 43 分的周期 CADB 运行的力,应使落体在时间 CT 内掠过长度$\frac{1}{2}$CT,同时获得一个与月球在其轨道上相等的速度。这已由第一编命题 4 推论Ⅸ证明过。但由于 TP 上的垂线 Kd 仅为 EL 的三分之一,在八分点处等于 TP 或 ML 的一半,所以在该八分点处力 EL 最大,超出力 ML 的比率为 3 比 2;所以它比使月球绕静止地球的其周期运行的力,等于 100 比$\frac{2}{3}$ · $17872\frac{1}{2}$,或 11915;而在时间 CT 内所产生的速度等于月球速度的$\frac{100}{11915}$部分;而在时间 CPA 内则按比率 CA 比 CT 或 TP 产生一个更大的速度。令在八分点处最大的 EL 力以面积 FK · Kk,或与之相等的矩形$\frac{1}{2}$TP · Pp 表示;则该最大力在任意时间 CP 内所产生的速度比另一个较小的力 EL 在相同时间所产生的速度,等于矩形$\frac{1}{2}$TP · CP 比面积 KCGF;而在整个时间 CPA 内所产生的速度相互间的比等于矩形$\frac{1}{2}$TP · CA 比三角形 TCG,或等于直角弧 CA 比半径 TP;所以,在全部时间内所产生的后一速度正比于月球速度的$\frac{100}{11915}$部分。在这个正比于面积的平均变化率的月球速度上(设该平均变化率以数

11915 表示),加上或减去另一个速度的一半;则和 11915＋50 或 11965 表示在朔望点 A 面积的最大变化率;而差 11915－50 或 11865 表示在方照点的最小变化率。所以,在相等的时间里,在朔望点与在方照点所掠过的面积的比等于 11965 比 11865。如在最小变化率 11865 上再加上一个变化率,它比前两个变化率的差 100,等于四边形 FKCG 比三角形 TCG,或等价地,等于正弦 PK 的平方比半径 TP 的平方(即等于 Pd 比 TP),则所得到的和表示月球位于任意中间位置 P 时的面积变化率。

但上述结果仅在假设太阳和地球静止时才成立,这时的月球会合周期为 27 天 7 小时 43 分。但由于月球的实际会合周期为 29 天 12 小时 44 分,变化率增量必须按与时间相同的比率扩大,即按 1080853 比 1000000 增大。这样,原为平均变化率$\frac{100}{11915}$部分的总增量,现在变为$\frac{100}{11023}$部分;所以月球在方照点的面积变化率比在朔望点的变化率等于 11023－50 比 11023＋50,或等于 10973 比 11073;至于比月球在任意中间位置 P 的变化率,则等于 10973 比 10973＋Pd;即,假设 TP＝100。

所以,月球伸向地球的半径在每个相等的时间小间隔内掠过的面积,在半径为一的圆中,近似地正比于数 219.46 与月球到最近的一个方照点的二倍距离的正矢的和。在此设在八分点的变差为其平均量。但如果在该处的变差较大或较小,则该正矢也必须按相同比例增大或减小。

命题 27　问题 8

由月球的小时运动求它到地球的距离。

月球通过其伸向地球的半径所掠过的面积,在每一时刻都正比于月球的小时运动与月球到地球距离平方的乘积。所以月球到地球的距离正比于该面积的平方根,反比于其小时运动的平方根而变化。

完毕。

推论Ⅰ. 因此可以求出月球的视在直径；因为它反比于月球到地球的距离。请天文学家验证这一规律与现象的一致程度。

推论Ⅱ. 因此也可以由该现象求出月球轨道，比迄今为止所做的更加精确。

命题 28　问题 9

求月球运动的无偏心率轨道的直径。

如果物体沿垂直于轨道的方向受到吸引，则它掠过的轨道，其曲率正比于该吸引力，反比于速度的平方，我取曲线曲率相互间的比，等于相切角的正弦或正切与相等的半径的最后的比，[46]在此设这些半径是无限缩小的。月球在朔望点对地球的吸引，是它对地球的引力减去太阳引力 2PK 后的剩余（见命题 25 插图），后者则为月球与地球指向太阳的加速引力的差。而在方照点时，该吸引力是月球指向地球的引力与太阳力 KT 的和，后者使月球趋向于地球。设 N 等于 $\frac{AT+CT}{2}$，则这些吸引力近似正比于 $\frac{178725}{AT^2}-\frac{2000}{CT\cdot N}$ 和 $\frac{178725}{CT^2}+\frac{1000}{AT\cdot N}$，或正比于 $178725N\cdot CT^2-2000AT^2\cdot CT$，和 $178725N\cdot AT^2+1000CT^2\cdot AT$。因为，如果月球指向地球的加速引力可以数 178725 表示，则把月球拉向地球的，在方照点为 PT 或 TK 的平均力 ML，即为 1000，而在朔望点的平均力 TM 即为 3000；如果由这个力中减去平均力 ML，则余下 2000，这正是我们在前面称之为 2PK 的在朔望点把月球自地球拉开的力。但月球在朔望点 A 和 B 的速度比其在方照点 C 和 D 的速度等于 CT 比 AT，与月球由伸向地球的半径在朔望点掠过面积的变化率，比在方照点掠过面积的变化率的乘积；即，等于 11073CT 比 10973AT。将该比式倒数的平方乘以前一个比式，则月球轨道在朔望点的曲率比其在方照点的曲率，等于 $120406729\cdot 178725AT^4\cdot CT^2\cdot N-120406729\cdot 2000AT^2\cdot CT$ 比 $122611329\cdot 178725AT^2\cdot CT^2\cdot N+122611329\cdot 1000CT^4\cdot AT$，即，等于 $2151969AT\cdot CT\cdot N-$

$24081AT^3$ 比 $2191371AT \cdot CT \cdot N + 12261CT^3$。

因为月球轨道形状是未知的,我们可以先设它为椭圆 DBCA,地球位于它的中心,且长轴 DC 在方照点之间,短轴 AB 在朔望点之间。由于该椭圆平面以一个角运动绕地球转动,我们要求其曲率的轨道应在一个不含这种运动的平面上画出,我们应考虑月球在这一平面上运动时画出的轨道的形状,也就是说,应考虑图形 Cpa,其上的每一个点 p 应这样求得:设 P 为椭圆上表示月球位置的点,作 Tp 等于 TP,并使得角 PTp 等于太阳自最后一个方照点 C 以来的视在运动;或者(等价地)使得角 CTp 比 CTD 等于月球的会合环绕时间比它环绕周期,或等于 29 天 12 小时 44 分比 27 天 7 小时 43 分。所以,如我们取角 CTa 比直角 CTA 等于该比值,并取 Ta 长度与 TA 相等,即可使 a 位于轨道 Cpa 的上回归点,C 位于上回归点。但我通过计算发现,该轨道 Cpa 在顶点 a 的曲率与以 TA 为间隔,以 T 为中心的圆的曲率的差,比该椭圆在顶点 A 的曲率与同一个的曲率的差,等于角 CTP 与角 CTp 的比的平方;而椭圆在 A 的曲率比圆的曲率等于 TA 与 TC 的比的平方;该圆的曲率比以 T 为中心以 TC 为半径的圆的曲率等于 TC 比 TA;但后一圆的曲率比椭圆在 C 的曲率等于 TA 与 TC 的比的平方;而椭圆在顶点 C 的曲率与后一圆的曲率的差,比图形 Tpa 在顶点 C 的曲率与同一个圆的曲率的差,等于角 CTp 与角 CTP 的比的平方。所有这些关系都易于从切角及其差的正弦导出。但对这些比式作比较,我们即发现,图形 Cpa 在 a 处的曲率比其 C 处的曲率等于 $AT^3 - \frac{16824}{100000}CT^2 \cdot AT$ 比 $CT^3 + \frac{16824}{100000}AT^2 \cdot CT$;在此,数 $\frac{16824}{100000}$ 表示角 CTP 与 CTp 的平方差再除以

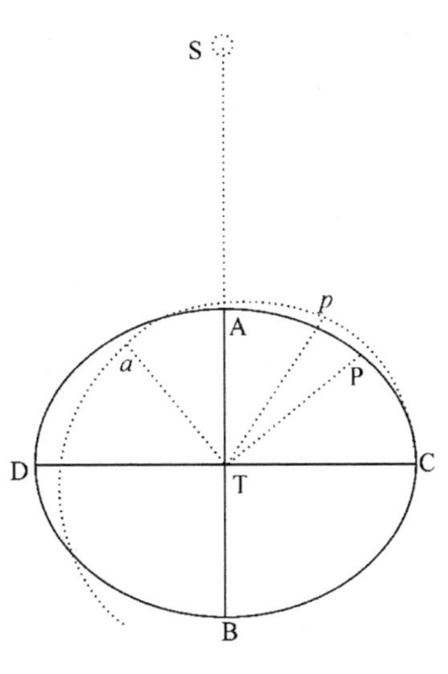

较小的角 CTP 的平方；或表示（等价地）时间 27 天 7 小时 43 分与 29 天 12 小时 44 分的平方差除以时间 27 天 7 小时 43 分的平方。

所以，由于 a 表示月球的朔望点，C 表示方照点，上述比值必定等于上面求出的月球轨道在朔望点的曲率与在方照点的曲率的比值。所以，为求出比值 CT 比 AT，可将所得到比式的外项与中项相乘，再除以 AT · CT，得到如下方程：$2062.79CT^4 - 2151969N \cdot CT^3 + 368676N \cdot AT \cdot CT^2 + 36342AT^2 \cdot CT^2 - 362047N \cdot AT^2 \cdot CT + 2191371N \cdot AT^3 + 4051.4AT^4 = 0$。如果令项 AT 与 CT 的和的一半 N 为 1，x 是它们的差的一半，则 $CT = 1 + x$，$AT = 1 - x$。把这些值代入方程，求解以后得 $x = 0.00719$；因此，半径 CT＝1.00719，半径 AT＝0.99281，这两个数的比大约等于 $70\frac{1}{24}$ 比 $69\frac{1}{24}$。所以月球在朔望点到地球的距离比其在方照点的距离（不考虑偏心率）等于 $69\frac{1}{24}$ 比 $70\frac{1}{24}$；或者取整数比，等于 69 比 70。

命题 29　问题 10

求月球的变差。

这种不相等性部分地归因于月球轨道的椭圆形状，部分地归因于由月球伸向地球的半径所掠过面积变化率的不相等性。如果月球 P 沿椭圆 DBCA 绕处于该椭圆中心的静止地球转动，其伸向地球的半径 TP 掠过的面积 CTP 正比于运行时间；椭圆的最大半径 CT 比最小半径 TA 等于 70 比 69；则角 CTP 的正切比由方照点 C 起算的平均运动角的正切，等于椭圆半径 TA 比其半径 TC，或等于 69 比 70。但月球由方照点行进到朔望点所掠过的面积 CTP，应以这种方式被加速，使得月球在朔望点的面积变化率比在方照点的面积变化率等于 11073 比 10973；而在任意中间点 P 的变化率与在方照点变化率的差则应正比于角 CTP 的正弦的平方；如果将角 CTP 的正切按数 10973 与数 11073 的比的平方根减小，即按 68.6877 比 69 减小，则可以足够精确地求出它。因此,角 CTP 的正切比平均运动的正弦等于 68.6877 比 70;在八分点处,平均运动等于 45°,角 CTP 将为 44°27′28″,当从 45°的平均运动中减去它后,将剩下最大变差 32′32″。所以,如果月球是由方照点到朔望点的,应当仅掠过 90°的角 CTA。但由于地球的运动造成太阳视在前移,月球在赶上太阳之前需掠过一个大于直角的角 CTa,它与直角的比等于月球的会合周期比自转周期,即等于 29 天 12 小时 44 分比 27 天 7 小时 43 分。因此所有绕中心 T 的圆心角都要按相同比例增大;而原为 32′32″的最大变差,按该比例增大后,变为 35′10″。

这就是在太阳到地球的平均距离上,月球的变差,在此未考虑大轨道曲率的差别,以及在新月和月面呈凹形时太阳对月球的作用大于满月和月面呈凸形时。在太阳到地球的其他距离上,最大变差是一个比值复合,它正比于月球会合周期的平方(在一年中的月份是已知的),反比于太阳到地球距离的立方。所以,在太阳的远地点,如果太阳的偏心率比大轨道的横向半径为 $16\frac{15}{16}$ 比 1000,则最大变差为 33′14″,而在近地点,则为 37′11″。

至此我们研究了无偏心率的轨道变差,在其中月球在八分点到地球的距离正好是它到地球的平均距离。如果月球由于其轨道偏心率的存在而致使到地球的距离时远时近,则其变差也会时大时小。我将变差的这种增减留给天文学家们通过观测做出推算。

命题 30　问题 11

求在圆轨道上月球交会点的每小时运动。

令 S 表示太阳,T 为地球,P 为月球,NPn 为月球轨道,Npn 为该轨道在黄道平面上的投影;N,n 为交会点,nTNm 为交会点连线的不定延长线;PI,PK 是直线 ST,Qq 上的垂线;Pp 是黄道面上的垂线;A,B 是月球在黄道面上的朔望点;AZ 是交会点连线 Nn 上的垂线;Q,q 是月球在黄道面上的方照点,PK 是方照点连线 Qq 上的垂线。太阳干扰月球运动的力(由命题 25)由两部分组成,一部分正比于直线

LM，另一部分正比于直线 MT；前一个力使月球被拉向地球，而后一个力则把它拉向太阳，方向是平行于连接地球与太阳的连线 ST。前一个力 LM 的作用沿着月球轨道平面的方向，因而对月球在轨道上的位置变化无作用，在此不予考虑；后一个力 MT 使月球轨道平面受到干扰，其作用与力 3PK 或 3IT 相同。而且这个力（由命题 25）比使月球沿圆轨道绕静止地球在其周期时间内以匀速转动的力，等于 3IT 比该圆半径乘以数 178.725，或等于 IT 比半径乘以 59.575。但在此处，以及以后的所有计算中，我都假设月球到太阳的连线与地球到太阳的连线相平行；因为这两条连线的倾斜在某种情况下足以抵消一切影响，如同在另一些情况下使之产生一样；我们现在是在研究交会点的平均运动，不考虑这些不重要的只会使计算变得繁杂的细节。

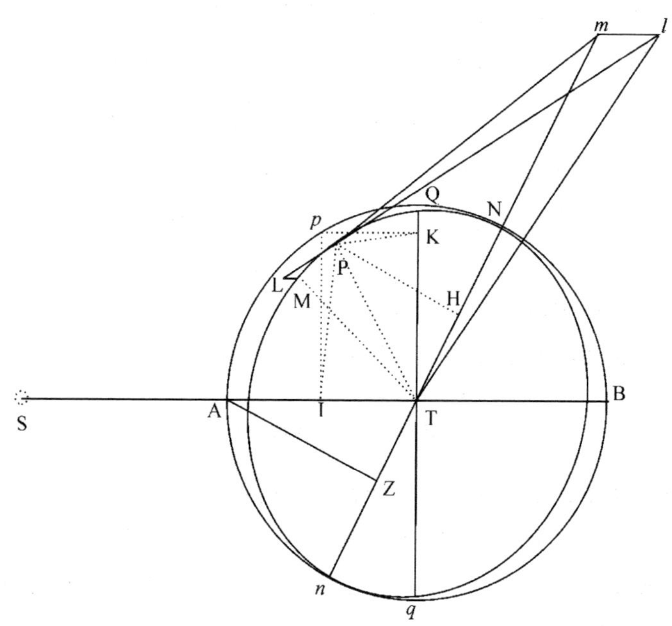

设 PM 表示在最小时间间隔内掠过的弧段，ML 为一短线，月球在相同时间内在上述的力 3IT 的冲击下可掠过它的一半；连接 PL，MP，并把它们延长到 m 和 l，并与黄道平面相交，在 Tm 上作垂线

PH。由于直线 ML 平行于黄道面，所以绝不会与该平面内的直线 ml 相交，因此它们也平行，因而三角形 LMP，lmp 相似。又因 MPm 在轨道平面内，当月球在处所 P 处运动时，点 m 落在通过轨道交会点 N，n 的直线 Nn 上。而因为使小线段 LM 的一半得以产生的力，若全部同时作用于点 P，则可以产生整个线段，使月球沿以 LP 为弦的弧运动；也就是说，可以使月球由平面 MPmT 进入平面 LPlT；所以该力使交会点产生的角运动等于角 mTl。但 ml 比 mP 等于 ML 比 MP；而由于时间给定，MP 也给定，ml 正比于乘积 ML · mP，即，正比于乘积 IT · mP。如果 Tml 是直角，角 mTl 正比于 $\frac{ml}{\mathrm{T}m}$，所以正比于 $\frac{\mathrm{IT}\cdot \mathrm{P}m}{\mathrm{T}m}$，即(因为 T$m$ 与 mP，TP 与 PH 是正比的)，正比于 $\frac{\mathrm{IT}\cdot\mathrm{PH}}{\mathrm{TP}}$；所以，因为 TP 给定，正比于 IT · PH。但如果角 Tml 或 STN 不是直角，则角 mTl 将更小，正比于角 STN 的正弦比半径，或 AZ 比 AT。所以，交会点的速度正比于 IT · PH · AZ，或正比于三个角 TPI，PTN 和 STN 正弦的乘积。

如果这些角是直角，像交会点在方照点，月球在朔望点那样，小线段 ml 将移到无限远处，角 mTl 与角 mPl 相等。但在这种情形中，角 mPl 比月球在相同时间内绕地球的视在运动所成的角 PTM，等于 1 比 59.575。因为角 mPl 等于角 LPM，即等于月球偏离直线路径的角度；如果月球引力消失，则该角可以由太阳力 3IT 在该给定时间内单独产生；而角 PTM 等于月球偏直线路径的角；如果太阳力 3IT 消失，则这个角也可以由停留在其轨道上的月球在相同时间内单独生成。这两个力(如上所述)相互间的比等于 1 比 59.575。所以由于月球的平均小时运动(相对于恒星)为 $32^{\mathrm{m}}56^{\mathrm{s}}27^{\mathrm{th}}12\frac{1}{2}^{\mathrm{iv}}$①，在此情形中的交会

① m，s，th，iv，v 均为角度单位，$1\mathrm{m}=\frac{1}{60}$度；$1\mathrm{s}=\frac{1}{60}\mathrm{m}$；$1\mathrm{th}=\frac{1}{60}\mathrm{s}$；$1\mathrm{iv}=\frac{1}{60}\mathrm{th}$；$1\mathrm{v}=\frac{1}{60}\mathrm{iv}$。——译者注

点运动将为 $33^{s}10^{th}33^{iv}12^{v}$。但在其他情形中，小时运动比 $33^{s}10^{th}33^{iv}12^{v}$ 等于三个角 TPI，PTN 和 STN 正弦（或月球到方照点的距离，月球到交会点的距离，以及交会点到太阳的距离）的乘积比半径的立方。而且每当某一个角的正弦由正变负，或由负变正时，逆行运动必变为顺行运动；而顺行运动必变为逆行运动。因此，只要月球位于任意一个方照点与距该方照点最近的交会点之间，交会点总是顺行的。在其他情形中它都是逆行的，而由于逆行大于顺行，交会点逐月后移。

推论Ⅰ. 因此，如果由短弧 PM 的端点 P 和 M 向方照点连线 Q*q* 作垂线 PK，M*k*，并延长与交会点连线 N*n* 相交于 D 和 *d*，则交会点的小时运动将正比于面积 MPD*d* 乘以直线 AZ 的平方。因为令 PK，PH 和 AZ 为上述的三个正弦，即 PK 为月球到方照点距离的正弦，PH 为月球到交会点距离的正弦，AZ 为交会点到太阳距离的正弦；交会点的速度正比于乘积 PK・PH・AZ。但 PT 比 PK 等于 PM 比 K*k*；所以，因为 PT 和 PM 是给定的，K*k* 正比于 PK。类似地，AT 比 PD 等于 AZ 比 PH，所以 PH 正比于矩形 PD・AZ；将这些比式相乘，PK・PH 正比于立方容积 K*k*・PD・AZ，而 PK・PH・AZ 正比于 K*k*・PD・AZ^2；即，正比于面积 PD*d*M 与 AZ^2 的乘积。

推论Ⅱ. 在交会点的任意给定位置上，它们的平均小时运动为在朔望点月球小时运动的一半，所以比 $16^{s}35^{th}16^{iv}36^{v}$ 等于交会点到朔

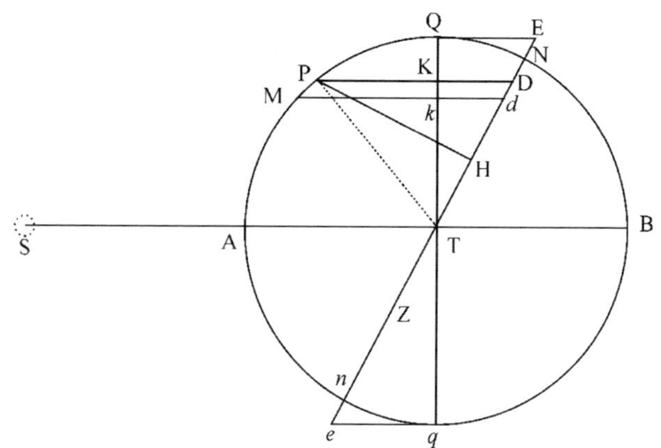

望点距离正弦的平方比半径的平方,或等于 AZ^2 比 AT^2。因为,如果月球以均匀运动掠过半圆 QAq,则在月球由 Q 到 M 的时间内,所有面积 $PDdM$ 的和,将构成面积 $QMdE$,它以圆的切线 QE 为界;当月球到达点 n 时,这些面积的和又构成直线 PD 所掠过的面积 $EQAn$:但由于当月球由 n 前移到 q 时,直线 PD 将落在圆外,掠过以圆切线 qe 为界的面积 nqe,因为交会点原先是逆行的,现在变为顺行,该面积必须从前一个面积中减去,而由于它等于面积 QEN,所以剩下的是半圆 $NQAn$。所以,当月球掠过半圆时,所有的面积 $PDdM$ 的和也等于该半圆;当月球掠一个整圆时,这些面积的和也等于该整圆面积。但当月球位于朔望点时,面积 $PDdM$ 等于弧 PM 乘以半径 PT;而所有的与之相等的面积的总和,在月球掠过一个整圆的时间内,等于整个圆周乘以圆半径;这个乘积在圆面积增大一倍时,变为前一个面积的和的二倍。所以,如果交会点以其在月球朔望点所获得的速度匀速运动,则它们掠过的距离为实际上的二倍;所以,如果它们是匀速运动的,则其平均运动所掠过的距离与它们实际上以不均匀运动所掠过的距离相等,但仅仅为它们以在月球朔望点获得的速度所掠过的距离的一半。因此,如果交会点在方照点,由于其最大小时运动为 $33^s10^{th}33^{iv}12^v$,对应的平均小时运动为 $16^s35^{th}16^{iv}36^v$。而由于交会点的小时运动处处正比于 AZ^2 与面积 $PDdM$ 的乘积,所以,在月球的朔望点,交会点的小时运动也正比于 AZ^2 与面积 $PDdM$ 的乘积,即(因为在朔望点掠过的面积 $PDdM$ 是给定的),正比于 AZ^2,所以,平均运动也正比于 AZ^2;所以,当交会点不在方照点时,该运动比 $16^s35^{th}16^{iv}36^v$ 等于 AZ^2 比 AT^2。

命题 31 问题 12

求月球在椭圆轨道上的交会点小时运动。

令 $Qpmaq$ 表示一个椭圆,其长轴为 Qq,短轴为 ab;$QAqB$ 是其外切圆;T 是位于这两个圆的公共中心的地球;S 是太阳,p 是沿椭圆

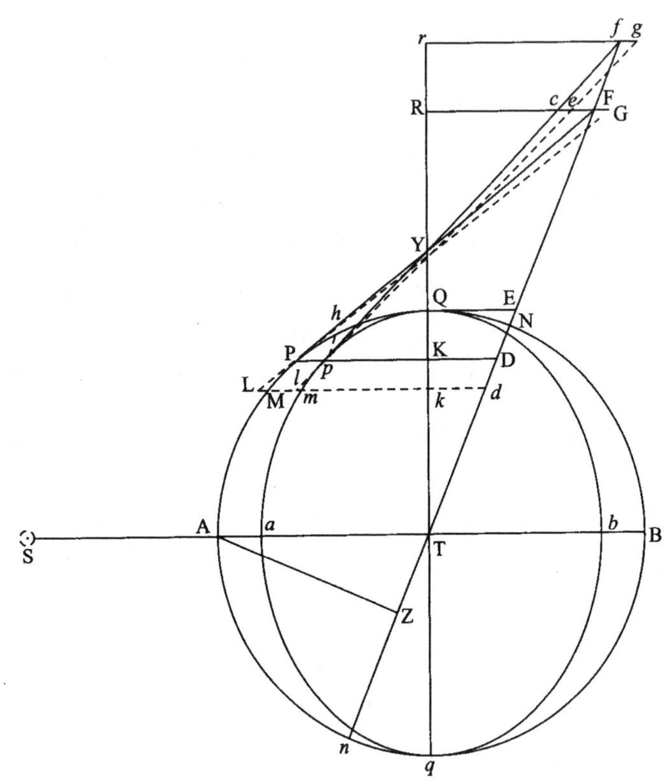

运动的月球；pm 是月球在最小时间间隔内掠过的弧长；N 和 n 是交会点，其连线为 Nn；pK 和 mk 为轴 Qq 上的垂线，向两边的延长线与圆相交于 P 和 M，与交会点连线相交于 D 和 d。如果月球伸向地球的半径掠过的面积正比于运行时间，则椭圆交会点的小时运动将正比于面积 $pDdm$ 与 AZ^2 的乘积。

因为，令 PF 与圆相切于 P，延长后与 TN 相交于 F；pf 与椭圆相交于 p，延长后与同一个 TN 相交于 f，两条切线在轴 TQ 上相交于 Y；令 ML 表示在月球沿圆转动掠过弧 PM 的时间内，月球在上述力 3IT 或 3PK 作用下横向运动所掠过的距离；而 ml 表示在相同时间内月球受相同的力 3IT 或 3PK 作用沿椭圆转动的距离；令 LP 和 lp 延长与黄道面相交于 G 和 g，作 FG 和 fg，其中 FG 的延长线分别在 c，

e 和 R 分割 pf,pg 和 TQ;fg 的延长线在 r 分割 TQ。因为圆上的力 3IT 或 3PK 比椭圆上的力 3IT 或 $3p$K 等于 PK 比 pK,或等于 AT 比 aT,前一个力产生的距离 ML 比后一个力产生的距离 ml 等于 PK 比 pK;即,因为图形 PYKp 与 FYRc 相似,等于 FR 比 cR。但(因为三角形 PLM,PGF 相似)ML 比 FG 等于 PL 比 PG,即(由于 Lk,PK,GR 相平行),等于 pl 比 pe,即比(因为三角形 plm,cpe 相似)等于 lm 比 ce;其反比等于 LM 比 lm,或等于 FR 比 cR,FG 比 ce 也是如此。所以,如果 fg 比 ce 等于 fy 比 cY,即等于 fr 比 cR(即,等于 fr 比 FR 乘以 FR 比 cR,即等于 fT 比 FT,乘以 FG 比 ce),因为两边的 FG 比 ce 消去,余下 fg 比 FG 和 fT 比 FT,所以 fg 比 FG 等于 fT 比 FT;所以,由 FG 和 fg 在地球 T 上所划分的角相等。但这些角(由我们在前述命题中所证明的)就是与月球在圆上掠过弧 pM,在椭圆上掠过弧 Pm 的同时,交会点的运动;因而交会点在圆上与在椭圆上的运动相等。因此,可以说,如果 fg 比 ce 等于 fY 比 cY,即,如果 fg 等于 $\frac{ce \cdot f\mathrm{Y}}{c\mathrm{Y}}$,即有如此结果。但因为三角形 fgp,cep 相似,fg 比 ce 等于 fg 比 cp;所以 fg 等于 $\frac{ce \cdot fp}{cp}$;所以,实际上由 fg 划分的角比由 FG 所划分的前一个角,即是说,交会点在椭圆上的运动比其在圆上的运动,等于 fg 或 $\frac{ce \cdot fp}{cp}$ 比前一个 fg 或 $\frac{ce \cdot f\mathrm{Y}}{c\mathrm{Y}}$,即等于 $f\mathrm{P} \cdot c\mathrm{Y}$ 比 $f\mathrm{Y} \cdot cp$,或等于 fP 比 fY 乘以 cY 比 cp;即,如果 ph 平行于 TN,与 FP 相交于 h,则等于 Fh 比 FY 乘以 FY 比 FP;即,等于 Fh 比 FP 或 Dp 比 DP,所以等于面积 Dpmd 比面积 DPMd。所以,由于(由命题 30 推论Ⅰ)后一个面积与 AZ^2 的乘积正比于交会点在圆上的小时运动,则前一个面积与 AZ^2 的乘积将正比于交会点在椭圆上的小时运动。

证毕。

推论. 所以,由于在交会点的任意给定位置上,在与月球由方照点运动到任意处所 m 的时间内,所有的面积 pDdm 的和,就是以椭圆的切线 QE 为边界的面积 $mpQEd$；且在一次环绕中，所有这些面积的和，就是整个椭圆的面积；交会点在椭圆上的平均运动比交会点在圆上的平均运动等于椭圆比圆；即，等于 Ta 比 TA，或 69 比 70。所以，由于(由命题 30 推论Ⅱ)交会点在圆上的平均小时运动比 $16^{s}35^{th}16^{iv}36^{v}$ 等于 AZ^2 比 AT^2，如果取角 $16^{s}21^{th}3^{iv}30^{v}$ 比角 $16^{s}35^{th}16^{iv}36^{v}$ 等于 69 比 70，则交会点在椭圆上的平均小时运动比 $16^{s}21^{th}3^{iv}30^{v}$ 等于 AZ^2 比 AT^2；即，等于交会点到太阳距离的正弦的平方比半径的平方。

但月球伸向地球的半径在朔望点掠过面积的速度大于其在方照点，因此在朔望点时间被压缩了，而在方照点则延展了；把整个时间合起来交会点的运动作了类似的增加或减少，但在月球的方照点面积变化率比在月球的朔望点面积变化率等于 10973 比 11073；因而在八分点的平均变化率比在朔望点的出超部分，以及比在方照点的不足部分，等于这两个数的和的一半 11023 比它们的差的一半 50。因此，由于月球在其轨道上各相等的小间隔上的时间反比于它的速度，在八分点的平均时间比在方照点的出超时间，以及比在朔望点的不足时间，近似等于 11023 比 50。但是我发现在由方照点到朔望点时，面积变化率大于在方照点的最小变化率的出超部分，近似正比于月球到该方照点距离的正弦的平方；所以在任意处所的变化率与在八分点的平均变化率的差，正比于月球到该方照点距离正弦的平方，与 45 度正弦平方，或半径平方的一半的差；而在八分点与方照点之间各处所上时间的增量，与在该八分点到朔望点之间各处所上时间的减量，有相同比值。但在月球掠过其轨道上各相等小间隔的同时，交会点的运动正比于该时间加速或减速；这一运动，当月球掠过 PM 时，(等价地)正比于 ML，而 ML 正比于时间的平方变化。因此，交会点在朔望点的运动，在月球掠过其轨道上给定的小间隔的同时，正比于数 11073 与数 11023 的比值的平方而减小，而其减量比剩余运动等于 100 比 10973；它比总运动近似等于 100 比 11073。但在八分点与朔望点之间的处所上的减量，与在该八分点与方照点之间的处所上的增量，比该减量近似等于在这些处所上的总运动比在朔望点的总运动,乘以月球到该方照点距离正弦的平方与半径平方的一半的差,比半径平方的一半。所以,如果交会点在方照点,我们可取二个处所,一个在其一侧,另一个在另一侧,它们到八分点的距离,与另二个距离相等,一个是到朔望点,另一个是到方照点,并由在朔望点和八分点之间的两个处所的运动减量上,减去在该八分点与方照点之间的另两个处所的运动增量,则余下的减量将等于在朔望点的减量,这可以由计算而简单地证明;所以,平均减量,应该从交会点平均运动中减去,它等于在朔望点减量的四分之一。交会点在朔望点的总小时运动(设此时月球伸向地球的半径所掠过的面积正比于时间)为 $32^{s}42^{th}7^{iv}$。又,我们已经证明交会点运动的减量,在与月球以较大速度掠过相同的空间的时间内,比该运动等于 100 比 11073;所以这一减量为 $17^{th}43^{iv}11^{v}$。由上面求出的平均小时运动 $16^{s}21^{th}3^{iv}30^{v}$ 中减去其$\frac{1}{4}$ $4^{th}25^{iv}48^{v}$,余下 $16^{s}16^{th}37^{iv}42^{v}$,这就是它们的平均小时运动的正确值。

如果交会点不在方照点,设两个点分别在其一侧和另一侧,且到朔望点距离相等,则当月球位于这些处所时,交会点运动的和,比当月球在相同处所而交会点在方照点时它们的运动的和,等于 AZ^2 比 AT^2。而由于刚才论述的原因而产生的运动减小量,其相互间的比,以及余下的运动相互间的比,等于 AZ^2 比 AT^2;而平均运动正比于余下的运动。所以,在交会点的任意给定处所,它们的实际平均小时运动比 $16^{s}16^{th}37^{iv}42^{v}$ 等于 AZ^2 比 AT^2;即,等于交会点到朔望点距离正弦的平方比半径的平方。

命题 32　问题 13

求月球交会点的平均运动。

年平均运动是一年中所有平均小时运动的和。设交会点位于 N,并每经过一个小时后都回到其原先的位置;使得它尽管有这样的运动,却相对于恒星保持位置不变;而与此同时,太阳 S 由于地球的运动看上去像是离开交会点，以均匀运动行进直到完成其视在年运动。令 Aa 表示给定短弧，它由总是伸向太阳的直线 TS 与圆 NAn 的交点在给定时间间隔内掠过；则平均小时运动(由上述证明)正比于 AZ^2，即(因为 AZ 与 ZY 成正比)，正比于 AZ 与 ZY 的乘积，即，正比于面积 AZYa；而从一开始算起的所有平均小时运动的和正比于所有面积 aYZA 的和，即，正比于面积 NAZ。但最大的 AZYa 等于弧 Aa 与圆半径的乘积；所以，在整个圆上所有这样的乘积的和与所有最大乘积的和的比，等于整个圆的面积比整个圆周长与半径的乘积，即，等于 1 比 2。但对应于最大乘积的小时运动是 $16^{s}16^{th}37^{iv}42^{v}$，而在一个恒星年的 365 天 6 小时 9 秒中，总和为 39°38′7″50‴；所以，其一半为 19°49′3″55‴，就是对应于整个圆的交会点平均运动。在太阳由 N 运动到 A 的时间内，交会点的运动比 19°49′3″55‴ 等于面积 NAZ 比整个圆。

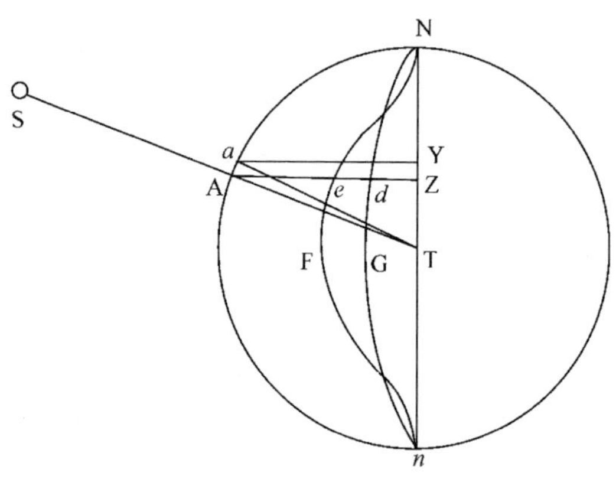

这一结果是以交会点每经过一个小时都回到其原先位置为前提的，这样，经过一次完全环绕后，太阳在年终时又出现在它曾在年初时离开的同一个交会点上。但是，因为交会点的运动是同时进行的，所以太阳必定要提前与交会点相遇；现在我们来计算所缩短的时间。由于太阳在一年中要移动 360 度，同一时间里交会点以其最大运动而移动 39°38′7″55‴，或 39.6355 度；在任意处所 N 的交会点平均运动比其在方照点的平均运动，等于 AZ^2 比 AT^2；太阳运动比交会点在 N 处的平均运动等于 $360AT^2$ 比 $39.6355AZ^2$；即，等于 $9.0827646AT^2$ 比 AZ^2。所以，如果我们设整个圆的周长 NAn 分割成相等的小部分 Aa,则当圆静止时,太阳掠过短弧 Aa 的时间,比当圆交会点一起绕中心 T 转动时太阳掠过同一短弧的时间,等于 $9.0827646AT^2$ 与 $9.0827646AT^2+AZ^2$ 的反比;因为时间反比于掠过短弧的速度,而该速度又是太阳与交会点速度的和。所以,如果以扇形 NTA 表示太阳在交会点不动时掠过弧 NA 的时间,而该扇形的无限小部分 ATα。表示它掠过短弧 Aa 的小时间间隔;且(作 aY 垂直于 Nn)如果在 AZ 上取 dZ 为这样的长度,使得 dZ 与 ZY 的乘积比扇形的极小部分 ATa 等于 AZ^2 比 $9.0827646AT^2+AZ^2$;也就是说,dZ 比$\frac{1}{2}$AZ 等于 AT^2 比 $9.0827646AT^2+AZ^2$;则,dZ 与 ZY 的乘积将表示在弧 Aa 被掠过的同时,由于交会点的运动而造成的时间减量;如果曲线 NdGn 是点 d 的轨迹,则曲线面积 NdZ 在整个面积 NA 被掠过的同时将正比于总的时间流量;所以,扇形 NAT 超出面积 NdZ 的部分正比于总时间。但因为在短时间内的交会点运动与时间的比值亦较小,面积 AaYZ 也必须按相同比例减小;这可以在 AZ 上取线段 eZ 为这样的长度,使它比 AZ 的长度等于 AZ^2 比 $9.0827646AT^2+AZ^2$;因为这样的话 eZ 与 ZY 的乘积比面积 AZYa 等于掠过弧 Aa 的时间减量比交会点静止时掠过它的总时间;所以,该乘积正比于交会点运动的减量。如果曲线 NeFn 是点 e 的轨迹,则这种运动的减量的总和,总面积 NeZ,将正比于在掠过弧 AN 的时间内的总减量;而余下的面积 NAe 正比于余下的运动,这一运动正是在太阳与交会点以其复合运动掠过整个弧 NA 的时间内,交会点的实际运动。现在,半圆面积比图形 NeFn 的面积由无限级数方法求出约为 793 比 60。而对应于或正比于整个圆的运动为 19°49′3″55‴;因而对应于二倍图形 NeFn 的运动为 1°29′58″2‴,把它从前一运动中减去后余下 18°19′5″53‴,这就是交会点在它与太阳的两个会合点之间相对于恒星的总运动;从太阳的年运动 360°中减去这项运动,余下 341°40′54″7‴,这是太阳在相同会合点之间的运动。但这一运动比 360°的年运动,等于刚才求出的交会点运动 18°19′5″53‴比其年运动,因此它为 19°18′1″23‴;

这就是一个回归年中交会点的平均运动。在天文表中,它对应的则为 19°21′21″50‴。差别不足总运动的$\frac{1}{300}$部分,它似乎是由于月球轨道的偏心率,以及它与黄道面的倾斜引起的。这个轨道的偏心率使交会点运动的加速过大;在另一方面,轨道的倾斜使交会点的运动受到某种阻碍,因而获得适当的速度。

命题 33　问题 14

求月球交会点的真实运动。

在正比于面积 NTA－N*d*Z(在前一个图中)的时间内,该运动正比于面积 NA*e*,因而是给定的;但因为计算太困难,最好是使用下述作图求解。以 C 为中心,取任意半径 CD 作圆 BEFD;延长 DC 到 A 使 AB 比 AC 等于平均运动比交会点位于方照点的平均真实运动(即,等于 19°18′1″23‴ 比 19°49′3″55‴);因而 BC 比 AC 等于这些运动的差 0°31′2″32‴ 比后一运动 19°49′3″55‴,即等于 1 比 38 $\frac{3}{10}$。然后通过点 D 作不定直线 G*g*,与圆相切于 D;如果取角 BCE,或 BCF 等于太阳到交会点距离的二倍,它可以通过平均运动求出,并作 AE 或 AF 与垂线 DG 相交于 G,取另一个角,使它比在朔望之间的交会点总运动(即比 9°11′3″)等于切线 DG 比圆 BED 的总周长,并在它们由方照点移向朔望点时,在交会点的平均运动中加上这后一个角(可用角 DAG),而在它们由朔望点移向方照点时,由平均运动中减去这个角,即得到它们的真实运动;因为由此求出的真实运动与设时间正比于面积 NTA－

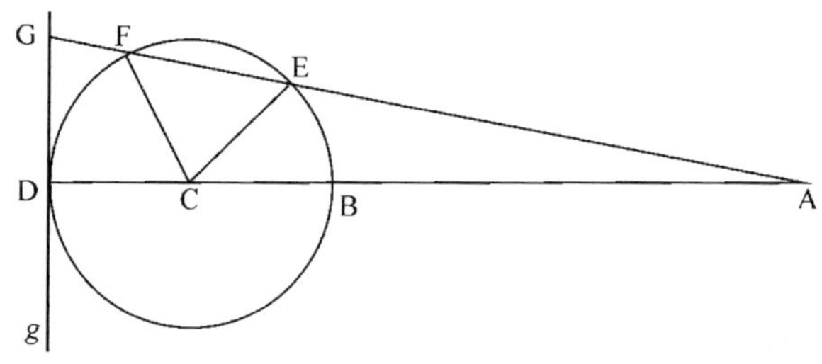

NdZ,且交会点运动正比于面积 NAe 所求出的真实运动近似吻合;任何人通过验算都会发现:这正是交会点运动的半月均差。但还有一个月均差,只是它在求月球黄纬时是不必要的;因为既然月球轨道相对于黄道面倾斜的变差受两方面不等性的支配,一个是半月的,另一个是每月的,而这一变差的月不等性与交会点的月均差,能够相互抵消校正,所以在计算月球的黄纬时二者都可以略去不计。

推论. 由本命题和前一命题可知,交会点在朔望点是静止的,而在方照点是逆行的,其小时运动为 $16^{s}19^{th}26^{iv}$;在八分点交会点运动的均差为 $1°30'$;所有这些都与天文现象精确吻合。

附　注

格列山姆学院(Gresham)教授马金[①](Machin)先生和亨利·彭伯顿[②]博士分别用不同方法发现了月球交会点运动。本方法的论述曾见诸其他场合。他们的论文,就我所看到的,都包括两个命题,而且相互间完全一致,马金先生的论文最先到达我的手中,所以收录如下。

---

① John Machin(1680—1751),英国数学家、天文学家。他首次将圆周变化计算到小数点后 100 位。马金曾任英国皇家学会调查委员会成员,调查牛顿与莱布尼兹微积分优先权纠纷,并作出有利于牛顿的裁决。他任皇家学会秘书近 30 年。——译者注

② Henry Pemberton(1694—1771),英国物理学家,数学家,他是《原理》第三版的主持人,曾将《原理》译为英文,对宣传牛顿学说有过巨大贡献。John Machin(1686—1751),格列山姆学院天文学教授。——译者注

月球交会点的运动

命　题　1

太阳离开交会点的平均运动由太阳的平均运动与太阳在方照点以最快速度离开交会点的平均运动的几何中项决定。

令 T 为地球的处所，Nn 为任意给定时刻的月球交会点连线，KTM 为其上的垂线，TA 为绕中心旋转的直线，其角速度等于太阳与交会点相互分离的角速度，使得介于静止直线 Nn 与旋转直线 TA 之间的角总是等于太阳与交会点间的距离。如果把任意直线 TK 分为 TS 和 SK 两部分，使它们的比等于太阳的平均小时运动比交会点在方照点的平均小时运动，再取直线 TH 等于 TS 部分与整个线段 TK 的比例中项，则该直线正比于太阳离开交会点的平均运动。

因为以 T 为中心，以 TK 为半径作圆 NKnM，并以同一个中心，以 TH 和 TN 为半轴作椭圆 NHnL；在太阳离开交会点通过弧 Na 的时间内，如果作直线 Tba，则扇形面积 NTa 表示在相同时间内太阳与交会点的运动的和。所以，令极小弧 aA 为直线 Tba 按上述规律在给定时间间隔内匀速转动所掠过，则极小扇形 TAa 正比于在该时间内太阳与交会点向两个不同方向运动的速度的和。太阳的速度几乎是均

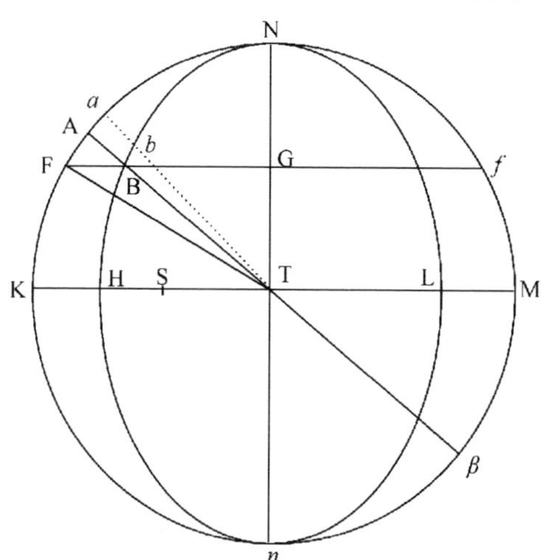

匀的，其不等性如此之小，不会在交会点的平均运动中造成最小的不等性。这个和的另一部分，即交会点速度的平均量，在离开朔望点时按它到太阳距离正弦的平方增大(由本编命题31推论)，并在到达方照点同时太阳位于K时有最大值，它与太阳速度的比等于SK比TS，即，等于(TK比TH的平方差，或)矩形KHM比TH^2。但椭圆NBH将表示这两个速度的和的扇形ATa分为ABba和BTb两部分，且正比于速度。因为，延长BT到圆交于β，由点B向长轴作垂线BG，它向两边延长与圆相交于点F和f；因为空间ABba比扇形TBb等于矩形ABβ比BT^2(该矩形等于TA和TB的平方差，因为直线AB在T被等分，而在B未被等分)，所以当空间ABba在K处为最大时，该比值与矩形KHM比HT^2相等。但上述交会点的最大平均速度与太阳速度的比也等于这一比值；因而在方照点扇形ATa被分割成正比于速度的部分。又因为矩形KHM比HT^2等于FBf比BG^2，且矩形ABβ等于矩形FBβ，所以在K处也是最大的小面积ABba比余下的扇形TBb等于矩形ABβ比BG^2。但这些面积的比总是等于矩形ABβ比BT^2；所以位于处所A的小面积ABba按BG与BT的平方比值小于它在方照点的对应小面积，即，按太阳到交会点距离的正弦的平方比值减小。所以，所有小面积ABba的和，即空间ABN，正比于在太阳离开交会点后掠过弧NA的时间内交会点的运动；而余下的空间，即椭圆扇形NTB，则正比于同一时间里的太阳平均运动。而因为交会点的平均年运动是在太阳完成其一个周期运动的时间内完成的，交会点离开太阳的平均运动比太阳本身的平均运动等于圆面积比椭圆面积；即，等于直线TK比直线TH，后者是TK与TS的比例中项；或者，等价地，等于比例中项TH比直线TS。

命　题　2

已知月球交会点的平均运动，求其真实运动。

令角A为太阳到交会点平均位置的距离，或太阳离开交会点的平均运动。如果取角 B,其正切比角 A 的正切等于 TH 比 TK,即等于太阳的平均小时运动与太阳离开交会点的平均小时运动的比的平方根,则当交会点位方照点时,角 B 为太阳到交会点的真实距离。因为连接 FT,由前一命题的证明,角 FTN 为太阳到交会点平均位置的距离,而角 ATN 为太阳到交会点真实位置的距离,这二个角的正切的比等于 TK 比 TH。

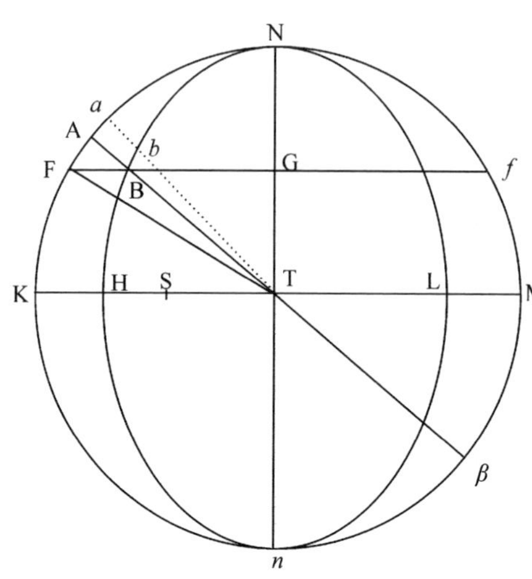

推论.因此,角 FTA 为月球交会点的均差;该角的正弦,其在八分点的最大值比半径等于 KH 比 TK+TH。但在其他任意处所 A 该均差的正弦比最大正弦等于角 FTN+ATN 的和的正弦比半径;即,近似等于太阳到交会点平均位置的二倍距离(即 2FTN)的正弦比半径。

附 注

如果交会点在方照点的平均小时运动为 $16''16'''37^{iv}42^{v}$,即在一个回归年中为 $39°38'7''50'''$,则 TH 比 TK 等于数 9.0827646 与数 10.0827646 的比的平方根,即等于 18.6524761 比 19.6524761。所以,TH 比 HK 等于 18.6524761 比 1;即,等于太阳在一个回归年中的运动比交会点的平均运动 $19°18'1''23\frac{2}{3}'''$。

但如果月球交会点在 20 个儒略年中的平均运动为 $386°50'16''$,如由观测运用月球理论所推算的那样,则交会点在一个回归年中的平均运动为 $19°20'31''58'''$,TH 比 HK 等于 360° 比 $19°20'31''58'''$;即,等于

18.61214 比 1,由此交会点在方照点的平均小时运动为 16″18‴48^{iv}。交会点在八分点的最大均差为 1°29′57″。

命题 34 问题 15

求月球轨道相对于黄道平面的倾斜的每小时变差。

令 A 和 a 表示朔望点;Q 和 q 为方照点;N 和 n 为交会点;P 为月球在其轨道上的位置;p 为该位置在黄道面上的投影;mTl 与上述相同,为交会点的即时运动,如果在 Tm 上作垂线 PG,连接 pG 并延长与 Tl 相交于 g,再连接 Pg,则角 PGg 为月球在 P 时月球轨道相对于黄道面的倾角;角 Pgp 为经过一个短时间间隔后的同一个倾角;所以角 GPg 就是倾角的即时变差。但这个角 GPg 比角 GTg 等于 TG 比 PG 乘以 Pp 比 PG。所以,如果设时间间隔为一小时,则由于角 GTg(由命题 30)比角 33″10‴33^{iv} 等于 IT · PG · AZ 比 AT^3,角 GPg(或倾

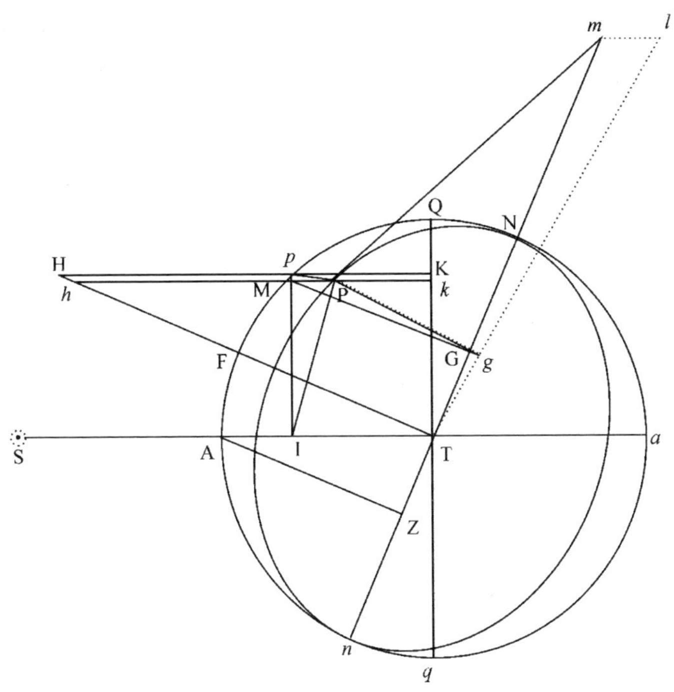

角的小时变差)比角 $33''10'''33^{iv}$ 等于 $IT \cdot AZ \cdot TG \cdot \frac{Pp}{PG}$ 比 AT^3。

完毕。

在此假定月球沿圆形轨道匀速运动。但如果轨道是椭圆的,交会点的平均运动将按短轴与长轴的比而减小,如前面所证明的那样;而倾角的变差也将按相同比例减小。

推论Ⅰ. 在 Nn 上作垂线 TF,令 pM 为月球在黄道面上的小时运动;在 QT 上作垂线 pK,Mk,并延长与 TF 相交于 H 和 h;则 IT 比 AT 等于 Kk 比 Mp;而 TG 比 Hp 等于 TZ 比 AT;所以,$IT \cdot TG$ 等于 $\frac{Kk \cdot Hp \cdot TZ}{Mp}$,即,等于面积 $HpMh$ 乘以比值 $\frac{TZ}{Mp}$:所以倾角的小时变差比 $33''10'''33^{iv}$ 等于面积 $HpMh$ 乘以 $AZ \cdot \frac{TZ}{Mp} \cdot \frac{Pp}{PG}$ 比 AT^3。

推论Ⅱ. 如果地球和交会点每经过一小时都被从新处所拉回并立即回到其原先的处所,使得其位置在整个周期月内都是已知的,则在这个月里倾角的总变差比 $33''10'''33^{iv}$ 等于在点 p 转运一周的时间内(考虑到要计入它们的符号+或-)产生的所有的面积 $HpMh$ 的和,乘以 $AZ \cdot TZ \cdot \frac{Pp}{PG}$ 比 $Mp \cdot AT^3$,即,等于整个圆 $QAqa$ 乘以 $AZ \cdot TZ \cdot \frac{Pp}{PG}$ 比 $2Mp \cdot AT^2$。

推论Ⅲ. 在交会点的给定位置上,平均小时变差(如果它均匀保持一整个月,即可以产生月变差)比 $33''10'''33^{iv}$ 等于 $AZ \cdot TZ \cdot \frac{Pp}{PG}$ 比 $2AT^2$,或等于 $Pp \cdot \frac{AZ \cdot TZ}{\frac{1}{3}AT}$ 比 $PG \cdot 4AT$;即(因为 Pp 比 PG 等于上述倾角的正弦比半径,而 $\frac{AT \cdot TZ}{\frac{1}{2}AT}$ 比 4AT 等于二倍角 ATn 比四倍半径),等于同一个倾角的正弦乘以交会点到太阳的二倍距离的正弦比四倍的半径平方。

推论Ⅳ. 当交会点在方照点时，由于倾角的小时变差(由本命题)比角 33″10‴33^{iv} 等于 $IT \cdot AZ \cdot TG \cdot \frac{Pp}{PG}$ 比 AT^3，即，等于 $\frac{IT \cdot TG}{\frac{1}{2}AT} \cdot \frac{Pp}{PG}$ 比 2AT，即，等于月球到方照点二倍距离的正弦乘以 $\frac{Pp}{PG}$ 比二倍半径，而在交会点的这一位置上，在月球由方照点移动到朔望点的时间内(即在走完此段距离所需的 $177\frac{1}{6}$ 小时内)，所有小时变差的和比同样多的 33″10‴33^{iv} 角的和，或比 5878″，等于月球到方照点所有二倍距离的正弦的和乘以 $\frac{Pp}{PG}$，比同样多的直径的和；即，等于直径乘以 $\frac{Pp}{PG}$ 比周长；即，如果倾角为 5°1′，则等于 $7 \cdot \frac{874}{10000}$ 比 22，或等于 278 比 10000。所以，在上述时间内，由所有小时变差组成的总变差为 163″，或 2′43″。

命题 35　问题 16

求在给定时刻月球轨道相对于黄道平面的倾角。

令 AD 为最大倾角的正弦，AB 为最小倾角的正弦。在 C 二等分 BD；以 C 为中心，BC 为半径作圆 BGD。在 AC 上取 CE 比 EB 等于 EB 比二倍 BA。如果在给定时刻取角 AEG 等于交会点到方照点的二倍距离，并在 AD 上作垂线 GH，则 AH 即为所求的倾角的正弦。

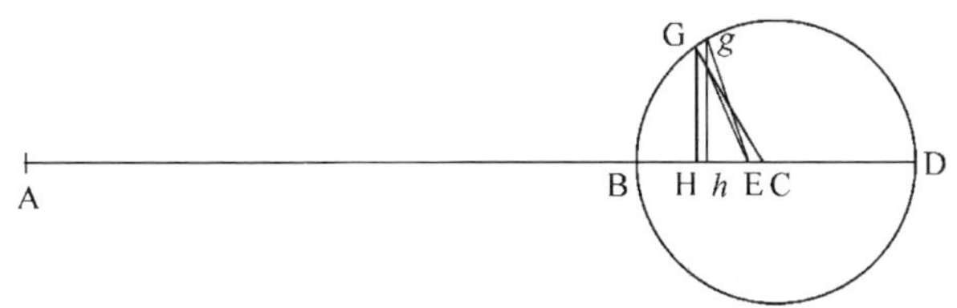

因为 GE^2 等于

$GH^2 + HE^2 = BH \cdot HD + HE^2 = HB \cdot BD + HE^2 - BH^2$

$=HB \cdot BD + BE^2 - 2BH \cdot BE = BE^2 + 2EC \cdot BH$

$=2EC \cdot AB + 2EC \cdot BH = 2EC \cdot AH$；

所以，由于2EC是已知的，GE^2 正比于AH。现在令 AEg 表示在任意时间间隔之后交会点到方照点的二倍距离，则由于角 GEg 是已知的，弧 Gg 正比于距离GE。但 Hh 比 Gg 等于GH比GC，所以，Hh 正比于矩形 $GH \cdot Gg$，或正比于 $GH \cdot GE$，即正比于 $\frac{GH}{GE} \cdot GE^2$，或正比于 $\frac{GH}{GE} \cdot AH$；即正比于AH与角AEG的正弦的乘积。所以，如果在任意一种情况下，AH为倾角的正弦，则它与倾角的正弦以相同的增量增大（由前一命题推论Ⅲ），因而总是与该正弦相等。而当点G落在点B或D上时，AH等于这一正弦，所以它总是与之相等。

证毕

在本证明中，我没表示交会点到方照点二倍距离的角BEG均匀增大；因为我无法详细地考查每一分钟的不等性。现在设BEG是直角，在此情形中，Gg 为交会点到太阳二倍距离的小时增量；则（由前一命题推论Ⅲ）在同一情形中倾角的小时变差比 $33''10'''33^{iv}$ 等于倾角的正弦AH乘以交会点到太阳的二倍距离直角BEG的正弦比半径的平方；即，等于平均倾角的正弦AH比四倍半径；即，由于平均倾角约为 $5°8\frac{1}{2}'$，等于其正弦896比四倍半径40000，或等于224比10000。但对应于BD的总变差，即两个正弦的差，比该小时变差等于直径BD比弧 Gg，即等于直径BD比半圆周长BGD，乘以交会点由方照点移动到朔望点的时间 $2079\frac{7}{10}$ 小时，比一小时，即等于7比11乘以 $2079\frac{7}{10}$ 比1。所以把所有这些比式复合，得到总变差BD比 $33''10'''33^{iv}$ 等于 $224 \cdot 7 \cdot 2079\frac{7}{10}$ 比110000，即等于29645比1000；由此得出变差BD为 $16'23\frac{1}{2}''$。

这就是不考虑月球在其轨道上位置时的倾角的最大变差;因为,如果交会点在朔望点,倾角不因月球位置的变化而受影响。但如果交会点位于方照点,则月球在朔望点时的倾角比它在方照点时小 2′43″,如我们以前所证明的那样(前一命题推论Ⅳ);而当月球在方照点时,由总平均变差中减去上述差值的一半 $1'21\frac{1}{2}''$,即余下 15′2″;而月球在朔望点时加上相同值,即变为 17′45″。所以,如果月球位于朔望点,交会点由方照点移动到朔望点的总变差为 17′45″;而且,如果轨道倾角为 5°17′20″时交会点位于朔望点,则当交会点位于方照点而月球位于朔望点时,倾角为 4°59′35″。所有这些都得到了观测的证实。

当月球位于朔望点,而交会点位于它们与方照点之间时,如果要求轨道的倾角,可令 AB 比 AD 等于 4°59′35″的正弦比 5°17′20″的正弦,取角 AEG 等于交会点到方照点的二倍距离;则 AH 就是所要求的倾角的正弦。当月球到交会点的距离为 90°时,这一轨道倾角与这一轨道倾角的正弦是相等的。在月球的其他位置上,由于倾角的变差而引起的这种月份不等性,在计算月球黄纬时得到平衡,并可以通过交会点运动的月份不等性(像以前所说的那样)予以消除,因而在计算黄纬时可以忽略不计。

附　注

通过对月球运动的上述计算,我希望能证明运用引力理论可以由其物理原因推算出月球的运动。运用同一个理论我进一步发现,根据第一编命题 66 推论Ⅳ,月球平均运动的年均差是由于月球轨道受到变化着的太阳作用的影响所致。这种作用力在太阳的近地点较大,它使月球轨道发生扩散;而在太阳的远地点较小,这时轨道复得以收缩。月球在扩散的轨道上运动较慢,而在收缩的轨道上运动较快;调节这种不等性的年均差,在太阳的远地点和近地点都为零。在太阳到地球的平均距离上,它达到约 11′50″;在其他正比于太阳中心均差的距离上,在地球由远日点移向近日点时,它叠加在月球的平均运动上,而当地球在另外半圆上运行时，它应从其中减去。取大轨道半径为 1000，地球偏心率为 $16\frac{7}{8}$，则该均差，当它取最大值时，按引力理论计算，为 11′49″。但地球的偏心率似乎应再大些，均差也应以与偏心率相同的比例增大。如果设偏心率为 $16\frac{11}{12}$，则最大均差为 11′51″。

我还发现，在地球的近日点，由于太阳的作用力较大，月球的远地点和交会点的运动比地球在远日点时要快，它反比于地球到太阳距离的立方；由此产生出这些正比于太阳中心均差的运动年均差。现在，太阳运动反比于地球到太阳距离的平方而变化；这种不等性所产生的最大中心均差为 1°56′20″，它对应于上述太阳的偏心率 $16\frac{11}{12}$。但如果太阳运动反比于距离的平方，则这种不等性所产生的最大均差为 2°54′30″；所以，由月球远地点和交会点的运动不等性所产生的最大均差比 2°54′30″等于月球远地点的平均日运动和它的交会点的平均日运动，比太阳的平均日运动。因此，其远地点平均运动的最大均差为 19′43″，交会点平均运动的最大均差为 9′24″。当地球由其近日点移向远日点时，前一项均差是增大的，后一项是减小的；而当地球位于另外半个圆上时，则情况相反。

通过引力理论我还发现，当月球轨道的横向直径穿过太阳时，太阳对月球的作用略大于该直径垂直于地球与太阳的连线之时；因而月球的轨道在前一种情形中大于后一种情形。由此产生出月球平均运动的另一种均差，它决定于月球远地点相对于太阳的位置，当月球远地点位于太阳的八分点时最大，而当远地点到达方照点或朔望点时为零；当月球远地点由太阳的方照点移向朔望点时，该均差叠加在平均运动上，而当远地点由朔望点移向方照点时，则应从中减去。我将称这种均差为半年均差，当远地点位于八分点时为最大，就我根据现象的推算，约达 3′45″：这正是它在太阳到地球的平均距离上的量值。但它反比于太阳距离的立方而增大或减小，所以当距离为最大时约

3′34″,距离最小时约 3′56″。而当月球远地点不在八分点时,它即变小,与其最大值的比等于月球远地点到最近的朔望点或方照点的二倍距离的正弦比半径。

按同样的引力理论,当月球交会点连线通过太阳时,太阳对月球的作用略大于该连线垂直于太阳与地球的连线时;由此又产生出一种月球平均运动的均差,我称之为第二半年均差;它在交会点位于太阳的八分点时为最大,在交会点位于朔望点或方照点时为零;在交会点的其他位置上,它正比于两个交会点之一到最近的朔望点或方照点的二倍距离正弦。如果太阳位于距它最近的交会点之后,它叠加在月球的平均运动上,而位于其前时则应从中减去;我由引力理论推算出,在有最大值的八分点,在太阳到地球的平均距离上,它达到 47″。在太阳的其他距离上,交会点位于八分点的最大均差反比于太阳到地球的距离的立方;所以在太阳的近地点它达到约 49″,而在远地点约为 45″。

由同样的引力理论,月球的远地点位于与太阳的会合处或相对处时,以最大速度顺行;而在与太阳成方照位置时为逆行;在前一种情形中,偏心率获得最大量,而在后一种情形有最小值,这可以由第一编命题 66 推论Ⅶ,Ⅷ和Ⅸ证明。这些不等性,由这几个推论可知,是非常大的,并产生出我称之为远地点半年均差的原理;就我根据现象所作的近似推算,这种半年均差的最大值可达约 12°18′。我们的同胞霍罗克斯[①]最先提出月球沿椭圆运动,地球位于其下焦点的理论。哈雷博士作了改进,把椭圆中心置于一个中心绕地球均匀转动的本轮之上;该本轮的运动产生了上述远地点的顺行和逆行,以及偏心率的不等性。设月球到地球的平均距离分为 100000 等份,令 T 表示地球,TC 为占 5505 等份的月球平均偏心率。延长

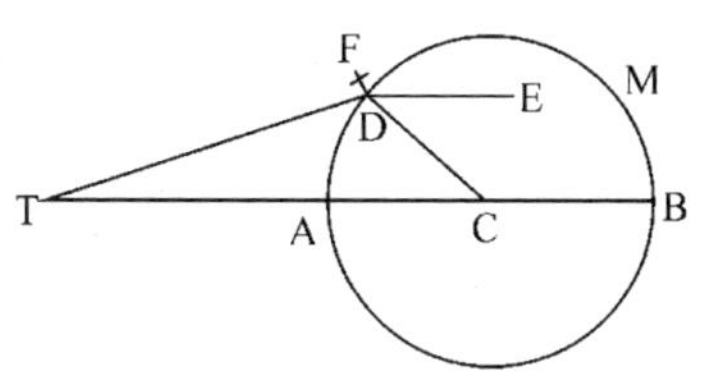

① Horrox,Jeremiah(1618—1641),又作 Horrocks,英国天文学家。——译者注

TC 到 B，使得最大半年均差 12°18′的正弦比半径 TC 正比于 CB；以 C 为中心，CB 为半径，作圆 BDA，它即是所说的本轮，月球轨道的中心位于其上，并按字母 BDA 的顺序转动。取角 BCD 等于二倍年角差（*argument*），或等于太阳真实位置到月球远地点一次校正的真实位置的二倍距离，则 CTD 为月球远地点的半年均差，TD 为其轨道偏心率，它所指向的远地点位置现已得到二次校正。但由于月球的平均运动，其远地点的位置和偏心率，以及轨道长轴为 200000 均为已知，由这些数据，通过人所共知的方法即可求出月球在其轨道上的实际位置以及它到地球的距离。

在地球位于近日点时，太阳力最大，月球轨道中心运动比在远日点时快，它反比于太阳到地球距离的立方。但是，因为太阳中心的均差是包含在年角差中的，月球轨道中心在本轮 BDA 上运动较快，反比于太阳到地球距离的平方。所以，如果设它反比于到轨道中 D 的距离，则运动更快，作直线 DE 指向经一次校正的月球远地点，即，平行于 TC；取角 EDF 等于上述年角差减去月球远地点到太阳的顺行近地点距离的差；或者，等价地，取角 CDF 等于太阳实际近点角（*anomaly*）在 360°中的余角；令 DF 比 DC 等于大轨道偏心率的二倍高度比太阳到地球的平均距离，与太阳到月球远地点的平均日运动比太阳到其自己的近地点的平均日运动的乘积，即，等于 $33\frac{7}{8}$ 比 1000 乘以 52′27″16‴比 59′8″10‴，或等于 3 比 100；设月球轨道的中心位于 F，绕以 D 为中心以 DF 为半径的本轮转动，同时点 D 沿圆 DABD 运动：因为用这样的方法，月球轨道的中心即绕中心（掠过某种曲线），其速度近似于正比于太阳到地球距离的立方，一如它所应当的那样。

计算这种运动很困难，但用以下近似方法可变得容易些。像前面一样，设月球到地球的平均距离为 100000 个等份，偏心率 TC 为 5505 个等份，则 CB 或 CD 为 $1172\frac{3}{4}$，而 DF 为 $35\frac{1}{5}$ 等份，该线段在距离 TC 处对着地球上的张角，是由轨道中心自 D 向 F 运动时所产生的；

将该线段 DF 沿平行方向延长一倍，在由月球轨道上焦点到地球的距离上相对于地球的张角与 DF 的张角相同，该张角是由上焦点的运动产生的；但在月球到地球的距离，这一二倍线段 2DF 在上焦点处，在与第一个线段 DF 相平行的位置，相对于月球的张角，它是由月球的运动所产生的，因而可称之为月球中心的第二均差；在月球到地球的平均距离上，该均差近似正比于由直线 DF 与点 F 到月球连线所成夹角的正弦，其最大值为 2′55″。但由直线 DF 与点 F 到月球连线所成的夹角，既可以由月球的平均近点角减去角 EDF 求得，也可以在月球远地点到太阳远地点的距离上叠加月球到太阳的距离求得；而且半径比这个角的正弦等于 2′25″比第二中心均差：如果上述和小于半圆，则应加上；而如果大于半圆，则应减去。由这一经过校正的月球在其轨道上的位置，可以求出日月球在其朔望点的黄纬。

地球大气高达 35 英里或 40 英里，它对太阳光线具有折射作用。这种折射使光线散射并进入地球的阴影；这种在阴影边缘附近的弥散光展宽了阴影。因此，我在月食时，在这一由视差求出的阴影上增加了 1 分或 $1\frac{1}{3}$ 分。

不过，月球理论应得到现象的检验和证实，首先是在朔望点，其次是在方照点，最后是在八分点；愿意在格林尼治(Greenwich)皇家天文台做这项工作的人，无论是谁，都会发现，在旧历 1700 年 12 月的最后一天下午假设太阳和月球的下述平均运动是绝无错误的：太阳的平均运动为♑ 20°43′40″，其远地点为♋ 7°44′30″；月球的平均运动为♒ 15°21′00″，其远地点为♓ 8°20′00″；其上升交会点为♌ 27°24′20″；而格林尼治天文台与巴黎皇家天文台之间的子午线差为零时 9 分 20 秒：但月球及其远地点的平均运动尚无法足够精确地获得。

命题 36 问题 17

求太阳使海洋运动的力。

太阳干扰月球运动的力 ML 或 PT(由命题 25)，在月球方照点，比地表重力，等于 1 比 638092.6；而在月球朔望点，力 TM—LM 或 2PK 是该量值的二倍。但在地表以下，这些力正比于到地心距离而减小，即正比于 $60\frac{1}{2}$ 比 1；因而前一个力在地表上比重力等于 1 比 38604600；这个力使与太阳相距 90 度处的海洋受到压迫。但另一个力比它大一倍，使不仅正对着太阳，而且正背着太阳处的海洋都被托起；这两力的和比重力等于 1 比 12868200。因为相同的力激起相同的运动，无论它是在距太阳 90 度处压迫海水，或是在正对着或正背着太阳处托起海水，上述力的和就是太阳干扰海洋的总力，它所起的作用与全部用以在正对着或正背着太阳处托起海洋，而在距太阳 90 度处对海洋完全不发生作用，是一样的。

这正是太阳干扰任意给定处所的海洋的力。与此同时太阳位于该处的顶点，并处于到地球的平均距离上。在太阳的其他位置上，该托起海洋的力正比于太阳在当地地平线上二倍高度的正矢，反比于到地球距离的立方。

推论. 由于地球各处的离心力是由于地球周日自转引起的，它比重力等于 1 比 289，它在赤道处托起的水面比在极地处高 85427 巴黎尺，这已经在命题 19 中证明过，因而太阳的力，它比重力等于 1 比 12868200，比该离心力等于 289 比 12868200，或等于 1 比 44527，它在正对着和正背着太阳处所能托起的海水高度，比距太阳 90 度处的海面仅高出 1 巴黎尺又 $113\frac{1}{30}$ 寸；因为该尺度比 85472 尺等于 1 比 44527。

命题 37　问题 18

求月球使海洋运动的力。

月球使海洋运动的力可以由它与太阳力的比求出，该比值可以由受动于这些力的海洋运动求出。在布里斯托(Bristol)下游 3 英里的阿文(Avon)河口处，春秋天日月朔望时水面上涨的高度(根据萨缪尔·斯多尔米的观测)达 45 英尺,但在方照时仅为 25 英尺。前一个高度是由这些力的和造成的,后一高度则由其差造成。所以,如果以 S 和 L 分别表示太阳和月球位于赤道且处于到地球平均距离处的力,则有 L+S 比 L−S 等于 45 比 25,或等于 9 比 5。

在普利茅斯(Plymouth)(根据萨缪尔·科里普莱斯的观测)潮水的平均高度约为 16 英尺,春秋季朔望时比方照时高 7 或 8 英尺。设最大高差为 9 英尺,则 L+S 比 L−S 等于 $20\frac{1}{2}$ 比 $11\frac{1}{2}$,或等于 41 比 23;这一比例与前一比例吻合极好。但因为布里斯托的潮水很大,我们宁可以斯多尔米的观测为依据;所以,在获得更可靠的观测之前,还是使用 9 比 5 的比值。

因为水的往复运动,最大潮并不发生于日月朔望之时,而是像我们以前所说过的那样,发生于朔望后的第三小时;或(自朔望起算)紧接着月球在朔望后越过当地子午线第三小时;或宁可说是(如斯多尔米的观测)新月或满月那天后的第三小时,或更准确地说,是新月或满月后的第十二小时,因而落潮发生在新月或满月后的第四十三小时。不过在这些港口它们约发生在月球到达当地子午线后的第七小时;因而紧接着月球到达子午线,在月球距太阳或其方照点超前 18 度或 19 度时。所以,夏季和冬季中高潮并不发生在二至时刻,而发生于移出至点其整个行程的约$\frac{1}{10}$时,即约 36 度或 37 度时。由类似方法,最大潮发生于月球到达当地子午线之后,月球超过太阳或其方照点约自一个最大潮到紧接其后的另一个最大潮之间总行程的$\frac{1}{10}$之时。设该距离为约 $18\frac{1}{2}$度;在该月球到朔望点或方照点的距离上,太阳力使受月球运动影响而产生的海洋运动的增加或减少,比在朔望点或方照点时要小,其比例等于半径比该距离二倍的余弦,或比 37 度角的余弦;即比例为 10000000 比 7986355;所以,在前面的比式中,S 的处所必须由 0.7986355S 来代替。

还有，月球在方照点时，由于它倾斜于赤道，它的力必定减小；因为月球在这些方照点上，或不如说在方照点后 $18\frac{1}{2}$度上，相对于赤道的倾角为 23°13′；太阳与月球驱动海洋的力都随其相对于赤道的倾斜而约正比于倾角余弦的平方减小；因而在这些方照点上月球的力仅为 0.8570327L；因此我们得到 L＋0.7986355S 比 0.8570327L－0.7986355S 等于 9 比 5。

此外，月球运动所沿的轨道直径，不考虑其偏心率，相互比为 69 比 70；因而月球在朔望点到地球的距离，比其在方照点到地球的距离，在其他条件不变的情况下，等于 69 比 70；而它越过朔望点 $18\frac{1}{2}$度，激起最大海潮时到地球的距离，以及它越过方照点 $18\frac{1}{2}$度，激起最小海潮时到地球的距离，比平均距离，等于 69.098747 和 69.897345 比 $69\frac{1}{2}$。但月球驱动海洋的力反比于其距离的立方变化；因而在这些最大和最小距离上，它的力比它在平均距离上的力，等于 0.9830427 和 1.017522 比 1。由此我们又得到 1.017522L·0.7986355S 比 0.9830427·0.8570327L－0.7986355S 等于 9 比 5；S 比 L 等于 1 比 4.4815。所以，由于太阳力比重力等于 1 比 12868200，月球力比重力等于 1 比 2871400。

推论Ⅰ. 由于海水受太阳力的吸引能升高 1 英尺又 $11\frac{1}{30}$英寸，月球力可使它升高 8 英尺又 $7\frac{5}{22}$英寸；这两个力合起来可以使水升高 $10\frac{1}{2}$英尺；当月球位于近地点时可高达 $12\frac{1}{2}$英尺，尤其是当风向与海潮方向相同时更是如此。这样大的力足以产生所有的海洋运动，并与这些运动的比例相吻合；因为在那些由东向西自由而开阔的海洋中，如太平洋，以及位于回归线以外的大西洋和埃塞俄比亚海上，海水一般都可以升高 6、9、12 或 15 英尺；但据说在极为幽深而辽阔的太平洋上，海潮比大西洋和埃塞俄比亚海的要大；因为要使海潮完全隆起，海洋自东向西的宽度至少需要 90 度。在埃塞俄比亚海上，回归线以内的水面隆起高度小于温带：因为在非洲和南美洲之间的洋面宽度较窄。在开阔海面的中心，当其东西两岸的水面未同时下落时不会隆起，尽管如此，在我们较窄的海域里，它们还是应交替起伏于沿岸；因此在距大陆很远的海岛上一般只有很小的潮水涨落。相反，在某些港口，海水轮流地灌入和流出海湾，波涛汹涌地奔突往返于浅滩之上，涨潮与落潮必定比一般情形大；如在英格兰的普利茅斯和切斯托·布里奇(Chepstow Bridge)，诺曼底的圣米歇尔山和阿弗朗什镇(mountains of St. Michael, and the town of Avranches, in Normandy)，以及东印度的坎贝[①]和勃固[②](Cambaia and Pegu in the East Indies)。在这些地方潮水如此汹涌，有时淹没海岸，有时又退离海岸数英里远。海潮的涨落受潮流和回流的作用总要使水面升高或下落 30、40 或 50 英尺以上才停止。同样的道理可说明狭长的浅滩或海峡的情况，如麦哲伦海峡(Magellanic straits)和英格兰附近的浅滩。在这些港口和海峡中，由于潮流和回流极为汹涌使海潮得到极大增强。但面向幽深而辽阔海洋的陡峭沿岸，海潮不受潮流和回流的冲突影响而可以自由涨落，潮位比关系与太阳和月球力相吻合。

推论Ⅱ. 由于月球驱动海洋的力比重力等于 1 比 2871400，很显然这种力在静力学或流体静力学实验，甚至在摆实验中都是微不足道的。仅仅在海潮中这种力才表现出明显的效应。

推论Ⅲ. 因为月球使海洋运动的力比太阳的类似的力为 4.4815 比 1，而这些力(由第一编命题 66 推论ⅩⅣ)又正比于太阳和月球的密度与它们的视在直径立方的乘积，所以月球密比太阳密度等于 4.4815 比 1，而反比于月球直径的立方比太阳直径的立方；即(由于月球与太

---

① 在今印度。——译者注

② 在今缅甸。——译者注

阳平均视在直径为 $31'16\frac{1}{2}''$和 $32'12''$)等于 4891 比 1000。但太阳密度比地球密度等于 1000 比 4000;因而月球密度比地球密度等于 4891 比 4000,或等于 11 比 9。所以,月球比重大于地球比重,而且上面陆地较多。

推论Ⅳ.由于月球的实际直径(根据天文学家的观测)比地球的实际直径等于 100 比 365,月球物质的质量比地球物质的质量等于 1 比 39.788。

推论Ⅴ.月球表面的加速引力约是地球表面的加速引力的三分之一。

推论Ⅵ.月球中心到地球中心的距离比月球中心到地球与月球的公共重心的距离为 40.788 比 39.788。

推论Ⅶ.月球中心到地球中心的平均距离约为(在月球的八分点)$60\frac{2}{5}$个地球最大半径;因为地球的最大半径为 19658600 巴黎尺,而地球与月球中心的平均距离,为 $60\frac{2}{5}$个这种半径,等于 1187379440 巴黎尺。这一距离(由前一推论)比月球中心到地球与月球公共重心的距离为 40.788 比 39.788;因而后一距离为 1158268534 英尺。又由于月球相对于恒星的环绕周期为 27 天 7 小时 $43\frac{4}{9}$分,月球在一分钟时间内掠过的角度的正矢为 12752341 比半径 1000000000000000;而该半径比该正矢等于 1158268534 尺比 14.7706353 英尺。所以,月球在使之停留在其轨道上的力作用下落向地球时,1 分钟时间内可掠过 14.7706353 英尺;如果把这个力按 $178\frac{29}{40}$比 $177\frac{29}{40}$的比例增大,则可由命题 3 的推论求得在月球轨道上的总引力;月球在这个力的作用下,一分钟时间内可下落 14.8538067 英尺。在月球到地球距离的$\frac{1}{60}$处,即在距离地球中心 197896573 英尺处,物体因其重量而在 1 秒钟时间内可下落 14.8538067 英尺。所以,在 19615800 英尺的距离处,即在一个平均地球半径处，重物体在相同时间内可下落 15.11175 英尺，或 15 英尺，1 寸，又 $4\frac{1}{11}$分。这是在 45 度纬度处物体下落的情形。由以前在命题 20 中列出的表，在巴黎纬度上下落距离约略长$\frac{2}{3}$分。所以，通过这些计算，重物体在巴黎纬度上的真空中 1 秒钟内可下落距离极接近于 15 巴黎尺，1 寸，$4\frac{25}{33}$分。如果从引力中减去由于地球自转而在该纬度上产生的离心力从而使之减小，则重物体 1 秒内可下落 15 尺 1 寸又 $1\frac{1}{2}$分。这正是我们以前在命题 14 和 19 中得到的重物体在巴黎纬度上实际下落速度。

推论Ⅷ. 在月球的朔望点，地球与月球中心的平均距离等于 60 个地球最大半径，再减去约$\frac{1}{30}$个半径；而在月球的方照点，相同的中心距离为 $60\frac{5}{6}$个地球半径；因为由命题 28，这两个距离比月球在八分点的平均距离等于 69 和 70 比 $69\frac{1}{2}$。

推论Ⅸ. 在月球的朔望点，地球与月球中心的平均距离是 60 个平均地球半径又$\frac{1}{10}$半径；而在月球的方照点，相同的平均中心距离为 61 个平均地球半径减去$\frac{1}{30}$个半径。

推论Ⅹ. 在月球的朔望点，其平均地平视差在 0，30，38，45，52，60，90 度的纬度上分别为 57′20″，57′16″，57′14″，57′12″，57′10″，57′8″，57′4″。

在上述计算中，我未考虑地球的磁力吸引，因为其量值极小而且未知：一旦能把它们求出来，则对于子午线的度数，不同纬度上等时摆的长度，海洋的运动规律，以及太阳和月球的视在直径求月球视差，都可以通过现象更准确地测定，我们也就有可能使这些计算更加精确。

命题 38　问题 19

求月球形状。

如果月球是与我们的海水一样的流体，则地球托起其最近点与最远点的力比月球使地球上正对着与正背着月球的海面被托起的力，等于月球指向地球的加速引力比地球指向月球的加速引力，再乘以月球直径比地球直径。即等于 39.788 比 1 乘以 100 比 365，或等于 1081 比 100。所以，由于我们的海洋被托起 $8\frac{3}{5}$英尺，月球流体即应被地球力托起 93 英尺；因此月球形状应是椭球，其最大直径的延长线应通过地球中心，并比与它垂直的直径长 186 英尺。所以，月球的这一形状，必定是从一开始就具备了的。

推论. 因此，这正是月球指向地球的一面总是呈现出相同形状的原因；月球球体上其他任何位置上的部分都不能是静止的，而是永远处于恢复到这一形状的运动之中；但是，这种恢复运动，必定进行得极慢，因为激起这种运动的力极弱；这使得永远指向地球的一面，根据命题 17 中的理由，在被转向月球轨道的另一个焦点时，不能被立即拉回来而转向地球。

引　理　1

如果 APE*p* 表示密度均匀的地球，其中心为 C，两极为 P，*p*，赤道为 AE；如果以 C 为中心，CP 为半径，作球体 P*ape*，并以 QR 表示一个平面，它与由太阳中心到地球中心的连线成直角；再设位于该球外侧的地球边缘部分 P*ap*APE*p*E 的各粒子，都倾向于离开平面 QR 的一侧或另一侧，离开的力正比于粒子到该平面的距离；则首先，位于赤道 AE 上，以及均匀分布于地球之外并以圆环形式环绕着地球的所有粒子的合力和作用，促使地球绕其中心转动，比赤道上距平面 QR 最远的点 A 处同样多的粒子的合力和作用，促使地球绕其中心作类似的转动，等于 1 比 2。该圆运动是以赤道与平面 QR 的公共交线为轴而进行的。

因为，以 K 为中心，IL 为直径，作半圆 INL。设半圆周 INL 被分割为无数相等部分，由各部分 N 向直径 IL 作正弦 NM。则所有正弦

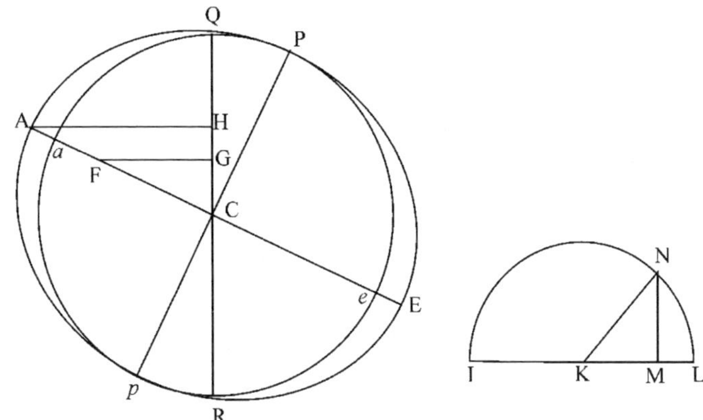

NM 的平方的和等于正弦 KM 的平方的和，而这两个和加在一起等于同样多个半径 KN 的平方的和；所以所有正弦 NM 的平方和仅为同样多个半径 KN 的平方和的一半。

现在设圆周 AE 被分割为同样多个小的相等部分，从每一个这样部分 F 向平面 QR 作垂线 FG，也从点 A 作垂线 AH，则使粒子 F 离开平面 QR 的力(由题设)正比于垂线 FG；而这个力乘以距离 CG 则表示粒子 F 推动地球绕其中心转动的能力。所以，一个粒子位于 F 的这种能力比位于 A 的能力等于 FG · GC 比 AH · HC；即，等于 FC^2 比 AC^2：因而所有粒子 F 在其适当处所 F 的总能力，比位于 A 的同样多的能力，等于所有的 FC^2 的和比所有 AC^2 的和，即(由以上所证明过的)等于 1 比 2。

证毕。

因为这些粒子是沿着离开平面 QR 的垂线方向发生作用的，并且在平面的两侧是相等的，它们将推动赤道圆周与坚固的地球球体一同绕既在平面 QR 上又在赤道平面上的轴转动。

引 理 2

仍设相同的条件，则，其次，分布于球体各处的所有粒子推动地球绕上述轴转动的合力或能力，比以圆环形状均匀分布于赤道圆周

AE 上的同样多的粒子推动整个地球作类似转动的合力，等于 2 **比** 5。

因为，令 IK 为任意平行于赤道 AE 的小圆，令 L*l* 为该圆上两个相等粒子，位于球体 P*ape* 之外；在垂直于指向太阳的半径的平面 QR 上，作垂线 LM，*lm*，则这两个粒子离开平面 QR 的合力正比于垂线 LM，*lm*。作直线 L*l* 平行于平面 P*ape*，并在 X 处二等分之；再通过点 X 作 N*n* 平行于平面 QR，与垂线 LM，*lm* 相交于 N 和 *n*；再在平面 QR 上作垂线 XY。则推动地球沿相反方向转动的粒子 L 和 *l* 的相反的力正比于 LM · MC 和 *lm* · *m*C；即，正比于 LN · MC＋NM · MC，和 LN · *m*C－*nm* · *m*C；或 LN · MC＋NM · MC 和 LN · *m*C－NM · *m*C，而这二者的差 LN · M*m*－NM · (MC＋*m*C) 正是二粒子推动地球转动的合力。这个差的正数部分 LN · M*m*，或 2LN · NX，比位于 A 的两个同样大小的粒子的力 2AH · HC，

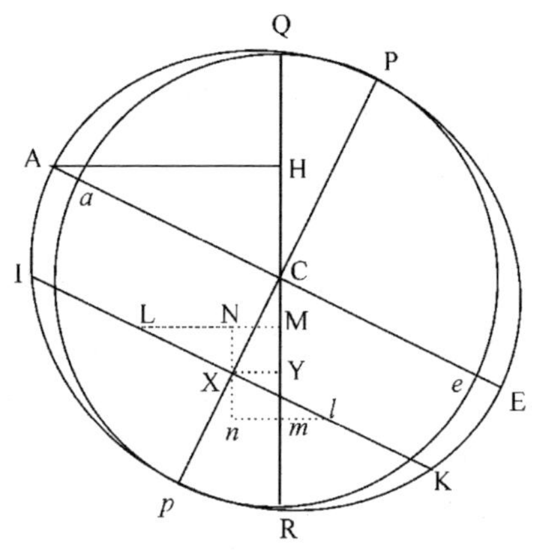

等于 LX^2 比 AC^2；其负数部分，NM · (MC＋*m*C)，或 2XY · CY，比位于 A 的两个相同粒子的力 2AH · HC，等于 CX^2 比 AC^2。因而，这两部分的差，即两个粒子 L 和 *l* 推动地球转动的合力，比上述位于处所 A 的两个粒子推动地球作类似转动的力，等于 LX^2-CX^2 比 AC^2。但如果设圆 IK 的周边 IK 被分割为无数个相等的小部分 L，则所有的 LX^2 比同样多的 IX^2 等于 1 比 2(由引理 1)；而比同样多的 AC^2 则等于 IX^2 比 $2AC^2$；而同样多的 CX^2 比同样多的 AC^2 等于 $2CX^2$ 比 $2AC^2$。所以，在圆 IK 周边上所有粒子的合力比在 A 处同样多粒子的合力等于 IX^2-2CX^2 比 $2AC^2$；所以(由引理 1)比圆 AE 周边上同样多粒子的合力等于 IX^2-2CX^2 比 AC^2。

现在,如果设球直径 Pp 被分割为无数个相等部分,在其上对应有同样多个圆 IK,则每个圆周 IK 上的物质正比于 IX^2;因而这些物质推动地球的力正比于 IX^2 乘以 IX^2-2CX^2;因而同样多物质的力,如果它位于圆周 AE 上,则正比于 IX^2 乘以 AC^2。所以,分布于球外所有圆环上所有物质粒子的总力,比位于最大圆周 AE 上同样多粒子的总力,等于所有的 IX^2 乘以 IX^2-2CX^2 比同样多的 IX^2 乘以 AC^2,即,等于所有的 AC^2-CX^2 乘以 AC^2-3CX^2 比同样多的 AC^2-CX^2 乘以 AC^2;即等于所有的 $AC^4-4AC^2\cdot CX^2+3CX^4$ 比同样多的 $AC^4-AC^2\cdot CX^2$;即,等于流数①为 $AC^4-4AC^2\cdot CX^2+3CX^4$ 的总流积量,比流数为 $AC^4-AC^2\cdot CX^2$ 的总流积量;所以,运用流数方法知,等于 $AC^4\cdot CX-\frac{4}{3}AC^2\cdot CX^3+\frac{3}{5}CX^5$ 比 $AC^4\cdot CX-\frac{1}{3}AC^2\cdot CX^3$;即,如果以总的 Cp 或 AC 代替 CX,则等于 $\frac{4}{15}AC^5$ 比 $\frac{2}{3}AC^5$;即等于 2 比 5。

证毕

引　理　3

仍设相同条件,则,第三,由所有粒子的运动而产生的整个地球绕上述轴的转动,比上述圆环绕相同轴转动的运动,等于地球的物质比环的物质,再乘以四分之圆周弧的平方的三倍比该圆直径平方的二倍,即等于物质与物质的比,乘以数 925275 比数 1000000。

因为,柱体绕其静止轴的转动比与它一同旋转的内切球体的运动,等于四个相等的正方形比三个内切这些正方形的圆,[47]而该柱体的运动比环绕着球与柱体的公共切线的极薄的圆环的运动,等于二倍柱体物质比三倍环物质;而均匀连续围绕着柱体的环的运动,比同一个环绕其自身直径作周期相等的均匀转动运动,等于圆的周长比其二倍直径。

---

① fluxion,流数,为牛顿所采用的量。——译者注

假 设 Ⅱ

如果地球的其他部分都被除去，仅留下上述圆环单独在地球轨道上绕太阳作年度环绕，同时它还绕其自身的轴作日自转运动，该轴与黄道平面倾角为 $23\frac{1}{2}$ 度，则不论该环是流体的，或是由坚硬而牢固物质所组成的，其二分点的运动都保持不变。

命题 39 问题 20

求二分点的岁差。

当交会点位于方照点时，月球交会点在圆轨道上的中间(middle)小时运动为 16″35‴16^{iv}36^{v}；其一半 8″17‴38^{iv}18^{v}(出于前面解释过的理由)为交会点在这种轨道上的平均小时运动，这种运动在一个回归年中为 20°11′46″。所以，由于月球交会点在这种轨道上每年后移 20°11′46″，则如果有多个月球，每个月球的交会点的运动(由第一编命题 66 推论 ⅩⅥ)将正比于其周期时间，如果一个月球在一个恒星日内沿地球表面环绕一周，则该月球交会点的年运动比 20°11′46″等于一个恒星日 23 小时 56 分，比月球周期 27 天 7 小时 43 分，即，等于 1436 比 39343。围绕着地球的月球环交会点也是如此，不论这些月球是否相互接触，是否为流体而形成连续环，是否为坚硬不可流动的固体环。

那么，让我们令这些环的物质量等于地球整个外缘 PapAPepE，它们都在球体 Pape 以外(见引理 2 插图)；图为该球体比地球外缘部分等于 $a\mathrm{C}^2$ 比 $AC^2-a\mathrm{C}^2$，即(由于地球的最小半径 PC 或 aC 比地球的最大半径 AC 等于 229 比 230)，等于 52441 比 495；如果该环沿赤道环绕地球，并一同环绕直径转动，则环运动(由引理 3)比其内的球运动等于 459 比 52441 再乘以 1000000 比 925275，即，等于 4590 比 485223；因而环运动比环与球体运动的和等于 4590 比 489813。所以，如果环是固着在球体上的，并把它的运动传递给球体，使其交会点或二分点后移，则环所余下的运动比前一运动等于 4590 比 489813；由此,二分点的运动将按相同比例减慢。所以,由环与球体所组成的物体的二分点的年运动,比运动 20°11′46″等于 1436 比 39343 再乘以 4590 比 489813,即,等于 100 比 292369。但使许多月球的交会点(由于上述理由),因而使环的二分点后移的力(即,在命题 30 插图中的力 3IT),在各粒子中都正比于这些粒子到平面 QR 的距离;这些力使粒子远离该平面:因而(由引理 2),如果环物质扩散到整个球的表面,形成 $PapAPepE$ 的形状,构成地球外缘部分,则所有粒子推动地球绕赤道的任意直径,进而推动二分点运动的合力或能力,将按 2 比 5 比以前减小。所以,现在二分点的年度逆行比 20°11′46″等于 10 比 73092;即,应为 9″56‴50ⁱᵛ。

但因为赤道平面与黄道平面是斜交的,这一运动还应按正弦 91706(即 $23\frac{1}{2}$度的余弦)比半径 100000 的比值减小;余下的运动为 9″7‴20ⁱᵛ,这就是由太阳力产生的二分点年度岁差。

但月球驱动海洋的力比太阳驱动海洋的力约为 4.4815 比 1;月球驱动二分点的力比太阳力也为相同比例。因此,月球力使二分点产生的年度岁差为 40″52‴52ⁱᵛ,二者的合力造成的总岁差为 50″00‴12ⁱᵛ,这一运动与现象是吻合的;因为天文学观测给出的二分点岁差为约 50″。

如果地球在其赤道处高于两极处 $17\frac{1}{6}$英里,则其表面附近的物质较中心处稀疏;而二分点的岁差则随高差增大而增大,又随密度增大而减小。

迄此我们已讨论了太阳、地球、月球和诸行星系统的情形,以下需要研究的是彗星。

引 理 4

彗星远于月球,位于行星区域。

天文学家们认为彗星位于月球以外,因为看不到它们的日视差,而其年视差表明它们落入行星区域。因为如果地球位于它们与太阳之间，则按各星座顺序沿直线路径运动的所有彗星，在其显现的后期比正常情况运行得慢或逆行；而如果地球相对于它们处在太阳的对面，则又比正常情况快。另一方面，沿各星座逆秩运动的彗星，如果地球介于它们与太阳之间，则在其显现的后期快于正常情况；而如果地球在其轨道的另一侧，则又太慢或逆行。这些现象主要是由地球相对于其运动路径的不同位置决定的。与行星的情形相同，行星运动看起来有时逆行，有时顺行，有时很慢，有时很快，这要由地球运动与行星运动的方向相同或相反来决定。如果地球与行星运动方向相同，但由于地球绕太阳的角运动较快，使得由地球伸向彗星的直线会聚于彗星以外部分，由在地球上看来，由于彗星运动较慢，它显现出逆行；甚至即使地球慢于彗星，在减去地球的运动之后，彗星的运动至少也显得慢了。但如果地球与彗星运动方向相反，则彗星运动将因此而明显加快；由这些视在的加速、变慢或逆行运动，可以用下述方法求出彗星的距离。令 rQA，rQB，rQC 为观测到彗星初次显现时的黄纬，rQF 为其消失前所最后测出的黄纬。作直线 ABC，其上由直线 QA 和 QB，QB 和 QC 所截开的部分 AB 和 BC 相互间的比等于前三次观测之间的两段时间的比。延长 AC 到 G，使 AG 比 AB 等于第一次与最后一次观测之间的时间比第一次与第二次观测之间的时间；连接 QG。如果彗星的确沿直线匀速运动，而地球或是静止不动，或是也类似地沿直线做匀速运动，则角 rQG 为最后观测到彗星的黄纬。因而，彗星与地球运动的不等性即产生表示黄纬差的角 FQG，如果地球与彗星反向运动，则该角叠加在角 rQG 上，彗星的视在运动加速；但如果彗星与地球同向运动，由它应从中减去，彗星运动或是变慢，或可能变为逆行，像我们刚才解释过的那样。所以，这个角主要

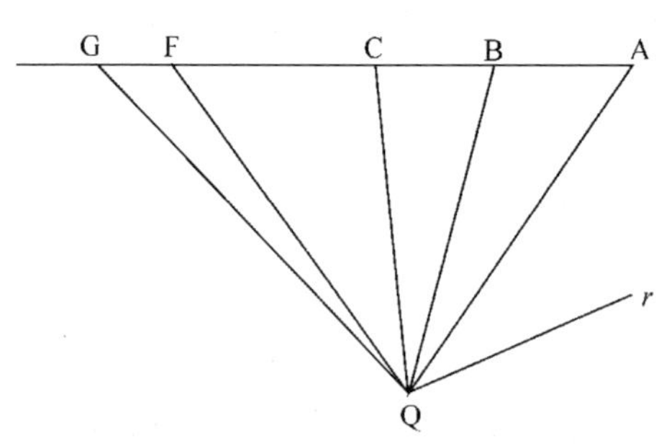

由地球运动而产生,可恰当地视为是彗星的视差,在此忽略不计彗星在其轨道上不相等运动所引起的增量或减量。由该视差可以这样推算出彗星距离。令 S 表示太阳,acT 表示大轨道,a 为第一次观测时地球的位置,C 为第三次观测时地球的位置,T 为最后一次观测彗星时地球的位置,Tr 为作向白羊座首星的直线。取角 rTV 等于角 rQF,即,等于地球位于 T 时彗星的黄纬;连接 ac 并延长到 g,使 ag 比 ac 等于 AG 比 AC;则 g 为最后一次观测时,如果地球沿直线 ac 匀速运动所达到的位置。所以,如果作 gr 平行于 Tr,并使角 rgV 等于角 rQG,则该角 rgV 等于由位置 g 所看到的彗星的黄纬,而角 TVg 则为地球由位置 g 移到位置 T 所产生的视差;所以位置 V 为彗星在黄道平面上的位置。一般而言这个位置 V 低于木星轨道。

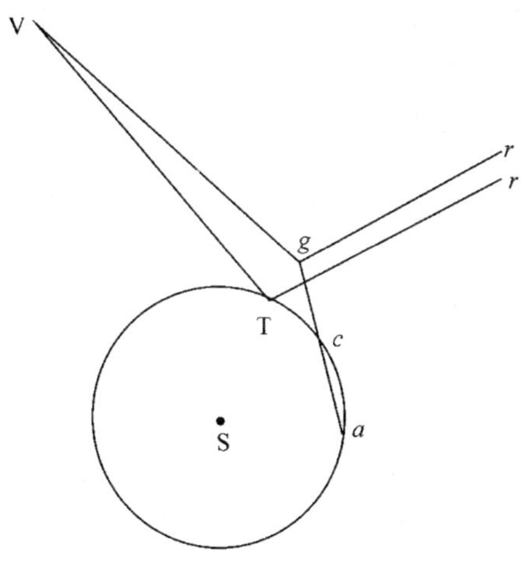

由彗星路径的弯曲度也可求出相同的结果,因为这些星体几乎沿大圆运动,而且速度极大;但在它们路径的末端,当其由视差产生的视在运动部分在其总视在运动中占很大比例时,它们一般地都偏离这些大圆。这时地球在一侧,而它们偏向另一侧;因为相对于地球的运动,这些偏折必定主要是由视差所产生的。偏折量如此之大,按我的计算,彗星隐没位置尚远低于木星。由此可推知,当它们位于近地点和近日点而接近我们时,其轨道通常低于火星和内层行星的轨道。

彗头的光亮也可进一步证实彗星的接近。因为天体的光亮是受之于太阳的,在远离时正比于距离的四次幂而减弱;即由于其到太阳距离的增加而正比于平方,又由于其视在直径的减小而正比于平方。所以,如果彗星的光的量与其视在直径是给定的,则其距离就可以取彗星到一颗行星的距离正比于它们的直径反比于亮度的平方根而求出。在 1682 年出现的彗星，弗莱姆斯蒂德[①]先生使用 16 英尺望远镜配置千分仪，测出它的最小直径为 $2'00''$；位于其头部中央的彗核或星体不超过这一尺度的$\frac{1}{10}$，因而其直径只有 $11''$或 $12''$；但它的头部光亮和辉光却超过 1680 年的彗星，与第一或第二星等的恒星差不多。设土星及其环的亮度为其四倍；因为环的亮度几乎等于其内部的星体，星体的视在直径约为 $21''$，因而星体与环的复合亮度与一个直径 $30''$的星体相等，由此推知该彗星的距离比土星的距离，反比于 1 比$\sqrt{4}$，正比于 $12''$比 $30''$；即等于 24 比 30，或 4 比 5。另外，海威尔克(Hewelcke)告诉我们，1665 年 4 月的彗星，亮度几乎超过所有恒星，甚至比土星的光彩更加生动；因为该彗星比前一年年终时出现的另一颗彗星更亮，与第一星等的恒星差不多。其头部直径约 $6'$，但通过望远镜观测发现，其彗核仅与行星差不多，比木星还小；较之土星环内的星体，它有时略小，有时与之相等。所以，由于彗星头部直径很少超过 $8'$或 $12'$，而其彗核部分的直径仅为头部的$\frac{1}{10}$或$\frac{1}{15}$，这似乎表明彗星的视在尺度一般与行星相当。但由于它们的亮度常常与土星相近，而且，有时还超过它。很明显所有的彗星在其近日点时或是低于土星，或在其上不远处；有人认为它们差不多与恒星一样远，实在荒谬之至。因为如果真是如此，则彗星得自太阳的光亮绝不可能超过行星得自恒星的光亮。

迄此为止我们尚未考虑彗星由于其头部为大量浓密的烟尘所包围而显得昏暗，彗头在其中就像在云雾中一样总是暗淡无光。然而，物体越是为这种烟尘所笼罩，它必定越能接近太阳，这使得它所反射的光的量与行星不相上下。因此彗星很可能落到远低于土星轨道的地方，像我们通过其视差所证明的那样。但最重要的是，这一结论可

① Flamsteed, John(1646—1719)，英国天文学家，以精密观测著称。——译者注

以由彗尾加以证明。彗尾必定或是由彗星产生的烟尘在以太中扩散而反射阳光形成的，或是由其头部的光所形成的。如果是第一种情形，我们必须缩短彗星的距离，否则只能承认彗头产生的烟尘能以不可思议的速度在巨大的空间中传播和扩散；如果是后一情形，彗头和彗尾的光只能来自彗核。但是，如果设想所有这些光都集聚在其核部之内，则核部本身的亮度必远大于木星，尤其是当它喷射出巨大而明亮的尾部时。所以，如果它能以比木星小的视在直径反射出比木星多的光，则它必定受到多得多的阳光照射，因而距太阳极近；这一理由将使彗头在某些时候进入金星的轨道之内，即，在这时，彗星淹没在太阳的光辉之中，像它们有时所表现的那样，喷射出像火焰一样的巨大而明亮的彗尾。因为，如果所有这些光都集聚到一颗星体上，它的亮度不仅有时会超过金星，还会超过由许多金星所合成的星体。

最后，由彗头的亮度也能推出相同结论。当彗星远离地球趋近太阳时其亮度增加，而在由太阳返向地球时亮度减小。因此，1665 年的彗星(根据海威尔克的观测)，从它首次被发现时起，一直在失去其视在运动，因而已通过其近地点；但它头部的亮度却逐日增强，直至淹没在太阳光之中，彗星消失。1683 年的彗星(根据海威尔克的观测)，约在 7 月底首次出现，其速度很慢，每天在其轨道上只前进约 40 或 45 分；但从那时起，其日运动逐渐增快，直到 9 月 4 日，达到约 5 度；因而，在这整个时间间隔里，该彗星是趋近地球的。这也可以由以千分仪对其头部直径的测量来证明。8 月 6 日，海威尔克发现它只有 6′5″，这还包括彗发(coma)，而到 9 月 2 日，他发现已变为 9′7″；可见在其运动开始时头部远小于结束时。虽然在开始时，由于接近太阳，其亮度远大于结束时，正像海威尔克所指出的那样。所以在这整个时间间隔里，由于它是离开太阳的，尽管在靠近地球，但亮度却在减小。1618 年的彗星，约在 12 月中旬。1680 年的彗星，约在同一个月底，达到其最大速度，因而是位于近地点的。但它们的头部最大亮度，却出现在两周以前，当时它们刚从太阳光中显现，彗尾的最大亮度出现得更早些，那时距太阳更近。前一颗彗星的头部(根据赛萨特[①]的观测),12月1日超过第一星等的恒星;12月16日(位于近地点),其大小基本不变,但其亮度和光芒却大为减小。次年1月7日,开普勒由于无法确定其彗头而放弃观测。12月12日,弗莱姆斯蒂德先生发现,后一颗彗星的彗头距太阳只有9度,亮度不足第三星等。12月15日和17日,它达到第三星等,但亮度由于落日的余晖和云雾而减弱。12月26日,它达到最大速度,几乎位于其近地点,出现在近于飞马座口(mouth of Pegasus)的地方,亮度为第三星等。次年1月3日,它变为第四星等。1月9日,第五星等。1月13日,它被月光淹没,当时月光正在增强。1月25日,它已不足第七星等。如果我们取在近地点两侧相等的时间间隔作比较,就会发现,在两个时间间隔很大但到地球距离相等时,彗头所表现的亮度是相等的,在近地点趋向太阳的一侧时达到最大亮度,在另一侧消失。所以,由一种情况与另一种情况的巨大的亮度差,可以推断出,在太阳附近的大范围里出现的彗星属于前一种情况,因为其亮度呈规则变化,并在彗头运动最快时最大,因而位于近地点,除非它因继续靠近太阳而增大亮度。

推论Ⅰ.彗星的光芒来自对太阳光的反射。

推论Ⅱ.由上述理由可类似地解释为什么彗星总是频繁出现在太阳附近而在其他区域很少出现。如果它们在土星以外是可见的,则应更频繁地出现于背向太阳一侧;因为在距地球更近的一些地方,太阳会使出现在其附近的彗星受到遮盖或淹没。然而,我通过考查彗星历史,发现在面向太阳的一侧出现的彗星四倍或五倍于在背向太阳的一侧;此外,被太阳光辉所淹没的彗星无疑也绝不是少数:因为落入我们的天区的彗星,既不射出彗尾,又不为阳光所映照,无法为我们的肉眼所发现,直到它们距我们比距木星更近时为止。但是,在以极小半径绕太阳画出的球形天区中,远为更大的部分位于地球面向太阳的一侧;在这部分空

---

① J. B. Cysat(1586—1657),瑞士天文学家。——译者注

间里彗星一般受到强烈照射,因为它们在大多数情况下都接近太阳。

推论Ⅲ.因此很明显,太空中没有阻力存在;因为虽然彗星是沿斜向路径运行的,并有时与行星方向相反,但它们的运动方向有极大自由,并可以将运动保持极长时间,甚至在与行星逆向运动时也是如此。如果它们不是行星中的一种,沿着环形轨道作连续运动的话,则我的判断必错无疑。按某些作者的观点,彗星只不过是流星而已,其根据是彗星在不断变化,但是证据不足。因为彗头为巨大的气团所包围,该气团底层的密度必定最大;因而我们所看到的只是气团,而不是彗星星体本身。这和地球一样,如果从行星上看,毫无疑问,只能看到地球上云雾的辉光,很难透过云雾看到地球本身。这也和木星带一样,它们由木星上云雾组成,因为它们相互间的位置不断变化,我们很难透过它们看到木星实体;而彗星实体必定更是深藏在其浓厚的气团之内。

命题 40 定理 20

彗星沿圆锥曲线运动,其焦点位于太阳中心,由彗星伸向太阳的半径掠过的面积正比于时间。

本命题可以由第一编命题 13 推论Ⅰ与第三编命题 8,12,13 相比较而得证。

推论Ⅰ.如果彗星沿环形轨道运动,则轨道是椭圆;而周期时间比行星的周期等于它们主轴的$\frac{3}{2}$次幂相比。因而彗星在其轨道上绝大部分路程中都较行星为远,因而其长轴更长,完成环绕时间更长。因此,如果彗星轨道的主轴比土星轨道轴长四倍,则彗星环绕时间比土星环绕时间,即比 30 年,等于 $4\sqrt{4}$(或 8)比 1,因而为 240 年。

推论Ⅱ.彗星轨道与抛物线如此接近,以至于以抛物线代替之没有明显误差。

推论Ⅲ.因而,由第一编命题 16 推论Ⅶ,每颗彗星的速度,比在相同距离处沿圆轨道绕太阳旋转的行星的速度,近似等于行星到太阳中心的二倍距离与彗星到太阳中心距离的比的平方根。设大轨道的半径或地球椭圆轨道的最大半径包含 100000000 个部分；则地球的平均日运动掠过 1720212 个部分，小时运动为 71675 $\frac{1}{2}$个部分。因而彗星在地球到太阳的平均距离处，以比地球速度等于$\sqrt{2}$比 1 的速度运动时，日运动掠过 2432747 个部分，小时运动为 101364 $\frac{1}{2}$个部分。而在较大或较小距离上，其日运动或小时运动比这一日运动或小时运动等于其距离的平方根的反比，因而也是给定的。[48]

推论Ⅳ. 所以，如果该抛物线的通径四倍于大轨道半径，而该半径的平方设为包括 100000000 个部分，则彗星由其伸向太阳的半径每天掠过的面积为 1216373 $\frac{1}{2}$个部分，小时运动的面积为 50682 $\frac{1}{4}$个部分。但是，如果其通径以任何比例增大或缩小，则日运动或小时运动的面积将反比于该比值的平方根减小或增大。

引　理　5

求通过任意一个已知点的抛物线类曲线。[49]

设这些点为 A，B，C，D，E，F 等，由它们到任意给定位置直线 HN，作同样多个垂线 AH，BI，CK，DL，EM，FN 等。

情形 1. 如果点 H，I，K，L，M，N 等的间隔 HI，IK，KL 等是相等

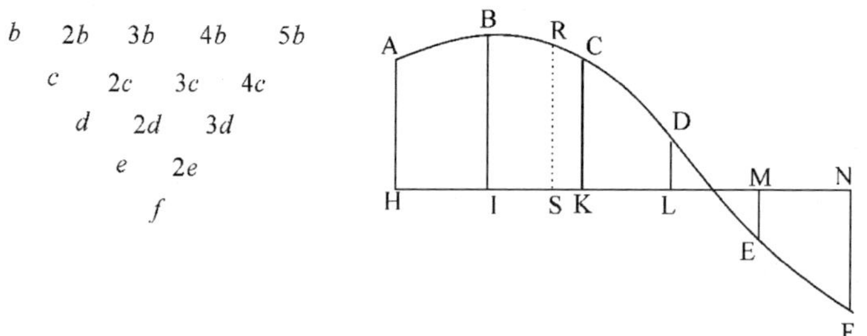

的，取 b，$2b$，$3b$，$4b$，$5b$ 等为垂线 AH，BI，CK 等的一次差；其二次差为

$c,2c,3c,4c$ 等;三次差为 $d,2d,3d,4d$ 等;即,与 $AH-BI=b$ 一样,$BI-CK=2b$,$CK-DL=3b$,$DL+EM=4b$,$-EM+FN=5b$ 等;于是,$b-2b=c$,以此类推,直至最后的差,在此为 f。然后,作任意垂线 RS,它可看作是所求曲线的纵距,为求该纵距长度,设间隔 HI,IK,KL,LM 等为单位长度,令 $AH=a$,$-HS=p$,$\frac{1}{2}p$ 乘以 $-IS=q$,$\frac{1}{3}q$ 乘以 $+SK=r$,$\frac{1}{4}r$ 乘以 $SL=s$,$\frac{1}{5}s$ 乘以 $+SM=t$;将这一方法不断使用直至最后一根之前的垂线 ME,并在由 S 到 A 的诸项 HS,IS 等的前面加上负号;而在点 S 另一侧诸项 SK,SL 等的前面加上正号;正负号确定以后,$RS=a+bp+cq+dr+es+ft+$ 等等。

情形 2. 如果点 H,I,K,L 等的间隔 HI,IK 等不相等,取垂线 AH,BI,CK 等的一次差 $b,2b,3b,4b,5b$ 等,除以这些垂线间的间隔;再取它们的二次差 $c,2c,3c,4c$ 等,除以每两个垂线间的间隔;再取三次差 $d,2d,3d$ 等,除以每三个垂线间的间隔;再取四次差 $e,2e$ 等除以每四个垂线间的间隔,以此类推下去;即,按这种方法进行,$b=\frac{AH-BI}{HI}$,$2b=\frac{BI-CK}{IK}$,$3b=\frac{CK-DL}{KL}$ 等,则 $c=\frac{b-2b}{HK}$,$2c=\frac{2b-3b}{IL}$,$3c=\frac{3b-4b}{KM}$ 等,而 $d=\frac{c-2c}{HL}$,$2d=\frac{2c-3c}{IM}$ 等。求出这些差之后,令 $AH=a$,$-HS=p$,p 乘以 $-IS=q$,q 乘以 $+SK=r$,r 乘以 $+SL=s$,s 乘以 $+SM=t$;将这一办法一直使用到最后一根之前的垂线 ME;则纵坐标 $RS=a+bp+cq+dr+es+ft+$ 等等。

推论. 由此可以近似地求出所有曲线的面积;因为,只要求得了欲求其面积的曲线上的若干点,即可以设一抛物线通过这些点,该抛物线的面积即近似等于所求曲线的面积;而抛物线的面积总是可以用众所周知的几何方法求得的。

引 理 6

彗星的某些观测点已知,求彗星在点间任意给定时刻的位置。

令 HI,IK,KL,LM(在前一插图中)表示各次观测的时间间隔;HA,IB,KC,LD,ME 为彗星的五次观测经度;HS 为由第一次观测到所求经度之间的给定时间。则如果设规则曲线 ABCDE 通过点 A,B,C,D,E,由上述引理可以求出纵距 RS,而 RS 即为所求的经度。

用同样的方法,由五个观测纬度可以求出彗星在任意给定时刻的纬度。

如果观测经度的差很小,比如只有 4 度或 5 度,则三或四次观测即足以求出新的经度和纬度;但如果差别很大,如有 10 度或 20 度,则应取五次观测。

引 理 7

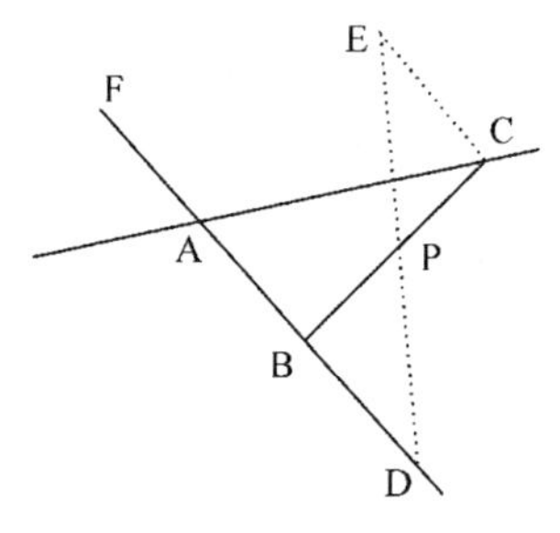

通过给定点 P 作直线 BC,其两部分为 PB,PC,两条位置已定的直线 AB,AC 与它相交,则 PB 与 PC 的比可以求出。

设任意直线 PD 通过给定点 P 与二条已知直线中的一条 AB 相交;把它向另一条已知直线 AC 一侧延长到 E,使 PE 比 PD 为给定比值。令 EC 平行于 AD。作 CPB,则 PC 比 PB 等于 PE 比 PD。

完毕。

引 理 8

令 ABC 为一抛物线,其焦点为 S。在 I 点被二等分的弦 AC 截取扇形 ABCA[①],其直径为 Iμ,顶点为 μ。在 Iμ 的延长线上取 μO 等于 Iμ 的一半,连接 OS,并延长到 ξ,使 Sξ 等于 2SO。设一彗星沿 CBA 运动,作 ξB,交 AC 于 E,则点 E 在弦 AC 上截下的一段近似正比于时间。

① 英译本为 ABCI,当误。——译者注

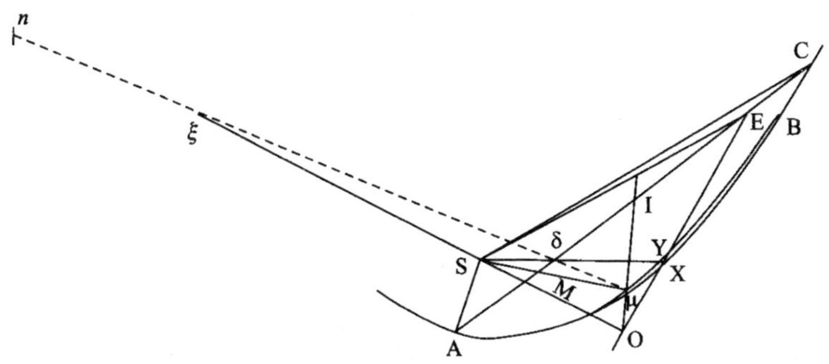

因为,如果连接 EO,与抛物线弧 ABC 相交于 Y,再作 μX 与同一段弧相切于顶点 μ,与 EO 相交于 X,则曲线面积 AEXμA 比曲线面积 ACYμA 等于 AE 比 AC;因而,由于三角形 ASE 比三角形 ASC 也为同一比值,整个面积 ASEXμA 比整个面积 ASCYμA 等于 AE 比 AC。但因为 ξO 比 SO 等于 3 比 1,而 EO 比 XO 为同一比值,SX 平行于 EB;因而,连接 BX 则三角形 SEB 等于三角形 XEB。所以,如果在面积 ASEXμA 上迭加上三角形 EXB,再在得到的和中减去三角形 SEB,余下的面积 ASBXμA 仍等于面积 ASEXμA,因而比面积 ASCYμA 等于 AE 比 AC。但面积 ASBYμA 近似等于面积 ASBXμA;而该面积 ASBYμA 比面积 ASCYμA 等于掠过弧 AB 的时间比掠过整个 AC 弧的时间;所以,AE 比 AC 近似地为时间的比。

证毕。

推论. 当点 B 落在抛物线顶点 μ 上时,AE 比 AC 精确地等于时间的比。

附　注

如果连接 μξ 与 AC 相交于 δ,在其上取 ξn 比 μB 等于 27MI 比 16Mμ,作 Bn,则该 Bn 分割弦 AC 比以前更精确地正比于时间;但点 n 取在点 ξ 的外侧或内侧,应根据点 B 距抛物线顶点较点 μ 远或近来决定。

引 理 9

直线 $I\mu$ 和 μM，以及长度 $\frac{AI^2}{4S\mu}$，相互间相等。

因为 $4S\mu$ 是属于顶点 μ 的抛物线的通径。

引 理 10[50]

延长 $S\mu$ 到 N 和 P，使 μN 为 μI 的 $\frac{1}{3}$，SP 比 SN 等于 SN 比 $S\mu$；在彗星掠过弧 $A\mu C$ 的时间内，如果设它的运动速度为等于 SP 的高度，则它掠过的长度等于弦 AC。

如果彗星在上述时间内在点 μ 的速度为假设它沿与抛物线相切于点 μ 的直线匀速运动的速度，则它以伸向点 S 的半径所掠过的面积等于抛物线面积 $ASC\mu A$；因而由所掠过切线的长度与长度 $S\mu$ 所围成的面积比长度 AC 和 SM 围成的面积，等于面积 $ASC\mu A$ 比三角形 ASC，即等于 SN 比 SM。所以 AC 比在切线上掠过的长度等于 $S\mu$ 比 SN。但由于彗星的速度 SP（由第一编命题 16 推论 Ⅵ）比速度 $S\mu$，等于 SP 与 $S\mu$ 的反比的平方根，即等于 $S\mu$ 比 SN，因而以该速度掠过的长度比在相同时间内在切线上掠过的长度，等于 $S\mu$ 比 SN。所以，由于 AC，以及以这个新速度所掠过的长度与在切线上掠过的长度有相同比值，它们之间也必定相等。

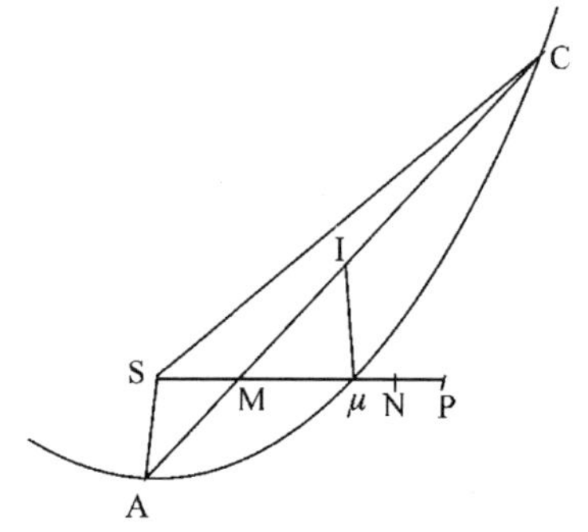

证毕。

推论. 所以，彗星以高度为 $S\mu+\frac{2}{3}I\mu$ 的速度运动时，在同一时间内可近似掠过弦 AC。

引　理　11

如果彗星失去其所有运动，并由高度 SN 或 $S\mu+\frac{1}{3}I\mu$ 处向太阳落下，并且在下落中始终受到太阳的均匀而持续的拉力，则在等于它沿其轨道掠过弧 AC 所用的时间内，它下落的空间等于长度 $I\mu$。

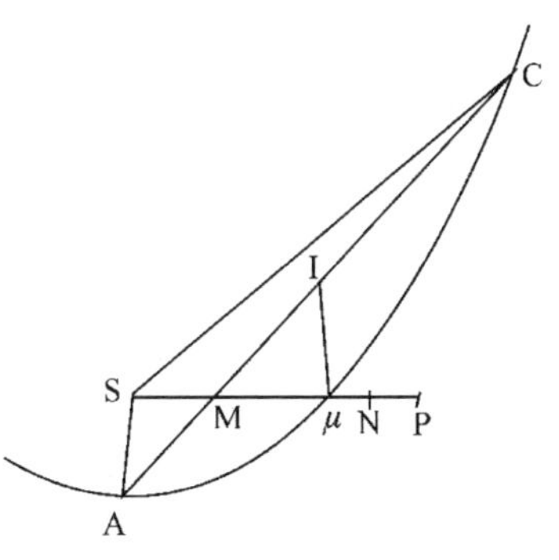

因为在与彗星掠过抛物线弧 AC 相等的时间内，它应(由前一引理)以高度 SP 处的速度掠过弦 AC；因而(由第一编命题 16 推论 Ⅶ)，如果设它在相同时间内在其自身引力作用下沿一半径为 SP 的圆运动，则它在该圆上掠过的长度比抛物线弧 AC 的弦应等于 1 比$\sqrt{2}$。所以，如果它以在高度 SP 处被吸引向太阳的重量自该高度落向太阳，则它(由第一编命题 16 推论 Ⅸ)应在上述的一半时间内掠过上述弦的一半的平方，再除以四倍的高度 SP，即它应掠过空间$\frac{AI^2}{4SP}$。但由于彗星在高度 SN 处指向太阳的重量比它在 SP 处指向太阳的重量等于 SP 比 $S\mu$，彗星以其在高度 SN 处的重量由该高度落向太阳时，应在相同时间内掠过距离$\frac{AI^2}{4S\mu}$；即掠过等于长度 $I\mu$ 或 μM 的距离。

命题 41　问题 21

由三个给定观测点求沿抛物线运动的彗星轨道。

这一问题极为困难，我曾尝试过许多解决方法；在第一编的问题中，有几个就是我专门为此而设置的，但后来我发现了下述解法，它比较简单。

选择三个时间间隔近似相等的观测点；但应使彗星在一个时间间隔

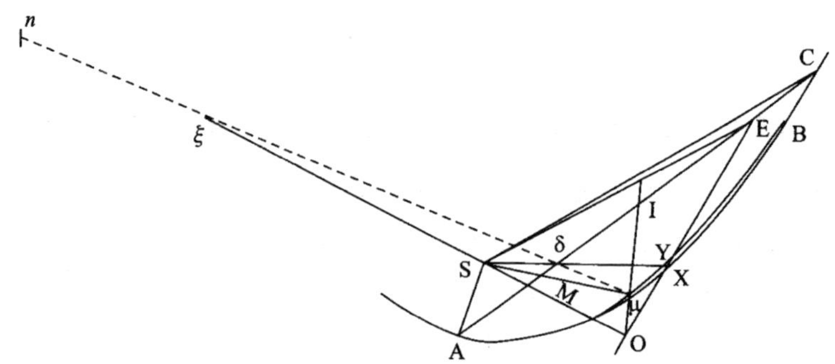

里的运动快于在另一间隔里；即，使得时间的差比时间的和等于时间的和比 600 天；或使点 E 落在点 M 附近指向I而不是指向 A 的一侧。如果手头上没有这样的直接观测点，必须由引理 6 求出一个新的。

令 S 表示太阳；T，t，τ 表示地球在地球轨道上的三个位置；TA，tB，τC 为彗星的三个观测经度；V 为第一次与第二次观测的时间间隔；W 为第二与第三次的时间间隔；X 为在整个时间 V＋W 内彗星以其在地球到太阳的平均距离上运动的速度所掠过的长度，该长度可以由第三编命题 40 推论Ⅲ求出；而 tV 为落在弦 Tτ 上的垂线。在平均观测经度 tB 上任取一点 B 作为彗星在黄道平面上的位置；由此处向太阳 S 作直线 BE，它比垂线 tV 等于 SB 与 St^2 的乘积比一直角三角形斜边的立方，该三角形一直角边为 SB，另一直角边为彗星在第二次观测时纬度相对于半径 tB 的正切。通过点 E（由引理 7）作直线 AEC，其由直线 TA 和 τC 所截的两段 AE 与 EC 相互间的比，等于时间 V 比 W：则 A 和 C 为彗星为第一和第三次观测时在黄道平面上的近似位置，如果 B 设定为第二次观测位置的话。

在以 I 为二等分点的 AC 上，作垂线 Ii。通过 B 作 AC 的平行线。再设想作直线 Si，与 AC 相交于 λ，完成平行四边形 iI$\lambda\mu$。取 Iδ 等于 3Iλ；通过太阳 S 作直线 $\sigma\xi$ 等于 $3S\delta+3i\lambda$。则，删去字母 A，E，C，I，由点 B 向点 ξ 作新的直线 BE，使它比原先的直线 BE 等于距离 BS 与量 $S\mu+\frac{1}{3}i\lambda$ 的比的平方。通过点 E 再按与先前一样的规则作直线

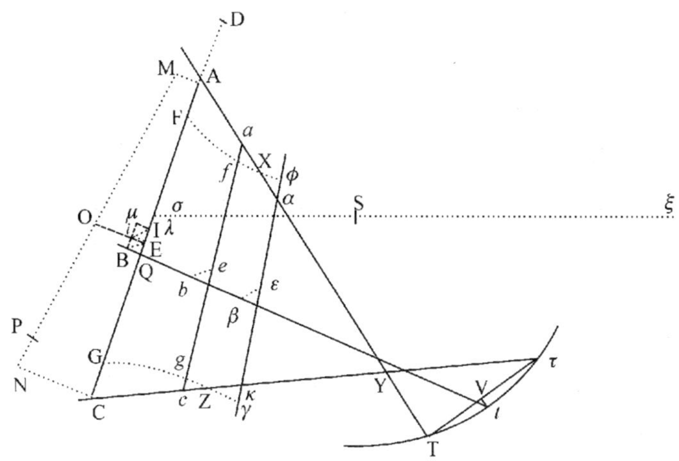

AEC;即,使得其部分 AE 和 EC 相互间的比等于观测间隔 V 比 W。这样,A 和 C 即为彗星更准确的位置。

在以 I 为二等分点的 AC 上作垂线 AM,CN,IO,其中 AM 和 CN 为第一和第三次观测纬度比半径 TA 和 τC 的正切。连接 MN,交 IO 于 O。像先前一样作矩形 $iI\lambda\mu$。在 IA 延长线上取 ID 等于 $S\mu+\frac{2}{3}i\lambda$。再在 MN 上向着 N 一侧取 MP,使它比以上求得的长度 X 等于地球到太阳的平均距离(或地球轨道的半径)与距离 OD 的比的平方根。如果点 P 落在 N 上,则 A,B 和 C 为彗星的三个位置,通过它们可以在黄道平面上做出彗星轨道。但如果 P 不落在 N 上,则在直线 AC 上取 CG 等于 NP,使点 G 和 P 位于直线 NC 的同侧。

用由设定点 B 求得点 E,A,C,G 相同的方法,可以由任意设定的其他点 b 和 β 求出新的点 e,a,c,g;和 $\varepsilon,\alpha,\kappa,\gamma$。再通过 G,$g$ 和 γ 作圆 G$g\gamma$,与直线 TC 相交于 Z;则 Z 为彗星在黄道平面上的一个点。在 AC,ac,$\alpha\kappa$ 上取 AF,af,$\alpha\phi$ 分别等于 CG,cg,$\kappa\gamma$;通过点 F,f 和 ϕ 作圆 F$f\phi$,交直线 AT 于 X;则点为彗星在黄道平面上的另一点,再在点 X 和 Z 上向半径 TX 和 τZ 作彗星的纬度切线,则彗星在其轨道上的两个点确定。最后,如果(由第一编命题 19)作一条以 S 为焦点的抛物线通过这两个点，则该抛物线就是彗星轨道。

完毕。

本问题作图的证明是以前述诸引理为前提的，因为根据引理 7，直线 AC 在 E 比例于时间分割，像它在引理 8 中那样；而 BE，由引理 11，是黄道平面上直线 BS 或 Bξ 的一部分，介于弧 ABC 与弦 AEC 之间；MP（由引理 10 推论）则该弧的弦长，彗星在其轨道上在第一和第三次观测之间掠过它，因而等于 MN，在此设定 B 是彗星在黄道平面上的一个真实位置。

然而，如果点 B，b，β 不是任意选取的，而是接近真实的，则较为方便。如果可以粗略知道黄道平面上的轨道与直线 tB 的交角 AQt，以该角关于 Bt 作直线 AC，使它比 $\frac{4}{3}$Tτ 等于 SQ 与 St 的比的平方根；再作直线 SEB 使其部分 EB 等于长度 Vt，则点 B 可以确定，我们把它用于第一次观测。然后，消去直线 AC，再根据前述作图法重新画出 AC，进而求出长度 MP，并在 tB 上按下述规则取点 b：如果 TA 与 τC 相交于 Y，则距离 Yb 比距离 YB 等于 MP 比 MN 再乘以 SB 与 Sb 的比的平方根。如果愿意把相同的操作再重复一次的话，即可以求出第三个点 β；但如果按这一方法行事，一般地两个点即已足够；因为如果距离 Bb 极小，则可在点 F，f 和 G，g 求出后作直线 Ff 和 Gg，它们将在所求的点 X 和 Z 与 TA 和 τC 相交。

例

我们来研究 1680 年的彗星。下表显示它的运动情况，是由弗莱姆斯蒂德观测记录，并由他本人做出推算的，哈雷博士根据该观测记录又做了校正。

		时间		太阳经度	彗星	
		视在的	真实的		经度	北纬
		h m	h m s	° ′ ″	° ′ ″	° ′ ″
1680年12月	12	4.46	4.46.0	♑ 1.51.23	♑ 6.32.30	8.28.0
	21	6.32 $\frac{1}{2}$	6.36.59	11.06.44	♒ 5.08.12	21.42.13
	24	6.12	6.17.52	14.09.26	18.49.23	25.23.5
	26	5.14	5.20.44	16.09.22	28.24.13	27.00.52
	29	7.55	8.03.02	19.19.43	♓ 13.10.41	28.09.58
	30	8.02	8.10.26	20.21.09	17.38.20	28.11.53
1681年1月	5	5.51	6.01.38	26.22.18	♈ 8.48.53	26.15.7
	9	6.49	7.00.53	♒ 0.29.02	18.44.04	24.11.56
	10	5.54	6.06.10	1.27.43	20.40.50	23.43.52
	13	6.56	7.08.55	4.33.20	25.59.48	22.17.28
	25	7.44	7.58.42	16.45.36	♉ 9.35.0	17.56.30
	30	8.07	8.21.53	21.49.58	13.19.51	16.42.18
2月	2	6.20	6.34.51	24.46.59	15.13.53	16.04.1
	5	6.50	7.04.41	27.49.51	16.59.06	15.27.3

可以把我的观测数据补充进来。[51]

		视在时间	彗星	
			经度	北纬
		h m	° ′ ″	° ′ ″
1681年2月	25	8.30	♉ 26.18.35	12.46.46
	27	8.15	27.04.30	12.36.12
3月	1	11.0	27.52.42	12.23.40
	2	8.0	28.12.48	12.19.38
	5	11.30	29.18.0	12.03.16
	7	9.30	♊ 0.4.0	11.57.0
	9	8.30	0.43.4	11.45.52

这些观测数据是用7英尺望远镜配以千分仪得到的，准线调在望远镜的焦点上；我们用这些仪器测定了恒星的相互位置，以及彗星相对于恒星的位置。令A表示英仙座(Perseus)左侧的第四颗亮星(贝

耶尔[①]的 o 星),B 表示左侧第三颗亮星(贝耶尔的 ξ 星),C 表示同侧第六颗星(贝耶尔的 n 星),D,E,F,G,H,I,K,L,M,N,O,Z,α,β,γ,δ 表示同侧的其他较小的星;令 p,P,Q,R,S,T,V,X 表示对应于上述观测的彗星位置;设 AB 的距离为 $80\frac{7}{12}$部分,AC 为 $52\frac{1}{4}$部分;BC 为 $58\frac{5}{6}$;AD,$57\frac{5}{12}$;BD,$82\frac{6}{11}$;CD,$23\frac{2}{3}$;AE,$29\frac{4}{7}$;CE,$57\frac{1}{2}$;DE,$49\frac{11}{12}$;AI,$27\frac{7}{12}$;BI,$52\frac{1}{6}$;CI,$36\frac{7}{12}$;DI,$53\frac{5}{11}$;AK,$38\frac{2}{3}$;BK,43;CK,$31\frac{5}{9}$;FK,29;FB,23;FC,$36\frac{1}{4}$;AH,$18\frac{6}{7}$;DH,$50\frac{7}{8}$;BN,$46\frac{5}{12}$;CN,$31\frac{1}{3}$;BL,$45\frac{5}{12}$;NL,$31\frac{5}{7}$,而 HO 比 HI 等于 7 比 6,把它延长,自恒星 D 和 E 之间穿过,使得恒星 D 到该直线距离为$\frac{1}{6}$CD。LM 比 LN 等于 2 比 9,延长之并通过恒星 H。这样恒星间的相互位置得到确定。

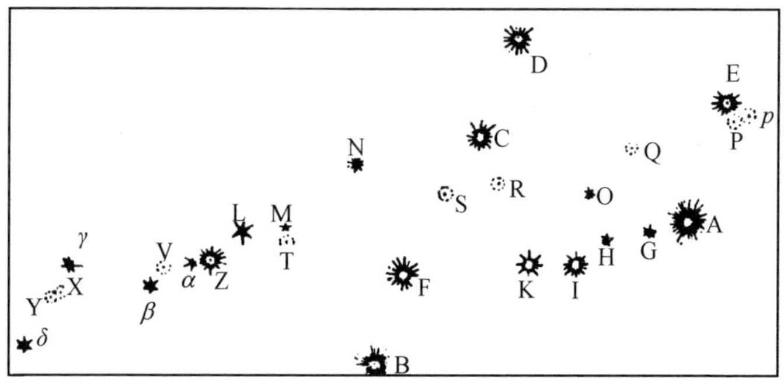

① Bayer,Johaan(1572—1625),德国天文学家。——译者注

恒星	经度	北纬	恒星	经度	北纬
	° ′ ″	° ′ ″		° ′ ″	° ′ ″
A	♉ 26.41.50	12.8.36	L	♉ 29.33.34	12.7.48
B	28.40.23	11.17.54	M	29.18.54	12.7.20
C	27.58.30	12.40.25	N	28.48.29	12.31.9
E	26.27.17	12.52.7	Z	29.44.48	11.57.13
F	28.28.37	11.52.22	α	29.52.3	11.55.48
G	26.56.8	12.4.58	β	♊ 0.8.23	11.48.56
H	27.11.45	12.2.1	γ	0.40.10	11.55.18
I	27.25.2	11.53.11	δ	1.3.20	11.30.42
K	27.42.7	11.53.26			

之后,庞德先生又再次观测了这些恒星的相互位置,得到的经度和纬度与上表相吻合。

彗星相对于上述恒星的位置确定如下:

旧历 2 月 25 日,星期五,晚上 8 点半,彗星位于 p 处,到 E 星的距离小于$\frac{3}{13}$AE,大于$\frac{1}{5}$AE,因而近似等于$\frac{3}{14}$AE;角 ApE 稍钝,但几乎为直角。因为由 A 向 pE 作垂线,彗星到该垂线的距离为$\frac{1}{5}p$E。

同晚 9 点半,彗星位于 P,到 E 星距离大于$\frac{1}{4\frac{1}{2}}$AE,小于$\frac{1}{5\frac{1}{4}}$AE,因而近似为$\frac{1}{4\frac{7}{8}}$AE,或$\frac{8}{39}$AE。但彗星到由 A 作向 PE 的垂线距离为$\frac{4}{5}$PE。

2 月 27 日,星期日,晚上 8 点一刻,彗星位于 Q,到 O 星的距离等于 O 星与 H 星的距离;QO 的延长线自 K 和 B 星之间穿过。由于云雾的干扰,我无法很准确地测定恒星位置。

3月1日，星期二，晚上11点，彗星位于R，恰好位于K和C星连线上，这使得直线CRK的CR部分略大于$\frac{1}{3}$CK，略小于$\frac{1}{3}$CK+$\frac{1}{8}$CR，因而=$\frac{1}{3}$CK+$\frac{1}{16}$CR，或$\frac{16}{45}$CK。

3月2日，星期三，晚上8点，彗星位于S，距C星约$\frac{4}{9}$FC；F星到直线CS的延长线距离为$\frac{1}{24}$FC；B星到同一条直线的距离为F星距离的5倍；直线NS的延长线自H和I之间穿过，距H星较I星近约6倍。

3月5日，星期六，晚上11点半，彗星位于T，直线MT等于$\frac{1}{2}$ML，直线LT的延长线自B和F间穿过，距F比距B近四或五倍，在BF线上F一侧截下五分之一或六分之一；MT的延长线自空间BF以外B一侧通过，距B星较距F星近四倍。M是颗很小的星，很难为望远镜发现；但L星很暗，大约为第八星等。

3月7日，星期一，下午9点半，彗星位于V，直线Vα的延长线自B和F之间穿过，在BF上F一侧截下BF的$\frac{1}{10}$，比直线Vβ等于5比4。彗星到直线αβ的距离为$\frac{1}{2}$Vβ。

3月9日，星期三，晚上8点半，彗星位于X，直线γx等于$\frac{1}{4}\gamma\delta$；由δ星作向直线γx的垂线为γδ的$\frac{2}{5}$。

同晚12点，彗星位于Y，直线γY等于γδ的$\frac{1}{3}$，或略小一点，也许为γδ的$\frac{5}{16}$；由δ星作向直线γY的垂线约等于γδ的$\frac{1}{6}$或$\frac{1}{7}$。但由于彗星极接近于地平线，很难辨认，因而其位置的确定精度不如以前的高。

我根据这些观测，通过作图和计算推算出彗星的经度和纬度；

庞德先生通过校正恒星的位置也更准确地测定了彗星的位置,这些准确位置都已在前面的表中列出。我的千分仪虽然不是最好的,但其在经度和纬度方面的误差(由我的观测推算)很少超过一分。彗星(根据我的观测)的运动,在末期开始由它在2月底时掠过的平行线向北方明显的倾斜。

现在,为了由上述观测数据中推算出彗星的轨道,我选择了弗莱姆斯蒂德的三次观测(12月21日,1月5日和1月25日);设地球轨道半径包括10000部分,求出 St 为9842.1部分,Vt 为455部分。然后,对于第一次观测,设 tB 为5657部分,求得 SB 为9747,第一次观测时 BE 为412,$S\mu$ 为9503,$i\lambda$ 为413;第二次观测时 BE 为421,OD 为10186,X 为8528.4,PM 为8450,MN 为8475,NP 为25;由此,在第二次计算中得到,距离 tb 为5640;这样,我最后算出距离 TX 为4775,TZ 为11322。根据这些数值求出的轨道,我发现,彗星的下降交会点位于♋,上升交会点位于♑ 1°53′;其轨道平面相对于黄道平面的倾角为 $61°21\frac{1}{3}'$,顶点(或彗星的近日点)距交会点8°38′,位于♐ 27°34′,南纬7°34′。通径为236.8;由彗星伸向太阳的半径每天掠过的面积,在设地球轨道半径的平方为100000000时,为93585;彗星在该轨道上沿着星座顺序方向运动,在12月8日下午00时04分到达其轨道顶点或近日点;所有这些,我是使用直尺和罗盘,在一张很大的图上获得的,为适合地球轨道的半径(包含10000个部分),该图取该半径等于 $16\frac{1}{3}$ 英寸;而各角的弦是在自然正弦表上求得的。

彗星								
		到太阳距离	计算经度	计算纬度	观测经度	观测纬度	经度差	纬度差
12 月	12	2792	♑ 6°32′	$8°18\frac{1}{2}$	♑ $6°31\frac{1}{3}$	8°26	+1	$-7\frac{1}{2}$
	29	8403	♓ $13.13\frac{2}{3}$	28.00	♓ $13.11\frac{3}{4}$	$28.10\frac{1}{12}$	+2	$-10\frac{1}{12}$
2 月	5	16,669	♉ 17.00	$15.29\frac{2}{3}$	♉ $16.59\frac{7}{8}$	$15.27\frac{2}{5}$	+0	$2\frac{1}{4}$
3 月	5	21,737	$29.19\frac{3}{4}$	12.4	$29.20\frac{6}{7}$	$12.3\frac{1}{2}$	−1	$+\frac{1}{2}$

最后，为检验彗星是否确定在这一求出的轨道上运动，我用算术计算配合以直尺和罗盘，求出了它在该轨道上对应于观测时间的位置，结果列于下表：

但后来哈雷博士以算术计算法求出了比作图法精确得多的彗星轨道；其交会点在♋和♑ 1°53′之间摆动，转道平面对黄道平面的倾角为 $61°20\frac{1}{3}'$，彗星也是在 12 月的 8 日 00 时 04 分到达其近日点。他发现近日点到彗星轨道的下降交会点距离为 9°20′，抛物线的通径为 2430 部分；由这些数据通过精确的算术计算，他求出对应于观测时间的彗星位置，列于下表：

这颗彗星早在 11 月时已出现，在萨克森的科堡(Coburg，in Saxony)，哥特弗里德·基尔希[1]先生于旧历这个月的 4 日、6 日和 11 日都作过观测；由观测到的该彗星相对于最接近的恒星的位置，有时是以二英尺镜获得的，有时是以十英尺镜获得的；由科堡与伦敦的经度差 11°；再由庞德先生观测的恒星位置，哈雷博士推算出彗星的位置如下：

出现在伦敦的时间，11 月 3 日 17 时 2 分，彗星在♌ 29°51′，北纬 1°17′45″。

---

① Gottfried Kirch，(1639—1710)，德国天文学家。他与他的妻子、儿子、女儿都是著名天文学家。——译者注

11 月 5 日 15 时 58 分，彗星位于♍ 3°23′，北纬 1°6′。

11 月 10 日 16 时 31 分，彗星距位于♍的两颗星距离相等，按贝耶尔的表示为 δ 和 T；但它还没有完全到达二者的连线上，而与该线十分接近。在弗莱姆斯蒂德的星表中，当时 δ 星位于♍ 14°15′，约北纬 1°41′，而 T 是位于♍ 17°3$\frac{1}{2}$′，南纬 0°33$\frac{1}{2}$′；这两颗的中点为♍ 15°39$\frac{1}{4}$′，北纬 0°33$\frac{1}{2}$′。令彗星到该直线的距离为约 10′或 12′；则彗星与该中点的经度差为 7′；纬度差为 7$\frac{1}{2}$；因此，该彗星位于♍ 15°32′，约北纬 26′。

真实时间		彗星			误差	
		到太阳距离	计算经度	计算纬度	经度	纬度
	d h m		° ′ ″	° ′ ″	′ ″	′ ″
12 月	12.4.46	28028	♑ 6.29.25	8.26.0bor.	−3.5	−2.0
	21.6.37	61076	♒ 5.6.30	21.43.20	−1.42	+1.7
	24.6.18	70008	18.48.20	25.22.40	−1.3	−0.25
	26.5.20	75576	28.22.45	27.1.36	−1.28	+0.44
	29.8.3	84021	♓ 13.12.40	28.10.10	+1.59	+0.12
	30.8.10	86661	17.40.5	28.11.20	+1.45	−0.33
1 月	5.6.1$\frac{1}{2}$	101440	♈ 8.49.49	26.15.15	+0.56	+0.8
	9.7.0	110959	18.44.36	24.12.54	+0.32	+0.58
	10.6.6	113162	20.41.0	23.44.10	+0.10	+0.18
	d h m		° ′ ″	° ′ ″	′ ″	′ ″
1 月	13.7.9	120000	26.0.21	22.17.30	+0.33	+0.2
	25.7.59	145370	♉ 9.33.40	17.57.55	−1.20	+1.25
	30.8.22	155303	13.17.41	16.42.7	−2.49	−0.11
2 月	2.6.35	160951	15.11.11	16.4.15	−2.42	+0.14
	5.7.4$\frac{1}{2}$	166686	16.58.55	15.29.13	−0.41	+2.0
	25.8.41	202570	26.15.46	12.48.0	−2.49	+1.10
3 月	5.11.39	216205	29.18.35	12.5.40	+0.35	+2.14

第一次观测到的彗星相对于某些小恒星的位置具有所期望的所有精度;第二次观测也足够精确。第三次观测精度最低,误差可能达6′或7′,但不会更大。该彗星的经度,在第一次也是最精确的观测中,按上述抛物线轨道计算,位于♌ 29°30′32″,其北纬为1°25′7″,到太阳的距离为115546。

哈雷博士进一步指出,考虑到有一颗奇特的彗星以每575年的相等时间间隔出现过四次[即,在朱里乌斯·恺撒(Julius Gaesar)被杀后的9月份[①];(在纪元)531年,兰帕迪乌斯和奥里斯特斯(Lampadius and Orestes)执政;(在)1106年的2月;以及1680年底;它每次出现都有很长很明亮的尾巴,只是在恺撒死后那一次,由于地球位置不方便,它的尾部没有这样惹人注目],他推算出它的椭圆轨道,其长轴为1382957部分,在此,地球到太阳的平均距离为10000部分;在该轨道上,彗星运行周期应为575年;其上升交会点在♋ 2°2′,轨道平面与黄道平面交角为61°6′48″,彗星在该平面上的近日点为♐ 22°44′25″,到达该点时间为12月7日23时9分,在黄道平面上近日点到上升交会点的距离为9°17′35″,其共轭轴为18481.2,据此,他推算出彗星在这椭圆轨道上的运动。由观测得到的,以及由该轨道计算出的彗星位置,都在下表中列出。

真实时间		观测经度	观测北纬度	计算经度	计算纬度	经度误差	纬度误差
	d h m	° ′ ″	° ′ ″	° ′ ″	° ′ ″	′ ″	′ ″
11月	3.16.47	♌ 29.51.00	1.17.45	♌ 29.51.22	1.17.32N	+0.22	−0.13
	5.15.37	♍ 03.23.00	1.06.00	♍ 03.24.32	1.06.09	+1.32	+0.9
	10.16.18	15.32.00	0.27.00	15.33.02	0.25.070	+1.2	−1.53
	16.17.0			♒ 08.16.45	0.53.07S		
	18.21.34			18.52.15	1.26.54		
	20.17.00			28.10.36	1.53.35		
	23.17.05			♏ 13.22.42	2.29.00		

① 恺撒于公元前44年3月被刺杀。——译者注

续　表

真实时间		观测经度	观测北纬度	计算经度	计算纬度	经度误差	纬度误差
	d h m	° ′ ″	° ′ ″	° ′ ″	° ′ ″	′ ″	′ ″
12月	12.04.46	♑06.32.30	8.28.00	♑06.31.20	8.29.06N	−1.10	+1.6
	21.06.37	♒05.08.12	21.42.13	♒05.06.14	21.44.42	−1.58	+2.29
	24.06.18	18.49.23	25.23.05	18.47.30	25.23.35	−1.53	+0.30
	26.05.21	28.24.13	27.00.52	28.21.42	27.02.01	−2.31	+1.9
	29.08.3	♓13.10.41	28.10.58	♓13.11.14	28.10.38	+0.33	+0.40
	30.08.10	17.38.00	28.11.53	17.38.27	28.11.37	+0.7	−0.16
1月	05.06.1$\frac{1}{2}$	♈08.48.53	26.15.07	♈08.48.51	26.14.57	−0.2	−0.10
	09.07.01	18.44.04	24.11.56	18.43.51	24.12.17	−0.13	+0.21
	10.06.06	20.40.50	23.43.32	20.40.23	23.43.25	−0.27	−0.7
	13.07.09	25.59.48	22.17.28	26.00.08	22.16.32	+0.20	−0.56
	25.07.59	♉09.35.00	17.56.30	♉09.34.11	17.56.06	−0.49	−0.24
	30.08.22	13.19.51	16.42.18	13.18.28	16.40.05	−1.23	−2.13
2月	02.06.35	15.13.53	16.04.01	15.11.59	16.02.17	−1.54	−1.54
	05.07.4$\frac{1}{2}$	16.59.06	15.27.03	16.59.17	15.27.00	+0.11	−0.3
	25.08.41	26.18.35	12.46.46	26.16.59	12.45.22	−1.36	−1.24
3月	01.11.10	27.52.42	12.23.40	27.51.47	12.22.28	−0.55	−1.12
	05.11.39	29.18.00	12.03.16	29.20.11	12.02.50	+2.11	−0.26
	09.08.38	♊00.43.04	11.45.52	♊00.42.43	11.45.35	−0.21	−0.17

对这颗彗星的观测,自始至终都与在刚才所说的轨道上计算出的彗星运动完全吻合,一如行星运动与由引力理论推算出的运动相吻合,这种一致性明白无误地显示出每次出现的都是同一颗彗星,而且它的轨道也已正确地得出。

在上表中我们略去了11月16日,18日,20日和23日的几次观测,因为它们不够精确。在这几次时间里,许多人都在观测这颗彗星。

旧历11月17日,庞修(Ponthio)和他的同事在罗马于早晨6时(即伦敦5时10分)将准线对准恒星,测出彗星位于♒ 8°30′,南纬0°41′。他们的观测记录可以在庞修发表的一篇关于这颗彗星的论文中找到。切里奥(Cellio)当时在场,他在致卡西尼的一封信中报告说,该彗星在同一时刻位于♒ 8°30′,南纬0°30′。伽列特(Gallet)在阿维尼翁(Avignon)于同一小时(即,在伦敦早晨 5 时 42 分)发现它位于♒ 8°,纬度为零。但根据理论计算,当时该彗星应位于 8°16′45″,南纬 0°53′7″。

11 月 18 日,在罗马早晨 6 时 30 分(即伦敦 5 时 40 分),庞修观测到彗星位于♒ 13°30′,南纬 1°20′;而切里奥发现在♒ 13°30′,南纬 1°00′。但在阿维尼翁的早晨 5 时 30 分,伽列特看到它在♒ 13°00′,南纬 1°00′。在法国的拉弗累舍大学(University of La Fleche),早晨 5 时(即伦敦的 5 时 9 分),安果(Ango)发现它位于两颗小恒星中间,其中一颗是室女座南肢右侧三颗星中位于中间的一颗,贝耶尔以 Ψ 标记;另一颗是该肢上最靠外的一颗,贝耶尔记以 θ。因此,彗星当时位于♒ 12°46′,南纬 50′。哈雷博士告诉我,在新英格兰(New England)纬度为 $42°\frac{1}{2}$′[①]的波士顿(Boston),当天早晨 5 时(即伦敦早晨 9 时 44 分),该彗星位于约♒ 14°,南纬 1°30′。

11 月 19 日 $4\frac{1}{2}$时,在剑桥(Cambridge)发现,该彗星(根据一位年轻人的观测)距角宿一(Spica)♍约西北 2°。当时角宿一位于♒ 19°23′47″,南纬 2°1′59″。同一天早晨 5 时,在新英格兰的波士顿,彗星距角宿一♍ 1°,纬度差为 40′。同一天,在牙买加岛(island of Jamaica),它距角宿一♍ 1°。同一天,阿瑟·斯多尔(Arthur Storer)先生,在弗吉尼亚地区的马里兰(Maryland in the confines of Virginia),在位于亨丁·克里克(Hunting Creek)附近的纬度为 $38\frac{1}{2}$°的帕图森河(river Patuxent)边,早晨 5 时(即伦敦 10 时),看到彗星刚好在角宿一♍之上,几乎与它重合,相互间距离约为$\frac{3}{4}$度。比较这些观测后,我认为,在伦敦 9 时 44 分时,彗星位于♎ 18°50′,南纬约 1°25′。而理论则给出♎ 18°52′15″,南纬 1°26′54″。

---

① 英译本误作 $42\frac{1}{2}$′。——译者注

11 月 20 日，帕多瓦(Padua)的天文学教授蒙特纳里[1]，在威尼斯(Venice)早晨 6 时(即伦敦 5 时 10 分)看到彗星位于♏ 23°，南纬 1°30′。同一天在波士顿，它距角宿一♍偏东 4°，因而大约位于♎ 23°24′。

11 月 21 日，庞修及其同事在早晨 $7\frac{1}{4}$ 时观测到彗星位于♒ 27°50′，南纬 1°16′；切里奥发现在♒ 28°；安果在早晨 5 时发现在♒ 27°45′；蒙特纳里发现在♒ 27°51′。同一天，在牙买加岛，它位于 m 起点处，纬度大约与角宿一♍相同，即 2°2′。同一天，在东印度巴拉索尔(Ballasore)的早晨 5 时(即，伦敦的前一天夜里 11 时 20 分)，彗星位于角宿一♍以东 7°35′，在角宿一与天秤座的连线上，因而位于♒ 26°58′南纬 1°11′；5 时 40 分以后(即伦敦早晨 5 时)，它位于♒ 28°12′，南纬 1°16′。根据理论计算，它应位于♒ 28°10′36″，南纬 1°53′35″。

11 月 22 日，蒙特纳里发现彗星在♏ 2°33′；但在新英格兰的波士顿发现它约在♏ 3°，纬度几乎与以前相同，即 1°30′。同一天，在巴拉索尔早晨 5 时，观测到彗星位于♏ 1°50′，所以在伦敦的早晨 5 时，彗星约在♏ 3°5′。同一天早晨 $6\frac{1}{2}$ 时，胡克博士发现它约在♏ 3°30′，位于角宿一♍和天狮座的连线上，但没有完全重合，而是略偏北一点。这一天，以及随后的几天，蒙特纳里也发现，由彗星向角宿一所作的直线自天狮座南侧很近处通过。天狮座与角宿一♍的连线在♍ 3°46′处以 2°25′角与黄道平面相交；如果彗星位于该直线上的♏ 3°处，则它的纬度应为 2°26′；但由于胡克和蒙特纳里都认为彗星位于该直线以北极小距离处，其纬度必定还要小些。在 20 日，根据蒙特纳里的观测，它的纬度几乎与角宿一♍相同，即约 1°30′。但胡克、蒙特纳里和安果又都认为，这一纬度是连续增加的，因而在 22 日，它应明显大于 1°30′；取 2°26′和 1°30′两个极限值的中间值，则纬度应为 1°58′。胡克和蒙特纳里同意彗尾指向南宿一

[1] Montenari，Geminiano(1633—1687)，意大利天文学家。——译者注

♍。但胡克认为略偏向该星南侧，而蒙特纳里认为略偏北侧；因而，其倾斜很难发现；彗尾应平行于赤道，相对于对日点略偏北。

旧历 11 月 23 日，纽伦堡（Nuremberg）早晨 5 时（即伦敦早晨 $4\frac{1}{2}$ 时），齐默尔曼（Zimmerman）先生看到彗星位于♍ 8°8′，南纬 2°31′，这一位置是由它相对于恒星位置推算的。

11 月 24 日日出之前，蒙特纳里发现彗星位于天狮座与角宿一♍连线北侧的♍ 12°52′，因而其纬度略小于 2°38′；前面已说过，由于蒙特纳里、安果和胡克都认为这一纬度是连续增加的，所以在 24 日应略大于 1°58′，取其平均值，当为 2°18′，没有明显误差。庞修和伽列特则认为纬度是减小的；而切里奥，以及在新英格兰的观测者认为其纬度保持不变，即约为 1°，或 $1\frac{1}{2}$°。庞修和切里奥的观测较粗糙，在测地平经度与纬度时尤其如此，伽列特的观测也一样。蒙特纳里、胡克、安果和新英格兰的观测者们采用的测量彗星相对于恒星位置的方法比较好，庞修和切里奥有时也用这种方法。同一天，在巴拉索尔早晨 5 时，彗星位于♍ 11°45′；因而在伦敦早晨 5 时，它约在♍ 13°，而根据理论计算，彗星这时应在♍ 13°22′42″。

11 月 25 日，日出以前，蒙特纳里看到彗星约在♍ $17\frac{3}{4}$°；而切里奥同时发现彗星位于室女座右侧亮星与天秤座南端的连线上；这条直线与彗星路径相交于♍ 18°36′，而理论值为约在♍ $18\frac{1}{3}$°。

由所有这些易于看出，这些观测在其相互吻合的水准上而言，与理论也是一致的；这种一致性表明自 11 月 4 日至 3 月 9 日所出现的是同一颗彗星。该彗星的轨迹两次越过黄道平面，因而不是一条直线。它不是在天空中相对的位置上，而是在室女座末端与摩羯座（Capricorn）起点上与黄道平面相交，间隔弧度约 98°；因而该彗星路径极大地偏离大圆轨道；因为在 11 月里，它向南偏离黄道平面至少为 3°；而在随后的 12 月时则向北倾斜达 29°；根据蒙特纳里的观测，彗星在其轨道上落向太阳与自太阳处扬起的相互间视在倾角在 30°以上。这个彗星掠过九个星座,即自♌末端到♊首端,它在掠过♌座之后开始被发现;任何其他理论都无法解释彗星在如此大的天空范围内进行的规则运动。这一彗星的运动还是极不相等的;因为约在 11 月 20 日时,它每天掠过约 5°。然后在 11 月 26 日到 12 月 12 日之间速度放慢,在 $15\frac{1}{2}$天的时间里,它只掠过 40°,但随后它的速度又加快了,每天约掠过 5°,直至其运动再次减速。一个能在如此之大的空间范围内恰如其分地描述如此不相等的运动,又与行星理论具有相同定律,而且得到精确的天文学观测印证的理论,绝不可能是别的什么,而只能是真理。

我绘制了一张插图,在彗星轨道的平面上表示出这一彗星的实际轨道,以及它在若干位置上喷射出的尾巴,这样做应该没有什么不妥之处。在这张图中,ABC 表示彗星轨道,D 为太阳,DE 为轨道轴,DF 为交会点连线,GH 为地球轨道球面与彗星轨道平面的交线,I 为彗星在 1680 年 11 月 4 日的位置;K 为同年 11 月 11 日位置;L 为同年 11 月 19 日位置;M 为 12 月 12 日位置;N 为 12 月 21 日位置;O 为 12 月 29 日位置;P 为次年 1 月 5 日位置;Q 为 1 月 25 日位置;R 为 2 月 5 日位置;S 为 2 月 25 日位置;T 为 3 月 5 日位置;V 为 3 月 9 日位置。为了确定其彗尾长度,我进行了如下观测:

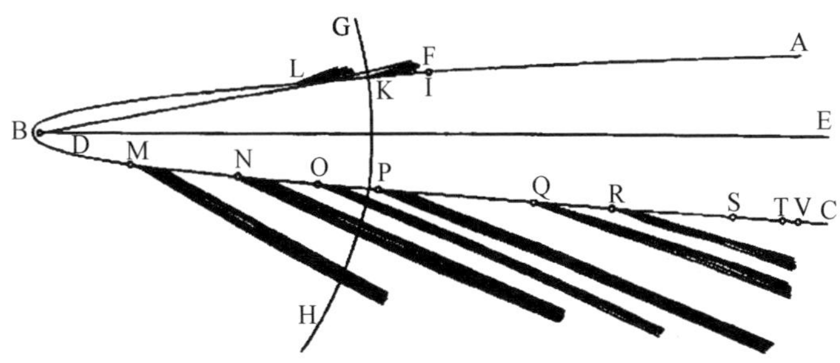

11月4日和6日，彗尾未出现；11月11日，彗尾刚刚出现，但在10英尺望远镜中长度不超过$\frac{1}{2}°$；11月17日，庞修发现彗尾长超过15°；11月18日，在新英格兰看到彗尾长达30°，并直指太阳，延伸到位于♍9°54′的火星；11月19日，在马里兰看到彗尾长为15°或20°；12月10日（根据弗莱姆斯蒂德的观测），彗尾自蛇夫座（Ophiuchus）蛇尾与天鹰座（Aquila）南翼的δ星，即自贝耶尔星表上的A，ω，b星之间的距离中间穿过。因而彗尾末梢在♑$19\frac{1}{2}°$，北纬约$34\frac{1}{4}°$。12月11日，它上升到天箭座（Sagitta）头部（贝耶尔的α，β星），即♑26°43′，北纬38°34′；12月12日，彗尾通过天箭座中部，没有延伸很远；尾端约在♒4°，北纬$42\frac{1}{2}°$。不过读者必须清楚，这些都是彗尾中最亮的部分的长度；因为，在晴朗的夜空里，也可能观测到较暗的光，12月12日5时40分，根据庞修在罗马的观测，彗尾一直延伸到天鹅座（Swan）尾星以上10°，彗尾边缘距这颗星45′，指向西北。但在这前后彗尾上端的宽度约3°；因而其中部约在该星南方2°15′，其上端位于♓22°，北纬61°；因此彗尾长约70°；12月21日，它几乎延伸到仙后座（Cassiopeia）的座椅上，等于到β星和Schedir星的距离，并使得它到这两个星中的一个的距离，等于这两个星之间的距离，因而彗尾末端在♈24°，纬度为$47\frac{1}{2}°$；12月29日，彗尾与Scheat座左侧接触，充满介于仙女座（Andromeda）北部两足间的空间，长达54°；尾端位于♉19°，纬度为35°；1月5日，它触及仙女座右胸处的π星和左腰间的μ星；根据我们的观测，长约40°；但已开始弯曲，凸部指向南方；并在彗头附近与通过太阳和彗头的圆成4°夹角；而在末端则与该圆成10°或11°夹角；彗尾的弦与该圆夹角为8°。1月13日，彗尾位于Alamech与Algol之间，亮度仍足以看到；但位于英仙（Perseus）座帝κ星的末端已暗淡。彗尾末端到通过太阳与彗星的圆的距离为3°50′，彗尾的弦与该圆夹角为$8\frac{1}{2}$。1月25日和26日，彗尾亮度微弱，长约6°或7°；经过一或两个夜晚后，在极为晴朗的天空，它延伸长度为12°或更多，亮度很暗，难以看到；但它的轴仍精确指向御夫(Auriga)座东肩上的亮星，因而偏离对日点北侧10°角。最后，2月10日，我在望远镜中只看到2°长的彗尾；因为更弱的光无法通过玻璃。但庞修写道，他在2月7日看到彗尾长达12°。2月25日，彗星失去彗尾直到消失。

现在，如果回顾一下前面讨论的彗星轨道，并充分顾及该彗星的其他现象，则人们应对彗星是像行星一样的坚硬、紧密、牢固和持久的星体的说法感到满意；因为，如果它们仅是地球、太阳和其他行星的蒸气或雾气，则当它在太阳附近通过时便立即消散；因为太阳的热正比于其光线的密度，即反比于受照射处所到太阳距离的平方。所以，在12月8日，彗星位于其近日点，它到太阳的距离与地球到太阳的距离的比，约为6比1000，这时太阳给彗星的热比太阳给我们的热等于1000000比36，或28000比1。我试验过，沸腾的水的热大于夏天阳光晒干土壤水分的热约三倍；红热的铁的热(如果我的猜测正确的话)又大于沸腾的水的热约三或四倍。所以，当彗星位于近日点时，晒干其土壤的太阳热约2000倍于红热的铁的热。而在如此强烈的热中，蒸气和薄雾，以及所有的挥发性物质，都会立即发散而消失。

所以，这颗彗星必定从太阳得到极大的热量，并能保持极长的时间；因为直径一英寸的铁球烧至红热后暴露在空气中，一小时时间里很难失去所有的热；而更大的球将比例于其直径而保持更长的时间，因为其表面(与之接触的周围空气冷却速度即比例于它)与所含热物质量的比值较小；所以，与我们的地球同样大的红热铁球，即直径约40000000英尺，将很难在数目相同的天数里，或在多于50000年的时间里冷却。不过我推测由于某些尚不明了的原因，热量保持时间的增加要小于直径增大的比例；我企盼着用实验给实际比值。

还应进一步考虑到，在12月里，彗星刚受到太阳加热之后，的确比在11月里未到达近日点时射出长得多也亮得多的彗尾；一般而言，最长而最辉煌的彗尾总是发生在刚刚通过邻近太阳之处。所以，彗星接受的热导致了巨大的彗尾:由此,我想我可以推论,彗尾不是别的,正是极细微的蒸汽,它由于彗头或彗核接收的热而喷射出来。

不过,关于彗尾有三种不同的看法:有些人认为它只不过是太阳光通过被认为是透明的彗头后射出的光束;另一些人提出,彗尾是由彗头射向地球的光发生折射形成的;最后,还有一些人则设想,彗尾是由彗头所不断产生的云雾或蒸汽,它们总是向背对着太阳的方向放出。第一种看法不能为光学所接受;因为在暗室中看到的太阳光束,只不过是光束在弥漫于空气中的尘埃和烟雾粒子上反射的结果;因此,在浓烟密布的空气中,这种光束以很强的亮度显现,并对眼睛产生强烈作用;在比较纯净的空气中,光束亮度较弱,不易于被察觉;而在天空中,根本没有可以反射阳光的物质,因而绝不可能看到光束。光不是因为它成为光束,而是因为它被反射到我们的眼睛,才被看到的;因为视觉唯有光线落到眼睛上才得以产生;所以,在我们看见彗尾的地方,必定有某种反射光的物质存在:不然的话,由于整个天空是受太阳的光同等地照亮的,它的任何一部分都不可能显得比其他部分更亮些。第二种看法面临许多困难。我们看到的彗尾从来都不像常见的折射光那样带有斑斓的色彩;由恒星和行星射向我们的纯净的光表明以太或天空介质完全不具备任何折射能力:因为,正像人们所指出的那样,埃及人(the Egyptians)有时看到恒星带有彗发,因为这种情况很罕见,我们宁可把它归因于云雾的折射;而恒星的跳耀与闪烁则应归因于光在眼睛与空气二者间的折射;因为,当把望远镜放在眼睛前时,这种跳耀与闪烁便立即消失。由于空气与蒸腾的水汽的颤动,光线交替地在眼睛瞳孔狭小的空间里摆动;但望远镜物镜口径很大,不会发生这种事情;因此,闪烁是由于前一种情形造成的,在后一情形中则不存在;在后一情形中闪烁的消失证明通过天空正常照射过来的光没有经过任何可察觉的折射。可能会有人提出异议,说有的彗星看不到彗尾,因为它受到的光照很弱,而次级光则更弱,不能为眼睛所知觉,正因为如此,恒星的尾部不会出现,我们的回答是,利用望远镜可以使恒星的光增加100倍,但还是看不到尾巴;而行星的光更亮,也还是没有尾巴;但彗星有时有着巨大的彗尾,同时彗头却暗淡无光。这正是 1680 年彗星所发生的情形,当时,在 12 月里,它的亮度尚不足第二星等,但却射出明亮的尾巴,延伸长度达 40°,50°,60°或 70°甚至更长;其后,在 1 月 27 日和 28 日,当彗头变为第七星等的亮度时,彗尾(仍像上述的那样)却清晰可辨,虽然已经暗淡了,仍长达 6°或 7°,如果计入更难以看到的弱光,它甚至长达 12°以上。但在 2 月 9 日和 10 日,肉眼已看不到彗头,我在望远镜中还看到 2°长的彗尾。再者,如果彗尾是由于天体物质的颤动引起的,并根据其在天空中的位置偏向背离太阳的一侧,则在天空中的相同位置上彗尾的指向应当相同。但 1680 年的彗星,在 12 月 28 日 $8\frac{1}{2}$时,在伦敦看到位于♓ 8°41′,北纬 28°6′;当时太阳在♑ 18°26′。而 1577 年的彗星,在 12 月 29 日位于♓ 8°41′,北纬 28°40′,太阳也大约在♑ 18°26′。在这二次情形里,地球在天空的位置相同;但在前一情形彗尾(根据我的以及其他人的观测)向北偏离对日点的角度为 $4\frac{1}{2}$度;而在后一情形里(根据第谷的观测)却向南偏离 21 度。所以,天体物质颤动的说法得不到证明,彗尾现象必定只能通过其他反光物质来解释。

彗尾所遵循的规律,也进一步证明彗尾由彗头产生,并指向背着太阳的部分:彗尾处在通过太阳的彗星轨道平面上,它们总是偏离对日点而指向彗头沿轨道运动时所留下的部分。对于位于该平面内的旁观者而言,彗尾出现在正对着太阳的部分;但当旁观者远离该平面时,这种偏离即明显起来,而且日益增大。在其他条件不变的情况下,彗尾对彗星轨道的倾斜较大,以及当彗头接近于太阳时,这种偏离较小,尤其当在彗头附近取这种偏离角时更是如此。没有偏离的彗尾看上去是直的,而有偏离的彗尾则以某种曲率弯折。偏离越大,曲率越大;而且在其他条件相同情况下,彗尾越长,曲率越大;因较短的彗尾其曲率很难察觉。在彗头附近偏离角较小,但在彗尾的另一端则较大;这是因为彗尾的凸侧对应着产生偏离的部分,位于自太阳引向彗头的无限直线上。而且位于凸侧的彗尾,比凹侧更长更宽,亮度更强,更鲜艳夺目，边缘也更清晰。由这些理由即易于明白彗尾的现象取决于彗头的运动，而不取决于彗头在天空被发现的位置；所以，彗尾并不是由天空的折射所产生的，而是彗头提供了形成彗尾的物质。因为，和在我们的空气中一样，热物体的烟雾，或是在该物体静止时垂直上升，或是当该物体斜向运动时沿斜向上升，在天空中也是如此，所有的物体被吸引向太阳，烟雾和水汽必定（像我们已说过的那样）自太阳方向升起，或是当带烟物体静止时垂直上升，或是当物体在其整个运动过程中不断离开烟雾的上部或较高部分原先升起的位置时而斜向上升；烟雾上升速度最快时斜度最小，即，在放出烟雾的物体邻近太阳时，在其附近的烟雾斜度最小。但因为这种斜度是变化的，烟柱也随之弯曲；又因为在前面的烟雾放出较晚，即，自物体上放出的时间较晚，因而其密度较大，必定反射的光较多，边界也更清晰。许多人描述过彗尾的突发性不确定摆动，以及其不规则形状，关于此我不拟讨论，因为可能是由于我们的空气的对流，以及云雾的运动部分遮掩了彗尾所致；或者，也许是由于当彗星通过银河时把银河的某部分误认为是彗尾的一部分所致。

至于何以彗星的大气能提供足够多的蒸汽充满如此巨大的空间，我们不难由地球大气的稀薄性得到理解；因为在地表附近的空气占据的空间 850 倍于相同重量的水；因而 850 英尺高的空气柱的重量与宽度相同但仅 1 英尺高的水柱相等。而重量等于 33 英尺高水柱的空气柱，其高度将伸达大气顶层：所以，如果在这整个空气柱中截去其下部 850 英尺高的一段，余下的上半部分重量与 32 英尺水柱相等：由此（以及由得到多次实验验证的假设，即空气压力正比于周围大气的重量，而重力反比于到地球中心距离的平方），运用第二编命题 22 的推论加以计算，我发现，在地表以上一个地球半径的高度处，空气比地表处稀薄的程度，远大于土星轨道以内空间与一个直径 1 英寸的球形空间的比；因而，如果我们的大气层仅厚 1 英寸，稀薄程度与地表以上一个地球半径处相同，则它将可以充满整个行星区域，直至土星轨道，甚至更远得多。所以，由于极远处的空气极为稀薄，彗发或彗星的大气到其中心一般十倍高于彗核表面，而彗尾上升得更高，因而必极为稀薄；虽然由于彗星的大气密度很大，星体受到太阳的强烈吸引，空气和水汽粒子也同样相互吸引，在天空与彗尾中的彗星空气并没有极度稀薄到这种程度，但由这一计算来看，极小量的空气和水汽足以产生出彗尾的所有现象，是不足为奇的；因为由透过彗尾的星光即足以说明它们的稀薄。地球的大气在太阳光的照耀下，虽然只有几英里厚，却不仅足以遮挡和淹没所有星辰的光，甚至包括月球本身；而最小的星星也可以透过同样被太阳照耀的厚度极大的彗星并为我们所看到，而且星光没有丝毫减弱。大多数彗尾的亮度，一般都不大于我们的一到二英寸厚的空气，在暗室中对由百叶窗孔进入的太阳光束的反射亮度。

我们可以很近似地求出水汽由彗头上升到彗尾末端所用的时间，方法是由彗尾末端向太阳作直线，标出该直线与彗星轨道的交点；因为位于尾端的水汽如果是沿直线从太阳方向升起的，必定是在彗头位于该交点处时开始其上升的。的确，水汽并没有沿直线升离太阳，但保持了在它上升之前从彗星所得到的运动，并将这一运动与它的上升运动相复合，沿斜向上升；因而，如果我们作一平行于彗尾长度直线相交于其轨道；或干脆(因为彗星作曲线运动)作一稍稍偏离彗尾直线或长度方向的直线，则可以得到这一问题的更精确的解。运用这一原理，我算出 1 月 25 日位于彗尾末端的水汽，是在 12 月 11 日以前由彗头开始上升的，因而整个上升过程用了 45 天；而 12 月 10 日所出现的整个彗尾，在彗星到达其近日点后的两天时间内已停止其上升。所以，蒸汽在邻近太阳处以最大速度开始上升。其后受其重力影响以不变的减速度继续上升；它上升得越高，就使彗尾加长得越多；持续可见的彗尾差不多全是由彗星到达其近日点以后升腾起的蒸汽形成的；原先升起的蒸汽形成彗尾末端，直到距我们的眼睛，以及距使它获得光的太阳太远以前，都是可见的，而那以后即不可见。同样道理，其他彗星的彗尾较短，很快消失，这些彗尾不是自彗头快速持续地上升而形成的，而是稳定持久的蒸汽和烟尘柱体，以持续许多天的缓慢运动自彗头升起，而且从一开始就加入了彗头的运动，随之一同通过天空。在此我们又有了一个理由，说明天空是自由的，没有阻力的，因为在天空中不仅行星和彗星的坚固星体，而且像彗尾那样极其稀薄的蒸汽，都可以以极大自由维持其高速运动，并且持续极长时间。

开普勒把彗尾上升归因于彗头大气；而把彗尾指向对日点归因于与彗尾物质一同被拖曳的光线的作用；在如此自由的空间中，像以太那样微细的物质屈服于太阳光线的作用，这想象起来并不十分困难，虽然这些光线由于阻力太大而不能使地球上的大块物质明显地运动。另一位作者猜想有一类物质的粒子具有轻力原理(principle of levity)，如同其他物质具有重力一样；彗尾物质可能就属于前一种，它从太阳升起就是轻力在起作用；但是，考虑到地球物体的重力正比于物体的物质，因而对于相同的物质量既不会太大也不会太小，我倾向于相信是由于彗尾物质很稀薄造成的。烟囱里的烟的上升是由它混杂于其间的空气造成的。热气上升致使空气稀薄，因为它的比重减小了，进而在上升中裹携飘浮于其中的烟尘一同上升；为什么彗尾就不能以同样方式升离太阳呢？因为太阳光线在介质中除了发生反射和折射外，对介质不产生别的作用；反射光线的粒子被这种作用加热，进而使包含于其中的以太物质也加热。它获得的热使物质变得稀薄，而且，因为这种稀薄作用使原先落向太阳的比重减小，进而上升，并裹挟组成彗尾的反光粒子一同上升。但蒸汽的上升又进一步受到环绕太阳运动的影响；其结果是，彗尾升离太阳，同时太阳的大气与其天空物质或者都保持静止，或者只是随着太阳的转动而以慢速度绕太阳运动。这些正是彗星在太阳附近时，其轨道弯度较大，彗星进入太阳大气中密度较大因而较重的部分，致使彗星上升的原因：根据这一解释，彗星必定放出有巨大长度的彗尾；因为这时升起的彗尾还保持着自身的适当运动，同时还受到太阳的吸引，必定与彗头一样沿椭圆绕太阳运动，而这种运动又使它总是追随着彗头，又自由地与彗头相连接。因为太阳吸引蒸汽脱离彗头而落向太阳的力并不比彗头吸引它们自彗尾下落的力更大。它们必定只能在共同的重力作用下，或是共同落向太阳,或是在共同的上升运动中减速;所以,(无论是出于上述原因或是其他原因)彗尾与彗头轻易地获得并自由地保持了相互间的位置关系,完全不受这种共同重力的干扰或阻碍。

所以,在彗星位于近日点时升起的彗尾将追随彗头伸延至极远处,并与彗头一同经过许多年的运动之后再次回到我们这里,或者干脆在此过程中逐渐稀薄而完全消失;因为在此之后,当彗头又落向太阳时,新而短的彗尾又会以缓慢运动而自彗头放出;而这彗尾又会逐渐地剧烈增长,当彗星位于近日点而落入太阳大气低层时尤其如此;因为在自由空间中的所有蒸汽总是处在稀薄和扩散的状态中;因此所有彗星的彗尾在其末端都比头部附近宽。而且,也不是不可能,逐渐稀薄扩散的蒸汽最终在整个天空中弥漫开来,又一点一点地在引力作用下向行星集聚,汇入行星大气。这与我们地球的构成绝对需要海洋一样,太阳热使海洋蒸发出足够量的蒸汽,集结成云雾,再以雨滴形式落回,湿润大地,使作物得以滋生繁茂;或者与寒冷一同集结在山顶上(正如某些哲学家所合理猜测的那样),再以泉水或河流形式流回;看来对于海洋和行星上流体的保持来说彗星似乎是需要的,通过它的蒸发与凝结,行星上流体因作物的繁衍和腐败被转变为泥土而损失的部分,可以得到持续的补充和产生;因为所有的作物的全部生长都来自于流体,以后又在很大程度上腐变为干土;在腐败流体的底部总是能找到一种泥浆;正是它使固体的地球的体积不断增大;而如果流体得不到补充,必定持续减少,最终干涸殆尽。我还进一步猜想,正是主要来自彗星的这种精气(spirit),它确乎是我们空气中最小最精细也是最有用的部分,才是维持与我们同在的一切生命所最需要的。

彗星的大气,在脱离彗星进入彗尾进而落向太阳时,是无力而且收缩的,因而变得狭窄,至少在面对太阳的一面是如此;而在背离太阳的一面,当少量大气进入彗尾后,如果海威克尔所证述的现象准确的话,又再次扩张。但它们在刚受太阳最强烈的加热后看上去最小,因而射出的彗尾最长也最亮;也许,在同一时刻,彗核为其大气底层又浓又黑的烟尘所包围；因为强烈的热所生成的烟都是既浓且黑。因此，上述彗星的头部在其到太阳与地球距离相等处，在通过其近日点后显得比以前暗；12 月里，彗星亮度一般为第三星等，但在 11 月里它为第一或第二星等；这使得看见这两种现象的人把前者当作比后者大的另一颗彗星。因为在 11 月 19 日，剑桥的一位年轻人看见了这颗彗星，虽然暗淡无光，但也与室女座角宿一相同；它这时的亮度还是比后来为亮。而在旧历 11 月 20 日，蒙特纳里发现它超过第一星等，尾长超过 2 度。斯多尔先生(在写给我的一封信中)说 12 月里彗尾体积最大也最亮，但彗头却小了，而且比 11 月日出前所见小得多；他推测这一现象的原因是，彗头原先有较大的物质量，而以后则逐渐失去了。

我又由相同的理由发现，其他彗星的头部，在使其彗尾最大且最亮的同时，自己显得既暗又小。因为在巴西(Brazil)，新历 1668 年 3 月 5 日，下午 7 时，瓦伦丁·艾斯坦瑟尔(Valetin Estancel)在地平线附近看到彗星，在指向西南方处彗头小得难以发现，但其上扬的彗尾之亮，足以使站在岸上的人看到其倒影；它像一簇火焰自西向南延伸达 23 度，几乎与地平线平行。但这一非常的亮度只持续了三天，以后即日见减弱；而且随着彗尾亮度的减弱，其体积却在增大：有人在葡萄牙(Portugal)也发现它跨越天空的四分之一，即 45°，横贯东西方向，极为明亮，虽然在这些地方还看不见整个彗尾，因为彗头尚潜藏在地平线以下：由其彗尾体积的增加和亮度的减弱来看，它当时正在离开太阳，而且距其近日点很近，与 1680 年彗星相同。我们还在《萨克逊编年史》(*Saxon Chronicle*)中读到，类似的彗星曾出现于 1106 年，“彗星又小又暗(与 1680 年彗星相同)，但其尾部却极为明亮，像一簇巨大的火焰自东向北划过天空”，海威尔克也从达勒姆(Durham)的修道士西米昂(Simeon)那里看到相同的记录。这颗彗星出现在 2 月初傍晚的西南方天空；由此，由其彗尾的位置，我们推断其彗头在太阳附近。马太·帕里斯(Matthew Paris)说，“它距太阳约一腕尺(cubit)远，自三点(不是六点)直到九点，伸出很长的尾巴”。亚里士多德在《气象学》(*Meteorology*)第 6 章第一节中描述过绚丽的彗星，“看不到它的头部,因为它位于太阳之前,或者至少隐藏在阳光之中;但次日也有可能看到它了;因为,它只离开太阳很小一段距离,刚好落在它后面一点。头部散出的光因(尾部的)辉光太强而遮挡,还是无法看到。但以后(即如亚里士多德所说)(尾部的)辉光减弱,彗星(的头部)恢复了其本来的亮度;现在(尾部的)辉光延伸到天空的三分之一(即,延伸到60°)。这一现象发生于冬季(第101届奥林匹克运动会的第四年),并上升到奥利安(Orion)神[①]的腰部,在那里消失”。1618年的彗星正是这样,它从太阳光下直接显现出来,带着极大的彗尾,亮度似乎等于,如果不是超过的话,第一星等;但后来,许多的其他彗星比它还亮,但彗尾却短;据说其中有些大如木星,还有的大如金星,甚至大如月亮。

我们已指出彗星是一种行星,沿极为偏心的轨道绕太阳运动;而且与没有尾部的行星一样,一般地,较小的星体沿较小的轨道运动,距太阳也较近,彗星中其近日点距太阳近的很可能一般较小,它们的吸引力对太阳作用不大。至于它们的轨道横向直径,以及环绕周期,我留待它们经过长时间间隔后沿同一轨道回转过来时再比较求出。与此同时,下述命题会对这一研究有所助益。

命题 42　问题 22

修正以上求得的彗星轨道。

方法 1. 设轨道平面的位置是根据前一命题求出的;由极为精确的观测选出彗星的三个位置,它们相互间距离很大。设A表示第一次观测与第二次之间的时间间隔,B为第二与第三次之间的时间;以这二段时间中之一彗星位于其近日点为方便,或至少距它不太远。由所发现的这些视在位置,运用三角学计算,求出彗星在所设轨道平面上的实际位置;再由这些求得的位置,以太阳的中心为焦点,根据第一编命题21,运用算术计算画出圆锥曲线。令由太阳伸向所求出的位置的半径所掠过的曲线面积为D和E;即,D为第一次观测与第二次之间的

① 即猎户座。——译者注

面积，E 为第二与第三次之间的面积；再令 T 表示由第一编命题 16 求出的以彗星速度掠过整个面积 D+E 所需的总时间。

方法 2. 保持轨道平面对黄道平面的倾斜不变，令轨道平面交会点的经度增大 20′或 30′，把它称作 P。再由彗星的上述三个观测位置求出在这一新的平面上的实际位置（方法与以前一样）；并且也求出通过这些位置的轨道，在两次观测间由同一半径掠过的面积，称为 d 和 e；令 t 表示掠过整个面积 $d+e$ 所需的总时间。

方法 3. 保持方法 1 中的交会点经度不变，令轨道平面对于黄道平面的倾角增加 20′或 30′，新的角称为 Q。再由彗星的上述三个视在位置求出它位在这一新平面上的位置，并且也求出通过它们的轨道在几次观测之间掠过的两个面积，称为 δ 和 ε；令 T 表示掠过总面积 δ+ε 所用的总时间。

然后，取 C 比 1 等于 A 比 B；G 比 1 等于 D 比 E；g 比 1 等于 d 比 e；γ 比 1 等于 δ 比 ε；令 S 为第一与第三次观测之间的真实时间；适当选择符号＋和－，求出这样的数 m 和 n，使得 $2\mathrm{G}-2\mathrm{C}=m\mathrm{G}-mg+n\mathrm{G}-n\gamma$；以及 $2\mathrm{T}-2\mathrm{S}=m\mathrm{T}-mt+n\mathrm{T}-n\tau$ 成立。在方法 1 中，如果 I 表示轨道平面对黄道平面的倾角，K 表示交会点之一的经度，则 $\mathrm{I}+n\mathrm{Q}$ 为轨道平面对黄道平面的实际倾角，而 $\mathrm{K}+m\mathrm{P}$ 表示交会点的实际经度。最后，如果在方法 1，2 和 3 中分别以量 R，r 和 ρ 表示轨道的通径，以 $\frac{1}{\mathrm{L}}$，$\frac{1}{l}$，$\frac{1}{\gamma}$ 表示轨道的横向直径，则 $\mathrm{R}+mr-m\mathrm{R}+n\rho-n\mathrm{R}$ 为实际通径，而 $\frac{1}{\mathrm{L}+ml-m\mathrm{L}+n\gamma-n\mathrm{L}}$ 为彗星所掠过的实际轨道的横向直径；求出了轨道的横向直径也就可以求出彗星的周期。

完毕。

但彗星的环绕周期，以及其轨道的横向直径只能通过对不同时间出现的彗星加以比较才能足够精确地求出。如果，在经过相同的时间间隔后，发现几个彗星掠过相同的轨道，我即可以由此推断它们都是同一颗彗星，沿同一条轨道运行；然后由它们的环绕时间即可以求出轨道的横向直径，而由此直径即可以求出椭圆轨道本身。

为达到这一目的,需要计算许多彗星的轨道,并假设这些轨道是抛物线;因为这种轨道总是与现象近似吻合,不仅1680年彗星的抛物线轨道,我比较后发现与观测相吻合,而且类似于1664年和1665年出现的那颗著名彗星,经海威尔克的观测,并由他本人的观测计算出的经度和纬度,也都吻合,只是精度较低。但由哈雷博士根据相同观测再次算出的彗星位置;以及由这些新位置确定的轨道来看,该彗星的上升交会点在♊21°13′55″;其轨道与黄道平面的交角为21°18′40″;在该彗星轨道上,近日点估计距交会点49°27′30″,其近日点位于♌8°40′30″,日心南纬16°01′45″;彗星在伦敦时间旧历11月24日11时52分(下午),或但泽(Danzig)13时8分位于其近日点;如果设太阳到地球的距离包含100000个部分,抛物线的通径为410286。彗星在这一计算轨道上的近似位置与观测的吻合程度,体现在哈雷博士列出的表中。

但泽的视在时间	彗星到恒星的观测距离		观测位置		在轨道上的计算位置
12月 d h m		° ′ ″		° ′ ″	° ′ ″
3.18.29 $\frac{1}{2}$	狮子座中心	46.24.20	经度	♒07.01.00	♒07.01.29
	室女座角宿一	22.52.10	南纬	21.39.00	21.38.50
4.18.1 $\frac{1}{2}$	狮子座中心	46.02.45	经度	♒06.15.00	♒06.16.05
	室女座角宿一	23.52.40	南纬	22.24.00	22.24.00
7.17.48	狮子座中心	44.48.00	经度	♒03.06.00	♒03.07.33
	室女座角宿一	27.56.40	南纬	25.22.00	25.21.40
17.14.43	狮子座中心	53.15.15	经度	♌02.56.00	♌02.56.00
	猎户座右肩	45.43.30	南纬	49.25.00	49.25.00
19.9.25		35.13.50	经度	♊28.40.30	♊28.43.00
		52.56.00	南纬	45.48.00	45.46.00
20.9.53 $\frac{1}{2}$		40.49.00	经度	♊13.03.00	♊13.05.00
		40.04.00	南纬	39.54.00	39.53.00

续　表

但泽的视在时间	彗星到恒星的观测距离		观测位置		在轨道上的计算位置
21.9.9 $\frac{1}{2}$	猎户座右肩	26.21.25	经度	♊ 02.16.00	♊ 02.18.30
		29.28.00	南纬	33.41.00	33.39.40
22.9.0	猎户座右肩	29.47.00	经度	♉ 24.24.00	♉ 24.27.00
		20.29.30	南纬	27.45.00	27.46.00
26.7.58	白羊座亮星	23.20.00	经度	♉ 09.00.00	♉ 09.02.28
		26.44.00	南纬	12.36.00	12.34.13
27.6.45	白羊座亮星	20.45.00	经度	♉ 07.05.40	♉ 07.08.45
		28.10.00	南纬	10.23.00	10.23.13
28.7.39	白羊座亮星	18.29.00	经度	♉ 05.24.45	♉ 05.27.52
		29.37.00	南纬	08.22.50	08.23.27
31.6.45	仙女座腰部	30.48.10	经度	♉ 02.07.40	♉ 02.08.20
		32.53.30	南纬	04.13.00	04.16.25
1665,1 月 7.7.37 $\frac{1}{2}$	仙女座腰部	25.11.00	♈经度	28.24.47	♈ 28.24.00
		37.12.25	北纬	00.54.00	00.53.00
13.7.0	仙女座头部	28.07.10	♈经度	27.06.54	♈ 27.06.39
		38.55.20	北纬	03.06.50	03.07.40
24.7.29	仙女座腰部	20.32.15	♈经度	26.29.15	♈ 26.28.50
		40.05.00	北纬	05.25.50	05.26.00
2 月			♈经度	27.04.46	♈ 27.24.55
7.8.37			北纬	07.03.29	07.03.15
22.8.46			♈经度	28.29.46	♈ 28.29.58
			北纬	08.12.36	08.10.25
3 月			♈经度	29.18.15	♈ 29.18.20
1.8.16			北纬	08.36.26	08.36.12
7.8.37			♉经度	00.02.48	♉ 00.02.42
			北纬	08.56.30	08.56.56

1665 年初的 2 月，白羊座的第一星，以下称之为 γ，位于 ♈ 28°30′15″，北纬 7°8′58″；白羊座第二星位于 ♈ 29°17′18″，北纬 8°28′16″；另一颗第七星等的星，我称之为 A，位于 ♈ 28°24′45″，北纬 8°28′33″。旧历 2 月 7 日 7 时 30 分在巴黎(即 2 月 7 日 8 时 37 分在但泽)该彗星与 γ 和 A

星构成三角形,直角顶点在 γ;彗星到 γ 星的距离等于 γ 与 A 星的距离,即,等于大圆的 1°19′46″;因而在平行 γ 星的纬度上它位于 1°20′26″。所以,如果从 γ 星的经度中减去 1°20′26″,则余下彗星的经度 ♈ 27°9′49″。M. 奥佐[①]由他的这一观测把彗星定位在 ♈ 27°0′附近;而根据胡克博士绘制的彗星运动图,它当时位于 ♈ 26°59′24″。我取这两端的中间值 ♈ 27°4′46″。

奥佐根据同一观测认为彗星位于北纬 7°4′或 7°5′;但他如取彗星与 γ 星的纬度差等于 γ 星与 A 星的纬度差,即 7°3′39″,将更好些。

2 月 22 日 7 时 30 分在伦敦,即但泽的 2 月 22 日 8 时 46 分,根据胡克博士的观测和绘制的星图,以及 M. 派蒂特[②]依据 M. 奥佐的观测而以相同方式绘制的星图,彗星到 A 星的距离为 A 星到白羊座第一星间距离的 $\frac{1}{5}$,或 15′57″;彗星到 A 星与白羊座第一星连线的距离为同一个 $\frac{1}{5}$ 距离的 $\frac{1}{4}$,即 4′,因而,彗星位于 ♈ 28°29′46″,北纬 8°12′36″。

3 月 1 日伦敦 7 时 0 分,即但泽 3 月 1 日 8 时 16 分,观测到彗星接近白羊座第二星,它们之间的距离,比白羊座第一星与第二星之间的距离,根据胡克博士的观测,等于 4 比 45,而根据哥第希尼(Gottignies)的观测,则为 2 比 23。因而,胡克博士认为彗星到白羊座第二星的距离为 8′16″,而哥第希尼认为是 8′5″;或者,取二者的平均值,为 8′10″。但根据哥第希尼,当时彗星已越出白羊座第二星一天行程的四或五分之一,即约 1′35″(他与 M. 奥佐相当一致),或者,根据胡克博士,没有这么大,也许只有 1′。因而,如果在白羊座第一星的经度上增加 1′,而其纬度上增加 8′10″,则得到彗星经度 ♈ 29°18′,纬度为北纬 8°36′26″。

3 月 7 日巴黎 7 时 30 分,即但泽 3 月 7 日 7 时 37 分,M. 奥佐观测到彗星到白羊座第二星的距离等于该星到 A 星的距离,即,52′29″;

① Auzout, Adrien(1622—1691),法国天文学家。——译者注

② Petit, Pierre(1594—1677),法国天文学家、数学家。——译者注

彗星与白羊座第二星的经度差为45′或46′，或者，取平均值，45′30″；故而，彗星位于♉ 0°2′48″，在M.派蒂特依据M.奥佐的观测绘制的星图上，海威尔克测出彗星纬度为8°54′。但这位制图师没能准确把握彗星运动末端的轨道曲率；海维留在M.奥佐自己根据观测绘制的星图上校正了这一不规则曲率，这样，彗星纬度为8°55′30″。在进一步校正这种不规则性后，纬度变为8°56′或8°57′。

3月9日也曾发现过这颗彗星，当时它大约位于♉ 0°18′，北纬9°3 $\frac{1}{2}$′。

这颗彗星持续三个月可见。这期间它几乎掠过六个星座，有一天几乎掠过20°。它的轨迹偏离大圆极大，向北弯折，并在运动末期改为直线逆行；尽管它的轨迹如此不同寻常，上表所载表明，理论自始至终与观测相吻合，其精度不小于行星理论与观测值的吻合程度；但我们还应在彗星运动最快时减去约2′，在上升交会点与近日点的夹角中减去12′，或使该角等于49°27′18″。这两颗彗星（这一颗与前一颗）的年视差非常显著，这一视差值证明了地球在地球轨道上的年运动。

这一理论同样还由1683年的彗星运动得到证明，它出现了逆行，轨道平面与黄道平面几乎成直角，其上升交会点（根据哈雷博士的计算）位于♍ 23°23′；其轨道平面与黄道交角为83°11′；近日点位于♊ 25°29′30″；如果地球包含100000部分，则其近日点到太阳距离为56020；它到达近日点时间为7月2日3时50分。哈雷博士计算的彗星到轨道上位置与弗莱姆斯蒂德观测值在下表中比较列出。

1683 年 赤道时间	太阳位置	彗星计算 经　度	计算 北纬度	彗星观测 经　度	观测 北纬度	经度差	纬度差
d h m	° ′ ″	° ′ ″	° ′ ″	° ′ ″	° ′ ″	′ ″	′ ″
			north		*north*		
7 月 13.12.55	♌01.02.30	♋13.05.42	29.28.13	♋13.06.24	29.28.20	+1.00	+0.07
15.11.15	02.53.12	11.37.48	29.34.00	11.39.43	29.34.50	+1.55	+0.50
17.10.20	04.45.45	10.07.06	29.33.30	10.08.40	29.34.00	+1.34	+0.30
23.13.40	10.38.21	05.10.27	28.51.42	05.11.30	28.50.28	+1.03	−1.14
25.14.05	12.35.28	03.27.53	24.24.47	03.27.0	28.23.40	−0.53	−1.7
31.09.42	18.09.22	♊27.55.03	26.22.52	♊27.54.24	26.22.25	−0.39	−0.27
31.14.55	18.21.53	27.41.07	26.16.27	27.41.08	26.14.50	+0.1	−2.7
8 月 02.14.56	20.17.16	25.29.32	25.16.19	25.28.46	25.17.28	−0.46	+1.9
04.10.49	22.02.50	23.18.20	24.10.49	23.16.55	24.12.19	−1.25	+1.30
06.10.09	23.56.45	20.42.23	22.47.05	20.40.32	22.49.05	−1.51	+2.0
09.10.26	26.50.52	16.07.57	20.06.37	16.05.55	20.6.10	−2.2	−0.27
15.14.01	♍02.47.13	03.30.48	11.37.33	03.26.18	11.32.01	−4.30	−5.32
16.15.10	03.48.02	00.43.07	09.34.16	00.41.55	09.34.13	−1.12	−0.3
18.15.44	05.45.33	♉24.52.53	05.11.15	♉24.49.05	05.09.11	−3.48	−2.4
			South		*South*		
22.14.44	09.35.49	11.07.14	05.16.58	11.07.12	05.16.58	−0.2	−0.3
23.15.52	10.36.48	07.02.18	08.17.90	07.01.17	08.16.41	−1.1	−0.28
26.16.02	13.31.10	♈24.45.31	16.38.00	♈24.44.00	16.38.20	−1.31	+0.20

这理论还得到了 1682 年彗星的逆行运动的进一步印证。其上升交会点(根据哈雷博士的计算)位于♉ 21°16′30″;轨道平面相对于黄道平面交角为 17°56′00″;近日点为♒ 2°52′50″;如果地球轨道半径为 100000 部分,其近日点到太阳距离为 58328。彗星到达近日点时间为 9 月 4 日 7 时 39 分。弗莱姆斯蒂德先生的观测位置与我们的理论计算值对比列于下表:

1682 年 出现时间	太阳位置	彗星计算 经 度	计算北纬	彗星观测 经 度	观测北纬	经度差	纬度差
d h m	° ′ ″	° ′ ″	° ′ ″	° ′ ″	° ′ ″	′ ″	′ ″
8 月 19.16.38	♍07.00.07	♌18.14.28	25.50.07	♌18.14.40	25.49.55	−0.12	+0.12
20.15.38	07.55.52	24.46.23	26.14.42	24.46.22	26.12.52	+0.1	+1.50
21.08.21	08.36.14	29.37.15	26.20.03	29.38.02	26.17.37	−0.47	+2.26
22.08.08	09.33.55	♍06.29.53	26.08.42	♍06.30.03	26.07.12	−0.10	+1.30
29.08.20	16.22.40	♒12.37.54	18.37.47	♒12.37.49	18.34.05	+0.5	+3.42
30.07.45	17.19.41	15.36.01	17.26.43	15.35.18	17.27.17	+0.43	−0.34
9 月 01.07.33	19.16.09	20.30.53	15.13.00	20.27.04	15.09.49	+3.49	+3.11
04.07.22	22.11.28	25.42.00	12.23.48	25.40.58	12.22.00	+1.2	+1.48
05.07.32	23.10.29	27.00.46	11.33.08	26.59.24	11.33.51	+1.22	−0.43
08.07.16	26.05.58	29.58.44	09.26.46	29.58.45	9.26.43	−0.1	+0.3
9.7.26	27.05.09	♏00.44.10	08.49.10	♏00.44.04	8.48.25	+0.6	+0.45

1723 年出现的彗星逆行运动也证明了这一理论。该彗星的上升交会点[根据牛津天文学萨维里(Savilian)讲座教授布拉德雷[①]先生的计算]为 ♈ 14°16′,轨道与黄道平面交角 49°59′。其近日点位于 ♉ 12°15′20″,如果取地球轨道半径包含 1000000 个部分,其近日点距太阳 998651,达到近日点时间为 9 月 16 日 16 时 10 分。布拉德雷先生计算的彗星在轨道上位置,与他本人,他的叔父庞德先生,以及哈雷博士的观测位置并列于下表中。

1723 年 出现时间	彗星观测 经 度	观测北纬	彗星计算 经 度	计算北纬度	经度差	纬度差
d h m	° ′ ″	° ′ ″	° ′ ″	° ′ ″	′ ″	′ ″
10 月 09.08.05	♒7.22.15	05.02.00	♒7.21.26	05.02.47	+49	−47
10.06.21	6.41.12	7.44.13	6.41.42	7.43.18	−50	+55
12.07.22	5.39.58	11.55.00	5.40.19	11.54.55	−21	+5
14.08.57	4.59.49	14.43.50	5.00.37	14.44.01	−48	−11
15.06.35	4.47.41	15.40.51	4.47.45	15.40.55	−4	−4

① Bradley,James(1693—1762),英国天文学家。——译者注

续 表

1723 年 出现时间	彗星观测 经 度	观测北纬	彗星计算 经 度	计算北纬度	经度差	纬度差
21.06.22	4.02.32	19.41.49	4.02.21	19.42.03	+11	−14
22.06.24	3.59.02	20.08.12	3.59.10	20.08.17	−8	−5
24.08.02	3.55.29	20.55.18	3.55.11	20.55.09	+18	+9
29.08.56	3.56.17	22.20.27	3.56.42	22.20.10	−25	+17
30.06.20	3.58.09	22.32.28	3.58.17	22.32.12	−8	+16
11 月 05.05.53	4.16.30	23.38.33	4.16.23	23.38.07	+7	+26
8.07.06	4.29.36	24.04.30	4.29.54	24.04.40	−18	−10
14.06.20	5.02.16	24.48.46	5.02.51	24.48.16	−35	+30
20.07.45	5.42.20	25.24.45	5.43.13	25.25.17	−53	−32
12 月 07.06.45	8.04.13	26.54.18	8.03.55	26.53.42	+18	+36

这些例子充分证明，由我们的理论推算出的彗星运动，其精度绝不低于由行星理论推算出的行星运动；因而，运用这一理论，我们可以算出彗星的轨道，并求出彗星在任何轨道上的环绕周期；至少可以求出它们的椭圆轨道横向直径和远日点距离。

1607 年的逆行彗星，其轨道的上升交会点（根据哈雷博士的计算）位于♉ 20°21′；轨道平面与黄道平面交角为 17°2′；其近日点位于♒ 2°16′；如果地球轨道半径包含 100000 部分，则其近日点到太阳距离为 58680；彗星到达近日点时间为 10 月 16 日 3 时 50 分；这一轨道与 1682 年看到的彗星轨道极为一致。如果它们不是两颗不同的彗星，而是同一颗彗星，则它在 75 年时间内完成一次环绕；其轨道长轴比地球轨道长轴等于$\sqrt[3]{75^2}$比 1，或近似等于 1778 比 100。该彗星远日点到太阳的距离比地球到太阳的平均距离约为 35 比 1；由这些数据即不难求出该彗星的椭圆轨道。但所有这些的先决条件是假定经过 75 年的间隔后，该彗星将沿同一轨道回到原处，其他彗星似乎上升到更远的深处，所需要的环绕时间也更长。

但是，因为彗星数目很多，远日点到太阳的距离又很大，它们在远日点的运动又很慢，这使得它们相互间的引力对运动造成干扰；轨道的偏心率和环绕周期有时会略为增大，有时会略为减小。因而，我们不能期待同一颗彗星会精确地沿同一轨道以完全相同的周期重现：如果我们发现这些变化不大于由上述原因所引起者，即足以使人心满意足了。

由此又可以对为什么彗星不像行星那样局限在黄道带以内，而是漫无节制地以各种运动散布于天空各处做出解释；即，这样的话，彗星在远日点处运动极慢，相互间距离也很大，他们受相互间引力作用的干扰较小：因此，落入最低处的彗星，在其远日点运动最慢，而且也应上升得最高。

1680 年出现的彗星在其近日点到太阳的距离尚不到太阳直径的六分之一；因为它的最大速度发生于这一距太阳最近点，以及太阳大气密度的影响，它必定在此遇到某种阻力而减速；因而，由于在每次环绕中都被吸引得更接近于太阳，最终将落入太阳球体之上。而且，在其远日点，它运动最慢，有时更会进一步受到其他彗星的阻碍，其结果是落向太阳的速度减慢。这样，有些恒星，经过长时间地放出光和蒸汽的消耗后，会因落入它们上面的彗星而得到补充；这些老旧的恒星得到新鲜燃料的补充后即变为新的恒星，并焕发出新的亮度。这样的恒星是突然出现的，开始时光彩夺目，随后即慢慢消失。仙女座出现的正是这样一颗恒星；1572 年 11 月 8 日的时候，考尔耐里斯·杰马(Cornelius Gemma)还不曾看到它，虽然那天晚上他正在观测这片天空，而天空完全晴朗；但次日夜(11 月 9 日)他看到它比任何其他彗星都明亮得多，不亚于金星的亮度。同月 11 日第谷·布拉赫也看到它，当时它正处于最大亮度；那以后他发现它慢慢变暗；在 16 个月的时间里即完全消失。在 11 月里它首次出现时，其亮度等于金星，12 月时亮度减弱了一些，与木星相同。1573 年 1 月，它已小于木星，但仍大于天狼星(Sirius)，2 月底 3 月初时与天狼星相等。在 4 月和 5 月时它等于第二星等；6、7、8 月里为第三星等；9、10 和 11 月，第四星等；12 月和 1574 年 1 月为第五星等；2 月为第六星等；3 月完全消失。开始时其色泽鲜艳明亮,偏向于白光;后来有点发黄;1573 年 3 月变为红色,与火星或 Aldebaran 相同;5 月时变为灰白色,像我们看到的土星;以后一直保持这一颜色,只是越来越暗。巨蛇座(Serpentarius)右足上的星也是这样,开普勒的学生在旧历 1604 年 9 月 30 日观测到它,当时亮度超过木星,虽然前一天夜里还没见过它;自那时起它的亮度慢慢减弱,经过 15 或 16 个月后完全消失。据说正是一颗这样的异常亮星促使希帕克观测恒星,并绘制了恒星星表。至于另一些恒星,它们交替地出现,隐没,亮度逐渐而缓慢地增加,又很少超过第三星等,似乎属于另一种类,它们绕自己的轴转动,具有亮面与暗面,交替地显现这两个面。太阳、恒星和彗尾所放出的蒸汽,最终将在引力作用下落入行星大气,并在那里凝结成水和潮湿精气;由此再通过缓慢加热,逐渐形成盐、硫黄、颜料、泥浆、土壤、沙子、石头、珊瑚,以及其他地球物质。

牛顿画像

总　　释

• *General Scholium* •

涡旋假说面临许多困难。每颗行星通过伸向太阳的半径掠过正比于环绕时间的面积，涡旋各部分的周期正比于它们到太阳距离的平方；但要使行星周期获得到太阳距离的$\frac{3}{2}$次幂的关系，涡旋各部分的周期应正比于距离的$\frac{3}{2}$次幂——然而，即便这些星体沿其轨道维持运动可能仅仅是由引力规律的作用，但它们绝不可能从一开始就由这些规律中自行获得其规则的轨道位置——这个最为动人的太阳、行星和彗星体系，只能来自一个全能全智的上帝(Being)的设计和统治。

——牛顿

1703 年的牛顿画像。

涡旋假说面临许多困难。每颗行星通过伸向太阳的半径掠过正比于环绕时间的面积,涡旋各部分的周期正比于它们到太阳距离的平方;但要使行星周期获得到太阳距离的 3/2 次幂的关系,涡旋各部分的周期应正比于距离的 3/2 次幂。而要使较小的涡旋关于土星、木星以及其他行星的较小环绕得以维持,并在绕太阳的大涡旋中平稳不受干扰地进行,太阳涡旋各部分的周期则应当相等;但太阳和行星绕其自身的轴的转动,又应当对应于属于它们的涡旋运动,因而与上述这些关系相去甚远。彗星的运动极为规则,是受到与行星运动相同的规律支配的,但涡旋假说却完全无法解释;因为彗星以极为偏心的运动自由地通过同一天空中的所有部分,绝非涡旋说可以容纳。

在我们的空气中抛体只受到空气的阻碍。如果抽去空气,像在波义耳先生所制成的真空里面那样,阻力即消失;因为在这种真空里一片羽毛(a bit of fine)与一块黄金的下落速度相等。同样的论证必定也适用于地球大气以上的天体空间。在这样的空间里,没有空气阻碍运动,所有的物体都畅通无阻地运动着;行星和彗星都依照上述规律沿着形状和位置已定的轨道进行着规则的环绕运动;然而,即便这些星体沿其轨道维持运动可能仅仅是由引力规律的作用,但它们绝不可能从一开始就由这些规律中自行获得其规则的轨道位置。

六个行星在围绕太阳的同心圆上转动,运转方向相同,而且几乎在同一个平面上。有十个卫星分别在围绕地球、木星和土星的同心圆上运动,而且运动方向相同,运动平面也大致在这些行星的运动平面上;鉴于彗星的行程沿着极为偏心的轨道跨越整个天空的所有部分,不能设想单纯力学原因就能导致如此多的规则运动;因为它们以这种运动轻易地穿越了各行星的轨道,而且速度极大;在远日点,它们运动最慢,滞留时间最长,相互间距离也最远,因而相互吸引造成的干扰也最小。这个最为动人的太阳、行星和彗星体系,只能来自一个全能全智的上帝(Being)的设计和统治。如果恒星都是其他类似体系的中心,那么这些体系也必定完全从属于上帝的统治,因为这些体系的产生只可能出自同一份睿智的设计。尤其是，由于恒星的光与太阳光具有相同的性质，而且来自每个系统的光都可以照耀所有其他的系统；为避免各恒星的系统在引力作用下相互碰撞，他便将这些系统分置在相互很远的距离上。

上帝[52]不是作为宇宙之灵而是作为万物的主宰来支配一切的；他统领一切，因而人们惯常称之为“我主上帝”(παγτοκρατωρ)或“宇宙的主宰”；须知 God(上帝)是一个相对词，与仆人相对应，而且 Deity(神性)也是指上帝对仆人的统治权，绝非如那些认定上帝是宇宙之灵的人们所想象的那样，是指其自治权。至高无上的上帝作为一种存在物必定是永恒的、无限的、绝对完美的；但一种存在物，无论它多么完美，只要它不具有统治权，则不可称之以“我主上帝”。须知我们常说，我的上帝，你的上帝，以色列人的上帝，诸神之神，诸王之王；但我们不说我的永恒者，你的永恒者，以色列人的永恒者，神的永恒者；我们也不说，我的无限者，或我的完美者——所有这些称谓都与仆人一词不构成某种对应关系。上帝这个词①一般用以指君主，但并不是每个君主都是上帝。只有拥有统治权的精神存在者才能成其为上帝：一个真实的、至上的或想象的统治才意味着一个真实的、至上的或想象的上帝。他有真实的统治意味着真实的上帝是能动的，全能全智的存在物；而他的其他完美性，意味着他是至上的，最完美的。他是永恒的和无限的，无所不能的，无所不知的；即，他的延续从永恒直达永恒；他的显现从无限直达无限；他支配一切事物，而且知道一切已做的和当做的事情。他不是永恒和无限，但却是永恒的和无限的；他不是延续或空间，但他延续着而且存在着。他永远存在，且无所不在；由此构成了延续和空间。由于空间的每个单元都是永存的，延续的每个不可分的

① 原注：Pocock 博士由阿拉伯语中表示君主(Lord)的词 du(间接格为 di)推演出拉丁词 Deus。在此意义上，《诗篇》82.6 和《约翰福音》10.35 中的国王(prices)称为神。而《出埃及记》4.16 和 7.1 中的摩西的兄弟亚伦称摩西为上帝，法老也称他为上帝。而在相同意义上已故国王的灵魂，在以前被异教徒称为神，但却是错误的，因为他们没有统治权。

瞬间都是无所不在的，因而，万物的缔造者和君主不能是虚无和不存在。每个有知觉的灵魂，虽然分属于不同的时间和不同的感觉与运动器官，仍是同一个不可分割的人。在延续中有相继的部分，在空间中有共存的部分，但这两者都不存在于人的人性和他的思维要素之中；它们更不存在于上帝的思维实体之中。每一个人，只要他是个有知觉的生物，在其整个一生以及其所有感官中，他都是同一个人。上帝也是同一个上帝，永远如此，处处如此。不论就实效而言，还是就本质而言，上帝都是无所不在的，因为没有本质就没有实效。一切事物都包含在他[①]之中并且在他之中运动；但却不相互影响：物体的运动完全无损于上帝；无处不在的上帝也不阻碍物体的运动。所有的人都同意至高无上的上帝的存在是必要的。所有的人也都同意上帝必然永远存在而且处处存在。因此，他必是浑然一体的。他浑身是眼，浑身是耳，浑身是脑，浑身是臂，浑身都有能力感觉、理解和行动；但却是以一种完全不属于人类的方式，一种完全不属于物质的方式，一种我们绝对不可知的方式行事。就像盲人对颜色毫无概念一样，我们对全能的上帝感知和理解一切事物的方式一无所知。他绝对超脱于一切躯体和躯体的形状，因而我们看不到他，听不到他，也摸不到他；我们也不应当向着任何代表他的物质事物礼拜。我们能知道他的属性，但对任何事物的真正本质却一无所知。我们只能看到物体的形状和颜色，只能听到它们的声音，只能摸到它们的外部表面，只能嗅到它们的气味，尝到它们的滋味；但我们无法运用感官或任何思维反映作用获知它们的内在本质：而对上帝的本质更是一无所知。我们只能通过他对事物的

① 原注：这是古代人的看法。如在西赛罗的《论神性》(*De natura deorum*)第一章中的毕达哥拉斯，维吉尔《农事诗》(*Georgics*)第四章第220页和《埃涅阿斯记》(*Aeneid*)第六章第721页中的泰勒斯、阿那克西哥拉、维吉尔。斐洛在《寓言》(*Allegories*)第一卷开头。阿拉托斯在其《物象》(*Phoeromena*)开头。也见于圣徒的写作，如《使徒行传》17章27、28节中的保罗，《约翰福音》14章2节，《申命记》4章39节和10章14节中的摩西，《诗篇》139篇7、8、9节中的大卫，《列王记·上》8章27节中的所罗门，《约伯记》22章12、13、14节。《耶利米书》23章23，24节。崇拜偶像的人认为太阳，月亮星辰，人的灵魂以及宇宙的其他部分都是至上的上帝的各个部分，因而应当受到礼拜，但却是错误的。

最聪明、最卓越的设计以及终极的原因来认识他;[53]我们既赞颂他的完美,又敬畏并且崇拜他的统治:因为我们像仆人一样地敬畏他;而没有统治,没有庇佑,没有终极原因的上帝,与命运和自然无异。盲目的形而上学的必然性,当然也是永远存在而且处处存在的,但却不能产生出多种多样的事物。而我们随时随地可以见到的各种自然事物,只能来自一个必然存在着的存在物的观念和意志。无论如何,用一个比喻,我们可以说,上帝能看见,能说话,能笑,能爱,能恨,能盼望,能给予,能接受,能欢乐,能愤怒,能战斗,能设计,能劳作,能营造;因为我们关于上帝的所有见解,都是以人类的方式得自某种类比的,这虽然不完备,但也具有某种可取之处。我们对上帝的谈论就到这里,而要做到通过事物的现象了解上帝,实在是非自然哲学莫属。

迄此为止我们以引力作用解释了天体及海洋的现象,但还没有找出这种作用的原因。它当然必定产生于一个原因,这个原因穿越太阳与行星的中心,而且它的力不因此而受丝毫影响;它所发生的作用与它所作用着的粒子表面的量(像力学原因所惯常的那样)无关,而是取决于它们所包含的固体物质的量,并可向所有方向传递到极远距离,总是反比于距离的平方减弱。[54]指向太阳的引力是由指向构成太阳的所有粒子的引力所合成的,而且在离开太阳时精确地反比于距离的平方,直到土星轨道,这是由行星的远日点的静止而明白无误地证明了的;而且,如果彗星的远日点也是静止的,这一规律甚至远及最远的彗星远日点。但我迄今为止还无能为力于从现象中找出引力的这些特性的原因,我也不构造假说;[55]因为,凡不是来源于现象的,都应称其为假说;而假说,不论它是形而上学的或物理学的,不论它是关于隐秘的质的或是关于力学性质的,在实验哲学中都没有地位。在这种哲学中,特定命题是由现象推导出来的,然后才用归纳方法进行推广。正是由此才发现了物体的不可穿透性,可运动性和推斥力以及运动定律和引力定律。对于我们来说,能知道引力的确实存在着,并按我们所解释的规律起作用,并能有效地说明天体和海洋的一切运动,即已足够了。[56]

现在我们再补充一些涉及某种最微细的精气的事情，它渗透并隐含在一切大物体之中；这种精气的力和作用使物体粒子在近距离上相互吸引，而且在相互接触时即粘连在一起，使带电物体的作用能延及较远距离，既能推斥也能吸引附近的物体；并使光可以被发射、反射、折射、衍射，并对物体加热；而所有感官之受到刺激，动物肢体在意志的驱使下运动，也是由于这种精气的振动，沿着神经的固体纤维相互传递，由外部感觉器官通达大脑，再由大脑进入肌肉。但这些事情不是寥寥数语可以解释得清的，而要精确地得到和证明这些电的和弹性精气作用的规律，我们还缺乏必要且充分的实验。

牛顿在 1666 年进行分光实验的虚构场景(1796 年创作)。

关于本书的历史与解释性注释

卡约里(Florian Cajori)

• *An Historical and Explanatory Appendix by Florian Cajori* •

卡约里的注释对读者理解牛顿的思想很有帮助,也代表了20世纪初人们对牛顿思想的研究水平。

卡约里(Florian Cajori,1859—1930),瑞士裔美国籍数学家和科学史学家,美国加利福尼亚大学教授。他是美国数学学会、科学发展协会、科学史学会会员,还是国际科学史学会会员,著有《数学史》《物理学史》《数学符号史》等。

【1】卷首插图。**牛顿肖像。**该肖像根据牛顿的一幅肖像照相制版而成，收录在名为《铜版雕刻头像》(*Heads in Taille Douce*)的巨著第二卷中(128页)。该卷现存于剑桥的普派斯(Pepys)图书馆。马格德林学院(Magdalene College)的院长和院士善意地准允我们在牛顿《原理》的这个版本中复印这幅肖像。艾德尔斯顿(J. Edleston)也提供了由同一肖像制备的照相制版——不过在此呈献读者的是照相复制版。原件以墨汁画成。至于制作年代，艾德尔斯顿的结论是："该肖像完成时间约在1691年前后几年时间内，我们估算的时间也许与准确时间相距不远。如果这一假设得到认可，该肖像可看作是所有已知哲学家肖像中最有趣的一幅，因为它展现了牛顿一生中最接近那难忘的18个月的时刻，这期间他写出了使他名垂千古的伟大著作。"

【2】**《原理》第一版的扉页摹本。**按下述思路可切近牛顿择定该页的日期。牛顿更换扉页表明他已成为伦敦皇家学会的主席，但还没有受封。在1713年《原理》的第二版中，已印有他的封号 Auctore Isaaco Newtono, Equite Aurato。我们知道牛顿于1703年11月30日当选为皇家学会主席，而受封时间为1705年1月16日，所以牛顿对该扉页的择定日期必定介于这两个日期的中间。这一结论也在1704年11月15日弗莱姆斯蒂德(Flamsteed)致庞德(Pound)的信件中得到印证："这本书(牛顿的《光学》)不像《原理》那样引起轰动，我听说他又在为《原理》的再版进行必要的校订。"原扉页未刊印这句话。

【3】**《原理》第一版序。**第一版的序未标注日期，作者也未署名。署名(Is. Newton)和日期(Dabam Cantabrigiæ, e Collegio S. Trinitatis, Maii 8. 1686)首次出现在1713年的第二版中。牛顿的《光学》第一版序也没有写日期，而在1718年的第二版中加上了"1704年4月1日"字样。可能牛顿在与莱布尼兹关于微积分发明权的尖锐争论中意识到了日期的重要性。

【4】**在准备《原理》第二版中的更改与修正。**关于牛顿的短序变化情况可用鲍尔(W. W. R. Ball)的话作为补充："我拥有一份印行第

二版的情况说明和变动清单，其所述变化非常之大。事实上我发现，在第一版的494页中，有397页在第二版中作了或多或少的改动。最重要的变动是科茨的新序，第二编第七章命题34—40关于流体阻力的命题，第三编中有关月球的理论，第三编命题39关于二分点岁差的命题，以及第三编命题41和命题42中关于彗星理论的命题。”

在准备《原理》第二版时，科茨费了很大精力于勘校工作。牛顿1709年10月11日写信给他说：“没有你的话，我将在检验《原理》中的所有证明时陷入困境。印书不出错是不可能的，如果你刊行如今寄去的这一本，只要把阅读中发现的诸如漏印之类的小错改正，即已偿不抵劳了。”

1713年，第二版刊行之后，牛顿寄给科茨一份勘误清单，也许是有意要作为勘误表发表。对此，科茨于1713年12月22日答复：“我注意到您在我的表中又记下了约20处勘误……如果我告诉您我还能再加上20个偶然发现的错误，相信您不会感到奇怪的，可能是您检查漏掉了。我想能找出的错还远不止这40个，尽管这一版已认真校对过。不过我能肯定这一版比仔细刊行的前一版好得多，因为除了您本人校正和我告诉您的错误之外，在正印刷的书中，我要冒昧地说，我已纠正了几百处之多，只是一直没有告诉您。”

《原理》第二版的某些更动在注【3】【19】【24】【26】【27】【29】【30】【42】【45】中加以说明。

【5】科茨为《原理》第二版所作的序。剑桥三一学院的院长本特利(Richard Bentley)建议科茨写这篇序。本特利写道：“我得到艾萨克爵士的准允，提醒您与我谈到过的那件事：一份词汇索引，一份以您个人名义写的序。如果您愿意将其安排在这一版中，请在我回剑桥后刊印。我将不胜感激。”

1712年或1713年的2月18日，科茨给牛顿的信谈到这个序言：“我觉得在书中内容和校订之外，加上一份专述哲学化方法及其与笛卡儿等人的差异的文字是合适的，我的意思是首先证明它所借重的原理。我认为不仅要由自然现象简要地推演出重力原理并加以维护,还要以通俗文字写作,使一般读者易于懂得,同时把您的这整本书当作楷模。”随后信中列出了详细的计划,后来该计划又作了少许改动。牛顿本人写的短序使科茨不必以陈述《原理》第二版的“改进之处”为开头语,因此科茨的序只谈“哲学化方法”,批驳莱布尼兹(没有点他的名)的观点和攻击笛卡儿的涡旋理论。莱布尼兹在一封激愤之下写出的信(1716 年 4 月 9 日)中,称这一序言为 Pleine d'aigreur(令人作呕)。

序言的基本目标是攻击笛卡儿的涡旋理论。在牛顿的《原理》首版发表 26 年之后,写这篇序言的必要性在于表明当时人们对笛卡儿观点的普遍附和。彼时(1713 年)不仅在欧洲大陆,而且在英格兰,人们一般都相信笛卡儿的涡旋理论。在 1644 年发表其理论后不久,笛卡儿宇宙学传入英格兰。剑桥基督学院的亨利·摩尔(Henry More)是皇家学会的头号会员,早年曾与笛卡儿通信并是他的崇拜者。摩尔的朋友格兰弗尔(Joseph Glanvill)就职于牛津的爱克塞特(Exeter)学院,也是皇家学会会员,也支持笛卡儿的涡旋理论。波义耳(Robert Boyle)的著作中频频提到笛卡儿,并称之为“最敏锐的现代哲学家”,不过我在波义耳著作中只找到一处引用了笛卡儿的涡旋理论,而该注释“并不认为这一假设比不太可能强多少”。胡克(Robert Hooke)则从某些方面批评了涡旋理论。

笛卡儿涡旋理论的广泛传播可归功于罗豪(Rohault)的一本著名的法文物理学教科书。瑞士医生波涅(Théophile Bonet)将它译为拉丁文,1674 年在日内瓦出版,1682 年在伦敦出版。因此在牛顿的《原理》发表五年前,英格兰已开始使用这本优秀的教材。罗豪力学与牛顿力学的深刻分歧在于罗豪声称圆周运动与直线运动一样都是自然的。

笛卡儿信条有其坚实的大众基础,非数学家也能理解它。人人都见过木屑在河水中打旋,人人也都见过旋风卷起灰尘,如果说行星的运动类似于漩涡中的木块,则这种想象的图景其实是令人信服的。

相反，牛顿的重力吸引平方反比定律则是那些不习惯于数学思维的人所根本不懂的。大不列颠的数学家，如哈雷、戴维、詹姆斯·格列高里、凯尔、惠斯顿、科茨、泰勒、罗伯特·史密斯和桑德森都欣赏牛顿的信条。

牛顿本人在剑桥执教是1687年后，但他讲课的详情如今已鲜为人知。1692年后他久病不起。1696年他被任命为皇家造币厂总监。大约在1701年，他在剑桥的卢卡斯教席由惠斯顿(Willian Whiston)接替，后者讲授牛顿哲学。仅由这些事实似乎可推知牛顿体系在大不列颠的大学中很容易把笛卡儿主义排挤掉。

但事实并非这样。笛卡儿体系反而表现得生机勃勃，甚至在剑桥也是如此，因为在牛顿的《原理》第一版发表约40年之后，法兰西体系仍在英格兰坚守着据点。

我可以举出一些事实作为佐证。1693年，牛顿《原理》发表6年之后，牛津马格德林学院(Magdalen College)的散文家艾迪生(Joseph Addison)在一次演讲中称颂笛卡儿“勇敢地坚持真理”，反对亚里士多德的追随者。惠斯顿提到格列高里(David Gregory)在爱丁堡讲授牛顿哲学时说，“可怜的人，我们在剑桥都以学习笛卡儿的虚妄假说为耻辱。”

我已经提到1682年在英格兰出版的罗豪的物理学教科书，它包含着对笛卡儿体系的通俗讲解的内容。15年后的1697年，这本书的一个新的拉丁文译本出自克拉克(Samuel Clarke)的之手。克拉克执教于剑桥凯乌斯学院(Caius College)，惠斯顿称他是“牛顿的朋友和门徒”。翻译过程中，惠斯顿就这一翻译是否合乎时宜以下述方式向克拉克吐露了心声：“由于现今必须有某种自然哲学体系供大学的年轻人学习和练习，也由于艾萨克·牛顿爵士的真实体系尚不足以轻易达到目的，如要为他们着想，翻译和使用罗豪的体系并非不适宜……不过一旦艾萨克·牛顿爵士的哲学易于掌握了，它就是唯一应教授的体系，其他的则应废止。”还应指出，当时罗豪的教程的确比一般的物理教程更加出色。克拉克的拉丁文译本语言优美流畅，在英国和美洲的大学中作为教科书发挥了重要作用。普莱费尔(John Playfair)说这个新的优美译文包括一个附加注解，克拉克在其中解释了牛顿的观点，使注解实际上成为对课文的批驳，这样反而避免了争吵的出现。

普莱费尔接着说："牛顿哲学最初进入剑桥大学，是在笛卡儿哲学庇护下进行的。"普莱费尔的观点有一点需要修正：罗豪的克拉克版本印行于 1697 年，该版本并未包括脚注式的注解，而是将注解作为注释收在卷末；它们较之后来的版本为短，主要是针对古代作者的，并没有批驳笛卡儿的涡旋理论。克拉克的批驳出现在其后。克拉克的拉丁文本总共有四版。第三版刊行于 1710 年，与第一版不同的是，第三版把注释由卷末改为页下脚注，并大为扩充。这个第三版(1703 年的第二版可能也是，但我没有见到过)包含有一个新的注释，与笛卡儿的涡旋理论有关。该注释总结指出：这些涡旋不能解释观测到的事实——它们无法解释与行星轨道平面以各种角度相交的彗星运动；它们还使距太阳最远的行星运动最快，而事实却是处于这种位置的行星运动最慢。为此，该注释从牛顿的《原理》中摘引了很长一段文字。罗豪的克拉克后期版本之所以流行可能主要是出于其脚注。

总的来说，这部罗豪教程对于牛顿的追随者和笛卡儿的追随者来说都是可接受的。双方观点都得到公平的展现。普莱费尔教授把注意力转向这一事实，即学院教师的指导在不列颠大学中"构造真实而有效的体系"，有时从观点不同的教授那里取得见解。凯尔教授在牛津的授课中引入牛顿哲学，但牛津的教师却"很长时间对其不屑一顾"。鲍尔说："在剑桥，直到最近教授们仍很少与学生直接接触或使其讲授适应学生……因此，如果我们希望马上看到对牛顿哲学的广泛研究，就必须不仅听牛顿的课或看他的著作，还必须求助于已往接受了他的信条的督学、主考人，或大学教师。"罗豪的克拉克版本迎合了教师的需要，无论他们欣赏两种对立科学观点中的哪一方。到 1723 年，罗豪教程仍在英格兰站得住脚，这可以由带注释的克拉克版英译本的出版得到证实。克拉克版本的其他语种的译本迟至 1729 年和 1735 年才出版。根据霍雷(Hodlay)所述的克拉克生平,1730 年牛顿去世 3 年、《原理》发表 43 年后,罗豪教程仍是剑桥的教科书。

似乎两种不同的教学实践同时进行了许多年,而在欣赏罗豪解释的笛卡儿与欣赏由克拉克脚注、惠斯顿于 1710 年和 1716 年发表的讲义和剑桥克莱尔厅的著名教师劳顿(Richard Laughton)的讲授中解释的牛顿两派之间也从未发生过公开争论。1713 年从牛津转到伦敦的德萨古里叶(Desaguliers)告诉我们,他发现"牛顿哲学已在各阶层各种职业的人中,甚至在妇女中,都借助于实验而赢得了广泛接受"。与这一表述略有出入的是伏尔泰(Voltaire),他于 1727 年访问英格兰,他说:"虽然牛顿在《原理》发表后又活了四十多年,但到他去世时在英格兰的追随者不超过 20 人。"不过伏尔泰也说:"到伦敦的法国人看到了哲学与其他方面的巨大转变。他离开了充盈的世界,发现它是空的。你在巴黎看到的宇宙由微细物质的涡旋组成,而在伦敦则看不到这类东西。"

在欧洲大陆,笛卡儿的涡旋理论影响力更持久。惠更斯、皮劳特(Perrault)、伯努利(Johann Ⅱ Bernoulli)等人曾试图消除涡旋理论中的明显缺陷,但到 18 世纪中期,牛顿体系完全占据了优势。

从其他方面看科茨的序也具有重要的历史意义。人们认为科茨在这篇序中为"超距作用"(action at a distance)辩护(见注【8】),而这种理论认为重力是物质的固有特性(见注【6】)。

【6】科茨的序。**重力的本质。**科茨的用词可能出于对牛顿观点的误解。科茨说:"重力作用存在于所有物体中……重力必定具有物体的基本性质的地位",他指的是"地球物体的重力的本性"。这种表述似乎暗示重力是物质的内在属性。

牛顿的《原理》(1687)文字中似乎也含有类似暗示。牛顿说(第一编,命题 60):"如果两个物体以反比于它们距离平方的力相互吸引……",(第一编,命题 69)"吸引物体的绝对力",(第一编命题 72)

“一个小球对球体上不同粒子的吸引”,(第一编命题 75)“每个粒子的吸引反比于它到吸引球体中心的距离的平方”,(第一编命题 77)“现设小球 P 吸引该球体”,(第三编命题 5)“木星与土星……由于其相互吸引而明显地干扰对方的运动”。在这些表述中,“物体”或“小球”似乎是主动的,“吸引的”,它们不像在池塘漩涡中旋转的土块那样是被动的,也不像笛卡儿涡旋中的行星那样被动地扫过天空。因此,在牛顿理论中很容易推导出重力是物质的内在和固有的属性。的确,这样的解释出自欧洲大陆作者,如惠更斯、拉兰德(Lalande)、波尔达-德莫林(Bordas-Demoulin)等人,而且得到天文学家和物理学家的广泛支持。1687 年《原理》出版后,惠更斯率先抛弃了笛卡儿涡旋理论对行星运动的解释,表达了他对牛顿天体力学的支持。但惠更斯并未接受重力是物质内在属性的观点,并认为这是牛顿哲学的观点。在这一点上,他拒绝了在他看来是属于牛顿的那些信条,而固守着笛卡儿的信条。

而《原理》第一版的读者却比较公正地把重力是物质的内在属性这一观点归之于牛顿,他们并没有错。牛顿在《原理》第一版中并没有对这一点作出澄清。现在我们知道早在他的这部伟大巨著出版之前,即在 1678 年或 1679 年 2 月 28 日致波义耳的信中,他曾推测“重力的原因”,并试图以一种“以太”的作用解释吸引作用,这种以太包含着“相互间精细程度连续变化的不同部分。”(见注【55】)显然,牛顿已不再比笛卡儿更相信重力是物体的内在属性。但《原理》第一版的读者却无从了解这一点,因为当时牛顿致波义耳的信并未公开。

甚至牛顿的伟大朋友和崇拜者本特利,开始时也表态支持这一错误观念。在 1692 或 1693 年致本特利的一封信中,牛顿强烈反对引力是物质内在属性的信条,也反对“超距作用”信条。这封信与上述致波义耳的信一样,直到许多年以后才公开,因而不能立即对科学界的观点产生广泛影响。在致本特利的这封信中,牛顿还写道:

“您有时谈到引力是物质的基本和固有属性。求求您,别说这是我的看法;因为我并不想装作知道什么是重力的原因,而是想用更多的时间去思考它。”

在另一封信中牛顿写道：

“我无法想象，不具有生命的非生物，不借助于某种其他介质物质，能在与其他物质不相互接触时对其施加作用和影响，如果重力对于物质是基本的和固有的，按伊壁鸠鲁的观点，它必定如此。这是我盼望你不要把内在的重力归之于我的一个原因。在我看来，把重力说成是在物质中所内在的、固有的和基本的，以便一个物体可以通过真空中的一段距离，不借助于其他事物的中介作用来传递它与另一物体之间的相互作用和力而对之产生作用，是极其荒谬的。我相信任何一个有资格进行哲学思考的人都绝不会赞同它的。重力必定是由某种动因引起的，而这种动因总是依照某些规律来产生作用；至于这种动因是物质的还是非物质的，我只能留待读者去思考。”

在《原理》的第二版(1713)中，牛顿对他的立场作了澄清，对1687年的内容附加了三个条件。在第一编命题64的附注中，牛顿说：“我在此对物体间的任何相互趋近倾向都一般地以吸引一词来表达，无论这种倾向是由物体本身的作用引起的——如由精气发射使之相互趋近或推斥那样，或是由以太或空气或任何其他介质的作用引起的——无论它们是物质的或非物质的，以任何方式在置于其中的物体相互推向对方。”在此，牛顿持有不可知论者的态度。在第三编，讨论哲学推理规则时，他补充道：“所有物体都被赋予了相互吸引原理……我并不是说重力对于物体是基本的，至于它们的 vis insita(固有的力)，我指的不是别的，而是它们的惯性。”最后，在《原理》结尾处的总释中，他说：“我不构造假设于重力本性。”对牛顿来说，在像《原理》这样的著作中采取这一态度是适宜的。他对波义耳说他对这一问题的论述“如此含糊不清”，他“并不十分满意”。

牛顿在《光学》第二版的《声明》(1717年7月16日)中比在《原理》中要积极些：“为表明我没有把重力看作是物体的基本属性，我增加了一个与其原因有关的问题[问题31]。我之所以选定以问题的方式把它列出，是因为我由于缺乏实验而对它还不满意。”

不仅把重力是物体的内在属性信条归之于牛顿则是错误的，而且似乎把它归之于科茨也是错误的，尽管我从科茨的序中援引了一些字句。这可以从科茨与克拉克之间的通信得到证明。科茨曾把《原理》第二版序言草稿寄给克拉克。信中他对克拉克说：

感谢您对序言的修改，特别感谢您对我的那些似乎是在支持重力为物体基本属性的地方所提出的建议。我完全赞同您所说的，它们将会帮卡弗林(Cavilling)的忙，在坎农(Cannon)博士转达您的意见后我已把它们立即删去，它们绝不会被印出来的。

我那段话本意不是要支持重力是物质基本属性的观点，而只是要指出我们对物质基本属性的忽视，就我们的知识而言，重力的表述可能具有在这一课题中与我已论及的属性有相当的地位。因为我明白，如果离开物质的基本属性，则同一物体的其他诸如此类的属性都是不可能存在的，我也不打算证明物体的任何其他属性可离开广延而存在是可能的。

引力本性的问题随着爱因斯坦的广义相对论的提出，又激起了人们新的兴趣。根据广义相对论，引力不是物体的内在属性，而是空间的某种修正。爱因斯坦认为，地球在其周围产生引力场，它作用于苹果，使之进行下落运动。在爱因斯坦的引力场中，一般来说光线沿曲线传播。爱丁顿这样评述了新旧物理学的区别：“爱因斯坦的引力定律支配几何量曲率，与之相对的是，牛顿定律则支配力学量力。”

【7】科茨的序。科茨称地球的轨道为 Orbis magnus(大轨道)。牛顿在论述地球绕太阳的年度运动时也曾多次使用这一概念。它最早是哥白尼使用的(De revolutionibus orbium caelestium，Lib. I，Cap. X)，莱依蒂克(Rhaeticus)和开普勒等人也沿用。当然，称地球径迹为“大轨道”，不是因为它的尺度(外层行星轨道更大)，而是因为它对于实践天文学家的巨大重要性，他们在解释太阳和行星的视在运动时必

定认识到这一点。在《原理》与《宇宙体系》中凡是出现 Orbis magnus 时，我都以“地球轨道”取代。应指出的是，牛顿本人在其《光学》第二编第三部分命题 11 中也用过“地球轨道”名称。

【8】科茨的序。**超距作用。**人们把引力作用中的“超距作用”信条错误地推给了牛顿，其实将其归之于科茨更合适些。因为科茨在《原理》第二版的序中曾批驳笛卡儿的涡旋理论。科茨并没有使用“超距作用”字样，也没有明确表示天体空间空无一物的观点。他只是说如果存在天空流体，则它“没有惯性，因为没有阻力”。他的序中有相关含义的句子是：“那些猜测说天空充满着一种流体物质但却假定它没有任何惯性的人，只是在字眼上否认了真空，实际上却承认了它。因为既然没有任何办法能把这种物质同虚空区别开来，那么这种争辩，便只是名称问题，并不涉及事物的本质。”关于这一点，克拉克的表述更明确，因为后来他在罗豪教程的一个脚注中，明确写道：“巨大的天空中没有任何物质。”

在注【6】中我曾引用过牛顿致本特利信中有关重力的段落，他写道：“一个物体可以通过真空中的一段距离，不借助于其他事物的中介作用来传递与另一物体之间的相互作用和力而对之产生作用，是极其荒谬的，我相信任何一个有资格进行哲学思考的人都绝不会赞同它的。”

麦克斯韦说：“我们在牛顿的《光学》和他致波义耳的一封信中发现，他很早时就试图以介质的压力来说明引力，而他之所以没有发表这些研究的原因‘只是在那以后的研究中，从实验和观测中，对这种介质及其产生主要自然现象的方式，他无法作出满意的说明’。”

麦克斯韦又说：“当牛顿哲学为整个欧洲所接受时，并非牛顿的观点最为盛行，而是科茨的观点最为盛行。直到最后由波斯科维奇(Boscovich)提出新的理论：物质是数学点的堆积，各自根据排列规律具有吸引或排斥其他点的能力。在波斯科维奇的宇宙中，物质是非广延的，接触是不可能的。但他并没有忘记赋予其数学点以惯性。”

虽然“超距作用”一词看起来非常简单，但在仔细审视之下却相当微妙，有些物理学家曾指出：“我们否认超距作用的原理是多么脆弱。”

在“超距作用”信条的历史中，一个重要事件是麦克斯韦的电磁理论的出现，这一理论坚持电磁扰动以有限速度传播。在此之前，人们预设电与磁的吸引和推斥作用是瞬时发生的。

引力作用中也应考虑时间因素。“超距作用”一词原指吸引物体之间的中介介质的非存在性的旧含义已被取代，自相对论出现后被借用以指远距离的即时作用。我们现在应考虑作用的时间。但即使在今天，牛顿的观点也被歪曲。牛顿的超距作用系指“间接作用”。另一方面，牛顿诉诸一种动因并给予它以作用时间。无疑，牛顿在计算引力作用时假定，作为一种必要的近似（没有引力作用传递速度的实验数据），该作用是瞬时的，但他并不这样谈论重力。在致波义耳的一封信中，牛顿考虑了两个相互趋近的物体之间引力的原因：它们“使它们之间的以太稀薄”。在关于光的假设中，牛顿说：“因此地球吸引力可能产生于其他某种类似的以太精气的连续凝聚……它以这样的方式进行，……使它（这种精气）以极快速度自上向下补充；在其向下时带动它所穿透的物体，它的力正比于它所作用的所有部分的表面。”

【9】《原理》第三版所作的改动与增补。牛顿在第三版序言中对此仅作了一般说明。详细清单见剑桥庞布鲁克学院的天文学家亚当斯（J. C. Adams）的收在布吕斯特（David Brewster）的《艾萨克·牛顿爵士纪念文集》（ed. z，vol. z，*Edinburgh*，1860，Appendix No. XXX，pp. 414-419）中的文章。

注【11】【19】【26】【29】【33】【39】【42】中也提到《原理》第三版中的某些变动。

【10】莫特和索普的原理译本。在校订科茨的序和牛顿《原理》的莫特（Andrew Motte）英译本时，利用了索普（Robert Thorp）对科茨序言和《原理》第一版的英文译本（ed. 2，伦敦，1802），偶尔也参阅了沃尔夫（J. Ph. Wolfer）的《原理》德文本（1872）。几何插图取自《原理》第三

版(1726)。

莫特将拉丁文第三版(1726)的《原理》译为英文,并于 1729 年出版。

【11】《原理》定义 1。**物质或质量的量。**牛顿并没有定义密度。他用密度与体积的乘积定义质量,这种做法受到不同的评价。马赫(Mach)说:"至于质量概念,我们首先注意到牛顿把质量定义为物体的物质的量,其公式为体积与密度的乘积,这是不幸的。因为我们只能把密度定义为单位体积的质量,循环论证是显而易见的。"但要使人相信牛顿竟然会犯下 argumentum in circulo(循环论证)的错误亦非易事。克鲁(Crew)坚信,"在牛顿时代,密度与比重是作为同义词使用的,而水的密度却是任意规定的。人们使用三个基本单位……因此密度、长度、时间取代了我们今天的质量、长度、时间。在这样一套单位制中,以密度来定义质量是自然的,逻辑上也是允许的。"

牛顿后来在《原理》中(第三编命题 6 推论Ⅳ)给出了物体的相同密度的定义:"如果所有物体的所有固体粒子都具有相同的密度,而且都没有孔洞,不可使之变得稀薄,则必须承认虚空、空或真空。所谓密度相同的物体,我系指其惯性与其体积成比例者。"读者还应看到,在这一段中,牛顿并没有说他所设想的密度相同的固体粒子其大小都是相等的。如果设所有的固体粒子的大小都相同,则物体的密度应正比于相等体积内的这种小粒子的数目。霍普(Hoppe)把这后一个密度概念归之于牛顿,声称在早先的鲁宾(François Lubin)、开普勒、伽桑迪(Pierre Gassandi)和波义耳的著作中都发现了这个概念。

但牛顿的物质概念,如他在《光学》中所述,与霍普对牛顿的解释相反。在《光学》(第三版,1721,pp. 375-376)中,他说:"我认为很可能上帝在创世时把物质造成实心的、重的、硬的、不可穿透的、可运动的粒子,具有这样的大小和形状,具有这样的其他性质和与空间的比例,以最有利于实现他创造它们的最终目的。而这些原初的粒子是固体的,其坚硬程度远不是由它们所组成的有孔洞的物体所可比拟的。它甚至如此坚硬，以致绝不可能磨损或破碎，因为普通的力根本不可能把上帝本身在第一次创造中制成的粒子分开。”

在使用与重量有所区别的质量概念时，牛顿之前就有先驱看出了质量与重量不同。克鲁发现关于这种想法的最早的定量概念见诸惠更斯1673年对向心力的讨论。1703年，在惠更斯死后发表的*De vi centrifuga*《论向心力》中对此作了充分讨论。惠更斯说当粒子以相等速度沿相等的圆运动时，相互间向心力的比等于“粒子重量的比”或等于它们的“固体量的比”(sicut mobilium gravitates seu quantitas solidas)。在此，“固体的量”表示质量。霍普声称质量概念在开普勒那里称为moles。他引用开普勒在《新天文学》(*Astronomia nova*,1609)中的文字：“如果两块石头被移到宇宙的任意部分，相互靠近而且处于一个与之有关的第三块石头的力的范围之外，则这两块石头将像磁体一样，自隔开的位置上相互靠拢，每一个在趋近另一个时通过的距离正比于另一个的质量(moles)。”

【12】第一编，定义2，**运动的量。**《原理》中使用这个词等价于现代物理学中的动量概念，以质量与速度的乘积量度。

【13】定义8后的附注。**绝对运动和绝对时间。**牛顿指出：“这些(绝对)运动发生于其中的不动空间的各部分，是我们的感官所根本无法感知到的。”但他又补充说：“然而事情并没有完全绝望，因为我们有某些理由引导着我们，这部分来自视在运动，它们是真实运动的差；另一部分来自力，它们是真实运动的原因和效应，等等。”就现代观念来看，问题是在于：在涉及直线运动时，究竟是我们所感知到的“视在”运动还是相对运动的存在，必然连带着牛顿所含糊提议的绝对运动的存在。或者，相对运动是唯一存在的直线运动，难道这不可能吗？

例如，现有汽车A，B和C。设B以10千米/小时的时速超过A，同时C又沿同一条直线道路在同一方向上以15千米/小时的时速超过A。B和C的相对时速相差5千米/小时。我们无法断定A的速度；A或是静止在道路上，或是开动着。

在这一案件中重要的是环境。由 A 的速度,或由它的静止状态,无法通过三段论推演出这一速度或静止是绝对的。牛顿说,"绝对运动是物体由一个绝对处所移向另一个",而"绝对静止是物体在不动空间的同一处所的继续(continuance)。"绝对运动或静止的存在不能仅建立在相对运动或静止的存在之上。在上述的汽车运动例子中,我们知道道路本身在运动,它随地球在其轨道上运动,等等。这样,我们被迫回到牛顿的回答中,不可能将绝对运动或绝对空间置于感官监视之下。牛顿在讨论绝对运动时并没有提到一种普遍的以太,但他在讨论完之后却可能争辩过,穿过这样的以太的运动构成了绝对运动。这里有两点应注意:在 18 世纪和 20 世纪,这样一种假想以太的存在曾遭到否定;穿过这种以太的运动不能置于"感官的监督之下"。

牛顿关于绝对转动的见解更令人信服。两只球系在一根细绳两端隔开给定距离并绕它们的公共重心转动。由绳的张力可以求出角速度。于是我们有了一个得自动力学实验的转动,它或多或少为感官所熟知,而且与地球、太阳和恒星位置无关,因而似乎是绝对的。它的绝对意义与傅科(Foucault)摆检验地球的绝对转动相同。如果这一观点是正确的,则牛顿力学处理的转动确乎是绝对的,而不是经验的。有人会问,这不就意味着这种绝对转动所发生于其间的空间也是绝对的吗?牛顿并没有作这样的引申,但注释家们指出转动与加速度的绝对性迫使牛顿意识到这样的空间不可能是相对的;否则,空间便有了双重结构,对直线运动是相对的,而对转动则是绝对的。

与我解释绝对直线运动相类似的见解都取决于对绝对时间的讨论。所以,这似乎意味着牛顿力学宣称绝对直线运动和绝对时间是存在的;它们并没有以实验证据为基础,因而可以说成是形而上学的。然而,似乎并没有一种先验的理由能把概念当作力学的基础而加以接受,其中有些概念是可观测的,另一些是不可观测的或形而上学的。这两类概念能完美地构成坚实而自洽的整体结构,使导出的结论与观测数据相吻合,不超出实验误差的概率精度范围。的确,牛顿的假设满足了二百多年前科学发展所需的检验。在那个时代,天文学与物理学大踏步前进,天体力学成就辉煌,工程学与物理科学也是如此。

从美学立场或形而上学的怀疑论立场来看,应该说经验科学只应以观测现象为基础。出于宗教的顾虑,贝克莱主教(Bishop Berkeley)在其《人类知识原理》(*Principles of Human Knowledge*,1710)和《分析家》(*Analyst*,1734)中反对绝对空间。近代的恩斯特·马赫(Ernst Mach)在其《力学》(*Die Mechanik*)中,也重申了对纯粹经验基础的渴望。

19 世纪时,法拉第与麦克斯韦对电磁学的研究导致实验结果只能假定存在着相对运动才能作出解释。运动的磁体产生磁场并在它经过的附近导体中感应出电流,这是发电机产生电流的基本现象。能认为磁体的速度是绝对的吗?牛顿说,"绝对运动是物体由一个绝对处所移向另一个","处所"绝对了则"空间也就绝对了,而"绝对空间"存在于"其自身本性之中,与任何外在事物无关。"如果磁体做绝对运动,"与任何外在事物无关"(不仅限于它所经过的附近导体),则无法产生电流。如果以运动电荷代替运动磁体,类似的结论也成立。显然,电磁现象要求"相对的"速度。然而,这样的考虑并不能把"绝对速度"从物理科学中排挤出去,因为其他的现象有可能需要绝对性概念,何况,还不能说一切原子或一切物质都确定是带电的。

更严峻的形势出现在接近 19 世纪末期。牛顿、惠更斯和胡克在 17 世纪提出的光以太,原本在 18 世纪已为大多数科学家所抛弃,却又在 19 世纪复活了。一种流行的见解是:这种以太是静止的,地球可以在其中运动而且不拖曳着它。在许多人看来,这种静止以太构成了解释绝对运动的基本参考系。但静止以太并不能使人完全满意,少数物理学家,如斯托克斯(G. G. Stokes)提出了一种拖曳以太,就像行船在水中那样。这一问题能得到实验检验吗?为回答这一问题,迈克尔逊(Michelson)和莫雷(Morley)于 1887 年在俄亥俄州的克利夫兰进行了著名的实验,迈克尔逊称之为"不幸的实验",因为它不能满足旧牛顿力学的理论。如果地球不拖曳以太,则应有以太风存在,即所谓"以太漂移"。实验结果显示没有这种"漂移",于是,按当时的解释,地球在克利夫兰的一处地窖里拖曳了以太一同运动,这一结果不是人们所期待的。它似乎表明以太的性质无法与它的用以解释其他现象的性质相共容,如布拉德雷(Bradley)的光行差和垂直光线的直线路径。在近二十年时间里这一实验像阴云一样笼罩着科学的天际。

也许,对迈克尔逊和莫雷实验的最好解释是:正像一个人游泳一样,逆流游过一个给定距离后再游回原处,所需的时间比在静止水中游个来回要多;同理,一束光线迎着以太风传播一个给定距离再传回来,所需的时间比在相对于实验仪器静止的以太中传播一个来回要多。前提是游泳者(光束)相对于水(以太)的运动速度保持不变。但迈克尔逊和莫雷的精密干涉仪却表明完全不存在时间差。因此,干涉现象表明不存在"以太漂移"。

1892 年,都柏林的菲茨杰拉德(G. F. Fitzgerald)和莱顿的洛伦兹(H. A. Lorentz)分别独立地大胆作出了似乎是任意的假设:运动物体在其运动方向上收缩。直尺在沿其长度方向运动时比静止时要短。按这一假设迈克尔逊和莫雷实验就能得到解释,即使以太没有随地球一同运动。但物理学家们一般并不满意这一收缩理论。12 年以后,当时在苏黎世的爱因斯坦(Albert Einstein)提出了狭义相对论。这一理论建立在纯粹观测的基础之上,并能解释和协调所有已知的光现象,特别是迈克尔逊和莫雷实验。

爱因斯坦把惹麻烦的 19 世纪的以太当作纯粹假设而撇置一旁。他还抛弃了牛顿的直线绝对运动,认为它没有观测基础。他合理地假定真空中光速不变,与光源的运动无关。这种无关性后来在德西特(Willem de Sitter)对双星的观测中得到证实。

爱因斯坦的第二个假设是在有限意义上的"相对性原理":如果第二个坐标系相对于第一个坐标系没有转动,自然现象相对于第二个坐标系的进程与相对于第一个坐标系的完全相同。在这种理论的动力学中，光速扮演了关键角色。

例如，一列火车沿直线铁轨运动，相距很远的两个处所 A 和 B 有光照射铁轨，一个人站在 AB 间的中点 M 处铁轨上，在同一时间看到两处的光并称之为同时的。令 M′为运动列车上距离 AB 的中点。那么列车上位于 M′处的观察者还会认为两束光是同时的吗？不！因为他在列车上向 B 运动，因而迎着来自 B 的光线运动，而远离来自 A 的光线。因此列车上的观察者得出的结论是，B 处的光先于 A 处的光到达。这样，相对于铁轨的事件的同时性，相对于列车就不再是同时的。同时性是相对的。每一个参考物体或坐标系都有其自己的特殊时间。对一个事件的时间的表述不能独立于参考物体的运动状态，它不是绝对的。但在牛顿物理学中时间的表述被赋予了绝对重要性。

爱因斯坦的狭义相对论给出的数学结果与菲茨杰拉德和洛伦兹收缩相一致。这一结果并不奇怪，因为三位物理学家都旨在推出迈克尔逊和莫雷实验所揭示的现象。洛伦兹还建立了一组方程，以坐标系 C′(直线铁轨)的项表示坐标系 C(匀速运动列车)的距离和时间。这组方程称为"洛伦兹变换"，适用于爱因斯坦的狭义相对论。

下面我以平行纵列给出一个事件相对于坐标系 C′的值 x'，y'，z'，t'，与此同时，同一事件相对于坐标系 C 的值 x，y，z，t 是已给定的。C′相对于 C 以匀速 v 运动，真空中光速以 c 表示，两个坐标系的轴是分别平行的，为简单起见，设事件发生在 x 轴上。

牛顿变换	洛伦兹变换
$x'=x-vt$	$x'=\dfrac{x-vt}{\sqrt{1-\dfrac{v^2}{c^2}}}$
$y'=y$	$y'=y$
$z'=z$	$z'=z$

$$t'=t \qquad\qquad t'=\frac{t-\frac{v}{c^2}\cdot x}{\sqrt{1-\frac{v^2}{c^2}}}$$

比较上述两组方程,可以看出第二组方程要复杂得多。相对论提供了这样一种理论实例,其结果比由纯粹实验数据建立起来的更为复杂。两个坐标系仅在相互间的速度 v 较之光速为无穷小时才合并为一个。正因为如此,牛顿力学才能够以很高的精度表述行星运动并取得成功。至于对爱因斯坦的广义相对论的评注,请看注【6】中关于引力特性一节。

【14】**运动定律。**鉴于其重要性,我在此抄录三定律的拉丁文原文:

Lex Ⅰ(1687 年和 1713 年版). Corpus omne perseverare in statu suo quiescendi vel movendi uniformiter in directum, nisi quatenus a viribus impressis cogitur statum illum mutare.

Lex Ⅰ(1726 年版). Corpus omne perseverare in statu suo quiescendi vel movendi uniformiter in directum, nisi quatenus illud a viribus impressis cogitur statum suum mutare.

Lex Ⅱ. Mutationem motis proportionalem esse vi motrici impressae, et fieri secundum lineam rectam qua vis illa imprimitur.

Lex Ⅲ. Actioni contrariam semper et aequalem esse reactionem: sive corporum duorum actiones in se mutuo semper esse aequales et in partes contrarias dirigi.

第一定律通常称为“惯性定律”。学习相对论的人指出,自然界中没有绝对静止的物体。无论是在地球上或是在太阳或恒星上,只存在相对于某些坐标系的静止物体。爱因斯坦对他所谓的“伽利略坐标系”作了批判考查,在这种坐标系中惯性定律相对成立,但没有引力场存在,因而在严格意义上是不能将这种坐标系诉诸地球的。“可见,恒星是这样的物体,它使惯性定律在很高的近似程度上成立……伽利略-牛顿的力学定律仅在伽利略坐标系中才是成立的。”见注【13】。

【15】第二运动定律。**力。**按牛顿的定义2,“运动的量”(动量)产生于“物质的速度和量的乘积”,即产生于 mv。按牛顿的第二运动定律,“运动的变化”,即,运动的量的变化,“正比于所受到的运动力”。这样,我们就可以将“运动的变化”作为产生这种变化的力的量度。因此,将质量与加速度相乘即得到力的量度。从牛顿时代直到19世纪末,这种力的概念在力学中发挥着基本作用;在涉及较之光速很小的速度的力学中,它还将继续发挥其基本作用;但在普通宇宙学的力学中它已成为历史。

1901年,考夫曼(W. Kaufmann)获得了最前沿的实验结果,电子的质量随着其速度接近于光速而急剧增大。这表明牛顿力学中的质量不变性要加以纠正。(见注【11】)两个物体之间的牛顿式的引力吸引力正比于它们质量的乘积,反比于距离的平方。最近的研究表明,这种力含义不明,因为:(1)质量取决于速度;(2)根据相对论,距离取决于观察者的位置。爱因斯坦1915年的引力理论摧毁了引力实在是一种“力”的信念。但他1915年的理论并没有包括对电磁力的类似结论。对爱因斯坦1915年理论的推广,使之包括电磁力,是1918年外尔(H. Weyl)、1921年爱丁顿(Eddington)和爱因斯坦本人在1929年以某种不同方式完成的。

【16】第一编,附注和引理11。**已废除的数学表述和概念。**在牛顿《原理》的拉丁文版本中,以及在莫特的英译本中,出现某些数字表述,它们在今天的数字中已不再使用,致使仅熟悉现代术语的读者难以理解。我在翻译中已将这些旧的术语用现代术语加以替换。最常出现的废止概念诸如“二重比”(duplicate ratio)、“次二重比”(subduplicate ratio)、“三重比”(triplicate ratio)、“次三重比”(subtriplicate ratio)、“倍半重比”(sesquiplicate ratio)、“次倍半重比”(subsesquiplicate ratio)、“倍半比”(sesquialteral ratio)。我分别代之以“比值的平方”“比值的平方根”“比值的立方”“比值的立方根”“比值的 $\frac{3}{2}$ 次幂”

“比值的$\frac{2}{3}$次幂”“3 比 2 的比值”。在少数场合，“比例”(proportion)的旧用法对应于现代的“比值”。

我还去除了线括号而代之以圆括号。有些地方涉及非同寻常的含义，我即引入现代比例表达式，a ∶ b＝c ∶ d，取代《原理》中使用的修辞形式。因为原版《原理》中频繁出现乘号(×)，我代之以点(·)，置于小写字母半高处以区别于位置较低的小数点，少数地方我还用斜线分隔号表示分数。

【17】第一编，运动定律后的附注。**雷恩与马略特。**读者可以参阅泰特(P. G. Tait)的“对《原理》中一段文字的注释”(*Note on a Singular Passage in the Principia*，载于 *Proceedings of the Royal Society of Edinburgh*，vol. 13，1886，pp. 72-78)，其中着重讨论了有关问题。

【18】第一编，命题 16，推论Ⅳ。到椭圆焦点的**平均距离**意指半长轴或由焦点到短轴 BC 一个端点的距离 SB。这一距离也就是所讨论的圆的半径。如文中所注明的，推论Ⅳ的证明直接来自推论Ⅵ。推论Ⅳ的最后两句表明这一结果与命题 16 是一致的，由此知在椭圆轨道上的速度比在圆轨道上的速度等于$\frac{\sqrt{L}}{BC} : \frac{\sqrt{l}}{SB}$，在此 L 和 l 分别是椭圆和圆的通径 。但 $BC : SB = \sqrt{(SB \cdot L)} : \sqrt{(SB \cdot l)}$。因此由命题 16 推出的速度反比于相等距离 SB 的平方根，因而它们自己是相等的。

【19】引理 17。**四边形。**牛顿使用四边形一词相当于欧几里得所说的四边形，正方形与平行四边形除外。

【20】第一编，引理 22。**圆锥几何。**关于这个引理，以及在《原理》第一编其他部分出现的圆锥几何，在综合几何学历史上所起的作用，参见 J. J. Milne，Newton’s Contribution to the Geometry of Conics，载于 *Isaac Newton*，1642—1727，London，1927，pp. 96-114；也可参阅 Ernst Kötter，*Die Entwicklung der synthetischen Geometry*，*von*

Monge bis auf Staudt, Leipzig, 1901, pp. 8, 9, 30, 39, 41, 109; 也参见 Michel Chasles, *Apercu historique sur l'origine et le développement des méthodes en géométrie*; R. H. Graham, Newton's Influence on Modern Geometry, *Nature*, vol. 42, 1890, pp. 139-142; C. Taylor, The Principia and Modern Geometry, *Cambridge Philosophical Society Proceedings*, vol. 3, 1880, pp. 359, 360.

牛顿的引理 22 目的在于把插图上某些点移向无限远。

【21】第一编，引理 28，**卵形图。** 布劳汉姆(Brougham)和鲁斯(Routh)指出，牛顿试图在这一引理中证明凡是卵形图形，或局限于一个平面的有限部分的连续封闭曲线，都无法求出其面积。换句话说，牛顿试图证明这类曲线的面积不能由带有理系数的代数方程的解，有理数或无理数项来表示。而只能以像 π 那样的超越数来表示，它作为圆面积中的一个因子而出现。布劳汉姆和鲁斯声称牛顿推理的武断性遭到质疑，作为例子，他们援引了曲线

$$y^m = x^{(n-1)m} \cdot (a^n - x^n),$$

在此，m 和 n 是偶正整数；这条曲线满足牛顿的要求，而且可以精确求出面积。试想，为简单起见，$m=n=2$ 的特殊情形，a 是正整数。在定义域 $0<x\leqslant a$ 内，曲线 $y^2=x^2(a^2-x^2)$ 的面积为

$$A=\int_0^x 2y\,\mathrm{d}x=-\frac{1}{3}(a^2-x^2)^{\frac{3}{2}}\bigg|_0^x$$

$$=\frac{1}{3}a^2-\frac{1}{3}(a^2-x^2)^{\frac{3}{2}}$$

移去根式，即可以得到与所求面积 A 相关的二次代数方程。因此这段曲线的面积，虽然一般而言是无理的，但 x 的代数值却不是超越的。如果 $x=a$，则整个卵形的面积为 $\frac{1}{3}a^2$，是有理数。

牛顿说："满足两条曲线的一个交点的方程，同时也以相同的根数满足其所有的交点，因而方程的元与交点个数相同，"这断然排除了它也适用于超越曲线螺旋线。

【22】第一编,命题 31 和附注。**开普勒的问题。**牛顿在此论及开普勒在其《新天文学》(*Astronomia nova*,1609)中首次提出的著名问题。它要求解方程

$$x-e\sin x=z$$

中的 x,其中 e 和 z 是给定的。

天文学家亚当斯(J. C. Adams)在一篇文章中提出了两种简捷的近似方法,随后指出:

上述方法中的第一种精确地等价于牛顿在其《原理》第二版第 101 和第 102 页,以及第三版第 109 和第 110 页(附注的第一部分)中所给出的方法,只要把牛顿的表述变换成现代分析形式。然而,后来的作者无一人承认这一方法属于牛顿。牛顿的解非同寻常的形式无疑使人们忽略了它。在《原理》第一版中,牛顿给出了这一方法的改进形式。我确信,牛顿意在使它与上面给出的第二种方法相等价,但由于疏忽,代替 $\delta x'$的分母的是

$$1-re\cos(x'+\frac{1}{2}\delta z')$$

当以上述形式表述时,他使它等价于

$$1-e\cos(x+\frac{1}{2}e\sin x'),$$

在一级近似中它仅在取 $x_0=z$ 时才成立。

因此,亚当斯所指的第一种方法是:

由逐次逼近所求解的方程是

$$x-e\sin x=z,$$

z 是平均近点角,e 是偏心率,而 x 是要求的偏心近点角:设 x_0 为 x 的一个近似值,无论是通过估算,或是作图,或是预先的粗算求出,令

$$x_0-e\sin x_0=z_0$$

如果

$$\delta x_0=\frac{z-z_0}{1-e\cos x_0}$$

而且 $$x'=x_0+\delta x_0,$$
则 x' 为 x 的比 x_0 更接近得多的值。

类似地，如果取 $x'-e\sin x'=z'$，

而且 $$\delta x'=\frac{z-z'}{1-e\cos x'}$$
$$x''=x'+\delta x'$$
则 x'' 又远较 x' 更为接近于 x 的值，依次类推。

开普勒的问题引起许多天文学家的注意；在 *Bulletin Astromomique*, Paris, vol. 17, 1900, pp. 37-47 上罗列了有关这一问题的 123 篇论文。若干求解这一问题的文献相当冗长，其中最好的是 J. J. Astrand 的 *Hülfstafeln zur leichten und genauen Auflösung des Kepler'schen Problemes*, Leipzig, 1890。

【23】第一编，命题 45，推论Ⅱ。**轨道上的回归点运动。**《原理》第二和第三版中有这样一句话：Apsis Lunaeest duplo velocior circiter（月球的回归点约二倍快），即为角 1°31′28″的两倍之快，它表示物体在其轨道上运行一周的回归点前移运动。值得注意的是，这句话“月球的回归点约二倍快”，并未出现在《原理》的第一版中，那里给出的角度是 1°31′14″。在此我们遇到了月球回归点运动的计算值与观测值的显著差异。观测值约为计算值的二倍。计算的基础是以地球吸引月球的向心力的 $\frac{1}{357.45}$ 部分作为附加，这项附加由太阳对月球的吸引所产生。

牛顿长期关注月球问题。大约在 1694 年，他从格林尼治的天文学家弗莱姆斯蒂德那里得到了一些观测数据，意在证实他的数学研究结果，但他所企盼的不止这些。另一方面，弗莱姆斯蒂德则倾向于把他的观测保密一段时间，直到全部数据能以书的形式发表，这将成为他作为观测天文学家的纪念碑。这种利益的冲突，辅之以牛顿当时出于个人原因的过敏，以及弗莱姆斯蒂德由于重病造成的敏感，致使两

位伟人之间发生追悔莫及的口角,并互相使用过许多粗话。

牛顿似乎解决了月球回归点运动的理论值与观测值差异问题。但他在《原理》的所有版本中都没有给出明确解释,虽然他在第三编命题 25 中以图示方法约略表示了回归线年度递进的实际情形。牛顿估算太阳对月球的总干扰力与地球的向心力之比为 $1:178\frac{29}{40}$;这一比值与回归运动的结果相当接近。

牛顿解决月球回归线运动中的主要困难也可以从第三编命题 23 中看出:“但由此求出的回归点的运动必定以 5∶9 的比值,或约为 1∶2 的比值减小,至于其原因我不能在此加以解释”(Diminui tamen debet motus augis sic inventus in ratione 5 ad 9 vel 1 ad 2 circiter ob causam quam hic exponere non vacat)。主持《原理》第三版出版的彭伯顿建议在此应加上“一个简要的原理性的暗示,使其含义得以推演出来”,但牛顿拒绝了这一建议。亚当斯指出,如果牛顿采纳了这一建议,“所有与月球远地点运动有关的困难都将得以避免。”

在 *Portsmouth Collection of Books and Papers Cambridge*,1888 的 pp. XI-XI,XXVI-XXX,以及第一章第IX节第 7、第 12 条中,据鲍尔(Ball)说有些细节为牛顿所不满意,如果要根据手稿的改动作判断的话,其实上面仅写着远地点平均年运动为 38°51′52″,而观测运动为 40°41′30″。

当时的天文学家无从得知牛顿在暗地里的研究究竟得到了些什么结果;他们所能了解到的只是原理中给出的结果。把月球回归点的运动作为问题提出来,却不能以牛顿的引力定律给出充分解答。在近二十年时间里没有任何实质性进展,当它最终到来时,却是以一种惊人的方式出现的。

法国数学家克雷劳(Alexis Claude Clairaut)于 1752 年赢得了圣彼得堡科学院征求月球理论论文的奖金,他解释了回归点运动,他是把现代分析用于月球理论的第一人。起初,克雷劳认为牛顿的定律完全不能解释回归点运动。他对引力规律作了大胆的新假设,向心力不是正比于$\frac{1}{d^2}$，而是正比于$\frac{1}{d^2}+\frac{1}{d^4}$。但在采用这一新假设之前他决定谨慎行事，用牛顿定律所作计算取得高度近似值并获成功，1749 年他得到了与观测一致的结果。这种一致自然被地视为牛顿理论的一次辉煌胜利。拉普拉斯在其《天体力学》(*Mécanique céleste*)中对这一问题作了充分阐述。

关于月球理论，牛顿本人的看法十分有趣；他告诉哈雷，月球理论使他头痛，并因此而常常失眠，他不想再思考它了。但我们已经知道牛顿仍旧关注着月球运动的不规则性。月球理论也使后世的天文学家头痛。在 20 世纪里，像布朗(E. W. Brown)和德西特这样的月球专家也曾发现过月球相对于其预期位置的漂移并且无从解释。引力理论还不能对月球运动作出精确的解释。有人猜测预期值与观测值间的差异是由地球自转速率的变化引起的，这种变化则源自地球外形的微小周期性变化。

【24】第一编，命题 60。**两个比例中项。**如果 $a:x=x:y=y:b$，则 x 和 y 称为 a 和 b 之间的“两个比例中项”；x 称为这两个比例中项中的第一个。我们可以解出 $x^2=ay$，$y^2=bx$。消去 y，$x=\sqrt[3]{(a^2b)}$。如果 $a=\mathrm{S}+\mathrm{P}$，$b=\mathrm{S}$，则在命题 60 中，当 S 运动时，P 的椭圆长轴比 S 静止时 P 的椭圆长轴(P 的周期保持不变)，等于 $\mathrm{S}+\mathrm{P}:\sqrt[3]{[(\mathrm{S}+\mathrm{P})^2\mathrm{S}]}$。

【25】第一编，命题 75；以及第三编，命题 8。**球体间的吸引。**克里劳夫(A. N. Kriloff)借助于现代分析，对牛顿关于刚性球对其外一点的吸引的求解作了较详尽的解释，该文载于 *Monthly Notices of the Royal Astronomical Society*, London, vol. 85, 1925, p. 571.

皮尔庞特(James Pierpont)也证明，两只球相互间吸引力反比于球心间距离的平方而变化的定理在椭圆空间中也成立。见皮尔庞特在 *Bulletin of the American Mathematical Society*, vol. 1929, pp. 351-356 上发表的论文。

【26】第一编，命题 96。**光的速度。**牛顿的结论是在密度较大的

介质中光速快于在较稀疏的介质中。但傅科于1850年证明水中光速小于空气中,这在19世纪物理学家看来是否定牛顿的发射理论的 experimentum crucis(判决性实验)。20世纪又复活了光的粒子说,傅科的实验被认为是决定性的。牛顿曾在《原理》中假设光粒子"垂直排斥或吸引这些介质中的一种,而不受任何其他力的推动或阻碍。"为使之与傅科实验相一致,只需假设粒子遇到不同程度的接收。伍德(Alex Wood)指出,行进着的粒子完全不受吸引;当它到达水面时,平行于水面的速度分量可能受某种摩擦力而减小,与此同时垂直于水面的速度分量并无变化。根据这一假设,水中粒子的速度小于空气中,正如实验所测定的那样。1924年提出了"波动力学"理论,它试图统一光的粒子说和波动说。"波动力学"对傅科实验的解释,可参见弗拉姆(Ludwig Flamm)于1927年7月15日发表在 *Die Naturwissenschaften*. vol. 15 上的论文。

【27】命题96附注。**光的衍射。**

牛顿所说的光的"反射"现今称为光的"衍射"。

【28】第二编,命题2。**正比于速度的阻力。**对于连续相等的时间间隔,如果速度为 v_1, v_2, v_3, v_4 等,阻力为 cv_1, cv_2, cv_3, cv_4 等,则 $v_2=v_1-cv_1, v_3=v_2-cv_2, v_4=v_3-cv_3$,所以,$1:c=v_1:v_1-v_2=v_2:v_2-v_3=v_3:v_3-v_4=$ 等等,由第二编引理1,$v_1:v_2=v_2:v_3=v_3:v_4=$ 等等,

而
$$v_1:v_3=v_1v_2:v_2v_3=1:c^2,$$

$$v_1:v_4=v_1v_2v_3:v_2v_3v_4=1:c^3, \text{等等},$$

以及
$$v_2=v_1(1-c), v_3=v_1(1-c)^2,$$

$$\cdots$$

$$v_{n+1}=v_1(1-c)^n。$$

【29】第二编,命题7,**球体阻力。**令球体的初始速度为 V,随后的速度为 v;初始阻力为 R,随后的阻力为 r,t 为时间。对于第二个球体,相应的符号为 V_1, v_1, R_1, r_1 和 t_1。由题设,

$$V^2 : v^2 = R : r$$

$$V_1^2 : v_1^2 = R_1 : r_1$$

$$t : t_1 = \frac{V}{R} : \frac{V_1}{R_1}$$

则在 dt 时间内第一个物体失去的速度 $-dv$ 为

$$-dv = r\,dt = \frac{Rv^2}{V^2}dt。$$

除以 v^2 再积分，

$$v^{-1} = \frac{R}{V^2}t + c。$$

当 $t=0$ 时 $v=V$；因此 $C=V^{-1}$。

化简，
$$v = \frac{V^2}{Rt+V}$$

因此失去的速度为

$$V - v = \frac{VRt}{Rt+V}。$$

对于第二个物体，

$$V_1 - v_1 = \frac{V_1R_1t_1}{R_1t_1+V_1} = \frac{V_1Rt}{Rt+V}。$$

所以，两个物体在时间 t 和 t_1 内失去的速度相互间的比等于其初始速度 V 与 V_1 的比。

为证明与空间 s 相关的第二部分，用上面给出的 v 值，取 $ds = v\,dt$；

积分，
$$s = \frac{V^2}{R}\{\log(Rt+V) - \log V\}$$

写出第二个物体的对应公式，化简，得到

$$S : S_1 = V_t : V_1t_1$$

证毕。

【30】第二编，引理 2。**固定的无穷小。**考虑到读者有兴趣了解英

格兰的早期微积分历史，我从发表在 *Philosophical Magazine*，ser. 4，vol. 4，1852，pp. 321—330 上的德摩根（Augustus De Morgen）的文章《论英格兰的无穷小早期历史》（*On the Early History of Infinitesimals in England*）中节选了某些部分。德摩根证明在牛顿的早期论文和《原理》第一版中，无限小量（即，固定无穷小）是自由使用的："直至 1704 年，每当涉及代数计算，牛顿本人总是使用无限小量；已出版的文献中没有任何别的。《原理》中出现的最初的和最终的比，或极限，在提到流数时都不再使用。我将详细论证这一点。"

我认为牛顿使用流数意指速度，或派生的时间。牛顿用 x 表示流数，现今写作$\frac{\mathrm{d}x}{\mathrm{d}t}$。《原理》中未出现牛顿以点表示的流数形式。

德摩根又说：

在《原理》第一版(1687)中，流数表述以无穷小为基础，而在第二版(1713)中这一基础被更换了。第一，瞬是无限小量；第二，尚不清楚它们还是别的什么。下面的文字引自第一版，右边的是其第二版中的代换形式：

第一版(第二编，引理 2)	第二版(ditto)
Cave tamen intellexeris particulas finitas. *Momenta, quam primum finitae sunt magnitudinis, desinunt esse momenta. Finirienim repugnat aliquatenus perpetuo eorum incremento vel decremento.* Intelligenda sunt principia jamjam nascentia finitarum magnitudinum.	Cave tamen intellexeris particulas finitas. *Particulae finitae non sunt momenta sed quantitates ipsae ex momentis genitae.* Intelligenda sunt principia jamjam nascentia finitarum magnitudinum.
我尝试翻译如下：	

但不必顾及这样的非无限小的小量。瞬,一旦成为有限的量,即不再是瞬。给出其有限边界与其连续增大或减小是矛盾的。我们恰恰应把瞬当作是有限量产生的直接原因。	但不必注重这样的非无限小的小量。有限量不是瞬,却正是瞬所产生的量。我们恰恰应把瞬看作是有限量产生的直接原因。

德摩根评论道:"通过这两段引文显而易见的差异,可看出第一版中的瞬,或即时增量,就是无限小量:我坚信于此。……每当涉及一阶无限小量,牛顿采用的无穷小体系与莱布尼兹的绝对相同。他没有走得更远;这两套体统的早期差异在于,牛顿固守速度或流数概念,无限小增量只是用来求出它的手段;而莱布尼兹则把无限小增量本身当作所要确定的目标。"

牛顿 1704 年发表的《曲线面积》(*Quadratura curvarum*)中有一个解释流数基础的导言。牛顿在此试图回避所有无限小常数的使用。这一文献使人们信服牛顿确实为流数规则寻求一个完全的逻辑基础付出了极大努力。他说,"数学事务中最小的误差都不得予以忽视。"德摩根评论道:"1704 年牛顿在《曲线面积》中抛弃了无限小量;但他所采取的方式是使人以为他从来不曾掌握它。"

在牛顿生前《原理》所有的三个版本中,比之其他量为无限小的量都抹去了。例如,第一编命题 39 推论Ⅲ;命题 45 例 2 和例 3;以及第二编命题 10 和 15。

【31】第二编,引理 2。**原理中的流数。**在此,以及在第一编引理 1,引理 2,引理 11(附注)中,牛顿对流数和流积(fluents)(即微分和积分计算)的原理作了一般性的简要说明。单独从《原理》中得不到流数运算的方法。一般认为,他在《原理》中的许多定理都是借助于流数和流积的理论推导出来的,然后再把他的结果翻译成综合形式。注意到《原理》本身中有这种看法的证据是有趣的。在第三编引理之中,他两次提到"一个流积的量,其流数是……"。

【32】第二编,引理 2 推论Ⅰ。如果 A,B,C,D,E 是**连续正比的,**

则由定义，

$$A:B=B:C=C:D=D:E。$$

设 C 为已知，D=CX，则

$$A=CX^{-2},\ B=CX^{-1},\ D=CX,\ E=CX^{2}。$$

瞬为

$$a=2CX^{-3}x=-2A\cdot\frac{x}{X}$$

$$b=-CX^{-2}x=-B\cdot\frac{x}{X}$$

$$d=Cx=D\cdot\frac{x}{X}$$

$$e=2CXx=2E\cdot\frac{x}{X}$$

因此， $a:b:d:e=-2A:-B:D:2E$。

【33】第二编命题 7 附注。**牛顿与莱布尼兹关于微积分发明权之争。**在《原理》前二版中，命题 7 的附注与第三版及莫特英译本中的附注完全不同。这些变化在牛顿与莱布尼兹对微分计算发明的优先权与独立性的争端史中是重要的。第一版的附注如下：

“在十年前我与最杰出的几何学家莱布尼兹间的往来信件中，当我要告诉他我已掌握了一种求极大值和极小值，以及作切线等等的方法时，我将这句话的字母顺序作了调整以保密（Data aequatione quotcunque; fluentes quantitates involvente, fluxiones invenire, et vice versa；即，只要给定的方程不涉及如此之多的流动量，求流数，以及其反运算），这位最不同寻常的人竟回信说他也发明了一种同样的方法，并陈述了他的方法，它与我的几乎没有什么区别，只是用词和符号不同而已。”

我认为牛顿声称“与我的几乎没有什么区别，只是用词和符号不同而已”，夸大了牛顿与莱布尼兹体系之间的同一性；它们的基本概念并不相同。牛顿在写作《原理》时，使用无限小量旨在于求出流数（速度或派生时间);莱布尼兹则在其不同阶的微分中把无限小量本身当作基本概念。

1713年,《原理》第二版发表时,微积分发明权之争正方兴未艾;科林斯(John Collins)的《书信集》(*Commercium epistolicum*)站在英国派科学家这一方的立场上,发表于1712年。然而,如果允许将上面引录的《原理》第一版附注与第二版的合起来,补上已删去的几个字"以及量的生成概念"(et idea generationis quantiatum),则最后一句可读成:"与我的几乎没有什么区别,只是用词和符号,以及量的生成概念不同而已。"我认为这样的表达要准确得多。

牛顿与莱布尼兹在"量的生成概念"上的区别,在1704年牛顿刊行的《曲线面积》中比1687年的更大。在这个版本的导言中,牛顿说:"我在此处所考虑的数学量并不包含极小部分,而只是由连续运动加以表述。"这样牛顿在1704年的基本陈述与1687年有所不同;他在1704年没有使用无限小常数量。所以,牛顿在1713年版的《原理》中补上"以及量的生成概念"一语正说明了这一点。

随着争端的演进,莱布尼兹在致当时滞留伦敦的意大利教士康蒂(A. S. Conti)的一封信(1716年4月9日)中,提醒牛顿曾在附注中承认过的,而牛顿现在又想抵赖。莱布尼兹死于1716年。其后不久,1716年11月14日,牛顿在拉夫逊(Raphson)的《流数》(*Fluxions*,1716,扉页日期为1715)中发表了下述言论:"他(莱布尼兹)声称我在我的《原理》一书中曾承认了他对微分计算的独立于我本人的发明权;还说这项归功于我的发明与我的知识相违背。但在他所指的那段话中我看不出有一个字能达到其目的。"论及牛顿在附注中的允诺时,德摩根评论说牛顿很被动,"首先是否认了显而易见的含义,继而又在《原理》第三版中完全加以删除。"

当1726年《原理》第三版刊行时,在先前的版本出现附注的地方又出现了新的附注,而且为以后《原理》的所有版本所沿用。新附注中没有提及莱布尼兹。有关微积分发明权的争端,见德摩根的《牛顿的生平与工作》(*Essays on the Life and Work of Newton*,ed. P. E. B. Jourda in Chicago,1914);康托(M. Cantor)的《数学史教程》(*Vorlesungen über Geschichte der Mathematik* vol. 3,ed. 2,Leipzig,chap. 92,pp. 233-261);也参见其他的数学史。

【34】第二编,命题 10。**约翰(Johann)和尼古劳斯·伯努利(Nicdlaus Bernoulli)的校正。**1712 年 10 月 14 日,牛顿致信科茨:"在第二编命题 10 问题 3 中有一个错误,有一页半的篇幅需要重印。写信给你后我已得知此事,现正在改正。我将支付改版印刷费用,并一旦备齐尽速寄上。"

艾德尔斯坦为此事增加了情节。《原理》第一版中,这一错误产生于求空气中抛体所受阻力的值;约翰·伯努利(1667—1748)的侄子尼古劳斯·伯努利(1687—1759)向牛顿指出了这一错误。1712 年 9 月至 10 月间尼古劳斯正在英格兰访问。当所画曲线为圆时,牛顿的结果已在约翰·伯努利 1710 年 8 月致莱布尼兹的一封信中,以及与法兰西科学院的通信中证明那是错误的,后者发表于 1711 年的 *Mémoires* 上,巴黎,1714,pp. 50-56。牛顿通过尼古劳斯赠给约翰·伯努利一本 1711 年出版的《级数、流数、微分的量的分析》(*Analysis per quantitatum series,fluxiones,ac differentias*),并提议他(约翰·伯努利)任皇家学会会员。在随后 12 月 1 日的会议上,约翰·伯努利当选。

【35】第三版,第二编,命题 34,附注。**最小阻力表面。**《原理》第一版中,命题 33 有 9 个推论;在第二和第三版中,只有 6 个推论,而且第六个被改写了。命题 33 后直至命题 41,第二版都作了大量修订,并引入了新的实验结果。第一版中的命题 35 在第二和第三版中变为命题 34。第一版中第二编命题 35 后的附注讨论最小阻力表面,(除不重要的微小变动外)与第二和第三版中第二编命题 34 后的附注相同。

在这个附注中,牛顿对环绕表面所应满足的几何条件未给出证明,这样的表面使物体沿其轴向通过有阻力介质运动时阻力最小。这是现在用变差计算所解决的最初级的问题。在朴茨茅斯文集牛顿手稿中，有一封发往牛津的信的草稿，可能是寄给大卫·格里高利(David Gregory)，写于1694年，在其中牛顿解释了他的解的方法。我将信译出来，只做微小的改动，诸如 Nn^{quad} 代之以 $(Nn)^2$，q 代之以 $\frac{dq}{dt}$，并以括弧代替方括号。信原文如下：

先生，衷心感谢您的造访和对我的书中错误的指正。……命题34的附注第二段中受阻力最小的图形可以这样来证明。

1. 如果在BM上作不定的窄平行四边形BGhb和MNom，它们的距离Mb和高度MN，BG给定，则它们的底的半和 $\frac{Mm+Bb}{2}$ 也给定，称为S，它们的半差 $\frac{Mm-Bb}{2}$ 称为 x：如果线段BG，bh，MN，mo 在点 n，N，g，和G触及曲线 nNgG，无限小线段 on 和 hg 相等并称为C，图形 mnNgGB绕其轴BM转动生成一个立体，该立体在水沿其轴BM的方向由M向B匀速运动：则当 $(gG)^4$ 比 $(nN)^4$ 等于 $BG\times Bb$ 比 $MN\times Mm$ 时，无限小线段Gg，Nn 产生的两个面的阻力的和最小。

因为Gg和Nn转动生成的面的阻力正比于 $\frac{BG}{(Gg)^2}$ 和 $\frac{MN}{(Nn)^2}$，即，如果把 $(Gg)^2$ 和 $(Nn)^2$ 称为 p 和 q，当 $\frac{BG}{p}$ 和 $\frac{MN}{q}$ 以及它们的和 $\frac{BG}{p}+\frac{MN}{q}$ 为最小时，它们的流数

$$-\frac{BG}{p^2}\cdot\frac{dp}{dt}-\frac{MN}{q^2}\cdot\frac{dp}{dt}\text{为零，}$$

或

$$-\frac{BG}{p^2}\cdot\frac{dp}{dt}=\frac{MN}{q^2}\cdot\frac{dp}{dt},$$

现在，

$$p=(Gg)^2=(Bb)^2+(gh)^2$$
$$=s^2-2sx+x^2+c^2,$$

所以

$$\frac{dp}{dt}=-2s\frac{dx}{dt}+2x\frac{dx}{dt},$$

由相同理由，

$$\frac{BG\times\left(2s\ \frac{dx}{dt}-2x\ \frac{dx}{dt}\right)}{p^2}=\frac{MN\left(2s\ \frac{dx}{dt}+2x\ \frac{dx}{dt}\right)}{q^2}$$

或$\frac{BG\times(s-x)}{p^2}=\frac{MN(s+x)}{q^2}$，因此 p^2 比 q^2 等于 BG$(s-x)$比 MN$(s+x)$，即，$(gG)^4$ 比$(nN)^4$ 等于 BG×Bb 比 MN×Mm。

2. 如果 DnNgG 是这样的曲线，它旋转生成的。物体表面是所有物体中阻力最小的，而且它们的顶和底 BG 和 CD 相同，则（无限小线段 nN 和）Gg 转动生成的两个窄环面的阻力要小于把间隔物体 bgNM（沿着 CB，不改变 Mb，直至抵达 bg）移至 BG（设与先前一样，on 仍等于 hg，为最小的可能长度），所以$(gG)^4$ 比$(nN)^4$ 等于 BG（×Bb 比 MN×Mm）。

（而且如果）gh 等于 hG，使得角（gGh 为 45 度），则 $4(Bb)^4$ 比$[(nN)^4$ 等于 BG×Bb 比$]$MN×Mm，于是 $4(BG)^4$ 比$(GR)^4$ 等于$(BG)^2$ 比 MN×BR 或 $4(BG)^2\times$BR 比$(GR)^3$（等于 GR 比 MN）。

如果前一段中所说的平截头锥体的高度为无限小，则锥体的半角等于 45°。因此当总阻力最小时，曲线与端点纵坐标 GB 交角为 45°。

由此即易于证明本命题。

以上是牛顿的信文草稿，收在朴茨茅斯文集中，手稿中对缺漏部分的补正插在括号中标出。这些插入部分是由朴茨茅斯文集的目录编者们加上的。目录中印出的括号位置并不十分妥贴；我采用的括号位置系根据巴登的弗莱堡(Freiburg in Baden)的波尔察(Oskar Bolga)所确定的位置，他是根据（英格兰）剑桥的贝里(Arthur Berry)的原件摹写本确定的。

波尔察专门研究了牛顿的解，并得出结论，朴茨茅斯文集目录编者所加入的“直至抵达 bg”一词不能令人满意。

我在此援引波尔察文章中的翻译部分，牛顿的信中插图与假设是这样的：

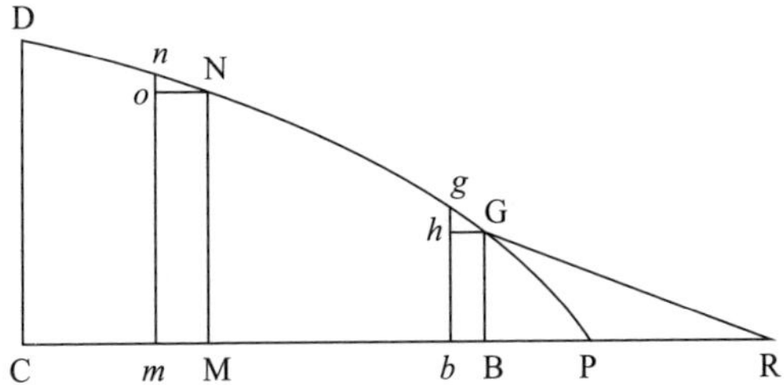

然后把弧 Ng 移动一个平行于轴 CB 的无限小距离 K 到新的位置 N′g′，作直线 N′n，Gg′。则如果对于任何位于图形平面上的弧 A，我们都一般地以(A)表示 A 绕轴 BC 转动所生成的表面的阻力，即得到

$$(DnN'g'GB)>(DnNgGB) \tag{1}$$

由于

$$(N'g')=(Ng)$$

由(1)推出

$$(nN')+(g'G)>(nN)+(gG)^{1} \tag{2}$$

但表达式 $(nN')+(g'G)$ 是 K 的函数，在 K=0 时必定有最小值。这是一个普通的极小值问题，牛顿在其证明的第一部分中已用现今惯常的步骤加以解决。唯一需要指出的是，在 (nN) 和 (gG) 的表达式中，他一开始忽略了比之 BG 和 MN 为无限小的量 $hg=on$。

解决了极小值问题后，牛顿得到关系式

$$\frac{BG\cdot Bb}{(Gg)^{4}}=\frac{MN\cdot Mm}{(Nn)^{4}} \tag{3}$$

从现代的角度看，这只不过是著名的变差问题的欧拉微分方程的初级积分，因为，如果令

$\angle gGh=S_0$，　　$\angle n_0=S$，

$\operatorname{cotg}S_0=q_0$，　　$\operatorname{cotg}S=q$，

$BG=y_0$，　　$MN=y$，

并以 $hg=on$ 来表示距离 Bb，Gg，Mm，Nn，则方程(3)变为

$$\frac{yq}{(1+q^2)^2}=\frac{y_0q_0}{(1+q_0^2)^2} \tag{4}$$

或

$$\frac{yq}{(1+q^2)^2}=\text{常数} \tag{5}$$

这实际上就是我们的问题的欧拉微分方程的初级积分，

$$\int_{y_0}^{y_1}\frac{y\mathrm{d}y}{1+q^2}=\text{极值} \tag{6}$$

但是，牛顿在求点G处曲线斜率及(5)中的积分常数中迈出了重要的一步。

因为在上述附注中，他给出了下面的定理：要求出底半径OC与高OD已知的平截头锥体沿轴向OD的最小阻力，只需在Q=等分高OD，延长OQ到S，使QS=QC。则S为所求台体的顶。

当OD变为无限小时，角SCO趋向值45°。牛顿由此得出结论，把曲线看成是无限多个无限小的边组成的多边形的概念是不证自明的，对于阻力最小的旋转体，其在点G处的切线与轴BC交角为45°，所以$\phi_0=45°$。所以方程(4)变为

$$\frac{yq}{(1+q^2)^2}=\frac{y_0}{4} \tag{7}$$

而这正是牛顿《原理》中的定理

$$\frac{\mathrm{MN}}{\mathrm{GB}}=\frac{(\mathrm{GR})^3}{4\mathrm{BR}\cdot(\mathrm{GB})^2} \tag{8}$$

(其中GR平行于曲线DG在N处的切线)由几何形式转译为解析的形式。

有趣的是牛顿在变差计算中的曲线DG的变差所采取的特殊方式，这使人联想起杜·玻瓦-雷蒙(Du Bois-Reymond)处理变差计算的基本引理。

这种变差方式的成功取决于积分(6)中没有变量x。

波尔察进而表明怎样把这一步骤推广到变差计算的更一般问题中。

有关最小阻力物体的详尽讨论，包括大量史料，见于福尔赛斯(A. R. Forsyth)所写的一篇文章。

【36】第三版，第二编，命题36，**自小孔流出的水。**对于这个困难问题，布劳汉姆和鲁斯说："牛顿在其第一版中对这个问题的研究，是非常错误的。他完全忽视了水流出小孔后水柱的收缩；因此他推算出流速决定于容器内水的高度的一半。后来他纠正了这一错误，但这项研究仍招致严重指责。"

【37】第二编，命题40，附注，实验13。**时间与角度测量。**在时间测量中，1sec. ＝60thirds；1third＝60fourths；在角度测量中，$1^{\circ}=60'$，$1'=60''$，$1''=60'''$，$1'''=60^{iv}$。

【38】第二编，命题48—50。**声音的速度。**牛顿对声速的理论推导，得出结论是，速度正比于"弹性力"的平方根，反比于"介质密度"的平方根，通过空气的声速为每秒979英尺，而实验值为约1142英尺。牛顿对实验值与理论值间的差异原因提出了猜测，但还只能是假设，远不能令人信服。约一个世纪后拉普拉斯才给出了切实的解释，他证明，在空气中，"弹性力"应乘以因子1.41，它是空气比热在常压下与定容时的比值。有了这项矫正，即允许热压缩与冷膨胀带来的弹性变化。

尽管牛顿未曾考虑到弹性的变化，他的理论探讨仍不失为理论演绎的典范。很少有人像完成这一理论的拉普拉斯那样认识到这一事实。拉普拉斯先是发表了这项矫正，但未给出证明，文章载于*Annales de physique et de chimie*，vol. 3，1816，pp. 238-241。拉普拉斯还评论道："La manière dont il y parvient est un des traits les plus remarquables de son génie"(这一方法显示了他的无与伦比的天才)。他在《天体力学》(*Mécanique céleste*，1798—1825，Livre Ⅻ，p. 95)中说，Sa théorie，quoique imparfaite，est un monument de son génie(他的理

论，尽管不完善，却是一个天才的纪念碑）。

【39】第三编，现象1。**惠更斯望远镜。**牛顿在此，以及在第三编命题14中，提到一种仪器，詹姆斯·庞德牧师1719年使用的123英尺望远镜。在18世纪中期多隆(Dollond)发明无色差透镜前，人们就使用这种长望远镜。它们由惠更斯(Christiaan Huygens)做出设计，他本人以及他的弟弟康斯坦丁(Constantijn)制作了几台。通过增加望远镜的长度，大大削弱了像的彩边造成的模糊效应，同时也增大了放大倍数。牛顿在其《光学》第一卷第一部分命题7实验16中说，“一台长64英尺的望远镜，口径为$2\frac{1}{3}$英寸，放大约120倍，其清晰度与1英尺长$\frac{1}{3}$英寸口径，放大15倍的望远镜相同。”这种仪器可长达300英尺。望远镜的放大能力由物镜焦距除以目镜焦距量度。由于在当时还不可能制作适用的焦距极短的目镜，只能增大物镜焦距。惠更斯赠给伦敦皇家学会的三块透镜焦距分别为123英尺、170英尺和210英尺。对这几块透镜的晚近研究刊载在*Nature*, vol. 123，1929，p. 655和p. 575上。制作这样长的镜筒是不实际的，于是惠更斯抛弃了镜筒，在夜间观测中采用“架空”望远镜。物镜高架在一根支柱上，通过一根细绳与目镜保持在一条直线上，但要使目镜与物镜“匹配”或相互平行，同时又使它们与观测物体处于一条直线上，是很困难的。

伦敦皇家学会把123英尺物镜借给了庞德牧师，他把它架在埃塞克斯的万斯蒂德公园(Wanstead Park, Essex)中的一根五月花柱上，这根柱子原先在斯特兰(Strand)，牛顿本人曾用它来支撑这台望远镜。柱子上刻着一位当地才子的诗句，开头写道：

我曾装点着斯特兰，
现在却迁徙到
牛顿爵士的庄园。

【40】第三编，命题4，**引力定律的地-月检验。**除了实验常数，这一《原理》中的计算可能与牛顿在1665年或1666年最初的计算相同。

这个著名的命题 4 在《原理》的三个版本(1687,1713,1726)中都相同,援引的天文学作者除外。第三版中新增了命题 4 的附注,在前两版中此处没有附注。

众所周知,牛顿在 1665 年或 1666 年首次检验了引力定律的可靠性,却在差不多二十年后才发表了这一定律。这一长时间的耽延原因是什么?过去对这个问题的回答是,1665 年或 1666 年牛顿得到了一个很不准确的地球大小数据,即,每个纬度 60 英里,结果导致他对地球表面引力强度的计算值与实验值不符,直到皮卡德(J. Picard)在法国测定地球的纬度长为 69 $\frac{1}{3}$英里后,引力定律才得到证实。最近的研究表明,这样来解释牛顿耽延发表引力定律是不对的。我们已经知道,自斯奈尔(Snell)1617 年测量(纬度长 66 $\frac{2}{3}$英里)和诺伍德(Norwood)1636 年测量(69 $\frac{1}{2}$英里)后,就已经有了地球大小的相当准确的数值。

1666 年时牛顿是否已经知道斯奈尔或诺伍德所测得的地球大小值?奇怪的是,在《原理》(1687)发表之前,牛顿的作品与信件中从未提及任何特殊数值,而《原理》中采用的是皮卡德的数值。现在可以肯定的是,牛顿早在至少 1672 年已获知斯奈尔的数值,很可能 1666 年已经知道。他编辑的法伦(Varen)的《地理学》(*Geography*)发表于 1672 年,这证明他已经知道这一数值。法伦在这本书中列出了一个表,说明在不考虑折射情况下从海面上可以看到已知高度的山顶的距离。法伦的计算是错误的,牛顿作了纠正。**这项纠正使用的正是斯奈尔的数值。**这样,法伦算出的 1 德国里高的山峰可见距离为 29 $\frac{1}{4}$德国里,而牛顿计算出为 41 $\frac{1}{2}$德国里。

使牛顿延误二十年之久的真正原因是一个十分困难的理论问题,它关系到球体对其外一点的吸引。他直到 1684 年或 1685 年才解决这一问题，在《原理》第一编命题 75 及其推论中对这个问题首次作出了解释。有关事实收录在《艾萨克·牛顿爵士，1727—1927》(*Sir Isaac Newton*，1727—1927，Baltimore，1928，pp. 127-187)中的一篇文章中，也参见《原理》第三编命题 8。

【41】第三编，命题 19，**地球的形状。**卡西尼(France Jacques Cassini)根据用较短子午线所作出的不准确的大地测量，错误地认为地球两极处较长。下面的漫画鲜明地展现了牛顿理论与卡西尼的不同：

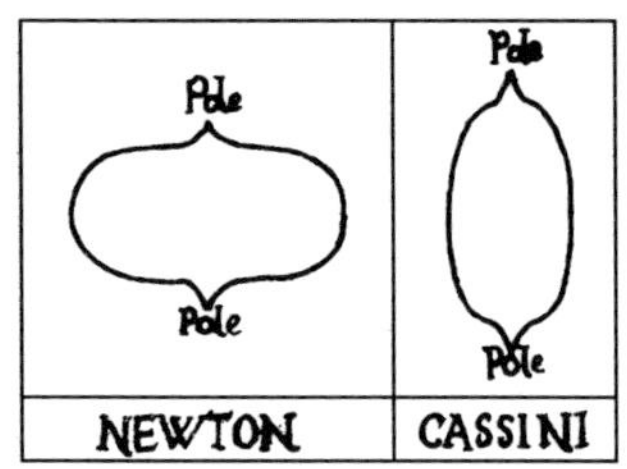

后来，参加过先前在法国所作测量的莫泊丢(Maupertuis)和克雷劳，在拉普兰(Lapland)进行的大地测量采用了相当长的子午线距离，证明地球两级处较平坦，满足了牛顿的引力理论。伏尔泰(Voltaire)诙谐地称莫泊丢 Aplatisseur du monde et de Cassini(砸扁了卡西尼的地球)。后来伏尔泰与莫泊丢卷入一部英雄喜剧的争端，伏尔泰在其《论节制》(*Discours sur la modération*)中写道：

Vouz avez confirmé dans des lieux pleins d'ennui
Ce que Newton connut sans sortir de Chez Lui.

详细的史料见托德亨特(lsaas Todhunter)的《吸引与地球形状的理论》(*Theories of Attraction and Figure of the Earth*，London，1873)，以及巴特弗尔德(A. D. Butterfield)的《测弧长求地球形状的历史》(*History of the Determination of the Figure of the Earth from Arc Measurements*，Worcester，Mass. 1906)。

牛顿从理论上求出，地球赤道直径与两极直径之比为 230∶229，前提是地球物质都是“密度均匀的”。因此地球的收缩为(230－229)

÷230,或$\frac{1}{230}$。最近确定的地球收缩值根据重力强度下的摆动情况求出,为$\frac{1}{297.4}$。见《美国沿海及大地观测,其工作、方法与组织》(*Clnited States Coast and Geodetic Survey, Its Work, Methods, and Organization*, Special Publication No. 23, Washington, 1928, p. 127)。

【42】第三编,命题20,**托瓦兹。**1托瓦兹=1.949+米=6.394+英尺。

【43】第三编,命题22,25-35。**三体问题。**在研究受地球和太阳影响的月球轨道中,吸引力服从引力定律,牛顿对后来在天体力学中称为"三体问题"的著名普遍性问题提出了一种特殊的表述。在力学中,求解两个像粒子那样的物体的运动,如果仅考虑它们相互间的吸引力,是个比较简单的问题,但在加入第三个物体后,却产生了意想不到的困难。迄今尚未找到这个问题的理想的一般解。在牛顿之后,与"三体问题"早期历史相关联的人有:达朗贝尔、克雷劳、欧拉、拉格朗日、拉普拉斯。

【44】第三编,命题23。**木星的一个卫星。**木星"最外面的卫星"系指伽利略所发现的四个卫星中最靠外的一个,它名叫加里斯托(Callisto)。今天已知道木星有九个卫星。其中一个在伽利略发现的四个卫星以内;晚近发现的其余四个的轨道都远于加里斯托。

【45】第三编,命题24。**最高潮位时间。**最高潮位并不发生于朔望,而是在约三天之后,牛顿把原因归结为水受到驱动后由其惯性保持一段时间的"互动力"。但拉普拉斯证明(Mécanique céleste, Livre XIII, Chap. 1)的不是这样,最大的满潮应精确发生于朔望时刻,最小潮精密发生于方照时刻,因而其延迟应归于其他原因;是摩擦力使然。

【46】第三编,命题28。所说的"半径"类似于第一编引理11插图中的Ad,曲线角dAB是接触角。如果把gA或gB看作是曲率半径,我们即很近似地有$(gb+bd)^2=g\mathrm{A}+\mathrm{A}d^2$,或曲率$\frac{1}{g\mathrm{A}}=\frac{2bd}{\mathrm{A}d^2}$。如

果把 bd 看作是接触角的新生正切，则两条曲线的曲率，对于 Λd 的相等无穷小值，相互间的比等于这些角的正切的比。

【47】第三编，引理 3。在此，“运动”意指动量 mv。为简单起见，设单位角速度与单位密度，牛顿在该证明的第一个表述中所说球与外切柱体的动量比为 $3\pi:16$，可以证明如下：

一个半径为 R 的圆的物体，绕垂直于它并通过它的中心的轴旋转的动量为(取 x 为圆环的半径自变量，周长为 $2\pi r$，宽 $\mathrm{d}r$)，

$$2\pi\int_0^R r^2\,\mathrm{d}r=\frac{2}{3}\pi R^3。$$

因而所求的柱体的动量为 $\frac{4}{3}\pi R^3$。

至于转动球，取垂直于其转动轴的任意截面，其转动量为 $\frac{2}{3}\pi R^3\sin^3\alpha$ 乘以一个无穷小厚度 $R\sin\alpha\cdot\mathrm{d}\alpha$，或 $\frac{3}{2}\pi R^3\sin\alpha^4\,\mathrm{d}\alpha$，其中 α 为 R 与横坐标间的夹角。所以整个球的动量为

$$\frac{4}{3}\pi R^4\int_0^{\frac{\pi}{2}}\sin^4\alpha\cdot\mathrm{d}\alpha=\frac{1}{4}R^4\pi^2$$

所以我们得到球的动量：圆柱的动量＝

$$\frac{1}{4}\pi^2R^4:\frac{4}{3}\pi R^4=3\pi:16, \tag{1}$$

牛顿在其证明中的第二个表述是，柱体与薄圆环都绕圆柱的轴转动，其动量比等于柱体的二倍物质比环上的三倍物质，其证明由下式而来，

$$\frac{4}{3}\pi R^4:2\pi R^2\cdot\mathrm{d}R=2(2\pi R^3):3(2\pi R\cdot\mathrm{d}R), \tag{2}$$

要求得该圆环绕其直径的动量，以其无穷小弧 $R\cdot\mathrm{d}\alpha$ 乘以该弧到竖直直径的距离 $R\cos\alpha$，则该环绕其直径的动量为

$$4R^2\cdot\mathrm{d}R\int_0^{\frac{\pi}{2}}\cos\alpha\cdot\mathrm{d}\alpha=4R^2\cdot\mathrm{d}R$$

因此,牛顿在证明中的第三个表述由比式

$$2\pi R^2 \cdot dR : 4R^2 \cdot dR = 2\pi R : 4R, \tag{3}$$

来看即是显而易见的。

将比式(1),(2),(3)中的对应项相乘,化简,得到

球体动量∶球绕直径的动量

$$= \pi^2 R^2 G : 32 \cdot dR = 3\pi^2\left(\frac{4}{3}\pi R^3\right) : 32(2\pi R \cdot dR)$$

$$= 925275\left(\frac{4}{3}\pi R^3\right) : 1000000(2\pi R \cdot dR)。$$

【48】第三编,命题 40-42。**彗星。**《原理》第二版、第三版中有某些增补和改动。第二、第三版中新增加的有命题 40 推论Ⅲ之后的内容;引理 8 的推论和附注;命题 41 中"11 月 20 日"以后的 1681 年彗星数据;还有"完毕"字样后面的定理 42 部分。第二版与第三版的差别在于命题 42 结尾部分。

【49】第三编,命题 40 后的引理 5。**牛顿的内插公式**。这一著名引理涉及了这些公式。牛顿在其他四处讨论到这个问题:(1)出版于 1711 年的《微分方法》(*Methodus differentialis*);(2)在 1675 年 5 月 8 日致约翰·史密斯(John Smith)的一封信中对某些表格的详细说明;(3)首次发表于 1927 年的朴茨茅斯文集牛顿手稿中的一件手稿;(4)科林斯 1712 年编辑的 *Commercium epistolicum* 中首次刊出的 1676 年 6 月 13 日和 1676 年 10 月 24 日牛顿的信。牛顿对内插理论的全部贡献收编在弗拉瑟(Duncan C. Fraser)编辑的一套丛书中,标题为《牛顿的内插公式》(*Newton's Interpolation Foumulas*, London, 1927)。弗拉瑟重印了《微分方法》和朴茨茅斯文集中的手稿,所有的都是摹真印件,并附英译文。他表现出对史料的极大兴趣。

牛顿的内插步骤,正像一些现代研究中所解释并称之为"牛顿的内插公式"或"牛顿的原始内插公式"那样并不是牛顿的一般公式,而是只用于等间距讨论值的特殊公式。冠以牛顿名字的特殊应用不涉及他的一般论述,见于诸如 Simon Newcomb,《对数与其他数学用表》

(*Logarithmic and other Mathematical Tables*, New York, 1882, p. 62); Herbert L. Rice,《内插理论与实践》(*The Theory and Practice of Interpolation*, Lynn, Mass, 1899, pp. 41-61); H. C. Plummer,《动力天文学导引》(*An Introductory Treatise on Dynamical Astronomy*, Cambridge(England), 1918, p. 325)。相反,在 T. N. Thiele 的《内插习题》(*Interpolationsrechnung*, Leipzig, 1909, p. 3)中却有对"约分"的解释,导出牛顿的一般公式,这一解释对于不必作等间距内插的讨论很有价值。

【50】第三编,引理 10。**牛顿的一个定理。**克里洛夫(Kriloff)曾注意到这样一个事实,彗星的抛物线轨道弧的掠过时间,与指向该弧和弦两端的两个半径矢之间的关系,在现代理论天文学论著中称为"欧拉定理""兰博定理"或"欧拉-兰博定理",尽管拉格朗日在其《分析力学》(*Mécanique analytique*, Pt. Ⅱ. § Ⅶ, p. 26)中已指出它正是牛顿在第三编中的引理 10 的唯一分析表达式。克里洛夫证明所需的代数变换可以十分简单的方式进行。

【51】第三编,命题 41。**牛顿的天文观测。**尽管人们普遍知道牛顿做过光学实验,而且具有很高的价值,还做过在有阻力介质中的落体和摆运动实验,但《原理》中此处记载的他本人于 1681 年所作的天文观测却不是广为人知的。他使用一具"7 英尺望远镜",显然不是反射镜。

【52】第三编,命题 42 后的总释。**牛顿的上帝观。**在牛顿的《原理》第一版中没有对上帝本质的论述。然而,有两位杰出的思想家从神学角度批判了《原理》,一位是贝克莱主教,他于 1710 年发表了《人类知识原理》;另一位是莱布尼兹,他于 1711 年 2 月 10 写信给居住在迪塞尔多夫(Disseldorf)的一位荷兰医生哈特索克(Hartsceker),这封信发表在 1712 年 5 月 5 日的一份名为 *Memoirs of Literature* 的伦敦周刊上。

贝克莱攻击牛顿在《原理》中对绝对空间、绝对时间和绝对运动的表述。贝克莱说,“这位杰出的作者坚持有一个绝对空间,它不为感官所感知,自身保持着相似和静止。”说到绝对运动,“我必须承认,我并不认为任何运动都只能是相对的,以至于一说到运动就至少必须想到两个物体。……但它所带来的主要优点(贝克莱为相对空间辩护)是使我们摆脱了危险的两难境地,……或是认为实在空间就是上帝,或是承认在上帝以外有某种永恒的,非创造的,无限的,不可见的,不可变的东西存在。这二者都应被恰当地视为是有害的和荒谬的表述。”这样,牛顿的绝对空间、绝对时间和绝对运动被当作无神论概念而遭到攻击。

在另一种尖锐批判中,莱布尼兹在致哈特索克的信中并没有提到牛顿或《原理》,但其所指是明显的。莱布尼兹说:

“那些声称重力是一种隐秘的质的古代人和现代人,如果意指某种他们所不知道的机制,是它使物体被拉向地球中心,则他们是正确的。但如果他们的意思是说这种移动没有任何机制,只是一种基本性质(qualité primitive),或是上帝的律令所带来的效应,不附带任何智慧的手段(moyens intelligibles),则它就是一种无聊的隐秘的质,它如此隐秘,永远也说不清,即使是神灵,且不说上帝本身,也期待着作出解释。”

牛顿和主持《原理》第二版的科茨都不曾直接提及贝克莱。但科茨在1713年3月18日致牛顿的信中提到了莱布尼兹写给哈特索克的信,并说,“我认为增加一些内容使您的书对某些总是反对它的偏见作出澄清是恰当的。因为这种偏见抛弃了力学原因,依据迷信,重提隐秘的质。如果您有兴致读一下一份叫作 *Memoires of Literature* 的周刊(瓦维克胡同的安·鲍德温出售),就不会认为回答这种攻击是不必要的了。……您会看到莱布尼兹先生写给哈特索克先生的很特别的信,它将证实我的看法。我不主张提及莱布尼兹先生的大名,最好别提到他,但我想最好还是回答这种攻击,也反击一下涡旋理论的支持者。”科茨在其为《原理》第二版所作的序的结尾处对莱布尼兹作了精彩的答复。

显然,莱布尼兹误解了牛顿的重力属性。牛顿并不相信远距离作用不需借助于中间介质(见注【6】)。他对神学问题的兴趣甚至可以追溯到写作《原理》之前,这可以由牛顿在亨利·摩尔(Henry More)的《论先知但以理与启示录》(*On the Prophet Daniel and the Apocalypse*)上所作的注释 ex dono Reverendi Authoris(献给我崇拜的作者)中得到证明。在研究牛顿一生不同时期的神学和宇宙学概念中,这些注释尚未得到应有的重视。谈到《原理》时,牛顿在致本特利(Richard Bentley)的一封信(1692 年 12 月 10 日)中说:"我写这部论述我们的世界的著作时,信守着一个原则,它应有益于好学之人对神性的信仰;没有比看到这有助于实现这一目的更令人高兴的事了。"

所以,在《原理》首版 26 年之后,已 71 岁的牛顿写了这篇著名的总释,安排在《原理》第二版末尾。

"我们对上帝的谈论就到这里;而要做到通过事物的现象了解上帝,实在是非自然哲学莫属。"这句话很有意思,有两个理由。第一,它没有出现在总释原稿中;牛顿是在第二版即将付印时加上去的。第二,牛顿在此为他在《原理》中谈论这个话题作了辩护。要"通过事物的现象"得到上帝的观念,"实在是非自然哲学莫属。"

在《原理》第三版(1726)中,对总释作了 6 处增补或改动。它们是:

(1)1726 年版中这句话是新加上的:"为避免各恒星的系统在引力作用下相互碰撞,他又将这些系统分置在相互很远的距离上。"

(2)1726 年版中"以色列人的上帝"一词后的"诸神之神,诸王之王"是新加的。

(3)1726 年版中"神的永恒;我们也不说,我的无限,或我的完美"一段,取代了第二版中"我们也不说,我的无限,你的无限,以色列人的无限;我们也不说我的完美,你的完美,以色列人的完美"。

(4)1726 年版中"他不是永恒和无限"取代了第二版中"他不是永

恒或无限”。

(5)1726年版中“每一个人,只要他是……上帝也是同一个上帝,永远如此,处处如此。”四句,是加在第二版总释上的。

(6)1726年版中的四句话,“因为我们像仆人一样地敬畏他;……这虽然不完备,但也具有某种可取之处”,是加在第二版总释上的。但实际上牛顿早在1726年以前很久已写好的这几句,当时仅在1713年第二版刊行后6个月。它收录在第二版的勘误和增补表上,并寄给了科茨;但当时并没有印出来。

应当注意的是,在《原理》第二版(1713)中牛顿的上帝观很大程度上得自“事物的现象”,而第三版(1726)中夹插的内容则更主要是来自“人类的方式”。

【53】第三编,命题42后的总释。**终极原因。**牛顿使用“终极原因”与亚里士多德相同,后者区分了四种原因:“质料因”“形式因”“结果因”“终极因”;亚里士多德的终极因是事物的目的。即所谓:“逗留于此是我们来这里的原因”;笔之制成在于服务书写。

【54】第三编,命题42后总释。**引力定律的表述。**这个定律的现代一般性表述为:“物质的每个粒子都吸引其他粒子,吸引力正比于它们质量的乘积,反比于它们之间距离的平方变化”。在《原理》和《宇宙体系》中找不到这样的表述,也许最接近于它的表述出现在《原理》结尾处的总注中,牛顿在那里写道:“重力……的作用……取决于它们(太阳和行星)所包含的固体物质的量,并可向所有方向传递到极远距离,总是反比于距离的平方减弱。”另一个接近于现代形式的表述,见第一编命题76推论Ⅲ和Ⅳ,以及《宇宙体系》,第26条。

【55】第三编,命题42后的总释。**牛顿所采用的假设。**“我不构造假设”(hypotheses non fingo)是牛顿在《原理》结尾处总注中写下的——常被援引来证明牛顿对虚妄的假说的轻蔑和对观测与实验的绝对信念。无疑,牛顿的《原理》,他早期发表的有关光的论文,以及《光学》的读者,会对 hypotheses non fingo 这一绝对的声明迷惑不解,

因为牛顿本人的确构造了大量假设——也许,与所提到的所有其他科学家一样多。怎样才能使他的这一声明与他的实践相协调?

首先,牛顿并没有把 hypotheses non fingo 当作普遍命题运用于他的所有科学活动中;他只是以一种坦白的声明把它与那个特殊的问题相联系。引力的真正本质是什么,这个问题既困难又微妙,在当时是神秘的,在今天仍是如此。而且,这个 hypotheses non fingo 并不是作为他的个人实践,他的独特思维习惯,而是作为一种在公开出版物中所采取的立场,把他源自观测与实验的数学思维的正面结果呈献在科学界的面前,把牛顿的 hypotheses non fingo 与这一背景相割裂是对牛顿彻头彻尾的误解。

对牛顿著作中采用假设的各种段落的考查,首先揭示出这样一个规则,当实验事实在与任何假设相冲突时,前者必定占据牢不可破的优越地位。其次,以存疑的态度对待得不到实验证实的假设,在任何情况下,人们都不难看出严格的实验结果与仅出自假设的猜测之间的区别。

以编年形式罗列出牛顿所提出的重要假设,以及他一生不同时期由合理假设导出的结果,是兴味盎然的。

1666 年,牛顿 24 岁时思考重力问题,构造出它伸达月球并随距离平方变化的假设;然后通过将假设的应用与实际实验结果相比较加以检验。

1672 年,牛顿发表了光的色散实验。在解释由小圆孔穿入房间的光为什么扩散成五倍的光谱时,牛顿设计了不同的假设或他所谓的“疑问”,但又因为都不能成立而逐一被抛弃,并最终导致了他的 experimentum crucis(判决性实验)。

其中一个不能成立的假设是,太阳光离开棱镜后沿曲线运动,其中一些弯曲较其他为甚——“我经常看到网球击中斜网后沿这样的曲线运动,……如果光线具有粒子的性质,斜向地从一种介质进入另一种介质,获得一种旋转运动,则它们应在其运动较快一侧受到周围以太较大的阻力，因而连续地偏折向另一侧。但尽管这一疑问的出发点貌似合理，……我却不曾观察到这种弯曲。”在这项研究中，30 岁的年轻人驰骋在构造假设的自由王国中。其中的两个假设正是光的粒子说和光以太！这些假设与物理学的发展一样大胆和有洞察力。它们都还没有业经实验证实。然而，他的衍射假设，这些光粒子的曲线路径，却是容易由实验来验证的。

1672 年，在答复胡克的批评时，牛顿解释了胡克关于光由脉冲形成，或更准确地说，由以太的波运动产生的假设，可以怎样用以解释光谱的颜色和薄膜颜色现象。但牛顿发现胡克的假设无法解释光沿直线传播。如果光由振动构成，他问道，则它应像声音一样扩散到“阴影介质中”。在此我们看到牛顿对光在以太中的波动假设毫无踌躇。

但是，在牛顿答复胡克的结尾处，出现了不耐烦于假设的第一个征兆。胡克应通过以太脉冲的分裂和减少，而不是通过光的不同折射率来解释棱镜所生成的光谱。胡克的假设只是以太中的一个脉冲，而不是以太中真实的波。牛顿考虑了胡克的假设，但发现它不足敷用，他最后说到，“但是无论这一假设是优是劣，我希望我能因采纳它而得到谅解，因为我完全看不出有必要用任何假设来阐述我的理论。”牛顿进一步指出：

所以你看到了对假设的争论与手头上的事情是多么地不相干。有鉴于此，现在，我最后一次摘录出非议者的困难，不涉及任何假设，只对它们作一般的考查，它们可归结为这三种疑问：

1. 不相等的折射究竟是与入射的不相等性无关，由不同光线不同的折射率所引起，还是由相同的光线经过分裂、折断或偏折而成为扩散部分的？

2. 究竟有没有两种以上的颜色？

3. 白光究竟是不是所有颜色光的混合？

这最后一个问题很有趣，牛顿不理会光究竟是波运动还是粒子运动两种主要的假设，以便考虑三种次要的假设，它们更容易为实验所检验。它们仍是假设，虽然他绝口不提到这个名字。

当克勒芒的巴黎学院(the Parisian College of Clermont)数学教授加斯顿·帕蒂斯(Gaston Pardies)提出另一种批评，称光的折射是一种假设时，牛顿强硬而激动地回答说，他的理论“似乎只包括光的特定性质，别无其他；我所发现和谈论的都不难作出证明；如果我尚不相信它们是真理，就会把它们当作空洞愚蠢的臆想加以抛弃，而不是当作什么假设予以承认。

在答复帕蒂斯的进一步非难时，牛顿说：

因为哲学研究最好而且最保险的方法似乎应是，首先勤勉地探究事物的特性并通过实验加以确定，然后再寻找解释它们的假设。因为假设只应适用于解释事物的特性而不应预测它们，除非这有助于实验。如果有人仅仅由可能的假设对事物的真实性妄加猜疑，我看不出科学中还能得到什么确定的东西；因为一个接一个地发明假设总是可能的，可谓经磨历劫，层出不穷。所以我主张应请像回避虚妄的辩论一样回避思考假设，必须消除它们的反作用力，这样才能获得较成熟较普遍的解释。

这段话很重要，它是牛顿专门论述应用假设的最长的文字。他认识到了它们在研究中的作用，并摆在适当的位置上，限制它们的使用。

1673年，在回答惠更斯的批评时，牛顿说：

构造一个只有两种原初颜色的假设并不见得比连续变化更容易；除非设想以太粒子或脉冲只有两种形状、大小和速度或力的等级比设想连续变化更容易；这当然是一种比较苛刻的假定。……但是要问怎样用假设来解释颜色是什么，这不是我的目的。我从不曾想说明是什么构成了颜色的特性和差异，而是……留待别人去用力学假设解释这些质的特性和差异；我认为这并不困难。

在此，牛顿暂时允许自己畅想了一下不同形式、大小和速度的以太粒子或脉冲；他并不为此而责备自己，也未声明自己正沉湎于非科学的思索中，但他最终决定把这些假设留给别人。他深知同一个实验事实常常可以由不同的假设作出解释，因此争论不休于事无补。

我引自牛顿的话提示了致使他采取反对应用假设的动因，即，卷入歧见的争论的危险。这一猜测在牛顿于 1675 年 12 月 9 日致皇家学会的信中得到证明："我原先的意图是绝不写光和颜色的假设，害怕因此而把我拖入无聊的争论之中；但我希望断然决定不作任何回答，除非有可能顺便为之，这似乎也是某种争论，却能使我摆脱这种恐惧。"然后牛顿更详尽地阐述了他对光的折射和反射的解释，涉及不同大小的颗粒，它们在折射表面上引起以太的挤压和稀疏。这就是他的著名的简单反射和折射的"配合"假设，20 世纪的物理学家对此很感兴趣，因为它与"波动力学"的现代理论有相似之处。牛顿在其思考中难免要作出假设，这正如雄鹰必定要飞翔一样。牛顿并没有成功地逃脱争论。

1672—1676 年是冲突的年月，牛顿越来越不愿把他的思想公布于世。牛顿天性对批评敏感，他憎恶争论。

难道 1672—1676 年间不愉快的经历使他在个人的思考中也不再构造假设了吗？完全不是。他的思索仍像从前一样自由、大胆和富于想象。对于像波义耳这样的朋友，他能在谈话和通信中自由地展开心扉。只要读一读牛顿于 1678 年或 1679 年 2 月 28 日写给波义耳的论引力的原因的信，就会对此坚信不移(参见注【6】)。这大约在《原理》出版 8 年以前。《原理》中对这一话题宣称 hypothess non fingo，但牛顿在写给波义耳的这封信中却提出了一个非常放肆的、无法验证的假设。但他有言在先，"我对这类事情的考虑还很不周详，我自己也不甚满意。"摘引如下：

首先，我设所有空间都弥散着一种以太物质，能收缩和膨胀，富于弹性；简而言之，在所有方面都与空气相似，但微细得多。……当两个物体相对运动，相互靠近时，我设想它们之间的以太稀薄于先前。……当两个物体相互趋近时，靠近到使它们之间的以太开始稀薄，它们开始抗拒被迫的相互靠近,并企图相互远离,……但最终它们还是靠得如此之近,使它们之外的环境以太的压力大大超过它们之间的稀薄以太,导致克服了物体对相互趋近的抗拒,然后这种超出的压力把它们急速压合在一起。……由此,我现在想到,苍蝇在水面上爬行却不沾湿其足触,主要就是不曾触及水;

我还有进一步的猜想,……它是关于引力的原因的。为此我设想以太由细密程度连续变化相互不同的部分构成:在物体孔隙中,粗糙以太的比例,较之开阔空间小于细密以太;结果在地球的大物体中,粗糙以太的比例较之空气中远小于细密以太:而……由空气顶层降到地球表面,以及由地球表面降到地球中心,以太不知不觉地越来越细密。现在,设想一下悬挂在空气中或置放在地面上的物体;根据假设,物体上侧孔隙中的以太较其下侧孔隙中的以太粗糙;而贮留在这些孔隙中的粗糙以太不如下面的精细以太灵活;它将企图逃离出来,让位于下面的细密以太,而如果物体不下落为上面的以太提供出逃的空间,则这是不可能的。

像《原理》这样的著作根本无法容忍对重力的这种放肆推测。因此牛顿恪守着他的公开声明,hypotheses non fingo。他强调假设与实验规律之间的区别,后者由他本人缜密观测而获得。在他的《原理》第三编"(自然)哲学的推理"规则 3 中,他写道:"我们当然不会因为梦幻和凭空臆想而放弃实验证据;也不会背弃自然的相似性,这种相似性应是简单的,首尾一致的。"

牛顿反对不适当地应用假设的典型言论出现在《原理》结尾:"凡不是来源于现象的,才能称其为假设;而假设,不论它是形而上学的或物理学的,不论它是隐含的质或力学的,在实验哲学中都没有地位。在这种哲学中,特定命题是由现象推导出来的,然后才用归纳方法做出推广。正是由此才发现了物体的不可穿透性、可运动性和冲击力,以及运动定律和引力定律。"

牛顿的《光学》于 1704 年出版。它包括一些早期论文和新的材料，这本书无法回避假设，但牛顿还是努力把其中偏于空想的部分安排在书的主体之外。牛顿认为属于高度推测性的，以及缺乏证据的部分，都以“疑问”形式安排在结尾处。牛顿在这些疑问中明显地放任自己畅所欲言。它们使我们看到了牛顿在研究物理问题时内心深处的斑澜。

一般而言，我们可以说牛顿不是听凭其科学想象自由驰骋的，而是也大量使用假设。但假设总是要在与实验事实相冲突时遭到抛弃。牛顿在出版物中常常避免把他的假设说得太死，以期逃脱可怕的争论。

【56】第三编，命题 42 后的总释。**因果性。**原因和结果的问题令一切时代的哲学家感兴趣，例如亚里士多德、休谟、康德、穆勒。牛顿是宣扬物理现象中存在着因果性综合体系信念的最早的科学家，开普勒的行星运动三定律是杰出的发现，但它们不满足因果性要求。正是牛顿证明了这三个貌似无关的定律是一条基本自然定律的逻辑结果，在《原理》第三编的开头，牛顿就在哲学推理规则中讨论了原因和效果的关系。

但牛顿在《原理》中并没有冒险提出重力的原因（见注【6】）。像这样的超级推测性作品仅见于他写给本特利和波义耳的信（见注【55】论假设），而不适于《原理》。这部著作的目的在于坚信实验事实并由它们给出严格的数学演绎。因此，牛顿在《原理》第二版和第三版结尾处的总释中写下了一段著名的话，“我迄今为止还无法从现象中找出引力的这些特性的原因，我也不构造假设。”自牛顿以后原因效果的关系吸引了科学家的注意。罗伯特·迈尔（Robert Mayer）的格言很有名——causa aequat effectum（原因即是效果）——这条形而上学的原则，引导他发现能量守恒原理。

当牛顿试图把物理自然的现象归结为力学规律时，他比他的直接追随者更充分地意识到自己并没有取得完全的成功。实际上，他并不相信有一个无须上帝监督只按引力定律运行的“宇宙机器”存在，倒是行星和彗星的相互作用引起的太阳系的不规则性，每当其出现时都需要上帝的操纵。“像这样的最为美丽的太阳、行星和彗星体系，”牛顿在他的《原理》(第三编，命题 42 总释)中写道，“只能来自一个全知全能的存在”。拉普拉斯坚持力学定律解释太阳系力学现象的有效性，这位牛顿的伟大追随者用数学阐述了引力定律带来的结果。拉普拉斯在其《论概率哲学》(*Essai philosophique sur les probabilités*)中说，“如果有一只大脑在一个给定的瞬间能识别出作用于自然界所有的力，以及构成自然界所有物体的相对位置，而且这只大脑还有足够的空余将这些数值付诸分析，把大至宇宙中最大的物体、小至最小的原子的一切运动都综合入一个公式之中，那么它能确定一切，未来与过去尽在它的掌握之中。人类思维已完美地掌握了天文学，为这种大脑提供了一个朴素实例。”这段话大胆地维护了决定论和因果关系的信念，拉普拉斯相信他和其他人已用引力定律成功地证明了牛顿所不曾做到的事，即，太阳系是稳定的。在回答他的《天体力学》中是否从未提及造物主的问题时，拉普拉斯告诉拿破仑：Je n'avais pas besoin de cetta hypothèse-la(我不需要这样的假设)。的确，拉普拉斯成功地用牛顿定律解释了木星和土星观测运动的所有不相等性；每一个困难都促使他取得新的成功。

然而，甚至在经典力学中，拉普拉斯对太阳系稳定性的证明也不再被看作是定论。19 世纪的数学比 18 世纪的要求更严格，魏尔斯特拉斯(K. Weierstrass)在其晚年极大关注太阳系的稳定性。庞加莱(H. Poincaré)也一样。但却未获得严谨的答案。关于这一问题，贝克尔(H. F. Baker)在 1913 年不列颠促进会(British Association)的会议上说：“我羡慕那些能就这一问题发表见解的人们；不过，对于他们的方法，我却有另一种感受。单是这一问题的有趣性已足以要求纯数学家有强有力的方法和始料未及的严谨。”

在现代近物理科学的其他领域，即统计科学和概率论发挥重要作用的某些最基础的研究中，拉普拉斯的决定论已失去地位。这些科学与大系统的行为有关。我们得到一只新荷电球。它能带电多久？我们不知道，这在数学上是无法预测的。但我们通过对构成这只球的大量粒子的统计研究的确可以知道，这样的球的平均寿命有一个确定的天数。在我们这只新球中不存在概率寿命的单一因果关系。在此讨论的是统计平均，一般的原因和效果的关系在其中并无效力。如果把玻璃用普遍方法加热到其熔点以上，因果性将直接发生作用，因为我们能断定玻璃会熔化。在康德看来，因果律是“根据某种规则发生（开始成为）某些预知事物的一切事物”。而在我们的单个球体的长时间作用中不存在这样的规则。

爱丁顿说：“现今的一些最伟大的物理预测成就都是靠承认统计规律取得的，这种规律并不以因果律为其基础。”从现代角度来看，热力学第二定律有其统计基础。在当今的原子物理学中，决定论已失效。普朗克（Planck）的初期量子论也以概率为基础。海森堡（W. Heisenberg）1927 年发展的新量子力学强调了非决定论，或在微观过程中的不确定性原理。他指出我们不能同时确定单个粒子的位置和速度。这样我们不能知道任意时刻一个电子的位置和速度。设我们有一具强有力的显微镜，能揭示原子和亚原子事件。孤立的电子是不可见的，因为除非它发射或反射出光，否则我们就看不到它。但如果光从电子发出，则电子反作用于光量子或光子。这种相互作用改变了电子的速度，正如一只弹子球受到另一只球的撞击后要改变速度一样，或枪射出子弹后要改变其位置一样，在放出光的同时，电子发生跳跃。光线可以告诉我们电子在何处，却不能告诉我们电子跃迁以前的运动速度。更普遍的原理是，如果我们能测出微粒子位于何处，就不能知道它运动有多快，或者，如果我们通过某种效应知道了它的运动速度，就不能知道它同时位于何处。我们无法精确地，而只能以有限的精度，以某种概率形式预测它的未来状态。

旧物理学以位置和速度为其基础，而非决定论原理挖断了它的根源。拉普拉斯的广义决定论崩溃了。根据这一非决定论原理，我们在考查物理宇宙的过去和将来的历史以及给定时刻宇宙的严格状态时，必须放弃精确的因果关系链条概念。

将来的研究也许会对这一原理作出重要改进。与此同时，爱丁顿指出，这一原理为自由意志信仰者打开了逃离拉普拉斯机械哲学和19世纪经典科学论断的方便之门。

自牛顿以后科学有了长足进步。但科学的进军并不总是一往无前的。经过二百年的徘徊，我们的一些基本观点正在回转到牛顿的教诲。牛顿认为宗教与科学之间没有冲突。而当今的思潮，正如爱丁顿所评论的那样，倾向于捐弃前嫌，达成宗教与科学的和解。

【57】**宇宙体系的译者。**《宇宙体系》的英译本发表于1728年，但译者的名字却被抹去了。《宇宙体系》中有很长一个拉丁文段落与《原理》中的拉丁文实际上相同。这两段拉丁文译成的英文相当相似，因此极可能出自同一位译者的手笔。尤其是，考虑一下这个段落中关键的一句(《原理》第三编命题41，例；《宇宙体系》第37条)：Nam quod dicitur Fixas ab Aegyptiis comatas nonnungum visas fuisse。其中，comatas一词的翻译引起了麻烦，在两本书中都译成了coma or capillitium。这样，整个句子译为For as to what is alleged that the fixed stars have been sometimes seen by the Egyptians environed with a coma or capillitium(因为，正像人们所指出的那样，埃及人有时看到恒星带有彗发)。在自由翻译中如此绝妙的巧合实际上肯定了两本书是由同一个译者译成英文的——即安德鲁·莫特(Andrew Motte)。我在对莫特译本的校订中略去了or capillitium两个词。

【58】《宇宙体系》，第30条。**预测到的遥远行星？**在牛顿《原理》的德文版(Berlin，1872，p. 659)中发现这一条(尤其是“因此，这可能是由于在行星区域以外有彗星……在行星以外区域度过其几乎全部的运行时间”一句)极为有趣，似乎是指示了天王星(Uranus)的存在，在当时还不曾观测到这颗行星，赫歇尔(William Herschel)于1781年才首次发现了它。牛顿把行星和彗星看成密切相关的天体，这与现代观

点相当吻合。

【59】《宇宙体系》,第 54 条,**地球潮汐效应。**牛顿认为是看不见陆地的潮汐效应的。1919 年,迈克尔逊和盖尔(Gale)在耶克斯天文台(Yerkes Observatory)地基上,采用极为灵敏的方法观测单色光的干涉条纹,探测到了陆地的潮汐效应。这一结果用于确定土壤的硬度。

译后记

• Postscript of Chinese Version •

至今还没有可能用一个同样无所不包的统一概念，来代替牛顿的关于宇宙的统一概念。而要是没有牛顿的明晰的体系，我们到现在为止所取得的收获就会成为不可能。

——爱因斯坦

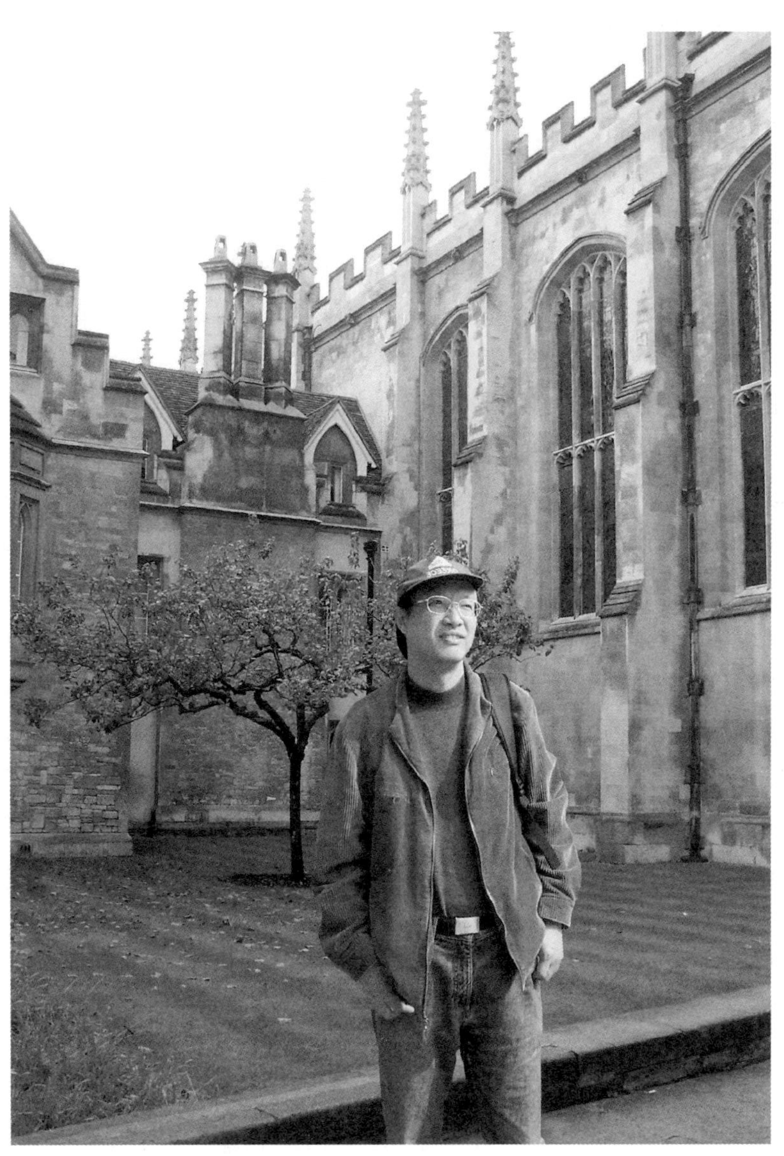

本书译者王克迪教授(2005 年摄于剑桥大学三一学院苹果树前)。

无论从科学史还是整个人类文明史来看，牛顿的《自然哲学之数学原理》（以下简称《原理》）都是一部划时代的巨著。在科学的历史上，《原理》是经典力学的第一部经典著作，也是人类掌握的第一个完整的科学的宇宙论和科学理论体系，其影响所及遍布经典自然科学的所有领域，在其后的300年时间里一再取得丰硕成果。就人类文明史而言，《原理》的发表，表明人类文明发展到系统全面地认识自然进而有可能利用自然和改造自然的阶段。其影响所及，在英国本土成就了工业革命，而在法国则诱发了启蒙运动和大革命，在社会生产力和基本社会制度两方面都有直接而丰富的成果。迄今为止，还没有第二个重要的科学或其他学术理论取得如此之大的成就和影响。

从科学研究内部来看，《原理》示范了一种现代科学理论体系的样板，包括理论体系结构、研究方法和研究态度、如何处理人与自然的关系等多个方面的内容。在科学的社会史方面，《原理》出版前后的社会环境和学术背景对于日后的科学建制化发展和现代国家制定学术政策和科技政策都有借鉴意义。此外，《原理》及其作者与同时代著名人物的互动关系也是科学史研究和其他学术史研究中经久不息的话题。

《原理》达到的理论高度是前所未有的，其后也不多见。爱因斯坦说过："至今还没有可能用一个同样无所不包的统一概念，来代替牛顿的关于宇宙的统一概念。而要是没有牛顿的明晰的体系，我们到现在为止所取得的收获就会成为不可能。"实际上，牛顿在《原理》中讨论的问题及其处理问题的方法，至今仍是大学数理专业中教授的内容，而其他专业的学生学到的关于物理学、数学和天文学的知识，无论在深度和广度上都没有达到《原理》的高度。

凡此种种，决定了《原理》的永恒价值。

牛顿生前《原理》总共发表了三个版本，第一版发表于1687年，第二版发表于1713年，第三版发表于1726年，全部由拉丁文写就。牛顿死于1727年。《原理》的第一个英文译本由第三版翻译而来，出版于1729年。在1802年，又出现了根据《原理》第一版翻译的英文译本。

1729 年的英译本《原理》译者是莫特(Andrew Motte)。1930 年，美国学者、科学史家卡约里(Florian Cajori)在莫特的英译本基础上用现代英文校订出版，成为 20 世纪里读者群最大的《原理》标准版本。60 年代初，美国科学史家科恩(I. B. Cohen)和法国科学史家科瓦雷(Alexandre Koyré)合作，根据《原理》第一版的英译本(译者 Robert Thorp)也推出了《原理》的现代英文版。

我国清末学者李善兰曾经翻译《原理》，但未能完成。1931 年，著名学者、翻译家郑太朴根据《原理》第二版的德文译本(译者 J. Ph. Wolfer)译出中文本《自然哲学之数学原理》，由商务印书馆收入“汉译世界名著”丛书出版。

《原理》的第二个中文版本由我于 1990 年至 1991 年花费两年时间译出，纳入《自然哲学之数学原理・宇宙体系》一书，于 1992 年由武汉出版社出版。

《原理》的修订本由陕西人民出版社和武汉出版社于 2001 年联合推出。修订本改正了当时发现的前一译本中的错误讹误，删去牛顿写的通俗本第三编“宇宙体系”和卡约里写的附录，定名为《自然哲学之数学原理》。为了尽可能保留《原理》的本来面目和历史价值，修订本恢复了牛顿的亲密合作者哈雷为《原理》所作的全部插图。

修订本为书中各部分加写了“导读”。这是一项令人深感惶恐的工作。一般而言，凡是受过现代数学和物理训练的读者，读懂牛顿的《原理》应当是没有问题的，不需要导读；但是我同意，对于中等阅读能力的读者，适当的引导和解释是必要的。“导读”意在点明牛顿写作的重点、有关背景，让读者尽可能全面地了解牛顿。文中反映的是我本人对牛顿及《原理》的认识，疏漏偏颇在所难免，希望没有误导读者。

此项工作付梓前不久，惊悉钱临照院士逝世，我深感悲痛。钱老是我进入牛顿译介工作的引路人，他的恩德我将永志不忘。

此次北京大学出版社再次将《原理》收入“北京大学通识教育经典

名著阅读计划书目”之“科学元典丛书”，令人备感兴奋。

付梓前有机会再次对译稿作进一步订正，并附上在英伦拜谒牛顿故地所摄照片数帧，甚感欣慰。

王克迪

2005 年 9 月 30 日

本书红皮经典版第 26 次印刷得到清华大学方家光教授仔细勘校修订，书中的错误和遗漏大大减少。谨向方教授致敬并深表谢意。

王克迪

2019 年 12 月 6 日

译者说明

读者眼前的这版《原理》,除了吸收之前红皮经典版、彩图珍藏版和学生版对译稿的修正,还增加了以下内容:

1. 增加钱临照院士为《原理》中文版而写的序言。钱院士是我国最早有力推动牛顿研究和物理学史研究的大家,对本书译者也多有提携指点。

2. 书末增添了美国科学史家卡约里(Florian Cajori,1859—1930)所写的 56 条注释。卡约里将《原理》由拉丁文本翻译为英文,他增加的这些注释对读者理解牛顿思想很有帮助,也代表了他那个时代对牛顿思想研究的水平。其实,卡约里增加的注释总共 59 条,其中第 57～59 条针对《自然哲学之数学原理》的非数学表述的第三编,故在此全部保留。北京大学出版社把这个非数学的第三编另书编纂为《宇宙体系》,亦收入“科学元典丛书”。

3. 第三编增加了一个关于约翰·马金的译者注。

王克迪

2024 年 5 月

科学元典丛书（红皮经典版）

1	天体运行论	［波兰］哥白尼
2	关于托勒密和哥白尼两大世界体系的对话	［意］伽利略
3	心血运动论	［英］威廉·哈维
4	薛定谔讲演录	［奥地利］薛定谔
5	自然哲学之数学原理	［英］牛顿
6	牛顿光学	［英］牛顿
7	惠更斯光论（附《惠更斯评传》）	［荷兰］惠更斯
8	怀疑的化学家	［英］波义耳
9	化学哲学新体系	［英］道尔顿
10	控制论	［美］维纳
11	海陆的起源	［德］魏格纳
12	物种起源（增订版）	［英］达尔文
13	热的解析理论	［法］傅立叶
14	化学基础论	［法］拉瓦锡
15	笛卡儿几何	［法］笛卡儿
16	狭义与广义相对论浅说	［美］爱因斯坦
17	人类在自然界的位置（全译本）	［英］赫胥黎
18	基因论	［美］摩尔根
19	进化论与伦理学(全译本)(附《天演论》)	［英］赫胥黎
20	从存在到演化	［比利时］普里戈金
21	地质学原理	［英］莱伊尔
22	人类的由来及性选择	［英］达尔文
23	希尔伯特几何基础	［德］希尔伯特
24	人类和动物的表情	［英］达尔文
25	条件反射：动物高级神经活动	［俄］巴甫洛夫
26	电磁通论	［英］麦克斯韦
27	居里夫人文选	［法］玛丽·居里
28	计算机与人脑	［美］冯·诺伊曼
29	人有人的用处——控制论与社会	［美］维纳
30	李比希文选	［德］李比希
31	世界的和谐	［德］开普勒
32	遗传学经典文选	［奥地利］孟德尔 等
33	德布罗意文选	［法］德布罗意
34	行为主义	［美］华生

35 人类与动物心理学讲义 ［德］冯特
36 心理学原理 ［美］詹姆斯
37 大脑两半球机能讲义 ［俄］巴甫洛夫
38 相对论的意义：爱因斯坦在普林斯顿大学的演讲 ［美］爱因斯坦
39 关于两门新科学的对谈 ［意］伽利略
40 玻尔讲演录 ［丹麦］玻尔
41 动物和植物在家养下的变异 ［英］达尔文
42 攀援植物的运动和习性 ［英］达尔文
43 食虫植物 ［英］达尔文
44 宇宙发展史概论 ［德］康德
45 兰科植物的受精 ［英］达尔文
46 星云世界 ［美］哈勃
47 费米讲演录 ［美］费米
48 宇宙体系 ［英］牛顿
49 对称 ［德］外尔
50 植物的运动本领 ［英］达尔文
51 博弈论与经济行为（60 周年纪念版） ［美］冯·诺伊曼 摩根斯坦
52 生命是什么（附《我的世界观》） ［奥地利］薛定谔
53 同种植物的不同花型 ［英］达尔文
54 生命的奇迹 ［德］海克尔
55 阿基米德经典著作集 ［古希腊］阿基米德
56 性心理学、性教育与性道德 ［英］霭理士
57 宇宙之谜 ［德］海克尔
58 植物界异花和自花受精的效果 ［英］达尔文
59 盖伦经典著作选 ［古罗马］盖伦
60 超穷数理论基础（茹尔丹 齐民友 注释） ［德］康托
61 宇宙（第一卷） ［德］亚历山大·洪堡
62 圆锥曲线论 ［古希腊］阿波罗尼奥斯
63 几何原本 ［古希腊］欧几里得
64 莱布尼兹微积分 ［德］莱布尼兹
65 相对论原理（原始文献集） ［荷兰］洛伦兹［美］爱因斯坦 等
66 玻尔兹曼气体理论讲义 ［奥地利］玻尔兹曼
67 巴斯德发酵生理学 ［法］巴斯德
68 化学键的本质 ［美］鲍林

科学元典丛书（彩图珍藏版）

自然哲学之数学原理（彩图珍藏版）	［英］牛顿
物种起源（彩图珍藏版）（附《进化论的十大猜想》）	［英］达尔文
狭义与广义相对论浅说（彩图珍藏版）	［美］爱因斯坦
关于两门新科学的对话（彩图珍藏版）	［意］伽利略
海陆的起源（彩图珍藏版）	［德］魏格纳

科学元典丛书（学生版）

1 天体运行论（学生版）	［波兰］哥白尼
2 关于两门新科学的对话（学生版）	［意］伽利略
3 笛卡儿几何（学生版）	［法］笛卡儿
4 自然哲学之数学原理（学生版）	［英］牛顿
5 化学基础论（学生版）	［法］拉瓦锡
6 物种起源（学生版）	［英］达尔文
7 基因论（学生版）	［美］摩尔根
8 居里夫人文选（学生版）	［法］玛丽·居里
9 狭义与广义相对论浅说（学生版）	［美］爱因斯坦
10 海陆的起源（学生版）	［德］魏格纳
11 生命是什么（学生版）	［奥地利］薛定谔
12 化学键的本质（学生版）	［美］鲍林
13 计算机与人脑（学生版）	［美］冯·诺伊曼
14 从存在到演化（学生版）	［比利时］普里戈金
15 九章算术（学生版）	〔汉〕张苍〔汉〕耿寿昌 删补
16 几何原本（学生版）	［古希腊］欧几里得

科学元典·数学系列

科学元典·物理学系列

科学元典·化学系列

科学元典·生命科学系列

科学元典·生命科学系列（达尔文专辑）

科学元典·天学与地学系列

科学元典·实验心理学系列

科学元典·交叉科学系列